Einführung in die
Allgemeine Betriebswirtschaftslehre

Thomas Straub

Einführung in die Allgemeine Betriebswirtschaftslehre

PEARSON

Higher Education
München • Harlow • Amsterdam • Madrid • Boston
San Francisco • Don Mills • Mexico City • Sydney
a part of Pearson plc worldwide

Bibliografische Information der Deutsche Nationalbibliothek
Die Deutsche Bibliothek verzeichnet diese Publikation in der Deutschen Nationalbibliografie;
detaillierte bibliografische Daten sind im Internet über http://dnb.ddb.de abrufbar.

10   9   8   7   6   5   4   3   2   1

14   13   12

ISBN 978-3-86894-046-6

© 2012 by Pearson Deutschland GmbH
Martin-Kollar-Straße 10–12, D-81829 München
Alle Rechte vorbehalten
www.pearson.de
A part of Pearson plc worldwide

Lektorat: Martin Milbradt, mmilbradt@pearson.de
                 Alice Kachnij, akachnij@pearson.de
Korrektorat: Barbara Decker, München
Einbandgestaltung: Thomas Arlt, tarlt@adesso21.net
Herstellung: Elisabeth Prümm, epruemm@pearson.de
Satz: mediaService, Siegen (www.media-service.tv)
Druck und Verarbeitung: Drukarnia Dimograf, Bielsko-Biala

Printed in Poland

Inhaltsübersicht

Inhaltsverzeichnis

Teil II   Primäre Funktionen   87

Teil III	Unterstützende Funktionen	287

Vorwort

Dieses **europäische Werk** fasst betriebswirtschaftliches Grundwissen in kompakter, prägnanter und didaktischen Form zusammen. Als Einführung in die Betriebswirtschaftslehre (BWL) soll dieses Buch **Basiswissen** bezüglich der unterschiedlichen Unternehmensfunktionen, welche innerhalb eines Unternehmens existieren, vermitteln.

Die Unterteilung des Buches basiert auf der Logik der Wertschöpfungskette eines Unternehmens und beschreibt so auf verständliche Art und Weise den Prozess der Wertschöpfung anhand der primären und unterstützenden Unternehmensfunktionen.

Das Buch richtet sich in erster Linie an **Studierende**, **Praktiker** und „**Nicht-BWLer**" bzw. an sogenannte **Quereinsteiger**. Für **Manager** dient es dank seines umfassenden Indexverzeichnisses als Nachschlagewerk oder der Auffrischung bestimmter Themenbereiche.

Die einzelnen Kapitel sind in der Weise strukturiert und geschrieben, dass sie **unabhängig voneinander** bearbeitet werden können.

Inhalte und Struktur

Jedes Kapitel verfügt über **folgende Inhalte** und **Struktur** bezüglich der jeweiligen Unternehmensfunktion:

- **Lernziele**
- **Exkurs** mit **Reflexionsfragen**, um den Horizont in Bezug auf das Thema zu erweitern
- **Zusammenfassung**
- **Übungsaufgaben**, deren Lösungen auf der **Companion Website** zu finden sind
- **Fallstudie** mit realen Fällen aus der Unternehmenspraxis **mit Fragen zum Fall**
- **Verwendete Literatur**
- **Weiterführende Literatur**
- **Verweise im Internet**, die durch das CWS-Logo gekennzeichnet sind

Aufbau des Buches: Die Funktionen eines Unternehmens

Eine gängige und übersichtliche Gliederung unterteilt die Betriebswirtschaft nach einzelnen Unternehmensfunktionen. Vor diesem Hintergrund folgt der Aufbau des vorliegenden Buches dem Modell der Wertschöpfungskette oder Wertkette *(Value Chain)* eines Unternehmens nach Michael E. Porter (1985) wie in *Abbildung 1* veranschaulicht wird. Wir verstehen hierbei ein Unternehmen als Teil eines Systems (Unternehmensumwelt), in dem es sich bewegt und mit dem es sich in einer Austauschbeziehung befindet. Die Wertschöpfungskette ist ein Managementkonzept, das eine Organisation als eine Ansammlung von Funktionen und Tätigkeiten erklärt. Die einzelnen Unternehmensfunktionen schaffen Werte, verbrauchen Ressourcen und sind durch Prozesse miteinander verbunden. Eine Zuweisung zu primären oder unterstützenden Unternehmensfunktionen kann **nicht immer trennscharf** vorgenommen werden und variiert in Theorie und Praxis.

Laut Porter ist jedes Unternehmen „*eine Ansammlung von Tätigkeiten, durch die sein Produkt entworfen, hergestellt, vertrieben, ausgeliefert und unterstützt wird. All diese Tätigkeiten lassen sich in einer Wertkette darstellen*".

Primäre Funktionen sind die Tätigkeiten, die einen direkten wertschöpfenden Beitrag zu der Erstellung eines Produktes oder einer Dienstleistung liefern. In unserem Buch gehen die Abschnitte *Marketing* (*Kapitel 3*), *Sales* (*Kapitel 4*), *Materialwirtschaft, Logistik und Supply Chain Management* (*Kapitel 5*), *Produktion* (*Kapitel 6*) und *Finanzwirtschaft* (*Kapitel 7*) darauf ein.

Unterstützende Funktionen sind die Tätigkeiten, die für die Ausübung der primären Aktivitäten die notwendige Voraussetzung bilden. Sie liefern somit einen indirekten Beitrag zur Erstellung eines Produktes oder einer Dienstleistung. In unserem Buch sind dies *Rechnungswesen* (*Kapitel 8*), *Controlling* (*Kapitel 9*), *Organisation* (*Kapitel 10*), *Wissensmanagement und Informationssysteme* (*Kapitel 11*), *Human Ressource Management* (*Kapitel 12*) und *Leadership* (*Kapitel 13*). Die Wertkette eines Unternehmens ist mit den Wertketten der Lieferanten und Abnehmer verknüpft. Gemeinsam bilden sie das Wertschöpfungskettensystem einer Branche.

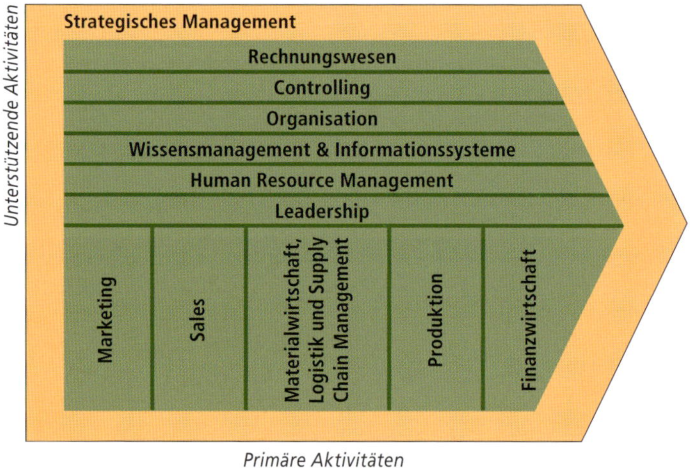

Abbildung 1: Aufbau des Buches und betriebliche Funktionen
Quelle: Straub in Anlehnung an Porter (1985).

Das **Strategische Management** (*Kapitel 2*): Diese Funktion ist für die Steuerung, Leitung und Lenkung des gesamten Unternehmens, für die Schaffung von organisatorischen Rahmenbedingungen und schließlich für die Ausrichtung des Unternehmens auf gemeinsame Ziele verantwortlich. Diese Funktion wird häufig auch **Unternehmensführung** genannt.

Primäre Funktionen

Die primären Funktionen werden von links nach rechts **beschrieben** (siehe Abbildung 1). In Bezug auf die Wertschöpfung gibt es keine festgelegte Abfolge der einzelnen Funktionen. Die Abfolge ist in Wirklichkeit ein iterativ-paralleler und **kein sequenzieller Prozess**.

- **Marketing** (*Kapitel 3*): Diese Funktion ist eine organisierende Funktion und ein Prozessbündel, um Mehrwerte für die Kunden der Organisation derart bereitzustellen, zu kommunizieren und Kundenbeziehungen herzustellen, dass die Organisation und ihre Stakeholder davon profitieren.

- **Sales** (*Kapitel 4*): Diese Funktion beschäftigt sich mit dem Verkauf der her- und bereitgestellten Produkte und Dienstleistungen. Sie richtet sich an diejenigen Kunden, deren Bedürfnisse befriedigt werden sollen. Jene werden letztendlich die finanziellen Mittel aufbringen, um entstandene Kosten zu decken und Gewinne zu erzielen. Diese Funktion ist ebenfalls verantwortlich für die Kundengewinn und die Kundenbindung.

- **Materialwirtschaft, Logistik und Supply Chain Management** (*Kapitel 5*): Diese Funktionen sind als Beschaffungs- und Transformationsprozess zu verstehen und umfassen die Beschaffung der Inputfaktoren und sämtliche betriebsinterne Veränderungen derselben, wie Rohstoffe und Halbfabrikate, um die Herstellung des Produkts, die Verpackung und Lagerung und schließlich die Überführung des Produkts zum Käufer. Dieser Transformationsprozess fängt bereits bei dem Lieferant an und endet bei dem Kunden.

- **Produktion** (*Kapitel 6*): Bei dieser Funktion handelt es sich um den eigentlichen Leistungserstellungsprozess. Genauer gesagt handelt es sich hierbei um die Planung, Organisation, Koordination und Kontrolle aller organisatorischen Prozesse und Ressourcen, die zur Herstellung von Gütern im Unternehmen benötigt werden. In diesem Sinne ist das Produktionsmanagement als Führungsaufgabe zu verstehen, die sich mit der Koordination menschlicher Ressourcen, Maschinen, Technologien und Informationen befasst.

- **Finanzwirtschaft** (*Kapitel 7*): Hier wird das Management von Geldströmen behandelt. Dies beinhaltet vor allem die ökonomische Optimierung der Beschaffung und der Verwendung von Geld. Es handelt sich hierbei also um die Planung, Organisation und Beschaffung von finanziellen Ressourcen, welche zu einer Leistungserstellung benötigt werden.

Unterstützende Funktionen

- **Rechnungswesen** (*Kapitel 8*): Diese Funktion hat zum Ziel, den verschiedenen Stakeholdern zweckdienliche und verständliche Informationen zu liefern. Diese Informationen sollten Angaben zu sämtlichen Prozessen in all den anderen Unternehmensfunktionen, wie Marketing, Produktion, Finanzwesen bis hin zum Verkauf enthalten, um dem Wirtschaftlichkeitsprinzip entsprechen zu können.

- **Controlling** (*Kapitel 9*): In immer komplexer werdenden Organisationen nimmt das Controlling als Unterstützungsfunktion der Unternehmensführung eine Schlüsselrolle ein. Das Controlling unterstützt die Managementaufgaben von Planung und Kontrolle unter anderem durch Definition und Messung von Kennzahlen und ist damit eine wesentliche Ergänzung zu der unternehmerischen Intuition. Um diese Aufgabe sinnvoll ausfüllen zu können, unterstützt das Controlling durch Methoden und Werkzeuge des betrieblichen Informationsmanagements. Auf diese Weise leistet das Controlling Hilfe zur Umsetzung der Organisation im Unternehmen und zur Überwachung der Effizienz.

- **Organisation** (*Kapitel 10*): Wir betrachten Organisation im Sinne von Struktur stets im Kontext zu der Strategie und Kultur eines Unternehmens. Dem Prinzip der Wirtschaftlichkeit folgend hat diese Funktion zum Ziel, bestmögliche Prozesse anhand von Strukturen und Kultur für ein effizientes Funktionieren eines Unternehmens zu schaffen.

- **Wissensmanagement und Informationssysteme** (*Kapitel 11*): In Firmen stellen Information und Wissen das Kapital von Kompetenzen dar, die Individuen in unterschiedlichen Unternehmensbereichen besitzen und die essentiell für das Überleben der Organisation sind. In diesem Zusammenhang beschäftigt sich diese Funktion im Wesentlichen mit der Identifikation, Akquisition, Bildung, Verteilung und der Anwendung von Wissen und Information.

- **Human Ressource Management** (*Kapitel 12*): Diese Funktion stellt eine entscheidende Komponente zur Sicherstellung der Wettbewerbsfähigkeit und der Nachhaltigkeit einer Organisation in Bezug auf ihre Wettbewerbsposition dar. Das Human Ressource Management entwickelt sich dabei von einer stark administrativen und passiven Rolle hin zu einer zunehmend strategischen Rolle für das Unternehmen. Die wesentliche Aufgabe des Human Ressource Management besteht darin, die Zielsetzungen bzw. den Sinn und Zweck der Organisation (Bedarf an Personal oder an Kompetenzen) und die Erwartungen bzw. Wünsche und Interessen der Mitarbeiter unter bestimmten Zwangsbedingungen (politische, gesetzliche, wirtschaftliche) in Einklang zu bringen.

- **Leadership** (*Kapitel 13*): Im unternehmerischen Sinne wird Leadership dann notwendig, sobald im Unternehmen ein gewisser Grad an Arbeitsteilung vorherrscht. Unternehmenseinheiten, Abteilungen oder Gruppen müssen koordiniert werden, um flüssige Arbeitsabläufe zu schaffen und eventuelle Ausfälle zu kompensieren. Die Arbeitszeiten sollten hierbei ebenfalls überwacht werden. Leadership sorgt des Weiteren auch dafür, dass Mitarbeiter motiviert und fähig sind, die von ihnen erwartete Leistung für die Organisation zu erbringen.

In der Praxis ist die Abgrenzung in einzelne Unternehmensfunktionen nicht immer trennscharf, da gewisse **Grauzonen** existieren. Häufig geben diese Grauzonen in Bezug auf die Zuständigkeiten einer Unternehmensfunktion Anlass zu unternehmensinternen Konflikten. Bevor eine Restrukturierung oder ein Wandel ansteht, versuchen Unternehmensfunktionen oft so viel Verantwortung wie möglich an sich zu ziehen, um dadurch an Wichtigkeit im Unternehmen zu gewinnen. Auf diese Weise kann beispielsweise eventuellen Kürzungen im Budget entgangen werden.

Entscheidungen oder Aktivitäten, die in einer Unternehmensfunktion getroffen oder ausgeführt werden, wirken sich oft direkt oder indirekt auf andere Unternehmensfunktionen aus. Diese Erkenntnis unterstreicht die Wichtigkeit einer guten und permanenten Kommunikation zwischen den einzelnen Unternehmensfunktionen.

Danksagungen

Ein solch komplexes Projekt wäre ohne die Unterstützung einer Vielzahl von Personen und Organisationen nicht möglich gewesen.

Mein größter Dank gilt dem Verlag Pearson Studium im Allgemeinen und Herrn Milbradt, Programmleiter für Lehrbücher der Bereiche BWL und VWL in München, für das in mich gesetzte Vertrauen und die Zusammenarbeit, um ein solch umfangreiches Buchprojekt zu realisieren.

Einen weiteren großen Dank möchte hierbei dem Team der Co-Autoren (s. *Abschnitt Autorenverzeichnis*) zukommen lassen. Ohne deren Fachwissen und Expertise in ihrer jeweiligen Fachrichtung wäre das Buch nicht in dieser umfassenden Form zustande gekommen.

Im Besonderen bin ich Walid Shibib zu tiefem Dank verpflichtet. Er hat mich in sehr fachkundiger Weise bei der Überarbeitung der einzelnen Kapitel in Bezug auf die Form sowie auf den Inhalt unterstützt. Ich hatte stets Gefallen an unserer freundschaftlichen Zusammenarbeit und an der Herausforderung, dieses Buch mit ihm zu schreiben. Ohne Walid wäre dieses Buch nicht das, was es jetzt ist.

Prof. Dr. Peter Richard von der Hochschule Augsburg gilt mein weiterer Dank. Er war es, der mir bei Fragen und Problemen immer beiseite stand.

Ebenso danke ich der Hochschule für Wirtschaft Fribourg in der Schweiz und hierbei insbesondere dem Direktor Herrn Dr. Lucien Wuillemin für die großartige Unterstützung eines solch multikulturellen, interdisziplinären und gleichzeitig mehrsprachigen Projektes.

Ein weiterer Dank gilt den Übersetzerinnen Frau Christine Götz und Frau Sabine Straub sowie Thomas Götzen, Claudia Binz und Andreas Brühlhart für die nette Unterstützung beim Korrekturlesen.

Ein großes Dankeschön geht an sämtliche in diesem Buch erwähnte Firmen und Personen für die Bereitstellung von Unterlagen, Texten, Bilder, Filme oder Fallbeispiele.

Meinen Freunden und Kollegen gebührt ebenso Dank. Sie haben mich während der geraumen Zeit beim Schreiben dieses Buches begleitet und unterstützt.

Schließlich danke ich meiner Familie, insbesondere meinen Brüdern Michael und Anton Straub, sowie meiner Freundin Sud für ihre Nachsicht und Unterstützung.

Autorenverzeichnis

Inhaltlich wie formal haben Walid Shibib vom HEC der Universität Genf und Prof. Dr. Peter Richard von der Hochschule Augsburg bei sämtlichen Kapiteln einen wichtigen Beitrag durch ihre enge Zusammenarbeit mit mir geleistet.

Folgende Autoren haben in enger Zusammenarbeit mit mir zum Entstehen dieses Buches beigetragen:

Teil I: Grundlagen

1. Einleitung in die Betriebswirtschaftslehre

2. Strategisches Management

Thibaut Bardon, Audencia Nantes School of Management, Nantes, Frankreich.

Stefano Borzillo, SKEMA Business School, Paris, Frankreich.

Teil II: Primäre Aktivitäten

3. Marketing

Benoît Lecat, ESC Dijon, Dijon, Frankreich und Hautes Etudes Commerciales (HEC), Universität Genf, Genf, Schweiz.

Florian Ruhdorfer, MC FH Krems, Krems, Österreich.

Walid Shibib, Hautes Etudes Commersiales (HEC), Universität Genf, Schweiz

4. Sales

Benoît Lecat, ESC Dijon, Dijon, Frankreich und Hautes Etudes Commerciales (HEC), Universität Genf, Genf, Schweiz.

5. Materialwirtschaft, Logistik und Supply Chain Management

Michael Krupp, Hochschule Augsburg, Augsburg, Deutschland.

Peter Richard, Hochschule Augsburg, Augsburg, Deutschland.

Paul Meyer, HES-SO, Hochschule für Wirtschaft Freiburg, Freiburg, Schweiz.

6. Produktion

Achim Schmitt, Audencia Nantes, School of Management, Nantes, Frankreich.

Gaetan Devins, Hautes Etudes Commerciales (HEC), Universität Genf, Genf, Schweiz.

7. Finanzwirtschaft

Olaf Meyer, HES-SO, Hochschule für Wirtschaft Freiburg, Freiburg, Schweiz.

Teil III: Unterstützende Aktivitäten

8. Rechnungswesen

Pierre Vallier, Fachbereich Wirtschaft und Verwaltung, Fachhochschule Bern, Bern, Schweiz.

9. Controlling

Bernard Morard, Hautes Etudes Commerciales (HEC), Universität Genf, Genf, Schweiz.

Florentina Olivia Balu, Hautes Etudes Commerciales (HEC), Universität Genf, Genf, Schweiz.

Christophe Jeannette, Hautes Etudes Commerciales (HEC), Universität Genf, Genf, Schweiz.

Peter Richard, Hochschule Augsburg, Augsburg, Deutschland.

10. Organisation

Rico J. Baldegger, HES-SO, Hochschule für Wirtschaft Freiburg, Freiburg, Schweiz.

Walid Shibib, Hautes Etudes Commerciales (HEC), Universität Genf, Genf, Schweiz.

11. Wissensmanagement und Informationssysteme

Stefano Borzillo, SKEMA Business School, Paris, Frankreich.

12. Human Ressource Management

Mathias Rossi, HES-SO, Hochschule für Wirtschaft Freiburg, Freiburg, Schweiz.

13. Leadership

Kerstin Windhövel, HES-SO, Hochschule für Wirtschaft Freiburg, Freiburg, Schweiz.

Thomas Straub

Genf, im August 2011

Eine gängige und übersichtliche Gliederung unterteilt die Betriebswirtschaft wie im Vorwort angerissen nach einzelnen **Unternehmensfunktionen**. Vor diesem Hintergrund folgt der Aufbau des vorliegenden Buches dem Modell der **Wertschöpfungskette oder Wertkette** *(Value Chain)* eines Unternehmens nach Michael Porter *(Abschnitt 1.2.)*. *Teil I* befasst sich mit den **Grundlagen** und der **strategischen Ausrichtung** für die Wertschöpfungskette.

Grundlagen werden in der *Einleitung in die Betriebswirtschaftslehre (Kapitel 1)* behandelt. Es wird der Frage nachgegangen wieso es überhaupt Unternehmen gibt und was die Gründe für deren Existenz sind. Außerdem werden unterschiedliche Einteilungen und Ausprägungen von Trägern der Wirtschaft gemacht und die Prinzipien des betriebswirtschaftlichen Denkens und Handeln erklärt. Aktuelle Herausforderungen und Ziele von Unternehmen werden erläutert.

Die **strategische Ausrichtung** für die Wertschöpfungskette wird durch das *Strategische Management (Kapitel 2)* festgelegt. Diese Funktion wird häufig auch Unternehmensführung genannt. Das strategische Management befasst sich mit der Steuerung, Leitung und Lenkung des gesamten Unternehmens. Es ist verantwortlich für die Schaffung von organisatorischen Rahmenbedingungen und schließlich für die Ausrichtung des Unternehmens auf gemeinsame Ziele.

TEIL I

Grundlagen

Ein Unternehmen ist kein Zustand, sondern ein Prozess.

Ludwig Bölkow (1912-2003), deutscher Ingenieur

Lernziele

In diesem Kapitel wird das Wissen zu folgenden Inhalten vermittelt:

- Grundlagen der Betriebswirtschaftslehre
- Gründe für die Existenz von Unternehmen
- Bedürfnisse und Güter
- Verschiedene Einteilungen und Ausprägungen von Trägern der Wirtschaft
- Prinzipien des betriebswirtschaftlichen Denkens
- Herausforderungen und Ziele von Unternehmen

Einleitung in die Betriebswirtschaftslehre

ÜBERBLICK

1

1.1 Grundlagen der Betriebswirtschaftslehre

1.1.1 Definitionen und Abgrenzung

Täglich werden wir in den Wirtschaftsmedien damit konfrontiert, dass sich Unternehmen internationalisieren, sich restrukturieren, Mitarbeiter entlassen, neue Produkte oder Dienstleistungen entwickeln und vertreiben, wachsen, fusionieren, andere Unternehmen aufkaufen oder aber auch Bankrott gehen. Handeln Unternehmen, so wirtschaften sie.

Das Wirtschaften in und von Unternehmen ist Gegenstand und Erkenntnisobjekt der **Betriebswirtschaftslehre** (BWL).

Wenn wir von dem Begriff Betriebswirtschaftslehre sprechen, sollten wir dies nicht tun, ohne auch den Begriff **Volkswirtschaftslehre** (VWL) zu erwähnen. Beide Begriffe stehen in engem Zusammenhang und ergänzen sich gegenseitig. Beiden liegt dasselbe Erkenntnisobjekt, die Wirtschaft als solche zugrunde.

Die Volkswirtschaftslehre befasst sich mit der gesamten Wirtschaft und mit den darin stattfindenden Interaktionen von Betrieben und Branchen. Sie stellt Ableitungen von ökonomischen Gesetzmäßigkeiten an, welche wiederum dazu dienen, die Wirtschaft möglichst sinnvoll zu steuern und zu lenken.

Die **Betriebswirtschaftslehre** hingegen befasst sich mit den Betrieben selbst. Hierbei liegt der Fokus auf der Ableitung von Gesetzmäßigkeiten bezüglich Interaktionen, Verhalten und Entwicklungen. Diese Erkenntnisse dienen dazu, ein Unternehmen oder eine Organisation bestmöglich zu managen und tragen dazu bei, deren Leistungsziele zu erreichen.

Ein Unternehmen ist eine wirtschaftliche und juristische Einheit bestehend aus einer einzigen Betriebsstätte oder aber auch aus mehreren Betriebsstätten. Begriffe wie „Unternehmen", „Organisation", „Betrieb"[1] oder „Firma" werden in diesem Buch als Synonyme verwendet. Aus juristischer Perspektive stellt ein Unternehmen eine erwerbswirtschaftliche Einheit dar.

1.1.2 Entstehung der Betriebswirtschaftslehre

Je nach Blickwinkel kann das Alter der Betriebswirtschaftslehre unterschiedlich angenommen werden. Ihre Ursprünge liegen je nach Ansatz Jahrzehnte, Jahrhunderte oder gar Jahrtausende zurück. Die ersten Ansätze systematisierten kaufmännischen Denkens sind bereits um 4.000 v. Chr. bei den Ägyptern und Babyloniern zu finden. Seit dieser Zeit befasste man sich mit dem Thema der Buchhaltung. Anleitungen und Aufzeichnungen aus jener Zeit bilden den Anfang der heutigen Wirtschaftswissenschaften. Ein nennenswerter Autor der Antike ist der Grieche Xenophon (ca. 430-355 v. Chr.). Auch der Mönch Luca Pacioli (ca. 1445-1514) ist aufgrund seiner damals innovativen Beschreibung der doppelten Buchführung „Summa de Arithmetica, Geometrica, Proportioni et Proportionalita" aus dem Jahre 1494 an dieser Stelle zu nennen. Bereits im Jahr 1518 veröffentlichte der Deutsche Henricus Grammateus (Heinrich der Schreiber) ein Schriftstück über das Rechnungswesen. Mehr als ein Jahrhundert später, im Jahre 1675, ist es Jacques Savary, der die Veröffentlichung „Le parfait negociant" („Der perfekte Händler") publizierte. Mitte des 16. Jahrhunderts erfuhr der sogenannte *Merkantilismus*[2] im Anschluss an den *Feudalismus*[3] den Höhepunkt seiner Popularität.

Erst ab dem *18. Jahrhundert* wurden grundlegendere und systematischere Schriften und Werke veröffentlicht. Beispiele hierfür sind folgende Werke: „Die Eröffnete Akademie der Kaufleute" von Carl Günther Ludovici (1707-1778) oder „System des Handelns", eine Veröffentlichung von Johann Michael Leuchs (1763-1836). Leuchs schildert den Handel sowohl aus volkswirtschaftlicher als auch aus betriebswirtschaftlicher Sicht.

Die Forschung setzte sich zu der Zeit bekannter Namen wie Adam Smith (1723-1790) als Vertreter des freien Marktes und David Ricardo (1772-1823) als Vertreter der klassischen Nationalökonomie vorwiegend mit volkswirtschaftlichen und weniger mit betriebswirtschaftlichen Problemen auseinander.

Erst mit der Entstehung von Handelshochschulen zu Beginn des *20. Jahrhunderts* rückte die Betriebswirtschaftslehre wieder in den Mittelpunkt des Interesses. Bis in die 30er Jahre wurden eine Reihe von grundlegenden Veröffentlichungen wie die „Allgemeine Handelsbetriebslehre" von Johann Friedrich Schär, die „Dynamische Bilanztheorie" von Eugen Schmalenbach und die „Allgemeine kaufmännische Betriebslehre als Privatwirtschaftslehre des Handels (und der Industrie) von Heinrich Nicklisch publiziert. Erst in dieser Zeit bürgerte sich die Bezeichnung „Betriebswirtschaft" allgemeinhin ein und die Betriebswirtschaftslehre wurde als wissenschaftliche Disziplin anerkannt.

Nachdem über die Entstehung der Betriebswirtschaftslehre berichtet wurde, soll im nächsten Abschnitt auf folgende Frage Antwort gegeben werden: Aus welchen Gründen existiert die Form des Unternehmens?

1.2 Wieso gibt es Unternehmen?

Ziel dieses Buches ist es, ein grundsätzliches und allgemeines Verständnis für die Betriebswirtschaftslehre zu vermitteln. In diesem Zusammenhang ist es unumgänglich, danach zu fragen, weswegen und seit wann die Form „Unternehmen" existiert.

Bereits 1937 beschäftigte sich der Nobelpreisträger Ronald Coase[4] im Rahmen seines Artikels „The Nature of the Firm" mit der Frage, weswegen es stabile Strukturen wie die eines Unternehmens im Gegensatz zu dem Markt gibt. Laut R. Coase ersetzt ein Unternehmen den komplexen Tausch in einem freien Markt aufgrund einer besseren unternehmerischen Koordination der Produktion. Den Grund hierfür sieht Coase in der Schwierigkeit, über Zwischenhändler des Marktes eine spezifische Ressource zu nutzen. Beispiele hierfür sind physische Ressourcen wie Rohstoffe oder aber auch Humanressourcen oder Wissen durch Arbeitsverträge. Ein Unternehmen ist seiner Ansicht nach schlichtweg einfach leistungsfähiger als der freie Markt, da man beispielsweise nicht ständig für jede Transaktion juristisch einen bestimmten Vertrag aushandeln oder einen Preis festlegen muss. Zwischenzeitlich hat sich dieses klassische Bild von dem Unternehmen und seiner Abgrenzung zum Markt geändert. Viele Unternehmen versuchen interne Märkte aufzubauen, um eine Art interne Dynamik zu fördern. Die Grenzen von Unternehmen zu ihrer Außenwelt werden immer unschärfer.[5]

Das Wort „Unternehmen" trat zum ersten Mal im Französischen im Jahr 1699 auf und diente dazu, eine bestimmte Handelstätigkeit zu beschreiben. Seit dem Jahr 1758 wurde das Wort, wie auch im heutigen Sprachgebrauch üblich, dazu verwendet, eine Organisation, die Produkte herstellte oder Dienstleistungen anbot, zu beschreiben. Im folgenden Abschnitt wird behandelt, woher der Bedarf an Produkten und Dienstleistungen stammt.

1.3 Bedürfnisse und Güter

Jeder Mensch hat Bedürfnisse, sei es das Bedürfnis nach dem Sport etwas zu trinken oder das Bedürfnis auf Sonne und Wärme im Winter. Sobald es an etwas mangelt, entsteht ein Bedürfnis oder ein Wunsch, den es in der Regel anhand von Gütern zu erfüllen gilt. Die Vielzahl von Wünschen und Bedürfnissen ist unendlich. Nicht alle Bedürfnisse und Wünsche sind jedoch gleich: Es kann hierbei nach Dringlichkeit und Wichtigkeit unterschieden werden. Güter, die Bedürfnisse befriedigen, werden von unterschiedlichen Trägern[6] her- und bereitgestellt. In der beruflichen Praxis kommt es auch vor, dass Bedürfnisse bzw. ein Mangel an etwas von bestimmten Trägern der Wirtschaft (*Abschnitt 1.4*) künstlich geschaffen werden. Nachfolgend werden unterschiedliche Gruppen von Bedürfnissen und Gütern vorgestellt.

1.3.1 Bedürfnisse

Ein **Bedürfnis** bezeichnet das Streben des Menschen nach Befriedigung aufgrund eines Mangelempfindens. Mangel oder Knappheit ist demnach eine Voraussetzung für ein Bedürfnis. Die Wirtschaft schafft Abhilfe bei Mangel oder Knappheit, indem sie auf ökonomische Art und Weise Dienstleistungen und Güter produziert und diese am Markt anbietet.

Generell können wir zwischen unterschiedlichen Kategorien von Bedürfnissen unterscheiden. Nach der Bedürfnispyramide von *Maslow* werden Bedürfnisse nach Dringlichkeit und Priorität unterschieden (siehe *Abbildung 13.3: Bedürfnispyramide nach Maslow*).

1. **Existenzielle Bedürfnisse:** Hierzu gehören vor allem Essen, Trinken, Schlafen und Sex.

2. **Bedürfnis nach Sicherheit:** Hierzu gehören vor allem Gesundheit, Behausung und Arbeitsplatzsicherheit.

3. **Bedürfnis nach Geselligkeit:** Hierzu gehören vor allem zwischenmenschliche Beziehungen, Freundschaft und Gruppenzugehörigkeit.

4. **Bedürfnis nach sozialer Anerkennung (Ich-Bedürfnisse):** Hierzu gehören vor allem Ansehen, persönliches Image, Status und Wertschätzung durch Andere.

5. **Bedürfnis nach Selbstverwirklichung:** Hierzu gehören vor allem Entfaltung der eigenen Individualität in Bereichen wie Kunst, Glauben oder Wissenschaft.

Bedürfnisse können jedoch auch nach anderen Kriterien kategorisiert werden:

1. **Individualbedürfnisse:** Diese Kategorie umfasst alle Bedürfnisse, die von Einzelpersonen befriedigt werden können. Beispiele hierfür sind Essen, Trinken oder Schlafen.

2. **Kollektivbedürfnisse:** Diese Kategorie von Bedürfnissen kann durch Gruppen oder durch die Gesellschaft befriedigt werden. Beispiele hierfür sind Schutz vor Kriminalität, Schutz durch ein Rechtssystem oder soziale Sicherheit.

Menschliche Bedürfnisse können sowohl auf unsichtbare wie auch auf materielle Weise befriedigt werden. Im folgenden Abschnitt stehen daher die Güter im Fokus der Betrachtung.

1.3.2 Güter

Güter befriedigen Bedürfnisse. Die Vielzahl menschlicher Bedürfnisse oder Wünsche entspricht demnach einer genauso großen Vielfalt an Gütern. Güter, die nicht in Überfluss vorhanden sind und in der Regel erst auf ökonomische Weise produziert oder beschafft werden müssen, werden **knappe Güter** genannt.

Spezifische Güter, beispielsweise die Luft, solche also, die frei verfügbar sind, werden **freie Güter** genannt. Diese Güter sind im Überfluss vorhanden und müssen nicht extra bereitgestellt werden. Bei Bedarf kann diese Art von Gütern unmittelbar genutzt werden.

Bei dem Handel von Gütern zwischen Wirtschaftsakteuren bilden sich Märkte, welche wie folgt definiert werden können: **Märkte** beschreiben die Gesamtheit von Wirtschaftsakteuren, die Güter anbieten und nachfragen, welche sich wechselseitig ersetzen können. Ein Markt beschreibt somit das geregelte Zusammentreffen von Angebot und Nachfrage von Gütern.

Es folgt eine grundlegende Einteilung von Gütern:

- **Produktionsgüter:** Diese Art von Gütern wird zur Erzeugung von anderen Gütern verwendet wie beispielsweise eine Presse oder ein Drucker.
- **Materielle Güter:** Diese Art von Gütern können wir anfassen. Sie entsprechen Gegenständen und Objekten, welche zumindest eine bestimmte Zeit gelagert werden können wie Autos, Käse und Fleisch.
- **Immaterielle Güter:** Diese Art von Gütern können wir nicht anfassen wie ein Ratschlag, eine Massage oder ein Flug. Immaterielle Güter sind das Ergebnis einer Dienstleistung und deshalb auch nicht lagerfähig.
- **Private Güter:** Diese Güter dürfen ausschließlich von einer privaten Person in Anspruch genommen werden, die über einen Besitzanspruch auf diese Güter verfügt. Besitzt jemand ein Auto, stellt dieses ein privates Gut des Eigentümers dar. Die Nutzung durch andere Personen ist nur mit Zustimmung des Eigentümers erlaubt. Mit privaten Gütern kann daher Handel betrieben werden.
- **Öffentliche Güter:** Für diese Art von Gütern gibt es keinen existierenden Markt, da für diese Güter kein Preis verlangt werden kann. Beispiele hierfür sind öffentliche Straßen, das Rechtssystem eines Staates und öffentliche Hochschulen.
- **Konsumgüter:** Diese Güter sind für den menschlichen Konsum, sprich für den Verbrauch oder für die Nutzung bestimmt wie beispielsweise Zucker, Waschpulver oder ein Mobiltelefon.

Im folgenden Abschnitt werden nun die Träger der Wirtschaft behandelt, die Güter produzieren und bereitstellen, um Bedürfnisse zu befriedigen.

1.4   Die Träger der Wirtschaft

Die Her- und Bereitstellung von Gütern[7] findet durch unterschiedliche Wirtschaftsträger statt. In diesem Zusammenhang können Unternehmen nach unterschiedlichen Kriterien eingeteilt und betrachtet werden.

Unternehmen sind spezielle Träger der Wirtschaft innerhalb des marktwirtschaftlichen Systems. Öffentliche Institutionen stellen das Pendant zu Unternehmen dar. Non-Profit-Organisationen (NPOs) treten als eine Art Mischform auf und unterliegen strengen Grenzen bezüglich ihrer erwerbswirtschaftlichen Zielausrichtung. Non-Profit-Organisationen übernehmen zunehmend Aufgaben, welche ursprünglich von öffentlichen Institutionen her- und bereitgestellt wurden. Die Struktur eines Unternehmens wird in den Wirtschaftsplan aufgenommen.

Abbildung 1.1 veranschaulicht, wie die Träger der Wirtschaft nach Art der von ihnen her- bzw. bereitgestellten Güter eingeteilt und betrachtet werden können.

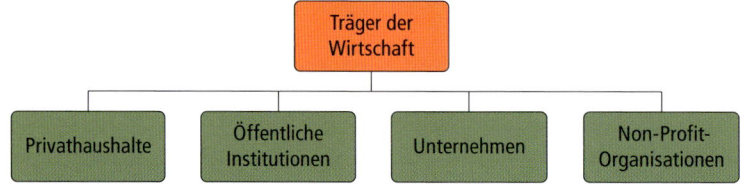

Abbildung 1.1: Träger der Wirtschaft

- **Privathaushalte:** Private Haushalte, die aus einer Person oder aus mehreren Personen bestehen, dienen in der Regel zur *Selbstversorgung einer Familie* und tragen so in begrenztem Umfang zu einer Bedürfnisbefriedigung der Gesellschaft bei. Ein Beispiel ist das Kochen einer Mahlzeit.

- **Öffentliche Institutionen:** Verwaltungen und öffentliche Unternehmen, die dem Staat angehören und auch von diesem geleitet werden, produzieren abgesehen von ein paar Ausnahmen *meist öffentliche Güter, die von Unternehmen oder Haushalten nicht in dieser Form her- und bereitgestellt werden*. Ein Beispiel ist der Bau von öffentlichen Straßen.

- **Unternehmen:** Private und somit nicht-staatliche Unternehmen sind in der Regel auf Gewinnerzielung angewiesen. Sie fokussieren die generelle *Bedürfnisbefriedigung von privaten Personen oder Gruppen*. Ein Beispiel hierfür ist die Herstellung eines Fernsehers. Mit dem erwirtschafteten Gewinn wird der Aufwand abgedeckt und an die Gesellschafter (Eigentümer) eine sogenannte Gewinnausschüttung getätigt. Ein Unternehmen, das keinen Gewinn erwirtschaftet, kann in der Regel nicht über einen längeren Zeitraum überleben. Nach Erich Gutenberg[8] gehören folgende Eigenschaften zu den konstitutiven Merkmalen eines Unternehmens:

  - Das *erwerbswirtschaftliche Prinzip*: Das Streben nach Gewinnmaximierung

  - Das *Autonomieprinzip*: Die Selbstbestimmung des Wirtschaftsplans

  - Das *Prinzip des Privateigentums*: Die Verfügungsrechte an Unternehmen und deren Gewinnen liegen in der Regel bei Privatpersonen oder anderen Unternehmen

- **Non-Profit-Organisationen:** Hierbei handelt es sich um Organisationen, die *sowohl private wie auch öffentliche Güter her- und bereitstellen.* Non-Profit-Organisationen werden zunehmend wie private Organisationen geführt, lokalisieren sich jedoch zwischen dem Staat und dem Markt. Beispiele für Non-Profit-Organisationen sind Verbände, Nichtstaatliche Organisationen (NGOs), Vereine, Stiftungen oder auch Kirchen. Non-Profit-Organisationen werden zunehmend gezwungen, wirtschaftlich zu handeln, um sich finanzieren zu können.

Eine Einteilung der sogenannten *Träger der Wirtschaft* kann auf unterschiedliche Weise und nach unterschiedlichen Kriterien erfolgen. *Abbildung 1.2* zeigt vier wesentliche Arten, die Träger der Wirtschaft einzuteilen.

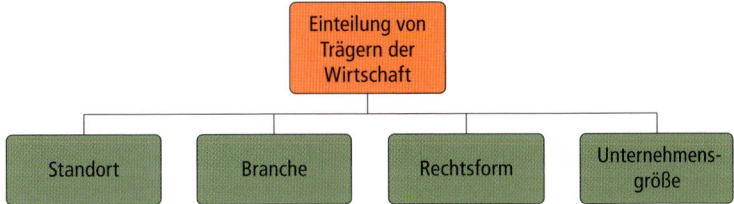

Abbildung 1.2: Einteilung von Trägern der Wirtschaft

In den folgenden Abschnitten werden nacheinander diese vier Einteilungskategorien behandelt.

1.4.1 Nach Standort

Eine mögliche Einteilung von Wirtschaftsträgern ist die Einteilung nach Standort. Der Standort ist eine wichtige Dimension, die für das erfolgreiche Führen eines Unternehmens von Bedeutung ist. Der Ort, an dem ein Unternehmen den Sitz hat, ist hierbei von Interesse. Dies betrifft den Ort der Firmenzentrale sowie den der Produktionsstätten. Die Standortwahl stellt eine strategische Entscheidung dar, da damit wichtige Ressourcen einer Organisation festgelegt und ihr Handeln wesentlich beeinflusst werden. Nicht alle der Standortfaktoren haben dasselbe Gewicht und werden in gleicher Weise berücksichtigt. Dies ist ebenso der Fall in Bezug auf die Messbarkeit der verschiedenen Faktoren. In Bezug auf die geographische Reichweite eines Unternehmens können wir folgende Dimensionen[9] unterscheiden:

- **Lokale Reichweite:** Auf einen Ort, eine Gemeinde oder auf einen Kreis beschränkt wie beispielsweise ein kleines, lokales Bauunternehmen.
- **Regionale Reichweite:** Auf eine Region beschränkt wie beispielsweise eine Regionalzeitung.
- **Nationale Reichweite:** Auf ein Land beschränkt wie beispielsweise eine Rechtsanwaltskanzlei.
- **Internationale Reichweite:** Auf zwei oder mehrere Länder beschränkt wie beispielsweise ein Computerunternehmen.[10]

Die Standortauswahl eines Unternehmens geht aus der Analyse der Standortfaktoren hervor. Im Folgenden werden die wesentlichen Faktoren beschrieben:

Produktionsfaktoren

- **Humanressourcen:** Qualifikationen, Höhe der Löhne und Gehälter, Bildung, Anzahl und Verfügbarkeit an Arbeitnehmern und Arbeitnehmerrechten etc.; beispielsweise Einflüsse durch Gewerkschaften;

- **Gebäude und Grundstücke:** Immobilienpreise, Verfügbarkeit, Lage und Qualität etc.

- **Rohstoffe:** Vorhandensein, Transportkosten, Preise, Zuverlässigkeit etc.

Infrastrukturfaktoren

- **Bildung:** Vorhandensein von Schulen für Ausbildung, Hochschulen und Universitäten mit relevanten Studiengängen etc.

- **Verkehr:** Öffentliche Verkehrsmittel, Straßen, Anschluss an Bahn, Hafen oder Flughafen etc.

- **Öffentliche Versorgung:** Strom, Wasser und Abfall etc.

- **Industrialisierungsniveau der Region:** Vorhandensein von relevanten Firmen für potentielle Kooperationsnetzwerke oder Zulieferung von Halb- und Fertigerzeugnissen etc.

Nachfrage vor Ort

- **Kaufkraft:** Darunter wird die Menge an Gütern und Dienstleistungen verstanden, die mit einer Geldeinheit erworben werden kann. Diese ist abhängig von dem Einkommensniveau und von den Preisen.

- **Kundennähe:** Hierunter wird die geographische und kulturelle Nähe eines Unternehmens zu seinen Kunden verstanden.

- **Anzahl an potentiellen lokalen Kunden**

- **Lokale Wettbewerber**

- **Demographische Besonderheiten der Bevölkerung:** Darunter versteht man Besonderheiten bezüglich des Alters, des sozialen Niveaus und der Internationalität der lokalen Bevölkerung.

Politische, wirtschaftliche und soziale Rahmenbedingungen

- **Steuern:** Hierunter ist die Höhe der unterschiedlichen Arten von Steuern wie die Gewerbesteuer oder die Mehrwertsteuer zu verstehen.

- **Subventionen des Staates:** Hierbei werden sowohl direkte als auch indirekte Subventionen beachtet.

- **Politische Stabilität:** Im Zentrum der Betrachtung steht hierbei der rechtliche Rahmen und die Rechtssicherheit.

- **Soziokulturelle Faktoren:** Hierbei sind insbesondere die Lebensbedingungen, das Sozialsystem, die Freizeiteinrichtungen und die soziale Sicherheit von Interesse.

- **Normen und notwendige Zertifizierungen:** Hierbei sind lokale Normen oder Zertifizierungsstandards von Interesse.

- **Sicherheit:** Hierbei sind sämtliche Sicherheitsaspekte wie die Sicherheit auf den Straßen und die Freizügigkeit von besonderem Interesse.

In der Praxis werden all diese Faktoren in einer Tabelle aufgelistet und je nach Ausprägung bewertet. Eine weitere Einteilung kann zudem je nach Branche erfolgen.

1.4.2 Nach Branche

Soll die Einteilung eines Unternehmens nach Branche bzw. Sektor vorgenommen werden, kann zwischen sogenannten **Sachleistungsunternehmen** und **Dienstleistungsunternehmen** unterschieden werden.

Sachleistungsunternehmen lassen sich vor allem in der Industrie und dem Handwerk auffinden. Diese Art von Unternehmen produziert ein physisch greifbares Produkt, sprich eine „Sache". *Dienstleistungsunternehmen* produzieren hingegen einen „Dienst", der als solcher nicht greifbar ist. Des Weiteren können Unternehmen auch nach ihrer Erzeugungsstufe *differenziert* werden: Gewinnungsunternehmen produzieren sogenannte Urprodukte wie beispielsweise Naturvorkommen tierischer, mineralischer oder auch pflanzlicher Art. Naturkräfte zählen ebenfalls zu diesen Naturvorkommen. Urprodukte bilden den Beginn der Wertschöpfungskette. Unternehmen, die in diesem Bereich tätig sind, bilden den sogenannten **Primärsektor**[11]. Aufbereitungs- oder Veredelungsunternehmen, die aus den erzeugten Urprodukten Zwischenprodukte oder gar Endprodukte herstellen, gehören dem **sekundären Sektor** an.

Unternehmen, die Dienstleistungen, sprich immaterielle Güter und keine physischen Produkte herstellen gehören dem **Tertiärsektor** an. Dienstleistungen sind nicht lagerfähig, nicht übertragbar und integrieren in der Regel den Kunden mit ein. Entsprechend dem **Uno-actu-Prinzip** fallen ihre Herstellung und ihr Konsum zusammen. Zwischenzeitlich gehören dem tertiären Sektor in Deutschland mehr als 80 Prozent aller Unternehmen an.

- **Primärsektor:** Bergbau, Energie- und Wasserversorgung, Landwirtschaft etc.
- **Sekundärsektor:** Baugewerbe, Pharmaindustrie, Automobilindustrie, Uhrenindustrie etc.
- **Tertiärsektor:** Handel, Gastgewerbe, Gesundheits- und Sozialwesen, Bildung, Verkehr und Nachrichten etc.

Nachdem die Einteilung von Trägern der Wirtschaft nach Standort und nach Branche bzw. Sektor behandelt wurde, hat der folgende Abschnitt die Einteilung nach der Rechtsform zum Gegenstand.

1.4.3 Nach Rechtsform

Träger der Wirtschaft können des Weiteren nach Rechtsform eingeteilt werden. Jegliche Organisation besitzt eine bestimmte Rechtsform, für die sie sich bereits bei der Gründung entscheiden muss. Eine Änderung zu einem späteren Zeitpunkt ist jederzeit möglich. Generell unterscheidet man zwischen drei wesentlichen Rechtsgrundformen: Den **Einzelunternehmen**, den **Personengesellschaften** und den **Kapitalgesellschaften**.

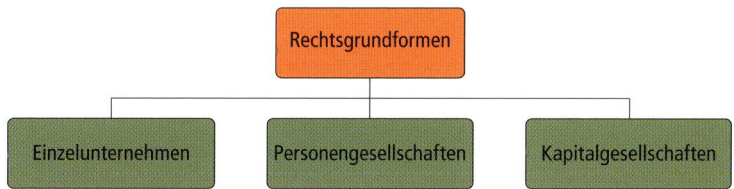

Abbildung 1.3: Wesentliche Rechtsgrundformen

Die in *Abbildung 1.3* gezeigten wesentlichen Rechtsgrundformen existieren länderübergreifend. Innerhalb dieser drei Rechtsgrundformen kann es jedoch länderspezifisch zu Abweichungen kommen. Um einen Überblick über diese zu erlangen, werden die wesentlichen privatrechtlichen Rechtsformen für die Länder Deutschland, Frankreich, Schweiz und Österreich in *Tabelle 1.1* zusammengefasst.

Land	Einzelunternehmen	Personengesellschaften	Kapitelgesellschaften	Sonstige
Deutschland	**Eingetragener Kaufmann/-frau** (e. K., e. Kfm., e. Kffr.)	**Gesellschaft bürgerlichen Rechts** (GbR), **Offene Handelsgesellschaft** (OHG), **Kommanditgesellschaft** (KG)	**Gesellschaft mit beschränkter Haftung** (GmbH) **Aktiengesellschaft** (AG)	Genossenschaft, Verein, Stiftung
Frankreich	**Microentreprise** (Kleinunternehmerstatus für Einzelpersonen)	**Société civile** (SC) – (Personengesellschaft) **Société en nom collectif** (SNC) – (Handelsgesellschaft) **Société civile professionelle** (SCP) – (Partnerschaft für freie Berufe)	**Société anonyme** (SA) – (Aktiengesellschaft) **Société anonyme simplifiée** (SAS) – (Vereinfachte Aktiengesellschaft; nicht börsenfähig) **Société à responsabilité limitée** (Sàrl) – (Gesellschaft mit beschränkter Haftung) **Entreprise unipersonelle à responsabilité limitée** (EURL) – (Einpersonen-Gesellschaft mit beschränkter Haftung)	
Schweiz	**Einzelunternehmen oder Einzelfirma**	**einfache Gesellschaft, Kollektivgesellschaft, Kommanditgesellschaft**	**Aktiengesellschaft, Kommanditgesellschaft, Gesellschaft mit beschränkter Haftung, Investmentgesellschaft für Kollektive Kapitalanlagen**	
Österreich	**Einzelunternehmen, Eingetragenes Einzelunternehmen** (e. U.)	**Gesellschaft nach bürgerlichem Recht** (GesnbR), **Offene Gesellschaft** (OG), **Kommanditgesellschaft** (KG)	**Aktiengesellschaft** (AG), **Gesellschaft mit beschränkter Haftung** (GesmbH, GmbH)	

Tabelle 1.1: Wesentliche Rechtsformen pro Land

Wie *Tabelle 1.1* zu entnehmen ist, haben Unternehmer die Möglichkeit, innerhalb einer der drei Grundrechtsformen aus einer Reihe von spezifischen Rechtsformen auszuwählen. Diese spezifischen Rechtsformen weisen unterschiedliche Charakteristiken auf. *Tabelle 1.2* fasst diese Charakteristiken der wesentlichen spezifischen Rechtsformen am Beispiel Deutschlands zusammen.

Rechtsform	Mindestkapital (MK)	Direktion	Gesetzgrundlage	Haftungspflicht	Hauptsächliche Steuerbelastung	Anzahl Gründer	Publizitätspflicht (PP)	Handelsregister
Einzelunternehmen	Kein MK	Inhaber allein	Handelsgesetzbuch (HGB)	Inhaber beschränkt	Einkommensteuer	1	Keine PP	Eintrag erforderlich
Einzelunternehmen	Kein MK	Gemeinschaftlich, durch Satzung Möglichkeit für andere Regelung	Bürgerliches Gesetzbuch (BGB)	Alle Gesellschafter unbeschränkt	Einkommensteuer, Gewerbesteuer bei Gewerbe	2	Keine PP	Eintrag nicht erforderlich
Offene Handelsgesellschaft (OHG)	Kein MK	Prinzipell alle Gesellschafter	HGB und BGB	Alle Gesellschafter unbeschränkt	Einkommensteuer, Gewerbesteuer	2	Keine, nur bei Großunternehmen	Eintrag aller Gesellschafter
Kommanditgesellschaft (KG)	Kein MK	Komplementär	HGB und BGB	Komplementäre unbeschränkt, Kommanditisten mit Einlagenhöhe	Einkommensteuer, Gewerbesteuer	Komplementär, Kommanditist	Keine, nur bei Großunternehmen, Einsichtsrecht des Kommanditisten	Eintrag erforderlich
Gesellschaft mit beschränkter Haftung (GmbH)	25.000 €	Geschäftsführer	GmbH Gesetz	Da juristische Person nur mit Gesellschaftsvermögen	Körperschaftssteuer	1	Keine, nur bei Großunternehmen	Eintrag als Unternehmen erforderlich
Aktiengesellschaft (AG)	50.000 €	Vorstand, Kontrolle durch Aufsichtsrat, Wahl durch Hauptversammlung	Aktiengesetz (AktG)	Da juristische Person nur mit Gesellschaftsvermögen	Körperschaftssteuer	1	Publizitätspflichtiger Jahresabschluss	Eintrag als Unternehmen erforderlich

Tabelle 1.2: Charakteristiken wesentlicher Rechtsformen im Detail

In Bezug auf die Rechtsform werden, wie in *Tabelle 1.2* dargestellt, folgende Bereiche unmittelbar beeinflusst:

- **Der Mindestkapitalbedarf:** Über wie viel Mindestkapital muss die Organisation verfügen?
- **Direktion:** Wer leitet das Unternehmen und in welcher Form wird es geleitet?
- **Gesetzesgrundlage:** Auf welches Gesetz stützt sich das Unternehmen?
- **Haftungspflicht:** In welcher Höhe wird gehaftet? Wer haftet?
- **Anzahl der Gründer:** Wie viele Personen sind nötig, um ein Unternehmen zu gründen?
- **Publizitätsverpflichtung:** Muss der Name des Eigentümers oder der Eigentümer der Öffentlichkeit zugänglich gemacht werden?
- **Handelsregister:** Inwiefern ist ein Eintrag in das Handelsregister notwendig?

Der unmittelbare Einfluss der Rechtsform einer Organisation hat des Weiteren Auswirkungen auf folgende Problematiken, mit denen sich ein Unternehmer beschäftigt:

- **Finanzierungsmöglichkeiten:** Wer sind die möglichen Kapitalgeber?
- **Gewinn- oder Verlustverteilung:** Wem steht der Gewinn zu? Wem wird der Verlust angelastet?
- **Belastung durch Steuern:** In welcher Höhe wird das Unternehmen steuerlich belastet?
- **Grad der Arbeitnehmermitbestimmung:** Inwiefern haben die Arbeitnehmer das Recht zur Mitbestimmung?

Generell können die oben genannten Einflüsse der Rechtsformen auf die Unternehmer von Land zu Land variieren, da sie auf nationalen Gesetzten basieren. In Europa gibt es jedoch Bedarf, diese unterschiedlichen Gesetze zu vereinheitlichen.

Nachdem die Einteilung von Wirtschaftsträgern nach Rechtsform behandelt wurde, soll nun eine weitere Einteilungsmöglichkeit, die Einteilung nach Unternehmensgröße behandelt werden.

1.4.4 Nach Unternehmensgröße

Träger der Wirtschaft können ebenfalls nach Unternehmensgröße eingeteilt werden. In Bezug auf die Unternehmensgröße können wir festhalten, dass es weltweit keinen einheitlichen Bemessungsmaßstab gibt. In Deutschland unterscheidet das Handelsgesetzbuch (HGB) zwischen kleinen, mittelgroßen und großen Kapitalgesellschaften. In diesem Zusammenhang sind die am häufigsten benutzen Kennzahlen die *Bilanzwerte*, die *Arbeitnehmerzahl*, der *Umsatz* oder bei börsenkodierten Kapitalgesellschaften auch oft der *Börsenwert* oder die *Börsenkapitalisierung der Jahresüberschüsse*.

Folgende Tabelle zeigt die derzeit weltweit größten Unternehmen nach Marktkapitalisierung.

Rang	Unternehmen	Land	Branche	Marktkapitalisierung (in Mio US$)
1	Exxon Mobil	USA	Öl	331.934,70
2	Petrochina	China	Öl	306.517,34
3	Apple	USA	Technologie	287.534,81
4	Industrial & Commercial Bank of China	China	Banken	244.177,80
5	Microsoft	USA	Technologie	221.012,10
6	China Construction Bank	China	Banken	219.426,08
7	China Mobile	Honkong (China)	Telekommunikation	213.610,02
8	Petrobras	Brasilien	Öl	213.322,79
9	BHP Billiton	Australien	Bergbau	213.095,24
10	Berkshire Hathaway	USA	Mischkonzern	205.777,90
12	Royal Dutch Shell	Niederlande	Öl	193.818,56
14	Nestle	Schweiz	Nahrungsmittel	188.793,52
15	HSBC	Großbritannien	Banken	182.585,07
23	Novartis	Schweiz	Pharma	156.066,73
30	Vodafone Group	Großbritannien	Telekommunikation	139.264,52
33	Roche	Schweiz	Pharma	128.606,99
34	Total	Frankreich	Öl	127.731,84
35	BP	Großbritannien	Öl	126.890,63
39	Telefonica	Spanien	Telekommunikation	123.185,76
46	Banco Santander	Spanien	Banken	109.795,65
52	Siemens	Deutschland	Mischkonzern	102.683,74
53	Anheuser-Busch	Belgien	Nahrungsmittel	99.613,31

Tabelle 1.3: Die weltweit größten Unternehmen

Quelle: D. Eckert und H. Zschäpitz (18.10.2010): „Das sind die 100 größten Unternehmen der Welt",
www.welt.de/finanzen/article10384354/Das-sind-die-100-groessten-Unternehmen-der-Welt.html (Stand: 10.07.2011).

Wie *Tabelle 1.3* zu entnehmen ist, besetzen die ersten 10 Plätze der weltweit größten Unternehmen ausschließlich außereuropäische Firmen. Unter den größten 100 Unternehmen besetzt Frankreich insgesamt 7 Plätze, Großbritannien 6, die Schweiz 4 und Deutschland 3. China und die USA führen die Rangliste an: 8 der 10 größten Unternehmen stammen aus und haben ihren Sitz in diesen beiden Ländern. Das weltweit größte Unternehmen ist der US-Ölgigant Exxon Mobile, gefolgt von dem chinesischen Konkurrenten Petrochina. Eine hohe Marktkapitalisierung erlaubt einem Unternehmen mehr zu bewegen, ob in Form von eigenen Aktien, die es als Übernahmewährung einsetzen kann oder etwa als Sicherheit für die Aufnahme von Krediten. Größe als solche bringt bestimmte Vorteile mit sich. Nachteilig sind jedoch die zunehmenden Koordinationskosten sowie aus volkswirtschaftlicher Sicht das erhebliche Risiko im Fall eines Misserfolgs. Dieses Argument ist seit der Subprime-Krise unter dem Motto *„Too Big to Fail"* („zu groß, um zu scheitern") bekannt geworden. Die Subprime-Krise begann im Frühjahr 2007 als Banken-, Finanz- und Wirtschaftskrise und ist eine Folge der US-Immobilien- bzw. Hypothekenkrise. „Too Big to Fail" schildert in diesem Zusammenhang die Vorstellung, dass jegliche Art von Institution, auch Unternehmen ab einer bestimmten Größe, allein wegen ihrer Größe *de facto* davor geschützt sind, in Insolvenz gehen zu müssen. Der Grund dieses Schutzes ist wie folgt: Als systemische Einrichtungen würden sie rechtzeitig von internationalen staatlichen Organisationen oder dem Staat selbst durch Staatsinterventionen gerettet, um nicht die gesamte Volks- oder Weltwirtschaft bzw. das vollkommene Wirtschaftssystem zu bedrohen.

Folgende Wirtschaftsmagazine und -zeitungen erstellen regelmäßig Übersichten über die weltweit größten Unternehmen:

- Forbes
- Fortune
- Financial Times
- Fortune Global 500
- Financial Times Global 500
- Die Welt Online
- L'Expansion.com

Forbes bietet mit der Liste *Forbes Global 2000* einen alternativen Ansatz, der unterschiedliche Kennzahlen integriert, jedoch ausschließlich börsennotierte Unternehmen einbezieht. *Die Welt Online* gibt eine Übersicht über die größten deutschen und *l'Expansion.com* über die größten französischen Unternehmen.

Nachdem die Einteilung von Wirtschaftsträgern nach Unternehmensgröße besprochen wurde, soll im folgenden Abschnitt die Einteilung nach der räumlichen Struktur behandelt werden.

1.4.5 Nach räumlicher Struktur

Träger der Wirtschaft können zudem nach räumlicher Struktur eingeordnet werden. Unternehmen, die nur an einem Ort produzieren und geführt werden, werden *lokale Unternehmen* genannt. *Regionale Unternehmen* operieren innerhalb einer geografischen Region mit mehreren Betriebsstätten. *Nationale Unternehmen* hingegen besitzen Stützpunkte innerhalb der Ländergrenzen. In Anlehnung an Sumantra Goshal und Christopher A. Bartlett[12] unterscheiden wir multinationale, globale und internationale Unternehmen. *Multinationale Unternehmen* haben ihre Produktionsstandorte in unterschiedlichen Ländern. Nationale Produktionsstandorte beschränken sich hierbei auf das operative Business und nur auf Teile des strategischen Business. *Globale Unternehmen* sind sehr zentral organisiert. Die nationalen Gesellschaften konzentrieren sich primär auf die Funktionen „Vertrieb" bzw. „Sales" und „Marketing". Strategische Aufgaben und eine Vielzahl an operativen Entscheidungen werden in der Gesellschaftszentrale entschieden. *Internationale Unternehmen* stellen eine Mischung aus globaler und multinationaler Organisationform dar. Gewisse strategische Abteilungen sind zentral, andere wiederum dezentral strukturiert. *Tabelle 1.4* fasst die unterschiedlichen Eigenschaften der oben genannten räumlichen Strukturen von Unternehmen zusammen.

	Lokale Unternehmen	Regionale/ Nationale Unternehmen	Multinationale Unternehmen	Globale Unternehmen	Internationale Unternehmen
Strategische Kompetenz	Reaktions- schnelligkeit, Überschaubarkeit	Reaktionsfähigkeit, Überschaubarkeit, Anpassungsfähig- keit	Reaktions- schnelligkeit	Effizienz	Lernen
Strukturen	Einfache und über- schaubare Struktur, es wird nur an einem Ort produ- ziert und geführt.	Operieren innerhalb einer regionalen oder nationalen Region mit mehreren Betriebs- stätten. In der Regel stark zen- tralisiert	Loser Zusammen- schluss von Nieder- lassungen; Nationale Gesell- schaften erledigen sämtliche operative Aufgaben und auch teilweise strategische.	Stark zentralisiertes Unternehmen; Nationale Nieder- lassungen werden primär als Distri- butionszentren gesehen; Alle strategischen sowie viele operativen Entscheidungen werden in der Unternehmens- zentrale gefällt.	Irgendwo zwischen multinationalen und globalen Unternehmen; einige strategische Bereiche sind zentralisiert und andere dezentral in den Ländernieder- lassungen ange- siedelt.
Beispiele	Bäckerei, Architekturbüro, Stuckateur, Landwirt	EDEKA (D), Migros (CH), Monoprix (F), 20 Minuten (CH), Schwarzwälder Bote (D), Les Echo (F)	Philipps, Carrefour, Baker & McKenzie, Lidl, Aldi	Swatch, Rolex, Total, La Roche, Bayer, UBS, Deutsche Bank, Haribo, Porsche, Ferrero	Mercedes Benz, Cartier, Siemens, Bosch, Kuoni, Holcim
	Eine Einheit	Mehrere Einheiten	HQ	HQ	HQ

Tabelle 1.4: Unternehmen nach räumlicher Struktur
Quelle: Straub in Kooperation mit Daniel Schwenger (in Anlehnung an Bartlett und Ghoshal: „Managing Across Borders: The Transnational Solution", Harvard Business Press, Boston 2002).

Nachdem unterschiedliche Einteilungsarten von Trägern der Wirtschaft behandelt wurden, stehen nun die Prinzipien des betriebswirtschaftlichen Denkens und Handelns im Fokus. Diese Betrachtung soll nachvollziehbar machen, auf welcher Grundlage die behandelten Träger der Wirtschaft Entscheidungen fällen.

1.5   Die Prinzipien des betriebswirtschaftlichen Denkens und Handelns

Um handeln und wirtschaften zu können, müssen Unternehmen kontinuierlich Entscheidungen fällen. Grundlage dieser Entscheidungen bilden Prinzipien. Bei der ökonomischen Herstellung und Bereitstellung von knappen Gütern werden in der Regel rationale Entscheidungen auf der Basis des sogenannten **ökonomischen Prinzips** getroffen. Häufig wird dieses Prinzip auch **Wirtschaftlichkeitsprinzip** genannt. Wir unterscheiden hierbei folgende unterschiedliche Formen:

- **Minimal-Prinzip:** Mit geringstmöglichem Mitteleinsatz (Aufwand[13]) soll ein bestimmtes Ergebnis (Erfolg bzw. Ertrag[14]) erreicht werden. Ein Beispiel hierfür ist, gegen einen möglichst geringen Preis einen Flug von einem Ort zum anderen zu erwerben.

- **Maximal-Prinzip:** Bei gegebenem Mitteleinsatz (Aufwand) soll ein größtmögliches Ergebnis (Erfolg bzw. Ertrag) erzielt werden. Ein Beispiel hierfür ist, gegen den Preis von 2.000 Euro einen Flug in ein möglichst weit entferntes Land zu erwerben.

- **Optimum-Prinzip:** Diese Prinzip wird auch Extremum-Prinzip genannt und besagt, dass ein möglichst günstiges Verhältnis zwischen Mitteleinsatz (Aufwand) und Ergebnis (Erfolg bzw. Ertrag) erreicht werden soll. Ein Beispiel hierfür ist, gegen einem optimalen Preis einen Flug von einem Ort zum anderen zu erwerben.

Abgesehen von dem ökonomischen Prinzip bestehen weitere Prinzipien, die ebenfalls von Bedeutung sind:

- **Umweltschonungsprinzip:** Dieses Prinzip stellt ökologische Aspekte in den Mittelpunkt und besagt, dass möglichst umweltfreundlich gewirtschaftet werden sollte. Unternehmen versuchen daher, möglichst umweltfreundliche Firmenwägen zu nutzen.[15]

- **Humanitätsprinzip:** Dieses Prinzip stellt den Mensch in den Mittelpunkt und besagt, dass möglichst human gewirtschaftet werden soll, indem die menschlichen Bedürfnisse berücksichtigt werden. Beispiele hierfür sind ein möglichst menschengerechter Arbeitsplatz sowie menschengerechte Arbeitsaufgaben.[16]

Unsere Wirtschaft ist stets bedacht, nach diesen Prinzipien zu handeln und Güter her- und bereitzustellen, welche die Bedürfnisse der Gesellschaft bestmöglich befriedigen. Wirtschaft lässt sich daher wie folgt definieren:

Wirtschaft oder **Ökonomie** bezeichnet die geplante, rationale Her- oder Bereitstellung von knappen Gütern, die die menschlichen Bedürfnisse befriedigen sollen. Diese vernünftige Planung basiert auf den Prinzipien des betriebswirtschaftlichen Denkens und Handelns.

Nachdem in diesem Abschnitt die Prinzipien des betriebswirtschaftlichen Denkens und Handelns Gegenstand waren, sollen nun die Herausforderungen und Ziele von Organisationen vermittelt werden.

1.6 Herausforderungen und Ziele von Organisationen

Basierend auf den Prinzipien der Entscheidungsfindung handeln und wirtschaften Unternehmen, um gewisse Herausforderungen zu bewältigen und um Ziele zu erreichen. Nachfolgend sollen die wesentlichen Herausforderungen und Ziele von Unternehmen behandelt werden.

Unternehmensziele bzw. **Organisationsziele** bezeichnen in der Betriebswirtschaftslehre die Zielsetzungen, die dem Unternehmertum zugrunde liegen. Diese Ziele symbolisieren ein gewisses Selbstverständnis und den Anspruch eines Unternehmens. Eine Zielsetzung gehört zu den wesentlichen unternehmerischen Entscheidungen eines Unternehmens und wird in der Regel von der Direktion des Unternehmens entschieden.

Erst durch die Begründung des *entscheidungstheoretischen Ansatzes* (Edmund Heinen 1968) und des *systemtheoretischen Ansatzes* (Hans Ulrich 1972) wurde die Thematisierung von Zielbildungen in Organisationen in der deutschsprachigen Betriebswirtschaftslehre ermöglicht. In diesem Zusammenhang ist festzuhalten, dass generell mehrere Interessens- oder Anspruchsgruppen, auch Stakeholder genannt, Einfluss auf die Zielsetzung des Unternehmens haben.

Stakeholder bzw. Interessens- oder Anspruchsgruppen sind Wirtschaftseinheiten, die in Beziehung zu einem Unternehmen stehen. Die jeweiligen Handlungen werden dadurch gegenseitig beeinflusst. Zu Stakeholdern von Unternehmen gehören unter anderem Kunden, Lieferanten, Kapitalgeber, Arbeitnehmer, öffentliche Institutionen sowie gesellschaftliche Gruppen.

In diesem Buch ist das rationale Handeln der Akteure des Unternehmens, bei dem ein Unternehmen seinen Nutzen nach Art des *homo oeconomicus* maximiert, Ausgangspunkt. Diese Perspektive erlaubt, wesentliche ökonomische Zusammenhänge vereinfacht darzustellen. In der Neuen Institutionenökonomik werden jedoch auch weitere Einflüsse wie die Asymmetrie von Information, eine beschränkte Rationalität sowie Opportunismus einbezogen, welche erlauben, Situationen und ökonomische Zusammenhänge nachzuvollziehen und zu beschreiben.

Bei der Einteilung von Unternehmenszielen stehen drei Dimensionen zur Verfügung: Die **ökonomische**, die **soziale** und die **ökologische Dimension**. Eine prioritäre Stellung der ökonomischen Dimension lässt sich aus den konstitutiven Eigenschaften jeglicher Unternehmen ableiten. In der ökonomischen Dimension existieren Leistungs-, Finanz- und Erfolgsziele. Nachfolgend werden diese Unternehmensziele näher beschrieben:

a) **Ökonomische Ziele, Wert- oder Formalziele** bestimmen den *Erfolg von Unternehmen*. Um überleben zu können, benötigt eine Organisation Liquidität. Die Liquidität einer Organisation muss daher jederzeit, auch kurzfristig, vorhanden sein, um für ausstehende Rechnungen aufkommen zu können. Rentabilität sollte in der Regel mittel- bis langfristig gesichert sein, da die Liquidität der Organisation ansonsten nicht gesichert werden kann. Um Liquidität und Rentabilität zu gewähren, sollte eine Firma zumindest mit dem Markt mitwachsen. Wachstum wird an Größen wie Einnahmen, Gewinne oder Beschäftigtenzahl gemessen. Man kann sich weiterhin an vielen verschiedenen Erfolgskenngrößen orientieren: Gewinn, Produktivität, Umsatzrentabilität, Wirtschaftlichkeit oder Return on Investment (ROI). Weitere Formalziele wären Zahlungsfähigkeit, Marktmacht, Erhaltung der Umwelt, sichere Arbeitsplätze, Image sowie eine förderliche Organisationskultur.

b) **Sachziele oder Leistungsziele** beziehen sich auf das *konkrete Handeln einer Organisation in Bezug auf die Leistungserstellung*, sprich auf die Menge, die Art, den Ort, die Zeit und die Qualität der zu produzierenden Waren oder der angebotenen Dienstleistungen.

c) **Sozialziele, Humanziele und ökologische Ziele** beziehen sich auf das *angestrebte Verhalten gegenüber internen und externen Stakeholder*. Hierzu gehören Mitarbeiter, Kunden, Lieferanten, Öffentlichkeit oder auch der Staat. Diese Ziele sind inhaltlicher Natur und werden häufig als weniger wichtig angesehen, da sie nicht direkt für das wirtschaftliche Überleben einer Organisation notwendig sind und keinen unmittelbaren Erfolg generieren. Gewisse Elemente sind jedoch auch durch Gesetze wie beispielsweise durch Steuergesetze, Arbeitszeitgesetze oder durch Umweltschutzauflagen festgelegt. Diese Dimension wird häufig auch mit *Social Corporate Responsibility* (CRS), sprich mit den Begriffen *Unternehmensethik* und *Social Entrepreneurship* in Zusammenhang gebracht. Diese Ziele nehmen mitunter aufgrund einer steigenden Transparenz in unserer Gesellschaft an Bedeutung zu.

In diesem Kontext ist abschließend wie folgt festzuhalten: Bezüglich einer nachhaltigen Unternehmensentwicklung sind die Berücksichtigung und die Abwägung aller drei Dimensionen wichtig.

Exkurs   ## Die Existenz von Non-Profit-Organisationen (NPO)

Als Non-Profit-Organisation (NPO) werden Organisationen in privat-gewerblicher oder frei-gemeinnütziger Trägerschaft bezeichnet, die zusätzlich zu Staat und Markt bestimmte Zwecke der Bedarfsdeckung, Förderung oder Interessenvertretung bzw. Beeinflussung für ihre Mitglieder oder Dritte wahrnehmen. NPOs verfolgen keine wirtschaftlichen Gewinnabsichten, sondern dienen den Mitgliedern mit gemeinnützigen kulturellen, sozialen oder wissenschaftlichen Zielen, die in einer Satzung festgelegt sind. Beispiele für NPOs sind Vereine, Gesellschaften ohne Erwerbszwecke, Stiftungen, gemeinnützige GmbHs häufig auch nicht-staatliche Organisationen (NGOs). Im Folgenden werden in diesem Zusammenhang charakteristische Eigenschaften von NPOs erwähnt:

Direktion

NPOs werden in der Regel als Vereine, Verbände, Selbstverwaltungskörperschaften, gemeinnützige Gesellschaften, Genossenschaften oder Stiftungen von gewählten Ehrenamtlichen geführt. Freiwillige Helfer unterstützen die NPOs bei ihrer Arbeit. Die Führungsorgane können entweder gewählt oder, wie im Fall von Stiftungen, durch bestimmte Institutionen oder Personen berufen werden.

Gemeinnützigkeit

In Deutschland wird beispielsweise die Gemeinnützigkeit von NPOs im Rahmen eines staatlichen Anerkennungsverfahrens auf Plausibilität geprüft. Verantwortlich hierfür ist in der Regel das Finanzamt, das eine Befreiung von der Körperschaftssteuer erlassen kann. Wesentlich ist in diesem Zusammenhang die Gemeinnützigkeit, welche die Grundlage zur Ausstellung von steuermindernden Zuwendungsbescheinigungen bildet.

Finanzierung

Die NPOs finanzieren ihre Leistungen über Mitgliederbeiträge, Zuschüsse, Spenden, über den Verkauf von Produkten, über Dienstleistungen oder Gebühren. Erzielte Überschüsse dürfen nicht als Kapitalrendite in direkter Weise an Mitglieder oder Träger übertragen werden. Übergänge von der Privatautonomie zur Staats- oder Marktsteuerung in Teilbereichen sind möglich und geschehen häufig.

Aktuelle Entwicklungen

Nicht-staatliche Wohltätigkeit wurde bereits sehr früh in der Geschichte praktiziert: Historisch betrachtet insbesondere in Form von Stiftungen, mit denen Krankenhäuser oder Armenfürsorge finanziert wurden. Ein solches Stiftungswesen existierte in Mitteleuropa und im Osmanischen Reich bereits in der frühen Neuzeit.

Seit dem Jahrtausendwechsel befindet sich der Non-Profit-Sektor bedingt durch externe wie auch interne Faktoren in einer Umbruchsituation. Gesellschaftspolitische Entwicklungen führen zu Verschiebungen in der Nachfrage nach sozialen Dienstleistungen, während leere öffentliche Kassen und finanziell geschwächte Sozialversicherungen in vielen europäischen Staaten NPOs mit tiefgreifenden Einschränkungen konfrontieren. Zugleich erfährt der Non-Profit-Sektor eine Wettbewerbsintensivierung aufgrund gewandelter gesetzlicher Rahmenbedingungen, auf nationaler wie internationaler Ebene (EU) und aufgrund eines Reformprozesses in der öffentlichen Verwaltung (unter anderem durch das sogenannte New Public Management, um diese effizienter zu fördern).

Reflexionsfragen

1. Welche gesellschaftspolitischen Entwicklungen sind Ihrer Meinung nach entscheidend für die Verschiebungen in der Nachfrage nach sozialen Dienstleistungen?

2. Recherchieren Sie zwölf NPOs und klassifizieren Sie diese in mindestens drei Gruppen.

ZUSAMMENFASSUNG

Folgende Inhalte wurden bisher behandelt:

- Einleitend wurden die Grundlagen der Betriebswirtschaftslehre besprochen.
- Wir halten fest, dass sich Betriebswirtschaftslehre mit dem Wirtschaften in und von Unternehmen, welches folgendermaßen Gegenstand und Erkenntnisobjekt der Betriebswirtschaftslehre ist, befasst. Zudem erfolgte eine Abgrenzung der Betriebswirtschaftslehre von der Volkswirtschaftslehre. Die Ursprünge der Betriebswirtschaftslehre lassen sich bis in die Antike zurückverfolgen. Seither hat jene als wissenschaftliche Disziplin bis zum heutigen Tag an Bedeutung gewonnen.
- *Coase* benennt den Grund der Existenz von Unternehmen: Unternehmen handeln und wirtschaften im Vergleich zum Markt effizienter.
- Unternehmen produzieren Güter, um Bedürfnisse zu befriedigen. In diesem Zusammenhang wurden die wesentlichen Bedürfnisse und Güter sowie die Träger der Wirtschaft behandelt und letztere nach unterschiedlichen Merkmalen eingeteilt: Nach Standort, nach Branche, nach Rechtsform, nach Unternehmensgröße und schließlich nach räumlicher Struktur.
- Zudem wurden grundlegende Prinzipien des betriebswirtschaftlichen Denkens und Handelns sowie unterschiedliche Herausforderungen und Ziele von Organisationen behandelt.

AUFGABEN

1. Erklären Sie knapp die wesentlichen Funktionen eines Unternehmens und deren Beitrag für den Leistungsprozess in einem Unternehmen (siehe hierzu Vorwort: Aufbau des Buches: Die Funktionen eines Unternehmens).

2. Beschreiben Sie die vier Träger der Wirtschaft und die von ihnen her- bzw. bereitgestellten Güter.

3. Erörtern Sie die wesentlichen Vor- und Nachteile der unterschiedlichen Rechtsformen von Unternehmen.

4. Nennen Sie die Ziele eines Unternehmens und erörtern Sie deren Wichtigkeit.

Fallstudie: Médecins Sans Frontiers (MSF)

Im Jahr 1971 gründete eine kleine Gruppe französischer Ärzte und Journalisten die Organisation Médecins Sans Frontières (Ärzte ohne Grenzen) als Reaktion auf den Biafra-Krieg.

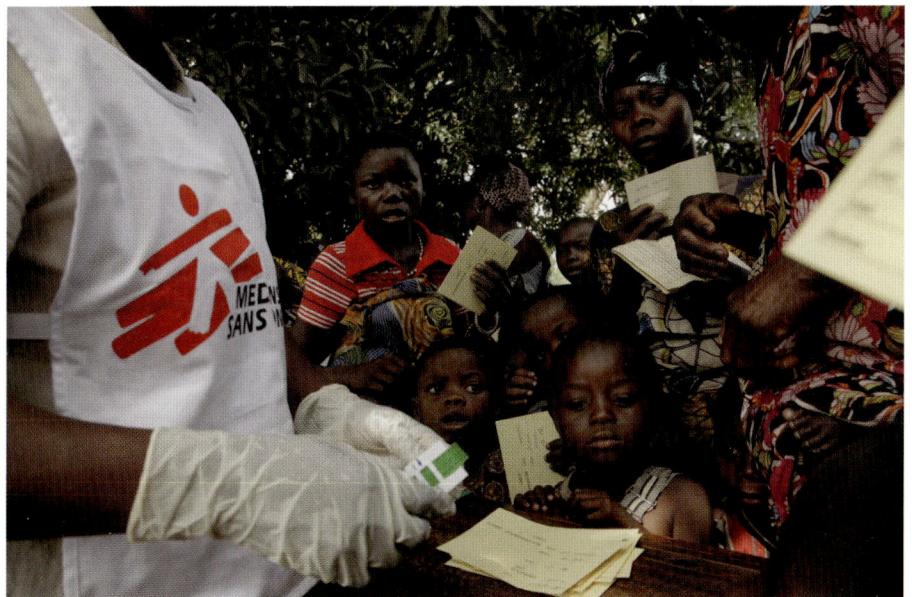

Abbildung 1.4: MSF 59647, Demokratische Republik Kongo, Süd Kivu[17]

Die meisten Mitarbeiterinnen und Mitarbeiter sind Ärzte und Pflegekräfte, doch auch Vertreter anderer Berufsgruppen unterstützen diese Organisation aktiv.

Jedes Mitglied verpflichtet sich auf folgende Grundsätze (Charta):

- *Médecins Sans Frontières* hilft Menschen in Not, Opfern von natürlich verursachten oder von Menschen geschaffenen Katastrophen sowie von bewaffneten Konflikten, ohne Diskriminierung und ungeachtet ihrer ethnischen Herkunft, religiösen oder politischen Überzeugung.

- Im Namen der universellen medizinischen Ethik und des Rechts auf humanitäre Hilfe arbeitet *Médecins Sans Frontières* neutral und unparteiisch und fordert völlige und ungehinderte Freiheit bei der Ausübung seiner Tätigkeit.

- Die Mitarbeiterinnen und von Mitarbeiter *Médecins Sans Frontières* verpflichten sich, die ethischen Grundsätze ihres Berufsstandes zu respektieren und völlige Unabhängigkeit von jeglicher politischen, wirtschaftlichen oder religiösen Macht zu bewahren.

- Als Freiwillige sind sich die Mitarbeiter von *Médecins Sans Frontières* der Risiken und Gefahren ihrer Einsätze bewusst und haben nicht das Recht, für sich und ihre Angehörigen Entschädigungen zu verlangen, außer denjenigen, die *Médecins Sans Frontières* zu leisten imstande ist.

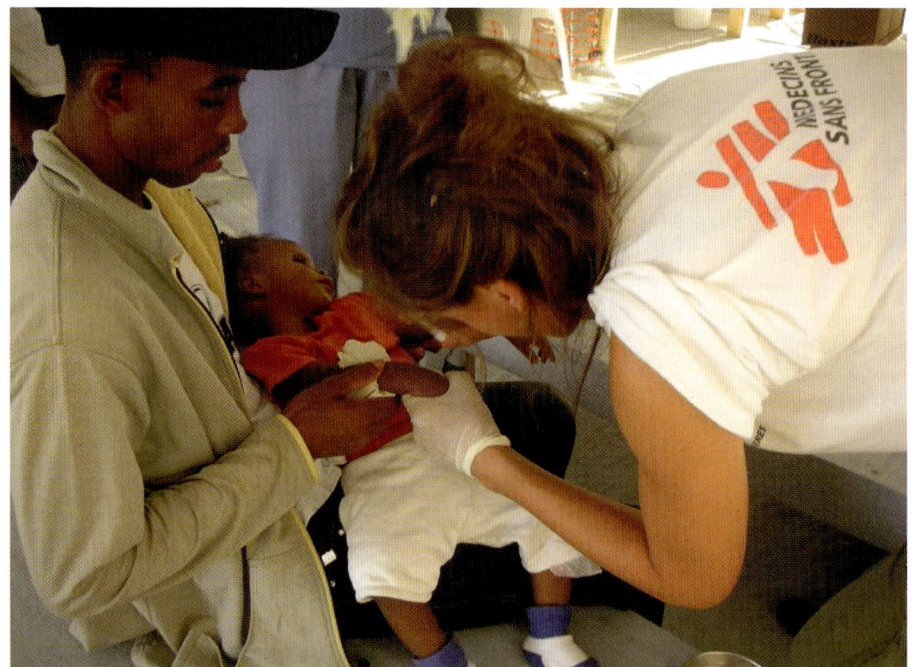

Abbildung 1.5: MSF 60757, Cholera-Epidemie in Haiti[18]

Die internationale Verwaltung, die ihren Sitz in Genf hat, leitet das Netzwerk von *Médecins Sans Frontières*, welches sich aus Sektionen in 19 Ländern zusammensetzt. Jährlich werden für Projekte der Organisation etwa 4.700 Ärzte, Pflegefachleute, Hebammen, Administratoren und Logistiker rekrutiert, die von 20.500 lokal Angestellten unterstützt werden. Eine Vielzahl von Angestellten sind dauerhaft damit beschäftigt die Projekte zu leiten, zu entwickeln, Freiwillige anzuwerben, die Finanzen zu verwalten und Beziehungen zu den Medien zu pflegen. Zu etwa 88 Prozent finanziert sich *Médecins Sans Frontières* aus Privatspenden. Die restlichen 12 Prozent erbringen staatliche Gelder und Zuwendungen aus der Wirtschaft. Die Organisation verfügte im Jahr 2009 über ein jährliches Budget von etwa 665 Millionen Euro.

Tabelle 1.5 listet diejenigen Länder auf, in denen sich die 19 Sektionen von *Médecins Sans Frontières* befinden:

OB Brüssel	OC Paris	OC Genf (Int. Council)	OC Basel	OC Amsterdam
Norwegen	Australien	Österreich	Griechen-land	Kanada
Dänemark	Frankreich	Schweiz	Spanien	Niederlande
Schweden	Japan			Deutschland
Belgien	USA			UK
Luxemburg				
Hong-Kong				
Italien				

Tabelle 1.5: MSF Struktur

Jede Sektion entsendet einen Vertreter in den Internationalen Rat, das höchste Organ der Organisation. Zudem gibt es in einigen Ländern wie beispielsweise in Tschechien Büros von *Médecins Sans Frontières*. Die Arbeit der einzelnen Sektionen besteht hauptsächlich darin, Projekte in derzeit rund 70 Ländern der Welt zu planen und genügend Mitarbeiter mit entsprechenden Qualifikationen für die Projekte zu gewinnen. Die Büros sind zudem zuständig für Lobby- und Öffentlichkeitsarbeit und das Einwerben von Spenden *(Fundraising)*.

MSF Schweiz wurde durch eine Handvoll Freiwilliger im Jahr 1981 gegründet und ist seither stark angewachsen. Eine Vielzahl von Angestellten und Freiwilligen stellen das Funktionieren des Einsatzzentrums sicher. Hauptziel ist die Rettung von Leben und die Linderung von Leiden mit Respekt vor der Würde jedes Einzelnen. MSF versorgt Menschen in Krisensituationen mit medizinischer Pflege, damit sie ihr Leben wieder selbst bestimmen können.

Die Mitarbeiterinnen und Mitarbeiter stellen medizinisches, administratives und logistisches Personal für die Projekte ein. Sie finanzieren, unterstützen und führen internationale medizinische Hilfsprojekte in Kooperation mit anderen Sektionen von *Médecins Sans Frontières*. Sie werben für Spenden und informieren die Öffentlichkeit über Projekte von MSF. Der Verein besteht neben hauptamtlichen und ehrenamtlichen Mitarbeitern aus Vorstand, ordentlichen und fördernden Mitgliedern.

Médecins Sans Frontières (MSF) versteht sich bewusst als nicht-staatliche Organisation (NGO); Sie ist nicht auf staatliche Gelder angewiesen, sondern finanziert sich größtenteils über Privatspenden. So kann die Arbeit unabhängig von politischen, wirtschaftlichen und staatlichen Interessen durchgeführt werden. Etwa 70 Prozent der Gesamtausgaben fließen nach Afrika, da dort, laut Dr. Stefan Krieger, Vorstandsvorsitzender der deutschen Sektion in Berlin, *„einfach am meisten Hilfe benötigt wird"*. Seit der Entkolonialisierung ist der afrikanische Kontinent ständig in Bürgerkriege verstrickt, und darunter leidet besonders die zivile Bevölkerung in den Konfliktregionen. Während andere nicht-staatliche Hilfsorganisationen in Entwicklungsländern den Schwerpunkt ihrer Arbeit auf die Entwicklungshilfe oder auf längerfristige Friedensbemühungen und Aufbauprojekte legen, geht es MSF primär um medizinische Nothilfe. Dr. Stefan Krieger, mit Hauptberuf Chirurg, vergleicht die Arbeit in den Projekten gern mit der eines Notarztes. Dieser leistet die medizinische Erstversorgung und übergibt den Patienten daraufhin an den weiterbehandelnden Arzt, während er sich bereits auf dem Weg zum nächsten Ort der größten Not befindet.

MSF bemüht sich in Krisengebieten unparteiisch, unabhängig und neutral aufzutreten, um die eigenen Mitarbeiter und die Hilfe für die Menschen nicht zu gefährden. Doch ist es bereits auch vorgekommen, dass die Organisation ihre Prinzipien gebrochen und Partei ergriffen hat. Wenn Menschenrechte grob missachtet werden, Menschen brutal vertrieben werden oder Hunger als Waffe eingesetzt wird und die humanitäre Hilfe dadurch bedroht ist, versteht sich MSF als Sprachrohr der Betroffenen. Es wird das Gespräch mit den Verantwortlichen gesucht oder man ist bemüht, durch Aufklärungskampagnen in den Medien öffentlichen Druck zu erzeugen. Führt keiner der diplomatischen Kanäle zu Erfolg, kommt es im schlimmsten Fall zu einem Rückzug aus dem Einsatzgebiet.

Ein Rückzug ist zudem unerlässlich, wenn die Sicherheit der Mitarbeiter und Mitarbeiterinnen nicht mehr gewährleistet werden kann. Dies ist bereits mehrfach vorgekommen: So beispielsweise in Afghanistan, nachdem fünf Mitarbeiter in einem Hinterhalt getötet wurden, und ein anderes Mal im Irak, wo ab November 2004 die Sicherheit der Helfer nicht mehr gewährleistet werden konnte.

Abbildung 1.6: MSF 55291, De Asís Krankenhaus in San Francisco[19]

Eine Ursache für die Gefährdung von Helfern sieht Dr. Stefan Krieger in der häufig beklagten Instrumentalisierung und dem Missbrauch von humanitärer Hilfe
für politische oder sogar militärische Ziele. Weil aber gerade militärische Hilfe
nie unparteiisch erfolgen könne, bestehe MSF nach wie vor auf eine eigenständige humanitäre Arbeit, um nicht zur Verdichtung der Macht- und Gewaltstruk-
turen beizutragen oder gar als deren Spielball missbraucht zu werden. Es werde
streng darauf geachtet, militärische Hilfe nicht mit Nothilfe zu vermischen,
erklärt Dr. Krieger. Denn nur durch strikte politische Unabhängigkeit bleibe die
Arbeit der Ärzte in der Öffentlichkeit weiterhin glaubwürdig.

Reflexionsfragen

1. Welche Bedürfnisse befriedigt *Médecins Sans Frontières* und welche Güter
erstellt diese Organisation?

In Bezug auf *Abschnitt 1.4*:

2. Ordnen Sie die Organisation *Médecins Sans Frontières* den Trägern der
Wirtschaft zu.

3. Erörtern Sie, inwiefern sich die Organisation *Médecins Sans Frontières* von
den anderen Trägern der Wirtschaft abgrenzt.

4. Wenden Sie Frage 1 und Frage 2 auf eine Organisation Ihrer Wahl an.

Quelle: MSF, Straub und Shibib.

Verwendete Literatur

Bartlett, C.; Ghoshal, S.: „Managing Across Borders: The Transnational Solution", 1. Aufl. , Hutchinson, London 1989.

Coase, R.: „The Nature of the Firm", in: Economica, Bd. 4, London 1937.

Gutenberg, E.: „Die Unternehmung als Gegenstand betriebswirtschaftlicher Theorie", 1. Aufl. , Spaeth und Linde, Berlin/Wien 1929.

Hopfenbeck, W.: „Allgemeine Betriebswirtschafts- und Managementlehre", 14. Aufl., Moderne Industrie, München 2002.

Ludovici, C.: „Die Eröffnete Akademie der Kaufleute oder vollständiges Kauffmanns-Lexikon", T. 1-5 u. Anhang „Grundriß eines vollständigen Kaufmanns-Systems", Breitkopf, Leipzig 1752-1756.

Leuchs, J. M.: „Das System des Handelns", Stuttgart 1804.

Pollert, A.; Kirchner, B.; Polzin, J.: „Duden Wirtschaft von A bis Z: Grundlagenwissen für Schule und Studium, Beruf und Alltag", 4. Aufl., Dudenverlag, Mannheim 2009.

Porter, M.: „Competitive Advantage of Nations", MacMillan, London 1990.

Schäfer-Kunz, J.; Vahs, D.: „Einführung in die Betriebswirtschaftslehre", 5. Aufl., Schäffer-Poeschel, Stuttgart 2007.

Schierenbeck, H.: „Grundzüge der Betriebswirtschaftslehre", 16. Aufl., Oldenbourg Verlag, München 2003.

Weiterführende Literatur

Albach, H.: „Allgemeine Betriebswirtschaftslehre", 3. Aufl., Gabler Verlag, Wiesbaden 2001.

Brockhoff, K.: „Geschichte der Betriebswirtschaftslehre: Kommentierte Meilensteine und Originaltexte", 2. Aufl., Gabler Verlag, Wiesbaden 2002.

Domschke, W.; Scholl, A.: „Grundlagen der Betriebswirtschaftslehre. Eine Einführung aus entscheidungsorientierter Sicht", 3. Aufl., Springer Verlag, Berlin/Heidelberg/New York 2005.

Hopfenbeck, W.: „Allgemeine Betriebswirtschafts- und Managementlehre", 14. Aufl., Moderne Industrie, München 2002.

Lechner, K.; Egger, A.; Schauer, R.: „Einführung in die Allgemeine Betriebswirtschaftslehre", 22. Aufl., Linde, Wien 2005.

Weber, W.: „Einführung in die Betriebswirtschaftslehre", 7. Aufl., Gabler Verlag, Wiesbaden 2008.

Wöhe, G.; Döring, U.: „Einführung in die Allgemeine Betriebswirtschaftslehre", 23. Aufl., Vahlen Verlag, München 2008.

Endnoten

1 Der Begriff „Betrieb" kann die „Betriebsstätte" als solche bezeichnen. Oft wird auch die Organisationseinheit eines Unternehmens als Betrieb bezeichnet, in welcher produziert wird.

2 Merkantilismus bezeichnet eine Wirtschaftspolitik, die vor allem den Außenhandel und die Industrie fördert, um Finanzkraft und die Einflussnahme der jeweiligen Staatsmacht zu stärken: Bibliographisches Institut & F. A. Brockhaus AG, Mannheim 2007.

3 Feudalismus bezeichnet eine auf dem Lehnsrecht aufgebaute Wirtschafts- und Gesellschaftsform, in welcher alle Herrschaftsfunktionen von der über den Grundbesitz verfügenden aristokratischen Oberschicht ausgeübt werden: Bibliographisches Institut & F. A. Brockhaus AG, Mannheim 2007.

4 Coase 1937.

5 Siehe *Kapitel 10*.

6 Siehe *Abschnitt 1.4*.

7 Siehe *Abschnitt 1.3*.

8 Gutenberg 1929.

9 Eine ähnliche Einteilung findet sich bei Porter 1990.

10 Siehe auch Ghoshal und Bartlett 1989.

11 Schäfer-Kunz und Vahs 2007, S. 8.

12 Ghoshal und Bartlett 1989.

13 Siehe *Kapitel 8*.

14 Siehe *Kapitel 8*.

15 Hopfenbeck 2002.

16 Angelehnt an den sozialorientierten Ansatz von Konrad Mellerowicz.

17 Hintergrund: Süd Kivu, Demokratische Republik Kongo (14.11.2010). Hier führt MSF eine Massenimpfkampagne in der Gesundheitszone Fizi durch und impft innerhalb von sechs Wochen über 120.000 Kinder im Alter zwischen 6 Monaten und 15 Jahren gegen Masern.

18 Hintergrund: Zwei Monate nach Beginn der Cholera-Epidemie in Haiti setzt MSF seine Aktivitäten ununterbrochen fort. Nahezu 2.000 Patienten werden jeden Tag in den Cholera-Behandlungszentren, die von MSF geführt oder unterstützt werden, behandelt.

19 Hintergrund: Im De Asís Krankenhaus in San Francisco erstellt MSF eine neue Neonatologie-Station, in welcher zu früh geborene Babys und Babys mit Komplikationen medizinisch versorgt werden. MSF führt Weiterbildung für das Krankenhauspersonal durch. Hier zeigt die Krankenschwester Valerio Lista den Pflegekräften in der Neonatologie-Station, wie man die Vitalfunktionen des Monitors verwendet, um die Temperatur eines Babys zu überprüfen.

Not everything that counts can be measured. Not everything that can be measured counts.

Albert Einstein (1879-1955), theoretischer Physiker

Lernziele

In diesem Kapitel wird das Wissen zu folgenden Inhalten vermittelt:

- Grundlagen und Rolle des strategischen Managements:
    - Herkunft
    - Grundlegende Begrifflichkeiten
    - Wie man eine Strategie entwickelt
- Wesentliche Ansätze:
    - Markt-Based-View-Ansatz
    - Resource-Based-View-Ansatz
- Wichtige Management-Tools des strategischen Managements
- Wesentliche strategische Herausforderungen:
    - Wahl der Wachstumsstrategie
    - Wahl der Wachstumsoption
    - Wahl der internationalen Strategie

Strategisches Management

2

ÜBERBLICK

2.1 Grundlagen und Rolle des strategischen Managements

Strategisches Management ist keine Unternehmensfunktion an und für sich, sondern definiert die Ausrichtung der einzelnen Funktionen eines Unternehmens gegenüber seiner Umwelt. Es kann folgende Definition festgehalten werden:

Strategisches Management beschäftigt sich mit der nachhaltigen Entwicklung, Planung und Umsetzung unternehmerischer Ziele nach innen und der Ausrichtungen des Unternehmens gegenüber seiner Umwelt. Strategische Entscheidungen werden in der Regel von der Geschäftsleitung getroffen, die auch *Management* genannt wird.

Die strategischen Entscheidungen der Geschäftsleitung eines Unternehmens legen die Rahmenbedingungen für sämtliche weiteren Entscheidungen des Unternehmens fest. Strategische Entscheidungen bestimmen im Allgemeinen das Verhalten und die Handlungen eines Unternehmens und im Besonderen den langfristigen Aufbau und Einsatz von Kompetenzen, Ressourcen, Investitionen und die strategische Ausrichtung des Unternehmens.

Bevor wir uns mit den Begrifflichkeiten, der Strategieentwicklung, wesentlichen Ansätzen und den grundlegenden strategischen Herausforderungen beschäftigen, soll zunächst der Frage nachgegangen werden, woher der Begriff des *strategischen Managements* als solcher stammt.

2.1.1 Herkunft und historische Entwicklungsphasen des strategischen Denkens

Der Ursprung des strategischen Managements kann in der Welt des Militärs verortet werden und bezeichnet die Kunst, ein Heer zu führen. In der Tat stammt etymologisch gesehen das Wort „Strategie" aus dem Griechischen von „stratos" (Heer) und „agein" (Steuer). Ursprünglich beschäftigte sich die Strategie mit dem Verhalten von Armeen. Um drei Namen von berühmten militärischen Strategen zu nennen, sollen Sun Tzu, Machiavelli und von Clausewitz hervorgehoben werden. Diese drei Männer können als Väter des strategischen Managements bezeichnet werden. Im *sechsten Jahrhundert vor Christus* schrieb der chinesische General **Sun Tzu** (ca. 534-453 v. Chr.) in seinem Buch *„Die Kunst des Krieges"*, dem ersten Buch über Strategie überhaupt, dass der Krieg eine Kunst sei, die nicht dem Zufall überlassen werden dürfe, sondern der Entwicklung einer Strategie bedürfe, um den Gegner zu besiegen. Auch **Niccolò Machiavelli** (1469-1527) formulierte in seinem Werk *„Il Principe"* („Der Fürst") Ratschläge und Techniken, um die Macht im zersplitterten Italien der Renaissance zu erlangen und zu bewahren. Der preußische General **Carl von Clausewitz** (1780-1831) kann schließlich als Gründer des modernen strategischen Managements im 18./19. Jahrhundert betrachtet werden. Er entwickelte ein Vokabular, das bis zum heutigen Tag in der Geschäftswelt benutzt wird. Zudem ist ersichtlich, dass die Definition von Strategie in seinem Hauptwerk *„Vom Kriege"* umfassend formuliert wurde. Laut von Clausewitz legt die Strategie *„den Kriegsplan fest, das heißt die Ziele und die Taktiken, welche in den verschiedenen Feldzügen gewählt werden, wie auch das angemessene Verhalten bei jedem einzelnen Kampf"*.

Obwohl das Militär bereits früh in der Geschichte den Sinn von Strategie und deren Wichtigkeit für das Gewinnen von Kriegen verstanden hatte, interessierten sich Unternehmen erst sehr spät dafür, dieses Wissen für sich zu nutzen. In der Tat ist das Denken von Unternehmen seit der industriellen Revolution im 19. Jahrhundert bis in die **60er Jahre** bestrebt, die Produktivität als solche zu verbessern. Ingenieure leiten Unternehmen und eifern vor allem danach, neue Mittel und Wege zur Produktivitätssteigerung zu entwickeln. Ingenieure suchen nach wissenschaftlichen Lösungen, um den Produktionsprozess zu rationalisieren, wodurch die Ressourcennutzung minimiert und gleichzeitig die produzierte Menge maximiert werden soll. Dieses Prinzip einer Prozesssteuerung wird als **Taylorismus**, in Anlehnung an den amerikanischen Ingenieur Frederick Taylor (1856-1915), bezeichnet. Die sogenannten „Goldenen 30er Jahre" waren eine besonders erfolgreiche Zeit für die meisten Unternehmen. Marktwachstum war vorhanden, der Wettbewerb gering und Haushalte konsumierten zunehmend neue Produkte wie Fernseher, Haushaltsgeräte oder Autos. In den späten 60er Jahren setzte allmählich eine Marktsättigung ein, da der Absatz von Haushaltsgeräten für die nachhaltige Produktion von Wichtigkeit war. Beispielsweise stieg in Frankreich die Sättigung des Marktes an Fernsehgeräten laut dem *Institut National de la Statistique et des Études Économiques* (INSEE)[1] von 20 Prozent im Jahr 1962 auf bereits fast 80 Prozent im Jahr 1970. Unter diesen Bedingungen waren Unternehmer gezwungen, sich neuen Herausforderungen zu stellen: Wie können Haushalte motiviert werden, sich neu auszustatten? Gibt es alternative Absatzmärkte für bestehende Produkte? Auf welche Art können Verbraucher dazu bewegt werden, in einem konkurrenzintensiven Markt das Produkt des eigenen Unternehmens und nicht das der Konkurrenz zu wählen?

Der Fokus lag nicht mehr nur darauf, die Produktivität des eigenen Unternehmens zu erhöhen, sondern ebenfalls darauf, sich gewisse Fragen über die Mittel und Wege zu stellen, welche die Menge an verkauften Gütern des eigenen Unternehmens erhöhen. Während dieser Zeit nahm die Strategie einen wichtigen Platz im Denken der Führungskräfte ein. Zu jener Zeit entstanden viele **Wirtschaftshochschulen** oder **Business Schools** in Europa und den Vereinigten Staaten. Von nun an wurde es als notwendig erachtet, das Führen eines Unternehmens zu erlernen, da es bei Strategiefragen nicht mehr ausreichte zu improvisieren. Diese Fragestellungen sollten nicht dem Zufall überlassen werden, sondern bedurften einem spezifizierten Beruf des Managers, um ein Unternehmen erfolgreich führen zu können. Zur selben Zeit begannen Unternehmensberater Führungskräften von Organisationen brauchbare Management-Tools, sprich Management-Instrumente bzw. -Werkzeuge anzubieten, die zu strategischem Denken anregen und helfen sollten, zunehmend komplexere, strategische Entscheidungen treffen und diese umsetzen zu können. Das **Ende der 70er Jahre** war durch eine Internationalisierung des Wettbewerbs gekennzeichnet. Insbesondere japanische Unternehmen wie Sony, Yamaha, Honda oder Casio überschwemmten die Märkte Europas und Nordamerikas mit innovativen Produkten zu hoher Qualität und zu niedrigen Preisen. Diese Hypercompetition[2] (Hyperwettbewerb) drängte Führungskräfte dazu, sich neuen Herausforderungen zu stellen. Hieraus ergaben sich folgende Fragen: Wie können unsere Produkte an die unterschiedlichen Märkte angepasst werden? Wie können wir einen Kunden zufriedenstellen, der Zugang zum internationalen Markt hat und der mit den bisherigen Standardprodukten nicht mehr zufrieden ist? Wie können wir innovativere Produkte produzieren, die eine breitere Palette von Bedürfnissen abdecken?

Vor diesem Hintergrund muss der Frage nachgegangen werden, welche Bedeutung strategischem Management in der **heutigen Zeit** zukommt. Zudem sollen die wichtigen Begriffe, die in diesem Kontext von Relevanz sind, behandelt werden.

2.1.2 Begrifflichkeiten des Strategischen Managements

Wie in *Abschnitt 2.1.1* bereits geschildert, haben sich der Kontext und die Problematik von Unternehmen im Lauf der Geschichte wesentlich verändert. Zudem lässt sich eine Veränderung hinsichtlich des Verständnisses und der Definition des Begriffs „Strategisches Management" im Zeitverlauf feststellen. Die Begriffe **Strategisches Management**, **Unternehmensstrategie** sowie **Unternehmenspolitik** werden deshalb in diesem Buch als Synonyme behandelt. Im gängigen Sprachgebrauch wird als weiteres Synonym für diese Begriffe nur der Begriff **Strategie** verwendet.

In Bezug auf die aktuelle Bedeutung des *Strategischen Managements* werden zwei weitere wichtige und gleichzeitig komplementäre Definitionen vorgestellt:

Gemäß Alfred Chandler (1962) bedeutet Strategisches Management *„die wesentlichen, langfristigen Ziele einer Organisation und anschließend die richtigen Aktionen und Arten der Ressourcenzuweisung zu bestimmen, welche die Erreichung dieser Ziele ermöglichen".*

Michael E. Porter (1986) definiert Strategie als *„die Kunst der Entwicklung von nachhaltigen Wettbewerbsvorteilen".*

Das Erreichen von Unternehmenszielen, sprich die **Performance** (Leistung) oder die **Bildung von Wettbewerbsvorteilen** steht stets im Zentrum dieser Definitionen. Beide Begrifflichkeiten erfahren daher in *Tabelle 2.1* eine knappe Erläuterung.

Tabelle 2.1

Wichtige Begriffe des strategischen Managements

Begriff	Definition	Beispiel
Performance (Leistung)	Die Performance (Leistung) ist das von einem Unternehmen erreichte Ergebnis im Verhältnis zu den eingesetzten Ressourcen. Im Allgemeinen kann zwischen ökonomischer und sozialer Performance unterschieden werden.	Ein Performance-Indikator für ein Krankenhaus ist die Anzahl an geretteten Leben. Die Performance kann jedoch auch anhand der Rendite oder ähnlicher Faktoren gemessen werden.
Wettbewerbsvorteil	Ein Wettbewerbsvorteil entspricht einem Trumpf, den ein Unternehmen einsetzt, um seine Wettbewerber zu übertreffen.	Das gute Image eines Unternehmens kann auf dessen Kompetenzen oder Ressourcen wie beispielsweise einer einzigartigen Verkaufsmacht basieren und kann somit einen Wettbewerbsvorteil gegenüber anderen Wettbewerbern bilden.

Das Verdienen von Geld bzw. das Erwirtschaften von Gewinnen sind nicht die einzigen Ziele im Geschäftsleben eines Unternehmens. So war Geld beispielsweise für Steve Jobs nicht das einzige Ziel, das ihn dazu anregte, das Unternehmen Apple zu gründen und aufzubauen. Eine Unternehmensstrategie basiert demnach gleichwohl auf weiteren **wesentlichen Grundelementen**, auch **Leitbild** genannt: Dem Zweck bzw.

der Absicht, der Vision, der Mission und schließlich den konkreten Zielen. Diese vier Grundelemente sind von zentraler Bedeutung für das strategische Denken eines Unternehmens und werden bereits bei der Gründung des Unternehmens festgelegt, um sich nach innen wie außen auszurichten.

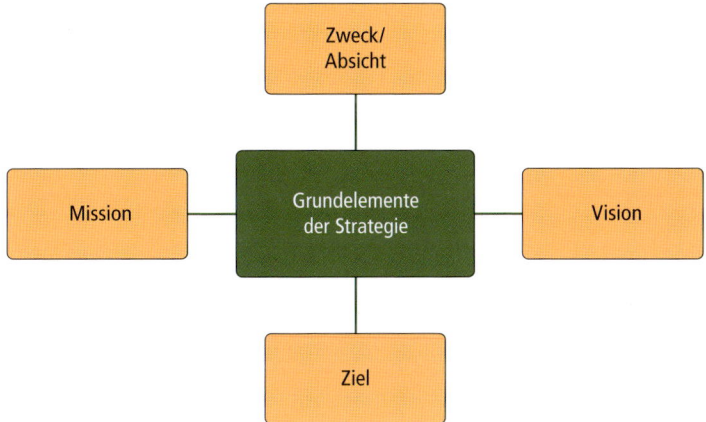

Abbildung 2.1: Die vier Grundelemente der Strategie[3]

Die vier Grundelemente in *Abbildung 2.1* können wie folgt beschrieben werden:

- Der **Zweck bzw.** die **Absicht** beschreibt eine *allgemeine Absichtserklärung* bzw. ein *übergeordnetes Ziel* des Unternehmens wie beispielsweise die Entwicklung von Forschungs- und Entwicklungsprogrammen, um die bestmöglichen Lösungen für die Behandlung von kardiovaskulären Erkrankungen anzubieten. Der Zweck bzw. die Absicht gibt Antwort auf die Frage: *Wozu gibt es dieses Unternehmen? Was ist der Sinn der Existenz des Unternehmens?*

- Die **Vision** beschreibt bildlich die *Ambition* bzw. das *Bestreben eines Unternehmens*, sprich einen gewünschten zukünftigen Zustand wie beispielsweise die beste regionale Klinik für die Behandlung von Herz-Kreislauf-Erkrankungen zu sein. Die Vision gibt Antwort auf die Frage: *Was wollen wir als Unternehmen erreichen?*

- Die **Ziele** beschreiben die *Quantifizierung eines Zwecks* oder *einer Absicht* wie beispielsweise das Erreichen einer Erfolgsquote, die bei 90 Prozent der behandelten Patienten liegt. Die Ziele geben Antwort auf die Frage: *Was soll das Unternehmen konkret langfristig erreichen?*

- Die **Mission** beschreibt die *Daseinsberechtigung* und bestimmte *Werte* und *Prinzipien* eines Unternehmens wie beispielsweise für eine Fachklinik die Behandlung von Herz-Kreislauf Erkrankungen der Patienten einer bestimmten Region. Die Mission gibt Antwort auf die Frage: *Welche Werte und Prinzipien sollen das Handeln der Organisation und ihrer Mitglieder leiten?*

Nachdem die Herkunft und die wesentlichen Begrifflichkeiten des Strategischen Managements behandelt wurden, wenden wir uns nun der Frage zu, auf welche Weise eine Strategie konkret zustande kommt. Im folgenden Abschnitt steht das Thema Strategieentwicklung im Fokus der Betrachtung.

2.1.3   Wie entwickelt man eine Strategie?

Dieser Abschnitt beschäftigt sich mit der Frage nach dem konkreten Vorgehen bei der Entwicklung einer Strategie. In diesem Kontext schlug *Henry Mintzberg* in einem Artikel *„Five P's for Strategy"* (1987) und später in seinem Werk *„The Rise and Fall of Strategic Planning"* (1994) das sogenannte **5P-Modell** vor. Dieses Modell, das fünf wesentliche Dimensionen der Strategie illustriert, stellt den Ausgangspunkt für die Entwicklung von Strategien dar. Die Interaktion zwischen den einzelnen Dimensionen kann wie folgt beschrieben werden: Eine geplante Strategie (**P**lan) wird durch Aktionssequenzen bzw. Muster (**P**attern) formalisiert. Diese Aktionssequenzen werden wiederum durch List (**P**loy), einem taktischen Verhalten gegenüber der Konkurrenz, ausgeführt, welches so die Wettbewerbsposition (**P**osition) des Unternehmens festlegt. Diese neue Wettbewerbsposition schafft neue Perspektiven (**P**erspective), die wiederum die zukünftigen Aktionspläne beeinflussen.

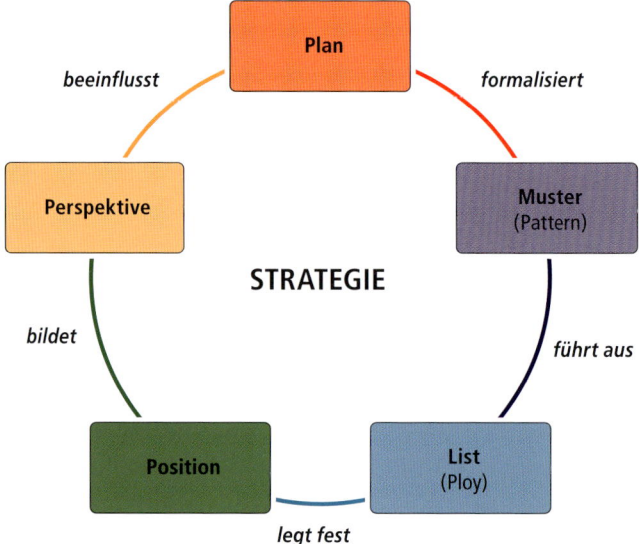

Abbildung 2.2: Das 5P-Modell der Strategie von Mintzberg

Zusammenfassend lässt sich die Bedeutung der **5Ps** wie folgt festhalten:

- **Plan** (**P**lan): Eine geplante Strategie
- **Muster** (**P**attern): Eine formalisierte Strategie
- **List** (**P**loy): Ein Manöver gegenüber der Konkurrenz, um im Wettbewerb zu überleben
- **Position** (**P**osition): Die realisierte Positionierung im Markt
- **Perspektive** (**P**erspective): Die Grundlage für neue Strategien

In diesem Kontext ist anzumerken, dass der Ablauf der Strategieentwicklung innerhalb dieses Modells je nach Unternehmen variieren kann. So kommt es durchaus vor, dass sich ein Unternehmen weniger auf die Entwicklung eines Plans fokussiert und sich dieser erst im Laufe des Ausführens der List formalisiert. Wir unterscheiden daher zwischen einem **geplanten Strategieansatz** bei der Realisierung von Strategie und einem **emergenten Strategieansatz**: Anhänger des geplanten Strategieansatzes betrachten strategische Entscheidungen als im Voraus definiert und daher als absichtlich und geplant (intendiert). Andere wiederum bevorzugen eher den emergenten Strategieansatz, da dieser den täglichen Aufbau von Strategie durch sämtliche Einflüsse auf das Unternehmen betont.

Schließlich definiert, koordiniert und überwacht die Unternehmensstrategie die unterschiedlichen Unternehmensfunktionen bzw. -aktivitäten mit dem Ziel, Kundennutzen bei gleichzeitiger Erreichung einer möglichst hohen Unternehmensrendite zu maximieren.

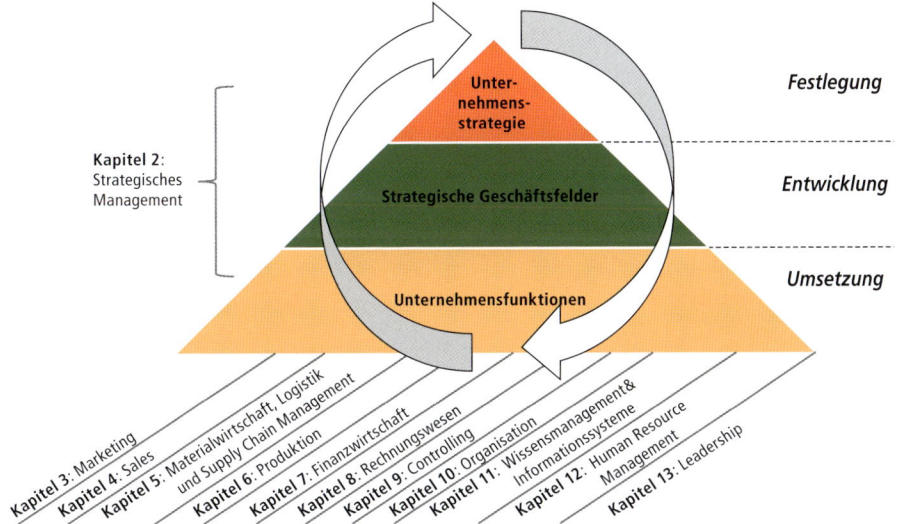

Abbildung 2.3: Die Strategiepyramide

Jedes Kapitel dieses Buches behandelt eine wichtige Aktivität eines Unternehmens. Ziel dieses Kapitels ist es, einige grundlegende Prinzipien des strategischen Managements zu erläutern. Wie in *Abbildung 2.3* veranschaulicht, werden wir uns auf die beiden oberen Ebenen der Strategiepyramide konzentrieren. Diese sind die *Festlegung der Unternehmensstrategie* und die *Entwicklung von strategischen Geschäftsfeldern*. Wie *Abbildung 2.3* zeigt, konzentrieren sich die Unternehmensfunktionen auf die Umsetzung des strategischen Managements. Das Strategische Management nimmt eine bedeutende und übergeordnete Rolle im Unternehmen ein, da es die Ausrichtung der einzelnen Unternehmensfunktionen determiniert. Im nächsten Abschnitt werden die wesentlichen Strategieansätze im Detail beschrieben.

2.2 Die wesentlichen Ansätze des strategischen Managements

Auf welche Weise eine Unternehmensstrategie festgelegt und strategische Geschäftsfelder entwickelt werden, geschieht durch das Verfolgen eines von zwei unterschiedlichen Ansätzen: Durch den marktorientierten Ansatz *(Market-Based View)* sowie durch den ressourcenorientierten Ansatz *(Resource-Based View)*.

Der marktorientierte Ansatz (Market-Based View): Die wesentlichen Aussagen dieses Paradigmas liegen im sogenannten *Structure-Conduct-Performance-Approach*[4] (Marktstruktur-Marktverhalten-Marktergebnis-Ansatz) nach *Mason* (1939) und *Bain* (1951; 1956). Dieser Ansatz sieht den Erfolg eines Unternehmens in der strategischen Anpassungsfähigkeit an extern gegebene Faktoren. Dieser Ansatz leitet die Unternehmensstrategie von den Charakteristika der jeweiligen Branche ab, wie z.B. Standards einer Branche. Es handelt sich hierbei um eine von außen nach innen gerichtete *Outside-In-Perspektive*: Das Unternehmen analysiert zunächst die Umwelt, um anschließend im Inneren die Ziele und Maßnahmen zu formulieren, die einen Wettbewerbsvorteil gewährleisten sollen.

Beispiel 2.1	**Marktorientierter Ansatz (Market-Based View)**

Abbildung 2.4: Rosenmarkt

Ein Gärtner, der Rosen züchtet, kann unter Beobachtung des Marktes erkennen, dass die Rosen seiner Konkurrenten bereits nach drei Tagen verwelken. Somit muss die Konkurrenz die Rosen, die nicht verkauft wurden, bereits nach dieser Zeit entsorgen und durch neue ersetzen. Um einen Wettbewerbsvorteil zu erlangen, wird der oben genannte Gärtner nun versuchen, sich am Markt so auszurichten und bestrebt sein, dass seine gezüchtete Rosen länger als die Rosen seiner Konkurrenz blühen.

Somit hat der Gärtner aus der Marktanalyse (externer Faktoren) Konsequenzen für seine eigene Züchtung (interne Maßnahmen) gezogen, welche ihm einen Wettbewerbsvorteil verschaffen.

Das strategische Management hat sich in Bezug auf die Analyse des Unternehmenserfolgs kontinuierlich verändert: Während noch in den 70er Jahren ein verhältnismäßig einseitiger Marktfokus bestand, herrschte in den 80er Jahren eine starke Wettbewerbs- und Umweltorientierung vor. In den 90er Jahren gerät der einseitige Fokus des strategischen Managements auf rein externe Einflüsse zunehmend in Kritik. Zur Folge orientieren sich Unternehmen wieder stärker an dem ressourcenorientierten Ansatz.

Der ressourcenorientierte Ansatz (Resource-Based View): Als Gründer dieses Ansatzes ist *Edith E. T. Penrose* zu nennen, die mit ihrem Werk *„The Theory of the Growth of the Firm"* im Jahr 1959 den Erfolg eines Unternehmens auf interne Ressourcen zurückführt. Diese Perspektive basiert auf der Annahme, die Entwicklung der Unternehmensstrategie an den internen Ressourcen und Fähigkeiten des Unternehmens zu orientieren. Ziel ist hierbei, Marktchancen zu schaffen, um einen Wettbewerbsvorteil zu generieren. Es handelt sich daher um eine von innen nach außen gerichtete, um eine sogenannte *Inside-Out-Perspektive*: Es wird hinterfragt, welche Ressourcen und Kompetenzen eines Unternehmens gemanagt werden sollen, damit sich ein Wettbewerbsvorteil auf Branchenebene (extern) ergibt.

Beispiel 2.2	**Ressourcenorientierter Ansatz (Resource-Based-View)**

Ein diplomierter Gärtner mit einem modernen Labor hat durch das Kreuzen einer Vielzahl von Rosensorten Rosen entwickelt, die sehr langsam verwelken. Er analysiert daraufhin den Markt und stellt sich die Frage, ob bezüglich seiner Erfindung Nachfrage besteht. Er entschließt sich daraufhin, dieses einzigartige Produkt auf den Markt zu bringen und zu vertreiben. Da bezüglich der Eigenschaften der neuen Rosensorte große Nachfrage besteht, verschafft sich der Gärtner einen Wettbewerbsvorteil gegenüber seiner Konkurrenz.

Der Gärtner hat aufgrund der Unternehmensanalyse besondere interne Fähigkeiten erkannt (Know-how und Labor) und verschafft sich einen Wettbewerbsvorteil am Markt (extern), indem er die besondere Fähigkeit züchtet.

Zusammenfassend kann wie folgt festgehalten werden: Es gibt verschiedene Ansätze, die uns helfen, Unternehmensstrategien abzuleiten oder zu entwickeln. Es sollen nun die beiden bereits erwähnten und wohl bekanntesten Ansätze vorgestellt werden:

- **Marktorientierter Ansatz:** Von außen nach innen *(outside-in)*
- **Ressourcenorientierter Ansatz:** Von innen nach außen *(inside-out)*

2.2.1 Marktorientierter Ansatz: Von außen nach innen (outside-in)

In den späten 70er Jahren entwickelte sich der marktorientierte Ansatz von *Mason* und *Bain* durch *Michael E. Porter* (1986) weiter. Porter schlägt einen Ansatz vor, bei dem die Unternehmensstrategie auf einer Branchenanalyse basiert. Dieses Vorgehen ermöglicht dem Unternehmen die Branchenattraktivität, sprich die potenzielle Rentabilität des Unternehmens zu verstehen und einzuschätzen. Des Weiteren geht es darum, sich in dieser Branche zu positionieren, die richtige Strategie zu formulieren und diese schließlich umzusetzen, um auf diese Weise Gewinne zu erwirtschaften.

Porters Ansatz kann in vier Schritte eingeteilt werden:

1. **5-Kräfte-Modell:** Dieses Modell dient dazu, die fünf Wettbewerbskräfte, die auf die Branche einwirken, in der das Unternehmen tätig ist, zu identifizieren und zu evaluieren.

2. **Strategie-Mapping:** Dieses Modell wird angewandt, um die unterschiedlichen *strategischen Gruppen* innerhalb einer Branche graphisch abzubilden und einzuordnen.

3. **Generische Grundstrategien:** Diese bieten Wahlmöglichkeiten für eine Hauptorientierung der Unternehmensstrategie an, um sich schließlich für eine davon zu entscheiden und zu verfolgen.

4. **Wertschöpfungskette:** Die Wertschöpfungskette macht verständlich, auf welche Weise interne Ressourcen und Kompetenzen sinnvoll genutzt werden.

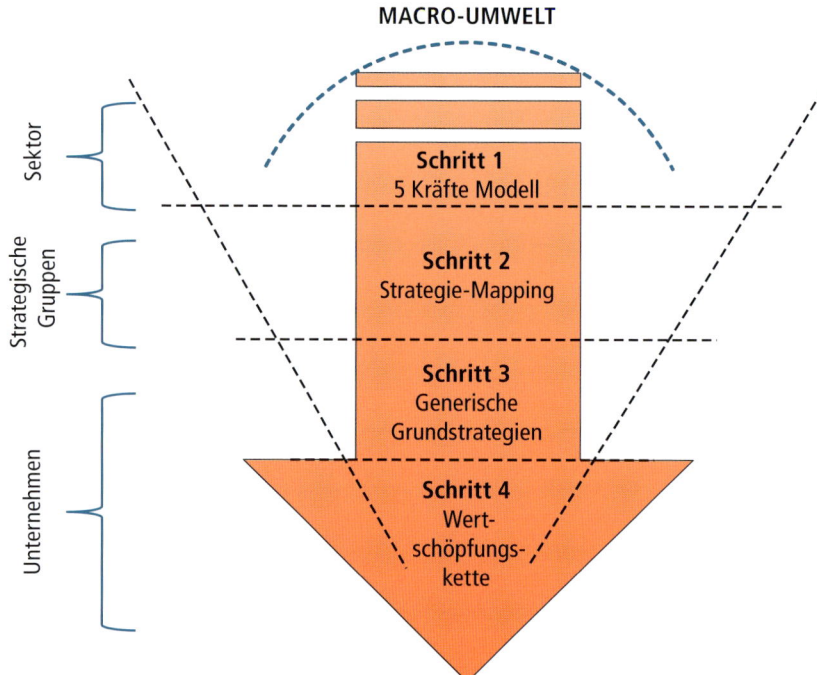

Abbildung 2.5: Macro-Umwelt

Schritt 1: Das 5-Kräfte-Modell

Ziel dieses Modells ist, die Attraktivität einer Branche wie beispielsweise die der Luftfahrt, der Automobile, der Telekommunikation oder auch der von Wein oder Bier durch die Analyse der sogenannten **5 Wettbewerbskräfte** zu bestimmen. Generell kann das Modell sowohl auf Ebene der **Branche** bzw. des **Sektors** als auch auf Ebene der **strategischen Gruppe** angewendet werden.

Porter unterscheidet hierbei folgende fünf Wettbewerbskräfte:

- Bedrohung durch potentielle neue Konkurrenten,
- Bedrohung durch Substitute (Ersatzprodukte),
- Verhandlungsstärke der Kunden,
- Verhandlungsstärke der Lieferanten und
- Rivalität unter den bestehenden Unternehmen innerhalb der Branche oder der strategischen Gruppe.[5]

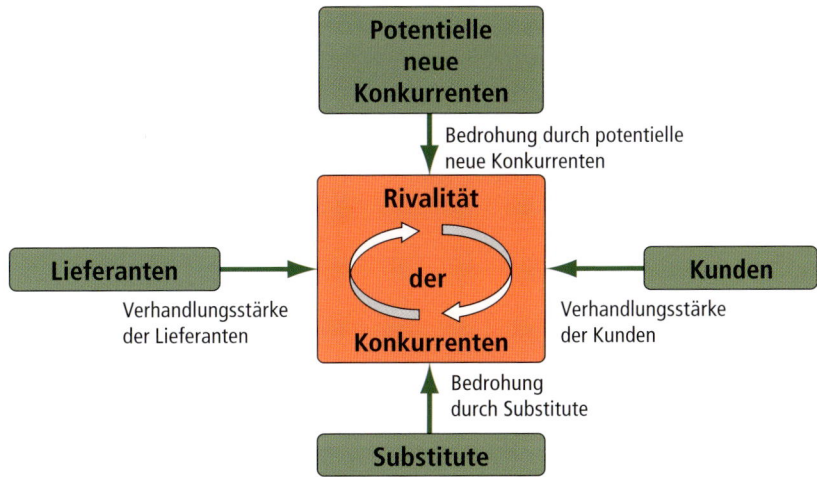

Abbildung 2.6: Das 5-Kräfte-Modell von Porter

Die einzelnen Kräfte des Modells in *Abbildung 2.6* werden nun im Detail erklärt:

- **Bedrohung durch potentielle neue Konkurrenten:** Potentielle neue Konkurrenten sind jene Unternehmen, die sich derzeit noch außerhalb der Branche befinden, doch möglicherweise in (naher) Zukunft in diese eintreten können. In der Brauereibranche könnte beispielsweise ein potenzieller Wettbewerber eine Supermarktkette sein, die beabsichtigt, eigenes Bier zu brauen.

- **Bedrohung durch Substitute (Ersatzprodukte):** Unternehmen, die nicht der Branche angehören, stellen Produkte oder Dienstleistungen, sprich Substitute her, die ähnliche Bedürfnisse zu einem vergleichbaren Preis befriedigen. Beispielsweise kann Wein für bestimmte Verbraucher den Konsum von Bier ersetzen.

- **Verhandlungsstärke der Kunden:** Generell können mehrere Arten von Kunden unterschieden werden: Intermediäre Kunden, auch *Business-to-Business*-Kunden genannt wie beispielsweise Zwischenhändler, und schließlich Endkunden bzw. Verbraucher. Die Verhandlungsmacht eines Kunden hängt von seiner Bedeutung für das verkaufende Unternehmen ab. So verfügen beispielsweise in der Brauerei-branche große Supermarktketten über eine hohe Verhandlungsmacht, da sie in großen Mengen Bier abnehmen und ihnen daher eine hohe Bedeutung zukommt. Eine kleine Bar verfügt hingegen über eine sehr begrenzte Verhandlungsmacht, da diese in Relation zu einer Supermarktkette lediglich eine geringe Menge an Bier abnimmt, welche für den Verkäufer unwesentlich ist.

- **Verhandlungsstärke der Lieferanten:** Die Verhandlungsmacht der Lieferanten hängt im Wesentlichen von der Bedeutung ihres Produktes für das Unternehmen ab. Ein großer Hopfenlieferant, der aus derselben Region wie die Brauerei stammt, die er beliefert, besitzt eine hohe Verhandlungsmacht: Zum einen, da Hopfen für das Brauen von Bier unverzichtbar ist und zum anderen, da aufgrund der geografischen Nähe hohe Transportkosten und hohe Umweltbelastungen vermieden werden.

- **Rivalität unter den bestehenden Unternehmen:** Diese Kraft betrifft die gesamten Unternehmen, die in einer Branche tätig sind und um Marktanteile ringen. Der Grad der Rivalität kann je nach Branche variieren und hängt im Wesentlichen von der Anzahl sowie der Ähnlichkeit der Wettbewerber ab. Auf internationaler Ebene gibt es mehrere Großbrauereien wie Heineken N.V. (u. a. Heineken- und Karlsberg-Bier), Anheuser-Busch InBev (u. a. Stella- und Becks-Bier) oder SABMiller (u. a. Miller- und Castle-Bier), die in direktem Wettbewerb zueinander stehen.

Schließlich wirkt die dynamische Kombination dieser fünf Kräfte auf die Intensität des Wettbewerbs und damit auf die Rentabilität der Branche ein, welche wiederum die Möglichkeit eines Unternehmens beeinflusst, Gewinne zu erwirtschaften.

Schritt 2: Das Strategie-Mapping

Da die Branche als solche häufig zu wage ist, um direkte Konkurrenten eines Unternehmens zu identifizieren, werden Unternehmen einer Branche in der Regel unterschiedlichen strategischen Gruppen zugeordnet. Eine strategische Gruppe umfasst alle Unternehmen einer Branche, die direkt miteinander konkurrieren und ähnliche strategische Eigenschaften aufweisen. Obwohl Porsche und Renault der Automobilbranche zugeordnet werden können, stehen sie nicht in direkter Konkurrenz zueinander. Strategisch sind beide Unternehmen völlig anders ausgerichtet.

Die Bildung von strategischen Gruppen hängt von denjenigen Kriterien ab, die ausgewählt werden, um sie zu kategorisieren. Ziel ist, hierbei Kriterien zu identifizieren, die helfen, diese Zuordnung so gut wie möglich durchzuführen. Anhand des **Strategie-Mappings** können Unternehmen einer Branche nach zwei Dimensionen gegliedert und somit strategische Gruppen identifiziert werden.

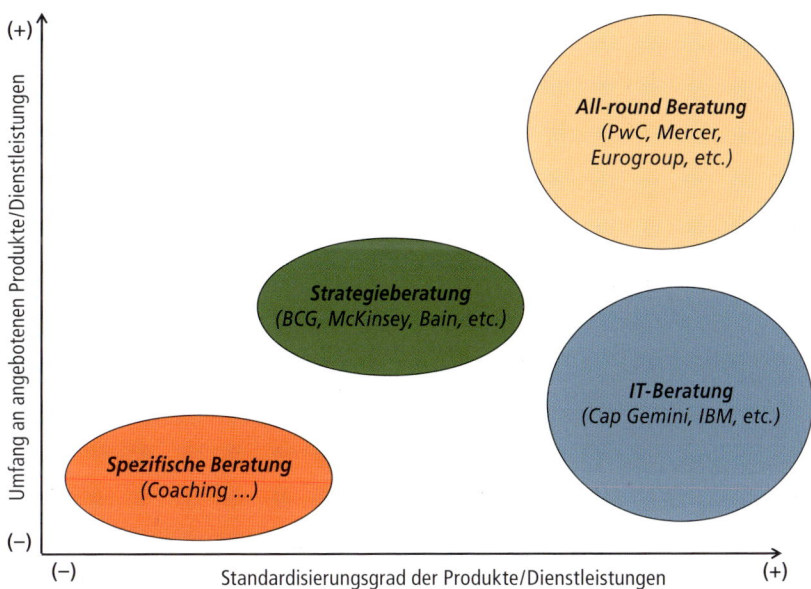

Abbildung 2.7: Beispiel des Strategie-Mappings für die Unternehmensberatungsbranche

Abbildung 2.7 zeigt ein Beispiel des Strategie-Mappings bezüglich der Unternehmens-beratungsbranche. Die Branche wird in vier strategische Gruppen unterteilt. Bei der Unternehmensberatung handelt es sich um eine Branche, die Unternehmen hilft, Entscheidungen zu treffen und diese umzusetzen. Die Aufteilung entlang der zwei Achsen erlaubt, folgende vier strategische Gruppen zu charakterisieren:

- **IT-Beratung:** Die IT-Beratung wird von Unternehmen durchgeführt, die diese nach standardisierten Methoden vornehmen. Hierbei spricht man von dem *People-to-Document-Ansatz*: Hohe Standardisierung der Leistungen, die sich ausschließlich auf IT-Dienstleistungen beschränken (geringer Umfang).

- **Allround-Beratung:** Beratungsunternehmen bieten auf breiterer Basis standardi-sierte Dienstleistungen an, die die unterschiedlichen Aktivitäten des Unternehmens betreffen wie beispielsweise IT, Human Ressource Management oder Controlling.

- **Strategieberatungsfirmen:** Die „reinen" Strategieberatungsfirmen bieten in erster Linie Beratung an, die sich ausschließlich mit strategischen Fragen der Unternehmensführung beschäftigt (durchschnittlicher Umfang). In der Regel werden kaum standardisierte Methoden angewandt. Oft werden auf den Kunden zugeschnittene Lösungen angeboten (durchschnittlicher Grad an Standardisierung).

- **Spezifische Beratungsunternehmen:** Diese Unternehmen beschränken sich ausschließlich auf bestimmte Typen von Beratungstätigkeiten, die sehr stark individualisiert auf den Kunden zugeschnitten sind. Dieses Vorgehen wird als *People-to-People-Ansatz* bezeichnet.

Zu beachten ist, dass die Einteilung einer Branche in unterschiedliche strategische Gruppen von jedem Unternehmen selbst durchgeführt werden muss. Ziel ist es hierbei, die Akteure zu identifizieren, mit denen sich das Unternehmen in direktem Wettbewerb befindet. Jede strategische Gruppe ist durch eine spezifische Wettbewerbsdynamik und daher auch durch eine für sie typische Durchschnittsrendite charakterisiert.

Schritt 3: Die generischen Grundstrategien

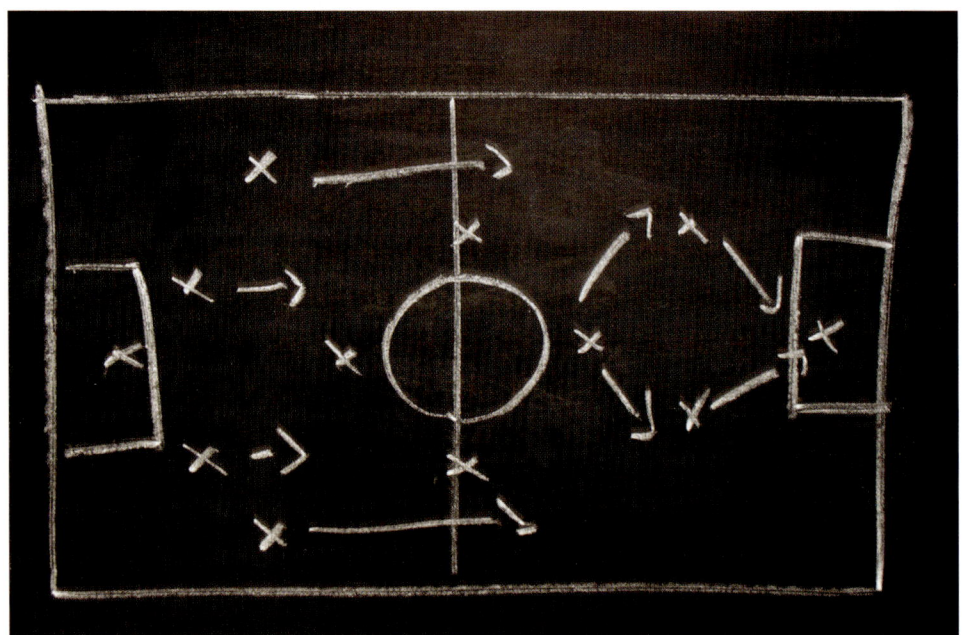

Abbildung 2.8: Taktik auf dem Fußballfeld

Im Anschluss an die Bestimmung der strategischen Gruppe, der ein Unternehmen angehört, soll das Unternehmen entscheiden, welche strategische Grundausrichtung es verfolgt, um schließlich einen Wettbewerbsvorteil zu generieren. Porter unterscheidet hierbei drei generische Grundstrategien: Kostenführerschaft, Differenzierung und Fokussierung (Nische). Diese Strategien lassen sich, wie in *Abbildung 2.9* veranschaulicht, je nach Marktvolumen und Art der Wettbewerbsvorteile unterteilen.

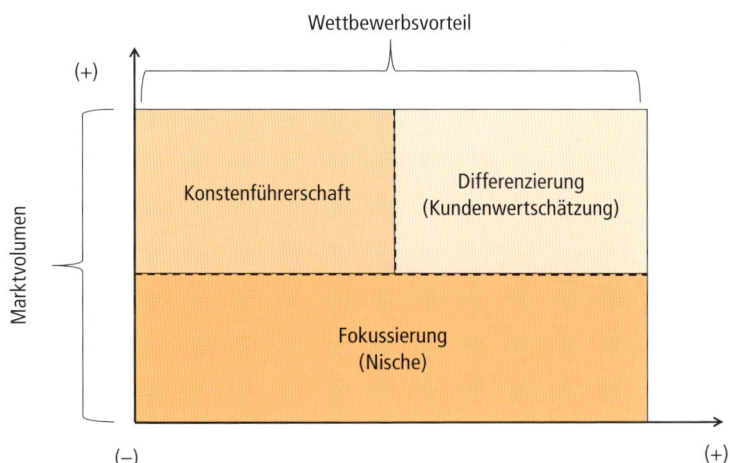

Abbildung 2.9: Die drei generischen Grundstrategien nach Porter

a) **Kostenführerschaft:** Die Strategie der Kostenführerschaft besteht darin, sich aufgrund eines Kostenvorteils als kostengünstigster Akteur in der strategischen Gruppe zu positionieren. Die Qualität des Produkts oder der Dienstleistung bleibt dennoch mit dem Niveau direkter Wettbewerber vergleichbar. Notwendige Voraussetzung hierfür ist, dass das Unternehmen eine Kostenstruktur hat, die erlaubt, einen niedrigeren Preis als jenen der Konkurrenz anbieten zu können, um dadurch trotzdem Gewinne zu erwirtschaften.

b) **Differenzierung:** Die Differenzierungsstrategie besteht darin, einen Wettbewerbsvorteil anhand einer höheren Wertschätzung des Kunden für das Produkt oder die Dienstleistung im Vergleich zu Mitgliedern derselben strategischen Gruppe zu erlangen.

c) **Fokussierung (Nische):** Die Strategie der Fokussierung, auch Nischenstrategie genannt, besteht darin, ein sehr spezifisches Produkt oder Dienstleistung anzubieten, die nur sehr wenige oder häufig gar kein anderer Wettbewerber offeriert (geringes Marktvolumen). Bereits die eingeschränkte Konkurrenz bietet dem fokussierten Unternehmen einen Wettbewerbsvorteil. Man kann häufig beobachten, dass Nischenmärkte kurzlebig sind, da ihr Wachstum in der Regel rasch neue Wettbewerber anzieht.

Beispiel 2.3 **Generische Strategien in der Uhrenindustrie**

In der Uhrenindustrie können die Unternehmen *Casio*, *Swatch* und *Polar* derselben strategischen Gruppe zugeordnet werden, da sie ähnliche strategische Merkmale aufweisen und somit in direkter Konkurrenz zueinander stehen. Bei näherer Betrachtung ist jedoch festzustellen, dass das Unternehmen *Casio* eine Kostenführerschaftsstrategie verfolgt, indem es zuverlässige Uhren zu günstigen Preisen anbietet. *Swatch*-Uhren differenzieren sich vielmehr im Design, dessen Wertschätzung für ihre Kunden wichtig ist. Das Unternehmen *Polar* verfolgt eine Fokussierungsstrategie (Nische) für Spitzensportler, indem es spezielle Uhren anbietet, die die Herzfrequenz von Sportlern messen.

Obwohl Porter ursprünglich der Meinung war, diese generischen Grundstrategien wären exklusiv und könnten nicht zugleich verfolgt werden, weisen neue strategische Ansätze auf die Existenz von sogenannten **hybriden Strategien**, die Kostenführerschaft und Differenzierung kombinieren, hin. So bietet *IKEA*, aufgrund seiner effizienten Kostenstruktur Produkte zu niedrigeren Preisen als die Konkurrenz an und differenziert sich zudem durch ein markantes Design seiner Produkte, die zum Teil von bekannten Designern entworfen werden.

Schritt 4: Die Wertschöpfungskette

Um die gewählte generische Strategie erfolgreich umsetzen zu können, sollte ein Unternehmen seine verschiedenen Tätigkeiten so organisieren, dass die gewählte Strategie unterstützt wird. Die Wertschöpfungskette erlaubt, die jeweiligen Aktivitäten eines Unternehmens zu illustrieren. Eine erfolgreiche Umsetzung der generischen Strategie beinhaltet eine effiziente Kombination der unterschiedlichen Unternehmensaktivitäten, um einen Wettbewerbsvorteil zu generieren. Beispielsweise sollte ein Unternehmen bei der Wahl der Kostenführerschaftsstrategie die Aktivitäten des Unternehmens derart gestalten, dass ihre Kostenstruktur möglichst niedrig ist. Dies erlaubt dem Unternehmen, Produkte zu einem niedrigeren Preis als die Konkurrenz und zudem bei gleichzeitiger Beibehaltung einer gewissen Gewinnspanne anzubieten.

Bei der Wertschöpfungskette[6] wird zwischen primären und unterstützenden Aktivitäten unterschieden:

- **Primäre Aktivitäten** nehmen direkt an der Wertschöpfung des Unternehmens für den Kunden teil. Beispielsweise sind Produktion und Verkauf (Sales) direkt an der Leistungserstellung beteiligt.

- **Unterstützende Aktivitäten** sind unerlässlich für das reibungslose Funktionieren des Unternehmens, aber erbringen keinen direkten Mehrwert für den Kunden. Beispielsweise besitzen Forschung und Entwicklung oder auch IT-Systeme wichtige Funktionen innerhalb des Unternehmens, sind jedoch nicht direkt an der Wertschöpfung für den Kunden beteiligt.

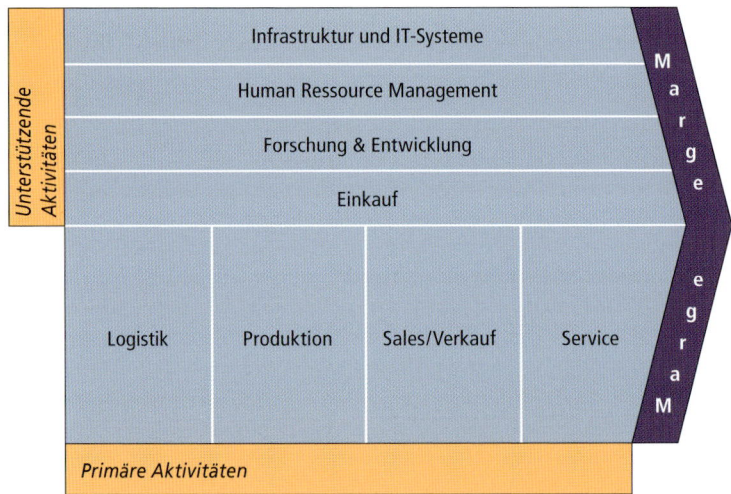

Abbildung 2.10: Die Wertschöpfungskette nach Straub, in Anlehnung an Porter (1986).

Im folgenden Abschnitt soll nun der ressourcenorientierte Ansatz als Gegenstück des marktorientierten Ansatzes behandelt werden.

2.2.2 Ressourcenorientierter Ansatz: Von innen nach außen (inside-out)

Abbildung 2.11: Ölfeld in den USA

Im Gegensatz zu dem marktorientierten geht der ressourcenorientierte Ansatz davon aus, dass die wesentlichen Determinanten eines Wettbewerbsvorteils nicht in der Struktur der Branche, sondern in der Mobilisierung und der geschickten Kombination der Ressourcen und Kompetenzen eines Unternehmens liegen. Der Begriff der Ressourcen ist im ressourcenorientierten Ansatz weit gefasst und bezieht sich sowohl auf alle physischen (z.B. Produktionsanlagen oder Büros) als auch auf sämtliche immateriellen Ressourcen (z.B. Informationen, Patente oder Finanzanlagen), die von einem Unternehmen kontrolliert werden. Wir unterscheiden vier Typen von Ressourcen. Diese werden nun an dem Beispiel eines Restaurants veranschaulicht:

1. **Physische Ressourcen:** Geografische Lage und Größe des Restaurants stellen wichtige materielle Ressourcen dar.

2. **Finanzielle Ressourcen:** Hierbei handelt es sich beispielsweise um Bargeld und um Kapital, über das ein Restaurant verfügt.

3. **Humanressourcen:** Es kann sich hierbei um die Köche, die Bedienungen und das Empfangsteam eines Restaurants handeln.

4. **Intellektuelles Kapital:** Hierbei kann es sich um das Image, den Ruf oder auch um ein spezielles Rezept des Restaurants handeln.

Der erfolgreiche Einsatz von Ressourcen erfordert das Beherrschen von bestimmten Kompetenzen bzw. Fähigkeiten. Eine **Kompetenz** ist daher die Fähigkeit eines Unternehmens, sämtliche Ressourcen in der Art und Weise zu mobilisieren und zu kombinieren, um eine Aktivität erfolgreich umzusetzen. Die Koordination sämtlicher Mitarbeiter in der Küche stellt beispielsweise eine wichtige Kompetenz für ein Restaurant dar. In der Tat ist es notwendig, alle bestellten Gerichte der Gäste eines Tisches gleichzeitig zuzubereiten, um alle Gäste im selben Moment servieren zu können. Die erste Frage, die sich ein Stratege in diesem Zusammenhang stellt, unterscheidet sich von der Porters.

Anstatt wie folgt zu fragen: *„Welche Faktoren sind ausschlaggebend für die Wettbewerbsdynamik? Wie können wir unser Unternehmen innerhalb der Branche so positionieren, damit ein Wettbewerbsvorteil entsteht?"*, geht es vielmehr darum: *„Was sind die Ressourcen und die Kompetenzen, die wir bereits besitzen? Wie können wir diese innerhalb der Branche vermarkten, damit sie uns einen Wettbewerbsvorteil verschaffen?"*

Infolgedessen sehen wir, dass sich das strategische Denken der Ressourcen- und Kompetenztheorie in erster Linie auf das betreffende Unternehmen *(Inside)* konzentriert und erst in zweiter Linie auf den Markt *(Out)* und nicht umgekehrt, wie dies bei Porter der Fall wäre. In diesem Sinne kann der ressourcenorientierte Ansatz als *Inside-Out-Ansatz* verstanden werden.

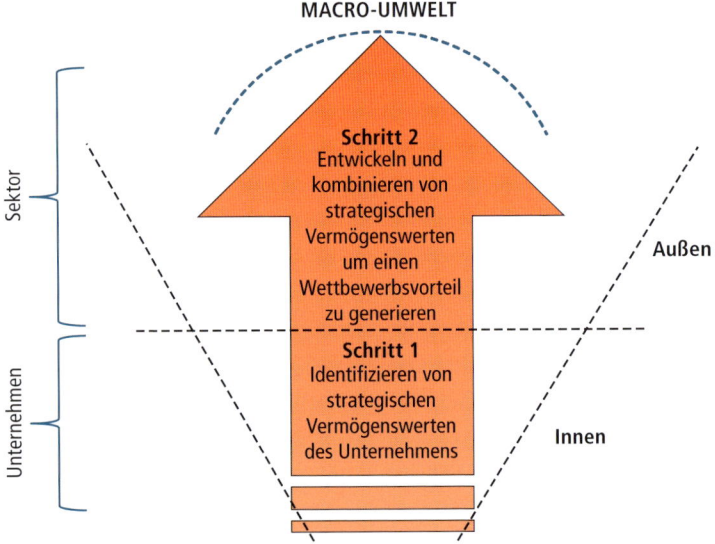

Abbildung 2.12: Entwicklung der Unternehmensstrategie gemäß des ressourcenorientierten Ansatzes

Wie in *Abbildung 2.12* dargestellt, vollzieht sich der ressourcenorientierte Ansatz in zwei Schritten:

1. *Identifizieren* der internen Ressourcen und Kompetenzen des Unternehmens, die strategische Vermögenswerte darstellen (nach innen gerichtet).

2. *Entwickeln und Kombinieren* von strategischen Vermögenswerten, um einen Wettbewerbsvorteil innerhalb der Branche zu schaffen (nach außen gerichtet).

Schritt 1: Identifizieren der internen Ressourcen und Kompetenzen des Unternehmens, die strategische Vermögenswerte darstellen

Der Besitz von Ressourcen, Fähigkeiten oder ihre Beherrschung bringt an sich noch keinen nachhaltigen Wettbewerbsvorteil für das Unternehmen mit sich. Es ist notwendig, Vermögenswerte zu identifizieren. Diese können anhand der sogenannten **VRIN-Kriterien**[7] ermittelt werden:

1. Value (Wert): Eine Ressource oder Kompetenz ist wertvoll, wenn sie ein Unternehmen in die Lage versetzt, Kunden einen Nutzen zu bringen, der denjenigen der Konkurrenz übertrifft.

2. Rarity (Seltenheit): Eine Ressource oder Kompetenz gilt als selten oder knapp, wenn sie nicht oder nur sehr schwer über den Markt für die Konkurrenten verfügbar ist.

3. In-imitability (Nichtnachahmbarkeit): Strategische Unternehmenswerte sollten von Wettbewerbern nur schwer imitierbar sein.

4. Non-substitutable (Nichtersetzbarkeit): Eine Ressource oder Kompetenz ist dann unersetzbar, wenn es keine andere Alternative gibt, die gleiche oder ähnliche charakteristische Eigenschaften aufweist.

Um die strategischen Vermögenswerte zu identifizieren, die geeignet sind einen nachhaltigen Wettbewerbsvorteil zu erzeugen, ist es notwendig abzuschätzen, welche Ressourcen und Kompetenzen den Erfolgsfaktoren der Branche entsprechen *(fit)*, in der sich das Unternehmen entwickelt. Die Erfolgsfaktoren einer Branche sind Eckpfeiler des Erfolgs in dieser Branche, auf welchen in erster Linie der Wettbewerb basiert. Somit berücksichtigt auch der ressourcenorientierte Ansatz die Umwelt.

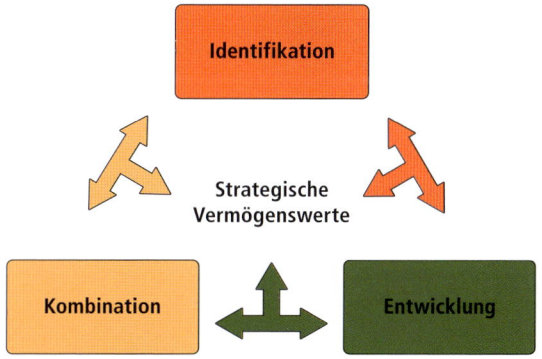

Abbildung 2.13: Identifikation der strategischen Vermögenswerte eines Unternehmens

In Paris schätzen es viele Touristen, während des Essens in einem Restaurant gleichzeitig eine schöne Aussicht über die romantische Stadt hinweg zu genießen. Hieraus lässt sich ableiten, dass eine privilegierte Aussicht auf Paris ein Schlüsselfaktor für den Erfolg eines Restaurants ist. Aus diesem Grund symbolisiert die geographische Lage des Restaurants *Jules Verne* auf der zweiten Etage des Eiffelturms einen strategischen Vermögenswert. Dieses Beispiel veranschaulicht, dass der Vermögenswert „geographische Lage" des Restaurants vollkommen den Erwartungen der Touristen entspricht *(fit)*, die eine schöne Aussicht auf Paris (Erfolgsfaktor) genießen möchten.

Schritt 2: Entwickeln und kombinieren von strategischen Vermögenswerten, um einen Wettbewerbsvorteil innerhalb der Branche zu schaffen

Die reine Identifikation von strategischen Vermögenswerten ist in diesem Zusammenhang zwar hinreichend, aber noch nicht ausreichend.[8] In dem zweiten Schritt des ressourcenorientierten Ansatzes soll das Unternehmen seine strategischen Vermögenswerte derart entwickeln, dass diese zu einem **nachhaltigen Wettbewerbsvorteil** führen. Es wird für ein Unternehmen zum Ziel, strategische Unternehmenswerte, die bereits vorliegen, derart weiterzuentwickeln, dass diese zu einem Mehrwert für den Kunden und damit auch für das Unternehmen werden. Unternehmen sollen in erster Linie jene strategischen Vermögenswerte entwickeln, die die größten Potenziale aufweisen, den Gewinn zu maximieren. Sobald ein strategischer Vermögenswert die **VRIN-Kriterien** erfüllt und in angemessener Weise von dem Unternehmen entwickelt wird, erfüllt er die optimalen Voraussetzungen, Ursprung eines nachhaltigen Wettbewerbsvorteils zu werden.

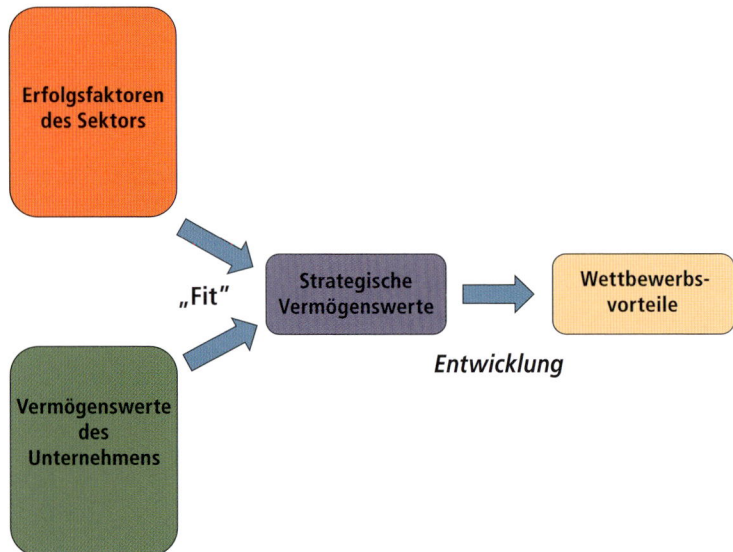

Abbildung 2.14: Entwicklung eines nachhaltigen Wettbewerbsvorteils anhand strategischer Vermögenswerte
Quelle: Ansoff (1957).

Das Restaurant *Jules Verne* besitzt aufgrund seiner lukrativen geografischen Lage (Vermögenswert) einen Wettbewerbsvorteil. In der Tat ist es eine nicht imitierbare Ressource, ein Restaurant auf dem Eiffelturm zu besitzen, das eine von den Kunden sehr geschätzte Aussicht auf Paris bietet. Das Restaurant hat investiert und seine Ressourcen miteinander kombiniert, um seinen strategischen Vermögenswert hervorzuheben: Das Restaurant ließ eine Veranda erbauen und arrangierte den Raum so, dass alle Kunden den atemberaubenden Blick auf die Stadt genießen können. Auf diese Weise wird ein einzigartiges Esserlebnis in unvergesslicher Umgebung in Paris vermarktet.

Nachdem beide wesentlichen Strategieansätze erörtert wurden, sollen nun grundlegende strategische Herausforderungen eines Unternehmens beschrieben werden.

2.3 Grundlegende strategische Herausforderungen

Im Folgenden werden drei zentrale strategische Herausforderungen für die Unternehmen behandelt:

- Wahl der Wachstumsstrategie
- Wahl der Wachstumsoption
- Wahl der internationalen Strategie

2.3.1 Wahl der Wachstumsstrategie

Erwägt ein Unternehmen zu wachsen, muss es zunächst die Entscheidung fällen, in welche strategische Richtung es sich entwickeln bzw. welche Wachstumsstrategie es wählen möchte.[9] *Harry Igor Ansoff* (1957) unterscheidet zwischen vier unterschiedlichen strategischen Entwicklungsrichtungen:

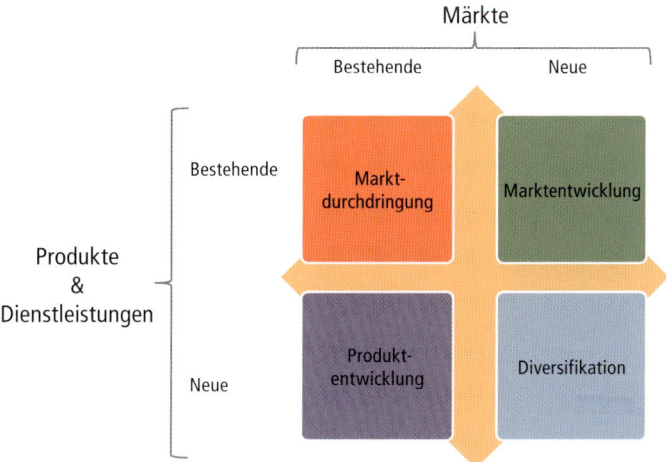

Abbildung 2.15: Die Produkt-Markt-Matrix nach Ansoff[10]

Die vier strategischen Entwicklungsrichtungen können wie folgt beschrieben werden:

- **Marktdurchdringung:** Ein Unternehmen, das wachsen möchte, entscheidet sich für die Option der Marktdurchdringung bzw. Konsolidierung, indem es seine aktuelle Marktposition auf der Basis bestehender Produkte ausbaut. Ein Schweizer Alpinski-Hersteller kann beispielsweise versuchen, lokale Marktanteile zu gewinnen, indem er hochwertigere Ski als seine Wettbewerber anbietet. Aggressive Marketingkampagnen wären ein weiteres Mittel, den Marktanteil dieses Unternehmens zu steigern.

- **Produktentwicklung:** Das besagte Unternehmen kann zudem beschließen, ein neues, andersartiges Produkt für die bereits bestehenden Kunden anzubieten. Typischerweise würde dieses Produkt aus bereits vorhandenen oder im Laufe der Zeit angeeigneten Vermögenswerten entwickelt werden. Im Fall des Schweizer Ski-Herstellers wäre das zusätzlich zu der Produktion von Ski die Produktion von Snowboards oder auch von Schlitten für den lokalen Markt.

■ **Marktentwicklung:** Eine weitere Option für das Wachstum des Unternehmens wäre, bereits bestehende Produkte auf neuen Märkten anzubieten. Dies können sowohl andere Kundensegmente in dem bereits bestehenden lokalen Markt oder auch in ausländischen Märkten sein. Somit könnte der Schweizer Ski-Hersteller zusätzlich zu dem Schweizer Markt seine Ski ebenfalls auf dem deutschen, österreichischem oder gar französischen Markt anbieten. Alternativ könnte dieses Unternehmen jedoch auch die Preise senken, um damit eine weitere, weniger finanzkräftige Kundengruppe anzusprechen.

■ **Diversifikation:** Schließlich besteht die Option der Diversifikation darin, neue Produkte in neuen Märkten anzubieten. Der Schweizer Ski-Hersteller könnte daher zusätzlich zu seinem bisherigen Angebot Ski für den Schweizer Markt, Snowboards oder Schlitten für den deutschen oder auch französischen Markt anbieten.

Das Wachsen von Unternehmen stellt grundsätzlich eine Herausforderung dar, da diese gezwungen werden, sich zu ändern. Wachstumsstrategien beinhalten die Gefahr einer zu hohen Inanspruchnahme der Kompetenzen und Ressourcen. Dies könnte eine Vernachlässigung des Kerngeschäfts zur Konsequenz haben. In dem folgenden Abschnitt wird die Wahl der Wachstumsoption genauer erläutert, um aufzuzeigen, auf welche Weise ein Unternehmen dem hohen Risiko, dem es bezüglich des Wachsens ausgesetzt ist, entgegen wirken kann.

2.3.2   Wahl der Wachstumsoption

Abbildung 2.16: Wachstumsanalyse

Um den bestehenden Wettbewerbsvorteil zu erhalten oder zu verbessern, sind Unternehmen häufig zu Wachstum gezwungen. Eine große Herausforderung ist es dabei, sich hierbei für ein Vorgehen zu entscheiden, durch das dieses Wachstum erfolgen soll. Ein Unternehmen kann zwischen drei grundsätzlichen Arten von Wachstum wählen: (a) Internes Wachstum, (b) Externes Wachstum oder (c) Wachstum durch Allianzen. Die erwähnten Wachstumsoptionen werden nachfolgend im Detail beschrieben.

a) **Internes Wachstum:** Das interne Wachstum, auch **organisches Wachstum** genannt, besteht für ein Unternehmen darin, auf bereits bestehende Vermögenswerte aufzubauen und diese weiterzuentwickeln. Es handelt sich hierbei um einen schrittweisen, **inkrementellen Wachstumsverlauf**, der den Vorteil einer gewissen Flexibilität mit sich bringt. In der Tat kann das Unternehmen die Geschwindigkeit, in der es wachsen möchte selbst bestimmen. Ein Unternehmen wächst demnach, indem es sukzessive auf ausschließlich bereits vorhandenen Vermögenswerten aufbaut. Das Unternehmen *Toyota* entschied sich beispielsweise bei der Kreation der Marke Lexus für ein internes Wachstum, um in den Markt der Luxusklasse einzudringen.

b) **Externes Wachstum:** Externes Wachstum ist durch den Erwerb von Vermögenswerten von außen gekennzeichnet. In der Regel wird externes Wachstum durch Fusionen und Übernahmen, im Englischen *Mergers und Acquisitions (M&A)* genannt, realisiert: Zwei oder mehrere Unternehmen können die Vermögenswerte fusionieren und unter neuer Identität ein neues Unternehmen gründen. Externes Wachstum kann jedoch auch stattfinden, indem ein Unternehmen ein anderes erwirbt. Der chinesische Autohersteller *Geely* erwarb beispielsweise im März 2010 den schwedischen Autohersteller *Volvo*, um das Geschäft in Europa und in den Vereinigten Staaten auszubauen. Externes Wachstum erweist sich diesbezüglich als eine schnellere Wachstumsoption für ein Unternehmen als das organische Wachstum. Jedoch ist externes Wachstum riskanter, da es zu Integrationsproblemen der Vermögenswerte beider Unternehmen führen kann. Zudem ist die Rückgängigmachung von Fusionen und Akquisitionen aufwendig und teuer. In etwa 70 Prozent der durchgeführten Fusionen und Übernahmen sind von Misserfolg gekennzeichnet.

c) **Wachstum durch Allianzen:** Es gibt viele Möglichkeiten, das Wachstum mittels strategischer Allianzen umzusetzen. Es handelt sich hierbei immer um eine **Kooperation** von mindestens zwei Unternehmen. Diese Beziehung kann formal in einem Vertrag oder gänzlich informell geregelt sein. Wachstum durch Allianzen besteht darin, dass mindestens zwei Unternehmen ihre Vermögenswerte bündeln, um ihre jeweiligen Strategien zu verwirklichen. So schloss beispielsweise *Renault* mit *Nissan* eine Allianz, um das Vertriebsnetz von *Renault* in Asien auszubauen. *Nissan* hingegen verfügte über einen besseren Zugang auf dem europäischen Markt. Diese Form von Wachstum ermöglichte den schnellen Zugriff auf neue Vermögenswerte und bot für alle Beteiligten die Möglichkeit, die Allianz nach kurzer Zeit zu verlassen. Leider sind diese Beziehungen oft schwierig zu koordinieren, da die Interessen der verschiedenen beteiligten Unternehmen stark variieren und sich im Laufe der Zeit teils drastisch verändern können. Es wird geschätzt, dass in etwa 50 Prozent aller Allianzen relativ schnell nach der Entstehung wieder aufgelöst werden.

Die aufgeführten Wachstumsoptionen beinhalten sowohl Schwächen als auch Stärken. Die Herausforderung für ein Unternehmen besteht darin, die adäquate Option auszuwählen. Diese Wahl kann aufgrund folgender Kriterien getroffen werden: Akzeptanz durch die Anspruchsgruppen, Finanzierbarkeit und Realisierbarkeit.[11]

2.3.3 Wahl der internationalen Strategie

Im diesem Abschnitt werden zunächst die vier Dimensionen der Internationalisierungsstrategie beschrieben, die von einem Unternehmen in Betracht gezogen werden sollten, ehe sich dieses für eine Internationalisierungsstrategie entscheidet. Folgend werden die Grundstrategien der Internationalisierung, aus denen ein Unternehmen seine internationale Strategie auswählen kann, behandelt.

Dimensionen der Internationalisierungsstrategie

Die Internationalisierung von Unternehmen tangiert mehrere wichtige und schließlich die ganze Welt betreffende Dimensionen. Unternehmen, die Märkte wie China, Indien, Brasilien oder Russland durchdringen, begegnen stets ähnlichen Herausforderungen. *Yip* (2003) nennt in diesem Zusammenhang vier Dimensionen, die Unternehmen in Bezug auf die Wahl ihrer internationalen Strategie berücksichtigen sollten: (a) Die Marktdimension, (b) die Kostendimension, (c) die Konkurrenzdimension und schließlich (d) die staatliche Dimension.

Abbildung 2.17: Die vier Dimensionen der Internationalisierungsstrategie
Quelle: Yip (2003).

a) **Die Marktdimension:** Ein Unternehmen, das in einen neuen Markt eintritt, kann aufgrund eines bereits bestehenden Standardisierungsgrades zwischen zwei Ländern einen Nutzen ziehen, um seine Produkte oder Dienstleistungen zu vermarkten. Hierbei kann zwischen drei Standardisierungsebenen unterschieden werden:

- **Ähnliche Bedürfnisse auf Seiten der Verbraucher:** Beispielsweise ist die erhöhte Nachfrage nach Mobiltelefonen und Smartphones weltweit ähnlich.

- **Ein globaleres Angebot der Lieferanten:** Da der Mobilfunkmarkt auf der ganzen Welt relativ standardisiert ist, tritt zunehmend der Fall ein, dass auch Lieferanten in dem neuen Markt von Mobiltelefonherstellern standardisierte Teile für die Montage anbieten.

- **Globale Marketingkampagnen:** Werbekampagnen für Mobiltelefone und Smartphones sind in der Regel von einem Markt zum anderen übertragbar. Tatsächlich handeln Werbekampagnen häufig davon, Geschäftsleuten zu zeigen, inwiefern die berufliche Leistung durch die Nutzung der angepriesenen Mobiltelefone verbessert werden kann.

b) **Die Kostendimension:** Durch die Umsetzung einer internationalen Expansionsstrategie ist ein Unternehmen in der Lage, Kosten zu reduzieren. Diese Kostenreduktion kann auf drei Ebenen erfolgen:

- **Erzielung von Skaleneffekten bzw. von Größenvorteilen:** Die Erhöhung des Produktionsvolumens über das des heimischen Marktes hinaus kann zu Skaleneffekten bezüglich der Produktion sowie des Erwerbs oder des Einkaufs von Waren und Rohstoffen führen. Diese Strategie wird beispielsweise von dem multinationalen Schweizer Unternehmen *Nestlé* verfolgt. Obwohl der Firmensitz in einem kleinen Land wie der Schweiz, genauer in Vevey am Genfer See, liegt, bezieht der Weltkonzern der Lebensmittelbranche seine Rohstoffe aus der ganzen Welt. Indem *Nestlé* seine Produkte global verkauft, erreicht es enorme Skaleneffekte.

- **Die Unterschiede zwischen den Ländern nutzen:** Für ein nordamerikanisches Unternehmen der PC-Industrie kann es ich als sinnvoll erweisen, die Montage von Computern nach Mexiko auszulagern, um von den niedrigeren regionalen Lohnkosten zu profitieren.

- **Rolle der Logistik:** Die Transportkosten für Produkte, die für andere Länder bestimmt sind oder aus diesen stammen, spielen eine wichtige Rolle in der Kostenstruktur eines Unternehmens. Die Höhe von Transportkosten ist im Wesentlichen abhängig von dem Volumen und dem Gewicht des zu transportierenden Gutes im Verhältnis zu seinem Preis. Bei Computer-Chips spielen beispielsweise die Transportkosten aufgrund ihrer geringen Größe und ihres geringen Gewichts im Verhältnis zum Preis nur eine kleine Rolle, da sie in enormen Mengen von einem Land in ein anderes transportiert werden können. In der Stahlindustrie hingegen sind die Transport- und Logistikkosten im Vergleich zu Computer-Chips wesentlich höher: Dies stellt die Sinnhaftigkeit einer internationalen Strategie in diesem Sektor in Frage.

c) **Die Konkurrenz-Dimension:** Internationalisierung kann die Wettbewerbsposition eines Unternehmens bezüglich der Konkurrenz erhöhen. Hierbei spielen zwei grundlegende Überlegungen eine Rolle:

- **Synergien zwischen den Staaten:** Anhand erzielter länderübergreifender Synergiewirkungen kann ein Unternehmen die Konkurrenz unter Druck setzen. So gelang es *EADS*, alle europäischen Luft- und Raumfahrtbehörden so zu organisieren, dass sowohl Mittel wie auch Forschungs- und Entwicklungsprogramme viel effizienter eingesetzt und durchgeführt werden. Erst durch diesen Schritt wurde *EADS* zu einem ernstzunehmenden Wettbewerber für die internationale Konkurrenz.

- **Globale Strategie der Konkurrenz:** Die Präsenz internationaler Wettbewerber erhöht den Druck, eine Entscheidung für eine globale Strategie zu fällen. Einerseits können Konkurrenten die Gewinne, die sie in einem Land erwirtschaften, nutzen, um damit Aktivitäten in anderen Ländern zu subventionieren. Andererseits entsteht gegebenenfalls aufgrund der Konkurrenzdynamik der Druck, das Produkt international zu standardisieren. In diesem Fall würde ein Unternehmen, das global agiert, mehr Einfluss auf die Gestaltung dieses Standards nehmen als ein Unternehmen, das in wenigen Ländern tätig ist.

d) **Die staatliche Dimension:** Eine internationale Strategie lässt sich nicht realisieren, ohne auf Einschränkungen gesetzlicher oder politischer Natur zu stoßen. Ein Unternehmen unterliegt daher zahlreichen Normen, deren Einhaltung von einer Vielzahl von Behörden (und auch der Konkurrenz) überwacht wird. In der Tat gibt es politische Barrieren wie beispielsweise tarifäre- und nichttarifäre Handelshemmnisse:

- Tarifäre Handelshemmnisse bezeichnen **direkte protektionistische Maßnahmen** der Außenhandelsbeschränkung. Hierzu gehören insbesondere Zölle, Abschöpfungen (Mindestpreise), Verbrauchersteuern und Exportsubventionen.

- Nichttarifäre Handelshemmnisse bezeichnen **indirekte protektionistische Maßnahmen** der Außenhandelsbeschränkung. Beispiele hierfür sind Exportquoten, Local-Content-Klauseln[12], freiwillige Exportbeschränkungen, Normen und Standards, Importlizenzen, Verpackungs- und Kennzeichnungsvorschriften, psychologische Beeinflussung der Konsumenten zum Kauf von einheimischen Produkten sowie Sozial- und Umweltstandards.

Diese Dimension könnte in Bezug auf die Standortwahl einen großen Einfluss auf die internationale Strategie nehmen. Gegenwärtige Entwicklungen zeigen, dass zunehmend mehr Unternehmen ihre Produktionsstätten in China aufbauen, um ebendiese Handelshemmnisse zu umgehen und um anhand von sogenannten ausländischen Direktinvestitionen den dortigen Markt direkt vor Ort ausreichend bedienen zu können. In den seltensten Fällen können diese Hemmnisse über reinen politischen Druck (Lobbying) vollkommen beseitigt werden.

Grundstrategien der Internationalisierung

Ausgehend von den beschriebenen vier Dimensionen der Internationalisierungsstrategie kann ein Unternehmen eine der vier Grundstrategien auswählen und somit eine Strategie festlegen. *Bartlett* und *Ghoshal* (1989) legen nahe, dass für Unternehmen vier Grundstrategien der Internationalisierung existieren:

a) **Internationale Strategie:** Internationale Strategie bezeichnet, dass sich ein Unternehmen internationalisiert, indem es ausländische Tochtergesellschaften gründet, die direkt von der Konzernzentrale gesteuert werden. Die Tochtergesellschaften verfügen hierbei über wenig Entscheidungsfreiheit, wobei ihre lokale Strategie hauptsächlich von der Zentrale festgelegt wird. Diese Strategie eignet sich für Unternehmen, die sich nur in begrenzter Form im Ausland niederlassen. Diese Strategie reicht meist nicht aus, um den lokalen Markt zu verstehen.

b) **Multinationale Strategie:** Im Gegensatz zu einer internationalen Strategie besteht die multinationale Strategie aus einer weitgehend selbständigen Entscheidungsautonomie der ausländischen Tochtergesellschaften. Die Tochtergesellschaften können hierbei über die Strategie, die sie auf lokaler Ebene anwenden möchten, weitgehend autonom entscheiden. Die Zentrale schreibt lediglich die grundlegende strategische Ausrichtung vor. Somit managen die Tochtergesellschaften von multinationalen Unternehmen die Herstellung und Vermarktung ihrer Produkte oder Dienstleistungen selbst. Diese Art der Organisation hat den Vorteil, dass das Angebot sehr stark an die Bedürfnisse des entsprechenden Landes angepasst ist.

c) **Globale Strategie:** Ein Unternehmen, das eine globale Strategie verfolgt, geht von einer weltweit homogenen Nachfrage für Produkte oder Dienstleistungen aus. Sämtliche Entscheidungen werden zentralisiert im Hauptsitz des Unternehmens getroffen, wobei in allen Tochtergesellschaften dieselbe Strategie verfolgt wird. Das Unternehmen stützt sich demnach ausschließlich auf die Vermögenswerte der Zentrale, um auf einheitliche Weise in allen Ländern aufzutreten.

d) **Transnationale Strategie:** Schließlich versucht ein Unternehmen, das eine transnationale Strategie verfolgt, von den Vorteilen jedes der Länder, in denen es präsent ist, zu profitieren. Jede einzelne Aktivität seiner Wertschöpfungskette wird demnach in demjenigen Land ausgeführt, das über die meisten Vorteile in Bezug auf Kosten und Qualität verfügt. Typischerweise kann ein Unternehmen beschließen, das Design seiner Produkte in Schweden entwerfen zu lassen, da es der Meinung ist, dass schwedische Designer über einzigartiges Know-how verfügen. Hingegen wird das Unternehmen die Produktionsstätten in einem Land wie China errichten, da dort die Lohnkosten zu den billigsten weltweit gehören. Schließlich wird das Unternehmen unterstützende IT-Aktivitäten in einem Land wie Indien planen, um dadurch auf günstige Art und Weise von dem Fachwissen der Ingenieure dieses Landes zu profitieren. Die transnationale Strategie verspricht hohe Effizienz in den einzelnen Unternehmensteilen, doch kann die Koordination der verschiedenen Bereiche sehr komplex und aufwendig werden.

Ein Unternehmen steht somit vor einer Vielzahl von strategischen Herausforderungen, die es zu bewältigen gilt. Aufgrund von sich ständig verändernden Rahmenbedingungen im Inneren eines Unternehmens sowie in dessen Umwelt, sollte ein Unternehmen stets darauf bedacht sein, die analysierten Rahmenbedingungen permanent zu überwachen, um so gegebenenfalls die getroffenen Entscheidungen anpassen zu können.

Exkurs

Kostenführerschaft versus Differenzierung bzw. Fokussierung

Porter definiert drei generische Grundstrategien (Kostenführerschaft, Differenzierung und Fokussierung). *Porters* Ausgangspunkt dabei ist, dass sich die generischen Grundstrategien gegenseitig ausschließen und daher von Unternehmen nicht gleichzeitig angewandt werden können. Er argumentiert, dass ein Unternehmen, das eine Differenzierungsstrategie verfolgt und gleichzeitig bemüht ist, eine Strategie der Kostenführerschaft zu verfolgen, die Produkte nicht billiger als die Konkurrenz anbieten könnte und deshalb automatisch seinen Wettbewerbsvorteil basierend auf guter Produktqualität verlieren würde.

Nach *Porter* bedingen geringere Kosten eine Umstrukturierung der Wertschöpfungskette, welche zwangsläufig zu einer geringeren Qualität der angebotenen Produkte führt. Letztlich würde ein solches Unternehmen ein Produkt anbieten, das nicht das billigste auf dem Markt ist und das auch nicht mehr den ursprünglich unverwechselbaren Wert für den Kunden repräsentiert.

Weiter behauptet er, dass ein Unternehmen, das die Strategie der Kostenführerschaft verfolgt und gleichzeitig einer Differenzierungsstrategie nacheifert, ebenfalls scheitern würde, da der Wettbewerbsvorteil, ein Produkt zu niedrigeren Preisen als die Konkurrenz herzustellen und anzubieten, verloren gehen würde. Zusammenfassend argumentiert *Porter*, dass die Produktion und die Vermarktung eines differenzierten Produkts oder einer differenzierten Dienstleistung Investitionen einer bestimmten Höhe erfordert, die eine automatische Erhöhung der Kosten mit sich brächte.

Porter gelangt zu folgendem Fazit: Letztendlich sei die Wahl einer klaren strategischen Ausrichtung absolut notwendig, um ein „in der Mitte festzusitzen" *(Stuck in the Middle)* zu vermeiden. Dieser Zustand kann dazu führen, dass das Unternehmen nicht mehr in der Lage ist, eine der generischen Strategien (*s. Kapitel 1.2.1*) richtig zu verfolgen.

Reflexionsfragen

1. Wie lässt sich auf der Basis des Exkurses der Erfolg des Unternehmens *IKEA*, das differenzierte Produkte zu niedrigeren Preisen am Markt anbietet, erklären?

2. Kann man nicht der Ansicht sein, dass Unternehmen, die beiden generischen Strategien Differenzierung und Kostenführerschaft (*s. Kapitel 2.2.1*) gleichzeitig verfolgen, von einer Art positiven Kreislauf profitieren würden?

   – Wie könnte eine solche Strategie aussehen?

   – Diskutieren Sie die Möglichkeit, in diesem Sinne die Ressourcen, die durch eine Strategie der Kostenführerschaft frei werden, in den Bereichen Marketing oder Forschung bzw. Entwicklung investieren, um ein differenziertes Produkt anzubieten?

3. Wie könnte man im Zusammenhang von Differenzierung soziales Engagement von Unternehmen bewerten?

ZUSAMMENFASSUNG

Folgende Inhalte wurden in diesem Kapitel behandelt:

■ Es wurden die Herkunft und die historischen Entwicklungsphasen des strategischen Denkens beschrieben. Dabei kam es zu folgender Feststellung: Der Ursprung des Strategischen Managements liegt im militärischen Bereich. Darüber hinaus wurden grundlegende Begriffe des Strategischen Managements wie Performance (Leistung) oder Wettbewerbsvorteil erläutert. Strategisches Management verfolgt stets langfristige Ziele eines Unternehmens und dessen optimale Umsetzung. Diese Ziele sollen zu nachhaltigen Wettbewerbsvorteilen führen.

■ Des Weiteren waren die vier Grundelemente der Strategie, die das strategische Denken wesentlich beeinflussen, Gegenstand: Die Mission, die Vision, der Zweck bzw. die Absicht sowie die Ziele. In Bezug auf die Strategieentwicklung kann zwischen dem geplanten und dem emergenten Strategieansatz unterschieden werden. Dem Strategischen Management kommt in Unternehmen eine bedeutende und übergeordnete Rolle zu, da es die Unternehmensstrategie festlegt, strategische Geschäftsfelder entwickelt und die Umsetzung in den einzelnen Unternehmensfunktionen unterstützt.

■ Der marktorientierte (Market-Based-View) und der ressourcenorientierter Ansatz (Resource-Based-View) stellen zwei wesentliche Ansätze des Strategischen Managements dar. Es wurden bedeutende Managementinstrumente und Schritte zu jedem dieser Ansätze vorgestellt: Das 5-Kräfte-Modell, Strategie-Mapping, generische Grundstrategien, die Wertschöpfungskette, das Identifizieren von strategischen Vermögenswerten eines Unternehmens sowie das Entwickeln und Kombinieren von strategischen Vermögenswerten zur Generierung eines Wettbewerbsvorteils.

■ Zudem wurden wichtige Dimensionen der Strategieentwicklung und grundlegende strategische Herausforderungen – die Wahl der Wachstumsstrategie, der Wachstumsoption sowie die Wahl der internationalen Strategie – behandelt.

AUFGABEN

1. Beschreiben Sie in eigenen Worten folgende Ansätze:

a) Marktorientierter Ansatz (Market-Based-View) und

b) Ressourcenorientierter Ansatz (Resource-Based-View).

2. Beschreiben Sie die Vorteile und Nachteile jedes einzelnen dieser beiden Ansätze.

3. Analysieren Sie die Automobilindustrie oder eine Branche Ihrer Wahl anhand des 5-Kräfte-Modells.

4. Führen Sie für die Branche, für die Sie sich entschieden haben, ein Strategie-Mapping durch, um die strategischen Gruppen zu identifizieren.

5. Beschreiben Sie die generische Grundstrategie eines Unternehmens Ihrer Wahl.

Fallstudie: Federal Express und die Express-Transportindustrie

Anfang der 70er Jahre entwickelte der Wirtschaftsstudent *Frederick W. Smith* die Idee, Briefe und Pakete über Nacht und damit schneller als die Post zu liefern. Am 17. April 1973 setzte der damals 27-jährige seinen Plan in die Tat um und *Federal Express* nahm den Betrieb mit 389 Mitarbeitern und einem Dutzend Flugzeugen, die von dem Flughafen Memphis aus Pakete in 25 US-Städte transportierten, auf. Diese Art der Auslieferung markiert nicht nur den Beginn des operativen Geschäfts von *Federal Express*, sondern bezeichnet zugleich die Geburtsstunde der Express-Transportindustrie. Heute hat sich *FedEx Corporation*, wie das Unternehmen seit 2000 heißt, als einer der weltweit größten Logistikkonzerne und einer der führenden Anbieter von Transport-, E-Commerce- sowie Dokumenten-Management-Services etabliert. *Smith* ist Chairman, Präsident und CEO. In Deutschland bietet *FedEx* seine Services seit dem Jahr 1984 an.

Merkmal	Werte (Geschäftsjahr 2009)
Jahresumsatz	33 Milliarden US-Dollar
Bediente Länder und Regionen	mehr als 220 (375 angeflogene Flughäfen)
Mitarbeiter	mehr als 75.000 weltweit
Eigene Flugzeuge	661
Eigene Fahrzeuge	mehr als 80.000
Kommunikationsleistungen	Mehr als 20 Millionen Besuche generiert die Website *fedex.com* im Monat. Über 5,5 Millionen Anfragen zur Paketverfolgung laufen täglich ein, dazu werden rund 19 Millionen Pakete im Monat via FedEx Ship Manager versendet.
Transportleistungen	7,5 Millionen Sendungen pro Tag

Tabelle 2.1: FedEx Corporation: Ausgewählte Unternehmensdaten 2009 (Stand: März 2010)

Die operativen Gesellschaften der *FedEx Corporation*:

- **FedEx Services:** Der Geschäftsbereich beinhaltet Vertrieb, Marketing, IT und Kundenservices für das Transportgeschäft.

- **FedEx Express:** Das weltweit größte Express-Transportunternehmen bietet einen schnellen und zuverlässigen Versand zu jeder US-Adresse und in mehr als 220 Länder und Regionen. Für die Auslieferung zeitsensitiver Sendungen zu einem exakt definierten Zeitpunkt nutzt *FedEx Express* ein weltweites Luft- und Bodennetzwerk.

- **FedEx Ground:** Der Spezialist für den kosteneffektiven Versand von kleinen Paketen in den USA, Kanada und Puerto Rico bietet sowohl B2B-Versand als auch B2C-Versand sowie über Versand zwischen Privathaushaltenden per *FedEx Home Delivery Service*.

- **FedEx Freight:** Hierbei handelt es sich um einen der führenden Anbieter regionaler Über-Nacht- und Zwei-Tages- sowie Stückgut-Services in Nordamerika. *FedEx Freight* verfügt über ein Netzwerk von fast 330 Servicezentren und über moderne Informationssysteme.

- **FedEx Office** (bis 2008 *FedEx Kinko's*)**:** Dieses Unternehmen aus Dallas bietet Business Services, einschließlich Kopier- und Digitaldruckdienstleistungen und verbindet Expertise in Druck und Versand mit zuverlässigem Service.

- **FedEx Custom Critical:** Mit diesem Service bietet das Unternehmen rund um die Uhr Lösungen für den zeitsensitiven Versand von Eilfracht, Wertgegenständen und Gefahrgütern an.

- **FedEx Supply Chain Services:** Diese Sparte bietet durch ein globales Transport- und Informationsnetzwerk Lösungen, wie etwa in den Bereichen Lagerbestandslogistik, Transportmanagement, Kühlketten-Optimierung oder Zollgebühren.

- **FedEx Trade Networks:** Unterstützt *FedEx*-Kunden dabei, die internationalen Lieferungen zu optimieren, etwa in den Bereichen Import bzw. Export, Verzollung, Frachtverteilung, Handelsunterstützung, Logistik oder auch IT.

Welche Wettbewerbsvorteile waren für den Aufstieg von FedEx ausschlaggebend?

1. Wettbewerbsvorteil: Qualität und Zuverlässigkeit

FedEx verfolgt eine qualitäts- und kundenorientierte Wachstumsstrategie. *FedEx* Chef *Smith* erkannte bereits früh das Potenzial der Bereiche „Kundenzufriedenheit", „Qualität" und „Zuverlässigkeit" als Alleinstellungsmerkmal, aber ebenfalls als Wettbewerbsvorteil.

People, Service, Profit: Mit diesen Schlagwörtern bringt *FedEx* die Unternehmensphilosophie auf den Punkt. Dahinter steht die Strategie, sich langfristig profitabel in einem Markt durchzusetzen, der von einem Verdrängungs- bzw. Akquisitionswettbewerb gekennzeichnet ist. Wegen des hohen Serviceanspruchs innerhalb des Unternehmens stehen die Mitarbeiter an erster Stelle. Kundenorientierung spielt bei *FedEx* eine zentrale Rolle und wird durch den Aufbau einer eigenen Abteilung *Customer Experience Management* (CEM) untermauert. Die Zielsetzung ist hierbei wie folgt: Jede Erfahrung des Kunden mit *FedEx* soll eine außergewöhnlich positive sein. Im Kern geht es darum, jedes Serviceangebot, jeden Arbeitsablauf, jeden Berührungspunkt zwischen *FedEx* und den Auftraggebern auf seine Kundenfreundlichkeit zu hinterfragen. CEM basiert auf dem Slogan „Purple Promise", welcher an das lilafarbene Firmenlogo angelehnt ist. Außerordentliche Kundenfreundlichkeit ist nicht nur ein strategisches Ziel, sondern auch ein Versprechen an die Kunden. Konkret bedeutet dies, dass im Kundendienst ein Anruf spätestens nach dem zweiten Klingelzeichen zu beantworten ist. Im Fall einer Beschwerde muss der Kunde innerhalb einer Stunde mit einer verbindlichen Rückmeldung zurückgerufen werden. In regelmäßigen Abständen erfolgen Befragungen der Kunden bezüglich ihrer Zufriedenheit. Um die komplette *FedEx* Belegschaft auf die Ziele des CEM einzustimmen, wurde ein umfangreiches Human-Resources-Programm gestartet, das auf den vier Säulen

„Kommunikation", „Ideenmanagement", „Weiterbildung" und „Auszeichnungen und Anerkennung" basiert. Die Zufriedenheit eines jeden Teammitglieds mit seiner Tätigkeit, mit Vorgesetzten und dem Unternehmen ist Grundvoraussetzung für die Umsetzung einer Qualitätsstrategie.

Um die Erfolge und Misserfolge bei der Umsetzung der People-Service-Profit-Philosophie transparent zu machen, führt *FedEx* weltweit eine Zufriedenheitserhebung unter den Mitarbeitern durch. Zudem besteht im Intranet eine Plattform zum Thema „Customer Experience". Jeweils zu Beginn und in der Mitte eines Geschäftsjahres verfasst Unternehmensgründer *Smith* ein strategisches Memorandum, das intern verteilt wird. Des Weiteren motiviert *FedEx* seine Teammitglieder durch Auszeichnungen wie den „Kurier des Jahres", der von den Kunden gewählt wird oder den „Bravo Zulu" für außergewöhnliche Leistungen (in der Schifffahrt steht das Flaggenzeichen „Bravo Zulu" für „Gut gemacht").

Diese Maßnahmen zahlen sich aus: *FedEx Corporation* ist laut des US-Magazins *Fortune* eines der renommiertesten Unternehmen der Welt. Im Jahr 1990 war *FedEx* der erste Dienstleister, der in den USA den Malcolm-Baldridge-Preis für hervorragende Qualität erhielt. Im Jahr 1994 erhielt *FedEx* die Zertifizierung nach ISO 9001 für seine weltweiten Aktivitäten und ist damit der erste große Carrier, der sich diesen Qualitätsstandard verdiente. Neun Jahre später wurde *FedEx* erneut ISO 9001:2000 zertifiziert. In Deutschland zählte *FedEx* zu den „kundenorientiertesten Dienstleistern" des Jahres 2008. Zudem wird *FedEx* immer wieder als „Great Place to Work" ausgezeichnet. *FedEx Deutschland* belegte im Jahr 2010 Platz 23 in der Kategorie „Mittelgroße Unternehmen" (501-2.000 Mitarbeiter).

2. Wettbewerbsvorteil: Optimale Abläufe

FedEx führte als erster Express-Dienstleister das „Hub and Spokes"-System ein, das bis heute Kern des Distributionsnetzwerkes des Unternehmens ist. Der Erfolg von *FedEx* liegt in ebendiesem System begründet, das inzwischen von fast allen Luftfrachtgesellschaften angewandt wird. „Hub and Spoke" („Mittelpunkt und Speiche") funktioniert wie folgt: Tagsüber werden Päckchen und Pakete mit Transportern eingesammelt und zu Regionalflughäfen gebracht. Am Abend nehmen *FedEx* Flugzeuge die Fracht auf und transportieren diese zu der nationalen Verteilungs-„Nabe" des Systems. Dort geht die Ladung unmittelbar und noch in derselben Nacht per Flugzeug weiter zu einem Regionalflughafen in der Nähe des Bestimmungsortes. Somit kann dort dem Empfänger die Sendung bereits am frühen Morgen zugestellt werden. Ein zentrales *FedEx* Hub fungiert als Sortierzentrum für den Fluss der ankommenden Sendungen aus der ganzen Welt (von den Speichen), die in verschiedene Richtungen weiterverteilt werden (über die Speichen). *FedEx* betreibt verschiedene regionale Zentralhubs. Das Hauptumschlagszentrum für die Region EMEA (Europa, Naher Osten, Indischer Subkontinent und Afrika) befindet sich nahe Paris an dem Flughafen Roissy-Charles de Gaulle.

Am Unternehmenssitz in Memphis betreibt *FedEx* das „Super Hub", das zentrale Drehkreuz des internationalen Netzwerkes und der Mittelpunkt des weltweiten Betriebs des Unternehmens. Das Unternehmen nutzt Satelliten- und Computer-Kommunikationstechnologie, um Wetter-, Strecken- und Verkehrsinformationen in Echtzeit zu überwachen. Auf diese Weise kann *FedEx* Routen wechseln, wenn die Wetterbedingungen eine pünktliche Lieferung verhindern.

3. Wettbewerbsvorteil: Innovative Sendungsverfolgung

Das Kernstück aller weltweiten Prozesse bei *FedEx* ist die Tracking-und-Tracing-Technologie. *FedEx* ist bei vielen Unternehmen fester Bestandteil der Wertschöpfungskette. Für Kunden ist es wichtig, jederzeit abfragen zu können, wo sich die Lieferung gerade befindet. Mit den Tracking-Instrumenten von *FedEx* können Kunden jederzeit den Status ihrer Sendungen via Internet, Mail oder Handy abrufen.

Bereits in den späten 1970ern stellte *FedEx* ein Konzept vor, das darauf beruht, dass Informationen über ein Paket genauso wichtig sind wie der Inhalt des Paketes selbst. Kurz darauf konnten sich *FedEx*-Kunden bei einer gebührenfreien Hotline über den Status ihrer Sendung informieren. *FedEx Express* war damit eines der ersten Unternehmen, das seinen Kunden die Möglichkeit der Sendungsverfolgung angeboten hatte. Im Jahr 1994 startete *FedEx* als erstes Transportunternehmen einen Online-Auftritt. Über das Portal *fedex.com* konnten Kunden nun ihre Paketsendungen online nachverfolgen. Im Jahr 1995 gingen auf *fedex.com* rund 9.000 Tracking-Anfragen pro Tag ein. Heute wickelt *FedEx* täglich über sechs Millionen Tracking-Anfragen ab.

Abbildung 2.18: FedEx bemüht sich, die Welt auf effiziente und nachhaltige Weise zu verbinden

Wettbewerbsvorteil: Skalenerträge und straffe Führung (Beispiel Frankreich)

Das *FedEx*-Drehkreuz am Flughafen *Roissy-Charles de Gaulle* nahe Paris ist mit einer Gesamtfläche von rund 77.000 qm das zweitgrößte *FedEx*-Hub außerhalb der USA. *FedEx* und *Aéroports de Paris* haben in den Ausbau des Hubs, der im September 2009 abgeschlossen wurde, gemeinsam 158 Millionen Euro investiert. Rund 1.900 *FedEx*-Teammitglieder arbeiten am Hub in Paris. Die Sortierfläche weist eine Größe von rund 72.000 Quadratmetern auf, die Sortierkapazität entspricht pro Stunde 61.500 Dokumenten- und Paketsendungen. Pro Woche starten und landen *FedEx*-Flugzeuge an dem Flughafen *Roissy-Charles de Gaulle* insgesamt 300-mal. Der Zeitablauf bei Interkontinentalsendungen in Paris ist wie folgt: Um 18:00 Uhr landet der erste Interkontinentalflug, bis 18:40 Uhr ist das Entladen des Flugzeugs abgeschlossen. Um 18:20 Uhr beginnt die Sortierung, um 19:55 Uhr ist die erste Sortierung abgeschlossen. Um 20:00 bis 21:00 Uhr wird für den ersten europäischen Flug eingeladen und von 20:20-20:30 Uhr wird für den ersten interkontinentalen Flug eingeladen. Zwischen 22:00 und 24:00 Uhr wird die Sortierung und Beladung der *FedEx*-Transporter vorgenommen.

Wettbewerbsvorteile für die Zukunft: Effizienz in der Luft und am Boden

FedEx ist darum bemüht, die Welt auf effiziente und nachhaltige Weise zu verbinden. Das Unternehmen ergriff eine Vielzahl von Maßnahmen, um die Auswirkungen seiner Dienstleistungen auf die Umwelt so gering wie möglich zu halten. Dazu gehören unter anderem Investitionen in die Hybridtechnologie sowie in erneuerbare Energien, der Bau von Solaranlagen oder auch das Recycling von Verpackungen. *FedEx* glaubt zudem an das langfristige Potenzial alternativer Treibstoffe zu Kerosin, setzt unterdessen aber auf einen anderen Weg, die Auswirkungen seines Flugverkehrs zu vermindern: Den effizienteren Einsatz und die Erneuerung der aktuellen Flugzeugflotte. Im August 2008 leitete das Unternehmen ein Modernisierungsprogramm ein, in dessen Rahmen 90 Flugzeuge des Modells Boeing 727 sukzessive durch Boeing 757 bis zum Jahr 2018 ersetzt werden sollen. Dadurch werden der Kraftstoffverbrauch und die Treibhausgasemissionen um bis zu 36 Prozent bei einer um 20 Prozent höheren Nutzlastkapazität gesenkt. Mit Abschluss des Programms sollen die CO_2-Emissionen um jährlich mehr als 350.000 Tonnen reduziert werden. Zudem ist seit Januar 2010 die erste Boeing 777 im Einsatz und verbindet Shanghai mit dem *FedEx*-Super-Hub in Memphis. Die Boeing 777 verbraucht 18 Prozent weniger Kraftstoff und verfügt zudem über eine höhere Ladekapazität als Flugzeuge des Typs MD-11, die *FedEx* derzeit einsetzt.

Die Mitbewerber

Neben ehemals zumeist staatlichen Postunternehmen haben sich in Deutschland wie auch in anderen Ländern zahlreiche privatwirtschaftliche Kurier-, Express- und Postdienstleister etabliert. Die bekanntesten Kurier-Unternehmen sind:

- UPS (United Parcel Service)
- DHL (Express- und Logistiksparte der Deutschen Post)
- TNT Express (Expresssparte des niederländischen Postkonzerns TNT)

Quelle: Diese Fallstudie Kotler et al. (2011), S.523-528 entnommen.
Quellen zu dem Fall „FedEx Global Citizenship Report 2008" sind der Homepage citizenshipblog.fedex.designcdt.com zu entnehmen; Pressemitteilungen „FedEx stärkt Europa-Geschäft: Drehkreuze in Frankreich und Deutschland werden ausgebaut" (03. 06. 2008); „US-Magazin Fortune: FedEx gehört zu den zehn renommiertesten Unternehmen der Welt" (20. 03. 2009) unter: news.van.fedex.com; Michael Kremer, Manager der Human Resources Services bei FedEx Express Zentral- und Osteuropa: „Mitarbeiter stehen an erster Stelle",
in: Personalführung (April 2008); Michael L. Ducker, President International bei FedEx Express im Interview mit der WirtschaftsWoche: „Boden erreicht", in: WirtschaftsWoche (06. 07. 2009); FedEx Newsroom unter: news.van.fedex.com (30. 09. 2009).

Reflexionsfragen

1. Beschreiben Sie die Wettbewerbsvorteile von Federal Express, welche wesentlich zu der starken Position auf dem Weltmarkt der Transportdienstleister beitragen?

2. Besorgen Sie sich die betriebswirtschaftlichen Kenndaten der wichtigsten Express-Transportdienste. Welche Schwerpunkte setzen die zwei größten Konkurrenten von FedEx?

3. Beschreiben Sie die generische Grundstrategie von FedEx. Bitte begründen Sie Ihre Antwort.

Verwendete Literatur

Ansoff, I.: „Strategies for Diversification", in: Harvard Business Review, 5. Aufl., Bd. 35, Sept.-Okt. 1957, S. 113-124.

Bain, J. S.: „Relation of Profit Rate to Industry Concentration", in: The Quarterly Journal of Economics, Bd. 65, August 1951, S. 293-324.

Bain, J. S.: „Barries to New Competition", in: Harvard University Press, Cambridge (Mass.) 1956.

Barney, J. B.: „Firm Resources and Sustained Competitive Advantage", in: Journal of Management, Bd. 17, Nr. 1, 1991, S. 99-120.

Bartlett, C. A.; Goshal S.: „Managing across Borders: The Transnational Solution", 1. Aufl., Hutchinson, London 1989.

Chandler, A. D.: „Strategy and Structure", MIT Press, Cambridge MA 1962.

D'Aveni, R.A.: „Hypercompetition", The Free Press, New York 1994.

Dierickx, I.; Cool, K.: „Asset Stock Accumulation and Sustainability of Competitive Advantage", in: Management Science, Bd. 35, Ausgabe 12, Dez. 1989, S. 1504-1511.

Grant, R.; Nippa, M.: „Strategisches Management", 5. Aufl., Pearson Studium, München 2006.

Johnson, G.; Scholes, K.; Whittington, R.: „Strategisches Management", 9. Aufl., Pearson Studium, München 2011.

Kotler, P.; Armstrong, G.; Wong, V.; Saunders, J.: „Grundlagen des Marketing", 5. Aufl., Pearson Studium, München 2010.

Mason, E. S.: „Price and Production Policies of large-scale Enterprises", in: American Economic Review, Bd. 29, 1939, S. 61-74.

Mintzberg, H.: „Five P´s for Strategy", in: California Management Review, Bd. 30, 1987, S. 11-24.

Mintzberg, H.: „The Rise and Fall of Strategic Planning", Prentice Hall, 1994.

Penrose, E. T.: „Theory of the Growth of the Firm", Oxford University Press, 1959.

Porter, M.E.: „Competitive Advantage", Free Press Edition, New York 1985.

Slesky, J.; Goes, J.; Babüroglu, O.: „Contrasting perspectives of strategy making: applications in hyper environments", in: Organization Studies, Vol. 28, Nr. 1, 2007, S. 71-94.

Straub, T.: „Reasons for frequent Failure in Mergers and Acquisitions", 1. Aufl., Gabler Verlag, Wiesbaden 2007.

Yip, G. S.: „Total Global Strategy", Prentice Hall, 2003.

Weiterführende Literatur

Argyris, C.; Schön, D.: „Organizational Learning: A Theory of Action Perspective", Addison-Wesley, Reading Massachusetts 1978.

Baldegger, R.: „Entrepreneurial Strategy and Innovation", Growth-Publisher, Fribourg 2008.

Jarillo, J. C.: „Strategische Logik", Gabler Verlag, Wiesbaden 2003.

Johnson, G.; Scholes, K.; Whittington, R.: „Strategisches Management. Eine Einführung", 9. Aufl., Pearson Studium, München 2011.

Lombriser, R.; Abplanalp, P. A.: „Strategisches Management", 5. Aufl., Versus Verlag, Zürich 2010.

Raisch, S.; Probst, G.; Gomez, P.: „Wege zum Wachstum", 1. Aufl., Gabler Verlag, Wiesbaden 2007.

Stadtler, L.; Schmitt, A.; Klarner, P.; Straub, T.: „More than Bricks in the Wall: Organizational Perspectives for Sustainable Success", 1. Aufl., Gabler Verlag, Wiesbaden 2010.

Straub, T.: „Reasons for frequent failure in Mergers and Acquisitions", 1. Aufl., Gabler Verlag, Wiesbaden 2007.

Endnoten

1 Das *Institut National de la Statistique et des Etudes Economiques* (INSEE) ist das französische Amt für Statistik, durch welches Volkszählungen durchgeführt und Informationen über die französische Wirtschaft und Gesellschaft publiziert werden.

2 Hypercompetition findet in einem Markt statt wenn Häufigkeit, Kühnheit und Aggressivität des dynamischen Verhaltens von Konkurrenten zunimmt und dadurch eine permanente Unausgeglichenheit und Wandel erzeugt wird.

3 In Anlehnung an Johnson et. al. (2008).

4 Auch *SCP-Ansatz* genannt.

5 Der Staat oder auch Stiftungen können bei bestimmten Typen von Organisationen unter Umständen als weitere Wettbewerbskräfte dieses Modells in die Analyse einbezogen werden.

6 Die Wertschöpfungskette ist Grundlage für den Aufbau des vorliegenden Buches und wurde daher bereits in der Einleitung beschrieben.

7 Siehe Barney (1991).

8 Siehe Dierickx und Cool (1989).

9 Siehe zu „Wachstum von Unternehmen" insbesondere Raisch et al. (2007).

10 Diese Matrix wird nach ihrem Erfinder *Ansoff-Matrix* oder auch *Wachstumsmatrix* oder *Z-Matrix*, aufgrund des sich steigernden Risikos bzw. der sich steigernder Rendite, genannt.

11 Siehe Johnson et al. (2008), Kapitel 10.

12 Mit *Local-Content-Klauseln* wird sichergestellt, dass ein bestimmter Prozentsatz eines Endprodukts aus einheimischer Produktion stammt.

Teil II befasst sich mit den **primären Unternehmensfunktionen**, die wir in *Abschnitt 1.2.* angerissen haben.

Primäre Unternehmensfunktionen sind die Tätigkeiten, welche einen direkten wertschöpfenden Beitrag zur Erstellung eines Produktes oder einer Dienstleistung liefern. Um darüber einen tieferen Überblick zu geben werfen wir einen Blick auf die Funktionen *Marketing (Kapitel 3)*, *Sales (Kapitel 4)*, *Materialwirtschaft, Logistik und Supply Chain Management (Kapitel 5)*, *Produktion (Kapitel 6)* und *Finanzierung (Kapitel 7)*.

TEIL II

Primäre Funktionen

Plans are nothing, planning is everything.

Dwight Eisenhower (1890-1969), US Präsident

Lernziele

- In diesem Kapitel wird das Wissen zu folgenden Inhalten vermittelt:
- Grundlagen:
  - Ziele, Aufgaben und Forschungsansätze des Marketings
- Käuferverhalten als Ausgangspunkt und Grundlage für Marketingentscheidungen
- Sechs Phasen des Marketingplans als Grundlage für die Festsetzung einer Marketingstrategie:
  1. SWOT-Analyse zur Bestimmung der Ausgangssituation
  2. Festlegung der Marketingziele aufgrund der SWOT-Analyse
  3. Entwicklung und Planung der Marketingstrategie
  4. Umsetzung der Marketingstrategie im Marketing-Mix
  5. Budget
  6. Abschließende Kontrolle des Marketings durch Marktforschung

Marketing

3

ÜBERBLICK

3.1 Grundlagen

3.1.1 Ziele und Aufgaben

In der heutigen Konsumgesellschaft ist Marketing allgegenwärtig. Oft wird der Begriff im alltäglichen Gebrauch wie auch in der Presse im Kontext mit zu hohem Konsum und den damit verbundenen Schulden mit einem negativen Beigeschmack versehen und für die aktuellen Probleme der Gesellschaft verantwortlich gemacht. Bei der Definition bzw. Neudefinition von Marketing muss daher bedacht werden, dass es sich bei Marketing nicht um „Verkauf um jeden Preis" und auch nicht um „Verkauf von nutzlosen Gegenständen und Leistungen" handelt. Grundsätzlich ist festzuhalten, dass es sich beim Verkauf lediglich um einen kleinen Teil des ganzen Marketing-Prozesses handelt.

Marketing leitet sich von dem englischen Wort *market* ab, wobei die Verwendung der „*-ing*"-Form auf die Bedeutung der Kontinuität und auf den sich stets verändernden Markt hinweist. Marketing bezeichnet somit einen nachhaltigen und stets fortlaufenden Prozess bei der Führung eines Unternehmens.

Marketing ist eine Unternehmensfunktion und zugleich ein Prozessbündel, um auf direkte oder auch indirekte Weise Mehrwert für den Kunden eines Unternehmens und dessen Umwelt zu schaffen. Marketing stellt ebenso eine *Unternehmensfunktion* dar wie beispielsweise das Personalmanagement oder das Rechnungswesen.

Das *Prozessbündel* orientiert sich an dem Kunden, der im Fokus des Marketings und somit des Unternehmens steht. Um für den Kunden einen Mehrwert zu entwickeln und zu liefern, sollte ein Unternehmen in der Lage sein, dessen Bedürfnisse und Wünsche zu identifizieren und zu verstehen. Das Prozessbündel steuert die Kommunikation eines Unternehmens mit seiner Umwelt.

Ein **Kunde** ist eine Person oder auch eine Institution, die in einer Geschäftsbeziehung mit einem Unternehmen oder auch mit einer Institution steht und von dem sie ein Produkt oder eine Dienstleistung erwerben will. Als **Konsument** oder **Verbraucher** werden natürliche Personen bezeichnet, die Produkte und Dienstleistungen nur zur eigenen Bedürfnisbefriedigung käuflich erwerben.[1] Bei einem Konsumenten handelt es sich somit immer um einen Endverbraucher, während es sich hingegen bei einem Kunden um ein anderes Unternehmen oder auch um eine Behörde handeln kann.

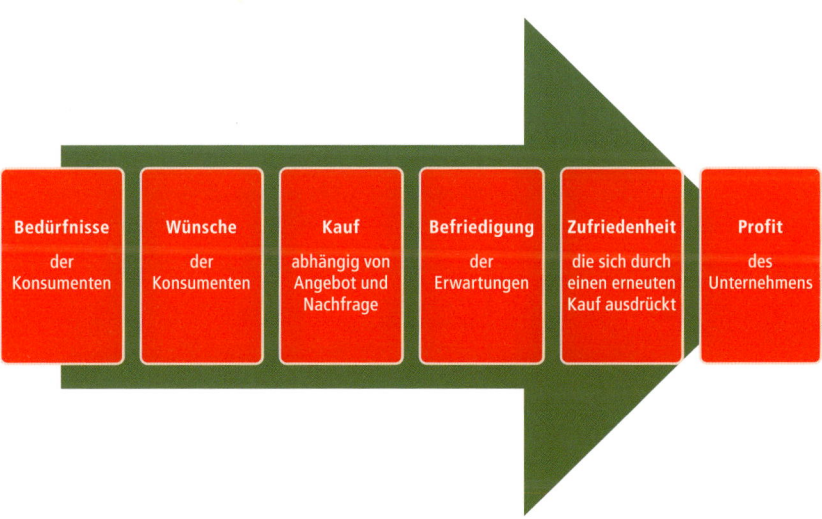

Abbildung 3.1: Definition des Marketings

Im Folgenden werden die wesentlichen Prozessschritte des Marketings beschrieben:

- **Bedürfnisse der Konsumenten:** Die Bedürfnisse der Konsumenten und Kunden entstehen aus einem tatsächlich vorhandenen Mangel an etwas. Um zu überleben, muss der Mensch essen und trinken, sprich seine Grundbedürfnisse befriedigen.

- **Wünsche der Konsumenten:** Die Wünsche der Konsumenten entsprechen einer Form menschlicher Bedürfnisse, die eine Folgeerscheinung von Kultur und Persönlichkeit darstellen. Beispielsweise muss der Mensch pro Tag einige Liter an Wasser trinken, doch spielt hierbei keine Rolle, ob es sich um teures Markenmineralwasser oder um Wasser aus der Leitung handelt.

- **Kauf:** Wünsche verwandeln sich am Markt in *Nachfrage*, die von den Unternehmen mit ihrem *Angebot* abgedeckt werden soll, um die Erwartungen der Konsumenten zufrieden zu stellen. Der Kauf ist somit abhängig von Angebot und Nachfrage.

- **Befriedigung:** Die Befriedigung von Kunden entsteht, indem festgestellt wird, ob die Erwartungen der Konsumenten durch die Produkte und Leistungen erfüllt wurden. Die Befriedigung der Erwartung ist eine Vorbedingung für einen Wiederholungskauf.

- **Zufriedenheit:** Aus dieser Zufriedenheit heraus wird ein Kunde dasselbe Produkt wiederholt kaufen, sich gegenüber der Marke treu verhalten und zu einem regelmäßigen Kunden werden.

- **Profit:** Indem sämtliche Stakeholder in das Marketing einbezogen werden, können nachhaltig Werte für alle Beteiligten geschaffen und der Profit des Unternehmens nachhaltig gesichert werden.

3.1.2 Forschungsansätze des Marketings

Seitdem Marketing als wirtschaftswissenschaftliche Disziplin anerkannt ist, entwickelten sich unterschiedliche Forschungsansätze. Innerhalb dieser Ansätze liegen mehrere Forschungsschwerpunkte vor, die teilweise ergänzend oder aber auch konkurrierend zu der Analyse, Erklärung oder Gestaltung des Marketings verwendet werden. Die Forschungsschwerpunkte orientieren sich wie in *Abschnitt 3.3* beschrieben an dem Marketingplan und greifen diese Problemstellungen wieder auf.

Abbildung 3.2: Unterschiedliche Forschungsansätze und deren Schwerpunkte

Strategie

Innerhalb des strategischen Forschungsansatzes können folgende drei Forschungsthemen identifiziert werden: Das strategische Marketing, die Marktforschung und die ökometrischen Modelle. Das *strategische Marketing* beschreibt die Verknüpfung der Unternehmensstrategie mit dem Marketingplan. Die *Marktforschung* wird zu Beginn der Entwicklung eines Marketingplans[2] und bzw. oder zu einer Zielerreichungsevaluierung[3] eingesetzt. Die *ökonometrischen Modelle* nehmen ebenfalls eine bedeutende Stellung im Marketing ein und ermöglichen insbesondere Vorhersagen über den zukünftigen Markt. Ökonometrische Modelle führen die Marketingtheorie sowie mathematische Methoden und statistische Daten zusammen, um wirtschaftstheoretische Modelle empirisch zu überprüfen und ökonomische Phänomene quantitativ zu analysieren.

Der Markt

Der Markt-Forschungsansatz konzentriert sich auf die Forschungsthemen Angebot und Nachfrage, auf die unterschiedlichen Typen von Kundenbeziehungen sowie auf das Verbraucherverhalten. Das Beziehungsphänomen *Angebot und Nachfrage* untersucht das Verhältnis zwischen Anbieter bzw. Produzenten und Konsumenten. Ziel der Anbieter ist es, die Bedürfnisse und Wünsche der Konsumenten zu ermitteln und durch ihre Produkte für den Konsumenten einen Mehrwert als Motivation für den Kauf zu schaffen, beispielsweise durch ein glaubwürdiges Image oder durch ausgezeichnete Qualität der Produkte oder Dienstleistungen. Für den Anbieter handelt es sich bei dem Mehrwert in der Regel um Gewinn. Wiederkehrende und zufriedene Konsumenten können daher ein stabiles Einkommen des Anbieters garantieren. Ein stabiles und nachhaltiges Verhältnis zwischen Angebot und Nachfrage kommt folglich nur durch das Schaffen eines Mehrwertes auf beiden Seiten zustande. In Bezug auf das Forschungsthema *Typen von Kundenbeziehungen* können zwei Typen von Kundenbeziehungen unterschieden werden, die von zentraler Bedeutung sind: Zum einen gibt es die Beziehung zwischen Anbieter und Endverbraucher, die *Business-to-Consumers* oder kurz *B-to-C* genannt wird. Zum anderen gibt es die Beziehung zwischen Anbieter und Zwischenhändler, die *Business-to-Business* oder kurz *B-to-B* genannt wird. Zwischenhändler kaufen Produkte, um sie zu veredeln oder in anderer Form wiederzuverwenden. Diese Produkte werden schließlich an den Einzelhändler oder an den Endverbraucher, sprich an den Konsumenten verkauft. Es gilt hierbei, das aktuelle *Verhalten des Verbrauchers* oder die Psychologie des Verbrauchers zu verstehen. In diesem Kontext ist festzuhalten, dass das Verbraucherverhalten, insbesondere der Moment der Kaufentscheidung, eine „Black Box" darstellt, die es zu begreifen gilt.

Marketing-Mix

Der Marketing-Mix-Forschungsansatz beinhaltet vier wesentliche Forschungsthemen:

- Produkt
- Promotion
- Distribution
- und schließlich Preis[4].

Das Forschungsthema *Produkt* befasst sich mit der Entwicklung neuer Produkte, mit Innovation, Brand Management sowie mit Management Services. Das Forschungsthema *Promotion* bzw. Verkaufsförderung beschäftigt sich mit Werbung above-the-line (engl. „über der Linie") und Werbung below-the-line (engl. „unter der Linie"). Werbung above-the-line konzentriert sich auf die sogenannte „klassische" oder auch „traditionelle" Werbung. Gemeint ist damit direkt erkennbare Werbung in Printmedien wie in Zeitungen oder Zeitschriften, im Rundfunk, im Radio oder im Fernsehen und in Kino- oder Außenwerbung. Die Werbung below-the-line steht im Marketing für alle sogenannten „nicht-klassischen" Werbe- und Kommunikationsmaßnahmen, wie Public Relations, Corporate Identity, Sponsoring, Vertrieb, Direktmarketing, Medien am Point of Sale, Messen, persönlicher Verkauf und E-Kommunikation. Das Forschungsthema der *Distribution (engl. place)* befasst sich traditionell mit dem Point of Sale oder auch mit anderen Verkaufskanälen wie Internet oder Telefon. Das Forschungsfeld *Preis* konzentriert sich als einziges Forschungsfeld auf die Deckungsbeiträge des Unternehmens.

Sektoraler Ansatz

Der Sektorale Ansatz ist ein Marketing-Forschungsansatz, der sich mit den Besonderheiten einzelner Sektoren auseinandersetzt. Beispiele hierfür sind das Pharma-Marketing, das Einzelhandelsmarketing, das Tourismus-Marketing, das Wein-Marketing und schließlich das Banken- oder Luxusartikelmarketing.

Internationaler Ansatz

Der Internationale Ansatz ist ein Marketing-Forschungsschwerpunkt, der sich mit dem Phänomen *„Think global, act local!"* und somit mit dem Problem befasst, dass eine Marke nicht zwangsläufig in unterschiedlichen Ländern, in denen diese Marke verwendet wird, mit der gleichen Marketingstrategie geführt werden kann. Unterschiedliche Kulturen bedürfen unterschiedlicher Strategien: Nur auf diesem Weg können Marken auf verschiedenen Märkten erfolgreich sein.

Nachdem die Grundlagen des Marketings, die Ziele und Aufgaben und zudem die Forschungsansätze mit den jeweiligen Forschungsschwerpunkten behandelt wurden, soll nun eine nähere Betrachtung des Käuferverhaltens folgen.

3.2   Das Käuferverhalten

3.2.1   Ausgangspunkt und Grundlage

Ausgangspunkt und Grundlage von Marketingentscheidungen ist das Kaufverhalten. Die Analyse, die Erklärung und die Prognose des Kaufverhaltens bilden die zentralen Aufgaben der Marketingforschung. Das Kaufverhalten kann anhand des Kaufentscheidungsprozesses dargestellt werden, welcher in *Abbildung 3.3* näher erläutert wird. Der Kaufentscheidungsprozess kann hierbei in fünf Prozessschritte unterteilt werden.

Ausgangssituation

Informationsgewinnung

Prüfung der Alternativen

Entscheidung zum Kauf

Post-Kaufverhalten

Abbildung 3.3: Kaufentscheidungsprozess

- **Ausgangssituation:** Wie im *Abschnitt 3.1.1* beschrieben, hat der Verbraucher ein Bedürfnis bzw. einen Wunsch, das bzw. den er in einer Marktwirtschaft zu befriedigen versucht.

- **Informationsgewinnung:** Vor dem Kauf eines Produktes wird der Kunde Informationen über die verschiedenen Marken (Wünsche) eines Produkts (z.B. Waschmittel) einholen, welches seine Bedürfnisse befriedigen könnte. Die Suche nach Informationen kann hierbei unterschiedlich intensiv ausfallen. Bei sogenannten High-Involvement-Käufen, die sich durch einen hohen Preis charakterisieren (z.B. Kauf eines Autos), wird länger und intensiver nach Informationen gesucht als bei einem Routinekauf (z.B. Kauf eines Reinigungsmittels).

- **Prüfung der Alternativen:** Die Prüfung von Alternativen, beispielsweise die Prüfung von anderen Pkw-Modellen, ist besonders für High-Involvement-Käufe von großer Bedeutung.

- **Entscheidung zum Kauf:** Der Kauf bzw. der Kaufvertrag wird abgeschlossen, nachdem sich der Verbraucher für ein Produkt entschieden hat, welches seine Bedürfnisse aus seiner Sicht am besten erfüllt.

- **Post-Kaufverhalten:** Zentraler Punkt des Post-Kaufverhaltens ist die Frage, ob der Kunde mit dem Produkt zufrieden ist und somit dem Produkt oder der Dienstleistung treu bleibt. Werden die Erwartungen des Kunden erfüllt oder übertroffen, besteht die Wahrscheinlichkeit, dass dieser das Produkt oder die Dienstleistung erneut erwerben wird. Wurden die Erwartungen nicht erfüllt und ist der Kunde unzufrieden mit dem Produkt oder der Dienstleistung, kann dies durch den After-Sales-Service korrigiert werden. Hierbei können zwei unterschiedliche Szenarien eintreten: Zum einen kann eine Lösung des Problems durch den Kundenservice erfolgen und der Kunde kann auf diese Art zufriedengestellt werden. Zum anderen kann das Problem nicht gelöst werden, woraus der Verlust des Kunden resultieren kann. Das Unternehmen trägt hierbei das zusätzliche Risiko einer negativen Mund-zu-Mund-Propaganda und läuft Gefahr, weitere Kunden zu verlieren oder potentielle Kunden nicht zu gewinnen.

3.2.2   Faktoren des Konsumverhaltens

Grundsätzlich wird das Konsumverhalten durch eine Vielzahl von Faktoren beeinflusst, welche die Kaufentscheidung als solche beeinflussen können.

Abbildung 3.4: Einflussfaktoren auf das Konsumverhalten

Kulturelle Faktoren

Als kulturelle Faktoren sind beispielsweise die Erziehung, die Herkunft, die Religion oder auch das Bildungsniveau zu nennen. Zwei Stereotype sollen hierbei der Veranschaulichung dienen: In Großbritannien gehört es zur guten Sitte, im Pub ein Feierabend-Bier zu trinken, während in Frankreich eher zu einem Glas Wein gegriffen wird. Jedoch auch innerhalb des gleichen Landes können regionale Unterschiede bestehen. Das Konsumverhalten wird zudem durch die soziale Stellung des Konsumenten beeinflusst.

Soziologische Faktoren

In Bezug auf soziale Faktoren ist die Zugehörigkeit zu einer sozialen Einheit bzw. zu einer Gruppe (z.B. die Familie, der Freundeskreis oder das Arbeitsumfeld) wichtig, da es das Verbraucherverhalten stark beeinflussen kann. So kann die Tatsache, eine offene Flasche Wein auf den Mittagstisch zu stellen, das Konsumverhalten sämtlicher Familienmitglieder beeinflussen.

Persönliche Faktoren

Persönliche Faktoren drücken sich häufig in bereits geformten und voreingenommenen Einstellungen aus, die jedoch nicht zwingend der Realität entsprechen. Beispielsweise sind das Alter (jung oder alt), die wirtschaftliche Situation (arm oder reich), der Lifestyle („in" oder „out") oder gar der Alkoholkonsum (viel oder wenig) subjektiv geprägt.

Psychologische Faktoren

Psychologische Faktoren können den Verbraucher durch die Verarbeitung des Gelernten, der Motivation, der Wahrnehmung oder auch des Glaubens beeinflussen.[5]

Das folgende Beispiel soll den Bezug der Einflussfaktoren auf Konsumverhalten erläutern und die Komplexität einer Kaufentscheidung aufzeigen:

Beispiel 3.1

Komplexität der Faktoren bei einer Kaufentscheidung

Mehr als nur Trauben: Passende Begleiter zu Käse!

Ein Konsument ist auf der Suche nach passenden Trauben zu einem bereits erworbenen Käse. In seinem Land ist es üblich, weiße oder rote Trauben zu Käse zu servieren *(kultureller Faktor)*. Persönlich verspeist der Konsument lieber Feigen als Beilage zu Käse *(persönlicher Faktor)*. Von den erwarteten Gästen weiß der Konsument, dass jene generell Trauben aus biologischem Anbau bevorzugen und möchte daher auf diese Gewohnheit Rücksicht nehmen *(soziologischer Faktor)*. In einem Fachjournal entdeckt der Konsument einen Artikel, in dem je nach Käsesorte eine bestimmte Beilage empfohlen wird, wie beispielsweise Birnen, Trüffelhonig oder verschiedenste Chutneys (pikante indische Saucen). Da der Konsument noch nie von diesen Produkten als Beilage gehört und somit nichts über sie gelernt hat *(psychologischer Faktor)*, ist er bezüglich seines Handelns unentschlossen. Somit lässt sich feststellen, dass bei einem Kaufvorhaben verschiedene Einflüsse miteinander konkurrieren, welche die finale Entscheidung des Käufers erheblich erschweren.

3.2.3 Definition des Kaufverhaltens

Nachdem der Kaufentscheidungsprozess und die Einflussfaktoren auf das Konsumverhalten des Käufers beschrieben wurden, soll nun auf das **Kaufverhalten** eingegangen werden. Dieses kann in drei Schritte eingeteilt werden: *Stimuli*, *Käufertyp* und *Käuferreaktion*.

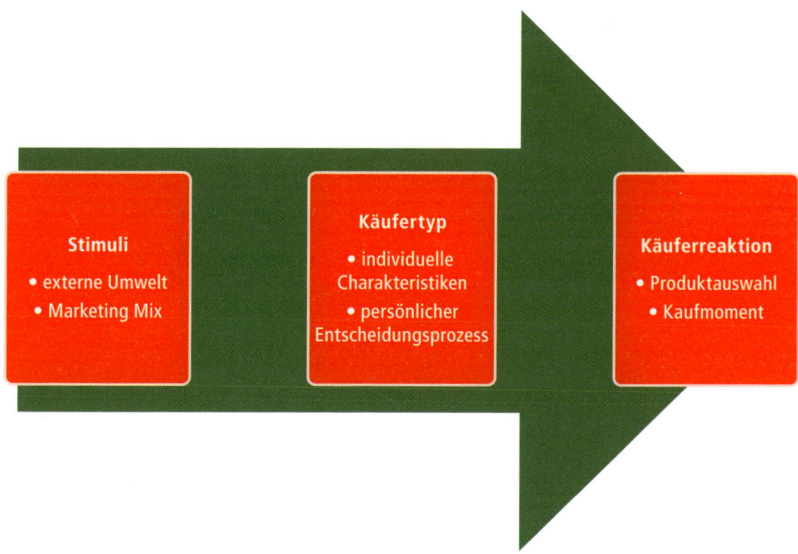

Stimuli
• externe Umwelt
• Marketing Mix

Käufertyp
• individuelle Charakteristiken
• persönlicher Entscheidungsprozess

Käuferreaktion
• Produktauswahl
• Kaufmoment

Abbildung 3.5: Kaufverhalten

- **Stimuli:** Ein Stimulus ist das Resultat des Einflusses externer Umweltfaktoren (PESTEL) oder der Wahrnehmung der 4 P's des Marketing-Mix (Price, Promotion, Place, Product).

- **Käufertyp:** Der Käufertyp wird durch individuelle Charakteristika und durch den persönlichen Entscheidungsprozess definiert. Käufergruppen werden auf diese Weise definierbar und voneinander abgrenzbar.

- **Käuferreaktion:** Die Käuferreaktion ist eine Antwort auf den Stimulus und auf die Charakteristika des Käufertyps. Die Käuferreaktion äußert sich durch Produktwahl und Kaufentscheidung.

Durch die Unterteilung des Kaufverhaltens wird ersichtlich, dass der Käufer durch verschiedene Faktoren beeinflusst wird. Ein Unternehmen kann die Käuferreaktion jedoch nur zu einem gewissen Teil direkt beeinflussen. Um so viel Einfluss wie möglich auf die Kaufentscheidung ausüben zu können, erstellen Unternehmen einen Marketingplan.

3.3 Der Marketingplan als Grundlage für die Marketingstrategie

Die mithilfe der Marketingforschung erfassten Informationen über das Käuferverhalten bilden die Grundlage für die Planung und die Umsetzung einer *Marketingstrategie*. Die Festlegung dieser Ziele erfolgt in Form eines Marketingplans, der aus einem mehrstufigen Prozess besteht.

Abbildung 3.6: Sechs Schritte des Marketingplans

Der Marketingplan kann in sechs Schritte unterteilt werden: Zunächst muss eine SWOT-Analyse durchgeführt werden, da diese die aktuelle Lage des Unternehmens am Markt nachvollziehbar macht.

3.3.1 Schritt 1: SWOT-Analyse

Die SWOT-Analyse zeigt auf, welchen unternehmensinternen Stärken (Strengths) und Schwächen (Weaknesses), aber auch welchen externen Chancen (Opportunities) und Gefahren (Threats) das Produkt bzw. die Dienstleistung ausgesetzt ist.

Die Dimensionen *Strengths*, *Weaknesses*, *Opportunities* und *Threats* bilden die sogenannte SWOT-Matrix als Endprodukt der SWOT-Analyse und ergeben sich aus der vorgelagerten externen Umwelt- und internen Unternehmensanalyse.

Abbildung 3.7: Schritte zur Bildung einer SWOT-Matrix

Externe Umweltanalyse

Um die externe Umwelt in einem strukturierten Rahmen zu analysieren, eignet sich die PESTEL-Analyse. Die externe Umweltanalyse wird auch Makro-Umweltanalyse genannt. Hierbei sollen die wesentlichen Einflussfaktoren und deren Tendenzen aus der Makro-Umwelt identifiziert, beschrieben und bewertet werden:

- *P*olitical situation (politische Faktoren): z.B. Stabilität der politischen Regierung;
- *E*conomic situation (wirtschaftliche Faktoren): z.B. Wirtschaftslage (Rezession oder Wachstum);
- *S*ocial situation (sozio-kulturelle Faktoren): z.B. demografische Faktoren, Kultur, Einkommensverteilung;
- *T*echnological situation (technologische Faktoren): z.B. Internet und die Entwicklung von Distributionskanälen;
- *E*cological situation (ökologische Faktoren): z.B. Nachhaltigkeit, Umweltverschmutzung;
- *L*egal situation (rechtliche Faktoren): z.B. bestimmte Gesetze (Werbeverbot für Tabakwaren in bestimmten Ländern);

Basierend auf dieser Analyse können wesentliche Chancen und Risiken für das Unternehmen abgeleitet werden.

Interne Unternehmensanalyse

Die interne Unternehmensanalyse, auch Analyse der Mikroumgebung des Produktes oder der Dienstleistung genannt, ist einfacher als die Analyse der externen Umwelt. Grund dafür ist, dass Unternehmen über eine interne Dokumentation verfügen und Daten daher leichter zugänglich sind. Diese Daten ziehen bewusst auch Lieferanten, potenzielle Vermittler (Wiederverkäufer) sowie Kunden, Konkurrenten und alle anderen Stakeholder wie finanzielle Partner, die Medien, Verbände, die öffentliche Meinung und die Mitglieder der Gesellschaft mit ein. Basierend auf dieser Analyse werden die Stärken und Schwächen eines Unternehmens bzw. eines Produktes abgeleitet. Stärken und Schwächen werden durch Benchmarking, beispielsweise durch den Vergleich mit dem besten Wettbewerber, identifiziert.

SWOT-Matrix

Als Präsentationselement folgt die Synthese der beiden Analysen anhand der SWOT-Matrix, die aus vier Quadraten besteht (Stärken, Schwächen, Chancen, Risiken). Die Eintragung der Erkenntnisse aus den beiden Analysen in die jeweiligen Quadranten gibt eine Übersicht über die Lage des Unternehmens und zeigt, in welchen Bereichen Handlungsbedarf besteht.

3.3.2   Schritt 2: Festlegung der Marketingziele

Aufgrund der Erkenntnisse aus der SWOT-Analyse werden in diesem Schritt die Marketingziele abgeleitet. Hierbei werden drei Arten von Zielen unterschieden: Unternehmensziele, finanzielle Ziele sowie Marketingziele. Diese drei Ziele müssen *aufeinander abgestimmt* sein.

- **Unternehmensziele:** Zunächst müssen die grundlegenden Unternehmensziele entsprechend der Unternehmensumwelt festgelegt werden. Mit diesen Zielen positioniert sich das Unternehmen am Markt.

- **Finanzielle Ziele:** Im Anschluss werden finanzielle Ziele festgelegt, wie beispielsweise die Erhöhung des Return on Investment (ROI) um drei Prozent in der kommenden Abrechnungsperiode.

- **Marketingziele:** Schließlich werden Marketingziele formuliert, wie beispielsweise die Steigerung des Marktanteiles in einem bestimmten Zielmarkt oder die Erhöhung des Anteils am Gesamtmarkt.

Der Vorteil von Finanz- bzw. Marketingzielen ist die einfache Messbarkeit und somit die leichte Evaluierung der Zielerreichung. In Bezug auf die spätere Evaluierung und die Messung der Zielerreichung empfiehlt es sich, finanz- oder marktpolitische Ziele zu definieren.

Ansoff-Matrix

Es empfiehlt sich, die Marketingziele in eine Produkt-Markt-Matrix einzuordnen, welche im Jahr 1957 von *Ansoff* entwickelt wurde. Hieraus ergeben sich folgende Möglichkeiten:

Tabelle 3.1

Ansoff-Matrix

	Bestehende Produkte	Neue Produkte
Bestehende Märkte	Marktpenetration	Produktentwicklung
Neue Märkte	Marktentwicklung	Diversifikation

- **Marktpenetration:** Es werden bestehende Produkte auf bestehenden Märkten forciert. Beispielsweise konzentriert sich ein Weingut in Burgund auf den Verkauf seiner Weißweine auf den klassischen bestehenden Märkten und versucht hierbei den Markanteil zu erhöhen, indem es die Anzahl seiner Händler erhöht.

- **Produktentwicklung:** Neue Produkte werden auf bereits bestehenden Märkten eingeführt. Beispielsweise entscheidet sich das Weingut in Burgund dafür, Schaumwein in die Produktpalette aufzunehmen.

- **Markterweiterung:** Die Erweiterung des Marktes bedeutet, dass bestehende Produkte auf neuen Märkten platziert werden. Beispielsweise entschließt sich das Weingut in Burgund dazu, seine Produkte auch in den BRIC-Staaten (Brasilien, (Russland, Indien und China) zu vertreiben.

- **Diversifikation:** Bei der Diversifikation entschließt sich das Weingut in Burgund beispielsweise dafür, nicht wie bisher lediglich Wein, sondern zudem Essig in den BRIC-Staaten anzubieten.

3.3.3 Schritt 3: Planung der Marketingstrategie

Die Planung der Marketingstrategie erfolgt in drei Schritten:

- Segmentation,
- Targeting
- und Positionierung.

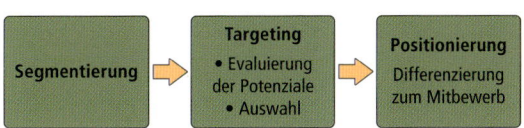

Abbildung 3.8: Prozess der Planung einer Marketingstrategie

Segmentierung

Hierbei wird der potenzielle Markt bzw. die potenzielle Nachfrage sinnvoll in homogene Gruppen aufgeteilt (Segmentierung). Ein *Marktsegment* ist ein abgrenzbarer Bereich des Gesamtmarktes, welcher mit bestimmten Waren bedient werden sollte. Das Marktsegment zeichnet sich durch eine relativ homogene Kundengruppe mit bestimmten Wünschen aus. Eine sorgfältige Segmentierung und ein auf die Segmente ausgerichtetes Marketing sind Grundvoraussetzungen für wirtschaftlichen Erfolg. Vier wichtige Segmentierungstechniken werden wie folgt vorgestellt:

- **Geografische Segmentierung:** Die sogenannte geografische Segmentierung bezeichnet die Aufteilung des Marktes in *homogene Regionen* wie in Kontinent, Land, Region, Stadt, Gemeinde oder Dorf oder auch die Aufteilung zwischen städtischen und ländlichen Gebieten. Die Bedürfnisse können von Region zu Region divergieren, doch können innerhalb derselben Region jedoch wiederum homogen sein. Bezüglich der Unterscheidung von geografischen Gruppen kann beispielsweise bei Weinkonsum wie folgt festgestellt werden: Werden in Deutschland leichtere Weine konsumiert, so werden in Frankreich kräftigere Weine bevorzugt. Generell war der Weinkonsum in den nördlichen europäischen Ländern bisher eher gering, der Bierkonsum war höher. In den südlichen europäischen Ländern hingegen war der Weinkonsum höher und es wurde vergleichsweise wenig Bier konsumiert. Diesbezüglich ist festzustellen, dass derzeit eine umgekehrte Tendenz zu beobachten ist.

- **Soziodemografische Segmentierung:** Bei einer soziodemografischen Segmentierung ist Ausgangspunkt, dass sich *demografische Merkmale* wie Geschlecht, Alter, Haushaltsgröße oder Familienstand und *sozioökonomische Merkmale* wie Einkommen, soziale Schicht, Ausbildung oder Beruf als Segmentierungsmerkmale eignen. Wie bei der geografischen Segmentierung sind auch in der soziodemografischen Segmentierung die gebildeten Segmente relativ einfach erfass- und messbar. Allerdings liefert diese Methode nur in geringem Maß Anhaltspunkte für die Ausgestaltung eines Marketinginstrumentariums. So lässt beispielsweise die Zugehörigkeit zu einer bestimmten Altersgruppe nicht unbedingt auf das Kaufverhalten des Konsumenten schließen: Das Kaufverhalten bei Wein variiert typischerweise sehr zwischen den verschiedenen sozialen Gruppen und reicht von Konsum herkömmlicher und preiswerter Tafelweine hin zu Konsum sehr kostspieliger Luxusweine.

- **Segmentierung nach Kaufverhalten:** Eine weitere Segmentierungstechnik stellt die verhaltensorientierte Segmentierung dar. Das Kaufverhalten (auch Käuferverhalten, Kundenverhalten oder Konsumentenverhalten) bezeichnet das Verhalten des Käufers bezüglich des Warenkaufs. Ein Konsument, der eine Flasche Wein pro Monat kauft, stellt nicht das gleiche Potenzial für die Weinindustrie dar, als vergleichsweise ein Konsument, der pro Monat 120 Flaschen kauft. In diesem Fall spielt es keine Rolle, ob der Wein für den persönlichen Konsum oder für die Lagerhaltung bestimmt ist.

- **Psychografische Segmentierung:** Schließlich gilt es, die psychografische Segmentierung zu beachten. Diese Art von Segmentierung nutzt umfassende *Persönlichkeitsmerkmale* wie Lebensstil, Einstellungen oder auch Nutzenvorstellungen. Diese Eigenschaften lassen eher Rückschlüsse auf das entsprechende Kaufverhalten zu, als beispielsweise soziodemografisch bestimmte. Ein bedeutender Kaufverhaltensbezug ergibt sich, wenn nach produktspezifischen Einstellungen, wie die Einstellung zu umweltfreundlichem Anbau von Wein und daher die Vorliebe für Bio- oder Öko-Wein, oder nach Nutzenvorstellungen, wie Konsum von Wein als Prestigeobjekt, segmentiert wird. Nutzenvorstellungen und Einstellungen eignen sich besonders gut für die Marktsegmentierung, da sie wesentliche Kriterien der Kaufentscheidung darstellen. Das Manko ist hierbei, dass sich diese Kriterien nur durch enorm aufwändige Befragungen erfassen lassen. Für die Durchführung von solchen Befragungen werden daher oft Marktforschungsinstitute hinzugezogen, die diesbezüglich spezialisiert sind.

Häufig kombinieren Firmen unterschiedliche Segmentierungsarten miteinander, um dadurch optimale Ergebnisse zu erzielen. Die geografischen und soziodemografischen Eigenschaften ermöglichen die zielgerichtete Ansprache der einzelnen Segmente. Die verhaltensorientierten und psychografischen Kriterien geben dank der Nähe zum Kaufverhalten Auskunft, auf welche Weise das Marketinginstrumentarium gestaltet werden sollte.

Targeting (Segmentauswahl)

Ziel des Targeting ist das Treffen einer *Auswahl* aus den identifizierten Marktsegmenten aufgrund deren Potenziale. Die Entscheidungsgrundlage hierfür stützt sich auf die *Evaluierung der Potenziale* der identifizierten Segmente. Potenziale können anhand der Marktgröße, der Rendite oder der Anzahl von Konkurrenten evaluiert werden. Wenn das Wissen über die Potenziale der einzelnen Segmente vollkommen ist, so ist dieser Schritt relativ einfach vollziehbar. Hier ist die Bedeutung der Marktforschung deutlich zu erkennen. Es gilt, auf der Grundlage der identifizierten Segmente diejenigen Segmente auszuwählen, die bezüglich der Rentabilität am interessantesten erscheinen: Es gilt, die Segmente auszuwählen, in denen potentiell die meisten Produkte zum besten Preis verkauft werden können.

Grundsätzlich bestehen drei Auswahlmöglichkeiten von potentiell interessanten Segmenten. Ein Unternehmen hat die Möglichkeit, je nach Produktkategorie zwischen diesen Arten von Segmentation auszuwählen.

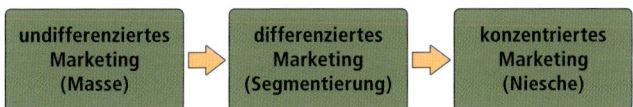

Abbildung 3.9: Targeting-Alternativen

Diese drei Möglichkeiten können folgendermaßen beschrieben werden:

- **Undifferenziertes Marketing:** Undifferenziertes Marketing bedeutet, nicht zwischen den einzelnen Segmenten zu unterscheiden, sondern den *gesamten Markt* mit einem *einheitlichen Angebot* zu bedienen.

- **Differenziertes Marketing:** Bei differenziertem Marketing wird für *ausgewählte Segmente* ein jeweils *differenziertes Angebot* entwickelt und unterbreitet.

- **Konzentriertes Marketing:** Konzentriertes Marketing verfolgt das Ziel, sich auf einen sehr spezifischen und kleinen Markt zu beschränken und dabei einen möglichst großen Marktanteil zu gewinnen. In diesem Kontext ist häufig die Rede von einer Nischenstrategie, welche sich besonders anbietet, wenn die Ressourcen des Unternehmens stark begrenzt sind.

Positionierung

In dem letzten Schritt der Planung der Marketingstrategie steht die Positionierung im Fokus. Hierbei positioniert sich das Produkt gegenüber den Mitbewerbern, indem es sich *differenziert* und seine Einzigartigkeit deutlich herausstellt. Positionierung ist somit die Kunst, sich von der Konkurrenz abzuheben und sich von ihr abzugrenzen. Ein Produkt kann sich von dem der Mitbewerber unterscheiden, indem es zusätzliche oder andere Funktionen anbietet, wie beispielsweise das *Schweizer Taschenmesser* im Gegensatz zu herkömmlichen Messern. Alle Eigenschaften, die dieses Produkt ausmachen und die es einzigartig machen, können unter seiner *„Unique Selling Proposition" (USP)*, unter einem einmaligen Verkaufsargument, zusammengefasst werden. Diese Unterscheidung kann ebenfalls in Form von vermittelten Werten, Slogans oder Referenzen vermittelt werden. So können bei einer Weinmarke das Weingut und die Herkunft oder gar der Eigentümer des Weinguts betont werden. Einige Marken (einschließlich Dienstleistungen) heben sich im Wettbewerb durch vermittelte Werte hervor. Als Beispiel dient die Uhr, die der Tennisstar Roger Federer trägt. In diesem Fall sprechen wir von einer „*Unique Emotional Proposition*". Auf diese Art bemühen sich Unternehmen, ihre Produkte in der Wahrnehmung der Kunden von der Konkurrenz zu unterscheiden.

Nachdem die einzelnen Elemente der Planung der Marketingstrategie behandelt worden sind, soll nun im folgenden Abschnitt der Marketing-Mix besprochen werden.

3.3.4 Schritt 4: Marketing-Mix

Der Marketing-Mix gilt als eine der einfachsten und zugleich wirksamsten Kombinationen von Werkzeugen oder Instrumenten zur praktischen Umsetzung von Marketingplänen in Unternehmen. Im Jahr 1964 schlug Neil Borden eine Reihe von Instrumenten vor, welche anschließend von Jerome McCarthy vier Gruppen, den berühmten 4 P's zugeordnet wurden. Wie in *Abbildung 3.10* dargestellt, stehen einem Unternehmen vier Gruppen von Werkzeugen zur Verfügung, um die Marketingstrategie gezielt auf entsprechende Konsumentengruppen auszurichten. Ziel ist hierbei, einen möglichst großen Teil der potentiellen Kunden anzusprechen. Die in der nachfolgenden Abbildung genannten Beispiele sollen diesbezüglich der Verdeutlichung dienen.

Abbildung 3.10: Marketing-Mix

Im Folgenden werden nun die vier Gruppen der „4 P's" behandelt, die den Marketing-Mix erläutern, und die damit verbundenen Maßnahmen vorgestellt.

Product (Produktpolitik)

Das wesentliche Ziel der Produktpolitik ist es, tatsächliche Produktmerkmale wie Qualität, Technologieniveau, Zuverlässigkeit, Service und Design derart zu gestalten, dass diese in der subjektiven Wahrnehmung der Zielgruppe interessant erscheinen. Stehen die Produkte im Fokus, die von einem bestimmten Unternehmen angeboten werden, ist es unabdingbar, deren „Reichweite" *(engl. extended range)* genauer zu betrachten. Konkret muss geklärt werden, wie viele Konsumenten von einem Produkt angesprochen werden und inwieweit andere Produkte, die von demselben Unternehmen hergestellt werden, miteinander verknüpft sind und Synergien aufweisen. In diesem Kontext ist die Rede von dem *Produktportfolio* eines Unternehmens, welches den

Mix an Produkten eines Unternehmens beschreibt. Das Produktportfolio übt enormen Einfluss auf den Unternehmenserfolg aus.

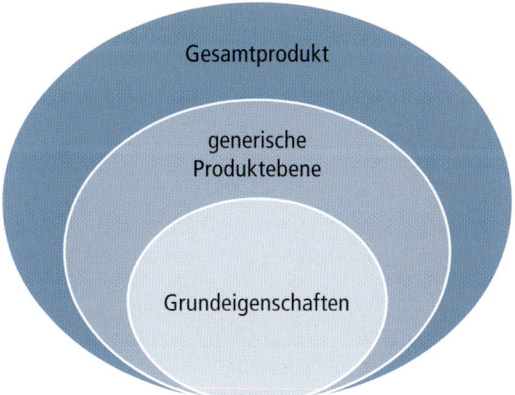

Abbildung 3.11: Die drei Produktebenen, von denen ein Produkt betrachtet werden kann

- **Grundeigenschaften:** Grundvorrausetzung für den Kauf eines Produkts sind dessen Grundeigenschaften, welche die Bedürfnisse des Konsumenten erfüllen sollten.

- **Generische Produktebene:** Die zweite, generische Produktebene behandelt die Marke, Qualität, Eigenschaften, das Aussehen des Erzeugnisses und die Verpackung (Packaging).

- **Gesamtprodukt:** Das Gesamtprodukt kann zusätzliche Leistungen wie Finanzierung, Installation, Garantie und After-Sales-Service beinhalten. Ein weiteres Konzept der Betriebswirtschaftslehre ist der *Produktlebenszyklus*, der den Prozess zwischen der Markteinführung bzw. der Fertigstellung eines marktfähigen Produktes oder einer Dienstleistung und dessen Herausnahme aus dem Markt beschreibt. Hierbei wird die Lebensdauer eines Produktes in mehrere Phasen unterteilt, welche die Hauptaufgaben der aktiven Produktpolitik im Rahmen des Lebenszyklus-Managements darstellen. Die einzelnen Phasen (hier beschränkt auf die vier wichtigsten Phasen) können unterschiedlich lang sein und werden in der Literatur unterschiedlich unterteilt:

  - **Einführungsphase:** Mit Beginn der Einführungsphase hat das Unternehmen bereits durch Werbung und Public Relations auf das neue Produkt aufmerksam gemacht. Somit steigen die Umsätze zwar allmählich an, doch werden noch keine Gewinne erzielt. In dieser Phase entscheidet sich, ob der Markt das Produkt annimmt. Der Imageaufbau beginnt hier aufgrund der Aussagen der Marktkommunikation. Die Einführungsphase endet, sobald der Break-Even-Point erreicht ist, und die Erlöse erstmals die Kosten übersteigen.

  - **Wachstumsphase:** Mit Beginn der Wachstumsphase werden zum ersten Mal Gewinne erzielt, obgleich die Ausgaben für Promotion und Kommunikation anhaltend hoch sind. Diese Phase ist durch starkes Wachstum gekennzeichnet, das durch Werbung beschleunigt wird. Die Preis- und Konditionenpolitik nimmt an Bedeutung zu. Zudem wird die Konkurrenz auf das Produkt aufmerksam.

– **Reife- bzw. Sättigungsphase:** Die Reife- bzw. Sättigungsphase ist häufig die längste Marktphase. Diese Phase ist die ertragreichste, da die Gewinnkurve am höchsten ist. Zudem besteht kein Marktwachstum mehr. Aufgrund der steigenden Konkurrenz gehen gegen Ende der Phase die Gewinne zurück, doch der Marktanteil ist stets hoch. Dieser kann durch ein geeignetes Erhaltungsmarketing und durch Produktvariationen gesichert oder weiter ausgebaut werden. Diese Phase endet, wenn die Umsatzerlöse die Deckungsbeitragsgrenze allmählich unterschreiten und keine Gewinne mehr erzielt werden können.

– **Rückgangsphase (Degeneration):** In der Rückgangsphase bzw. in der Degeneration schrumpft der Markt. Der Umsatzrückgang kann selbst durch gezielte Marketingmaßnahmen nicht gebremst werden. Das Produkt verliert Marktanteile und weist ein negatives Wachstum auf. Die Gewinne sinken und das Portfolio muss bereinigt werden, außer es bestehen Verbundbeziehungen (Economies of Scope) mit anderen Produkten. Zeichnet sich die Rückgangsphase ab, kann auch ein Relaunch (Rekonsolidierungsphase) des Produktes erwogen werden. Hierbei wird das Produkt wesentlich modifiziert und von neuem positioniert. Wird kein Relaunch gestartet, so ist die Rückgangsphase mit dem Sinken des Umsatzes auf Null beendet. Die Produktion wird eingestellt, das Produkt hat somit seinen Lebenszyklus durchlaufen und ist in gewissem Sinne „gestorben". Da heutzutage die Service-Industrie in den Volkswirtschaften vorherrschend ist, müssen immer auch die Leistungen, die mit einem Produkt in Verbindung stehen, betrachtet bzw. die Dienstleistungen als „stand-alone"-Produkt an sich verstanden werden.

Dienstleistungen sind dem Realgüterbereich zuzuordnen und stellen im Gegensatz zu *materiellen* Gütern (Fahrräder, Möbel, Mobiltelefone etc.) überwiegend immaterielle Leistungen dar. Im Gegensatz zu anderen *immateriellen* Gütern (Patente, Lizenzen etc.) stellen Dienstleistungen jedoch sogenannte Verrichtungen dar: In diesem Fall nimmt eine Person eine konkrete Handlung vor. Ein Service bzw. eine Dienstleistung unterscheidet sich von einem Produkt anhand folgender Eigenschaften:

- **Immaterialität:** Eine Dienstleistung ist unsichtbar, kann weder gerochen, noch berührt werden.
- **Variabilität:** Die Qualität einer Dienstleistung ist variabel, da sie vom Anspruch der Stakeholder, dem Ort, der Zeit und Berührungspunkten *(engl. touch points)* zwischen Kunde und Produzent abhängt.
- **Unmittelbarkeit:** Produktion und Konsum fallen im Wesentlichen unmittelbar zusammen.
- **Vergänglichkeit:** Eine Dienstleistung kann nicht gespeichert werden.
- **Lagerhaltung:** Dienstleistungen können nicht gelagert werden.
- **Geistiges Eigentum:** Dienstleistungen sind schwer vor Piraterie zu schützen.

Price (Preispolitik)

Ziel einer erfolgreichen Preispolitik ist es herauszufinden, welchen Preis die Kunden bereit sind, für die entsprechenden Produktmerkmale zu bezahlen. Bei der Preispolitik geht es daher um das aus Perspektive der Kunden attraktivste Preis-Leistungs-Verhältnis im Vergleich zu den Wettbewerbern. Zur Preispolitik gehört auch die Gestaltung von Liefer- und Zahlungsbedingungen. Beispiele hierfür sind Preisnachlässe, Boni, Rabatte oder Skonti. Der zu erzielende Preis ist substanziell für die Wertschöpfung des Unternehmens verantwortlich. Der Preis muss hierbei so festgelegt werden, dass er für den Konsumenten attraktiv ist. Gerade im Handel wird dabei mit Durchschnittspreisen kalkuliert. Dies führt zu sogenannten Schnäppchenpreisen, da Kunden im Supermarkt abgesehen von den billigen Produkten auch etablierte Markenprodukte zu höheren Preisen einkaufen.

Aus mikroökonomischer Sicht bestimmt sich der Preis stets selbst über das am Markt vorhandene Verhältnis zwischen Angebot und Nachfrage:

- Die Preise steigen, wenn die Nachfrage das vorhandene Angebot übersteigt.
- Die Preise sinken, wenn das Angebot die Nachfrage übersteigt.

Ist die Rede von der „Preiselastizität" eines Produktes, wird dabei die Veränderung der Nachfrage auf Preisänderungen bezeichnet. Senkt sich also der Preis eines Produktes, sollte die Nachfrage steigen. In diesem Fall sprechen wir von einem *elastischen Preis*.

Es gibt auch Produkte mit *unelastischen Preisen*, bei denen eine Preisänderung keine oder nur eine geringe Auswirkung auf die nachgefragte Menge hat. Bei der *unelastischen Nachfrage* befriedigt das Produkt ein elementares Bedürfnis des Kunden, wie beispielsweise Wasser als Grundnahrungsmittel, und ist daher bis zu einem gewissen Grad unentbehrlich. So reagiert der Kunde bei einem Preisanstieg sehr rigide und würde im Extremfall eher andere Bedürfnisse einschränken, um sich das elementare Produkt weiterhin leisten zu können.

Sofern Käufergruppen mit unterschiedlicher Kaufkraft für ein Produkt identifiziert werden können und sofern die Absicht besteht, diese Käufergruppen durch eine angepasste Preispolitik anzusprechen, kann dies mittels einer Preisdiskriminierung vorgenommen werden. Preisdiskriminierungen findet auf verschiedene Art und Weise statt: Die geläufigsten Preisdiskriminierungen sind die mengenabhängige (z.B. Mengenrabatt) und die dynamische Preisdiskriminierung (z.B. bei frühem Erwerb ist das Ticket günstiger). Somit kann ein Unternehmen seinen Erlös erhöhen und dennoch viele seiner potentiellen Kunden ansprechen.

Aus wirtschaftlicher Sicht ist der Preis immer zwischen dem *Mindestpreis*, sprich dem Preis, unterhalb dessen das Unternehmen seine entstehenden Kosten nicht decken kann, und dem *maximalen Preis*, sprich dem Preis, den die Konsumenten nicht mehr bereit sind zu bezahlen, festzulegen.

Grundsätzlich gibt es zwei Möglichkeiten der Preisfestsetzung. Zum einen kann die Preisfestsetzung auf den entstehenden Kosten, auf die dann eine gewünschte Gewinnmarge aufgeschlagen wird, basieren. Zum anderen kann die Preisfestsetzung über den Preis, den Konsumenten bereit sind, für ein bestimmtes Produkt zu bezahlen, festgelegt werden. Besonders bei Luxusgütern ist zu beobachten, dass der Preis ein häufig gebrauchtes Bewertungsargument für ein Produkt ist. Folglich führen höhere Preise häufig zu einem besseren Image und daher zu erhöhter Nachfrage.

Es gibt zwei **Preisstrategien**, denen man folgen kann:

- **Skimming-Strategie:** Bei der Skimming-Strategie bzw. der Abschöpfungsstrategie wird ein Produkt erstmals mit einem hohen Preis eingeführt, welcher später schrittweise gesenkt wird. Der Preis wird so hoch wie möglich gehalten, um eine Weiterentwicklung des Produktes zu ermöglichen und die Kosten für F&E zu amortisieren. Dies ist meist nur bei stark differenzierbaren oder innovativen Gütern sinnvoll.

- **Marktpenetrationsstrategie:** Bei der Marktpenetrationsstrategie bzw. bei Penetration Pricing wird versucht, so schnell wie möglich mit niedrigeren Preisen am Markt Fuß zu fassen und durch starkes Absatzwachstum einen hohen Marktanteil zu erzielen. Durch den hohen Absatz können Skaleneffekte und Markteintrittsbarrieren entstehen. Durch die geringen Preise kann die Konkurrenz abgeschreckt werden.

Place (Distribution)

Der *Place* bzw. die Distributionspolitik befasst sich mit der effizienten Gestaltung sämtlicher Aktivitäten auf dem Weg eines Produktes von dem Anbieter bis hin zu dem Kunden bzw. Konsumenten. Man unterscheidet hierbei zwischen einer logistischen (z.B. Lagerhaltung und Transport) und einer akquisitorischen (z.B. Gewinnung und Bindung von Kunden) Distribution. Nach zeitgemäßem Marketingverständnis ist nicht mehr die Rede von Distributions-, sondern von Vertriebspolitik.[6] Die primäre Aufgabe der Vertriebspolitik ist die effiziente Gestaltung der Vertriebsstrategie und des Vertriebsprozesses einschließlich der Auswahl und der Qualifizierung des Personals zur Förderung der Vertriebskompetenz.[7] In diesem Kontext ist die Rede von einer Vertriebs- oder Wertschöpfungskette (Supply-Chain), deren Länge die Distanz von Produzent zu Verbraucher angibt. Hierbei gilt es, folgende zwei Distributionsmöglichkeiten zu unterscheiden:

Distributionsmöglichkeiten

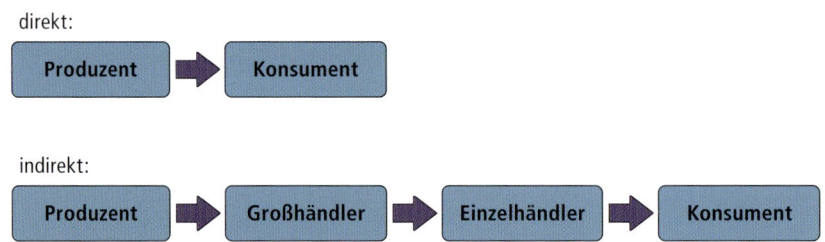

Abbildung 3.12: Distributionsmöglichkeiten

- **Direkte Distribution:** Bei der direkten Distribution wechselt das Produkt oder die Dienstleistung nach der Herstellung exakt einmal den Besitzer, nämlich von Hersteller zu Kunde. Diese Distributionsform existiert vor allem im Verkauf von einem Unternehmen an andere Unternehmen (B-to-B). Es gibt jedoch durchaus auch sogenannte Direktvertriebsunternehmen, die sich auf den Verkauf an Endkunden spezialisieren. Diese werben damit, Zwischenkosten einzusparen. Der Direktverkauf kann entweder persönlich oder über elektronische Medien erfolgen.

- **Indirekte Distribution:** Bei dem üblichen Vertrieb über Groß- und Einzelhandelsunternehmen wechselt das Produkt nach der Herstellung in der Regel mehrmals den Besitzer entlang der Wertschöpfungskette. An erster Stelle im Konsumgütermarkt, in welchem es auf eine flächendeckende Distribution von enormen Warenmengen und deren Präsentation im Verkaufsladen ankommt, ist der Vertrieb über Handelsunternehmen bzw. über den Handelsverkauf vorherrschend. Häufig wirken auch Vertragshändler im Vertrieb mit. Seit dem Aufkommen des Internets ereignet sich eine Revolution klassischer Vertriebskanäle. Produkte und Dienstleistungen (Bücher, DVDs, Tickets, Hotelreservierungen etc.) werden immer weniger über klassische, physische Verkaufsstellen vertrieben, weswegen dem Service-Management, sprich der Koordination verschiedener Vertriebskanäle, zunehmend mehr Bedeutung zukommt.[8]

Weitere Aspekte über die Distributionspolitik entnehmen Sie bitte *Kapitel 5*.

Promotion (Kommunikationspolitik)

Promotion bildet die letzte Gruppe der 4 P's. Die wesentliche Aufgabe der Promotion bzw. der Kommunikationspolitik ist es, die Kunden über das eigene Angebot zu informieren und deren Kaufentscheidung zu beeinflussen. Dies erfolgt im Rahmen des sogenannten Kommunikations-Mix, der so zu gestalten ist, dass die angestrebte Wirkung, sprich die Information und Überzeugung, mit möglichst geringen Kosten erzielt wird.

Hierbei stellt die klassische Werbung bzw. die Reklame nur einen Teil der Kommunikationsoptionen dem Kunden gegenüber dar. In diesem Zusammenhang sind zwei grundlegende Kommunikationspolitiken zu unterscheiden. Beide Kommunikationspolitiken werden in der Regel miteinander kombiniert und stellen daher einen Kommunikations-Mix dar. Beim Kommunikations-Mix geht es um die Kombination der Kommunikationswege.

Abbildung 3.13: Kommunikations-Mix

Wie in *Abbildung 3.13* dargestellt, gibt es **zwei verschiedene Kommunikationstypen**: *Werbung above-the-line* (engl. „über der Linie") und *Werbung below-the-line* (engl. „unter der Linie"). Werbung „above-the-line" konzentriert sich auf die sogenannte „klassische" oder „traditionelle" Werbung, auf die direkt erkennbare Werbung in Printmedien (Zeitungen, Zeitschriften etc.) und im Rundfunk, im Fernsehen sowie auf Kino- und Außenwerbung. Die Werbung „below-the-line" steht im Marketing für alle sogenannten „nicht-klassischen" Werbe-und Kommunikationsmaßnahmen wie Public Relations, Verkaufsförderung, Direktmarketing, Kommunikation am Point of Sale, E-Communication und noch viele weitere Maßnahmen wie Corporate Identity, Sponsoring, Messen und persönlicher Verkauf.

Anhand des **Kommunikationsplans** in *Abbildung 3.14* wird eine strukturierte Herangehensweise vorgestellt, die dabei helfen soll, den richtigen Kommunikations-Mix zu ermitteln.

Um einen erfolgreichen Kommunikations-Mix zu entwickeln, müssen folgende acht Schritte beim Kommunikationsplan beachten werden:

1. **Identifikation der Zielgruppen:** Zu Beginn des Kommunikationsplans gilt es, die Zielgruppen zu identifizieren und zu definieren. Dieser Prozessschritt wird auch „Segmentierung" genannt.

2. **Festlegung der Kommunikationsziele:** Hierbei werden die Ziele festgelegt, die kommuniziert werden sollen. Diese Ziele könnten z.B. Nachhaltigkeit, Marke, Preis oder Qualität sein.

3. **Entwicklung der Botschaften:** Bei diesem Prozessschritt soll die Botschaft, die an die Zielgruppe zur Erreichung der Ziele gesendet wird, entwickelt werden. Beispiele hierfür sind die Entwicklung von Emotionen, von Werten oder von Referenzen / *Testimonials* (anerkannte Personen, deren Image auf das Produkt übertragen werden sollen – z.B. Dirk Nowitzki oder Steffi Graf).

4. **Auswahl der Kommunikationskanäle:** Es kann zwischen zwei verschiedenen Kommunikationskanälen gewählt werden: Zwischen dem *persönlichen* (Vertreter, direkter Kundenkontakt, Point of Sales, Mundpropaganda etc.) und dem *unpersönlichen* Kommunikationskanal über Medien (TV, Internet, Printmedien, Radio etc.).

5. **Budget:** Die Festlegung des Budgets hilft dabei, die Intensität der Kommunikation festzulegen und gegebenenfalls einzuschränken.

Abbildung 3.14: Der Kommunikationsplan

6. **Durchführung der Kampagne:** Basierend auf den Zielen und auf dem festgelegten Kommunikations-Mix kann eine Kampagne durchgeführt werden.

7. **Evaluation der Resultate:** Es soll evaluiert werden, ob die Ziele der Kommunikationskampagne erreicht wurden. Hierbei können quantitative oder qualitative Evaluationsmethoden behilflich sein.

8. **Adaption des Kommunikations-Mix und Feedback:** Ergebnisse der Evaluation sollen geprüft werden und helfen dabei, den Kommunikations-Mix aufgrund einer Feedback-Schleife anzupassen.

Dieser Kommunikationsplan soll nicht nur ein einziges Mal durchgeführt, sondern wiederholt durchgeführt werden, um die Kommunikationspolitik zu optimieren.

3.3.5 Schritt 5: Budget

Parallel zu den Maßnahmen, die durch den Marketing-Mix getroffen werden, werden auch Budgetierungsentscheidungen getroffen, die den Umfang der Maßnahmen wesentlich beeinflussen. In diesem Schritt wird, basierend auf einem vorläufigen Budget, das erwartete Kosten-Nutzen-Verhältnis der gesamten Planung entwickelt. Dies ist die Grundlage für die Freigabe des Marketingplans durch die Geschäftsleitung. Im Folgenden wird nun die Rolle der Marktforschung als letzter Schritt des Marketingplans erläutert.

3.3.6 Schritt 6: Kontrolle durch Marktforschung

Als End-, aber auch als Startpunkt kann die Kontrolle durch die Marktforschung gesehen werden, deren Daten nicht nur als Kontrolle, sondern auch als Grundlage für den Marketingplan dienen. So ist die Evaluierung der Wirksamkeit einer Marketingstrategie von besonderer Bedeutung für die Weiterentwicklung und für die Steuerung eines Unternehmens. Um die festgelegten Ziele messen zu können, betreibt ein Unternehmen Marktforschung. Grundsätzlich bestehen vier Möglichkeiten, auf welche Weise Marktforschung betrieben werden kann: Einerseits durch **Verwendung von Sekundärdaten** (Literatur, bestehende Statistiken etc.), durch **Verwendung von qualitativen Studien** (Interviews etc.), durch Verwendung von **quantitativen Studien** (Fragebögen etc.) und schließlich durch **spezielle Untersuchungen** (Panels etc.). Um eine regelmäßige und eine auf das Unternehmen abgestimmte Kontrolle der Marketingergebnisse zu erhalten, entwickeln Unternehmen sogenannte Marketinginformationssysteme (MIS), welche die Bedienung von standardisierten Prozessen ermöglichen.

Von *sekundären Daten* ist die Rede, wenn keine Daten erhoben werden, da Daten aus anderen Quellen zur Verfügung stehen, wie beispielsweise die Daten von Meinungsforschern und Berufsverbänden. Umgekehrt ist die Rede von *Primärdaten* (qualitativ oder quantitativ), wenn diese Daten von der Firma erhoben oder im Auftrag des Unternehmens von einem Dritten speziell für das Unternehmen erarbeitet wurden. Für die SWOT-Analyse im ersten Teil des Marketingplans werden hauptsächlich Sekundärdaten verwendet. Primäre Daten werden aus verschiedenen Gründen und vor allem bei Bedarf exakterer Analysen erhoben:

- **Qualitative Studien:** Qualitative Studien beschäftigen sich mit Inhalten, die *nicht in Zahlen auszudrücken* sind. Beispielsweise sind die Einstellung von Konsumenten in Bezug auf die Verpackung oder die Usability eines Produktes Gegenstand. Hierbei stehen unter anderem die Methoden von Tiefeninterview, Fokusgruppe und Experteninterview zur Verfügung.

- **Quantitative Studien:** Die Ergebnisse quantitativer Untersuchungen werden *stets in Zahlen ausgedrückt* und sind daher quantifizierbar. Quantitative Studien eignen sich besonders, um gleichartige Muster innerhalb einer Zielgruppe zu erforschen. Die am häufigsten angewandte Form quantitativer Untersuchungen ist der Fragebogen.

Bisher wurden die wichtigsten Bausteine einer Marketingplanung behandelt und in groben Zügen skizziert. Bei der Analyse und der Ausformulierung der Maßnahmen ist besonders relevant, dass die beteiligten Personen ein ausgeprägtes Verständnis für das Produkt (technisches Know-how), für die tatsächliche Leistungsfähigkeit des Unternehmens (Zuverlässigkeit bei der Leistungserbringung), sowie für die Historie des Unternehmens und dessen klassische Zielgruppen (traditionelle Werte) entwickeln. Dieses Vorgehen im Marketing soll helfen, bei der Vermarktung größere Missverständnisse zu vermeiden.

Die bereits gewonnen Kenntnisse aus diesem Kapitel sollen nun in dem nachfolgenden Exkurs und in der nachfolgenden Fallstudie vertieft werden und somit zu einem gefestigten Verständnis beitragen.

Exkurs — Einfluss von Trends auf das Marketing

Als Zeugen der Globalisierung und Digitalisierung unserer Welt ist Marketing für uns allgegenwärtig. Die Technisierung und Beschleunigung konfrontiert Unternehmen stets mit neuen Herausforderungen. In der Entwicklung von Non-Profit-Marketing (Sozialmarketing) zeigt sich, dass der ethischen Komponente des Marketings eine zunehmend stärkere Bedeutung zukommt. Ziel dieses Kapitels war es, den Leser für die verschiedenen Konzepte und Disziplinen sowie für die Herausforderungen von Marketing zu sensibilisieren und Interesse für eine weitere Beschäftigung mit diesem allgegenwärtigen Thema zu wecken. Durch die zunehmend beschleunigte Entwicklung neuer Trends ist es notwendig, sich stets zu informieren. Das Zitat *„Plans are nothing, planning is everything!"* von Präsident Eisenhower zu Beginn dieses Kapitels büßt jedoch nicht an Aktualität ein.

Reflexionsfragen

1. Identifizieren Sie die Ihnen bekannten aktuellen Trends im Marketing.

2. Welches sind die aktuellen Trends in Bezug auf soziale Netzwerke? Denken Sie hierbei an Facebook, Xing oder auch an LinkedIn.

3. Erörtern Sie, auf welche Weise diese Trends das Kaufverhalten von Konsumenten beeinflussen.

ZUSAMMENFASSUNG

Folgende Inhalte wurden in diesem Kapitel behandelt:

- Ziel war es, einen ersten Einstieg in die Welt des Marketings zu ermöglichen und dem Leser die grundlegenden Methoden und Ansätze der wirtschaftswissenschaftlichen Disziplin nahezubringen.

- Marketing wurde als organisierende Unternehmensfunktion sowie als Prozessbündel definiert. Des Weiteren wurden exemplarisch unterschiedliche Entwicklungen des Marketings anhand von fünf Ansätzen aufgezeigt.

- Anschließend wurde das Konsumverhalten entlang der fünf Phasen des Kaufentscheidungsprozesses und der Einflussfaktoren auf das Konsumverhalten erläutert.

- Die verschiedenen Phasen des Marketingplans und vor allem der Aufbau und die Umsetzung einer Marketingstrategie sollen ermöglichen, die zentralen Elemente dieser Unternehmensfunktion anwenden zu können.

- Ziel war nicht, alle Aspekte von Marketing im Detail zu behandeln, sondern einen Überblick der wesentlichen, branchenübergreifenden Elemente dieser Disziplin zu vermitteln.

AUFGABEN

1. Beschreiben und analysieren Sie den Entscheidungsprozess aus Sicht des Käufers, der zu dem Kauf einer Rolex Armbanduhr führt.

2. Welche Vorgehensweise würden Sie einem familiengeführten Restaurant bei der Entwicklung eines neuen Gerichtes empfehlen? Beschreiben Sie die Schritte so praxisnah wie möglich.

3. Erarbeiten Sie eine Analyse der externen Umwelt für einen Sekthersteller aus Österreich, der auf dem europäischen Markt tätig ist.

4. Welche Vorgehensweise in Bezug auf die Distribution würde sich aus Ihrer Sicht für einen mittelständischen Winzer aus dem Burgund für seine Überseemärkte anbieten?

5. Welchen Marketingoptionen kann sich ein junger aufstrebender Biolandwirt bedienen?

Fallstudie:
NIVEA – die größte Haut- und Schönheitspflegemarke der Welt

Das Kosmetikunternehmen Beiersdorf AG hat seinen Sitz in Hamburg, beschäftigt weltweit rund 18.000 Mitarbeiter und erzielte 2010 einen Umsatz von 5,571 Milliarden Euro (nach neuem Umsatzausweis). Seit Dezember 2008 ist Beiersdorf im DAX gelistet. Mit *NIVEA* führt es die weltweit größte Marke im Bereich der Hautpflege. Daneben gehören unter anderem *Eucerin* sowie *La Prairie*, *Labello*, *8x4* und *Hansaplast* zum international erfolgreichen Markenportfolio. Das Tochterunternehmen *tesa SE* ist einer der weltweit führenden Hersteller selbstklebender Produkt- und Systemlösungen für Industrie, Gewerbe und Konsumenten. Beiersdorf verfügt über rund 130 Jahre Erfahrung in der Hautpflege und zeichnet sich durch innovative und qualitativ hochwertige Produkte aus. Die Geschichte der Marke geht auf das Jahr 1911 zurück.

Abbildung 3.15: NIVEA Tin Evolution
Quelle: Beiersdorf.

Der Chemiker und Erfinder Dr. Oscar Troplowitz produzierte technische Klebebänder (Vorläufer der *Tesa*-Produkte) und erste medizinische Pflaster (Vorläufer der *Hansaplast*-Produkte) in einem Unternehmen, das er 1890 von Paul C. Beiersdorf erworben hatte. In den Laboratorien war es dem Chemiker Isaac Liefschütz erstmals gelungen, Fett und Wasser stabil zu vereinigen. Daraus wurde mit Glycerin, etwas Zitronensäure sowie Rosen- und Maiglöckchenöl eine weiße Creme produziert, die den Namen *NIVEA* erhielt. *NIVEA*, die erste Hautpflegemarke der Welt, feiert 2011 ihren 100. Geburtstag mit dem Jubiläumsbuch „100 Jahre Hautpflege fürs Leben". Wussten Sie, dass Marilyn Monroe das Sonnenöl von *NIVEA Sun* nutzte? Dass Elly Heuss-Knapp, kreative Werbefachfrau und Ehefrau des ersten deutschen Bundespräsidenten, in den 1930er Jahren die ersten Radio- und Kinowerbespots für *NIVEA* entwickelte? Oder dass die *NIVEA* Creme 1983 in einem US-amerikanischen Space Shuttle ins All flog? Dies sind nur einige der Anekdoten, die im neuen *NIVEA* Buch zum ersten Mal erzählt werden.

Abbildung 3.16: NIVEA Jubiläumsbuch
Quelle: Beiersdorf.

Abbildung 3.17: Bereits 1911 umfasste das *NIVEA*-Sortiment Creme, Seife und Puder. Zwischen 1929 und 1931 wird das Sortiment um Brillantine, Rasiercreme, Rasierseife, Gesichtswasser, Haarwurzelöl und Shampoo erweitert. 1930 wird erstmals ein Sonnenöl angeboten.

In den 50er- und 60er-Jahren knüpfte *NIVEA* an diese Erfolge an. Zunächst wurde noch die Strategie verfolgt, *NIVEA* als Universalcreme mit höchstem Qualitätsanspruch bei gemäßigtem Preis zu positionieren. Das Hauptprodukt *NIVEA Creme* wurde und blieb Marktführer. In den 70er-Jahren reiften Überlegungen, eine Markenexpansion mit mehreren Produktlinien und einer weiteren Internationalisierung anzustreben. Auf wichtigen Auslandsmärkten war es gelungen, die Rechte an der Marke, die teilweise im Krieg als Feindvermögen beschlagnahmt worden waren, zurückzukaufen. Die konzentrierte Ausweitung des *NIVEA*-Sortiments begann dann vor rund 20 Jahren. Eine Unternehmensstrategie, mit der sich Beiersdorf konsequent an den veränderten Ansprüchen und Wünschen der Verbraucher orientierte, die verstärkt speziellen Pflegeprodukte nachfragten.

Bereits im Jahre 1963 wurde die *NIVEA Milk* eingeführt, im Jahr 1986 um die *NIVEA*-Lotion ergänzt und damit dem Bedürfnis der Konsumenten nach Produkten für unterschiedliche Hauttypen entsprochen. Ab 1981 wurde eine Sonnenpflege-Serie eingeführt, die 1986 um zahlreiche weitere Produkte erweitert wurde. In der Herrenkosmetik ging *NIVEA* neue Wege mit alkoholfreien Aftershave-Balsams. Seifen und Duschprodukte gehören ebenso zur Dachmarke *NIVEA* wie hochqualitative Pflegeshampoos. Dazu wurde das Monoprodukt Shampoo zu einem umfassenden Haarpflegeprogramm erweitert. 1993 erfolgte eine Überarbeitung in Bezug auf Produkt, Sortiment und Marketing. Später in den 90er-Jahren wurde Neuland betreten, als die Serie *NIVEA Vital* für reifere Haut eingeführt wurde. Auch in die Gesichtspflege *NIVEA Visage* (für die jüngere Haut) flossen zahlreiche Produktinnovationen ein. Aus der *NIVEA Creme* wurde also eine große Markenfamilie mit mehr als 500 verschiedenen Produkten. *NIVEA* ist heute eine Dachmarke mit diversen Submarken und insgesamt mehr als 500 verschiedenen Produkten geworden. Unter dem *NIVEA*-Markendach behaupten sich Produktlinien wie *NIVEA Visage* (seit 1993), *NIVEA Vital* (1994), *NIVEA Beauté* (1997), *NIVEA Hair Care* (1991), *NIVEA for Men* (1986), *NIVEA Sun* (1993), *NIVEA Hand* (1998), *NIVEA body* (1992), *NIVEA Bath Care* (1996) und *NIVEA Deo* (1991) erfolgreich am Markt. In allen *NIVEA*-Produkten spiegelt sich die Kombination aus hoher Innovationskultur und 125 Jahren Hautforschungskompetenz von Beiersdorf wider. Mit Innovationen aus dem international renommierten Forschungsinstitut wird das *NIVEA*-Produkt-Portfolio kontinuierlich verbessert und ergänzt, um die Wünsche und Ansprüche der Verbraucher weltweit zu erfüllen.

Im klassischen Marketing steht die emotionale Ansprache der Verbraucher im Vordergrund. Bei der 1992 durchgeführten Kampagne „Blue Harmony" wird die dem damaligen Zeitgeist entsprechende Authentizität ehrlicher Gefühle und das gewachsene Markenimage von *NIVEA* durch Bilder von Liebe und Glück, von Geborgenheit und Vertrauen und nicht zuletzt von Jugend und Frische visualisiert. Auch in den Spots stehen Impressionen menschlichen Miteinanders im Mittelpunkt. Im Jahr 2007 startete die globale Dachmarkenkampagne „Schönheit ist ... ", die ein ganzheitliches Verständnis von Schönheit zeigt – als Zusammenspiel von Aussehen, Wohlfühlen und Persönlichkeit. Die Kampagne wurde zuerst in Deutschland und seit Ende 2008 in über 60 Ländern eingesetzt. Der international einheitliche Auftritt mit einer durchgängigen Botschaft für das breite Pflege- und Kosmetikangebot trägt zur Stärkung der Marke *NIVEA* bei. Vertrauen, Nähe, Geborgenheit und Glaubwürdigkeit – für diese emotionalen Werte steht *NIVEA* seit Jahrzehnten.

NIVEA ermutigt Verbraucherinnen, ihre Schönheit individuell zu erleben und zu leben und geht damit auf das veränderte Selbstverständnis und facettenreiche Schönheitsempfinden ein. *NIVEA* ist deshalb zur größten Haut- und Schönheitspflegemarke der Welt geworden, weil die Marke die persönlichen und regional unterschiedlichen Verbraucherbedürfnisse aufnimmt. Der Erfahrungsschatz von fast 100 Jahren Hautpflegekompetenz verbindet sich heute mit einer überaus innovativen Ausrichtung der Marke. *NIVEA* hat Beiersdorf inzwischen zu einem der am schnellsten wachsenden Kosmetikkonzerne der Welt gemacht. Und so sind es insbesondere zwei Elemente – Tradition und Innovation – die den Charakter dieser Weltmarke kraftvoll prägen und ausmachen.

Neue NIVEA Markenkampagne „100 Jahre Hautpflege fürs Leben". Als Folge der Wirtschaftskrise stehen wieder Kernwerte wie Vertrauen, Ehrlichkeit Zuverlässigkeit, Familie und Qualität im Mittelpunkt der Kaufentscheidung. Diese Werte werden der Marke *NIVEA* seit Generationen von den Konsumenten zugeschrieben. Unter dem Motto „NIVEA – 100 Jahre Hautpflege fürs Leben" startet *NIVEA* ab Mai eine weltweite Kampagne, die das Thema Hautpflege und die *NIVEA* Kernwerte in den Mittelpunkt stellt. Dies wird dazu beitragen, dass die Marke nachhaltig und profitabel aus dem eigenen Kern heraus wachsen kann.

Weltweit größte NIVEA Beratungstour im Handel. Rund zwei Drittel aller Kaufentscheidungen werden direkt am Regal getroffen. Deshalb startet Beiersdorf 2011 auf über 75.000 Promotionsflächen im Handel weltweit die bisher größte globale *NIVEA* Beratungstour. Dabei sollen mit mehr als 13 Millionen Konsumenten-Kontakten rund 1,7 Millionen Beratungsgespräche inklusive individueller Hautanalysen geführt werden.

Abbildung 3.18: NIVEA Jubiläumsbuch
Quelle: Beiersdorf

Neue Generation NIVEA Fans gewinnen. Digitale Aktivierungskampagne mit Rihanna Musikkooperation. Zur Erreichung neuer Zielgruppen wird *NIVEA* im Rahmen seiner bisher größten digitalen Aktivierungskampagne im Social Media Bereich weltweit über eine Milliarde Seitenaufrufe innerhalb einer Woche generieren. Maßgeblich wird dazu die Zusammenarbeit mit dem internationalen Superstar Rihanna beitragen. Zum 100. Geburtstag setzt *NIVEA* Musik von Rihanna für die verschiedenen Maßnahmen der Kampagne ein. Kaum ein anderer Weltstar hat mehr Fans in sozialen Netzwerken wie Facebook als Rihanna. Gemeinsam mit Rihanna kann *NIVEA* eine neue Generation von jungen Konsumenten zielgenau erreichen. Wir erwarten über 120 Millionen Kommentare in verschiedenen Social Media Kanälen zu *NIVEA* und Rihanna.

Massive NIVEA Kommunikationsoffensive 2011. Über eine Mrd. € Marketing-Budget und signifikante Zusatzinvestitionen in die Marke. Mit diesem globalen Maßnahmenpaket wird den Verbrauchern die Welt von *NIVEA* über alle verfügbaren Medienkanäle näher gebracht. Damit wird in einem für *NIVEA* bisher noch nicht dagewesenen Umfang der Dialog zu bestehenden Zielgruppen gestärkt sowie Erstverwender und vor allem junge Konsumenten für *NIVEA* begeistert. „Mit erheblichen Investitionen im oberen zweistelligen Millionenbereich, die wir zusätzlich zum diesjährigen NIVEA Marketing-Budget bereit stellen, werden wir *NIVEA* mit weltweiten Maßnahmen im Jubiläumsjahr nachhaltig stärken und somit die weltweite Nr. 1-Position in der Hautpflege weiter festigen und ausbauen", so Pinger.

NIVEA spendet 10 Cent jeder verkauften Sonderedition der Creme-Dose an Plan International. Ein weiterer Schwerpunkt im *NIVEA*-Geburtstagsjahr liegt auf der Unterstützung eines speziellen Projektes für sozial benachteiligte Kinder im Rahmen der Partnerschaft von *NIVEA* und der weltweit tätigen Kinderhilfsorganisation Plan International: 10 Cent des Erlöses jeder weltweit verkauften *NIVEA*-*Creme*-Dose der Sonderedition „Care and Connect." werden an ein *NIVEA* und *Plan International Projekt* in Guatemala gespendet. Erwartet wird ein Verkauf von insgesamt ca. fünf Millionen Aktions-Dosen mit einem Spendenerlös von rund einer halben Million Euro.

Reflexionsfragen

1. Strukturieren Sie das Fallgeschehen und beschreiben Sie die kritischen Punkte in der Geschichte von NIVEA.

2. Definieren Sie anhand der Instrumente im *Abschnitt 3.3* die Stärken und Schwächen der Marke NIVEA.

3. Erörtern Sie die Grenzen und möglichen Herausforderungen hinsichtlich des Wandels im Käuferverhalten und dessen Faktoren, denen eine Marke wie NIVEA begegnen kann.

4. Nivea hat in den Jahrzehnten ihr Produktsortiment stets erweitert. Nennen Sie neue potenzielle Märkte und Segmente und beschreiben Sie die Gefahren und Grenzen einer solchen Markenentwicklung.

Quelle: Straub; Kotler, P., Armstrong, G., Saunders, J., Wong, V. „Grundlagen des Marketings", PEARSON Studium: 2011; Beiersdorf AG, Geschäftsbericht und Website, www.beiersdorf.de

Verwendete Literatur

Albaum, G.: „Internationales Marketing und Exportmanagement", 3. Aufl., Pearson Studium, München 2001.

Ansoff, I.: „Strategies for diversification", in: Harvard Business Review, Bd. 35, Sept.-Okt. 1957, S. 113-124.

Berekoven, L.: „Marktforschung: Methodische Grundlagen und praktische Anwendung", 12. Aufl., Gabler Verlag, Wiesbaden 2009.

Burkwood, M., Le Nagard-Assayag, E.: „Marketing Planning: Stratégie, Mise en Oeuvre et Contrôle", Pearson Education, 2005.

Burmann, C., Meffert, H., Kirchgeorg, M.: „Marketing", 10. Aufl., Gabler Verlag, Wiesbaden 2007.

Courvoisier, F.: „Marketing", LEP éditions, 2009.

DePelsmacker, P., Geuens, M., Van den Berg, J.: „Marketing Communications: a European Perspective", 4. Aufl., Prentice Hall Financial Times, 2010.

Dioux, J., Dupuis, M.: „La distribution: Stratégies des Réseaux et Management des Enseignes", 2. Aufl., Pearson Education, 2009.

Esch, R.-H., Herrmann, A., Sattler, H.: „Marketing: Eine managementorientierte Einführung", 2. Aufl., Vahlen Verlag, München 2007.

Evrard, Y., Pras, B., Roux, E., Desmet, P.: „Market: Fondements et Méthodes de Recherche en Marketing", 4. Aufl., Dunod, 2009.

Giannelloni, J-L, Vernette, E. : „Etudes de marché", 2.Aufl., Vuibert, 2001.

Homburg, C., Krohmer, H.: „Marketingmanagement", 3. Aufl., Gabler Verlag, Wiesbaden 2009.

Iacobucci, D., Churchill, G.: „Marketing Research: Methodological Foundations", 10.Auflage, South Western Educational Publishing, 2009.

Kotler, P., Keller, K., Bliemel, F.: „Marketing Management", 12. Aufl., Pearson Studium, München 2010.

Kotler, P., Keller, K.: „Marketing Management", 13. Aufl., Prentice Hall, 2009.

Kotler, P., Armstrong, G., Wong, V., Saunders, J.: „Grundlagen des Marketing", 5. Aufl., Pearson Studium, München 2010.

Kroeber-Riel, M., Weinberg, P.: „Konsumentenverhalten", 8. Aufl., Vahlen-Verlag, München 2008.

Lewi, G., Lacoeuile, J., Albert, A.-S., Boche. G.: „Branding Management: La marque, de l' idée à l' action", 2. Aufl., Pearson Education, 2007.

Lovelock, C., Wirtz, J.: „Marketing Services: People, technology, Strategy", 6. Aufl., Pearson Education, 2007.

Malhotra, N., SPSS Inc.: „Basic Marketing Research", 3. Aufl., Pearson Education, 2008.

Meffert, H., Bruhn, M.: „Dienstleistungsmarketing", 6. Aufl., Gabler Verlag, Wiesbaden 2008.

Mugler, J.: „Betriebswirtschaftslehre der Klein- und Mittelbetriebe", Bd. 2, 3. Auflage, Springer Verlag, Wien 1999.

Müller, S., Kornmeier, M.: „Strategisches Internationales Management", Vahlen-Verlag, München 2002.

Solomon, M., Bamossy, G.,Askegaard, S.: „Konsumentenverhalten", 1. Aufl., Pearson Studium, München 2001.

Steffenhagen, H.: „Marketing: Eine Einführung", 6. Aufl., Kohlhammer, Stuttgart 2008.

Weis, H. C.: „Marketing", 15. Aufl., Kiehl Verlag, Ludwigshafen 2009.

Endnoten

1   Vgl. Definition Brockhaus.
2   Siehe Schritt 1 eines Marketingplans „Umweltanalyse".
3   Siehe Schritt 6 des Marketingplans „Evaluierung".
4   Siehe *Abbildung 3.10*: Marketing-Mix.
5   Weitere Informationen zum Konsumverhalten finden Sie bei Solomon et al. (2005).
6   Homburg, C., Krohmer, H. (2009), S. 829.
7   Kotler, P., Keller, K., (2009), S. 415 f.; 556 f..
8   Weitere Aspekte über die Distributionspolitik wie „Push- und Pull-Faktoren", „Handelsmarketing", „horizontale Systeme", „Logistik" etc. entnehmen Sie bitte *Kapitel 5*.

Einer meiner langjährigen Verkäufer hat einmal das Geheimnis seines Erfolges entschleiert: Man muß den Kunden reden lassen und ein guter Zuhörer sein.

Wilhelm Becker (1945-1994), dt. Unternehmer, ehem. Geschäftsführer von Auto Becker

Lernziele

In diesem Kapitel wird das Wissen zu folgenden Inhalten vermittelt:

- Grundlagen
  - Verständnis von Sales
  - Abgrenzung von Marketing und Sales
  - Elemente von Sales
- Einfluss des operativen Marketings auf Sales
- Wichtige Salesaktivitäten
  - Aufbau eines Salesteams
  - Leitung
  - Verkaufsgespräch

Sales

4

ÜBERBLICK

4.1   Grundlagen von Sales

Sales stellt eine zentrale Unternehmensfunktion dar, die den Kontakt zwischen Kunde und Unternehmen gestaltet. In den folgenden Abschnitten soll nachgegangen werden, was genau der Begriff Sales bezeichnet, auf welche Weise Verflechtungen zwischen Sales und Marketing auftreten und welche Arten von Sales es generell gibt.

4.1.1   Was versteht man unter dem Begriff Sales?

Die Begriffe *Sales*, *Verkauf* und *Absatz* werden in diesem Buch synonym verwendet. Der Verkauf wird juristisch als die Abtretung eines Gutes oder einer Dienstleistung gegen eine zwischen dem Verkäufer[1] und dem Käufer[2] vereinbarte Geldsumme, bezeichnet. Der Verkauf bezeichnet somit den Tausch eines Gutes gegen Geld zu einem bestimmten Preis.

Auf differenziertere Weise definieren Courvoisier und Courvoisier (2009) den **Verkauf** bzw. Sales als *„eine Form der benutzerdefinierten Kommunikation mit dem Ziel der Bedarfsdeckung in Form eines Kaufs"*. Folglich repräsentiert der Verkäufer das Unternehmen, das Güter oder Dienstleistungen (Angebot) für den Kunden (Nachfrage) herstellt, und auf einem gegebenen Markt anbietet. Auf diesem Markt treffen sich Angebot und Nachfrage und bestimmen somit den Preis des Gutes.

Verkäufer können vielerlei Bezeichnungen haben: Man nennt sie beispielsweise Handelsvertreter, Ingenieure oder auch Außendienstmitarbeiter.

4.1.2   Abgrenzung von Marketing und Sales

Herkömmlich betrachtet man die Begriffe Marketing, Werbung und Sales als synonym. In der Tat beinhaltet Marketing sowohl Werbung als auch Sales. Wie dem vorangegangenen *Kapitel 3* zu entnehmen war, umfasst der Marketing-Mix die 4 P's[3] *(Price, Promotion, Place, Product)*. Bei der *Promotion* handelt es sich einerseits um die Massenkommunikation, bei der Werbebotschaften über Massenmedien verbreitet werden. Diese werden auch als *Above-the-line*-**Maßnahmen** bezeichnet. Andererseits besteht Promotion auch aus *Below-the-line*-**Maßnahmen**, welche „außerhalb der klassischen Medien" zu finden sind und welche eine persönlichere und gezieltere Form der Kommunikation darstellen. Die *Below-the-line*-Werbung umfasst das Direktmarketing, das Sponsoring, die Salesförderung, die Kommunikation am Verkaufsort, die Public Relations, die Messen, die E-Communication und schließlich den persönlichen Verkauf, der das Thema dieses Kapitels darstellt.[4]

In der Praxis ist diese Einteilung von Sales nicht immer in dieser Form vorzufinden. Tatsächlich ist in vielen Unternehmen die Leitung von Sales und Marketing voneinander getrennt, obwohl beide Unternehmensfunktionen zusammengehören. Die Ursache für die Trennung von Marketing und Sales in der beruflichen Praxis liegt hauptsächlich darin, dass das Unternehmen den Verkauf meist an Externe delegiert *(Outsourcing[5])*. Die Verbindung ist dennoch notwendig, da die Salesabteilung die Kunden durch die Kontakte ihrer Verkäufer kennt und daher schnell und einfach Informationen an die Marketingabteilung weitergeben kann, insbesondere bezüglich des *After-Sales-Services*, beispielsweise bei wiederkehrender Unzufriedenheit der Kunden. Die Kundenbedürfnisse können einen wesentlichen Beitrag für die Verbesserung von Produkten oder von Dienstleistungen sowie für die Produktinnovation darstellen. Aus diesem Grund ergibt sich ein natürliches Interesse einer Zusammenarbeit zwischen Marketing und Sales.

In der Praxis liefern sich beide Unternehmensfunktionen (oft durch Abteilungen gekennzeichnet) jedoch häufig Brüderkämpfe, deren Ziel darin besteht, zu zeigen welcher der beiden Akteure für das Unternehmen wichtiger ist und zur Steigerung des Umsatzes bzw. der Marktanteile beiträgt.

Nachdem einleitend die Unternehmensfunktion Sales definiert und abgegrenzt wurde, sollen nun im nachfolgenden *Abschnitt 4.1.3* die verschiedenen Elemente von Sales vorgestellt werden.

4.1.3 Die verschiedenen Elemente von Sales

In diesem Abschnitt werden wichtige Elemente der Unternehmensfunktion Sales beschrieben. Es handelt sich hierbei um die Vertriebspolitik, um unterschiedliche Käuferkategorien und um verschiedene Verkäufertypen.

Vertriebspolitik

Sales ist eine komplexe und facettenreiche Unternehmensfunktion, die die Vertriebspolitik berücksichtigen muss. *Abbildung 4.1* zeigt, auf welche Weise und an welche Zielgruppe Produkte und Dienstleistungen verkauft werden können.

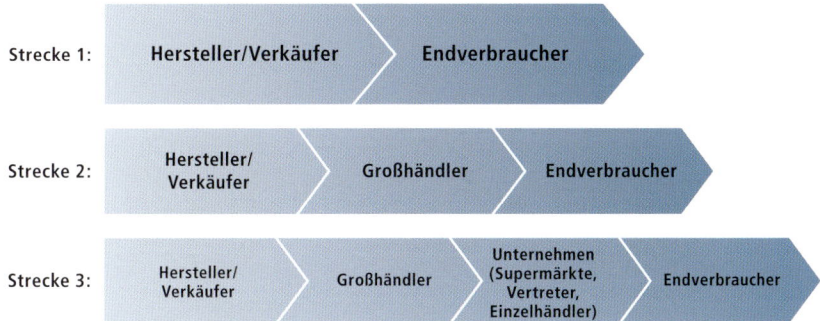

Abbildung 4.1: Länge der Vertriebsstrecke

Wie in *Abbildung 4.1* dargestellt, unterscheiden wir zwischen drei wesentlichen Vertriebsstrecken. Synonym zu der Bezeichnung Vertriebsstrecke werden auch die Bezeichnungen Absatzwege, Absatzkanäle sowie Vertriebswege verwendet.

- **Strecke 1:** Das Unternehmen ist sowohl für die Produktion als auch für den Vertrieb zuständig. Die Vertriebsstrecke ist im Vergleich zu anderen Vertriebsstrecken sehr kurz, da das Unternehmen **direkt** an den Endverbraucher verkauft. Klassischerweise handelt es sich hierbei um sogenannte *B-to-B*-Beziehungen: So beliefert beispielsweise Bosch die Firma Mercedes-Benz direkt mit ABS-Systemen.

- **Strecke 2:** Vertrieb über einen **Absatzmittler**. Es handelt sich um eine Vertriebsstrecke, bei der ein Unternehmen zwischen Hersteller und Endverbraucher zwischengeschaltet ist. Die Großhändler wiederum bringen die Endkonsumenten (Nachfrage) und Produzenten (Angebot) zusammen: Beispielsweise kauft die Internetverkaufsplattform Amazon in großen Mengen Produkte wie Bücher oder DVDs ein und vertreibt diese im Anschluss direkt.

- **Strecke 3:** Sales über Großhändler und Unternehmen. Hierbei geht der Verkauf über Vertriebsstrecken, welche von Produzent bis zu Endverbraucher **mehrere Etappen** enthalten. So beliefern Nahrungsmittelhersteller wie Nestlé Großhändler wie EDEKA (D), Carrefour (F) oder Migros (CH). Diese Großhändler vertreiben die Produkte wiederum in ihrem Filialnetz (Supermärkte) an den Endverbraucher.

Es sind somit unterschiedliche Vertriebsoptionen aufzuweisen: Das produzierende Unternehmen definiert anhand der Auswahl der Vertriebsoptionen seine Vertriebspolitik . Ebendiese Vertriebspolitik umfasst sämtliche Entscheidungen und Maßnahmen, welche in Beziehung mit dem Weg der Güter von einem Unternehmen zu dem Endkunden stehen. Durch diese Entscheidung werden die Aufgaben und Herausforderungen der Salesabteilung festgelegt.

Käuferkategorien

Je nach Vertriebspolitik begegnet ein Unternehmen unterschiedlichen Käuferkategorien. *Abbildung 4.2* fasst die Käuferkategorien zusammen.

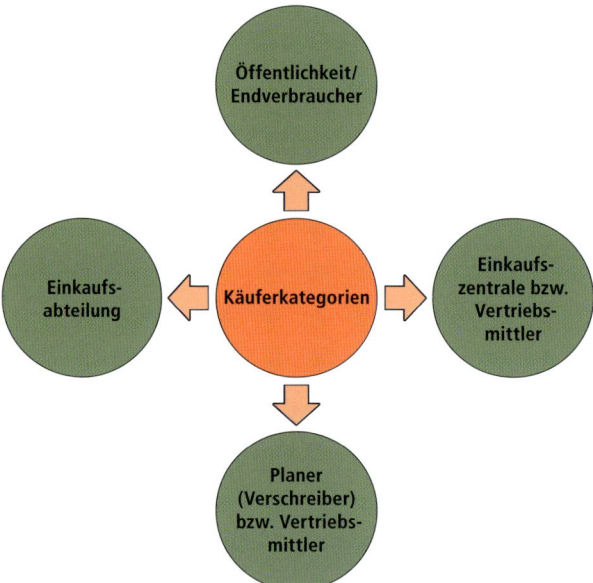

Abbildung 4.2: Käuferkategorien

Wie in *Abbildung 4.2* abgebildet, sind in der Praxis vier Käuferkategorien zu unterscheiden, welche nun im Detail vorgestellt werden:

1. **Öffentlichkeit bzw. Endverbraucher:** Hierbei handelt es sich um den klassischen Konsumenten, der seine Bedürfnisse durch den Einkauf befriedigt *(B-to-C)*: Beispielsweise kauft eine junge Frau Sonnencreme, um ihre Haut vor den UV-Strahlen des Sonnenlichts zu schützen.

2. **Einkaufszentrale bzw. Vertriebsmittler:** Wirtschaftlich und rechtlich selbständige Unternehmen, die in großen Mengen Produkte kaufen und diese ohne sie zu verarbeiten weiterverkaufen. Generell kann es mehrere Vertriebsmittler innerhalb einer Vertriebsstrecke geben: Beispielsweise kaufen die Metro-Gruppe (D) sowie die Auchan Supermarktkette (F) in großen Mengen bei Unternehmen ein und vertreiben diese Güter an den Endverbraucher.

3. **Planer (Verschreiber) bzw. Vertriebshelfer:** Vertriebshelfer nennt man rechtlich unabhängige Vermittler, die den Vertrieb fördern, ohne dabei jedoch als Käufer aufzutreten: Ein Beispiel hierfür ist ein Arzt, der ein Medikament eines bestimmten Pharmakonzerns empfiehlt und verschreibt.

4. **Einkaufsabteilung:** Hierunter versteht man Unternehmen, die Güter in der Regel in großen Mengen kaufen, um sie weiterzuverarbeiten: So kauft beispielsweise die Einkaufsabteilung der Fastfoodkette McDonalds in großen Mengen einzelne Zutaten bei unterschiedlichen Herstellern ein und verarbeitet diese zu dem Endprodukt wie dem Hamburger.

Verkäufertypen

Nachdem die Käuferseite beleuchtet wurde, soll nun die Verkäuferseite beleuchtet werden. *McMurry* und *Arnold* (1970) haben in diesem Zusammenhang sechs Verkäufertypen definiert:

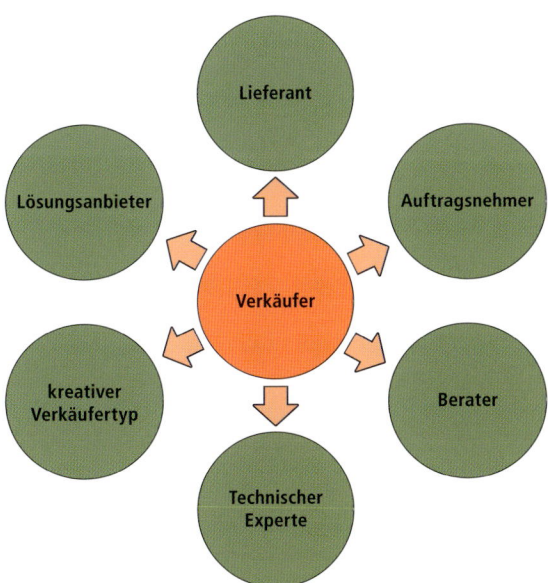

Abbildung 4.3: Verkäufertypen

1. **Lieferant:** Ein Lieferant versorgt den Abnehmer mit Gütern. Der Abnehmer braucht keine weitere Unterstützung, wie beispielsweise Produktinformationen oder technische Hilfestellungen.

2. **Auftragsnehmer:** Der Auftragsnehmer verkauft ein Produkt oder eine Dienstleistung, welche von dem Auftraggeber nachgefragt wird: Ein Beispiel hierfür ist ein Architekt, der mit einem Hausbau beauftragt wurde.

3. **Berater:** Der Berater verkauft nicht nur ein Produkt im klassischen Sinne, sondern hilft dem Kunden aufgrund seiner Kompetenz dabei, eine Aufgabe oder ein Problem bestmöglich zu lösen: Ein Beispiel hierfür wäre die Beratung zum Kauf eines Autos bei einem Auto-Händler.

4. **Technischer Experte:** Diese Art von Verkäufertyp ist technisch spezialisiert und trägt durch seine Hilfestellung und Aufklärung zum Kauf eines Gutes bei: Ein Beispiel hierfür ist ein Smartphone-Verkäufer, der seine Kunden neben dem Verkauf auch über das Bedienen des Telefons aufklärt.

5. **Kreativer Verkäufertyp:** Der kreative Verkäufertyp wird mit einzigartigen Problemstellungen des Käufers konfrontiert und muss infolgedessen innovative und kreative Wege zur Lösung des Problems einschlagen: Ein Beispiel hierfür ist ein Verkäufer von Unternehmenssoftware, der diese maßgeschneidert an die Bedürfnisse seiner Kunden anpasst.

6. **Lösungsanbieter:** Dieser Verkäufertyp bietet eine standardisierte und ganzheitliche Lösung für die spezifischen Bedürfnisse bestimmter Kundengruppen an. Er kombiniert, individualisiert und integriert Einzellösungen, die er daraufhin standardisiert: Ein Beispiel hierfür ist ein Generalunternehmer, der standardisierte Häuser für unterschiedliche Bedürfnisse anbietet. Beispielsweise wählt dieser Generalunternehmer sämtliche Materialien für ein Energiesparhaus aus und kombiniert diese sinnvoll, damit das Endprodukt bestmöglich den Bedürfnissen seiner Kundengruppe entspricht.

In der Praxis ist eine klare Trennung zwischen einzelnen Verkäufertypen oft nicht möglich, da gewisse Überlappungen bestehen.

4.2   Einfluss des operativen Marketings auf Sales

Wie in *Abbildung 4.4* dargestellt, ist **Sales** nicht nur Teil der *Promotion* im **Marketing-Mix**[6], sondern interagiert zudem mit anderen Dimensionen. Auf diese Weise leistet Sales einen wesentlichen Beitrag bei der Formulierung und Erreichung der **Marketingziele**: Sei es bezüglich des angestrebten Marktanteils oder aber bezüglich des zu erreichenden Umsatzvolumens.

Abbildung 4.4 zeigt, dass die **Marketingziele** in engem Zusammenhang mit den Marketingstrategien, dem Marketing-Mix und dem Sales bzw. Verkauf stehen.

Abbildung 4.4: Verbindung zwischen Sales und Marketing

Die Marketingabteilung kann die Arbeit des Salesteams wesentlich unterstützen und erleichtern, indem sie klare **Segmentierungskriterien** formuliert. Eine klare Segmentierung erleichtert ein gezieltes Ansprechen des Kunden und trägt dadurch zu einer Verbesserung der Positionierung gegenüber den Wettbewerbern bei. Indem das Salesteam der Marketingabteilung wiederum wichtige Informationen bezüglich der Kunden (z.B. Kundenverhalten und Kundendaten) zur Verfügung stellt, wird die Arbeit der Marketingabteilung erleichtert und führt zu Zeit- und Geldeinsparung. Somit kann eine fruchtbare Zusammenarbeit beider Unternehmensfunktionen die Kundenbindung *(Customer Relationship Management)* erhöhen.

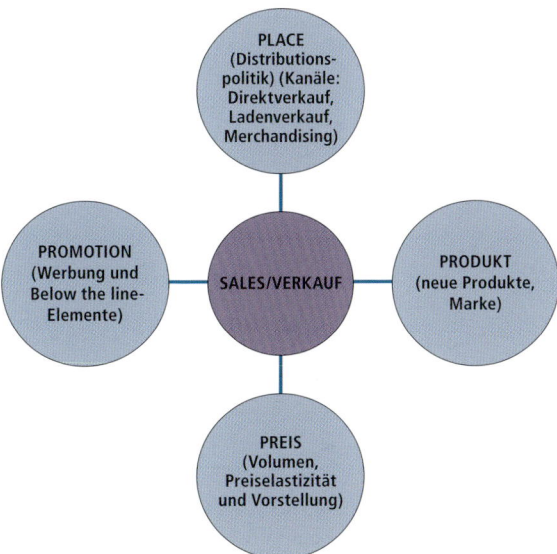

Abbildung 4.5: Einfluss des Marketing-Mix auf den Verkauf (Sales)

Mit dem Einsatz **salesfördernder Instrumente** innerhalb dieser vier Dimensionen des Marketing-Mix will ein Anbieter potentielle Kunden von der Leistungsfähigkeit des eigenen Angebots überzeugen und gewinnen. Ziel ist es, bei dieser Optimierung des salesfördernden Instrumentariums besser als die Konkurrenz zu sein. Die Wirksamkeit des Einsatzes der Instrumente ist abhängig von deren Zielorientierung, der Abstimmung untereinander und schließlich der Dosierung.

4.2.1   Place (Distributionspolitik)

Abbildung 4.6: Distribution im Supermarkt

Die Distributionspolitik stellt einen elementaren Teil der Sales-Aktivitäten dar. Sie basiert auf den in vorangegangenen Abschnitten dargestellten Phasen und die Entscheidungen, die man dort getroffen hat. So stellt die Distributionspolitik ein Teil der Marketing- und Salesstrategie dar und sollte sich daher im Einklang mit diesen befinden.

Die Distributionspolitik stellt die strategische Perspektive der Verkaufsformen dar. Auf der Ebene der Distributionspolitik können wir *fünf unterschiedliche Verkaufsformen* definieren. Häufig werden diese Verkaufsformen auch Distributionskanäle oder Verkaufsformen genannt.

Abbildung 4.7: Sales- bzw. Verkaufsformen

1. **Ladenverkauf:** Bei einem Ladenverkauf wird die Ware sortiert und in einem bestimmten Regal ausgestellt. Die Ware steht dort meist in direkter Konkurrenz zu den Produkten anderer Wettbewerber, so dass der Käufer mehrere Alternativen zur Auswahl hat. In diesem Prozess findet keine zwischenmenschliche Interaktion, lediglich an der Kasse, statt. Hier spielt der *Place* eine überaus wichtige Rolle für den erfolgreichen Verkauf. Der Käufer nimmt in diesem Fall den aktiven Part ein.

2. **Direktverkauf:** Bei einem Direktverkauf spielt Timing eine wichtige Rolle, da der Verkäufer den Käufer gezielt aufsucht. Er muss diesen in einem möglichst günstigen Zeitpunkt antreffen, um sein Gut anbieten zu können. Dies kann zufällig passieren, beispielsweise bei dem Haustürgeschäft eines Staubsaugervertreters oder auch organisiert durch Verkaufsveranstaltung mit zuvor erlesenem Kreis von Käufern (Tupperware-Treffen). Hier spielt der Verkäufer den aktiven Part, da er von sich aus die Geschäftsinteraktion (Kauf) fördert.

3. **Versandhandel:** Der Versandhandel wurde früher von Katalogkäufen (vgl. Otto- oder Quelle-Katalog) dominiert. Seit dem Siegeszug des Internets hat sich diese Art des Verkaufs wesentlich verändert. Es gibt neben unzähligen Verkaufsplattformen wie Amazon oder eBay auch eigene Plattformen des Verkäufers, auf denen er seine eigenen Produkte direkt anbietet. Somit ergeben sich unterschiedliche Arten des Verkaufs:

- Verkauf über **Zwischenhandel** (dem Ladenverkauf ähnlich)
- oder **direkt über Internet** (dem Direktverkauf ähnlich).

Der Versandhandel bezeichnet einen Suchermarkt: Der Käufer sucht gezielt nach dem Produkt, das seine Bedürfnisse bestmöglich befriedigt. Die Hauptaufgabe des Sales besteht darin, den Käufer bei seiner Suche zu unterstützen, sei es durch eine informative Präsenz oder durch gute Positionierung bei Suchmaschinen und Vergleichsportalen.

4. **Ambulanter Handel bzw. Verkauf:** Hier platziert sich der Verkäufer bzw. sein Zwischenhändler zu einer günstigen Zeit an einem günstigen Ort, um das Bedürfnisfenster des Käufers zu treffen. So stellt sich beispielsweise ein Kaffee- und Brötchenanbieter zu Stoßzeiten während des Berufsverkehrs an Bahnhöfe, um den Berufspendlern ihr akutes bzw. ambulantes Bedürfnis nach einem Morgenkaffee zu befriedigen. Eine ähnliche Form ist das Auftreten auf Events, wie beispielsweise ein Bierstand in Stadionnähe an einem Spieltag oder während eines Konzerts. Hier bedarf es viel Planung und Vorbereitung der Salesabteilung, um das Bedürfnisfenster des Käufers bestmöglich zu treffen. Trotz dieser Aktivität ist der Käufer aktiv auf der Suche nach einen bestimmten Gut, das er befriedigen will.

5. **Automatenverkauf** *(engl. vending machines)*: Ähnlich dem ambulanten Handeln werden ambulante Bedürfnisse der Kunden befriedigt. Jedoch ist die Präsenz dauerhaft durch die Automaten gestellt. Obwohl diese Form des Verkaufs kein persönlicher Kontakt zwischen Anbieter und Verkäufer ist, stellt sich dennoch die Herausforderung für die Salesabteilung, den richtigen Ort und die richtige Preissetzung zu wählen. Damit sich diese Verkaufsform lohnt, müssen die Automaten an neuralgischen und an strategisch wichtigen Punkten, beispielsweise öffentliche Plätze oder große Bahnhöfe, aufgestellt werden.

Nun wurden die bekanntesten und gängigsten Formen des Verkaufs skizziert. Es ist festzustellen, dass dieser Bereich besonders dynamisch ist. Nicht zuletzt durch den technischen und informationstechnologischen Fortschritt. Seit der Verbreitung des Internets sind neue Verkaufsformen bzw. Distributionskanäle entstanden: E-Commerce (z.B. Verkauf über das Internet) und in geringerem Umfang M-Commerce (z.B. Verkauf über Mobiltelefone oder Smartphone). Diese Verstärkung des Versandhandels, dessen Terrain bereits durch den Katalogverkauf abgedeckt wurde, hätte das Aus für den Verkäuferberuf bedeuten können: Dennoch ist nichts dergleichen eingetreten! Betrachtet man den Bankensektor, so ist festzustellen, dass die Anzahl der physischen Verkaufspunkte trotz des Internets stark angestiegen ist. Zwischen den Jahren 2003 und 2007 hat sich laut Aussage der *Banque de France* (CECEI, Bericht 2008) die Anzahl der physischen Verkaufspunkte um 53,4 Prozent erhöht. Es ist der Frage nachzugehen, welche Faktoren das Erscheinen neuer Verkaufsformen gefördert haben.

In Anlehnung an *Lecat* (2003) werden zwei wesentliche Faktoren unterschieden: Zum einen wird der *Hersteller motiviert*, neue technologische Kanäle zu entwickeln. Zum anderen werden die *Verbraucher* bei der Verwendung der Kanäle *beeinflusst*.

Auf Herstellerseite sind zwei Tendenzen erkennbar:

1. Der Druck von außen, wie der Wettbewerb und das Entstehen neuer Technologien, hat zu Kostensenkungen bei gleichzeitiger Aufrechterhaltung des Geschäftsvolumens geführt.

2. Es muss jedoch auf die zunehmend steigenden Erwartungen der Kunden reagiert werden.

Dennoch stellen gewisse Elemente, wie der Umgang mit Kundeninformationen und die mit den Technologien verbundenen Entwicklungskosten sowie die Angst vor Unsicherheit, Hindernisse für die Entwicklung dieser neuen Technologien dar.

Auf Verbraucherseite stellt das Erscheinen der neuen Verkaufsformen drei Vorteile dar:

1. Da die **Konkurrenz** zunimmt, verfügen die Abnehmer über eine größere Auswahl bezüglich der Produktpalette und damit auch über eine größere Auswahl innerhalb niedrigerer Preise.

2. Durch die zunehmende und verbesserte Zahl von **Informationskanälen** verringern sich auch die Transaktionskosten (s. *Kapitel 1.2.*). Die Mobilität wird begünstigt, indem der Verbraucher mit geringerem Aufwand als früher den Anbieter wechseln kann. Die Transportmittel sind heutzutage weit weniger darin begrenzt, alternative Verkaufspunkte erreichen zu können. Der Käufer ist informierter und kann daher viel besser und sicherer eine Entscheidung treffen.

3. Schließlich ergibt sich aus den vorangegangenen zwei Punkten ein selbstbewusster und wissender Kunde. Dieser Typ von Kunde kennt den Wettbewerb besser und artikuliert seine Wünsche konkreter. Damit nimmt der Informationsaustausch von Angebot und Nachfrage zu.

Der Verlust der persönlichen Beziehungen sowie das Risiko, auf die Verwendung von bestimmten Saleskanälen oder Verkaufsformen beschränkt zu sein, spricht jedoch für den persönlichen Verkauf. Durch diese Form des Verkaufs wird die Wichtigkeit des Austausches zwischen Käufer und Verkäufer betont. Die zwischenmenschliche Beziehung rückt somit in den Mittelpunkt. Der persönliche Kontakt führt in der Regel zu langfristigen Geschäftsbeziehungen bzw. Wiederholungskäufen.

Bevor auf den persönlichen Verkauf als solches eingegangen werden soll, sei darauf hingewiesen, dass das *Merchandising*[7] (Verkaufsförderung), die Arbeit des Verkäufers erleichtert. Unter Merchandising wird die Kunst, den Wert der Produkte am physischen Verkaufspunkt zu steigern verstanden. *Merchandising*-Aktivitäten eines Unternehmens sind beispielsweise das Design der Produkte oder die Gestaltung der Verkaufsfläche sowie sämtliche weitere Aktivitäten, die den Wert bzw. die Wahrnehmung des Produktes steigern. Folglich muss ein Verkäufer, der im Weinhandel in der Region von Bordeaux arbeitet, vermehrt Aufträge mit Supermärkten, in denen Merchandising betrieben werden kann, abschließen, als vergleichsweise ein Verkäufer, der für die Weingenossenschaften der Loire oder des Südwestens Frankreichs arbeitet und seinen Wein ausschließlich durch Messeauftritte vermarktet. Somit lässt sich feststellen, dass ein Gut sowohl für den Kunden als auch für den Vertriebsmittler (z.B. Verkäufer) oder Vertriebshelfer (z.B. Handelsvertreter) attraktiver ist, wenn es starkes Merchandising aufweist.

In diesem Abschnitt wurde behandelt, auf welche Weise ein Gut vermarktet und vertrieben werden kann und welche Formen und Optionen dem Produzenten bzw. dem Verkäufer hierbei zur Verfügung stehen. Da in der Salesabteilung jedoch auch andere Aspekte des Gutes bzw. des Produktes bekannt sein müssen, sollen diese im folgenden *Abschnitt 4.2.2* dargestellt werden.

4.2.2   Produkt

Für die Salesabteilung stellen das Gut und dessen Spezifikationen den Ausgangspunkt für die Planung dar. Wird ein Produkt regelmäßig verbessert, können die vollbrachten Verbesserungen einen Wettbewerbsvorteil herbeiführen. So bringen Neuerung nicht nur qualitative Vorteile für den Kunden, sondern sind auch Anlass, den Kontakt mit allen Beteiligten der Verkaufskette zu suchen und Veränderungen der Strategie zu kommunizieren. Ähnliches gilt für neue Produkte, die neben den bisherigen Produkten angeboten und vertrieben werden sollen. So kann das Unternehmen bereits bestehende Kommunikations- und Vertriebskanäle nutzen und sich unter Umständen noch besser dem Wettbewerb gegenüber aufstellen. Bei dem Produkt spielt auch die Marke eine zentrale Rolle. Die Marke muss jedoch nicht unbedingt an einen Produktnamen (z.B. Tempo-Taschentücher) oder an ein Unternehmen (z.B. Henkel) gebunden sein, sondern kann auch an einer Region (z.B. Schwarzwälder Schinken) oder einem Land (z.B. Made in Germany) haften. Folgendes Beispiel soll dies veranschaulichen:

> Es ist für einen Verkäufer einfacher, ein bekanntes Produkt wie Lindt Schokolade zu verkaufen, als es dies für einen Verkäufer einer neuen und (noch) unbekannten Marke der Fall ist. Um die Markenbekanntheit zu steigern, kann man sich eines Markenbotschafters wie einer berühmten Persönlichkeit, man denke an George Clooney für Nespresso, bedienen.

Weitere Verkaufsargumente sind besondere Produktmerkmale (z.B. ein Auto mit Elektroantrieb), die Funktionalität (z.B. ein Stadtauto), das Qualitätsniveau (z.B. Verarbeitung des Innenraums), die Verpackung (z.B. ein auffälliges Design), der After-Sales-Service (z.B. eine weltweite Mobilitätsgarantie) und schließlich die peripheren Dienstleistungen (z.B. ein dichtes Netz von Fachwerkstätten).

4.2.3   Preis

Der Preis ist ein weiteres zentrales Sales-Element und wird in einer bestimmten Währung fixiert.

Zwischen konkurrierenden Produzenten wird der Wettbewerb nicht nur über die Qualität und die besonderen Merkmale eines Produktes, sondern auch über den Preis ausgetragen. Aus diesem Grund ist es als Verkäufer wichtig, den Preis des zu verkaufenden Produktes dem Kunden gegenüber legitimieren zu können. Es ist von Vorteil, besitzt der Verkäufer einen gewissen Spielraum bei der Preissetzung.

Folgende **Preissetzungsoptionen** eröffnen sich wie folgt: Kauft der Käufer eine große Stückzahl an Produkten, so kann der Verkäufer diesem **Mengenrabatt** einräumen. Loyale Kunden erhalten beispielsweise **Treuerabatte**. Pünktlich zahlende Kunden können ebenfalls spezifische Rabatte erhalten wie den **Skonto**[8] Preisnachlass. Des Weiteren können die Verkaufs- und Zahlungsbedingungen an die persönliche Situation jedes einzelnen Käufers angepasst werden **(Finanzierungsangebote**[9]**)**.

Ist die Rede von dem Preis, darf dabei nicht vergessen werden, dass die Mehrheit der Preise, abgesehen von Luxusgütern, in der Regel elastisch (Preiselastizität[10]) sind. Eine Preissenkung führt daher zu einer Steigerung der Nachfrage und damit zu einer Steigerung des Umsatzes. Beschließt ein Unternehmen, die Preise für bestimmte Produkte zu senken, ist es für den Verkäufer sehr viel einfacher, eine größere Anzahl von diesen Produkten zu verkaufen.

Schließlich darf nicht vergessen werden, dass der Käufer eine bestimmte Preisvorstellung hat und der Preis von ihm als angemessen erachtet werden muss. Eine Armbanduhr, die mit einem präzisionsmechanischen Uhrwerk ausgestattet ist und 800 € kostet erscheint einem Uhrenkäufer günstig, wohingegen eine einfache Quarzuhr für 200 € als relativ teuer angesehen wird. Der Preis spielt somit bei dem Verkauf eine entscheidende Rolle.

4.2.4   Promotion

Wie zu Beginn des Kapitels erwähnt, umfasst Promotion die klassische Werbung über die Massenmedien *(above the line)*.

Promotion umfasst zudem auch die *Below-the-line*-Promotion, die jeweils dazu beiträgt, den Bekanntheitsgrad einer Marke zu erhöhen. Auf diesem Weg erleichtert die Promotion die Arbeit des Verkaufs. Nachfolgend werden Beispiele für *Below-the line*-Promotion aufgeführt:

- **Direktmarketing:** E-Mails, Postwurfsendungen etc.
- **Sponsoring:** Kultur- oder Sportsponsoring etc.
- **Verkaufsförderung:** Zeitliche begrenzte Angebote etc.
- **Merchandising:** Kommunikation am Verkaufspunkt etc.
- **Public Relations:** Veröffentlichung eines Artikels über ein neues Produkt etc.
- **Messen:** Akquise von Neukunden etc.
- **E-Communication:** Auftritt in sozialen Netzwerken etc.

Bei der Promotion sollte eine Mischung zwischen beiden Kommunikationsarten, *Below-* und *Above the line* gefunden werden. Die Mischung kann je nach Produkt und Verkaufsform unterschiedlich sein. Eine adäquate Mischung beider Kommunikationsarten wirkt sich in der Regel positiv auf den Verkauf aus.

Beide Aktivitäten, operatives Marketing und Sales, müssen aufeinander abgestimmt werden, damit sie sich gegenseitig unterstützen.

4.3   Salesaktivitäten

In diesem Abschnitt werden die folgenden Aktivitäten des Sales beschrieben: Der Aufbau und die Leitung eines Salesteams sowie das Verkaufsgespräch. Der Begriff Salesteam umfasst nicht nur alle tätigen Verkäufer (Außendienst), sondern auch alle anderen Angestellten des Unternehmens, die in irgendeiner Form mit Sales zu tun haben (z.B. Kundendienst, *After-Sales-Service*).

4.3.1   Aufbau eines Salesteams

Abbildung 4.8 zeigt den Aufbau eines Sales - bzw. Verkaufsteams in fünf Schritten: Die Definition der Salesaufgaben, die Ausarbeitung der Salesstrategie, die Auswahl der Salesstruktur, die Festlegung der Größe des Salesteams sowie die Festlegung der Entlohnung des Salesteams. Im Folgenden werden nun die einzelnen Schritte für den Aufbau eines Salesteam beschrieben.

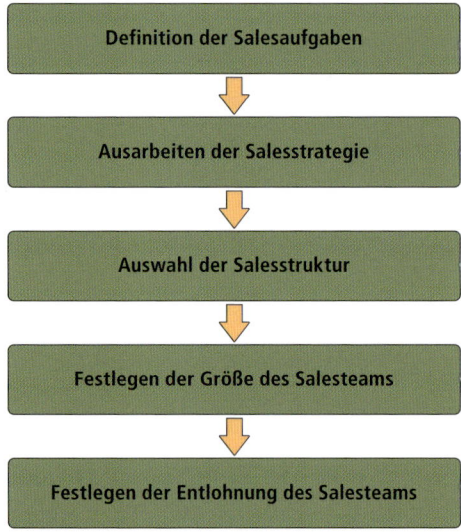

Abbildung 4.8: Schritte für den Aufbau eines Salesteams

Definition der Sales-Aufgaben

Der erste Schritt ist die Definition der Salesaufgaben. Wie oben gezeigt, hängt dieser Schritt mit den Marketingzielen, aber auch mit der Marketingstrategie, insbesondere bezüglich der zu bearbeitenden Segmente und der von der Geschäftsführung gewünschten Positionierung zusammen.

Abbildung 4.9 zeigt, dass Salesteams unterschiedlichen Aufgaben nachgehen können: Akquise, Zeitplanung, Kommunikation, Verkauf, Dienstleistungsangebot, Informationssammlung und bzw. oder Zuteilung.

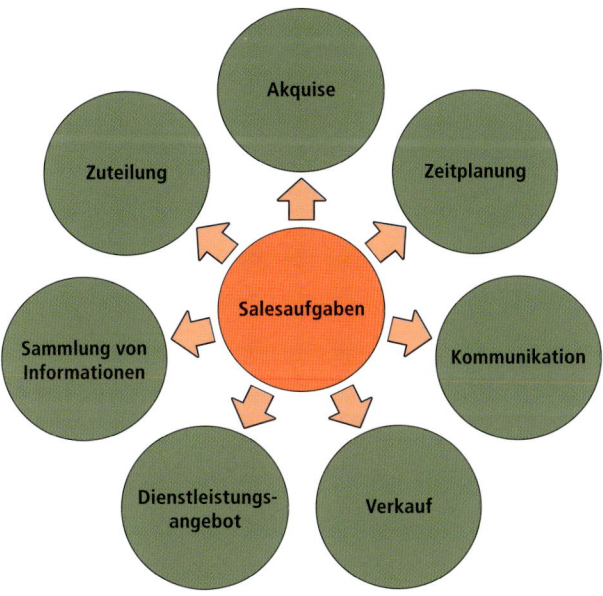

Abbildung 4.9: Aufgaben des Salesteams

- **Akquise:** Das Ziel dieses Schritts besteht darin, neue potentielle Kunden (Zielgruppe) zu identifizieren, welche die gesetzten Kriterien erfüllen. Damit die Akquise gelingt, muss der Verkäufer in drei Schritten vorgehen:
  1. **Profil definieren:** Zunächst muss das Profil der potentiellen Kunden erstellt werden. Folgende Kriterien können hierbei eine Rolle spielen: Kaufkraft, Geschmack und Konsumverhalten.
  2. **Potentielle Kunden erfassen:** Als Nächstes muss eine Liste von potenziellen Kunden erstellt werden.
  3. **Selektion potentieller Kunden:** Hierbei werden die potenziellen Kunden ausgewählt, die *tatsächlich* Bedarf am Produkt haben.
- **Zeitplanung:** Die Neukundenakquise ist eine zeit- und kostenintensive Aktivität. Die Zeitplanung ist besonders wichtig, um bei der Akquise die bestehenden Kunden nicht zu vernachlässigen: *Jeder verlorene Kunde entspricht zehn verlorenen potentiellen Kunden.* Bei der Zeitplanung geht es folglich darum, zu entscheiden, wie viel Zeit jeweils für potenzielle Kunden auf der einen Seite und bestehende Kunden auf der anderen Seite sinnvoll aufgewendet wird.
- **Kommunikation:** Ein weiterer wichtiger Aspekt ist die Kommunikation mit den Kunden. Ein Verkäufer sollte seine Kunden stets über neue Produkte in seinem Portfolio oder über Veränderungen bestehender Produkte informieren.
- **Verkauf:** Der Verkauf ist das zentrale Ziel eines Verkäufers. Für einen erfolgreichen Verkaufsabschluss sollte der Verkäufer einige Punkte beachten. Die Vorbereitung des Verkaufsgesprächs[11] spielt hierbei eine besondere Rolle. Bezüglich des Verkaufs sind nicht nur die Vorbereitung, sondern auch die Erfahrung und die persönlichen Charakteristika des Verkäufers von Bedeutung.

- **Dienstleistungsangebot:** Der Verkäufer sollte ebenfalls darauf achten, dass neben dem tatsächlichen Verkauf des Produktes viele verkaufsbegleitende Aufgaben anfallen. Hierzu gehören die Liefermodalitäten, aber auch die Behebung von eventuell auftretenden Problemen wie Verzögerungen und Unvollständigkeiten bei der Lieferung.

- **Informationssammlung:** Durch den direkten Kontakt zum Käufer fungiert der Verkäufer simultan als Informationsbeschaffer. Werden diese Informationen sinnvoll aufbereitet (Pflege und Katalogisierung), können sie kostspielige Marktforschungsstudien ersetzen.

- **Zuteilung:** Bei der Zuteilung wird entschieden, welcher Verkäufer welches Produkt an welchen Kunden verkauft.

Nachdem die Aufgaben eines Salesteams behandelt wurden, soll nun der Frage nachgegangen werden, auf welche Weise man eine Verkaufsstrategie entwickelt.

Ausarbeitung der Verkaufsstrategie

Abbildung 4.10: Verkauf am Telefon

Die Ausarbeitung der Verkaufsstrategie ist ein wichtiger Bestandteil bei dem Aufbau eines Salesteams. Sämtliche Mitarbeiter, die Telefonisten sowie die Innendienst- und Außendienstmitarbeiter, die Servicefachkräfte sowie die Verkäufer stehen in Kundenkontakt und verkörpern das Unternehmen. Alle Kundenkontaktpunkte haben direkten oder indirekten Einfluss auf den Verkauf. Aus diesem Grund ist eine nachhaltige Verkaufsstrategie von grundlegender Bedeutung.

Folgende Elemente sind hierbei von zentraler Wichtigkeit:

- Der Kunde ist stets König.
- Der Kunde sollte sofort an seinen entsprechenden Ansprechpartner verwiesen werden.
- Möglichst alle Mitarbeiter sollten über die wichtigen Marketing- und Salesabsichten informiert sein.
- Aus diesen Gründen sollten bei der Gestaltung der Verkaufsstrategie wichtige Aufgaben und Inhalte geplant und realisiert werden:

Abbildung 4.11: Inhalte der Verkaufsstrategie

Abbildung 4.11 veranschaulicht, dass die Verkaufsstrategie je nach Kaufverhalten der Kundensegmente folgende Elemente umfasst: Den Aufbau der Verkaufsorganisation, die Planung der Verkaufsaktivitäten, die Kontrolle des Verkaufs, die Auswahl der richtigen Mitarbeiter[12], das Nutzen von Verkaufschancen und die Wahl der adäquaten Verkaufsformen.

Mit Erfolg zu verkaufen heißt nicht, die bestehenden Kunden wahllos anzugehen, sondern impliziert, mit einer passenden Verkaufsstrategie vorzugehen. Hierbei ist von Bedeutung, ob es sich um einen Wiederholungskauf[13] während des üblichen Bestellrhythmus oder gar um einen Neukauf handelt.

Verkaufsstrategie bei Wiederholungskäufen

Bei Wiederholungskäufen ist insbesondere die Beibehaltung der Kundenzufriedenheit von enormer Bedeutung. In diesem Zusammenhang sollte auf eine gleichbleibende Qualität geachtet und auf einzelne Sonderwünsche eingegangen werden. Kundenbindung kann erhöht werden, indem die Auftragsabwicklung für den Kunden zunehmend einfacher und zeitsparend strukturiert wird. Generell ist es wichtig, einen bereits bestehenden Kunden zu halten und ihn an das Unternehmen zu binden. Der Kunde sollte daher so gut wie nur möglich zufriedengestellt werden. Verliert das Unternehmen einen Kunden, ist es relativ schwer, diesen zurückzugewinnen.

Am Kauf beteiligte Akteure

Bei betrieblichen Abnehmern (B-to-B) werden die Kaufentscheidungen, anders als bei Privatpersonen, kaum von nur einer einzigen Person gefällt. Besonders bei kostspieligen und größeren Anschaffungen sind meist unterschiedliche Instanzen und Akteure involviert. Hierbei ist von Bedeutung, dass sich ein Verkäufer der verschiedenen Akteure und deren Rollen im Entscheidungsprozess bewusst wird. Jeder Akteur verlangt in der Regel eine unterschiedliche Bearbeitung:

- **Benutzer:** Der Benutzer ist derjenige, der das Bedürfnis nach dem betreffenden Produkt besitzt. Er wendet das Produkt an und definiert dementsprechend sein Bedürfnis, sprich die gewünschten Qualitätsmerkmale und weitere Produkteigenschaften.

- **Beeinflusser:** Der Beeinflusser kennt die jeweiligen Produkteigenschaften und -spezifikationen gründlicher und besser. Er besitzt eine gewisse Expertise und wird bei wichtigen Entscheidungen hinzugezogen.

- **Einkäufer:** Der Einkäufer ist für die gesamte Beschaffungsabwicklung verantwortlich. Er kümmert sich um die Verhandlungen mit den Lieferanten, definiert die Bedingungen und kontrolliert die Auslieferung. Er trifft in der Regel keine Kaufentscheidung, sondern besitzt die Position eines Sachbearbeiters.

- **Entscheider:** Der Entscheider kontrolliert die Angebote und vergleicht dabei die unterschiedlichen Konkurrenten. Er besitzt die Entscheidungsmacht über den Kauf und betrachtet die finanziellen Aspekte des Kaufs. Um das Preis-Leistungsverhältnis bestmöglich beurteilen zu können, ist ihm ein klares und verständliches Angebot besonders wichtig.

Um erfolgreich verkaufen zu können, sollte man sich über die Rolle und die Position von jedem dieser Akteure im Klaren sein. Es ist ratsam, möglichst viele der am Kauf beteiligten Akteure anzusprechen und zu überzeugen.

Häufig sind keine ausreichenden Ressourcen vorhanden, um auf alle Akteure optimal einwirken zu können. Aus diesem Grund sollte sich der Verkäufer besonders auf die wichtigen Entscheidungsträger und Beeinflusser konzentrieren.

Folgende Fragen sollten hierbei beachtet werden:

- Wer sind die Beeinflusser und Entscheidungsträger? Treten Sie an die richtigen Akteure heran, sofern der Anwender die Kaufentscheidung nicht selbst trifft.

- Versuchen Sie den Anwender mittels der für ihn wichtigen Produkteigenschaften zu überzeugen. Versuchen Sie bei dem Beeinflusser herausragende, technische Funktionen und bei dem Entscheider ein gutes Preis-Leistungsverhältnis zu unterstreichen.

- Für diese Aufgaben sollte der beste Verkäufer eingesetzt werden. Häufig schätzen potentielle Neukunden bei wichtigen Käufen den Besuch des Geschäftsleiters für die Verhandlungen (B-to-B).

Nachdem die Ausarbeitung einer Verkaufsstrategie besprochen wurde, wird im folgenden Abschnitt die Wahl der Verkaufsstruktur als weiterer Schritt bei dem Aufbau eines Sales- bzw. Verkaufsteams behandelt.

Wahl der Verkaufsstruktur

Eine Sales- bzw. Verkaufsstruktur kann entweder nach geografischen, nach produktorientierten oder auch nach kundenorientierten Aspekten festgelegt werden. Zudem ist ebenfalls eine Mischung aller drei Faktoren möglich.

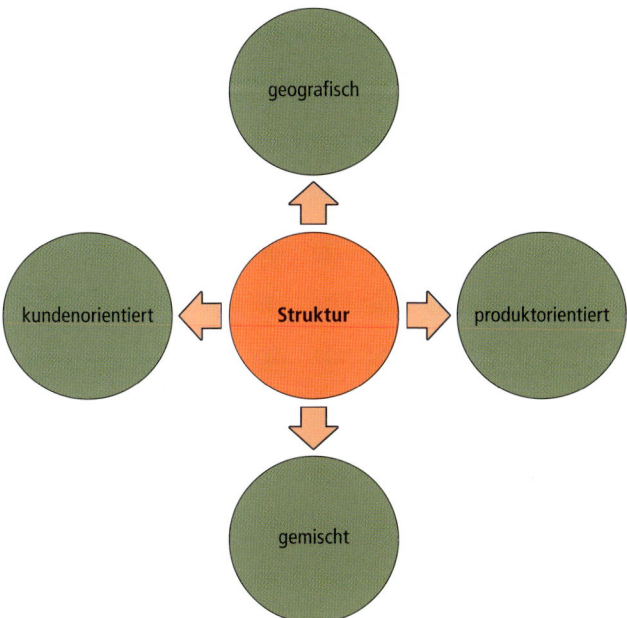

Abbildung 4.12: Verkaufsstruktur

- **Geografische Verkaufsstruktur:** Eine geografische Verkaufsstruktur bedeutet, den Verkauf in unterschiedliche Verkaufsgebiete aufzuteilen, um sich so bestmöglich an den Ansprüchen der jeweiligen Verkaufszone ausrichten zu können (z.B. Sprache, Kultur). Die Größe einer Zone hat Einfluss auf die Distanzen, welche ein Verkäufer zurücklegen muss, um seine Käufer zu sehen. Zudem besitzt die Größe einer Zone Einfluss auf das Salespotenzial, sprich auf die potentielle Absatzmenge eines Verkäufers.

- **Produktorientierte Verkaufsstruktur:** Eine Verkaufsstruktur nach Produkten bedeutet, den Verkauf je nach Produkte oder Produktgruppe aufzuteilen (z.B. Shampoo, Cremes, Rasierprodukte). Die Verkaufsstruktur nach Produkten wird bevorzugt, wenn die Produkte technisch komplex bzw. heterogen sind oder wenn die Produktpalette an sich sehr groß ist.

- **Kundenorientierte Verkaufsstruktur:** Eine Verkaufsstruktur nach Kunden bedeutet, den Verkauf nach Kundensegmenten aufzuteilen. Hierbei kann die Größe des Kunden (z.B. Groß- und Kleinkunden), der Typ des Kunden (z.B. Supermärkte, Restaurants, Direktverkauf) oder die Dauer der bestehenden Kundenbeziehung ein Kriterium der Einteilung darstellen. Ein Verkäufer, der für den Verkauf an einen besonders großen Kunden verantwortlich ist, wird als Key-Account Manager bezeichnet. Die Verkaufsstruktur nach Kunden wird bevorzugt, wenn die Kundengruppen stark unterschiedliche Anforderungen haben.

■ **Gemischte Verkaufsstruktur:** Schließlich kann auch ein Mix zwischen der geographischen, produktorientierten und kundenorientierten Verkaufsstruktur aufgebaut werden. So kann sich ein Verkäufer ausschließlich auf den Verkauf eines bestimmten Produktes (z.B. Shampoo) in einer bestimmten Region (z.B. französische Schweiz) konzentrieren. Die gemischte Verkaufsstruktur ist in der Praxis bei relativ großen und komplexen Unternehmen vorzufinden.

Abgesehen von der Verkaufsstruktur ist es wichtig, die Größe des Salesteams zu bestimmen.

Festlegung der Größe des Salesteams

Ein Salesteams zu unterhalten, ist relativ kostspielig und hängt stark von der Größe eines entsprechenden Teams ab. Eine angemessene Größe der Salesteams zu bestimmen ist daher eine der grundlegenden Herausforderungen einer Sales- bzw Marketingabteilung. Die Größe der Salesteams hängt in der Regel von der Anzahl der auf einem bestimmten Gebiet zu betreuenden Kunden, von den zu realisierenden Umsätzen oder Mengen und zudem von dem zu erzielenden Gewinn ab. Des Weiteren hängt die Größe der Salesteams auch von dem Lebenszyklus des Produktes als solches ab. So ist die Größe der Salesteams in der Phase der Neueinführung und des Wachstums größer, als in der Reifephase oder gar in der Phase des Rückgangs.

An dieser Stelle soll der Frage nachgegangen werden, auf welche Weise man konkret die Größe der Salesteams festlegt: Wie die untenstehende Formel zeigt, hängt die Größe der Salesteams oder genauer gesagt die Anzahl der in einem Jahr notwendigen Verkäufer (A_j) von der Größe des jeweiligen Segments (G_s) und der Anzahl der im Segment erforderlichen Besuche (B_s) ab. In luxuriöseren Kundensegmenten werden die Kunden beispielsweise öfter besucht, als in herkömmlichen Segmenten. Wenn man die Größe des Segments (G_s) mit der Zahl der Besuche pro Jahr (B_s) multipliziert, erhält man die Zahl der Besuche pro Segment und pro Jahr $(G_s \times B_s)$. Addiert man alle Segmente zu einer Summe, so erhält man die Anzahl der erforderlichen Besuche pro Jahr (Zähler des Bruchs). Darauffolgend schätzt man die durchschnittliche Besuchshäufigkeit (oder Anrufhäufigkeit), die ein Verkäufer in einem Jahr schaffen kann $(W_j$ bzw. Nenner des Bruchs). Wenn man den Zähler durch den Nenner dividiert, erhält man die Größe der Salesteams pro Jahr A_j.

1.1 Mathematische Formel zur Berechnung der Größe eines Salesteams

$$A_j = \frac{\sum_s^s (G_s \times B_s)}{W_j}$$

A_j = Größe des Salesteams oder Anzahl der pro Jahr j erforderlichen Verkäufer

G_s = Anzahl der Kunden im Segment s

   Wo s $\sum\{1,2,...., S\}$

B_s = Anzahl der pro Segment s erforderlichen Besuche

W_j = Durchschnittliche Besuchshäufigkeit eines Verkäufers pro Jahr j

Abgesehen von der Größe eines Salesteams spielt auch dessen Entlohnung eine weitere wichtige Rolle.

Festlegung der Entlohnung des Salesteams

Die Entlohnung ist ein weiter wichtiger Aspekt des Sales, da sie einen wesentlichen Teil zu der Motivation des Verkäufers beiträgt.[14]

In der Praxis setzt sich die Entlohnung eines Verkäufers im Wesentlichen aus folgenden Elementen zusammen:

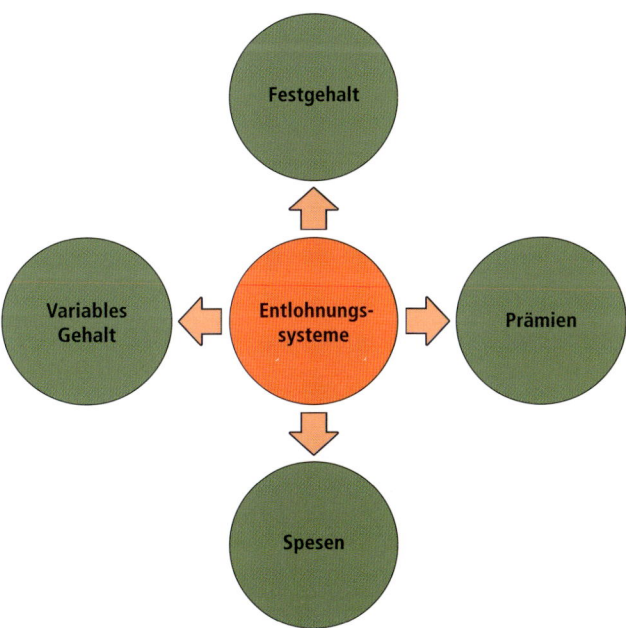

Abbildung 4.13: Elemente der Entlohnung

- **Festgehalt:** Das Festgehalt bietet dem Verkäufer ein geregeltes Einkommen. Eine Entlohnung, die ausschließlich aus dem Festgehalt besteht, findet jedoch selten Anwendung in der Praxis. Ausnahmen sind der Verkauf von komplexen Produkten oder im Fall, es können wenige Verkäufe getätigt werden. Das Festgehalt liegt in diesem Fall meist höher, als dies für Verkäufer üblich ist.

- **Variables Gehalt:** Das variable Gehalt ist eine Form der leistungsorientierten Vergütung. Der variable Gehaltsanteil ist in der Regel an Leistungskomponenten gebunden. Das variable Gehalt wird in Form von Provisionen, Bonuszahlungen oder Gewinn- und Umsatzbeteiligungen ausbezahlt. Der Verkäufer hat hierbei die Möglichkeit, sein Einkommen je nach Leistung erheblich zu steigern.

- **Spesen:** Spesen bezeichnen Betriebsausgaben oder auch den Verpflegungsmehraufwand eines Verkäufers (Fahrt- und Übernachtungskosten, Ausgaben für Mahlzeiten etc.). Spesen geben dem Verkäufer eine gewisse Flexibilität, er kann seine Kunden in ein Restaurant einladen oder einen Besuch an deren Standorte tätigen.

- **Zusatzleistungen:** Unter Zusatzleistungen sind beispielsweise Beitragszahlungen zur Rentenversicherung, Lebensversicherung und Krankenversicherung zu verstehen. Bezahlter oder unbezahlter Urlaub kann ebenfalls eine Zusatzleistung darstellen, welche die Motivation des Salesteams zusätzlich erhöhen und einer Abwanderung zur Konkurrenz vorbeugen soll.

Die Gewichtung bzw. der prozentuale Anteil der einzelnen Elemente kann je nach Unternehmen oder Branche variieren. Es ist festzustellen, dass es diesbezüglich keinen *one best way* gibt. Die Herausforderung besteht nicht nur, da die Branchen unterschiedlich sind, sondern zudem, da die Charaktere der einzelnen Verkäufer ebenfalls stark variieren. Diese Aspekte müssen in der Planung und Zusammenstellung berücksichtigt werden.

In *Abschnitt 4.3.1* wurde der Aufbau eines Sales- bzw. eines Verkaufsteams als erste wichtige Salesaktivität in fünf Schritten behandelt. In dem folgenden *Abschnitt 4.3.2* wird eine weitere wichtige Salesaktivität, die Leitung eines Salesteams Gegenstand der Betrachtung sein.

4.3.2   Leitung des Salesteams

Eine weitere wichtige Aktivität eines erfolgreichen Verkaufs ist die Leitung des Salesteams . Die Leitung des Sales- bzw. Verkaufsteams besteht darin, Verkäufer einzustellen und auszuwählen, auszubilden und zu fördern, zu motivieren und zu betreuen, und schließlich zu kontrollieren.

Abbildung 4.14: Leitung eines Salesteams

Einstellung und Auswahl

Die Einstellung des richtigen Verkäufers kann nur nach sorgfältiger Auswahl erfolgen. Hierbei ist die Definition eines Anforderungsprofils, welches die spezifischen Herausforderungen eines zukünftigen Verkäufers beschreibt, von Wichtigkeit. Diese Liste an Anforderungen erleichtert die Arbeit der Personalabteilung für die Such- und Einstellungsphase. Es werden in der Regel abhängig von dem zu verkaufenden Produkt und dem gewählten Vertriebsweg unterschiedliche Anforderungsprofile erstellt.

Ausbildung und Förderung

Ein weiteres Element der Leitung eines Salesteams ist die Ausbildung und Förderung. Sobald der Verkäufer auf Basis des gewünschten Anforderungsprofils eingestellt ist, so ist es unabdingbar, ihn im Hinblick auf zwei Aspekte auszubilden und zu fördern: Zum einen benötigt er exakte Kenntnis über die Produkte, die er verkaufen soll, zum anderen muss er die Funktionsweisen des Unternehmens kennen und verstehen.

Auf der Produktebene sollte der Verkäufer die funktionalen und technischen Aspekte der Produkte kennen, um die Käufer von der Überlegenheit seiner Produkte überzeugen und zudem Verkaufseinwände entkräften zu können. Hierfür sind für den Verkäufer unterstützende Verkaufsunterlagen (in der Regel von dem Unternehmen bereitgestellt), welche die Produktpalette beschreiben und den Verkäufer in die Lage versetzen seine Produkte effizient zu präsentieren, von grundlegender Bedeutung. Zugleich sollte er auch die Kundencharakteristika kennen, um sowohl sein Angebot, als auch seine Verkaufsargumente darauf abstimmen zu können. Es ist des Weiteren wichtig, dass er die von der Konkurrenz angebotenen Produkte kennt, damit er die von seinem Unternehmen angebotenen Produkte besser positionieren und bessere Verkaufsargumente entwickeln kann.

Kenntnisse über das eigene Unternehmen sind ebenfalls wichtig, da der Verkäufer dem von dem Unternehmen gewünschten Image entsprechen sollte. Ein Kundenberater einer Privatbank sollte eher bei dem Verkaufsgespräch einen Anzug tragen, um seriös zu erscheinen. Hingegen kann ein Verkäufer von Surfbrettern auch in Bermudas und Hawaiihemd zu einem Verkaufsgespräch erscheinen, um dem Kunden einen sportiven Eindruck zu vermitteln. Ein Verkäufer sollte sich also der Kultur des Unternehmens, das er repräsentiert, anpassen und versuchen dieses zu verkörpern.

Die Geschäftsleitung muss den Verkäufer über die gewünschten Regeln bei Kundenbesuchen und bei Kundenakquise informieren und muss ihm dabei helfen, seine Arbeitszeit effizient einzuteilen. Diese Unterstützung kann helfen, die Anzahl der zu besuchenden Kunden pro Jahr nach Kundentyp und Kundensegment, wie auch die durchschnittliche Besuchszeit bei potenziellen Kunden zu optimieren.

Weitere wichtige Elemente einer effizienten Zeiteinteilung sind:

- **Vorbereitung:** Vor dem Besuch eines bestehenden oder potenziellen Kunden sollte der Verkäufer sein Kundengespräch oder seine Arbeit vorbereiten: Eine vorherige Terminabsprache mit dem Kunden kann viel Zeit einsparen. Die Durchsicht der letzten Aufträge im Hinblick auf das Kaufdatum und auf die Höhe der durchschnittlichen Umsätze gibt Aufschluss über potenzielle Verkäufe, vor allem wenn die Lagerbestände des Kunden gleichzeitig in die Kalkulation einbezogen werden.

- **Vermeidung von unnötigen Fahrtwegen:** Ebenfalls ist es sinnvoll, dass der Verkäufer seine Fahrtrouten optimiert, um unnötige Fahrtwege zu vermeiden.

- **Pausen:** Der Verkäufer muss genügend Zeit für Pausen einplanen (z.B. Mittagspause), welche auch eine Gelegenheit darstellen kann, einen Kunden zu einem Business-Lunch einzuladen.

- **Vorbereitung der nächsten Besuche:** Während der Wartezeiten, die in diesem Beruf recht häufig vorkommen, kann der Verkäufer die Zeit nutzen, sich auf die nächsten Besuche vorzubereiten und vorherige Besuche zu analysieren.

- **Zeitplanung:** Bezüglich des Verkaufsgesprächs sollte der Verkäufer genügend Zeit für die Präsentation des Produkts und die Verhandlungsgespräche (z.B. Preisgespräche bzw. Verhandlungen bezüglich der Bezahlungsmodalitäten) einplanen.

- **Administrativen Aufgaben:** Auch für die administrativen Aufgaben muss Zeit eingeplant werden, insbesondere bezüglich der Überprüfung von Aufträgen, aber auch im Hinblick auf die Teilnahme an Salestagungen.

- **Balance zwischen bestehenden und potentiellen Neukunden:** Schließlich sollte die Leitung des Verkäufers bei der Aufteilung seiner Zeit zwischen bestehenden und potenziellen Kunden helfen, insbesondere unter Berücksichtigung der zu erreichenden Ziele.

Bei der Ausbildung und Förderung von Verkäufern sind viele Gegebenheiten und Informationen zu berücksichtigen. Ziel ist es, den Verkäufer so vorzubereiten, dass er die vermittelten Grundlagen auf seine spezifische Situation akkurat anwenden und umsetzen kann.

Motivation und Betreuung

In diesem Abschnitt geht es um ein weiteres Element der Leitung eines Salesteams, der Motivation und Betreuung. Wie bereits in *Abschnitt 4.3.1* erwähnt, ist die Entlohnung ein Element, das zur Motivation des Verkäufers beiträgt. Eine Art, den Verkäufer zu motivieren besteht darin, sein Entgelt an bestimmte Salesziele, Absatzmengen- oder an andere Maßstäbe zu koppeln. Übertrifft ein Verkäufer diese Vorgaben, so hat er seine Ziele erreicht und hat sich um eine Prämie verdient gemacht.

In Bezug auf die Betreuung ist es wichtig, dass alle Verkäufer die gleichen, relevanten Informationen erhalten. Regelmäßige Treffen sind ebenfalls von Vorteil: Bei offiziellen Verkaufstagungen am Firmensitz oder anlässlich von *In-house*-Seminaren (z.B. Seminare zu neuen Verkaufstechniken oder zur Präsentation neuer Produkte).

Bewertung

Die Bewertung besteht darin, festzustellen, in welchem Ausmaß die Ziele erreicht wurden (z.B. den Prozentanteil der Zielerreichung bei Umsätzen oder Mengen).

Für die Bewertung gibt es mehrere Werkzeuge:

1. **Jahresaktionsplan:** Man betrachtet den Jahresaktionsplan und stellt fest, welche Neukundengeschäfte abgeschlossen und wie viele Kunden verloren wurden. Man identifiziert die Gründe dafür und analysiert schließlich die Markttendenzen.

2. **Analyse der Besuchsberichte:** Die Analyse der Besuchsberichte ermöglicht, Informationen über die Wahrnehmung des Kunden von Konkurrenzmarken, das von ihm gewünschte Preisniveau, passende Besuchszeiten und Vorbehalte des Kunden gegenüber bestimmten Produkten zu erhalten. Die Wahrscheinlichkeit eines Verkaufsabschlusses mit dem Kunden kann dadurch erhöht werden. Die Kundenbesuchsberichte, die oft in Form einer nach dem Kundenbesuch ausgefüllten Karteikarte vorliegen, können anhand der folgenden Indikatoren zu einer Synthese zusammengefasst werden:

– Durchschnittliche Anzahl von Besuchen pro Verkäufer, pro Tag oder Anzahl telefonischer Kontakte
– Durchschnittliche Anzahl von Besuchen pro Kunde
– Durchschnittlicher Umsatz pro Besuch
– Durchschnittliche Kosten pro Besuch
– Durchschnittliche Reisekosten pro Besuch
– Prozentsatz an erreichten Aufträgen pro Besuch
– Anzahl von Neukunden, welche in einer bestimmten Zeitspanne gewonnen wurden

3. **Aktiviätsplan für das kommende Jahr:** Auf Basis dieser Analyse wird ein Aktivitätsplan für das folgende Jahr erstellt. Hierbei werden oft Anpassungen, Verbesserungen und beabsichtigte Zielen festgehalten.

Auf Basis dieser Berichte kann eine umfassende Analyse über Erfolge und Misserfolge jedes Verkäufers durchgeführt werden. Folglich ergeben sich Entscheidungen bezüglich notwendiger Schulungsaktivitäten für das gesamte Salesteam.

4.3.3 Verkaufsgespräch

Wie *Courvoisier* und *Courvoisier* (2009) betonen, ist das Verkaufsgespräch „*eine Verhandlung zwischen zwei Parteien, welche die Konkretisierung eines Kaufs zum Ziel hat*". *Abbildung 4.15* zeigt, dass unterschiedliche Schritte erforderlich sind, um ein Verkaufsgespräch erfolgreich durchzuführen: Kundenakquise und zielgenaue Ansprache, Vorbereitung des Gesprächs, Kontaktaufnahme, Kundenanalyse, Argumentation, Widerlegen von Einwänden, Verkaufsabschluss und Nachfassaktionen. Diese Schritte werden von Eigenheiten der bestehenden Salesteams beeinflusst, sprich von deren Zielen, Strategie, Struktur, Größe und deren entsprechendem Entlohnungssystem. Schließlich wird das Gespräch von zwei oder mehreren Personen geführt und lässt sich damit nur begrenzt von einem Verkäufer allein vorbestimmen.

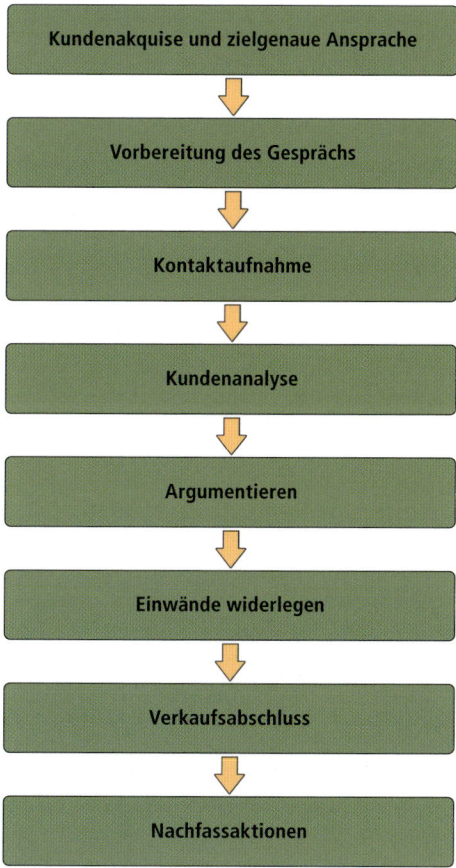

Abbildung 4.15: Schritte eines Salesgesprächs

Kundenakquise und zielgenaue Ansprache

Vor der Kundenakquise wird in der Regel eine Liste potenzieller Kunden, wie oben ausgeführt, erstellt. Hierfür gibt es verschiedene Quellen: Websites, Fachzeitschriften oder auch Telefonbücher. Auf Basis von gemeinsam mit der Marketingleitung festgelegten Kriterien können die Kunden, die das größte wirtschaftliche Nutzen für das Unternehmen aufweisen zielgenau angesprochen werden.

Andere Methoden für die Kundenakquise innerhalb der Zielgruppe sind Fachmessen, Sponsoring durch bestehende Kunden, Kontaktvermittlung über Verbände, Direktwerbesendungen und schließlich Sondierungsbesuche.

Vorbereitung des Gesprächs

Bevor ein Verkäufer ein Gespräch mit einem potentiellen Kunden führt, muss er dessen Bedürfnisse und jene des Unternehmens kennen und der Frage nachgehen, welche weiteren Akteure an dem Kauf und an der endgültigen Kaufentscheidung beteiligt sind. In diesem Zusammenhang ist es unabdingbar, das detaillierte Profil des potentiellen Kunden zu kennen. Besonders die persönlichen Charakterzüge und das Kaufverhalten sind hierbei von Bedeutung. Die wesentlichen Verkaufsargumente müssen gut vorbereitet werden, um eventuellen Einwänden und Überraschungen vorzubeugen.

Kontaktaufnahme

Der Schritt der Kontaktaufnahme kann per Telefon oder physisch am Verkaufsort stattfinden und hat zum Ziel, dem Kunden aufzuzeigen, dass der Verkäufer durch den Kauf eine Lösung für seine Probleme anbietet. Bei diesem Schritt sind sowohl verbale, als auch nonverbale Elemente äußerst wichtig. Auf **verbaler Ebene** sind bei dem ersten Kontakt besonders der Ton der Stimme sowie das verwendete Vokabular von grundlegender Bedeutung. In der Tat *kann der Verkäufer nicht zweimal einen ersten Eindruck bei einem potentiellen Käufer hinterlassen*. Auf **nonverbaler Ebene** sind die Kleidung sowie Gestik und Mimik oder auch der Blick wichtige Kommunikationselemente, welche bestimmen, ob der Gesprächspartner Sympathie oder gar Antipathie entwickelt. Während den ersten Begegnungen bildet und prägt sich ebenfalls der Eindruck des potentiellen Käufers über das verkaufende Unternehmen. Es gilt hierbei, mögliche Antipathien zu kontrollieren. Sollte dies nicht gelingen, ist es produktiver, den potentiellen Kunden an einen Kollegen zu vermitteln.

Kundenanalyse

Diese Kundenanalyse ermöglicht es, die Bedürfnisse des Käufers im Voraus zu identifizieren. Sie erlaubt dem Verkäufer sein Angebot besser an die Kundenerwartungen anzupassen und abzustimmen. Es ist in diesem Zusammenhang von Bedeutung seinem Kunden zuzuhören und divergierende Punkte oder Grauzonen anzusprechen. Zuhören ist ein wichtiges Mittel nicht nur für den Erhalt von Informationen, sondern auch, um den Kunden zu verstehen. Deswegen ist es unabdingbar, dass der Verkäufer seinem Gesprächspartner nicht nur aufmerksam zuhört und ihn ausreden lässt, sondern auch auf das Gesagte eingeht. Der Kunde sollte nicht nur eine maßgeschneiderte Lösung angeboten bekommen, sondern sollte auch ein tiefes Verständnis seiner Probleme beim Verkäufer erkennen können. Denn nur so baut sich Vertrauen auf, was das grundlegende Charakteristikum einer Kauftätigkeit ist, noch wichtiger als der Preis.

Argumentieren

Wurden die Bedürfnisse des Käufers identifiziert, so benötigt man relevante Argumente, die den Käufer davon überzeugen, dass das angebotene Produkt oder die angebotene Dienstleistung seine Bedürfnisse auch tatsächlich erfüllt. In diesem Zusammenhang werden die Vorteile wie folgt herausgestellt:

- Wirtschaftliche Vorteile (z.B. Preis-Leistungs-Verhältnis),
- Technische Vorteile (z.B. geringer Verschleiß) oder
- Soziale Vorteile (z.B. Prestige oder Image)

Es kann auf zwei sich ergänzenden Art und Weisen argumentiert werden: Zum einen liegt der **produktorientierte Ansatz** vor, bei dem der Fokus auf Produktmerkmale und -funktionalität liegt. Zum anderen liegt der **kundenorientierte Ansatz** vor, der sich an den Bedürfnissen und den Charaktereigenschaften des Kunden orientiert. Entscheidet man sich für den produktorientierten Ansatz, so ist die Präsentation und die Vorstellung des Verkäufers ein meist standardisierter Vorgang. Die persönlichen Eigenschaften des Verkäufers spielen bei diesem Ansatz eine geringere Rolle als vergleichsweise bei dem kundenorientierten Ansatz.

Entscheidet man sich jedoch für den kundenorientierten Ansatz, so treten der Verkäufer und dessen Persönlichkeit in den Mittelpunkt. Er verfolgt hierbei das Ziel, durch seine Argumentation und sein Auftreten den potentiellen Kunden auf einer persönlicheren Ebene anzusprechen. Neben der sachlichen Dimension wird hierbei besonders die emotionale Dimension angesprochen. Dies begünstigt einen erfolgreichen Verkaufsabschluss, vorausgesetzt das Produkt befriedigt die Mindestansprüche des Kunden.

Einwände widerlegen

Ein potentieller Käufer wird sehr häufig angefragt und mit Angeboten von Verkäufern überhäuft. Vor allem bei homogenen Güter und starkem Wettbewerb ist es deshalb für den Verkäufer unheimlich schwer, direkten Kontakt zu potentiellen Kunden aufzubauen, nicht zuletzt, weil diese mit hoher Wahrscheinlichkeit bereits Geschäftsbeziehungen zu einem der Konkurrenten besitzen und von diesem ein ähnliches Produkt beziehet. Der Verkäufer sieht sich deswegen oft mit zahlreichen Einwänden konfrontiert. Um diese zu entkräften, bedarf es sowohl fachliche, wie auch soziale Kompetenz. Ziel für den Verkäufer ist es, ein Vertrauensklima aufzubauen, das erlaubt, dem Käufer den Mehrwert seiner Leistung gegenüber der Konkurrenz glaubwürdig zu kommunizieren. Es ist zudem wichtig, berechtigte Einwände und Schwächen einzugestehen: Einen Käufer zu täuschen wäre sehr kurzsichtig und zudem äußerst unseriös. Der moderne Käufer im Zeitalter der Informationstechnologie ist oft sehr kompetent und weiß was er will. Er verfügt meist über die nötige Information, sodass Täuschungsversuche schnell aufgedeckt und sich negativ auf die zukünftigen Geschäftsbeziehungen auswirken würden. Aus diesem Grund ist es aus Sicht des Verkäufers ratsam, bei offensichtlich sehr unterschiedlichen Vorstellungen komplett auf den Verkaufsabschluss zu verzichten.

Häufig trifft es jedoch ein, dass viele Einwände in Form von Kleinigkeiten bezüglich bestimmter Spezifikationen oder Details der Rahmenbedingungen des zu verkaufenden Produktes geäußert werden. Hier kann der Verkäufer dem Käufer durch Nachbesserung oder Anpassungen entgegenkommen bzw. den bereits erwähnten Spielraum nutzen und einen Preisnachlass gewähren, um eventuelle Schwächen des Produktes zu kompensieren. Auch hier ist ein gutes Kundenverständnis des Verkäufers wichtig und ein aufmerksames Zuhören unabdingbar, um ein passendes Gegenangebot unterbreiten zu können. Bei emotionalen Einwänden ist die Persönlichkeit des Verkäufers gefragt. Hierbei kann er versuchen (abgesehen von der materiellen Ebene) über die persönliche Ebene die entsprechenden Einwände zu kompensieren.

Verkaufsabschluss

Bei diesem Schritt erfolgt eine Einigung zwischen Verkäufer und Käufer über den Preis und über die Liefer- und Zahlungsbedingungen des Kaufes. Üblicherweise wird der Verkaufsabschluss schriftlich fixiert. Der Vertrag beinhaltet sämtliche Details, die zuvor vereinbart wurden, und wird von beiden Vertragspartnern unterzeichnet.

Nachfassaktionen

Die Tätigkeit eines Verkäufers ist nicht nur der Verkauf, sondern auch die Durchführung von Nachfassaktionen: Er sollte sich beispielsweise von Zeit zu Zeit bei seinen Kunden nach dessen Zufriedenheit u.a. hinsichtlich Zusammenarbeit oder Produkt erkundigen. Ein Geschäftsessen oder ein von dem Unternehmen organisiertes Ereignis kann hierfür ein geeigneter Anlass sein. Aufgrund des sozialen Kontaktes entsteht im Laufe der Zeit eine Art Vertrauensbeziehung zwischen Verkäufer und Käufer. Diese Beziehung führt in der Regel zu einer höheren Zufriedenheit beim Käufer. Nicht zuletzt entstehen auch persönliche Beziehungen zu einem Käufer, welche einen enormen Wert für das Unternehmen mit sich bringen. Dies ist ein wichtiger Schritt für eine langfristige und nachhaltige Kundenbeziehung, Kundentreue und wiederkehrende Aufträge.

Abschließend lässt sich sagen, dass der persönliche Verkauf eine wichtige und positive Rolle bei Sales und für das Unternehmen spielt. Er ermöglicht wie folgt:

- **Kundenbeziehungen** aufzubauen
- **Einfluss** auf die Kunden auszuüben
- mit Kunden **zu kommunizieren** (z.B. durch Informations- und Argumentationsaustausch)
- den **Meinungsaustausch** weiterzuentwickeln (z.B. durch Sammeln von Informationen)
- Rückmeldungen an die Marketingleitung und an die Abteilung Forschung und Entwicklung über **mögliche Verbesserungen** angebotener Produkte und Dienstleistungen des Unternehmens zu erstatten
- Kundenbeziehungen weiter **auszubauen**.

Der persönliche Verkauf weist jedoch auch einige Nachteile auf. Die intensiven Kundenkontakte und der hohe Kontrollaufwand bringen hohe Kosten mit sich. Folgende *Tabelle 4.1* soll dies veranschaulichen:

Tabelle 4.1

Direktvertrieb in Europa

Länder	Umsatz (in Mio. €)	Anzahl an Verkäufern
Österreich (1)	192,00	15.000
Frankreich	1.737,00	265.000
Deutschland	2.708,00	460.000
Luxemburg	10,00	600
Vereinigtes Königreich GB	992,25	278.000
Total EU	10.736,97	4.101.489
Schweiz (2)	282,0	7.690

Quelle: FEDSA-WFDSA 2010.

Die Tabelle führt die Anzahl der Verkäufer pro Land im Verhältnis zu dem Umsatz, entsprechend den Angaben des Dachverbandes der Direktvertriebsverbände europäischer Länder (FEDSA) auf.[15] In den letzten Jahren stieg in Europa die Anzahl der Verkäufer laut FEDSA kontinuierlich an und dies trotz der Existenz von WEB 2.0. Der Aufbau und die Leitung eines Salesteams sowie die Kunst des erfolgreichen Verkaufs sind daher heutzutage aktueller denn je.

Exkurs   Herausforderungen von Sales

Folgende Dimensionen sind für das Sales von zentraler Bedeutung:

1. Es gibt eine offensichtliche Verbindung zwischen den Abteilungen Marketing und Sales: Der Marketing-Mix wirkt sich auf direkte Weise auf den Verkauf aus. In der Tat ist es einfacher, ein Produkt zu verkaufen, das folgende Eigenschaften besitzt:

- Ein hoher Grad an Innovation
- Ein hoher Bekanntheitsgrad mittels erfolgreicher Promotion
- Ein vom Käufer als angemessen empfundenes Preis-Leistungs-Verhältnis
- Ein gutes Distributionsnetz

Aufgrund einer guten Zusammenarbeit zwischen der Sales- und der Marketingabteilung können Kundendaten mit weniger Aufwand und effizienter geführt werden. Dies führt zu einem effektiveren *Customer Relationship Management*.

2. Bei der Gründung und dem Management des Sales ist es wichtig, auf eine geeignete Ausbildung der Verkäufer zu achten. Kenntnisse über das Unternehmen, über den Sektor, die Produkte und das Angebot der Konkurrenz sind hierbei von enormer Wichtigkeit. Die Salesleitung muss ebenfalls über eine gute Ausbildung und über gute Kenntnisse im Bereich des Team-Managements verfügen.

3. Die Kunst des Verkaufs ist offensichtlich nicht nur abhängig von der Persönlichkeit des Verkäufers und dessen empathischen Fähigkeiten, sondern besonders von der Vorbereitung des Verkaufsgesprächs. Je komplexer der Sektor ist, desto länger sollte die Vorbereitung andauern. Abgesehen von einer guten Kenntnis über das zu verkaufende Produkt sollte ein Verkäufer fähig sein, sich in die Lage des Kunden zu versetzen, um mögliche Einwände und Erwartungen bezüglich des zu verkaufenden Produktes erahnen zu können.

4. Die Entlohnung des Vertriebs ist wichtig. Diese sollte nicht auf unerreichbaren Zielen basieren und so Gefahr laufen, die Salesteams zu demotivieren und womöglich das Unternehmen zu verlassen.

Reflexionsfragen

1. Identifizieren Sie drei Ihnen bekannte aktuelle Verkaufstrends.

2. Diskutieren Sie die Anforderung und Herausforderung an einen Verkäufer für Mobiltelefone und Smartphones oder eines Sektors Ihrer Wahl.

3. Worin unterscheidet sich ein Käufer eines Fallschirms von einem Käufer einer DVD und einem Käufer einer Versicherung? Begründen Sie Ihre Antwort. Was für eine Herausforderung bedeutet das für Sales?

ZUSAMMENFASSUNG

Folgende Inhalte wurden in diesem Kapitel behandelt:

- Die Unternehmensfunktion Sales (der Verkauf) stellt eine zentrale Unternehmensfunktion dar, da sie den Kontakt zwischen Kunde und Unternehmen gestaltet.

- Der Verkäufer repräsentiert das Unternehmen und trägt dazu bei, Informationen über die Kunden an die Marketingabteilung weiterzugeben.

Die Begriffe „Sales", „Verkauf" und „Absatz" werden in diesem Buch synonym verwendet. Der Verkauf wird juristisch als die Abtretung eines Gutes oder einer Dienstleistung gegen eine zwischen dem Verkäufer und dem Käufer vereinbarte Geldsumme bezeichnet. Der Verkauf entspricht somit einem Tausch eines Gutes gegen Geld zu einem bestimmten Preis. Sales (Verkauf) wurde definiert als *„eine Form der benutzerdefinierten Kommunikation mit dem Ziel der Bedarfsdeckung in Form eines Kaufs."* Folglich repräsentiert der Verkäufer das Unternehmen, das Güter oder Dienstleistungen (Angebot) für den Kunden (Nachfrage) herstellt und diese auf einem gegebenen Markt anbietet. Auf diesem Markt treffen sich Angebot und Nachfrage und bestimmen den Preis des Gutes.

- Verkäufer können vielerlei Bezeichnungen haben. Man nennt sie auch Handelsvertreter, Ingenieure oder auch Außendienstmitarbeiter.

- Marketing und Sales hängen unmittelbar miteinander zusammen.

- Es wurden zudem wichtige Elemente des Sales, insbesondere die Vertriebspolitik, unterschiedliche Käuferkategorien und verschiedene Verkäufertypen behandelt.

- Sales ist nicht nur Teil der *Promotion* im Marketing-Mix, sondern interagiert zudem mit anderen Dimensionen. Auf diese Weise leistet Sales einen wesentlichen Beitrag zu der Formulierung und dem Erreichen der angestrebten Marketingziele.

- Der Aufbau eines Sales- bzw. Verkaufsteams erfolgt in fünf Schritten: Die Definition der Aufgaben des Sales, die Ausarbeitung der Verkaufsstrategie, die Wahl der Verkaufsstruktur, die Festlegung der Größe des Salesteams und die Festlegung der Entlohnung des Salesteams.

- Die Leitung des Salesteams stellt ebenfalls eine wichtige Salesaktivität dar. Diese besteht im Wesentlichen darin, Verkäufer einzustellen und auszuwählen, diese auszubilden und zu kontrollieren, diese zu motivieren und schließlich darin, diese zu bewerten.

- Das Verkaufsgespräch ist *„eine Verhandlung zwischen zwei Parteien, welche die Konkretisierung eines Kaufs zum Ziel hat"*. Unterschiedliche Schritte sind erforderlich, um ein Verkaufsgespräch erfolgreich durchführen zu können: Kundenakquise und zielgenaue Ansprache, Vorbereitung des Gesprächs, Kontaktaufnahme, Kundenanalyse, Argumentation, Widerlegen von Einwänden, Verkaufsabschluss und Nachfassaktionen.

AUFGABEN

1. Erläutern Sie den Begriff *Sales.*

2. Wie wichtig ist der Marketing-Mix für eine erfolgreiche Verkaufsstrategie? Begründen Sie Ihre Antwort.

3. Nennen und beschreiben Sie die verschiedenen Aufgaben eines Salesteams.

4. Nennen Sie die wichtigsten Verkäufertypen. Beschreiben Sie hierbei jeweils einen typischen Einsatzbereich.

5. Was bezeichnet *Below-the-line-Promotion*? In welcher Situation ist diese Art der Verkaufsförderung sinnvoll?

6. Beschreiben Sie den Begriff *Nachfassaktion* und schildern Sie ein Beispiel hierfür.

Fallstudie: Airbus

Das europäische Unternehmen *Airbus* mit Hauptsitz in Toulouse wurde im Jahr 1970 als Zusammenarbeit zweier Unternehmen, Aerospatiale aus Frankreich und Deutsche *Airbus*, gegründet. Gemeinsames Ziel war es, das erste Großraumflugzeug mit zwei Triebwerken zu bauen. Mittels des Modells A300 sollte eine Marktlücke gefüllt und gleichzeitig der amerikanisch dominierten Flugzeugindustrie der Kampf angesagt werden. Im Jahr 1974 schloss sich das spanische Unternehmen CASA an, im Jahr 1979 folgte die British Aerospace. Erst im Jahr 2001 wurde aus der sogenannten *Groupe d'intérêt Economique* ein einheitliches Unternehmen, das zu 100 Prozent im Besitz der *European Aeronautic Defence and Space Company* (EADS) war.

Abbildung 4.16: Die Aibus-Modelle A318, A340 und A380

Aufgrund des überwältigenden Erfolges der A300/A310-Baureihe in den 70ern und 80ern konnte *Airbus* bald sein Produktprogramm ausweiten. Während der damals unangefochtene Marktführer Boeing bereits ein vollständiges Sortiment anbot, legte der europäische Neuling schrittweise eigene Modelle nach. Im Jahr 2003 gelang es *Airbus* schließlich, Boeing bei bestellten und ausgelieferten Flugzeugen zu überholen. Damit war *Airbus* von einem belächelten Außenseiter innerhalb von drei Jahrzehnten zu dem größten Hersteller ziviler Flugzeuge der Welt aufgestiegen.

Auch im Jahr 2005 errang *Airbus* eindrucksvolle Erfolge. Zum fünften Mal innerhalb der letzten sechs Jahre erhielt *Airbus* mehr Aufträge als der Konkurrent Boeing. Der Flugzeughersteller erreichte mit rund 22 Mrd. Euro den höchsten Umsatz und mit 378 ausgelieferten Flugzeugen die höchste Stückzahl seiner Firmengeschichte. Dieser Erfolg schlägt sich auch in den Flugzeugbestellungen nieder: Diese haben sich gegenüber dem Vorjahr verdreifacht. Über viele Jahre hinweg war Boeing Marktführer auf dem Gebiet der Verkehrsflugzeuge. Um mit einem starken Konkurrenten wie Boeing mithalten zu können, musste das Unternehmen außerordentliche Anstrengungen unternehmen. Von Beginn an zählten der hohe Innovationsgrad und das herausragende Verkaufs- und Kunden-Management zu den Stärken des europäischen Herausforderers. Der größte Teil der

Verantwortung lag dabei bei den Mitarbeitern der Vertriebsorganisation. In vielerlei Hinsicht unterscheidet sich der Verkauf von Flugzeugen vom Verkauf anderer Industrieprodukte. Weltweit hat man es mit rund 300 Kunden zu tun. Das Flugzeug als Hochtechnologieprodukt in allen Funktionen ist sehr komplex und stellt für Käufer gleichermaßen wie für Verkäufer eine große Herausforderung dar. In anderer Hinsicht hat aber auch der Verkauf von Flugzeugen vieles mit dem Verkauf sonstiger Investitionsgüter gemeinsam. Die Vertriebsmitarbeiter ermitteln die Bedürfnisse der potenziellen Käufer und machen interne Vorgaben bezüglich der Ansprüche, die ein Produkt erfüllen sollte. Anschließend wird das Produkt gemäß dieser Vorgaben entwickelt. Der Vertrieb führt daraufhin bei dem Kunden vor, wie gut das neue Produkt die Aufgaben erfüllt und versucht Kaufabschlüsse zu erreichen. Daraufhin folgt die Phase einer sorgfältigen technischen und kommerziellen Programmbegleitung, in der der operationale Einsatz der gekauften Flugzeuge laufend optimiert wird, nicht zuletzt in der Hoffnung, dass sich bei Expansion oder Ersatz Folgegeschäfte entwickeln werden.

Um die Bedürfnisse zu ermitteln, werden die Vertriebsmitarbeiter von *Airbus* zu Experten für jene Fluglinien, für deren Betreuung sie die Verantwortung tragen. Dabei bleibt es nicht bei oberflächlichen Kenntnissen, sondern die Vertriebsmitarbeiter arbeiten sich intensiv in die Strukturen und Bedürfnisse ein: In ähnlicher Weise wie es vielleicht nur noch die Finanzanalytiker großer Anleger vor bedeutenden Börseninvestitionen tun würden. Die Vertriebsmitarbeiter streben an herauszufinden, in welchen Regionen die Fluglinien ihr Wachstum suchen, wann deren Flugzeuge zur Erneuerung fällig sind und wie deren finanzielle Situation zu beurteilen ist. Nachdem diese Informationen eingeholt wurden, entwerfen die Vertriebsmitarbeiter Wege und Möglichkeiten, wie die Wünsche und Bedürfnisse dieser bestimmten Fluglinie erfüllt werden könnten. Die Flugzeuge von *Airbus* und die der Konkurrenz werden Computer-Simulationen mit den Routen der Linie unterworfen, um herauszufinden, ob die *Airbus*-Produkte in Bezug auf Sitzkilometer-Kosten und in Bezug auf andere Faktoren besser geeignet und kostengünstiger sind als die Konkurrenzprodukte. Ist die *Airbus*-Vertriebsgruppe ausreichend auf alle auftretenden Fragen vorbereitet, meldet sie sich als Team aus Finanzfachleuten, Planern und Technikern zu einem ersten Besuch an. In der Regel ist dies der Beginn der Verhandlungen, in deren Verlauf die Konditionen festgelegt und umfangreiche Schulungsprogramme für Piloten und Technik vereinbart werden. Wenn die Verhandlungen in einem weit fortgeschrittenen Stadium angelangt sind, kommen häufig Mitglieder der obersten Geschäftsleitungsebene der Fluglinie und von *Airbus* hinzu, um das Geschäft zu einem Abschluss zu bringen. Liegt der Auftrag vor, muss die Vertriebsmannschaft in nahezu täglichem Kontakt mit dem Kunden dessen Ausstattungswünsche entgegennehmen und sicherstellen, dass der Käufer weiterhin zufrieden ist.

Der Erfolg hängt davon ab, inwieweit es gelingt, stabile, langfristig angelegte Beziehungen mit dem Kunden aufzubauen, die auf Leistung und Vertrauen basieren.

Die Vertriebsmannschaft ist das wichtigste Instrument, mit dem *Airbus* die Information von Kunden erhält und mit dem *Airbus* auf seine Kunden einwirkt. Nur durch sorgfältige Teamarbeit und optimal organisierte Abläufe ist ein derart komplexer Leistungstransfer möglich.

Um größtmögliche Nähe zu den Kunden zu gewährleisten, wurden aufgrund des globalen Charakters dieses Geschäfts mit *Airbus Japan*, *Airbus China*, *Airbus America* und *Airbus Middle East* Unternehmen vor Ort gegründet. Die Vertriebsmannschaft von *Airbus* besteht aus erfahrenen technischen Verkäufern, die einen geradlinigen und soliden Ansatz des Verkaufens anwenden. Sie sind hoch qualifiziert und dafür ausgebildet, mittels Tatsachen und Logik zu verkaufen. Sie müssen dem Kunden die Produktvorteile überzeugend vermitteln können. Damit die Kunden wirklich zufrieden gestellt sind und um sie langfristig zu binden und zu behalten, muss *Airbus* als Unternehmen alles daran setzen, dass auch nach dem Kauf das Produkt die gesetzten Erwartungen erfüllt. Große Aufträge und dauerhafte Verkaufserfolge sind dazu geeignet, die Vertriebsmannschaft stets neu zu motivieren. Das Team hat als direkte Gegenspieler die Vertriebsmitarbeiter von Boeing, ebenfalls eine gut geschulte und hoch motivierte Mannschaft, die lange Zeit mit dem Vorsprung des Marktführers an den Start gehen konnte. Boeing hatte ein breiteres Programm als *Airbus* anzubieten, bei dem die großen Flugzeuge im Programm fehlten. Inzwischen hat auch *Airbus* ein vollständiges Produktprogramm und besitzt mit dem neuen doppelstöckigen A380 ein Modell, das Boeing in diesem Größenbereich sogar überholen könnte.

Reflexionsfragen

1. Erörtern Sie mögliche Unterschiede bei dem Verkauf von Flugzeugen gegenüber dem Verkauf anderer Industrieprodukte.

2. Auf welche Weise werden die Bedürfnisse der potentiellen Kunden ermittelt?

3. Welche Chancen und Risiken ergeben sich, wenn ein Vertriebsmitarbeiter von *Airbus* zum Experten für ausschließlich eine Fluglinie wird?

Quellen: Kotler et al (2007); Airbus S.A.S. www.airbus.com (31.10.2009); Machatschke, Michael: „Champion auf Bewährung", in: Manager Magazin, Nr. 4 (2006); o. V., „Airbus feiert 40. Geburtstag seines ersten Verkehrsflugzeugprogramms", Pressemitteilung von Airbus S.A.S unter: www.airbus.com (31.10.2009).

Verwendete Literatur

Banque de France: „CECEI", Bericht 2008.

Courvoisier, F.: „Marketing", LEP editions, 2009.

De Pelsmacker, P.; Geuens, M.; Van den Berg, J.: „Marketing Communications: A European Perspective", 3. Aufl., Prentice Hall Financial Times, 2007.

Kotler, P.; Keller, K.; Bliemel, F.: „Marketing-Management: Strategien für wertschaffendes Handeln", 12. Aufl., Pearson Studium, München 2007.

Lecat, B.: „Du mono-canal banal au multi-canal infernal: Tend-on vers un point d'équilibre?" in: Les cahiers du Numérique, Numéro spécial: La finance électronique, Bd. 4, Nr. 1 (2003), S. 131-152.

Lovelock, C.; Wirtz, J.: „Services Marketing", 7. Aufl., Pearson Education, 2010.

Manning, G.; Reece, B.; Ahearne, M.: „Selling Today: Creating Customer Value", 11. Aufl., Pearson International Edition, 2010.

McMurry, R.; Arnold, J.: „Comment choisir vos vendeurs et vos représentants", Entreprise Moderne d'édition, 1970.

Weiterführende Literatur

Kotler, P.; Keller, K.; Bliemel, F.: „Marketing-Management: Strategien für wertschaffendes Handeln", 12. Aufl., Pearson Studium, München 2007.

Homburg, C.; Schäfer, H.; Schneider, J.: „Sales Excellence: Vertriebsmanagement mit System", 6. Aufl., Gabler Verlag, Wiesbaden 2010.

Manning, G.; Reece, B.; Ahearne, M.: „Selling Today: Creating Customer Value", 11. Aufl., Pearson International Edition, 2010.

Bruhn, M.: „Unternehmens- und Marketingkommunikation Handbuch für ein integriertes Kommunikationsmanagement", Vahlen Verlag, München 2005.

Endnoten

1 Ein Verkäufer ist derjenige, der ein Gut oder eine Dienstleistung abtritt.
2 Ein Käufer ist derjenige, der für ein Gut oder eine Dienstleistung bezahlt.
3 Bei Dienstleistungsmarketing gibt es 7 P's: Die klassischen 4 P's und des Weiteren die Dimension „Personen", „Prozesse" und „Umweltfaktoren". Siehe Lovelock et al. (2010).
4 Siehe weiterführend zu diesem Thema De Pelsmacker et al. (2007).
5 *Outsourcing* bedeutet das Auslagern einer Unternehmenstätigkeit, die in der Regel von einem Unternehmen selbst vollbracht wird, an ein Drittunternehmen.
6 Siehe Kotler (2007).
7 Die *American Marketing Association* definiert *Merchandising* wie folgt: *„Merchandising encompasses planning involved in marketing the right merchandise or service at the right place, the right time, in the right quantities, and at the right price."* Unter *Merchandising* kann zudem die Vermarktung von Nebenprodukten verstanden werden, welche nicht in direktem Zusammenhang mit dem eigentlichen Produkt stehen, aber das gleiche Logo bzw. denselben Markennamen nutzen. Diese Art der Vermarktung von Nebenprodukten wird angestrebt, wenn der Markenname bekannt ist und einen nennenswerten Mehrwert für den Kunden darstellt. Häufig wird dies auch *Brand Extension* genannt.
8 Skonto bezeichnet einen Preisnachlass bzgl. des Rechnungsbetrags bei der Zahlung binnen einer gesetzten Frist oder bei Barzahlung.
9 Ein Beispiel hierfür ist die Ratenzahlung.
10 Preiselastizität beschreibt die Änderung der Angebots- bzw. Nachfragemenge aufgrund einer Preisänderung.
11 Siehe hierzu *Abschnitt 4.3.3*.
12 Siehe hierzu *Abschnitt 4.3.2*.
13 Der Wiederholungskauf wird häufig als „Routinekauf" bezeichnet.
14 Siehe hierzu *Kapitel 12* und *13*.
15 *Quelle: FEDSA-WFDSA 2010*.

Was nützen die besten Konzepte und clevere Logistik, wenn die Lastkraftwagen in Staus steckenbleiben?

Detthold Aden (1948), deutscher Manager, ehemals Thyssen Haniel Logistic GmbH

Lernziele

In diesem Kapitel wird das Wissen zu folgenden Inhalten vermittelt:

- Grundlagen
  - Materialwirtschaft
  - Logistik
  - Supply Chain Management (SCM)
- Bedeutung der Logistik innerhalb des Unternehmens
- Materialwirtschaft und Materialarten
- Wichtige Elemente der Materialwirtschaft
- Logistiksysteme
- Einführung in das Supply Chain Management (SCM)

Materialwirtschaft, Logistik und Supply Chain Management

5

12

ÜBERBLICK

5.1   Überblick und Abgrenzung

Mit zunehmender Internationalisierung und Vernetzung von Unternehmen erhöht sich der Kosten- und Wettbewerbsdruck auf Unternehmen stetig. Unternehmen sind zunehmend gezwungen, sich auf ihre Kernaufgaben zu konzentrieren. Eine logische Konsequenz hieraus ist die Auslagerung bzw. das *Outsourcing* von betrieblichen Leistungen. Erforderliche Betriebsmittel, Hilfsstoffe und Bauteile werden verstärkt von Zulieferern bezogen.

Die Logistik, die Materialwirtschaft und schließlich das Supply Chain Management (SCM) spielen bei der Bewältigung dieser Herausforderungen eine entscheidende Rolle. Ein gutes Beschaffungsmanagement kann einen entscheidenden Beitrag für die Wirtschaftlichkeit von Unternehmen und deren Wettbewerbsposition am Markt leisten.

Die Aufgabe der **Materialwirtschaft** ist hierbei die bedarfsgerechte Versorgung aller betrieblichen Bereiche mit den erforderlichen Gütern sowie die Entsorgung: Bei den zu entsorgenden Materialien handelt es sich häufig um wertvolle Rohstoffe, für die Schrotterlöse erzielt werden können.

Die **Logistik** beinhaltet alle Aufgaben zu einer integrierten Planung, Koordination, Durchführung und Kontrolle der Güterflüsse. Sie beinhaltet des Weiteren die güterbezogenen Informationen angefangen von der Entstehung bis hin zum Verbrauch[1]. Oft findet auch die *Seven-Rights*-Definition nach *Plowman* Anwendung:

> *Logistik heißt, die Verfügbarkeit des richtigen Gutes, in der richtigen Menge, im richtigen Zustand, am richtigen Ort, zur richtigen Zeit, für den richtigen Kunden, zu den richtigen Kosten zu sichern.*

Grosvenor E. Plowman (1964)

Logistik endet nicht an den Werksgrenzen: Nachdem Vorprodukte an den Wareneingang geliefert wurden und gegebenenfalls in einem Lager bevorratet wurden, ist es erforderlich, die Güter zum richtigen Zeitpunkt am Ort der Weiterverarbeitung zur Verfügung zu stellen. Diese innerbetriebliche Logistik ist Bindeglied zwischen verschiedenen Unternehmensfunktionen und Unternehmensniederlassungen, da Transportwege zwischen verschiedenen Produktionseinrichtungen und Lagerflächen geplant werden müssen. Zusätzlich muss sichergestellt werden, dass über die Transportwege ein ausreichendes Gütervolumen transportiert werden kann. An den Orten der Weiterverarbeitung darf weder zu viel noch zu wenig Material vorhanden sein.

Die Logistik befindet sich im Zentrum vielfältiger Zielkonflikte. So bevorzugt der Vertrieb[2] ein gefülltes Lager mit Fertigprodukten, um kurzfristig lieferfähig zu sein. Das Controlling[3] bevorzugt hingegen eine minimale Lagerhaltung, damit die Kapitalbindung möglichst gering gehalten wird. Der Logistiker optimiert eine möglichst minimale Kapitalbindung bei einer gleichzeitig angestrebten Lieferfähigkeit.

Supply Chain Management (SCM) ist eine neue Perspektive, die die Planung und das Management aller Aufgaben bei Lieferantenwahl, Beschaffung und Umwandlung sowie alle Aufgaben der Logistik umfasst. Der besondere Fokus liegt hierbei auf der Koordinierung und Zusammenarbeit der beteiligten Partner (Händler, Lieferanten, Logistikdienstleister, Kunden). Supply Chain Management integriert das Management über die Unternehmensgrenzen hinweg.[4] Die wesentliche Aufgabe des Supply Chain Managements liegt in der Integration und Koordination der Beteiligten des Wertschöpfungssystems (häufig auch Wertschöpfungsnetzwerk genannt).

Abbildung 5.2 stellt den Zusammenhang von Materialwirtschaft, Logistik und Supply Chain Management dar. Darüber hinaus ist eine Beziehung des Supply Chain Managements zu anderen Unternehmensfunktionen wie Produktion und Sales zu erkennen.

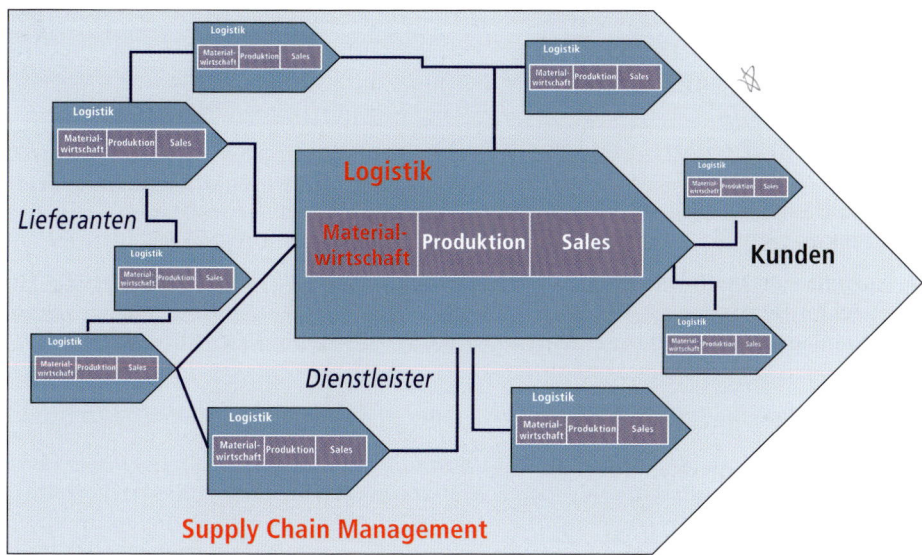

Abbildung 5.1: Wertschöpfungssystem: Materialwirtschaft, Logistik und Supply Chain Management (SCM); die einzelnen Pfeile stellen jeweils Unternehmen dar.

5.2   Materialwirtschaft

Ein zentrales Objekt der Materialwirtschaft und der Logistik ist das **Material**. Materialien bezeichnen in einer sehr allgemeinen Definition alle Güter des betrieblichen Bedarfs. In diesem Sinn spricht man sowohl bei *Werkstoffen, fertigen Gütern* als auch bei *Ersatzteilen für eigene Anlagen* von Material.

Folgende **Materialarten** werden unterschieden:

- **Fertigprodukte** sind verkaufsfähige Endprodukte, die selbst hergestellt und als Handelsware vertrieben werden. Handelswaren sind materielle Wirtschaftsgüter wie etwa industrielle Produkte oder landwirtschaftliche Erzeugnisse, welche normalerweise so weiterverkauft werden, wie sie eingekauft wurden, ohne dabei wesentlich be- oder verarbeitet zu werden.

- **Halbfertigprodukte** sind Zwischenerzeugnisse, die bei der Herstellung benötigt werden und in das Fertigprodukt eingehen. Ein Beispiel hierfür ist eine Kurbelwelle, die in einem Motor verbaut wird.

- **Rohstoffe** sind Materialien, die als wesentliche Bestandteile in Produkte eingehen. Rohstoffe haben seit der Gewinnung aus ihrer natürlichen Quelle keine oder nur wenig Bearbeitung erfahren. Ein Beispiel für einen Rohstoff ist Holz bei der Möbelherstellung.

- **Hilfsstoffe** sind von geringem Wert und gehen ebenfalls in das Endprodukt ein. Bei der Möbelfertigung gilt der Holzleim als Hilfsstoff.

- **Betriebsstoffe** sind Materialien, die zur Herstellung erforderlich sind und während dieser verschleißen wie z.B. Bohrer oder Sägeblätter in Möbelfabriken.

Die Fremdbeschaffung von Materialen bzw. Gütern erfolgt durch den Einkauf.[5] Um eine bedarfsgerechte Materialwirtschaft betreiben zu können, bedarf es sogenannter Stücklisten, welche Gegenstand des folgenden *Abschnitts 5.2.1* bilden. In den darauffolgenden Abschnitten werden weitere zentrale Elemente der Materialwirtschaft beschrieben.

5.2.1   Stücklisten

Für die bedarfsgerechte Versorgung im Rahmen der Materialwirtschaft ist die genaue Kenntnis der Produkte erforderlich. Die Beschreibung der Produktbestandteile erfolgt in der **Stückliste**: Die Stückliste ist ein vollständiges, mengenmäßiges Verzeichnis aller Materialien, die in ein Produkt eingehen.

Im Folgenden werden verschiedene Stücklistenarten aufgezeigt. Als Beispiel soll hierfür ein Motorrad dienen, das der Vereinfachung halber aus Rahmen und Motor besteht. Der Motor des Motorrads besteht wiederum aus Motorblock und Kurbelwelle.

Baumstruktur

Die Stückliste des stark vereinfachten Motorradbeispiels kann in Form einer hierarchischen **Baumstruktur** wie folgt dargestellt werden (*Abbildung 5.2*). Der Vorteil dieser Baumstruktur liegt in der plausiblen Darstellung der unterschiedlichen hierarchischen Ebenen:

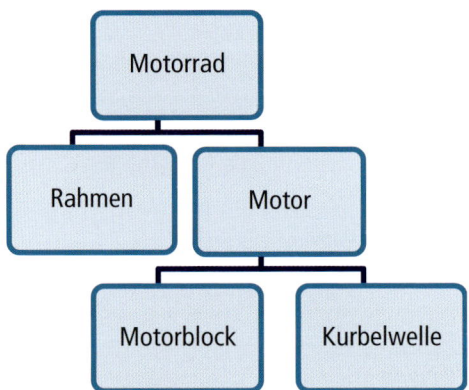

Abbildung 5.2: Grafische Stückliste in Baumstruktur

Baukastenstückliste

Eine andere Darstellungsform einer Stückliste ist die **Baukastenstückliste**.

Tabelle 5.1

Baukastenstückliste

Motorrad

Bezeichnung	Menge
Rahmen	1
Motor	1

Tabelle 5.2

Baukastenstückliste

Motor

Bezeichnung	Menge
Motorblock	1
Kurbelwelle	1

Die Besonderheit der Baukastenstückliste liegt in der Einstufigkeit[6]: Jeweils nur eine Baugruppe wird beschrieben. In diesem Fall besteht das Motorrad nur aus Rahmen und Motor. Falls der Aufbau des Motors von Interesse ist, muss die Baukastenstückliste des Motors betrachtet werden.

Mengenstückliste

Bei Produkten von geringer Komplexität kann auch eine einfache **Mengenstückliste** verwendet werden. Die Mengenstückliste enthält alle für das Motorrad benötigten Teile in einer einstufigen Liste.

Tabelle 5.3

Mengenübersichtsstückliste

Motorrad

Bezeichnung	Menge
Rahmen	1
Motorblock	1
Kurbelwelle	1

Während sich die Mengenstückliste aus den Baukastenstücklisten ableiten lässt, ist der umgekehrte Weg nicht möglich: Der Mengenstückliste fehlen die Strukturinformationen[7]. Der Vorteil der Baukastenstückliste erschließt sich besonders bei komplexen Produkten. Eine Mengenstückliste mit Hunderten Positionen ist unübersichtlich. Die Struktur der Baukastenstücklisten spiegelt in der Regel auch die im Produkt verwendeten Komponenten wieder. Derselbe Motorentyp kann in verschiedenen Motorrädern verbaut werden. Bei einer Verwendung von Mengenstücklisten müssen die Motorenteile für jedes Motorrad einzeln in das System eingegeben und bei Änderungen für jedes Motorrad einzeln geändert werden. Die Verwendung von Baukastenstücklisten erlaubt, den Motor als ganzen „Baukasten" in die Motorradstückliste einzufügen. Sollten sich Änderungen am Motor ergeben, ist lediglich eine Änderung der Baukastenstückliste des Motors erforderlich.

Die Stücklistenauflösung dient der Bedarfsermittlung. Ausgehend von einem konkreten Produktbedarf werden für alle Strukturstufen der hierarchisch aufgebauten Stückliste die Mengen der jeweiligen Komponenten ermittelt.

Nachdem zwei wesentliche Möglichkeiten beschrieben wurden, auf welche Weise Stücklisten erstellt werden können, wird im folgenden *Abschnitt 5.2.2* erläutert, auf welche Weise der Bedarf eines Gutes ermittelt werden kann.

5.2.2 Bedarfsermittlung

Für die Produktion müssen die passenden Materialien in bedarfsgerechter Menge verfügbar sein. Die **Bedarfsermittlung** liefert die Information zur Materialbereitstellung. Die Festlegung von Art, Menge und Produktionszeitpunkt der zu produzierenden Fertigerzeugnisse erfolgt im Rahmen des Produktionsprogramms. Im Folgenden werden die wesentlichen Bedarfsarten angeführt.

Bedarfsarten

- Der **Primärbedarf** bezeichnet den Bedarf an verkaufsfähigen Endprodukten.
- Der **Sekundärbedarf** bezeichnet den Bedarf an Rohstoffen, Teilen und Baugruppen, die zur Herstellung des Primärbedarfs benötigt werden.
- Der **Tertiärbedarf** fasst die erforderlichen Hilfs- und Betriebsstoffe für ein Erzeugnis zusammen.

Ob Primärbedarf an Material vorliegt, hängt von der Verwendung des Materials ab:

- Ein Autoreifen, der beispielsweise bei der *Fahrzeugherstellung* verbaut wird, gehört dem *Sekundärbedarf* an, da er in den Produktionsprozess eingeht.
- Für einen *Reifenproduzenten* sind Autoreifen, die an einen Autohändler, Reifenhändler oder auch an einen Automobilbauer geliefert werden ein Endprodukt. Somit entsprechen die Reifen in diesem Fall dem *Primärbedarf*.

Der Sekundärbedarf wird in der Regel unter Verwendung der Erzeugnisstrukturen wie den Stücklisten errechnet.

Verfahren der Bedarfsermittlung

Je nach Art der Bedarfsermittlung unterscheidet man *deterministische*, *stochastische* und *heuristische Verfahren*.

■ **Deterministische Bedarfsermittlung:** Die deterministische Bedarfsermittlung berechnet den *exakten Bedarf durch Stücklistenauflösung*, sprich durch die Berechnung des exakten Bedarfs unter Berücksichtigung der Mengenangaben aus der Stückliste. Dieser Bedarf wird *um eine typische Ausschussquote der verwendeten Materialien korrigiert*.

■ **Stochastische Bedarfsermittlung:** Im Gegensatz zu den deterministischen Verfahren greift die stochastische Bedarfsermittlung auf *statistische Methoden* zurück. Hierbei wird *aus Verbrauchsdaten der Vergangenheit eine Prognose für den zukünftigen Materialbedarf* erstellt.

■ **Heuristische Bedarfsermittlung:** Die heuristische Bedarfsermittlung ist eine *qualifizierte Schätzung des Disponenten*. Ein gravierender Nachteil der heuristischen Methode liegt darin, dass jedes Material einzeln geschätzt werden muss. Die heuristische Methode kann jedoch bei schwankenden Mengen und bei einem erfahrenen Disponenten der stochastischen Bedarfsermittlung überlegen sein.

Tabelle 5.4

Einsatzgebiete der unterschiedlichen Verfahren zur Bedarfsermittlung

Verfahren	Deterministische Bedarfsermittlung	Stochastische Bedarfsermittlung	Heuristische Bedarfsermittlung
Beschreibung	■ Ermittlung des exakten Bedarfs aus Stücklistenauflösung	■ Mathematische Berechnung mittels stochastischer Verfahren auf Basis von Verbräuchen in der Vergangenheit	■ Qualifizierte Schätzung
Anwendungsfälle	■ A-Teile mit hohem Wertanteil ■ Kundenspezifische Produkte	■ B- und C-Teile mit niedrigerem Wertanteil, für die die Pflege der Stückliste zu aufwändig wäre ■ Zuverlässige Datenbasis bzgl. des vergangenen Verbrauch ■ Teile, die wg. langer Lieferzeiten bevorratet werden	■ Geringe oder unzuverlässige Datenbasis bzgl. Verbrauchswerte aus der Vergangenheit ■ Neue Produkte ■ Ersatzteile

5.2.3   Teileklassifizierung

Die häufig hohe Anzahl von benötigten Materialien kann den Aufwand innerhalb der Materialwirtschaft in die Höhe treiben. Klassifiziert man die Materialien gemäß ihrer relativen Bedeutung, so kann der Hauptaufwand die wichtigsten Materialien konzentriert werden. Die ABC-Analyse stellt in diesem Kontext ein wichtiges Instrument dar, das zur Materialklassifizierung eingesetzt wird.

ABC Analyse

Die ABC-Analyse teilt die unterschiedlichen Materialien für die Herstellung gemäß vorgegebener Kriterien in die Klassen der *A-*, *B-* und *C-Materialien* ein. A-Materialien stellen die – relativ beurteilt – wichtigsten Materialien dar wie beispielsweise jene, die den Umsatz liefern. In der Materialwirtschaftspraxis kann man in der Regel eine Wertverteilung folgender Größenordnung beobachten:

Tabelle 5.5

Wertverteilung

Klasse	Wertanteil	Menge
A-Material	80%	15%
B-Material	15%	35%
C-Material	5%	50%

Wie *Tabelle 5.5* zu entnehmen ist, stellen 15% aller Materialien einen Wertanteil von 80% dar. Gemessen wird dabei nicht der absolute Wert eines Teils, sondern der Wert multipliziert mit der umgesetzten Menge. Aus Sicht eines Einkäufers ist es deshalb wirtschaftlich, sich bei Preisverhandlungen auf die A-Materialien zu konzentrieren. Bei der Abwicklung von C-Teilen ist eine Konzentration auf die Prozesseffizienz sinnvoll. Da es sich bei C-Teilen um viele verschiedene Materialien handelt, die nur einen kleinen Wertanteil aufweisen stehen hier die Prozesskosten im Vordergrund. In diesem Zusammenhang ist festzuhalten: C-Teile dürfen nicht als „unwichtig" betrachtet werden. Beispielsweise gehören Radmuttern eines Fahrzeugs zwar den C-Teilen an, die Auslieferung eines Fahrzeugs ohne Radmuttern ist jedoch unvorstellbar.

Nachdem die Klassifizierung von Material-Teilen besprochen wurde, stehen nun die unterschiedlichen Bestellverfahren im Fokus.

5.2.4 Bestellverfahren

Im Rahmen der Materialversorgung tritt eine wesentliche Frage auf: Zu welchen Zeitpunkten müssen Materalen bestellt oder nachbestellt werden? Bei der Bestellung von Materialien liegen im Wesentlichen *zwei Freiheitsgrade* vor: Der *Bestellzeitpunkt* sowie die *Bestellmenge*. Je nach konkreter Nutzung dieser Freiheitsgrade ergibt sich eine jeweils unterschiedliche Bestellpolitik. Betrachtet man die zeitliche Dimension, so existieren bezüglich der Vorratsbeschaffung in der Lagerhaltung zwei Bestellverfahren.

Bestellzeitpunkt

- **Bestellrhythmusverfahren:** Regelmäßige Bestellungen in fixen Zeitintervallen t (z.B. wöchentliche Bestellungen).
- **Bestellpunktverfahren:** Nachbestellungen bei Unterschreiten einer Mindestmenge s im Lager (des sog. Bestellpunktbestandes). In diesem Fall ist das zeitliche Bestellintervall t variabel.

Eine weitere Unterscheidung liegt in Bezug auf die Bestellmenge vor. Man unterscheidet hierbei ebenfalls zwischen zwei unterschiedlichen Verfahren.

Bestellmenge

- **Fixe Bestellmengen:** Bei jedem Bestellzeitpunkt wird die festgelegte, fixe Menge bestellt.
- **Variable Bestellmengen**: Ein Lager wird auf ein definiertes Sollniveau aufgefüllt.

Bestellpolitik

Aus den Freiheitsgraden Bestellmenge und Bestellzeitpunkt lassen sich für die Bestellpolitik verschiedene Möglichkeiten ableiten.

In der Literatur hat sich dabei folgende Notation durchgesetzt:

- Bestellmenge: q
- Bestellpunktbestand: s
- Sollniveau: S
- Bestellzeitintervall: t

Der erste Buchstabe bestimmt den Bestellzeitpunkt, der zweite Buchstabe die Bestellmenge.

Bestellpolitiken im Überblick:

- **t-S-Bestellpolitik:** Bei der t-S-Bestellpolitik wird in festen Zeitintervallen t (z.B. wöchentlich oder monatlich) das Lager auf das Sollniveau S aufgefüllt. Das Verfahren ist dann sinnvoll, wenn der Lagerabgang relativ konstant ist, beispielsweise der Lieferant das Lager im Rahmen einer regelmäßigen Tour auffüllt.

- **s-q-Bestellpolitik:** Bei der s-q-Bestellpolitik wird bei dem Erreichen des Bestellpunktbestandes s (Meldebestand) die konstante Bestellmenge q bestellt. Die s-q-Bestellpolitik ist insbesondere bei Materialien mit langen Wiederbeschaffungszeiten sinnvoll, da durch den Meldebestand die Gefahr von Fehlmengen reduziert wird.

- **t-q-Bestellpolitik:** Bei der t-q-Bestellpolitik wird in konstanten Intervallen t eine konstante Materialmenge q bestellt. Dieses Verfahren eignet sich bei konstanten Lagerabgängen.

- **s-S-Bestellpolitik:** Bei der s-S-Bestellpolitik wird bei Unterschreitung des Mindestbestandes eine Bestellung ausgelöst, die das Lager auf das Sollniveau S auffüllt. Die Bestellmenge ist damit variabel (Differenz zwischen aktuellem Bestand und dem Lagerhöchstbestand).

Die Bestellpolitik muss in einem Lager nicht unbedingt einheitlich sein, sondern kann je nach Material auch unterschiedlich organisiert sein. In der Praxis erfolgt Lagerverwaltung in der Regel durch ein System der elektronischen Datenverarbeitung (EDV). Dies führt dazu, dass die Bestände weitgehend bekannt sind. Der Einsatz der EDV in der Lagerhaltung führt dazu, dass die meisten Materialien bei Erreichen des Mindestbestandes automatisch nachbestellt werden. Ob bei einer Bestellung das Lager auf Sollniveau aufgefüllt wird oder ob konstante Mengen bestellt werden, hängt von dem jeweiligen Produkt ab. Ist die Bestellung von fixen Losgrößen wirtschaftlich, so ist das t-q-Verfahren vorteilhaft.

Nachdem bereits verschiedene Bestellverfahren vorgestellt wurden, soll nun das Lieferantenmanagement, das ebenfalls ein wichtiges Element der Materialwirtschaft darstellt, Gegenstand sein.

5.2.5   Lieferantenmanagement

Durch weiterhin zunehmende Arbeitsteilung zwischen Unternehmen *(Outsourcing)* und dem dadurch erforderlichen Zukauf von Teilen und Materialien besitzen Lieferanten hohen Einfluss auf die Qualität der Endprodukte. Um diesen Umstand in der Wertschöpfungskette angemessen zu berücksichtigen, ist die Einführung eines Lieferantenmanagements in Unternehmen sinnvoll.

Das Lieferantenmanagement bezeichnet die Summe der Maßnahmen zur Beeinflussung der Lieferanten und Lieferantenbeziehungen im Sinne der Unternehmensziele.[8] Wesentliche Möglichkeiten zur Beeinflussung der Lieferantenbeziehung stellen Lieferantencontrolling, Lieferantenintegration und Lieferantenentwicklung dar.

Lieferantencontrolling

Im Rahmen des Lieferantencontrollings erfolgt eine Bewertung des Lieferanten. Hierbei können Parameter wie Liefertreue, Qualität und Flexibilität beurteilt werden. Das Ergebnis des Lieferantencontrollings ist Basis für die weitere Ausgestaltung der Zusammenarbeit.

Lieferantenintegration

Die stärkere Einbindung des Lieferanten in das beschaffende Unternehmen wird als Lieferantenintegration bezeichnet. Dies kann in Form von Entwicklungspartnerschaften oder in Form einer Integration der EDV-Systeme geschehen. Einem Lieferanten können somit Prognosen für den zukünftig erforderlichen Bedarf des anfordernden Unternehmens über das EDV-System mitgeteilt werden.

Lieferantenentwicklung

Im Rahmen der Lieferantenentwicklung unterstützt das anfordernde Unternehmen den Lieferanten bei der Optimierung oder bei dem Aufbau zusätzlicher Geschäftsfelder durch enge Zusammenarbeit. Dies ist für beschaffende Unternehmen dann sinnvoll, wenn sie sich auf wenige strategische Lieferanten konzentrieren möchten oder kein geeigneter Lieferant für einen speziellen Umfang auf dem Markt verfügbar ist. Maßnahmen zu einer Lieferantenentwicklung sind beispielsweise Know-how-Transfer sowie finanzielle Unterstützung bei erforderlichen Investitionen.

Die Lieferantenentwicklung kann einem Lieferanten die Gelegenheit bieten, von einem gewöhnlichen Einmal-Lieferanten zu einem bedeutenden Entwicklungspartner aufzusteigen.

Fallstudie: Tchibo – Wo Sparfüchse Beute machen

„Jede Woche eine neue Welt." In Sachen Einkauf gilt Tchibo als absoluter Profi: Zumindest in Bezug auf Kaffee und Aktionsware. Die Einkäufe abseits des Kerngeschäfts – von der Büroklammer bis zur Fensterreinigung – standen eher im Schatten, wie in so vielen Unternehmen.

„Jede Biene sticht", dachte sich Yves Müller, der verantwortliche Vorstand für Service und Finanzen, und ließ die Beschaffung für den internen Gebrauch auf Sparpotenziale abklopfen. Und siehe da: Neun Prozent konnte Tchibo von diesem 800-Millionen-Euro-Budget sparen. *„Im Einkauf sind es oft die ganz banalen Dinge, die in der Masse viel bringen"*, konstatiert Müller. *„Beim Büromaterial etwa muss es nicht immer Markenware sein – so konnten wir 60 Prozent sparen. Nach Analyse unseres Telefonierverhaltens haben wir maßgeschneiderte Verträge ausgehandelt, das sparte 60 Prozent."*

Viele Unternehmen suchen derzeit händeringend nach Sparpotenzial. So rückt nun auch die sonst wenig beachtete Beschaffung ins Blickfeld. Laut *Handelsblatt Business Monitor* planen sechs von zehn deutschen Managern, die restrukturieren wollen – und das waren im November 43 Prozent – Kostensenkungen im Einkauf.

Markus Bergauer, Vorstand der Einkaufsberatung Inverto: *„Der Einkauf bietet gerade in der Krise viele Möglichkeiten, relativ schnell und einfach Sparerfolge zu erzielen – ohne dass dies auf Kosten der Belegschaft geht."*

„Viele Unternehmen besitzen gar keine Einkaufsstrategie", so die erschreckende Erkenntnis von Carsten Vollrath, verantwortlich für Operations-Management im Beratungshaus Arthur D. Little. Gerade einmal die Hälfte der Unternehmen hat ihre Beschaffung schon auf den Prüfstand gestellt, schätzt Gerd Kerkhoff, Chef der Einkaufsberatung Kerkhoff Consulting. *„Banken wissen oft gar nicht, dass sie einen Einkauf haben."*

„Krisenzeit ist absolute Einkaufszeit", bestätigt Tchibo-Vorstand Müller. Doch Einkaufsexperten warnen, vornehmlich ans Feilschen zu denken, wenn der Einkauf effizienter gemacht werden soll. Vollrath: *„Preisdrücken führt in die Sackgasse. Dort liegen erfahrungsgemäß nur 20 Prozent der Sparpotenziale."*

Viel mehr lässt sich allein schon durch konkretere Ausschreibungen gewinnen. Kerkhoff: *„95 Prozent sind viel zu schwammig oder veraltet."* Er kennt eine Maschinenbaufirma, die 10.000 Stück eines Metallteils benötigte. Die Passgenauigkeit war auf einen Millimeter ausgeschrieben, nur ein Lieferant war dazu technisch in der Lage. Nach Gesprächen mit den Ingenieuren stellte der Einkäufer fest: Selbst drei Millimeter Spiel waren für die Maschine völlig ausreichend. Dafür gab es 27 Anbieter – und deutlich günstigere Preise.

Durch simple Standardisierung – etwa von Etiketten – lässt sich schon ein Mengenrabatt aushandeln. Früher stellten die Tchibo-Lieferanten die Verpackung für die Aktionsware selbst. Inzwischen schreibt der Konzern Art und Qualität genau vor. Das macht Preise transparenter und besser verhandelbar.

„Nicht selten kauft eine Firma ein Produkt von 25 verschiedenen Lieferanten, bräuchte aber nur die besten fünf", beobachtet Bergauer. Der Grund: Viele Firmen sind durch Übernahmen gewachsen, haben ihre Einkaufsabteilungen aber nicht richtig integriert. In anderen Firmen wiederum ist der sprichwörtliche *„Einkauf um den Kirchturm"* immer noch vorherrschend.

Selbst Tchibo-Vorstand Müller musste überrascht feststellen: *„80 Prozent der Waren bezogen wir aus dem Postleitzahlengebiet zwei."* Hier gilt es, enge Märkte weiter zu machen. Inverto zum Beispiel hat auf einer Datenbank 80.000 Lieferantenprofile gesammelt, auf deren Basis die Berater ihre Kunden unterstützen. Auch globale Online-Auktionen erweitern den Lieferantenstamm.

Wieder andere Unternehmen beziehen wichtige Produkte von einem einzigen Anbieter. Kerkhoff: *„Die Krise macht deutlich, wie riskant eine solche Ein-Lieferanten-Strategie ist. Spätestens wenn dieser Zulieferer plötzlich insolvent wird."*

Professionelle Einkäufer durchleuchten ihre Hauptlieferanten genau: Wie produzieren sie? Wo kaufen diese ein? Automobilhersteller schicken traditionell ganze Teams zu Lieferanten, um diese auf Effizienz zu trimmen.

Vollrath empfiehlt, sich partnerschaftlich und langfristig auf qualifizierte Lieferanten einzulassen, gerade wenn Teile der Wertschöpfung an diese verlagert sind. Vollrath: *„Trotzdem darf eine Firma dem Zulieferer nie das Gefühl geben, er sei unantastbar. Das ist ein schmaler Grat."*

Neben den Lieferanten ist jede einzelne Warengruppe akribisch und systematisch unter die Lupe zu nehmen: Wie entwickeln sich Technik und Anforderungen? Wo lässt sich der Bedarf über Abteilungen hinweg bündeln? Tchibo-Vorstand Müller: *„Unsere Kaffeefrachten bündeln wir, wann immer es geht, mit den Frachten von Gebrauchsgütern. Das hat uns Einsparungen in Millionenhöhe gebracht. Seefracht, die nicht eilig ist, lassen wir per Container langsamer transportieren, damit die Schiffe weniger verbrauchen."*

Positiver Nebeneffekt: Was Aufwand und Kosten senkt, ist meist auch gut für die Umwelt. Zudem kaufen heute mehr als 1.000 Tchibo-Filialen grünen Strom ein. Müller: *„Denn über das Sparen lassen wir unser Credo Nachhaltigkeit nicht aus dem Auge."*

Die Gretchenfrage aber lautet: Ist der Einkauf nur Bestellabwickler oder strategischer Partner im Unternehmen? Steht er auf Augenhöhe mit Ingenieuren und Vertrieb, beherrscht er deren Sprache? Vollrath von Arthur D. Little: *„Beschaffer müssen die Bedürfnisse im Unternehmen genau kennen, aber genauso auch die Dinge durch die Lieferantenbrille sehen."* In der guten Vernetzung nach innen wie nach außen liege letztlich ihr Erfolg.

All die Konzepte für einen effizienten Einkauf sind seit langem bekannt. *„Doch in der Umsetzung geht noch viel Potenzial verloren"*, klagt Bergauer. Das Problem: Einkäufer haben oft nur geringen Handlungsspielraum und finden intern nur wenig Gehör. Oft kauft die Fachabteilung selbst ein – und nicht etwa die Beschaffer. Und vielen Einkaufsressorts fehlt schlicht die Manpower.

„Dann sitzen die Einkäufer frustriert als Bestellabwickler am Schreibtisch und ihr Verhandlungsgeschick verkümmert", beobachtet Kerkhoff. Er weiß, wie stiefmütterlich die Beschaffer im eigenen Unternehmen zuweilen behandelt werden: *„Der Bus zur Weihnachtsfeier fuhr einfach ohne die Einkäufer ab - die Kollegen hatten sie schlicht vergessen."*

Reflexionsfragen

1. Welche Optimierungspotenziale im Rahmen des Einkaufs werden in dem Artikel erwähnt?

2. Welche Vor- und Nachteile besitzt eine Ein-Lieferanten-Strategie?

3. Welche Einsparpotenziale ergeben sich im Rahmen von Ausschreibungen?

Quelle: Straub, K. Terpitz: „Wo Sparfüchse Beute machen", Handelsblatt am 23.01.2009: www.handelsblatt.com/unternehmen/management/strategie/wo-sparfuechse-beute-machen/ 3095510.html (Stand: 23.06.2011).

5.3 Logistiksysteme

Logistiksysteme dienen zu einer räumlichen und zeitlichen Transformation von Gütern sowie zu einer Transformation von deren Anordnung. Damit verbundene Aktivitäten sind *T*ransport, *U*mschlag und *L*agerung der Objekte: Somit sind sie Basisfunktionalitäten der sogenannten **TUL-Logistik**. Zusätzlich kann ein bestimmter Mehrwert, beispielsweise durch Kommissionierung, generiert werden.

Logistik-Controlling dient der Steuerung von Logistik-Systemen innerhalb und zwischen Unternehmen. IT-Systeme dienen der Steuerung von Prozessen und einer integrierten Verarbeitung von Informationen innerhalb der Logistik.

5.3.1 Grundlagen und Abgrenzung

Logistiksysteme können hinsichtlich mehrerer Aspekte unterschieden werden. Wesentlich für eine Abgrenzung verschiedener Logistiksysteme sind die folgenden, angeführten Abgrenzungskriterien.

Abgrenzungskriterien von Logistiksystemen

1. Die **Aggregationsebene**, auf der Logistiksysteme betrachtet werden;

2. Die **Funktionalität**, welche das jeweilige Logistiksystem erfüllt;

3. Die **Branche**, in der die Logistiksysteme genutzt werden;

Aggregationsebene

Die **Aggregationsebene** reicht von der volkswirtschaftlichen Betrachtung von Güterverkehren in Wirtschaftsräumen (Makrologistik) zu inner- und zwischenbetrieblichen Transformationen (Mikrologistik). *Tabelle 5.6* zeigt verschiedene Aggregationsebenen für die Betrachtung von Logistiksystemen[9].

Tabelle 5.6

Aggregationsebenen bei der Betrachtung von Logistiksystemen

Aggregations-ebenen von Logistik-systemen	Mikrologistik	Mesologistik	Makrologistik	Metalogistik
Betrachtungs-raum	Organisationen	Kooperationen zwischen Organisationen	Wirtschaftsräume	Artverwandte Fließsysteme
Beispiele	■ Einzelne Unternehmen ■ Militär ■ Krankenhaus ■ Non Profit Organisationen (NPO)	■ Unternehmenskooperationen ■ Stückgutkooperationen von Logistikdienstleistern ■ Kontraktlogistik	■ Handelsbeziehungen zwischen Asien und Europa ■ Güterströme bestimmter Produkte bzw. Rohstoffe unabhängig von Unternehmen	■ Informationslogistik in der IT ■ Leistungsflüsse in der Dienstleistungswirtschaft ■ Finanzflüsse
Typische Betrachtungs-gegenstände	■ Prozesse ■ unternehmensinterne Mengen und Relationen ■ finanzielle Aspekte (Kosten, Verrechnungssätze)	■ übergreifende Prozesse (Supply Chains) ■ unternehmensübergreifende Mengen und Relationen ■ finanzielle Aspekte (Verrechnungssätze)	■ Aggregierte Güterströme ■ Infrastrukturbedarfe ■ Infrastrukturkosten	■ Bewegliche materielle und immaterielle Entitäten oder Artefakte

Quelle: Straub (2011) in Anlehnung an Pfohl (2010) S. 15.[10]

Funktionalität

Ein weiteres Abgrenzungskriterium für Logistiksysteme stellt die **Funktionalität** dar. Entsprechend ihrer Funktionalität in der Wertschöpfungskette werden Beschaffungs-, Produktions- und Distributionslogistik unterschieden.

Hierbei umfasst die **Beschaffungslogistik** sämtliche TUL-Prozesse, welche bei der Versorgung einer Produktion mit Roh-, Hilfs- und Betriebsstoffen nötig sind. Die **Produktionslogistik** betrachtet die innerbetrieblichen TUL-Prozesse zwischen Produktionseinheiten. Die **Distributionslogistik** fokussiert die TUL-Prozesse bei der Versorgung des Absatzmarktes. Ein neueres Feld der Logistik ist die **Entsorgungslogistik**. Rücknahmeverordnungen und wirtschaftlich immer attraktivere Möglichkeiten zu Recycling sind Gründe für die wachsende Wichtigkeit dieses Feldes. *Abbildung 5.3* zeigt funktional unterschiedliche Logistiksysteme entlang einer Wertschöpfungskette.

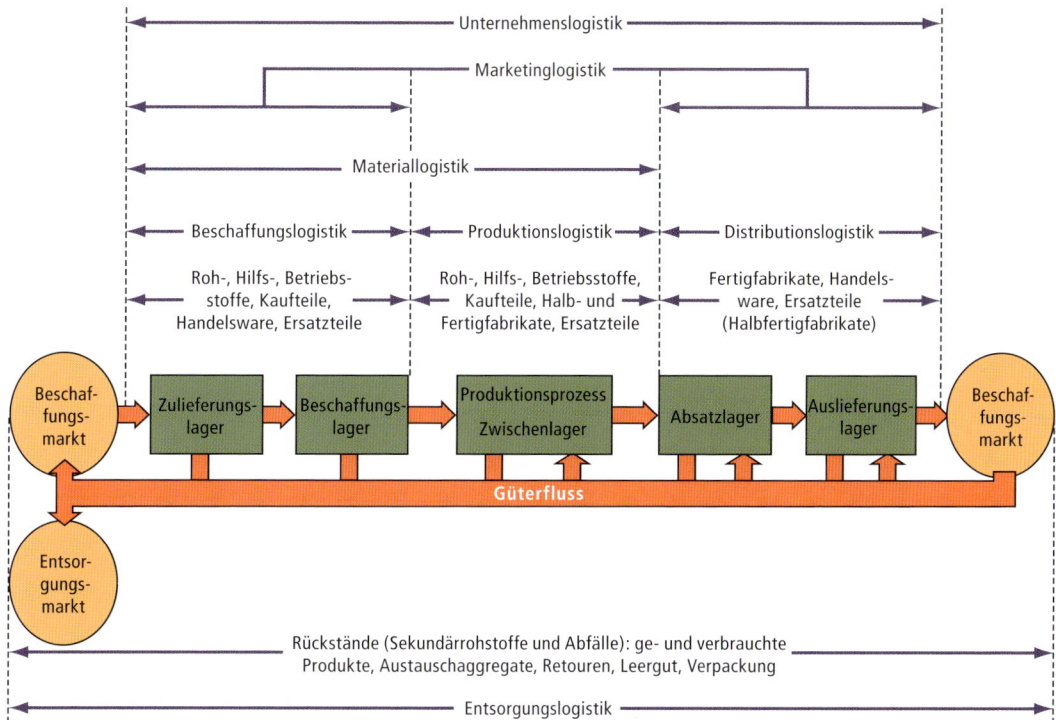

Abbildung 5.3: Funktionale Betrachtung von Logistiksystemen
Quelle: Pfohl (2010) S. 19.

Branche

Ein weiteres Abgrenzungskriterium für Logistiksysteme stellt die **Branche** dar. Bei der Unterscheidung logistischer Systeme nach deren Branchen wird den branchenspezifischen Gütern und Rahmenbedingungen Rechnung getragen, welche erheblichen Einfluss auf die Anforderungen an ein logistisches System und somit an dessen Ausgestaltung haben.

Die typischen Unterscheidungsmerkmale von Branchen sind:

- **Eigenschaften der Produkte** einer Branche: Volumen, Gewicht oder Wertdichte etc.
- **Anforderungen der Kunden** an ein Produkt: Qualität, Frische etc.
- **Arbeitsteiligkeit** entlang der Wertschöpfungskette: integrierte versus desintegrierte Arbeitsteiligkeit
- **Bedeutung der Produktionsfaktoren** in einer Branche: homogene versus heterogene Produktionsfaktoren

Entsprechend dieser Merkmale können Branchenprofile hinsichtlich ihrer logistischen Anforderungen erstellt werden. *Tabelle 5.7* gibt eine Übersicht verschiedener Unterscheidungsmerkmale.

	Tabelle 5.7

Morphologischer Kasten zu Unterscheidungsmerkmalen von Logistiksystemen anhand der Objekte und branchentypischer Rahmenbedingungen

Merkmal	Ausprägungen		
Objektgestalt	amorph ■ Schüttgüter z.B. Sand	neo-bulk ■ einzelverpackte, palettierte Ware z.B. Zahnpasta	diskret ■ größere Produkte z.B. Stahlrohre
Wertdichte (Wert, Volumen oder Gewicht)	niedrig ■ z.B. Kies	mittel ■ z.B. Lebensmittel	hoch ■ z.B. Computerprozessoren
Steuerungsorientierung	Vorratsorientiert bzw. Push-Orientierung ■ Produktion bzw. Transport wird durch Bedarfsprognosen angestoßen		Auftragsorientiert bzw. Pull-Orientierung ■ Produktion bzw. Transport wird durch konkrete Nachfrage bzw. Kundenauftrag angestoßen
Bündelungsrichtung d.h. Güter werden zu einem Endprodukt zusammengeführt oder zu verschiedenen Endprodukten auseinanderdividiert	Synthetisch / V-Form ■ Viele Rohstoffe bzw. Vorprodukte werden zu einem Endprodukt; z.B. Automobil	Durchlaufend / I-Form ■ wenige Rohstoffe bzw. Vorprodukte werden zu vergleichbarer Anzahl Endprodukte z.B. Brennholz	Analytisch / A-Form ■ wenige Rohstoffe bzw. Vorprodukte werden zu vielen Endprodukten z.B. Diesel; Benzin

Morphologischer Kasten zu Unterscheidungsmerkmalen von Logistiksystemen anhand der Objekte und branchentypischer Rahmenbedingungen *(Forts.)*

Merkmal	Ausprägungen		
Anzahl Kettenglieder (Wie viele Kettenglieder müssen durch die Logistik gesteuert werden?)	Niedrig ■ z.B. 1 Kettenglied: Direktvertrieb über Fabrik-Outlet	Mittel ■ z.B. 4 Kettenglieder: – Erzeuger – Genossenschaft – Großhandel – Einzelhandel in der Gemüsedistribution	Hoch ■ z.B. X Kettenglieder in der Automobilindustrie
Bedeutung der Produktionsfaktoren (Welcher Produktionsfaktor ist für das Management erfolgskritisch?)	Kapital ■ z.B. bei hohem Automatisierungsgrad	Werkstoff ■ z.B. bei knappen Rohstoffen	Arbeit ■ z.B. bei hohem manuellen Fertigungsanteil
Kundentyp	Industrie ■ Verlässlichkeit ■ Planbarkeit ■ Prozesssicherheit	Handel ■ Verlässlichkeit ■ Planbarkeit, ■ Prozesssicherheit ■ volatile Nachfrage	Endverbraucher ■ Geschwindigkeit ■ volatile Nachfrage

Quelle: Straub (2011) nach Klaus (2002).

Es lässt sich jedes logistische System (*Tabelle 5.7*) in dem sogenannten **Knoten-Kanten-Modell**, einem Netzwerk von Knoten und Kanten darstellen. **Knoten** repräsentieren Standorte, an denen gelagert, umgeschlagen oder produziert wird. **Kanten** stellen die Transportverbindungen zwischen den einzelnen Knoten dar. Definierte Startpunkte eines solchen Netzwerkes werden **Quellen** genannt, definierte Endpunkte werden als **Senken** bezeichnet.

Je nach Aggregationsebene lassen sich Abläufe in einem Knoten (z.B. Produktionslogistik in einem Produktionsstandort) als ein Knoten-Kanten-Modell beschreiben (siehe *Abbildung 5.4* unten). Ist eine Aggregationsebene erreicht, auf der sich Objekte nicht mehr bewegen, ist dies nicht (mehr) möglich.

Entsprechend der Aktivitäten an Knoten und Kanten lassen sich wiederum unabhängig von dem fokussierten Aspekt Subsysteme eines Logistiksystems unterscheiden, die dem zugrundeliegenden TUL-Prozess entsprechen.

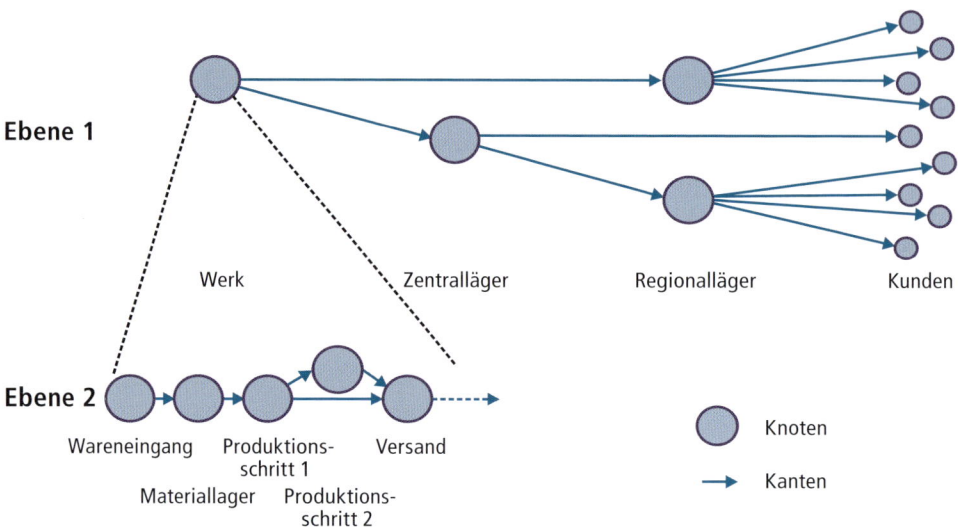

Abbildung 5.4: Knoten-Kanten-Modell eines Distributionssystems
Quelle: Straub (2011).

5.3.2   Transportsysteme

Aktivitäten an den Kanten logistischer Systeme dienen der Überbrückung räumlicher Distanzen zwischen den Knoten eines Systems, sprich zwischen Produktionseinrichtungen, Kommissionierplätzen oder Lagerstätten. Diese Transporte werden durch unterschiedliche Transportsysteme abgewickelt.

Wesentliche Bestandteile sind wie folgt:

- Die **Infrastruktur**, die zum Transport genutzt wird;
- Die **Transportmittel**, mit denen der Transport vollzogen wird;
- Die **Transportweg bzw. -träger**, der für den Transport genutzt wird;

		Tabelle 5.8
Beispiele unterschiedlicher Transportsysteme		

Transportsysteme	Straßentransport	Gepäckrollbahnen	Pipeline
Infrastruktur	Straßensystem	Rollbahnen	Rohr-system
Transportmittel	LKW	Rollen	Druck
Transportweg bzw. -träger	Boden bzw. Straße	Boden bzw. Rollen	Boden bzw. Rohr

Quelle: Straub (2011).

Unterschieden werden Transportsysteme insbesondere anhand der Distanz, die sie überbrücken, anhand ihrer Struktur bzw. Stufigkeit und anhand der Anzahl der beteiligten wirtschaftlich eigenständigen Akteure (siehe *Abbildung 5.5* unten).

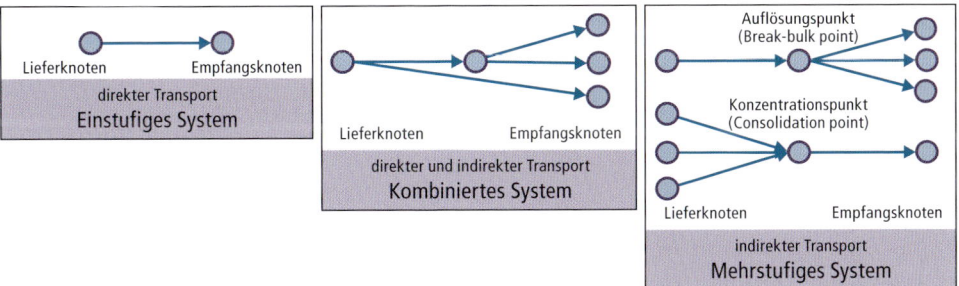

Abbildung 5.5: Knoten-Kanten-Modell eines Distributionssystems
Quelle: Straub (2011) nach Pfohl (2010), S. 6.

In Transportsystemen werden in der Regel zwei, oft auch drei Akteure unterschieden: Mindestens ein **Sender** als Quelle der Sendung und ein **Empfänger** als Senke der Sendung. Oftmals ist als dritter Akteur der **Transporteur**, ein Logistik-Dienstleister, tätig. Der wirtschaftliche Auftraggeber eines Transports wird in der Logistik als „Verlader" bezeichnet. Es muss sich dabei nicht unbedingt um den Sender handeln. Bei Abholungen ist beispielsweise der Empfänger zugleich wirtschaftlicher Auftraggeber, sprich Verlader.

Unterschiedliche Distanzen stellen unterschiedliche Anforderungen an die genutzten Transportsysteme. Analog zu der in *Tabelle 5.6* gezeigten Einteilung von Aggregationsebenen der Logistik in Mikro-, Meso-, Makro- und Metalogistik können Transportsysteme folgendermaßen unterteilt werden:

1. Innerbetriebliche Transportsysteme (Mikro-System)

2. Über- oder außerbetriebliche Transportsysteme (Meso-, Makro- und Meta-System)

Innerbetriebliche Transportsysteme

Innerbetriebliche Transportsysteme überbrücken räumliche Distanzen an einem Standort und umfassen dabei Reichweiten von einigen Metern bis zu wenigen Kilometern. Sender und Empfänger gehören dem gleichen Betrieb an. Die Transporte können durch das Unternehmen selbst oder durch externe Dienstleister abgewickelt werden. Interne Transportsysteme lassen sich als Knoten-Kanten-Modell abbilden, wobei sie immer ein Subsystem innerhalb eines Knotens, der wiederum Teil eines Knoten-Kanten-Modells einer höheren Aggregationsebene ist, bilden (siehe *Abbildung 5.5* oben). Genutzt werden unterschiedliche Transportmittel, die im innerbetrieblichen Kontext „Fördermittel" genannt werden. Die Infrastruktur, die für innerbetriebliche Transporte aufgebaut wird, nutzt in der Regel nur das Unternehmen selbst sowie Subunternehmen und Dienstleister, welche für das Unternehmen tätig sind. Dieses Vorgehen ermöglicht eine spezifische und gegebenenfalls investitionsintensive Ausgestaltung der Transportsysteme. *Tabelle 5.9* zeigt eine Übersicht der Klassifizierung unterschiedlicher Fördermittel mit Beispielen.

Tabelle 5.9

Übersicht und Klassifizierung von Fördermitteln

Förder-mittel	Unstetig-förderer	flurfrei	geführt verfahrbar	Einzel-antrieb	Brückenkran Portalkrank Kabelkran	Ausleger- bzw. Drehkran Elektro-hängebahn
				Muskel-kraft	Trolleybahn	Rohrbahn
			geführt verfahrbar	Einzel-antrieb	Kranfahrzeug	Verteiler-fahrzeug
		aufge-ständert	geführt verfahrbar	Einzel-antrieb	Kanal-fahrzeug	Verteilfahrzeug
			ortsfest	Einzel-antrieb	Aufzug bzw. Senkrechtförderer	
		flurge-bunden	frei ver-fahrbar	Einzel-antrieb	Schlepper Wagen Hubwagen	Stapler Automatisches Flurförderzeug Kommissionier-fahrzeuge
			geführt verfahrbar	Einzel-antrieb	Umsetzer Verschiebe-wagen Elektro-tragbahn	Regalbedien-gerät Automatisches Flurförderzeug
	Stetig-förderer	flurfrei	ortsfest	Zugmittel	Kreisförderer	Power- and Free-Förderer
		aufge-ständert	ortsfest	Zugmittel	Tragketten-förderer Bandförderer Wandertisch	S-/C- Förderer Kettenförder-system Gliederband-förderer
			Schwer-kraft	Rollenbahn Röllchenbahn	Kugelbahn Rutsche	
			Abwäl-zung	Rollenbahn angetrieben		
		flurge-bunden	ortsfest	Zugmittel	Unterflurschleppkettenförderer	

Quelle: Straub (2011) nach ten Hompel, Schmid und Nagel (2010) S. 124.

Über- oder außerbetriebliche Transportsysteme

Über- oder außerbetriebliche Transportsysteme überbrücken inräumliche Distanzen von wenigen Kilometern bis hin zu mehreren tausend Kilometern. Sie verbinden dabei die Produktion mit der Konsumtion[11] von Gütern anhand der öffentlichen Infrastruktur. Diese Transportsysteme werden somit Teil makrologistischer Zusammenhänge. Je stärker die räumlich separierte Arbeitsteilung einer Branche oder Volkswirtschaft ist, desto größer ist die Vielzahl der Transportverbindungen, die entstehen. Für makrologistische Betrachtungen ist dabei von großem Interesse, auf welchen Verbindungen wie viele Güter transportiert werden und welche Regionen eher Quelle bzw. Senke von Güterströmen sind. Ein Trend in hochentwickelten Wirtschaftsräumen ist die sogenannte **Entmaterialisierung von Transporten**: Bei einem Transport werden tendenziell weniger Güter transportiert, doch diese Transporte werden aber in höherer Frequenz, also öfter abgewickelt. Diese Entwicklung wird auch als **Güterstruktureffekt** bezeichnet. Das Ziel hierbei ist, den gestiegenen Ansprüchen an Schnelligkeit, Zuverlässigkeit und Flexibilität gerecht zu werden. Hier kommt besonders der Vorteil des Straßengüterverkehrs zum Tragen, da dieser über starke Anpassungsfähigkeit an Kundenwünsche, vielfältige Ladungsträger (Transportbehälter) und zeitliche Vorteile gegenüber anderen Verkehrsträgern verfügt.

Außerbetriebliche Transporte konkurrieren mit dem Personenverkehr um die Nutzung öffentlicher Infrastruktur. Die Summe der Gütertransporte und Personenbewegungen ergibt den **Verkehr**. Verkehrsteilnehmer, wie außerbetriebliche Transporte, verursachen Verkehr und werden wiederum durch Verkehr beeinflusst. Es entstehen reziproke Rahmenbedingungen, die von den Verkehrsteilnehmern selber, aber vor allem durch die Verkehrspolitik beeinflusst werden: Ziel der Verkehrspolitik ist es, die Bürger mit Verkehrsleistungen und Mobilität zu versorgen. Maßnahmen sind öffentliche Investitionen sowie Erhebungen von Steuern und Abgaben oder auch staatliche Subventionen. Direkten Einfluss auf die Verkehrspolitik haben ferner Raumordnungspläne und ökologische Verordnungen und Regeln durch die Politik. Fahreinschränkungen, wie Sonn- und Feiertagsfahrverbote, sowie Umweltzonen, Nachtflugverbote oder LKW-Maut sind deutliche Maßnahmen der Verkehrspolitik.

Entsprechend der Objekteigenschaften der Transportgüter und der Anforderungen an den Transport (Dauer, Distanz, Diebstahlsicherheit, maximale Erschütterungen etc.) werden für außerbetriebliche Transporte unterschiedliche Verkehrsträger gewählt.[12] Die Übereinstimmung der Anforderungen an einen Transport mit den Leistungsmerkmalen der Verkehrsträger wird **Verkehrsaffinität** genannt. Die **gängigsten Verkehrsträger** für den außerbetrieblichen Transport sind wie folgt:

1. Straßengüterverkehr

2. Schienengüterverkehr

3. Binnen- und Seeschifffahrt

4. Luftverkehr

5. Pipelinesysteme

Auf der Straße, auf dem Wasserweg und in der Luft werden Linienverkehre und Trampverkehre unterschieden. Linienverkehre fahren in fester Reihenfolge und Route verschiedene Standorte bzw. Flughäfen oder Häfen an und folgen somit einem Fahrplan. Trampverkehre werden entsprechend Angebot und Nachfrage gechartert. Die einzelnen Verkehrsträger sollen folgend vorgestellt werden.

Straßengüterverkehr

Straßengüterverkehr wird durch unterschiedliche Transportmittel auf öffentlichen Straßen durchgeführt. Vom Kleintransporter bzw. Sprinter über LKW und Sattelzüge bis zu Spezialtransportern kommen **unterschiedliche Fahrzeuge** zum Einsatz. Standardisierte Ladungsträger sind **Container** (vgl. unten: „Containerisierung") und Wechselbrücken, die als eine feste Ladungseinheit von einem Fahrzeug auf ein anderes gewechselt werden können.

Die Wahl der Fahrzeuge und Transport-Aufbauten ist im Wesentlichen von dem Sendungsvolumen und der Objektbeschaffenheit abhängig. Das deutsche Straßennetz besteht aus 644.471 km (Stand 2007) öffentlich zugänglichen Straßen, wovon sich überörtliche Verkehrsverbindungen auf um die 231.000 km belaufen.[13]

In Deutschland werden circa 70% des gesamten Güterverkehrs über die Straße transportiert. Dieser Anteil nimmt trotz anhaltender Bemühungen zur Verlagerung des Verkehrs auf andere Verkehrsträger stetig zu. Ausnahme war der Rückgang der gesamten Transportvolumina in der Wirtschaftskrise in den Jahren 2008 bis 2010.

Die starke Affinität der Nachfrage zu Straßengütertransporten ist durch verschiedene Leistungsvorteile begründet: So ist der Straßentransport mit einer durchschnittlichen Geschwindigkeit von 50 km/h im Vergleich zu alternativen Lösungen relativ schnell (vgl. Schienenverkehr 10-18 km/h). Mit Straßentransporten sind flächendeckend „Tür-zu-Tür"-Transporte möglich, darüber hinaus ist die Möglichkeit zur Bildung komplexer Netze gegeben: Ohne Umladen können nahezu alle Destinationen in Europa erreicht werden. Grundlage ist eine Netzdichte der Straßen-Infrastruktur von circa 0,65 km/km^2 (überörtlich). Sowohl bei Prozessen als auch bei der Behandlung unterschiedlicher Transportobjekte weist der Straßenverkehr hohe Flexibilität auf. Die Infrastruktur ist fast uneingeschränkt zugänglich. Transportaufbauten und Anhänger können bei Bedarf auf einfache Weise gewechselt werden. Durch hohe Anforderungen seitens der Verlader und die Möglichkeit deutlicher Effizienzgewinne ist der Einsatz von Informations- und Kommunikationstechnologien (IKT) im Straßengüterverkehr relativ weit fortgeschritten. Dies ermöglicht eine umfassende Sendungsverfolgung (*Tracking* und *Tracing*), die den Verladern bzw. Sendern und Empfängern einer Ware von transportierenden Unternehmen angeboten werden kann. Die Sendungsverfolgung ist ein Mittel, um den Status einer Auslieferung vor der Zustellung verfolgen und feststellen zu können.[14]

Schienengüterverkehr

Schienengüterverkehr wird über Züge, die aus Antriebseinheiten bzw. Lokomotiven und Waggons bestehen, durchgeführt. Je nach Beschaffenheit der Transportobjekte kommen unterschiedliche Waggons zum Einsatz. In Deutschland werden um die 14 Prozent des gesamten Güterverkehrs über 33.862 km (Stand 2008) Schiene transportiert.[15] Trotz verschiedentlicher Bemühungen zur Verlagerungen von Verkehrsarten weg von der chronisch überlasteten Straße auf die ökologischere Schiene stagniert das auf der Schiene transportierte Volumen. Größtes Handicap des Schienenverkehrs ist, dass er als unflexibel und nur für große Mengen und lange Distanzen als wirtschaftlich attraktiv gilt. Einschränkungen der Flexibilität ergeben sich insbesondere aus den Einschränkungen der Gleisnutzung, die sich wiederum durch den Vorrang des Personenverkehrs ergeben. Güterzüge können daher zumeist nur nachts frei fahren, doch gibt es keine Sonn- oder Feiertagsbeschränkungen. Eine weitere Flexibilitätseinschränkung ergibt sich aus der nicht flächendeckenden Infrastruktur, die aufwändiges und zeitintensives Umladen fast zwangsläufig nötig macht (verfügbare Netzdichte: 0,1 km/km^2). Die erreichte Durchschnittsgeschwindigkeit liegt bei 10-18 km/h. Durch Trassen- und Fahrplanbindung ist der Schienengüterverkehr zuverlässig und nur selten von unvorhersehbaren Problemen betroffen. Wegen hoher Sicherheitsstandards und niedriger Unfallquoten ist die Schiene ein interessanter Verkehrsträger für Gefahrguttransporte.

Binnenschifffahrt

Die Binnenschifffahrt hat in Deutschland einen Anteil an der Gesamtgüterverkehrsleistung von circa 13 Prozent. Es kommen Motorschiffe und Schubverbände zum Einsatz. Schubverbände sind mehrere gekoppelte, schwimmende Transporteinheiten, die durch eine Schubeinheit vorangetrieben werden. Die Infrastruktur besteht aus circa 600 km auf Binnenschifffahrtsstraßen (Stand 2010)[16], was einer Netzdichte von circa 0,01 km/km2 entspricht. Als Netzdichte wird das Verhältnis der Länge aller Verbindungen innerhalb eines Gebietes zu dessen Fläche bezeichnet. Die niedrige Transportgeschwindigkeit von circa 6 km/h und die gleichzeitig großen Transportvolumina von 6.000 bis 16.000 Tonnen pro Motorschiff oder Schubverbund machen die Binnenschifffahrt besonders attraktiv für niedrigpreisige, voluminöse Schüttgüter wie Rohstoffe und landwirtschaftliche Erzeugnisse und voluminöse, schwergewichtige Güter wie Stahl.

Vor dem Hintergrund der aktuellen Klimaziele werden die drei bisher vorgestellten Verkehrsträger für innerdeutsche und innereuropäische Transporte vergleichend diskutiert. Ein Vergleich der Emissionswerte und des Energieverbrauchs spricht für die Binnenschifffahrt als ökologischen Verkehrsträger. *Abbildung 5.6* zeigt die Werte im Vergleich. Trotz politischer Bemühungen, Verkehrsarten von der Straße auf umweltfreundlichere Verkehrsträger zu verlagern, stagnieren die Anteile von Schienengüterverkehr und Binnenschifffahrt an der Gesamtverkehrsleistung: Wesentliche Gründe sind dabei die Unterschiede zwischen den Verkehrsträgern bezüglich der Leistungsmerkmale, insbesondere Flächenabdeckung und Flexibilität spielen hier eine große Rolle. Zudem sind Kapazitäten auf Schiene und Wasser nur begrenzt vorhanden. Eine Verlagerung von der Straße auf die Schiene ist aufgrund der aktuellen Infrastruktur nur für einen kleinen Anteil des Straßengüterverkehrs denkbar.

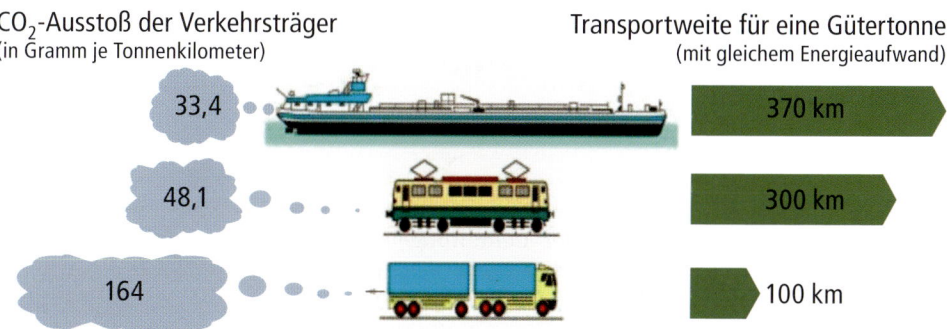

CO$_2$-Ausstoß der Verkehrsträger
(in Gramm je Tonnenkilometer)

Transportweite für eine Gütertonne
(mit gleichem Energieaufwand)

33,4	370 km
48,1	300 km
164	100 km

Abbildung 5.6: Ökologischer Vergleich der Verkehrsträger
Quelle: Straub (2011) nach WSV (2010).

Seeschifffahrt

Die Seeschifffahrt spielt insbesondere im internationalen Güteraustausch (Im- und Export) eine wichtige Rolle. Über den Seeweg werden 90 bis 95 Prozent des Welthandels abgewickelt. Das betrifft etwa 70 Prozent des deutschen Im- und Exports. Die genutzte Infrastruktur besteht hierbei aus den Häfen sowie Weltmeeren und hochseetauglichen Wasserstraßen, den großen Kanälen und schiffbaren Binnenseen.

Transportmittel sind Hochseeschiffe, die in Massengutfrachter, Tanker, Containerschiffe und Gastanker unterschieden werden. Die Bedeutung der Seeschifffahrt für den Güterverkehr ist seit der Einführung der Seecontainer im Jahr 1965 durch den US-Amerikaner Malcom P. McLean deutlich gestiegen. Die Entwicklung seit dem Jahr 1965 wird als „Containerisierung" der Schifffahrt beschrieben: Güter werden bevorzugt in Standardcontainern transportiert, welche die Be- und Entladung im Hafen deutlich beschleunigen. Diese Standardcontainer können ebenfalls auf entsprechenden Ladevorrichtungen auf Binnenschiffen, Waggons oder LKW transportiert werden.

Folge der Containerisierung ist, dass sich die Seeschifffahrt konzentriert zwischen den großen Containerhäfen abspielt. Die Maße von Seecontainern sind 8 Fuß (2,438 m) in der Breite und 20 Fuß (6,058 m) oder 40 Fuß (12,192 m) in der Länge. Die kürzere Variante begründet die gängige Maßeinheit der Containerschifffahrt „TEU" (Twenty-foot Equivalent Unit). In TEU werden beispielsweise Schiffsgrößen oder Umschlagzahlen von Häfen angegeben.

Die weltweit größten Häfen befinden sich in Asien: Singapur (25.866.400 TEU/im Jahr 2009; asiatisches Drehkreuz); Shanghai, Honkong und Shenzen (45.345.100 TEU/ 2009; chinesische Exporthäfen); in Arabien: Dubai (11.124.082 TEU; Erdöl); in Europa: Rotterdam, Hamburg und Antwerpen (24.060.633 TEU/2009; Erdöl und europäischer Import und Export), in den USA: Los Angeles und Long Beach (11.816.591 TEU/2009; US-amerikanischer Import und Export).[17]

Da in Hochseehäfen Gütertransporte zu großen Einheiten auf Schiffen zusammengefasst bzw. gebündelt werden, sind die Vorläufe, sprich Zubringerverkehre und Nachläufe, sprich Verteilungsverkehre, von wesentlicher Bedeutung. Für europäische Häfen sind die sogenannten „Hinterlandverkehre" von wesentlicher Bedeutung: Diese Hinterlandverkehre nehmen mit steigenden Umschlagzahlen in den Häfen zu. Wesentlich für das Wachstum von Häfen ist, wie effizient die angelandeten Güter über andere Verkehrsträger in das Hinterland verteilt werden können.

Die Transporte werden in Containerschiffen mit Laderaumgrößen von 1.000 TEU bis zu 13.000 TEU durchgeführt. Gängig ist die Klassifizierung der Schiffe entsprechend ihrer Abmessungen. „Panamax" oder „Panmax" bezeichnet dabei eine Schiffsgröße, die gerade noch den Panama-Kanal passieren kann: Die Abmessungen von maximal 294 m Länge, 32,3 m Breite und 12,04 m Tiefgang und einem Laderaum von circa 3.100 TEU. Heute gängige, größere Schiffe werden als „Postpanamax" oder „Postpanmax" klassifiziert. Innerhalb dieser Klassifizierung werden zudem die größten als „Capsize" bezeichnet. Diese Bezeichnung geht darauf zurück, dass Schiffe dieser Größenordnung den Suezkanal nicht passieren können und um das Kap von Afrika herumfahren müssen.

Luftverkehr

Luftverkehr spielt gemessen an dem gesamten Güteraufkommen mit 0,1 Prozent eine untergeordnete Rolle. Im Jahr 2005 wurden in deutschen Flughäfen circa 3 Mio. Tonnen Güter umgeschlagen. Die Bedeutung im Bereich hochpreisiger, kleinvolumiger und zeitkritischer Güter[18] wie Elektronikbauteilen steigt. Geflogen wird mit Cargo-Maschinen, die im Unterschied zu Passagiermaschinen fensterlos sind. Auch im Luftverkehr kommen standardisierte Container zum Einsatz. Luftfracht-Container sind dem Rumpf des Flugzeuges so angepasst, dass diese vorgepackt in Kürze be- und entladen werden. Die Verladung von Luftfracht-Containern auf andere Verkehrsträger ist nicht üblich. In der Regel findet ein Umschlag der Containerinhalte statt.

Aufgrund hoher Sicherheitsbestimmungen und weiterer staatlicher Auflagen besteht im Luftfrachtbereich ein oligopolistischer Markt mit einer überschaubaren Anzahl von Anbietern. Die Infrastruktur besteht aus internationalen Flughäfen. Zubringerverkehre und Verteilverkehre werden meist über die Straße abgewickelt. Die größten Frachtflughäfen Europas befinden sich in Frankfurt am Main, in Paris *(Charles de Gaulle)* und London *(Heathrow)*.

Pipelinesysteme

Pipelinesysteme sind in außerbetrieblichen Transporten insbesondere für Rohöl und Gase von großer Bedeutung. Daneben lassen sich auch andere Rohstoffe in gemahlener Form mit Wasser versetzt als Schlamm durch Pipelines transportieren: Beispiele hierfür sind Kohle, Erze, Phosphat und Kalkstein. Da die Verfahren zu der dem Transport vorgelagerten Verflüssigung und der dem Transport nachgelagerten Verfestigung der Rohstoffe aufwändig sind, lohnen sich solche Systeme erst ab einer bestimmten Länge des Transportweges und bei einer entsprechend langen Nutzungsdauer. Beispiel für eine europäische Öl-Pipeline ist die Transalpine Ölleitung (TAL) von Triest über Ingolstadt nach Karlsruhe über circa 750 Kilometer. Im Jahr 2009 wurden über diese Pipeline 34 Mio. Tonnen Rohöl transportiert.[19]

Kombinierter Verkehr

„Kombinierter Verkehr" bezeichnet den Transport einer festen Ladeeinheit (Container, Wechselbrücke, Sattelauflieger etc.) durch mehrere Frachtführer. Im Gegensatz dazu werden bei gebrochenen Verkehren einzelne Sendungen zwischen zwei Verkehrsträgern umgeschlagen: Ein Beispiel hierfür ist der intermodal gebrochene Stückgutverkehr der Deutschen Bahn und Schenker, bei dem einzelne Sendungen von LKWs auf die Schiene verladen werden.

Kombinierter Verkehr kann ***intra**modal*, sprich über lediglich einen Verkehrsträger oder ***inter**modal*, sprich zwischen zwei oder mehr Verkehrsträgern, abgewickelt werden. **Intramodaler Verkehr** wäre beispielsweise der Wechsel einer Wechselbrücke im Begegnungsverkehr[20] zweier Frachtführer.

Im **intermodalen Verkehr** wechseln die Ladeeinheiten zwischen den Verkehrsträgern, also von Straße zu Wasser zu Schiene zu Luft und schließlich zu Pipeline. Neben dem Wechsel von Container und Wechselbrücken zwischen Schiffen und LKW oder Zügen (LoLo; *Lift on Lift off*) ist auch die Verladung ganzer LKWs möglich. Bei RoRo *(Roll on Roll off)* Transporten fahren LKWs auf Fähren und verlassen diese wieder am Bestimmungsort. Ähnlich gestaltet sich der Huckepackverkehr, bei dem komplette LKWs auf entsprechende Waggons der Bahn verladen und im Sinne einer „rollenden Landstrasse" transportiert werden.

In der Regel werden auf der Schiene oder per Schiff die Hauptläufe gebündelt und lange Distanzen überbrückt, während Straßentransporte ihre flächendeckende Eigenschaft im Vorlauf und Nachlauf nutzen. Zudem können Fahrverbote an Sonn- und Feiertagen umgangen werden oder besondere Infrastruktur genutzt werden. Beispiel für letzteres ist der Gotthard-Basistunnel, ein 57 Kilometer langer Eisenbahntunnel, durch den per Huckepackverkehr eine schnellere Alpenüberquerung ermöglicht wird.

Umschlag, Lagerung und Kommissionierung finden meist gekoppelt in einem Standort, sprich einem Knoten im Netzwerk statt. Diese Knoten dienen in der Regel der zeitlichen Entzerrung des Güterflusses bzw. der Bündelung und Entbündelung von Warenströmen zwischen Vorlauf, Hauptlauf und Nachlauf oder zur Verkoppelung kombinierter Verkehre.[21]

5.3.3   Umschlagsysteme

Umschlagprozesse finden an der Schnittstelle zwischen zwei Transportmitteln statt. Somit kann der Warenumschlag *intra*- oder *intermodal* erfolgen. Unterschieden werden Umschlagprozesse mit langfristiger oder kurzfristiger Lagerung bzw. Pufferung (Vorstauorganisation) sowie Umschlagprozesse mit durchlaufender Umschlag (Durchladeorganisation).

Formen von Umschlagsprozessen:

- **Vorstauorganisation:** In der Vorstauorganisation werden eingehende Objekte auf Flächen zwischengepuffert und für ausgehende Transporte bereitgestellt. Diese Entkoppelung der Güterströme ermöglicht eine Vorsortierung der eingehenden Objekte auf die ausgehenden Transportrelationen und auf eine Sortierung in Reihenfolge der Beladung der Transportmittel. Eine so optimierte Beladung ermöglicht es, früher zu entladende Objekte beispielsweise vorne im LKW zu verstauen und auf diese Weise den Entladevorgang deutlich zu beschleunigen[22]. Durch die Vorsortierung ist eine optimierte Raumnutzung der Transportmittel möglich.

- **Durchladeorganisation:** Das Durchladen fasst den Entladeprozess am Wareneingang mit dem Beladeprozess am Warenausgang zusammen: Das Objekt wird zwischen den Transportmitteln nicht abgestellt. Auf diese Weise werden Arbeitsaufwände, die durch mehrmaliges Bewegen der Ware verursacht werden, reduziert. Zudem ist kein Stauraum nötig, wodurch Arbeits- und Fixkosten für Flächen sinken. Zugleich wird die Durchlaufzeit erhöht. Allerdings werden diese Vorteile durch den Verzicht auf Vorsortierung und zeitliche Entkoppelung sozusagen „erkauft".

Das Layout der Umschlagpunkte folgt der jeweiligen Organisation der Umschlagprozesse, wobei häufig Mischformen zwischen Vorstauung und Durchladen anzutreffen sind. Bei Vorstauung wird versucht, auf einer möglichst optimal angelegten Fläche zur Pufferung der Objekte schnellen Zugriff für die Sortierbewegungen zu gewährleisten. Für das Durchladen werden kurze Wege in einem kompakten Layout mit vielen Be- und Entlademöglichkeiten bevorzugt. Bei der mengenmäßigen Dimensionierung heutiger Umschlagpunkte ist ein reines Durchladen oft nicht möglich, da nicht für alle denkbaren Relationen und Sortiermöglichkeiten Be- und Entladepunkte bereitgehalten werden können. Häufig vorzufinden sind daher rechteckige Hallen, die eine Kombination zwischen Vorstauung und Durchladen ermöglichen. Diese Umschlaghallen verfügen meist auf drei Seiten über Be- und Entlademöglichkeiten (Tore oder Rampen). Eingeschränkt wird die Nutzungsmöglichkeit der Seiten oft durch den Platzbedarf für das Rangieren von Fahrzeugen und Transportbehälter (Wechselbrücken, Sattelauflieger etc.). Sechseckige oder L-förmige Layouts sind ebenfalls vorzufinden, haben sich jedoch gegenüber den beschriebenen rechteckigen Hallen kaum durchgesetzt. Typische Umschlagpunkte in Makrologistiksystemen sind in *Tabelle 5.10* zusammengefasst.

Tabelle 5.10

Übersicht typischer Umschlagpunkte

	Hafen bzw. Binnenhafen	Güterbahnhof bzw. Güterverkehrszentrum	Umschlaglager bzw. Umschlagdepot
Verkehrsträger	■ Hochsee (nicht bei Binnenhäfen) ■ Binnengewässer ■ Schiene ■ Straße ■ evt. Pipeline	■ Schiene ■ Straße	■ Straße ■ evtl. Schiene
Typische Güter	■ Container ■ Schüttgüter ■ Flüssigkeiten ■ Umschlag von Stückgut, Paketen und Briefen in Containern	■ Container ■ Wechselbrücken (ganz) ■ Schüttgüter ■ Stückgut ■ Flüssigkeiten ■ Umschlag von Paketen und Briefen in Containern	■ Stückgüter (z.B. palettiert) ■ Pakete und Briefe (v. a. Depots)
Technische Ausgestaltung	■ Krananlagen ■ Containerumsetzer ■ Containerkräne ■ Pumpeinrichtungen	■ Krananlagen ■ Containerumsetzer ■ Containerkräne ■ Pumpeinrichtungen ■ Gabelstapler	■ Palettenfördereinrichtungen ■ Gabelstapler ■ Hubwagen ■ Höhenverstellbare Rampen (zum Andocken unterschiedlicher LKW-Typen) ■ Umsetzer für Wechselbrücken, Container und/oder Sattelauflieger ■ Förder- und Sortiereinrichtungen für den Umschlag von Paketen und Briefen

Quelle: Straub (2011).

Die Ausgestaltung von Umschlagpunkten hinsichtlich Layout und technischer Hilfsmittel orientiert sich an den Objekten, den Rahmenbedingungen und den Anforderungen in Bezug auf Qualität und Geschwindigkeit. Zudem sind die prognostizierten Umschlagmengen ausschlaggebend für eine Ausgestaltung des Umschlagpunktes. Wesentlich ist hier, dass mögliche Umschlagspitzen, beispielsweise während des Weihnachtsgeschäfts, berücksichtigt und die technischen Anlagen nicht überlastet werden. Die Kosten-Nutzen-Analyse für eine Investition in eine derartige Anlage wird über deren Zusatznutzen bzgl. der Alternativen, häufig manuelle Lösungen, gefällt. Hierbei sind Laufzeiten und Leistungsspitzen ausschlaggebende Berechnungsgrundlagen.

Grundsätzlich gilt, dass der manuelle Umschlag sowohl hinsichtlich der Objekte, die umzuschlagen sind, als auch hinsichtlich der Umschlagmengen am flexibelsten ist, wenn mit kurzfristig disponierbaren Hilfsarbeitern gearbeitet werden kann. Es wird jedoch dabei nicht dieselbe Umschlagproduktivität und niedrige Fehlerquote wie in automatisierten Prozessen erreicht.

Abschließend ist festzuhalten, dass die unterschiedlichen Verkehrsträger zwar einerseits in Konkurrenz zueinanderstehen, sich jedoch andererseits auch ergänzen und miteinander kooperieren.

5.3.4   Lagersysteme

Lagerung bedeutet das geplante Liegen von Gütern im Güterfluss. In logistischen Systemen dient Lagerung der zeitlichen Entkoppelung von Produktion und Konsumtion einer Ware. Im Kontext innerbetrieblicher Logistiksysteme wird bei kurzfristiger Lagerung, beispielsweise vor Produktionseinheiten, auch von Pufferung gesprochen.

Aufgaben von Lagerung

Die Lagerung erfüllt im Wesentlichen folgende Aufgaben:

- **Bündelung bzw. Entbündelung:**
  - Ausgleich unregelmäßiger Waren Zu- und Abgänge (Bündelung bzw. Entbündelung)
  - Mengenausgleich (z.B. zwischen unterschiedlichen Produktionslosgrößen in der Fertigung; Bündelung bzw. Entbündelung)
  - Nutzung kostenoptimaler Bestellmenge (Bündelung)
  - Bereitstellung für Kommissionierung (Entbündelung)
- **Versorgungssicherheit:**
  - Sicherstellung der Versorgung (Lieferstörung, Lieferengpässen etc.)
- **Entkoppelung von Produktion und Konsumtion:**
  - Sicherstellung einer hohen Lieferbereitschaft durch Lieferung aus dem Lager
  - Ausgleich saisonaler Nachfrageschwankungen (Glättung der Produktion)
- **Wertsteigerung:**
  - Reifeprozesse (bei Wein, Käse etc.)
  - Zeitlicher Transfer in eine Phase niedrigen Angebots bzw. höherer Preise (Lagerung von Obst etc.)

Bestandsmanagements

Lagerung ist mit Kosten verbunden: Zum einen mit *fixen Kosten* für beispielsweise die Lagerimmobilie und die darin befindliche Technik, *sowie* mit *variablen Kosten* wie manuellen Aufwänden z.B. für Einlagerung, Auslagerung und Inventur aber auch mit Kapitalkosten. Letztere entstehen durch die Bindung des Kapitals, das in Form von Beständen in den Lagern vorgehalten wird.

Wirtschaftliches Ziel ist die Minimierung der Lagerkosten bei gleichzeitiger Erfüllung der jeweiligen Aufgaben. Im Fokus des Managements von Lagersystemen stehen

1. die Optimierung von Beständen und

2. die Reduzierung des manuellen Aufwands bei der Bewirtschaftung von Beständen.

Ziel des Bestandsmanagements ist es, mit möglichst niedrigen Beständen eine definierte Aufgabenerfüllung der relevanten, oben aufgeführten Aufgaben des Lagers zu erreichen. Bestände sind mit allen oben genannten Kostenarten direkt oder indirekt behaftet. Aktueller Trend ist es, Bestände durch vermehrte Informationen und durch optimale Koppelung von Produktionsschritten unternehmensübergreifend zu ersetzen.[23]

Die Reduzierung des manuellen Aufwands im Lager wird durch eine optimale Auswahl von Automatisierungslösungen erreicht. In jedem Lager werden die in *Tabelle 5.8* dargestellten Arbeitsschritte entweder manuell oder automatisiert durchgeführt.

Wareneingang (WE)	(Ein- und Aus-) Lagerung	Kommissionierung	Warenausgang (WA)
• Annahme und Entladung	• Warenübernahme	• Auftragsvorbereitung	• Warenübernahme
• Quantitative Prüfung	• Lagerplatzvergabe	• Vereinzelung	• Verpacken
• Qualitative Prüfung	• Einlagerung	• Warenentnahme	• Vorbereitung Papiere
• Datenerfassung	• Bestandsüberwachung	• Zusammenstellung	• Bereitstellen
• Quittierung	• Auslagerung	• Datenverarbeitung	• Ausgangsprüfung
	• Bereitstellung		• Verladung

Abbildung 5.7: Prozesse in Lagerung und Kommissionierung
Quelle: Straub (2011) nach WSV (2010).

Herkömmliche Möglichkeiten zur Ausgestaltung der Mengen- und Qualitätsprüfung am Wareneingang sollen hier keine weitere Beachtung finden. Für die Unterstützung der informatorischen und physischen Vereinnahmung der Güter durch Entgegennahme, Quittierung und insbesondere für die Erfassung der zugehörigen Daten kommt aktuell eine Reihe neuerer Hilfsmitteln zum Einsatz. Der **Barcode** automatisiert die datenseitige Erfassung der Waren durch optisches Auslesen eines Etiketts. Die im Barcode in Strichen codierte Nummer wird mit einem Infrarotscanner gelesen und in das Warenwirtschaftssystem übertragen. Die Nummer wird mit einer Bestellung oder einem Avis (Ankündigung einer Lieferung) manuell oder automatisiert in Verbindung gebracht. Auf diese Weise ist die Ware datenseitig vereinnahmt.

Radio Frequency Identification (RFID) gilt als innovative Lösung für die Identifikation eines Objektes mittels eines darauf oder darin angebrachten Etiketts. Die Identifikation erfolgt über Funkwellen, ohne Sichtverbindung und evtl. zeitgleich, also im Pulk mit anderen Etiketten gelesen werden kann.[24] Zwar erfüllt RFID auf Sendungsebene denselben Zweck wie ein Barcode, doch kann auf die Suche nach dem Strichcode und auf das aktive Scannen durch Personal verzichtet werden. Die Funkwellen der Leseeinheit durchdringen die Sendung und lesen die Informationen ohne direkte Sichtverbindung. Das Anbringen von RFID auf einzelne Produkte verspricht eine automatisierte Mengenkontrolle der Sendung, indem das Etikett jedes Produktes einer Sendung gelesen wird und so eine Vollständigkeitsprüfung ermöglicht wird. Durch die Kombination mit entsprechender Sensorik, die Erschütterungen, Feuchtigkeitseinwirkungen oder das Öffnen einer Verpackung detektiert und meldet, werden zudem Qualitätskontrollen durchgeführt werden. RFID verspricht deutliche Effizienzgewinne durch weitere Automatisierung am Wareneingang und entlang der gesamten Prozesskette, doch stellen Durchdringungsprobleme bei Flüssigkeiten und Metall nach wie vor ein Hindernis bei der flächendeckenden Nutzung dar, vor allem wenn einzelne Produkte identifiziert werden sollen. Das sogenannte *„Item-Tagging"* (Tagging auf Artikelebene) beschränkt sich derzeit insbesondere auf für die Durchdringung unproblematische Materialien wie Textilien. Die Nutzung auf Sendungsebene, beispielsweise durch Etiketten an der Palette, ist mit weniger Problemen behaftet und befindet sich derzeit insbesondere im Konsumgüterbereich auf dem Vormarsch. Neben den beschriebenen technischen Herausforderungen im Bereich der Materialdurchdringung ist die Frage nach der Wirtschaftlichkeit der neuen Technologie wesentlich. RFID ist teurer als der Barcode, entsprechend müssen höhere Kosten gegen den höheren Nutzen der Technologie aufgewogen werden. Hierbei ist zu berücksichtigen, dass der Nutzen von RFID nicht nur am hier beschriebenen Wareneingang zum Tragen kommt, sondern auch bei einer Reihe weiterer Anwendungsfälle entlang der gesamten Logistikkette. Zudem gelten viele Nutzenpotenziale bisher als schwer zu ermitteln, da die umfassenden Anwendungsbeispiele noch fehlen.[25]

Lagerplatzvergabe

Die Ein- und Auslagerung wird in der Regel durch ein Lagerverwaltungssystem (LVS) informationstechnisch unterstützt. Das LVS übernimmt nach vorgegebener Vergabelogik die Lagerplatzvergabe und damit die Einlagerungssteuerung sowie nach definierter Entnahmelogik die Auslagerung der Ware: Entweder werden diese Informationen Lagermitarbeitern auf einem Ausdruck oder auf einem Bildschirm weitergegeben oder automatisierte Fördersysteme werden direkt durch das LVS gesteuert.

Die Lagerplatzvergabe folgt unterschiedlichen **Vergabelogiken**:

1. **Feste Lagerplatzzuordnung:** Die feste Lagerplatzzuordnung weist jedem Artikel einen festen, gleichbleibenden Lagerplatz zu. Auf diese Weise wird erreicht, dass die Artikel selbst bei Datenverlust auffindbar sind und Warengruppen grundsätzlich getrennt werden können.

2. **Querverteilung:** Durch die Querverteilung werden Artikel in mehreren Ladeeinheiten über das Lager in verschiedene Lagergänge verteilt. Auf diese Weise wird erreicht, dass jeder Artikel zugänglich ist, selbst wenn ein Lagergang nicht zugänglich ist. Ein Beispiel hierfür stellt ein Ausfall des Fördersystems im besagten Gang dar.

3. **Chaotischer Lagerung:** Bei chaotischer Lagerung werden den einzulagernden Einheiten völlig frei Lagerplätze zugewiesen. Ziel ist eine gleichmäßige Auslastung des Lagers.

4. **Freie Lagerplatzzuordnung:** Eine chaotische Lagerplatzzuordnung innerhalb fester Bereiche kombiniert feste und freie Lagerplatzzuordnung. Das Lager wird in feste Bereiche für bestimmte Artikel unterteilt. Innerhalb der Bereiche findet die Einlagerung für die jeweiligen Artikel frei statt. Auf diese Weise können zwar die

Warengruppen getrennt werden, doch ist eine optimale Auslastung des gesamten Lagers unter Umständen nicht möglich. Allerdings kann durch eine freie Lagerplatzzuordnung die Zugriffseffizienz gesteigert werden, indem häufig abgerufene Artikel, sogenannte „Schnelldreher", für den Zugriff günstiger in vorderen Bereichen gelagert werden.

Das Lager selbst kann unterschiedlich gestaltet sein. Gestaltungsparameter sind im Wesentlichen die Verfügbarkeit von Raum und damit die Raumnutzung, die Anzahl und Beschaffenheit der unterschiedlichen einzulagernden Artikel und deren Verbrauchscharakteristika sowie die nötige Flexibilität bei der Umgestaltung des Lagers, beispielsweise wenn laufend neue Produkte in das Sortiment aufgenommen werden müssen, und der nötige Investitionsaufwand für die Lagertechnik. Wesentlich ist zudem die Logik bei Ein- und Auslagerung der Waren, die durch das Lager unterstützt werden soll. Entsprechend dieser Kriterien stehen die in *Tabelle 5.11* dargestellten Lagertypen zur Auswahl.

Tabelle 5.11

Übersicht und Klassifizierung von Lagertypen

Lagertyp	Boden-lagerung	Zeilenlagerung		
		Blocklagerung		
	Regal-lagerung	Palettenregal	Feststehende Palettenregale	Palettenschieberegal Palettenumlaufregal
			Bewegliche Palettenregale	Palettenflachregal Palettenhochregal Paletteneinfahrregal Palettendurchfahrregal Palettendurchlaufregal
		Fachregal	Feststehende Fachregale	Fachflachregal Fachhochregal Fachdurchlaufregal
			Bewegliche Fachregale	Fachverschieberegal Fachumlaufregal vertikal Fachumlaufregal horizontal
		Flachgutregal	Feststehende Palettenregale	Palettenschieberegal Palettenumlaufregal
		Sonderregal		

Quelle: Straub (2011).

Entnahmelogiken

Die Auslagerung der Waren erfolgt analog zur Einlagerung einer Entnahmelogik, die neben buchhalterischen Aspekten auch prozessuale Aspekte vorweist. In der Buchhaltung ist wesentlich, welchen Wert die aufgebrauchten Materialien bzw. die noch vorhandenen Materialien haben: Insbesondere bei unterschiedlichen Einkaufspreisen ist also die Reihenfolge, in der Material entnommen wird, wesentlich. Die Entnahmelogik orientiert sich meist an Objekteigenschaften oder Lagereigenschaften. Folgende geordnete **Entnahmelogiken** werden unterschieden:

- **LiFo (Last in First out):** Die zuletzt eingelagerte Einheit wird zuerst entnommen. Dieses Prinzip trägt meist der Tatsache Rechnung, dass die zuletzt eingelagerte Einheit am besten erreichbar ist.

- **FiFo (First in First out):** Die zuerst eingelagerte Einheit wird zuerst entnommen. Dieses Prinzip berücksichtigt die Vergänglichkeit einer Lagereinheit. Es wird die Gefahr reduziert, dass Produkte im Lager überaltern und nicht mehr genutzt werden können.

- **HiFo (Highest in First out):** Die zum höchsten Beschaffungspreis erstandene Einheit wird als erste ausgelagert. Somit wird der buchhalterische Warenbestand reduziert.

- **LoFo (Lowest in First out):** Die zum niedrigsten Einkaufspreis erstandene Einheit wird als erstes ausgelagert. Somit wird der Warenbestand buchhalterisch großzügig bewertet.

Eine besondere Variante ist das **SMART FIFO**-Verfahren. Es wurde im Siemenswerk Amberg von A. Kiener und W. Graf zur Qualitätskontrolle entwickelt. Bei der Anlieferung einer neuen Materialcharge wird exakt eine Materialeinheit durchgereicht und direkt in die Produktion übergeben. Somit wird das gängige LiFo-Verfahren unterbrochen. Tritt mit der durchgereichten Materialeinheit ein Qualitätsproblem auf, so kann die fehlerhafte Materialcharge nachbestellt und ausgetauscht werden, während die alte Materialcharge noch verbraucht wird. Das Risiko eines Produktionsstillstandes kann reduziert werden und zugleich werden Qualitätskontrollen vereinfacht.

Die Auslagerung der Ware ist oft mit der Kommissionierung zu einem neuen Warenbündel verbunden. Die Kommissionierung wird im folgenden Abschnitt detailliert beschrieben.

5.3.5 Kommissionierung

Die Kommissionierung stellt für das Unternehmen eine logistische Option dar, einen Mehrwert zu generieren. Kommissionierung bezeichnet hierbei die auftragsbezogene Zusammenstellung einer Teilmenge (Losgröße) aus einem Warensortiment. Empfänger der Teilmenge können nachgelagerte unternehmensinterne Produktionsstufen oder externe Kunden sein. Die Teilmenge wird aus bereitstehenden Gütern mittels einer Pickliste erstellt. Neuere Technologien ersetzen oder unterstützen die papierbasierte Pickliste durch Ansagen über Kopfhörer oder Lichtsignale an einem Lagerplatz oder auf einen Lagerplatz.

Man unterscheidet die **einstufige** und die **zweistufige Kommissionierung**: In der einstufigen Kommissionierung wird pro Pickliste ein Auftrag zusammengestellt und abgearbeitet. Im zweistufigen Verfahren werden zunächst eine Mehrzahl von Aufträgen gebündelt und die vorkommissionierte Ware dem Kommissionierer (Picker) zu Verfügung gestellt. Erst in einer zweiten Stufe werden die einzelnen Aufträge direkt zusammengestellt.

Einstufige Verfahren bieten mit einem Pickprozess nur eine Fehlerquelle und sind dadurch ablaufsicherer. Zudem sind die Picker flexibler, da alle verfügbaren Waren zu jeder Zeit zugänglich sind und so jederzeit alle denkbaren Aufträge abgearbeitet werden können. Das zweistufige Verfahren bietet durch die Vorkommissionierung die Möglichkeit, den Artikelbedarf zu bündeln und somit die Gesamtwege im Pickprozess zu verkürzen. Das zweistufige Verfahren ist somit weniger arbeitsintensiv.

Neben der Stufigkeit ist die **Bewegungssystematik** ein wesentliches Merkmal von Kommissioniersystemen. Unterschieden werden statische Verfahren, in denen die Ware am Platz verbleibt, sowie dynamische Verfahren, in denen die Ware automatisiert bewegt wird. Statische Verfahren werden auch als *„Person zur Ware"*[26] umschrieben, da sich der Picker durch das Lager zum Lagerort der Ware bewegt. Entsprechend werden dynamische Verfahren auch *„Ware zur Person"* genannt, da sich die Ware über automatisierte Fördersysteme zu dem Picker bewegt. In zweistufigen Verfahren werden häufig dynamische Verfahren auf der ersten und statische Verfahren auf der zweiten Stufe kombiniert. *Tabelle 5.12* zeigt Vor- und Nachteile der jeweiligen Systeme.

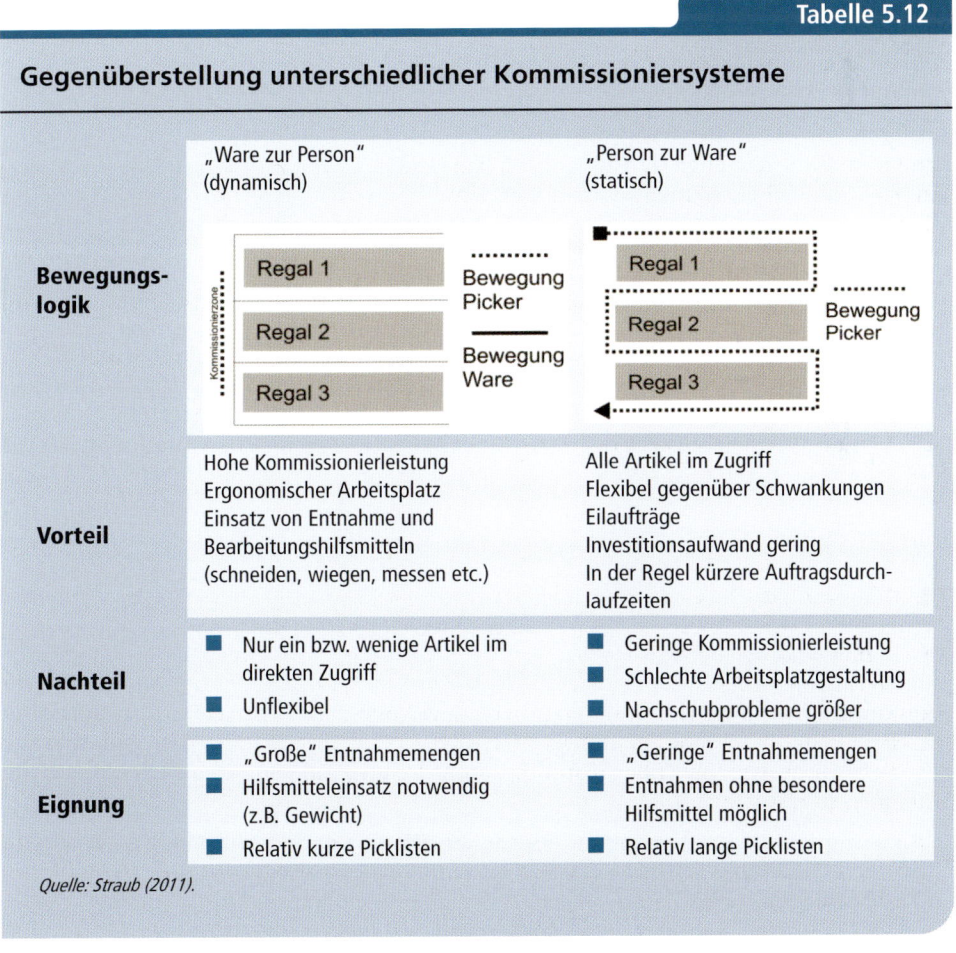

Tabelle 5.12

Gegenüberstellung unterschiedlicher Kommissioniersysteme

	„Ware zur Person" (dynamisch)	„Person zur Ware" (statisch)
Bewegungslogik	Regal 1 / Regal 2 / Regal 3 — Bewegung Picker / Bewegung Ware	Regal 1 / Regal 2 / Regal 3 — Bewegung Picker
Vorteil	Hohe Kommissionierleistung Ergonomischer Arbeitsplatz Einsatz von Entnahme und Bearbeitungshilfsmitteln (schneiden, wiegen, messen etc.)	Alle Artikel im Zugriff Flexibel gegenüber Schwankungen Eilaufträge Investitionsaufwand gering In der Regel kürzere Auftragsdurchlaufzeiten
Nachteil	■ Nur ein bzw. wenige Artikel im direkten Zugriff ■ Unflexibel	■ Geringe Kommissionierleistung ■ Schlechte Arbeitsplatzgestaltung ■ Nachschubprobleme größer
Eignung	■ „Große" Entnahmemengen ■ Hilfsmitteleinsatz notwendig (z.B. Gewicht) ■ Relativ kurze Picklisten	■ „Geringe" Entnahmemengen ■ Entnahmen ohne besondere Hilfsmittel möglich ■ Relativ lange Picklisten

Quelle: Straub (2011).

„**Pick-by-Voice**"-**Systeme** nutzen eine Sprachansage über Kopfhörer und geben auf diese Weise die Pickliste akustisch vor. Die Bestätigung eines Picks erfolgt ebenfalls per Sprachsteuerung. Somit wird die papierbasierte Pickliste weder für das Auffinden noch für das Abhaken der Aufträge benötigt. Folge und beabsichtigtes Ziel ist, dass der Kommissionierer beide Hände für die Kommissionierung frei hat und somit schneller und sicherer arbeiten kann.

Im „**Pick-by-Light**"-**Verfahren** zeigt entweder ein Licht am Regal, aus welchem Fach ein Artikel entnommen werden muss oder ein Laser wird auf das jeweilige Fach am Regal oder auf den Abschnitt in einem Regalboden gerichtet. Diese Verfahren werden angewandt, wenn ähnliche Artikel nah nebeneinander gelagert werden und Verwechslungsfehler wahrscheinlich sind. Picklisten sind hier nach wie vor oft nötig.

Neue „**Pick-by Vision**"-**Verfahren** nutzen die Augmente Reality Technologie. Eine Brille, die der Picker während der Kommissionierung zur Verfügung gestellt bekommt, dient als Projektionsfläche für Informationen. Auf diesem sogenannten „Head-Mounted-Display" können unterschiedliche Information wie Entnahmemengen oder Abbildungen des Artikels angezeigt werden.

Alle automatisierten Systeme werden in der Regel mit Auto-ID-Systemen wie Barcode oder RFID gekoppelt. Das Abscannen des Barcodes oder Einlesen des RFID-Etiketts und die Eingabe der Entnahmemengen dienen zur Bestätigung der jeweiligen Artikelposition.

Nachdem die Kommissionierung beschrieben wurde, werden wir im folgenden *Abschnitt 5.3.6* das Logistik Controlling behandeln, welches sich mit der Steuerung und Kontrolle von Logistiksystemen befasst.

5.3.6 Logistik-Controlling

Für die Steuerung und Kontrolle der oben dargestellten Logistik-Systeme innerhalb und zwischen Unternehmen ist ein umfassendes Controlling nötig. Grundsätzlich kommen allgemeine Controlling-Methoden zum Einsatz. Controlling ist eine Teilfunktion der Unternehmensführung, dessen Aufgabe es ist, die Basis für rationale, unternehmerische Entscheidungen zu schaffen. Entscheidungen fallen immer in einem Kontext aus Intuition und Reflexion, also aus einem notwendigen „Bauchgefühl" und der Reflexion handfester Informationen über Rechnungen und Modelle heraus.[27]

Das **Logistik-Controlling** verfügt über folgende **Kernaufgaben**.

1. Bereitstellung von Informationen

2. Planung der Umsetzung

3. Kontrolle der Umsetzung

   Bereitstellung von Informationen: Zur Bereitstellung der führungsrelevanten Informationen im Vorfeld einer Entscheidung wird eine ausreichende Datenbasis benötigt. Entsprechend muss das Controlling im Unternehmen möglichst valide auswertbare Daten beschaffen, die zu entscheidungsrelevanten Informationen zu verdichten sind. Basierend auf den vorliegenden Informationen werden Entscheidungen gefällt und zu deren Umsetzung Maßnahmen geplant. Hierbei kommen Planungsmethoden zum Einsatz, die einerseits vorhandene Informationen nutzen und andererseits vorausschauend mit Kontrollmaßnahmen gekoppelt werden. Die abschließende Kontrolle dient dazu, einen Lerneffekt zu erzielen, die Wirkung der Maßnahme zu evaluieren und mögliche Fehler zu identifizieren.

Planung der Umsetzung: Controlling-Aufgaben werden in Organisationen von unterschiedlichen Aufgabenträgern wahrgenommen. Die übergeordnete Planung und Steuerung dieser Aufgaben obliegt dem Controller, der letztlich die Effektivität des gesamten Controllings sichert. Entsprechend der unterschiedlichen Planungs- und Entscheidungshorizonte wird operatives und strategisches Controlling unterschieden.

Eine wesentliche Herausforderung für das Logistik-Controlling ist, dass Logistik im industriellen und produzierenden Umfeld eine Dienstleistung darstellt. Dementsprechend muss Logistik durch das Controlling auch als Dienstleistung betrachtet werden. Mitunter treffen hier unterschiedliche Denkweisen aufeinander. Zudem erstrecken und verteilen sich logistische Prozesse und Leistungen über das ganze Unternehmen und darüber hinaus: Dies erschwert zusätzlich eine Abgrenzung und Entzerrung der zu erfassenden und zu bewertenden Prozesse und Leistungen.

Kontrolle der Umsetzung: Um Handlungs- und Entscheidungsbedarfe frühzeitig zu erkennen, werden Ziele definiert und deren Erfüllung kontinuierlich über einen Soll-Ist-Abgleich gemessen. Für die Logistik werden Logistikziele von den übergeordneten Unternehmenszielen abgeleitet. Die Ziele werden mithilfe geeigneter Kennzahlen oder Key Performance Indicators (KPIs) messbar festgelegt. Wesentlich ist hierbei, einen individuell für das Unternehmen geeigneten Mix aus verschiedenen Kennzahlen zu definieren.[28] Zum Einsatz kommen Struktur- und Rahmenkennzahlen (Aufgabenumfang und Kapazitäten), Produktivitätskennzahlen (Produktivität von Personal und Arbeitsmittel), Wirtschaftlichkeitskennzahlen (Logistikkosten von Leistungseinheiten) sowie Qualitätskennzahlen (Zielerreichungsgrad).[29] Darüber hinaus sind monetäre sowie nicht-monetäre Kennzahlen zu berücksichtigen. Des Weiteren sollten Früh- und Spätindikatoren genutzt werden.

Tabelle 5.13 zeigt eine Auswahl gängiger Logistik-Kennzahlen. Die abgebildeten Kennzahlen sind nicht standardisiert definiert. Bei einem Vergleich von Kennzahlen innerhalb eines Unternehmens und unternehmensübergreifend, beispielsweise im Rahmen eines Benchmarkings[30], ist dringend die Vergleichbarkeit sicherzustellen. Dafür muss geprüft werden, ob die Art der Berechnung einer Kennzahl vergleichbar ist und ob bei der Erhebung der Berechnungsgrundlagen vergleichbare Abläufe erfasst und gemessen werden.

Bei unternehmensübergreifenden Logistikprozessen werden wie in anderen Dienstleistungsgeschäften sogenannte Service Level Agreements (SLA) vertraglich vereinbart. Diese SLA beziehen sich auf konkrete Kennzahlen und geben entsprechende Zielwerte vor. Typisch ist, dass der Dienstleister bestimmte Servicelevels zur Auswahl vorgibt und aus diesen ausgewählt wird oder ein individueller Servicegrad mit dem Kunden vereinbart wird. Für den Vorschlag verschiedener Service Levels ist ebenfalls ein belastbares Controlling notwendig, das die entsprechende Leistungsmessung permanent und nachvollziehbar vornimmt.

Unterstützt wird das Controlling durch IT-Systeme. Diese Systeme ermöglichen eine einfache Beschaffung und eine schnelle Auswertung der Daten. Entsprechende Softwaremodule sind Standardkomponenten von Logistik-Software.

Tabelle 5.13

Auswahl gängiger Logistik-Kennzahlen

Struktur- und Rahmen-kennzahlen	Bestandswert [€] = Ø Bestandsmenge * Einkaufswert Logistikkostenanteil am Umsatz [%] = Logistikkosten/Gesamtumsatz Bestandsreichweite [Tage] = Lagerbestand/Abgangsmenge pro Tag Lagerumschlagshäufigkeit [St./Tag] = Umsatz/Ø Lagerbestand (=1/Reichweite) Wiederbeschaffungszeit [d] = Ø Tage von Bestellung bis Wareneingang (ergänzend: Varianz der Wiederbeschaffungszeit) Lieferzeit [d] = Ø Zeit von Auslieferung bis Wareneingang (ergänzend: Varianz der Lieferzeiten)
Produktivitäts-kennzahlen	Durchlaufzeit Kundenauftrag [d] = Ø Tage von Auftragseingang bis Anlieferung beim Kunden Durchlaufzeit Fertigung [d] = Ø Tage von Auftragsfreigabe bis Bereitstellung im Versand Umschlagprod. Mitarbeiter [t/MA] = Ø umgeschlagene Menge/Anzahl Mitarbeiter Kommissionierprod. MA [$Picks/h$] = Ø Picks/Mitarbeiterstunde Produktivität im Lager [$St./h$] = Ø Einlagerungen (oder Auslagerungen)/Stunde = Ø Doppelspiele (= Einlagerung +Auslagerung) / Stunde Flächenproduktivität [$t/m2$] = Ø umgeschlagene Menge/Fläche im Umschlagpunkt
Wirtschaftlich-keitskennzahlen	Anteil Logistikkosten am Umsatz [%] = Logistikkosten/Umsatz Anteil der Vorräte am Umsatz [%] = Vorräte/Umsatz Bestandsrentabilität [%] = Umsatz/Ø Bestand
Qualitäts-kennzahlen	Termintreue [%] = Ist-Termin/Soll-Termin Lieferzuverlässigkeit [%] = termingerechte erfüllte Aufträge/Gesamtanzahl Aufträge Lieferbereitschaftsgrad 1 [%] = Erfüllte Aufträge/Gesamtaufträge Lieferbereitschaftsgrad 2 [%] = Gelieferte Menge/Gesamtbestellmenge Lieferbereitschaftsgrad 3 [%] = Wert der ausgelieferten Artikel/Gesamtbestellwert Lieferqualität [%] = Zahl beanstandeten Lieferungen/Gesamtzahl der Lieferungen Lieferflexibilität [%] = Anzahl erfüllte Änderungen + Sonderwünsche/Anzahl gesamte Änderungen + Sonderwünsche

Quelle: Straub (2011).

5.3.7 IT-Systeme in der Logistik

Zur Steuerung von Prozessen in **logistischen IT-Systemen** ist eine integrierte Verarbeitung der Informationen, beispielsweise zu Bewegungen, Positionen oder zum Zustand der Güter im System notwendig. Zudem müssen die nötigen Produktionsfaktoren im System, sprich automatisierte Lagersysteme oder Mitarbeiter sowie Transportmittel gesteuert werden. Mit wachsender Komplexität der Logistiksysteme wachsen auch der Umfang und die Komplexität der Informationen, die bewältigt werden müssen. Mit der rasanten Entwicklung der Informationssysteme (IT-Systeme) seit den 50er Jahren sind Lösungen zur Unterstützung dieser Aufgaben entstanden und konsequent weiterentwickelt worden.[31]

Gegenwärtig werden Prozess- und IT-Themen in der Logistik häufig gemeinsam betrachtet. Zu beachten ist hierbei jedoch, dass die IT-Systeme Prozesse abbilden und die anfallenden Informationen speichern, bereitstellen und auswerten. IT-Systeme geben die Prozesse nicht automatisch vor, sie können also bei einer Prozessänderung lediglich unterstützen, diese aber nicht vollziehen. Die Änderung der Prozesse kann somit nicht allein durch die Änderung der IT-Systeme erfolgen.

IT-Systeme, die zur Unterstützung von logistischen Prozessen zur Anwendung kommen, zählen zu Unternehmenssoftware und hier zum Bereich der Anwendungssoftware, die auf sogenannter Basissoftware (Betriebssysteme, Datenbankensysteme) aufbaut. Es werden Standardlösungen und Individuallösungen unterschieden, die in ihrer Funktionalität meist klaren Branchenbezug haben. Letzterer entsteht unweigerlich, da innerhalb einer Branche auch vergleichbare Prozesse in Anwendungssoftware abgebildet werden.

Standard-Anwendungssoftware bietet den Branchenbezug, indem branchentypische Funktionalitäten modularisiert ergänzt werden können: SAP, Marktführer im Bereich Unternehmenssoftware, bietet unterschiedliche Module an, die das Unternehmen für spezifische Branchen nutzbar macht. Diese Module werden nicht zwangsläufig von SAP selbst bereitgestellt, sondern können auch von einem kooperierenden, auf die Branche spezialisierten Softwarehaus entwickelt werden.

Die Grenzen zwischen Unternehmenssoftware bzw. betrieblicher Software und Logistik-Software sind fließend. Für folgende Aufgabenbereiche wird Spezialsoftware angeboten.

IT-Lösungen und deren Logistikbezug:

- **Unterstützung allgemeiner betrieblicher Abläufe (u. a. auch logistische Aspekte):**

  - Das *Rechnungswesen (ReWes)* bildet buchhalterische Aspekte des Unternehmens ab und somit auch logistische Aspekte.

  - Das *Human Ressources Management (HRM)* bildet Aspekte der Personalplanung und Entwicklung ab und somit auch die Personalplanung in logistischen Aufgabenbereichen.

  - Das *Product Lifecycle Management (PLM)* bildet sämtliche Informationen zu einem Produkt ab, von der Entwicklung über die Produktion bis zum Auslauf der Serie und dem Aftersales-Service.

  - Das *Customer Relationship Management (CRM)* unterstützt aus Marketing-Sicht Kundenbeziehungen, indem es Informationen zu Kunden sammelt und aufbereitet. Enthalten sind hierbei auch Lieferinformationen, also logistische Aspekte.

- **Unterstützung allgemeiner betrieblicher Abläufe (insbesondere logistische Aspekte):**

  - Das *Supplier Relationship Management (SRM)* unterstützt analog zur Kundenbeziehung die Lieferantenbeziehung, indem lieferantenbezogene Informationen gesammelt und aufbereitet werden. Unterstützt werden dadurch der Einkauf sowie die Logistik, Letztere durch Bereitstellung von Daten zur Lieferantenbewertung hinsichtlich logistischer Services.

- Das *Warenwirtschaftssystem (WWS; WaWi)* bildet alle Warenbewegungen und Geschäftsprozesse eines Unternehmens ab.

- *Enterprise Resource Planning (ERP)* plant alle Ressourcen, die zur Erstellung der Leistung zum Einsatz kommen. Neben produktionslogistischen Aspekten werden auch Materialbeschaffung und Lagermanagement unterstützt.

- *Standortplanungssoftware* unterstützt die Layoutplanung eines Standorts, beispielsweise zur Optimierung der zukünftig darin ablaufenden Materialflüsse

■ **Unterstützung logistischer Abläufe**

- *Tourenplanung* erstreckt sich auf die Planung und Steuerung von Transportwegen bzw. Touren, beispielsweise zur optimalen Belieferung der Kunden bei kostengünstiger Auslastung der Transportmittel.

- *Lagerverwaltungssysteme (LVS)* nehmen die Lagerplatzvergabe, Steuerung von Lagertechnik sowie eine Unterstützung von Kommissionierprozessen vor.

- *Netzplanungssoftware* unterstützt die Planung logistischer Netzwerke, unter anderem die Optimierung von Transportwegen, Servicelevels und Depotanzahl.

Software mit klarem Logistikbezug kann zudem, wie in *Abbildung 5.8* abgebildet, in verschiedene Aufgabenbereiche unterteilt werden.

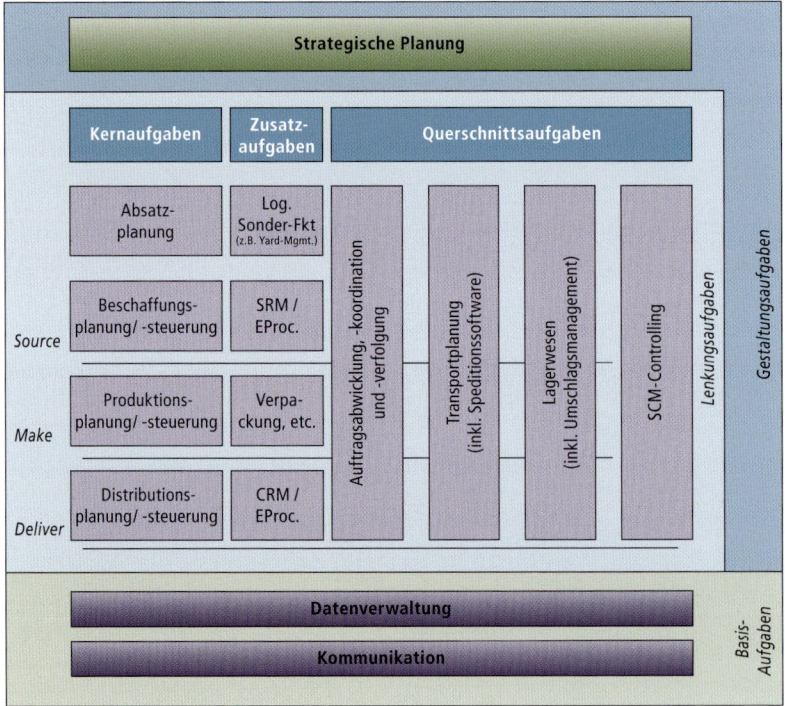

Abbildung 5.8: Aufgabenmodell von Logistik Software
Quelle: Krupp und Wolf (2010), S. 21.

Der Begriff der „Supply Chain Software" ist parallel mit dem Begrisbff des „Supply Chain Management" gewachsen. Ebenso wie das Supply Chain Management ist auch die begrifflich zugehörige Software inhaltlich und in ihrem funktionalen Umfang nicht eindeutig definiert. Oftmals verbergen sich hinter entsprechenden Angeboten ERP-Systeme, die Lieferantenbeziehungen im Sinne eines SRM einschließen. In diesem Zusammenhang sind auch sogenannte „Advanced Planning Systems" (APS) entstanden, die mit dem Anspruch entwickelt wurden, funktional übergreifende simultane Planungsprozesse zu unterstützen. Diese APS setzen auf ERP-Systeme auf und erweitern diese um bereichs- und unternehmensübergreifende Funktionen.[32] Eine Software, die Prozesse und Ressourcen kettenübergreifend plant und steuert, ist technisch denkbar, scheitert jedoch in der Anwendung, unter anderem an der Akzeptanz bei den Unternehmen, die letztlich durch die Nutzung einen Teil der Eigenständigkeit aufgeben müssten.

5.4 Supply Chain Management (SCM)

Es ist oftmals zu beobachten, dass das Risiko der Veralterung in Form eines Wertverlusts bestehender Produkte aufgrund kürzer werdender Produktlebenszyklen steigt. In vielen Unternehmen wird Lagerbestand daher als finanzielles Risiko betrachtet, welches es zu minimieren gilt. Konkret heißt dies, den Lagerbestand so gering wie nur möglich zu halten, ohne dabei den Produktionsprozess, beispielsweise durch Verzögerung negativ zu beeinflussen.

Es ist zu beobachten, dass Unternehmen zunehmend mehr Zulieferer direkt in die betrieblichen Leistungserstellungsprozesse integrieren und auf diese Weise die Kooperation mit den Zulieferern und anderen Akteuren der Leistungserstellung (z.B. Entsorgung) intensivieren.

Seit den 1990er Jahren ist der Begriff des Supply Chain Managements in den Fokus des Logistikmanagements und des allgemeinen Managements gerückt. Der Gedanke, ganze Versorgungsketten zu planen, zu steuern und zu kontrollieren versprach und verspricht neue Effizienzgewinne für Unternehmen.

Supply Chain Management oder auch **Lieferkettenmanagement** genannt, ist jedoch *nicht abschließend definiert* und wird in unterschiedlichen Zusammenhängen genutzt. Wesentlicher Unterschied der Definitionen ist, ob *unternehmensinterne Prozesse*, die bereichsübergreifend betrachtet werden, oder *unternehmensübergreifende Prozesse* berücksichtigt werden. Beide Sichten deckt die Definition der CSCMP ab:

> *Supply Chain Management encompasses the planning and management of all activities involved in sourcing and procurement, conversion, and all Logistics Management activities. Importantly, it also includes coordination and collaboration with channel partners, which can be suppliers, intermediaries, third-party service providers, and customers. In essence, Supply Chain Management integrates supply and demand management within and across companies.[33]*

Konzeptionelle Basis aller Ansätze ist ein Aufbrechen der bereichsorientierten Denkweise des Managements der 1950er Jahre zugunsten einer bereichsübergreifenden, prozessorientierten Denkweise. Diese „neue" Denkweise orientiert sich konsequent an den Kundenbedürfnissen. An deren Erfüllung werden alle Prozesse ausgerichtet, dabei wird einer Flusslogik gefolgt. Zur praktischen Umsetzung der Supply Chain Orientierung werden Referenzmodelle zu Hilfe genommen, welche zur Orientierung bei der Analyse und Neugestaltung der eigenen Prozesse im Unternehmen dienen. *Abbil-*

dung 5.9 zeigt das unternehmensinterne „*Order to Payment-Modell*" (OtP-Modell). Abgebildet sind drei Flüsse, die den Kernprozess im Unternehmen ausmachen: Den Informationsfluss, den Güterfluss und den Finanzfluss.[34]

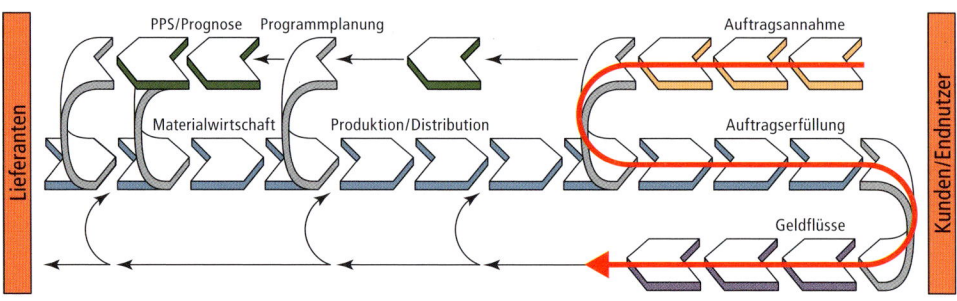

Abbildung 5.9: OtP-Modell
Quelle: Straub (2011) nach Klaus (2002), S. 106.

Ziel ist es, diese Flüsse bereichsübergreifend, ohne Hindernisse und Unterbrechungen zu gestalten. Dabei werden unterschiedliche Phasen der Supply Chain Integration durchlaufen, in denen Bereiche der Flusslogik angepasst und in diese übernommen werden. Konsequenterweise wurden und werden zunächst unternehmensinterne Prozesse integriert und im Sinne eines Supply Chain Managements neu geordnet. Erst in spätere Phasen werden Zulieferer der ersten Stufe mit integriert.

Den oben besprochenen Logistiksystemen kommt im Kontext des Supply Chain Managements eine besondere Rolle zu: Sie finden sich in der Regel auf der Schnittstelle zwischen unterschiedlichen Unternehmen oder Unternehmensbereichen. Der Flusslogik folgend sind sie als integrierende Elemente zwischen den einzelnen Kettengliedern und nicht als eigenes Kettenglied zu verstehen.

Exkurs   Vendor Managed Inventory bei *Barilla*

Je mehr Stufen in der Supply Chain Informationen bearbeiten und Nachfragen prognostizieren, desto häufiger werden Nachfrageschwankungen verstärkt. Daher kann es sinnvoll sein, nur eine Einheit oder wenige Einheiten in der Supply Chain Nachfrageprognosen durchführen zu lassen. Dies wird beispielsweise in der Konsumgüterindustrie beim *Collaborative Planning, Forecasting and Replenishment* (CPFR) durchgeführt, indem Händler mit den Herstellern eine Prognose erstellen und ihre Planung auf diese gemeinsame Prognose stützen. Auch bei dem *Vendor Managed Inventory* (VMI) wird vermieden, dass mehrere Unternehmen Prognosen abgeben, indem der Hersteller das Bestandsmanagement des Händlers übernimmt.

Der italienische Konzern *Barilla S.p.A.* ist der weltweit größte Hersteller von *Pasta*. Die Einführung des VMI durch *Barilla* zeigt eindrucksvoll, auf welche Weise VMI Lagerbestände reduziert und gleichzeitig eine höhere Warenverfügbarkeit bei den Kunden erreicht. Vor der Einführung hatte *Barilla* im italienischen Markt mit extremen Nachfrageschwankungen zu kämpfen und das, obwohl die Nachfrage der Endkunden relativ stabil war. Fast zwei Drittel der ausgelieferten Mengen war für Supermärkte bestimmt. Für die Supermärkte wurden die Produkte zunächst von einer der über 20 Fabriken zu einem der beiden Distributionszentren *Barillas* transportiert.

Von dort wurden sie dann an Zwischenhändler verkauft, die sie wiederum an die Supermärkte lieferten. Die meisten Zwischenhändler verwendeten eine einfache periodische Überwachung ihrer Bestände an *Barilla*-Produkten und bestellten nach, falls die Bestände unter eine bestimmte Grenze sanken. Zwar nutzten viele Zwischenhändler computergestützte Bestellsysteme, doch nur wenige besaßen Prognose- oder Analysewerkzeuge. Die Fehlmengen der Zwischenhändler lagen üblicherweise zwischen zwei und fünf Prozent der Nachfrage, manchmal aber deutlich höher. *Barilla* musste hohe Lagerbestände vorhalten, um die wild schwankenden Bestellungen der Zwischenhändler erfüllen zu können. Mit der Einführung des VMI übernahm *Barilla* das Bestandsmanagement in den Distributionslagern der Zwischenhändler. Die Belieferung wurde nicht mehr über direkte Bestellungen der Zwischenhändler gesteuert, sondern über die Nachfragen der Supermärkte. Die Wirkungen des VMI waren beeindruckend. Die Bestandsreichweite in den Distributionslagern der Zwischenhändler sank durchschnittlich von 3,5 Wochen auf 1,8 Wochen und gleichzeitig reduzierten sich die Fehlmengen von durchschnittlich 4,7% auf 0,3%. Die extremen Nachfrageschwankungen, denen *Barilla* vor der Einführung des VMI ausgesetzt war, gingen deutlich zurück. Für die Zwischenhändler und für *Barilla* war die Einführung des VMI also ein voller Erfolg.

Reflexionsfragen

1. Diskutieren Sie mögliche Herausforderungen, die bei der Einführung eines unternehmensübergreifenden Logistikmanagements entstehen können.

2. Diskutieren Sie die Chancen und Risiken von sehr niedrigen Lagerbeständen.

Quelle: Thonemann, Hammond, J. H. (1994). Case Barilla SpA. Harvard Business School,, S.459

ZUSAMMENFASSUNG

Folgende Inhalte wurden in diesem Kapitel behandelt:

- Für die Materialversorgung eines Unternehmens sind die Aufgabenträger der Materialwirtschaft und der Logistik verantwortlich. Sie stellen die *Seven Rights* nach Plowman sicher: Das richtige Gut, in der richtigen Menge, in der richtigen Qualität, am richtigen Ort, beim richtigen Kunden, zu den richtigen Kosten.

- Um die Bedarfsplanung für die erforderlichen Güter zu ermöglichen, ist eine Beschreibung der Produkte in Form von Stücklisten erforderlich. Durch Produktionsplanung und Stücklistenauflösung errechnet sich der Bedarf. Um eine differenzierte Behandlung von Teilen unterschiedlicher Eigenschaften zu ermöglichen greift man im Rahmen der Klassifizierung auf eine ABC-Analyse zurück, die erlaubt, kritische von unkritischen Umfängen zu unterscheiden.

- Im Zentrum des Lieferantenmanagements steht die Optimierung der Zusammenarbeit mit den Lieferanten. Grundlage des Lieferantenmanagements ist das Lieferantencontrolling, das im Rahmen von Feedbackgesprächen mit den Lieferanten als Grundlage zur Optimierung der Zusammenarbeit der Unternehmen mit ihren Lieferanten dient.

- Die klassischen Aufgaben der Logistik umfassen: *Transport*, *Umschlag* und *Lagerung*, die häufig als *TUL-Logistik* bezeichnet werden. Dabei werden innerbetriebliche und zwischenbetriebliche Logistik unterschieden.

- Viele Optimierungspotenziale innerhalb der Logistik können nur mit Hilfe von IT-Systemen erschlossen werden. Somit erfordert eine optimierte Tourenplanung den Einsatz moderner Algorithmen.

- Eine konzeptionelle Weiterentwicklung ist das Supply Chain Management (SCM). Grundphilosophie des SCM ist die Optimierung des gesamten logistischen Netzwerks durch Überwindung von Bereichs- und Firmenegoismen.

AUFGABEN

1. Worin unterscheiden sich Materialwirtschaft und Logistik im Wesentlichen?

2. Nennen Sie die verschiedenen Entnahmelogiken und beschreiben Sie diese.

3. Nennen Sie zwei unterschiedliche Stücklisten.

4. Welche beiden wesentlichen Transportsysteme gibt es?

5. Beschreiben Sie wichtige Eigenschaften von gängigen Verkehrsträgern.

6. Erläutern Sie den Begriff „Güterstruktureffekt".

Fallstudie: Die Logistik der *Migros*

Die *Migros*, der größte Einzelhandelskonzern in der Schweiz, mit rund 20 Milliarden Franken Einzelhandelsumsatz und fast 80.000 Mitarbeitern ist durch einen hohen Grad an Rückwärts- und Vorwärtsintegration gekennzeichnet. So betreibt das Unternehmen zahlreiche Produktionsunternehmen im Lebensmittel- und *Nonfood*-Bereich, die zwar größtenteils für die eigenen Verkaufsstellen des Unternehmens produzieren, aber einen stets steigenden Anteil der Produktion exportieren. Die „innerbetrieblichen" Transporte, z.B. von der Produktion zum zentralen Filialauslieferlager und von dort in die Filialen, werden weitestgehend mit einer eigenen Flotte von Lastwagen ausgeführt. Das Filialnetz wird vom Großverteiler in fast allen Teilfunktionen selber, d.h. durch eigene Mitarbeiterinnen und Mitarbeiter operationell betrieben.

Rund 100.000 Produkte sind in den *Migros*-Verteilbetrieben Neuendorf gelagert.[35] Von hier werden sie in die mehr als 500 Filialen transportiert. Das logistische Herzstück der *Migros* ist aber auch ein Pionierbetrieb in Sachen Umwelttechnologie.

Quelle: Markus Bertschi, Fotograf, Zürich

Es geht zu wie in einem Ameisenhaufen: Arbeiterinnen und Arbeiter flitzen mit Lasten umher, die weit größer und schwerer sind als sie selbst. Da wird eine Lücke gefüllt. Dort wird etwas hin- oder hertransportiert. Chaos – auf den ersten Blick. Doch hinter dem Gewimmel steckt eine ausgeklügelte Organisation, gepaart mit modernster Technik. Denn einziges nationales Logistikzentrum für alle Produkte, abgesehen von frischen Nahrungsmitteln, zu sein, die täglich in den Filialen der *Migros* angeboten werden, erfordert vor allem eines: Den Überblick zu behalten. Diesen hat Hans Kuhn, Unternehmensleiter der *Migros*-Verteilbetriebe Neuendorf (MVN AG). Ihm unterstellt sind ca. 1.300 Mitarbeiter sowie ein Lagervolumen, in dem 4.000 durchschnittliche Einfamilienhäuser Platz fänden. Tag für Tag verlassen bis zu 8.000 Paletten die MVN. *„Käme hier alles zum Stillstand"*, sagt Kuhn, *„hätte die Schweiz binnen dreier Tage ein Problem."*

Immer mehr Waren kommen und gehen per Bahn

Die MVN AG bieten einen Logistikservice, der mit der Entgegennahme der Ware an den eigenen Rampen beginnt und mit der Ablieferung an den Rampen der einzelnen Verkaufsstellen endet. *„Wir erhalten die Produkte zu 40 bis 50 Prozent per Bahn"*, erklärt Kuhn. Tendenz steigend. Der Betrieb verfügt über mehr als acht Kilometer an eigenen Geleisen für das Rangieren der Güterwaggons. Nach der Anlieferung identifizieren Angestellte die Waren und erfassen sie damit im System. Der Eingang in eines der Hochregallager sowie die Platzierung der Paletten am richtigen Ort, erfolgt schließlich vollautomatisch. Nachts gehen im Logistikbetrieb die Bestellungen ein. Das Warensortiment wird nach Filiale und Region zusammengestellt und verlässt schließlich die MVN AG per Zug oder Lastwagen. *„Vor Jahresfrist waren es 20, heute sind es 40 Prozent Zuganteil. Tendenz auch in der Auslieferung steigend"*, sagt Kuhn. Die zunehmende Verlagerung auf die Schiene ist Ziel eines neuen Distributionskonzepts, das Anfang 2008 lanciert wurde. *„Da jede Betriebszentrale der zehn Migros-Genossenschaften über Bahnanschluss verfügt, können diese auf der Schiene beliefert werden. Von dort aus übernehmen diejenigen Lastwagen, die sowieso mit den Frischprodukten unterwegs sind, die Feinverteilung zu den Filialen"*, so Kuhn. *„Es ist ein ökologischer Beitrag, der auch finanziell interessant ist."*

Quelle: Markus Bertschi, Fotograf, Zürich

Modernste Informatiksysteme steuern und überwachen den gesamten Logistikprozess. Jede Palette ist erfasst. Ihr Standort und eventuelle Wechsel können online kontrolliert und nachverfolgt werden. Sogar das Personal, das die Warensortimente für die Auslieferung zu den Filialen zusammenstellt, wird per elektronischer Frauenstimme zum richtigen Produkt geführt. *„Das IT-System ist einem Laien kaum zu erklären"*, meint Stefan Brunner. Er ist im Leitstand verantwortlich für die Systemüberwachung. Acht Bildschirme stehen an seinem Arbeitsplatz. Irgendwo blinkt es immer. *„Tatsächlich gibt es immer wieder etwas zu tun. Mein Job ist es, im Idealfall dafür zu sorgen, dass Fehler behoben werden, bevor überhaupt jemand etwas davon merkt. Gelingt uns das nicht, gerät der Betrieb ins Stocken."*

Im größten Gefrierschrank herrscht sibirische Kälte

Seit 2003 verfügt das MVN über das größte vollautomatisierte Tiefkühl-Hoch-regallager in der Schweiz. Hier herrscht Ruhe. Kein Mensch ist da. Nur beißende Kälte von minus 28 Grad Celsius. Wie von Geisterhand gesteuert surren Paletten-kräne durch die Gänge zwischen den 30 Meter hohen Regalen. *„Ihre Bewegung nutzen wir gleichzeitig für die Luftzirkulation"*, erklärt Kuhn. Bei konventionel-len Gefrierlagern würden dafür Verdampfer eingesetzt, auf die man aus ökologi-schen Gründen verzichten wollte. *„Wir sparen damit rund 30 Prozent Energie."* Nebenan, in einem der älteren Tiefkühllager, werden die Waren noch von Men-schenhand aus den Regalen geholt. In diesem Sommer beginnen allerdings die Arbeiten, um die Anlage zu modernisieren und vollständig zu automatisieren. *„Wir holen die Leute raus aus der Kälte. Sie werden anderswo in den MVN gebraucht"*, sagt Kuhn. Einstweilen sind sie jedoch noch dort: Dick eingemummte Gestalten, von denen einzig Teile des Gesichts frei sind, betätigen sich in einer Kälte, die dem nicht gewohnten Besucher schnell zu schaffen macht. Ganz anders Roland Capelli. Seit fünf Jahren arbeitet er bei fast 30 Grad unter Null. *„Ich finde das ganz angenehm"*, sagt er. Man habe jeweils den Saunaeffekt nach der Arbeit. Und Sauna sei schließlich gesund. *„Ich zumindest bin nie krank. Wohl auch, weil die Kälte hier nichts für Viren ist."* Wieder draußen, beginnt tatsächlich der Schweiß wegen sommerlichen 20 Grad zu triefen. *„Der Wechsel ist happig, er sorgt nachhaltig für Eindruck"*, sagt Kuhn. Wie die ganzen MVN.

Reflexionsfragen

1. Zeichnen Sie eine grobe Übersicht der Logistikaktivitäten von *Migros* auf. Recherchieren Sie, wenn nötig, zusätzliche Informationen.

2. Identifizieren Sie die von der *Migros* gewählten Transportsysteme. Erörtern Sie die Vor- und Nachteile dieser Transportsysteme für die *Migros* und deren Kunden.

3. Diskutieren Sie die Entwicklung der Transportsysteme hinsichtlich zukünf-tiger ökologischer Herausforderungen.

Quellen: Straub; Homepage Migros www.Migros.ch, (Stand: 15.02.2011); Matter, B., „Öko-Insel im Warenstrom", Migros-Magazin 23, 2. Juni, 2009, S. 30-31.

Verwendete Literatur

Bowersox, D.; Closs, D.; Cooper M. B.: „Supply Chain Logistics Management", 3. Aufl., McGraw-Hill/Irwin, 2009.

Camp, R.C.: „Benchmarking: Search for industry best practices that lead to superior performance", Quality Press, 1989.

Copacino, W.C.: „Supply Chain Management: The Basics and Beyond", Boca Raton, 1997.

CSCMP (Council of Supply Chain Management Professionals): „CSCMP Supply Chain Management Definitions", *http://cscmp.org/aboutcscmp/definitions.asp*, (Stand: 08.01.2011).

Finkenzeller, K.: „RFID-Handbuch", 4. Aufl., Hanser Fachbuchverlag, Leipzig 2006.

Gabler Wirtschaftslexikon, *http://wirtschaftslexikon.gabler.de*, (Stand: 05.04.2011).

Kaplan, R. S.; Norton, D. P.: „Balanced Scorecard: Strategien erfolgreich umsetzen", übersetzt aus dem Englischen von Horváth P. und Kuhn-Würfel B., Schäffer-Poeschel, Stuttgart 1997.

Klaus. P.: „Die Dritte Bedeutung der Logistik", 1. Aufl., Deutscher Verkehrs-Verlag, Hamburg 2002.

Klaus, P.; Krieger, W. (Hrsg.): „Gabler Lexikon Logistik", 4. Aufl., Gabler Verlag, Wiesbaden 2008.

Kluck, D.: „Materialwirtschaft und Logistik", 3. Aufl., Schäffer-Poeschel, Stuttgart 2008.

Krupp T.; Paffrath R.; Wolf J. (Hrsg.): „Praxishandbuch IT-Systeme in der Logistik", Deutscher Verkehrs-Verlag, Hamburg 2010.

Krupp, M.; Pflaum, A.; Raabe T.: „RFID als Basis einer verbesserten Informationsgrundlage zur Steuerung logistischer Prozesse", in: Krupp T.; Paffrath R.; Wolf J. (Hrsg.): „Praxishandbuch IT-Systeme in der Logistik", Deutscher Verkehrs-Verlag, Hamburg 2010, S. 164-173.

Krupp, M.; Precht P.: „RFID Nutzen Eisberg. Eine Methodik zur Strukturierung von RFID-Nutzenpotenzialen", in: Information Management und Consulting, Bd. 24, Nr. 4 (2009), S. 77-84.

Krupp, T.; Wolf J.: „Grundlagen und Bedeutung der Informationssysteme in der Logistik: Von der Speditionssoftware bis zur integrierten Supply Chain Planung", in: Krupp T.; Paffrath R.; Wolf J. (Hrsg.): „Praxishandbuch IT-Systeme in der Logistik", Deutscher Verkehrs-Verlag, Hamburg 2010, S. 15-27.

Kummer, S.; Grün, O.; Jammernegg, W.: „Grundzüge der Beschaffung, Produktion und Logistik", 2. Aufl., Pearson Studium, München 2009.

Pfohl, H.-C.: „Logistiksysteme: Betriebswirtschaftliche Grundlagen", 5. Aufl., Springer, Berlin 2010.

Plowman, G. E.: „Elements of Business Logistics", Stanford University, 1964.

Press.PoH (Port of Hamburg): „Top 20 Ports", 2009: *www.hafen-hamburg.de/hh_statistics/statistics.php* (Stand: 04.01.2010).

Prockl, G.: „Supply Chain Software", in: Klaus, P.; Krieger, W. (Hrsg.): „Gabler Lexikon Logistik", 4. Aufl., Gabler Verlag, Wiesbaden 2008, S.553-558.

SCC (Supply Chain Council): „SCOR 90 Overview", 2008: *http://supply-chain.org/scor/10.0*, (Stand: 08.01.2011).

Schulte, C.: „Logistik: Wege zur Optimierung der Supply Chain", 5. Aufl., Vahlen Verlag, München 2009.

StatBu (Statistisches Bundesamt): „Basisdaten Straßenverkehrsnetz, Gesamtlänge", 2007: *www.destatis.de* (Stand: 03.01.2010).

StatBu (Statistisches Bundesamt): „Basisdaten Schienennetz, Gesamtlänge", 2008: *www.destatis.de* (Stand: 03.01.2010).

TAL-Oil: „Performance", 2009: *www.tal-oil.com* (Stand: 04.01.2010).

ten Hompel M., Schmidt T., Nagel L.: „Materialflusssysteme: Förder- und Lagertechnik", Bd. 10, 3. Aufl., Springer, Heidelberg 2007.

Troyer, C. R.: „The Seven Habits of Highly Effective Supply Chains", in: Supply Chain Management Review, Bd. 2, 1997, S. 26.

Weber, J.: „Logistik- und Supply Chain Controlling", 5. Aufl., Schäffer- Poeschel, Stuttgart 2002.

WSV (Wasser- und Schifffahrtsverwaltung des Bundes): „Umweltrelevante Daten Binnenschiff", 2010: *www.wsv.de* (Stand: 03.01.2010).

Weiterführende Literatur

Bowersox, D.; Closs, D.; Cooper M. B.: „Supply Chain Logistics Management", 3. Aufl., McGraw-Hill/Irwin, 2009.

Chopra, S.; Meindl, P.: „Supply Chain Management: Strategy, Planning, and Operation", 4. Aufl., Prentice Hall International, 2009.

Copacino, W.C.: „Supply Chain Management: The Basics and Beyond", Boca Raton, 1997.

Kummer, S.; Grün, O.; Jammernegg, W.: „Grundzüge der Beschaffung, Produktion und Logistik", 2. Aufl., Pearson Studium, München 2009.

Kluck, D.: „Materialwirtschaft und Logistik", 3. Aufl., Schäffer-Poeschel, Stuttgart 2008.

Pfohl, H.-C.: „Logistiksysteme: Betriebswirtschaftliche Grundlagen", 5. Aufl., Springer, Berlin, Heidelberg 2010.

Endnoten

1 Siehe Gabler Wirtschaftslexikon, *http://wirtschaftslexikon.gabler.de* (Stand: 05.04.2011).

2 Siehe *Kapitel 4.*

3 Siehe *Kapitel 9.*

4 Siehe CSCMP (2011).

5 Der Einkauf bezieht sich in der BWL klassischerweise auf die operativen Tätigkeiten zur Versorgung einer Organisation mit Gütern und Dienstleistungen, welche nicht selbst hergestellt, aber zur Durchführung der Produktionsprozesse benötigt werden. Der Unternehmensfunktion Einkauf kommt heutzutage vermehrt auch eine strategische Aufgaben zu.

6 Der Begriff „Stufigkeit" bezeichnet die Anzahl der Stufen in obiger Produktstruktur. In diesem Fall: Auto (Stufe 1: Primärprodukt), Antriebsaggregat (Stufe 2) etc..

7 Strukturinformationen bezeichnen diejenigen Informationen, die über die konkrete Struktur des Objektes Auskunft geben. In diesem Beispiel meint dies: Das Produkt „Auto" enthält viele Schrauben. Über eine mehrstufige Produktstruktur kann zu einer konkreten Schraube navigiert werden. Die Navigation für eine Zylinderkopfschraube findet wie folgt statt: Auto zu Antriebsaggregat, Antriebsaggregat zu Motorblock, Motorblock zu Zylinderkopf, Zylinderkopf zu Zylinderkopfschraube.

8 In Anlehnung an Kummer et al. (2006).

9 Siehe Pfohl (2010).

10 Bei Pfohl werden die hier als „Mesologistik" bezeichneten Inhalte als „Metalogistik" bezeichnet. Durch die vorgenommene Begriffsänderung wird versucht, der erweiterten dritten Bedeutung der Logistik Rechnung zu tragen. Sie soll im Sinne einer Metalogistik als Erklärungshilfe auch für Problemstellungen jenseits klassischer logistischer Fragen verstanden werden.

11 Die Konsumtion wird auch „Verbrauch von Wirtschaftsgütern" genannt.

12 Siehe *Tabelle 5.7.*

13 Siehe StatBu (2007).

14 Oft kommt diese Technik der **Sendungsverfolgung** (engl. *Tracking* und *Tracing*) bei der Überwachung von Frachtgut wie Postsendungen, also der Paketverfolgung und der Überwachung von Einschreiben zum Einsatz.

15 Siehe StatBu (2008).

16 Siehe WSV (2010).

17 Vgl. PoH: *„Top 20 Ports"*, 2009: *www.hafen-hamburg.de/hh_statistics/statistics.php* (Stand: 04.01.2010).

18 Siehe *Tabelle 5.7*: Hohe Wertdichte.

19 TAL-Oil: „Performance", 2009: *www.tal-oil.com* (Stand: 04.01.2010).

20 Begegnungsverkehr bezeichnet einen paarigen Transport der von jedem Frachtführer auf der Hälfte der Strecke durchgeführt wird. Die LKWs treffen sich in der Mitte der Strecke beispielsweise auf einem Rastplatz und wechseln ihre Ladeeinheit. Damit wird eine Paarigkeit der Transporte, also Fracht und Rückfracht ermöglicht, Spesen für Übernachtung der Fahrer entfallen und LKWs sind nach dem Transport wieder am Ausgangsort verfügbar.

21 Siehe *Abbildung 5.5*: Auflösungspunkt und Konzentrationspunkt.

22 Siehe LiFo.

23 Siehe *Abschnitt 5.4*: Supply Chain Management.

24 Siehe Finkenzeller (2006).

25 Siehe Krupp, Pflaum und Raabe (2010) sowie Krupp und Precht (2009).

26 „Person zur Ware": Dieser Begriff wird gegenwärtig in nicht mehr zeitgemäßer Form in der Forschung als „Mann zur Ware" bzw. „Ware zum Mann" bezeichnet.

27 Siehe Weber (2002).

28 Ein hilfreiches Instrument zur Kombination und ausgewogenen Nutzung von Kennzahlen, welche ein Unternehmen aus unterschiedlicher Perspektive beleuchten, ist die „Balanced Scorecard"; Siehe Kaplan und Norton (1997).

29 Siehe Schulte (2009).

30 Benchmarking bezeichnet in der Betriebswirtschaft den Vergleich von Produkten, Dienstleistungen oder Prozessen. Das Benchmarking kann unternehmensintern oder auch zwischen Unternehmen erfolgen. Oft wird es kennzahlenbasiert vorgenommen. In diesem Falle ist die Vergleichbarkeit der Kennzahlen wesentliche Grundlage. Siehe u. a. Camp (1989).

31 Ein umfassender Überblick über die parallele Entwicklung der Logistik und der verbundenen IT- Systeme findet sich bei Krupp und Wolf (2010) S. 17.

32 Siehe Prockl (2008).

33 CSCMP (2011); weitere Definitionen finden sich bei Troyer (1997), Copacino (1997) oder Bowersox, Closs und Cooper (2009).

34 Ein weiteres Referenzmodell ist das „Supply-Chain-Operation-Reference-Modell" (SCOR-Modell) das durch den Supply Chain Council (SCC), einen US-amerikanischen Logistikverband definiert und permanent aktualisiert wird. Es dient ebenfalls als Orientierungspunkt für unternehmensindividuelles Prozessdesign und kann als Basis für unternehmensübergreifendes Benchmarking genutzt werden. Siehe SCC (2008).

35 Neben den Verteilerbetrieben Neuendorf (MVN AG), in denen Tiefkühl-, *Nearfood*- und *Nonfood*-Waren gelagert werden, sind in den *Migros*-Verteilerbetrieben Suhr (MVS) außerdem 700 Mitarbeiter für die Lagerung des Getränke- und des Trockenwarensortiments (Kolonialware) zuständig.

*Es gibt Momente in der Geschichte, da tref-
fen ein Unternehmer, eine Technik und die
Bedürfnisse der Menschen zusammen.*

*Craig McCaw (1949), amerikanischer Multimillionär,
gemeinsam mit Bill Gates Initiator des auf 288
Satelliten gestützten weltweiten Kommunikations-
netzes „Teledesic"*

Lernziele

In diesem Kapitel wird das Wissen zu folgenden
Inhalten vermittelt:

- Grundlagen der Produktion
    - Begrifflichkeiten
    - Funktionen
    - Historische Entwicklung
- Rolle der Produktion im Unternehmen
    - Produktionstypen
    - Produktionsstrategien
- Produktionsprozess und -kosten
- Grundlagen der Lagerplanung

Produktion

6

ÜBERBLICK

6.1 Grundlagen

Weltweit ist in sämtlichen Branchen in den vergangenen Jahren zunehmend eine Intensivierung des Wettbewerbs zu spüren. Vor allem für industrielle Herstellungsbetriebe ist der Wechsel von Verkäufermärkten zu Käufermärkten mit starkem Angleichungsdruck verbunden. In der Vergangenheit handelten Firmen vorwiegend **produktorientiert**, sprich alle Prozesse wurden auf das Produkt ausgerichtet. Eine wesentliche Herausforderung der Unternehmen lag im Verkauf[1] und in der permanenten Suche nach Abnehmern von standardisierten Produkten und Dienstleistungen. Gegenwärtig steht eine gewisse Kunden- oder Marktorientierung im Fokus der strategischen Entscheidungen eines Unternehmens, sprich man ist **prozessorientiert**.[2] Die Vielfalt an Produktvarianten ist wesentlich angewachsen und Kunden wurden über die Jahre hinweg anspruchsvoller. Dieser neue Anspruch auf Kunden- wie auch auf Produktionsseite äußert sich in der gegenwärtig modernen Verkaufsdevise darin, für jeden Kunden ein maßgeschneidertes Produkt herzustellen. Die Produktion in einem modernen Unternehmen sollte somit ein Minimum an Flexibilität erfüllen. Flexible Produktion allein ist jedoch noch kein ausreichendes Kriterium für den Unternehmenserfolg an sich. Logistische Ziele[3], die eine ganzheitliche Betrachtung des Unternehmens und der Geschäftsprozesse umfassen, gewinnen daher an Wichtigkeit: Prozesse müssen in der Produktion optimiert werden. Eine wesentliche Folge davon ist, dass der Planungs- und Steuerungsaufwand eines Unternehmens zunimmt.

Die Produktion nimmt somit zunehmend Managementaufgaben wahr und stellt nicht mehr etwas rein Maschinelles und Technisches dar. Da Planung und Entscheidungen Einzug in die moderne Produktion genommen haben, wird heute anstelle des Begriffs Produktion der Begriff Produktionsmanagement verwendet.

6.1.1 Begrifflichkeiten

Unter dem Begriff **Produktionsmanagement** wird die Planung, Organisation, Koordination und Kontrolle aller organisatorischen Prozesse und Ressourcen verstanden, welche zur Herstellung von Produkten und Dienstleistungen in einem Unternehmen benötigt werden. In diesem Sinn ist das Produktionsmanagement als Führungsaufgabe zu verstehen, die sich mit der Koordination menschlicher Ressourcen, Maschinen, Technologien und Informationen befasst.

Die **Aufgabe des Produktionsmanagements** besteht darin, unter Beachtung des Formalziels[4] (*s. a. Kapitel 1*) durch Kombination und Transformation von Produktionsfaktoren (Input) bestmöglich einen bestimmten Zweck (Output), das sogenannte Sachziel, zu erreichen.

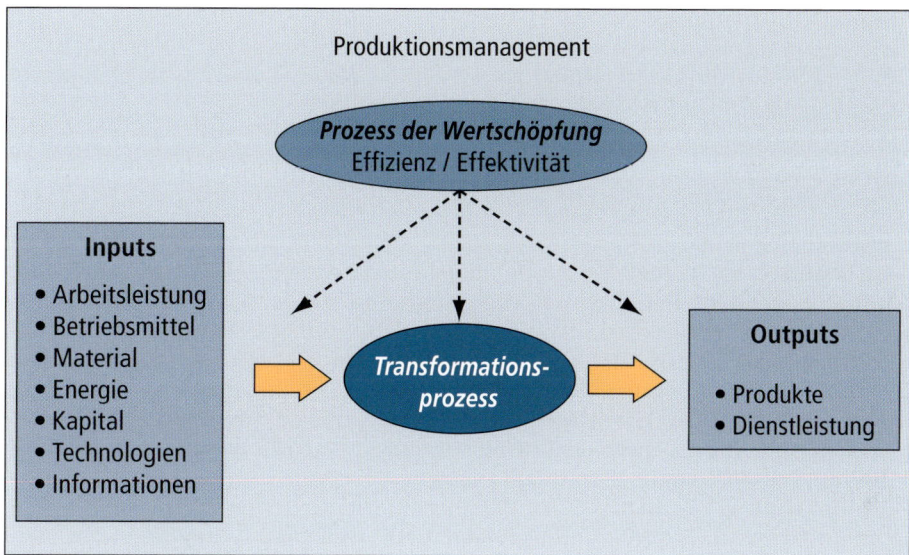

Produktionsmanagement

Prozess der Wertschöpfung
Effizienz / Effektivität

Inputs
• Arbeitsleistung
• Betriebsmittel
• Material
• Energie
• Kapital
• Technologien
• Informationen

Transformations-
prozess

Outputs
• Produkte
• Dienstleistung

Abbildung 6.1: Produktionsmanagement

Abbildung 6.1 gibt einen Überblick über die einzelnen Komponenten des Produktionsmanagements. Demnach kann man unter dem Begriff Produktionsmanagement drei elementare Aspekte unterscheiden:

- Inputs (Inputfaktoren)
- Transformationsprozess (Throughput)
- Outputs (Outputfaktoren)

Inputs (Inputfaktoren): Inputfaktoren charakterisieren den Ressourceneinsatz im
Produktionsprozess wie beispielsweise Arbeitsleistung[5], Betriebsmittel (z.B. Pro-
duktionsgebäude, Maschinen, Werkzeuge), Material (Roh-, Hilfs- und Betriebsstoffe,
Halbfabrikate, Handelswaren), Energie, Kapital, Technologien und Informationen.
Fehlen Inputfaktoren, so kann der Transformationsprozess nicht eingeleitet werden.

Für die Produktion von Smartphones handelt es sich beispielsweise hierbei um die
Software, das Gehäuse, die Antenne, den Prozessor, das Mikrophon und die Laut-
sprecher.

Transformationsprozess (Throughput): Der Transformationsprozess wird häufig
auch Throughput genannt. Hierbei werden Produktionsfaktoren (Input) durch Kombination und Transformation in einen bestimmten Zweck (Output) umgewandelt
und auf diese Weise das sogenannte „Sachziel" unter Beachtung des Formalziels
(z.B. Gewinnmaximierung) hergestellt.

In unserem Beispiel für die Herstellung von Smartphones stellen die Inputfaktoren
das Gehäuse, die Antenne und die zu installierende Software dar. Durch Kombination und Transformation dieser Produktionsfaktoren wird das Sachziel erfüllt, ein
Smartphone zu produzieren (Output). Das Formalziel könnte hierbei das Maximal-
prinzip (s. *Abschnitt 1.5.*) sein: Unter Einhaltung eines bestimmten Budgets möglichst viele Smartphones zu produzieren.

Outputs (Outputfaktoren): Als Outputfaktoren werden alle Produkte und Dienstleistungen bezeichnet, die aus dem Transformationsprozess hervorgehen. Darunter sind nicht nur die Endprodukte zu verstehen, die zum Kauf angeboten werden, sondern alle Bestandteile, so auch mögliche Abfälle.

In unserem Beispiel, die Produktion von Smartphones, wären dies die Smartphones (Endprodukt), und sämtlicher Abfall wie u.a. Teile oder Produkte, welche nicht die erwünschte Qualität aufweisen, sowie Verpackungen.

Als wesentlicher Erfolgsfaktor im Produktionsmanagement gilt es, einen Wertzuwachs (Wertschöpfung) bei einem Transformationsprozess zu erzeugen. Der Begriff **Wertschöpfung** beschreibt den Netto-Wertzuwachs des finalen Outputs (Produkt bzw. Dienstleistung) im Vergleich zu dem Wert aller aufsummierten Inputfaktoren. Je höher die Wertschöpfung liegt, desto höher liegt die Produktivität der Unternehmenstätigkeit. Alle Unternehmensaktivitäten, die nicht direkt oder indirekt zur gesamten Wertschöpfung eines Unternehmens beitragen, sind ressourceninineffizient bzw. ressourcenverschwendend. Die Reduzierung der Verschwendungen und die Beseitigung von Ineffizienz in der Produktion sind Bestandteile des dominierenden Kostenziels. Das Ziel der Kostenminimierung überragt bei der Planung möglicher Terminziele (Zeitdimension) oder qualitativer Mindestanforderungen (qualitative Dimension), und dies nicht, weil es sich um eine persönliche Entscheidung handelt, sondern weil die Finanzmittel (finanzielle Dimension) das knappste Gut *(bottle-neck)* eines Unternehmens darstellen. Die Wirtschaftlichkeit stellt einen wesentlichen objektiven Indikator für den Erfolg eines Unternehmens dar, welcher auch für Außenstehende von Interesse ist. In der Produktion gewinnt dieses Ziel zusätzlich an Bedeutung: Erstens, da die Produktion in der Wertschöpfungskette (vor allem in der Beschaffung) meist die Hauptkosten für Industrieunternehmen verursacht. Eine Ersparnis von fünf Prozent in der Beschaffung bewirkt in der Regel eine viel höhere Hebelwirkung für die Kostenstruktur eines Unternehmens als die gleiche Ersparnis in der Marketingabteilung. Dies bewirkt, dass sich eine dauerhafte Ineffizienz in der Produktion oft fatal auf Unternehmen auswirkt. Der nachfolgende Abschnitt zeigt Methoden, die hilfreich sind, Ineffizienz zu minimieren.

6.1.2   Produktionsfunktionen

Um die Kosten und Prozesse zu minimieren, sind verschiedene Instrumente hilfreich. Die **Produktionsfunktionen** spielen hierbei eine zentrale Rolle, da sie die Beziehung zwischen dem Input (der eingesetzten Faktorkombination) und dem daraus resultierenden Output herstellen. Ziel der Funktionen ist es, eine möglichst optimale Faktorenkombination bezüglich der entstehenden Ausbringungsmenge zu finden. Je nach Art der Produktion und der eingesetzten Faktoren ergeben sich unterschiedliche Funktionen.

Ertragsgesetzliche Produktionsfunktion

Das neoklassische Ertragsgesetz beschreibt die Produktivität eines einfachen Wertschöpfungsprozesses mit überschaubaren Inputfaktoren. Es untersucht, wie sich die Ausbringungsmenge verändert, wenn ein Inputfaktor bei sonst gleichen Bedingungen (ceteris paribus) erhöht wird. Man nimmt an, dass der Grenzertrag verschiedene Phasen durchläuft: Der Mehreinsatz eines Produktionsfaktors verursacht zuerst bei Konstanz der anderen Inputfaktoren einen zunehmenden Grenzertrag, dann einen abnehmenden und schließlich einen negativen Grenzertrag. Bei einer grafischen Darstellung dieses Prozesses zeichnet sich eine s-förmige Kurve ab. Die optimale Faktorkombination ergibt sich an dem Punkt, an dem der Grenzertrag die Steigung Null aufweist, sprich am Wendepunkt von zunehmendem zu abnehmendem Grenzertrag (**minimaler Grenzertrag**). Hier erreicht der Ertrag sein ein Maximum. Ab diesem Maximum fällt der Ertrag ab, trotz erhöhtem Faktoreinsatz. Das Fließband eines Automobilunternehmens kann zwischen einem und 100 Autos pro Tag produzieren. Werden 100 Autos präsentiert, ist die beste Faktorenkombination und die optimale Betriebsgröße erreicht. Sollen mehr Autos produziert werden, müsste ein zweites Fließband angeschafft werden.

Substitutionale Produktionsfunktion

Die substitutionale Produktionsfunktion trägt einem flexibleren Produktionsprozess Rechnung. Bei der Zusammensetzung der Inputfaktoren besteht eine gewisse Flexibilität: So kann ein Faktor zu einem gewissen Grad durch einen anderen ersetzt werden, ohne eine erhebliche Veränderung des Output zu verursachen. Der Einsatz von Substituten wird dann erwogen, wenn sich die Preise der Inputfaktoren oder der möglichen Substitute verändern, und sich dadurch eine kostengünstigere Faktorkombination ergibt. Das Prinzip der Produktionsfunktion bleibt jedoch an und für sich das gleiche. Bei der Automobilproduktion wurde in diesem Zusammenhang z.B. Kunststoff für Stoßfänger als Substitut für Metall verwendet. Es ist billiger, weist aber ähnliche Eigenschaften auf. Es gibt natürlich auch periphere Substitute (Stoff), die einen Faktor oder eine Faktorenkombination nur bedingt ersetzen können.

Limitationale Produktionsfunktionen

Bei dieser Produktionsfunktion werden die verschiedenen Inputfaktoren in einem starrem Verhältnis (linear-limitational) zueinander eingesetzt, so dass eine Erhöhung eines Inputfaktors nicht zwangsweise zu einer Erhöhung des Outputs führt: Auf diese Weise werden bei der Herstellung von Autos durch die Erhöhung des Inputs von Lenkrädern nicht automatisch mehr Autos produziert, da außerdem noch vier Reifen und tausend andere Bauteile benötigt werden, um ein weiteres Auto herzustellen. Auch bezüglich limitationaler Produktionsfunktionen gibt es abgeschwächte Formen, bei welchen das Verhältnis der Inputfaktoren nicht so rigide ist und so eine gewisse Flexibilität der Produktion erlaubt.

Die eben beschriebenen Produktionsfunktionen zeigen, auf welche Weise man Produktionsprozesse beschreiben und optimieren kann. Die Produktionsfunktionen helfen nicht nur bei der Planung, sondern geben zudem einen Überblick über den Zusammenhang und die Ersetzbarkeit von Inputfaktoren.

Es ist festzustellen, dass die Wertschöpfung in der Produktion einen effizienten und effektiven Produktionsprozess voraussetzt. Der Begriff **Effizienz** bezeichnet die korrekte Ausführung von Produktionsaktivitäten mit möglichst geringem Kostenaufwand. Effizientes Produktionsmanagement hat demnach die Aufgabe, alle Ineffizienzen innerhalb der Produktion zu identifizieren und zu beseitigen sowie alle Prozesse und Aufgaben so zu strukturieren, dass eine optimale Wertschöpfung erzielt wird. In vielen wettbewerbsintensiven Branchen ist ein effizientes Produktionsmanagement der ausschlaggebende Faktor für die Wettbewerbsfähigkeit eines Unternehmens.

Der Begriff **Effektivität** ist dem der Effizienz sehr ähnlich. Im Gegensatz zu „weniger Input" und „mehr Output" bei der Effizienz bezieht sich die Effektivität auf den Grad der Zielerreichung. Somit geht es bei Effektivität um das eigentliche Produktionsergebnis bzw. um die Qualität des Produktionsoutputs. Als Indikator eines effektiven Produktionsmanagements ist beispielsweise die Kundenzufriedenheit zu nennen. *Peter Drucker*[6] beschreibt den Unterschied beider Begriffe sehr treffend. Laut *Drucker* bedeutet Effizienz, *„die Dinge richtig zu tun"* und Effektivität, *„die richtigen Dinge zu tun"*.

Im Folgenden sollen nun die historische Entwicklung des Produktionsmanagements betrachtet werden, um aufzuzeigen, wie sich die Aufgaben und der Fokus dieser Unternehmensfunktion über die Jahre geändert haben.

6.2 Historische Entwicklung des Produktionsmanagements

In diesem Abschnitt sollen die Entwicklung und der Wandel der Rolle des Produktionsmanagements im Unternehmen im zeitlichen Verlauf Gegenstand der Betrachtung sein.

Seit über zwei Jahrhunderten gilt Produktion als ein wesentlicher Faktor des Wirtschaftswachstums eines Landes. Ende des 18. Jahrhunderts symbolisiert die **industrielle Revolution** einen historischen Meilenstein für die heutigen Produktionsmethoden von Gütern und Dienstleistungen. Die zu dieser Zeit zunehmende Anzahl von Erfindungen, wie beispielsweise die industrielle Nutzung der Dampfmaschine durch *James Watt* im Jahr 1764, ermöglichte einen fundamentalen Wandel der Produktionsmethoden: Weg von menschlicher Handarbeit, hin zum Einsatz von Maschinen.

Zu dieser Zeit erkannte *Adam Smith* den wirtschaftlichen Nutzen von **Arbeitsteilung** und setzte den Grundstein der traditionellen Definition des Produktionsmanagements. In seiner im Jahr 1776 erschienen Schrift *„Der Wohlstand der Nationen"* empfiehlt *Smith* die Arbeitsteilung im Produktionsprozess und zerlegt den Herstellungsprozess in eine Reihe getrennter Arbeitsvorgänge. Die ständige Wiederholung einer bestimmten Tätigkeit ermöglicht eine fachliche Spezialisierung des Arbeiters sowie den Aufbau von Fachwissen. Nach *Smith* wird so die Grundlage für Effizienz im Herstellungsprozess geschaffen. Noch heute liegt dieses Prinzip der sogenannten „Fließbandfertigung" zu Grunde.

Auf diesen Prinzipien aufbauend, entwickelte im Jahr 1911 der US-Amerikaner *Frederick W. Taylor* die Theorie der Arbeitsteilung. Nach dem Prinzip einer Prozesssteuerung von Arbeitsabläufen führte *Taylor* neue Produktionsmethoden ein, für die sich der Begriff **Scientific Management** bzw. **Taylorismus** durchsetzte. *Taylor* versuchte, die Produktivität der Arbeiter und die Herstellung von Gütern durch detaillierte Vorgaben von Arbeitsaufgaben und -methoden zu erhöhen.

Die Idee der Arbeitsteilung in möglichst kleine Teilaufgaben stieß ebenfalls bei *Henry Ford* auf großes Interesse. Mit der Einführung einer **Fließbandfertigung** seines Automobils „Modell T" im Jahr 1914 gelang *Ford*, die Effizienz in seinen Fabriken erheblich zu erhöhen. Das Verfahren der Fließbandfertigung wurde zunehmend perfektioniert.

Der eigentliche Begriff des Produktionsmanagements etablierte sich im Zeitraum zwischen den Jahren 1930 und 1950: Motiviert durch die Methoden und den Erfolg von *Taylor* entwickelten sich stetig neue Methoden zur Erhöhung der wirtschaftlichen Effizienz im Herstellungsprozess. Arbeitnehmer wurden in ihrer Arbeitsleistung und ihrem Arbeitsumfeld im Detail analysiert, um auf diesem Weg jegliche Ineffizienzen zu beseitigen. Zugleich lieferten Soziologen, Psychologen und Sozialwissenschaftler neue Erkenntnisse über die menschlichen Verhaltensweisen im beruflichen Alltag. Ökonomen, Mathematiker und Informatiker ermöglichten bessere Analysemethoden, welche zu weiteren Effizienzsteigerungen beim Herstellungsprozess beitrugen.

Mit dem Beginn der 70er Jahre hielt das Informationszeitalter Einzug und Computer wurden zunehmend im Wirtschaftsleben genutzt. Mit Hilfe des Computers konnten viele der zuvor entwickelten Industriemodelle auf einer breiteren Basis angewandt werden. Eine der bedeutendsten Entwicklungen stellt dabei die sogenannte **Materialbedarfsplanung** *(Material Requirement Planning, MRP)* dar. Mit Hilfe elektronisch gesteuerter Materialbedarfsplanung wurde es möglich, sehr große Datenmengen zu einer effektiven Beschaffungs- und Produktionsplanung zu verarbeiten.

Die 80er Jahre wurden hauptsächlich von der aus Japan stammenden Produktionsphilosophie **Just-in-Time** *(JIT)* geprägt. *Just-in-Time* bezieht sich auf das Produzieren auf Abruf. Mit dem Ziel der Produktion bei geringen Lagerhaltungskosten werden durch das JIT-Konzept die Informations- und Materialflüsse so koordiniert, dass Güter oder Bauteile erst bei Bedarf – zeitlich möglichst genau berechnet – direkt an das Montageband geliefert werden. Generell ist das JIT-Konzept als Organisationsphilosophie zu verstehen, die kontinuierlich versucht, alle Ineffizienzen zu vermeiden und zugleich Prozessverbesserungen und organisatorische Effizienz herzustellen. Die JIT-Philosophie ermöglichte vielen Unternehmen, ihren Unternehmenserfolg und ihre Wettbewerbsfähigkeit wesentlich zu verbessern.

Abbildung 6.2: LKW beim Entladen

Beeinflusst durch den permanenten Kundenwunsch nach besserer Qualität zu geringerem Preis etablierte sich während der 90er Jahre das **Total Quality Management (TQM)** als eine weitere grundlegende Entwicklung im Produktionsmanagement. TQM versucht die Produktqualität zu verbessern, indem qualitative Defizite in der Produktion vermieden werden und Qualität als oberste Unternehmensphilosophie eingeführt wird. Die Bedeutung dieser Entwicklung zeigt sich unter anderem in dem heute hohen Bestreben von Unternehmen, die sogenannte Zertifizierung nach: ISO 9001 zu erlangen. Diese Zertifizierung, die durch die Internationale Organisation für Normung (ISO) herausgegeben wird, etabliert internationale Normen und Standards, welche die Grundsätze zum Qualitätsmanagement auf nationaler und internationaler Ebene dokumentieren und garantieren. Das ISO-Zertifikat ermöglicht den Nachweis der Qualität von Produkten oder Dienstleistungen im Handelsraum der Europäischen Union. Heutzutage gilt die ISO-Zertifizierung für Hersteller, Zulieferer und internationale Unternehmen oftmals als Voraussetzung, um Handelsaufträge annehmen zu dürfen.

Wie bereits zu Beginn des Kapitels erwähnt, stellt sich das Produktionsmanagement auch gegenwärtig stets neuen Herausforderungen. Die Vielfalt an Produktvarianten ist wesentlich angewachsen und Kunden wurden über die Jahre hinweg anspruchsvoller. Die dank der Informationstechnologie immer besser werdende Vernetzung eines Unternehmens ermöglicht es, neue Mittel und Wege zu finden, um auch in Zukunft den Ansprüchen von Kunden zu genügen.

In diesem Abschnitt erfolgte die historische Betrachtung der Entwicklung des Produktionsmanagements. Es wurde deutlich, dass sich das Management der Produktion dank unterschiedlicher Innovationen stets weiterentwickelte. Es wurde ebenso deutlich, dass das Produktionsmanagement ein Differenzierungsmerkmal gegenüber der Konkurrenz darstellt und somit einen wahrhaftigen Wettbewerbsvorteil darstellen kann.

6.3   Rolle der Produktion im Unternehmen

Nachdem die wesentlichen Begrifflichkeiten der Produktion und die historische Entwicklung betrachtet wurden, soll nun die Rolle der Produktion im Unternehmen und deren Interaktion mit anderen Unternehmensfunktionen beschrieben werden.

Die Rolle der Produktion im Unternehmenskontext ist vielseitig. Die Produktion kann einerseits als Funktion die Unternehmensstrategie unterstützen und andererseits eine Kernkompetenz für das Unternehmen darstellen. Produktion ist im Unternehmen daher nicht isoliert zu betrachten, sondern leitet sich von der Unternehmensstrategie ab. Sie ist eine Funktionalstrategie von mehreren Funktionsstrategien wie beispielsweise der der Salesstrategie oder der Personalstrategie und sollte mit diesen koordiniert sein. Generell umfasst der Begriff **Produktionsstrategie** langfristige Entscheidungen und Festlegungen im Zusammenhang mit der Herstellungsform von Gütern und Dienstleistungen (Output). Die Produktionsstrategie soll dazu führen, das Formalziel bestmöglich und nachhaltig zu erreichen. Somit legt die Produktionsstrategie neben der Bestimmung benötigter Inputfaktoren auch die Standortwahl der Produktionsstätten, die Auswahl der Lieferanten sowie das Regelwerk und die Methodik bestimmter Produktionsprozesse fest. In diesem Verständnis orientiert sich die Produktionsstrategie an der langfristigen Ausrichtung des Unternehmens und entscheidet darüber, wie wesentliche Unternehmensressourcen eingesetzt werden können, um die nachhaltige Unternehmensstrategie zu unterstützen. Die Produktionsstrategie kann sich dabei sowohl an der Art der zu erstellenden Produkte und Dienstleistungen orientieren, als auch von den langfristigen Unternehmenszielen abgeleitet werden.

Beispiel 6.1   **Die Produktionsstrategie in der Automobilbranche**

Ein Automobilhersteller wie Volkswagen (VW) könnte sich beispielsweise zum Ziel setzen, der weltgrößte Autokonzern zu werden (Unternehmensstrategie). Zur Sicherstellung einer gewissen lokalen Marktnähe, einer Umgehung von Importzöllen und zur Absicherung eventueller Währungsrisiken beschließt das Unternehmen, Produktionsstätten in mehreren Ländern, wie China, Mexiko und anderen wichtigen Märkten des Unternehmens, zu errichten und zu betreiben (Produktionsstrategie).

Wie in obigem Beispiel geschildert, unterstützt die Produktionsstrategie die Unternehmensstrategie und kann wesentlich zur Realisierung der Unternehmensziele beitragen. In der Produktionsstrategie werden aber neben strategischen auch operative Entscheidungen getroffen. Wie aufgezeigt wurde, nimmt die Produktion neben den operativen Aufgaben zunehmend mehr Managementaufgaben wahr. Die Auswahl des passenden Fertigungstyps ist ein wesentlicher Faktor für eine effiziente Umsetzung der Produktions- und Unternehmensstrategie.

6.3.1 Produktionstypen

Wie zu Beginn des Kapitels erläutert wurde, ist der heutige Wettbewerb durch eine hohe Produktvielfalt gekennzeichnet. Dabei wird gleichzeitig schnell und flexibel auf Kundenwünsche reagiert. Dies stellt den Produktionsbereich innerhalb eines Unternehmens vor große Herausforderungen. Reaktionszeit und Flexibilität sind elementare Eigenschaften erfolgreichen Wirtschaftens. Um diese zu gewährleisten, muss das Unternehmen die zeitliche Verteilung der Produktionsmenge festlegen und dabei den passenden **Produktionstyp** wählen. Grundsätzlich stehen dem Unternehmen drei Optionen zur Verfügung: Die **Auftragsfertigung**, die **vorratsbezogene Fertigung** sowie die **Mischfertigung**.

Auftragsfertigung

Nach Eingang eines Kundenauftrags beginnt die **Auftragsfertigung** mit der Planung und Fertigung eines Produkts oder einer Dienstleistung. Ein Kundenauftrag kann beispielsweise der Druck individueller Hochzeitskarten oder auch ein Brückenbau sein. Der Erfüllungsgrad der spezifischen Kundenwünsche und die benötigte Zeit zur Auftragsfertigstellung stellen dabei erfolgskritische Faktoren dar.

Vorratsbezogene Fertigung

Die **vorratsbezogene Fertigung** ist unabhängig von einer spezifischen Kundenbestellung. Sie orientiert sich an einer vorher durchgeführten Bedarfsprognose und wird von einem mengen- und zeitmäßig festgelegten Produktionsprogramm abgeleitet. Dabei handelt es sich meistens um Standardprodukte wie Bücher oder Fernseher, die nach abgeschlossener Fertigung gelagert und bei Kundenbedarf ab Lager verkauft werden. Die Erfolgsfaktoren der vorratsbezogenen Fertigung ergeben sich somit aus der korrekten Bedarfsprognose und der optimalen Anpassung des Lagerbestandes.

Mischfertigung

Eine Mischform aus Auftrags- und vorratsbezogener Fertigung stellt die **Mischfertigung** dar. Bei dieser Fertigungsoption handelt es sich um eine auftragsneutrale Vorfertigung, die mit einer kundenspezifischen Endfertigung, wie beispielsweise die Herstellung von Computersystemen, bestehend aus Computern (Hardware) und Software, verbunden ist. Bei der Mischfertigung wird versucht, den Lagerbestand an standardisierten Komponenten und die benötigte Zeit zur Auftragsfertigstellung des Endprodukts möglichst gering zu halten.

Die Wahl des Produktionstyps ist zudem von der Komplexität des Produkts und von der Delegier- und Koordinierbarkeit der Lieferanten abhängig. Nur so lassen sich die oben genannten Ziele erfolgreich umsetzen. Die Wahl des Produktionstyps stellt ein operatives Element des Produktionsmanagement dar. Im folgenden Abschnitt sollen nun die verschiedenen strategischen Auswahloptionen vorgestellt werden, welche einer Produktionsabteilung zur Verfügung stehen.

6.3.2 Produktionsstrategien

Neben der Frage der Auswahl des passenden Fertigungstyps stellt sich für die Produktionsstrategie auch die Frage, auf welche Weise zentrale Ressourcen im Rahmen der Produktion eingesetzt werden, um die Unternehmensstrategie bestmöglich zu unterstützen. *Wickham Skinner* definiert in diesem Zusammenhang vier generelle Produktionsstrategien, welche bei einem Produktionsprozess zur Auswahl stehen. Diese werden nach **Kosten**, **Qualität**, **Geschwindigkeit** und **Diversität** der Leistungserstellung unterschieden.

Kostenstrategie

Die Kostenstrategie bei der Leistungserstellung hat zum Ziel, minimale Produktionskosten und die Vermeidung von Ineffizienzen im Produktionsprozess zu verfolgen. Diese Strategie wird häufig bei der Produktion standardisierter Produkte und Dienstleistungen, wie beispielsweise der Massenware, verwendet. Oftmals können Kunden zwischen Produkten unterschiedlicher Hersteller nicht unterscheiden, wie bei herkömmlichem Papier oder Zucker. Ihre Kaufentscheidung basiert einzig und allein auf dem Kaufpreis des Produktes oder der Dienstleistung. Eine Kostenstrategie kann mit Hilfe der Einführung von Produktionsstandards, der Automatisierung und der Stabilität des Produktionsprozesses erreicht werden.

Beispiel 6.2 **Die Kostenstrategie am Beispiel von EasyJet**

Die Strategie der Kostenführerschaft von *EasyJet* basiert unter anderem auf detailliert und sorgfältig geplanten Dienstleistungen, effizienten Prozessen und motiviertem Personal. In Anlehnung an das Geschäftsmodell der US-amerikanischen Fluggesellschaft Southwest Airlines modifizierte *EasyJet* das Geschäftsmodell für den europäischen Markt durch weitere Sparmaßnahmen wie beispielsweise durch das Streichen von Anschlussflügen oder von kostenlosen Mahlzeiten. Die Erfolgsfaktoren des Geschäftsmodells liegen in einer hohen Flugzeugauslastung, in kurzen Umschlagszeiten, in der Abrechnung von Zusatzleistungen (wie *Priority Boarding*, bezahlten Mahlzeiten an Board, zusätzlichen Gepäckgebühren) und geringen Prozesskosten. Dabei benutzt *EasyJet* hauptsächlich einen Flugzeugtyp (Airbus A319), um die Wechselkosten[7] der Flugzeugbegleiter zu verringern, Ausbildungsprogramme und Wartungsarbeiten zu standardisieren und Lagerbestände zu vereinheitlichen.

Qualitätsstrategie

Die Qualitätsstrategie bei der Leistungserstellung ist gekennzeichnet durch die Entwicklung eines Produkts oder einer Dienstleistung, welches bzw. welche im Vergleich zum Wettbewerb einzigartige, für den Kunden relevante und wahrnehmbare Leistungseigenschaften aufweist. Dieser Verkaufsvorteil erlaubt es dem Unternehmen, einen höheren Preis für das Produkt oder die Dienstleistung zu verlangen. Im Produktionsbereich kann die Qualitätsstrategie durch den Fokus auf Produktqualität und bzw. oder auf Prozessqualität erreicht werden.

- **Produktqualität:** Die Produktqualität versucht Kundenbedürfnisse durch Produkte oder Dienstleistungen mit der „richtigen" Qualität zu erfüllen.

- **Prozessqualität:** Hierbei wird versucht, die Prozessqualität durch kontinuierliche Verbesserungen des Produktionsprozesses zu erhöhen und Kundenbedürfnisse durch die Herstellung fehlerfreier Produkte oder Dienstleistungen zu befriedigen.

Erfolgsgrundlage beider Optionen ist es, das richtige Maß an Qualität zu finden. Beispielsweise kann die Entwicklung von Produkten und Dienstleistungen mit übertriebenen Qualitätsmerkmalen die Kosten in die Höhe treiben und vom Kunden als überteuert empfunden werden. Mit zu geringer Qualität kann das Produkt unter Umständen gewissen Mindestanforderungen des Kunden nicht mehr gerecht werden. In beiden Fällen riskiert das Unternehmen, Kunden an Wettbewerber zu verlieren, welche ein auf die Bedürfnisse des Verbrauchers besser zugeschnittenes Maß an Qualität definiert haben.

Für *David Garvin* sind acht verschiedene Produkt- oder Dienstleistungsmerkmale für die Implementierung einer Qualitätsstrategie maßgeblich. Der Fokus auf die eine oder die andere Kombination verschiedener Produkt- oder Dienstleistungseigenschaften kann dabei den Erfolg der Qualitätsstrategie begründen. Die acht Merkmale lassen sich wie folgt unterscheiden.

Produkt- oder Dienstleistungsmerkmale nach *Garvin*:

- **Leistungsmerkmal:** z.B. Eigenschaften des Produkts oder der Dienstleistung.
- **Zusatzfunktionen:** z.B. Extras, die die Basiseigenschaften des Produkts bzw. der Dienstleistung ergänzen.
- **Zuverlässigkeit:** z.B. Wahrscheinlichkeit der Funktionsfähigkeit.
- **Konformität:** z.B. Grad zu dem das Produkt oder die Dienstleistung etablierte Marktstandards erreicht.
- **Lebensdauer:** z.B. Haltbarkeit des Produkts oder der Dienstleistung.
- **Wartung:** z.B. Reparaturgeschwindigkeit, -service oder -kompetenz.
- **Ästhetik:** z.B. Design, Gefühl, Geschmack, Geruch oder Klang eines Produkts oder einer Dienstleistung.
- **Ansehen:** z.B. Image, Reputation des Produkts oder der Dienstleistung.

Die Qualität bei der Leistungserstellung für Klaviere

Das Unternehmen *Steinway & Sons* war lange Zeit Qualitätsführer in der Klavierbranche. Das Unternehmen ist dafür bekannt, Klaviere mit ausgeglichenen Klangeigenschaften, exzellenter Klangfarbe und Klangdauer sowie einer hohen Verarbeitungsqualität herzustellen. Jedes Klavier wird in Handarbeit hergestellt und besticht durch einzigartige Klangeigenschaften und durch individuellen Baustil. Trotz dieser ausgezeichneten Produkteigenschaften wurde *Steinway & Sons* in den letzten Jahren zunehmend von seinem Wettbewerber Yamaha unter Druck gesetzt. In nur kurzer Zeit konnte sich Yamaha als Qualitätshersteller auf dem Markt etablieren. Dies gelang vor allem dank Yamahas Schwerpunktsetzung auf Zuverlässigkeit und Konformität – Qualitätseigenschaften, die *Steinway & Sons* weniger stark priorisiert hatte. *Steinway & Sons* musste daher feststellen, dass der Kunde viel Wert auf Zuverlässigkeit und Konformität legt. Die verfolgte Strategie war bisher als solche richtig, aber die Kunden haben ihre Bedürfnisse im Lauf der Zeit verändert. Es lässt sich also feststellen, dass ein Unternehmen die Verfolgung seiner Produkt- und Produktionsstrategie stets an den Kundenbedürfnissen seiner Zielgruppe anpassen und dynamisch sein muss, um nachhaltig erfolgreich zu bleiben.

Zeitstrategie

Unter **Zeitstrategie** versteht man die Fähigkeit eines Unternehmens, eine Kundenleistung dauerhaft und mit hoher Geschwindigkeit anzubieten. Dabei wird der Faktor „Zeit" in den Mittelpunkt der Strategie gestellt. Durch eine effektive und effiziente Nutzung der Ressource Zeit (z.B. Reaktionszeit auf Marktveränderungen, Umwelteinflüsse) wird der Versuch unternommen, im Vergleich zur Konkurrenz einen Wettbewerbsvorteil zu erzielen.

Die Zeitstrategie bei der Leistungserstellung in der Automobilbranche

Der japanische Automobilhersteller *Toyota* unterstreicht exemplarisch die Bedeutung der Ressource „Zeit" als kritischen Wettbewerbsfaktor. Unzufrieden mit den langen Reaktions- und Lieferzeiten eines Zulieferers und den Auswirkungen hinsichtlich des eigenen Unternehmens versuchte *Toyota* die Leistungserstellung des Zulieferers zu beschleunigen. Der Lieferant benötigte fünfzehn Tage für die Herstellung eines Komponentenbauteils nach Erhalt aller benötigten Rohstoffe. Als ersten Schritt verringerte *Toyota* die **Losgröße**[8] des Lieferanten und schaffte es, den Leistungserstellungsprozess des Lieferanten auf sechs Tage zu kürzen. Im Anschluss verschlankte und restrukturierte *Toyota* den Produktionsbereich und -prozess des Zulieferers. Auf diese Weise reduzierte *Toyota* die Anzahl der Lagerhaltungspunkte in der Fertigung. Die Reaktionszeit verringerte sich schlagartig auf nur drei Tage.

Diversifikationsstrategie

Die **Diversifikationsstrategie** bei einem Herstellungsprozess charakterisiert die Eigenschaft, Kunden eine hohe Variantenvielfalt des Produktes oder der Dienstleistung anbieten zu können. Darüber hinaus kann bei der Diversifikationsstrategie die Flexibilität – sprich die Schnelligkeit, mit der ein Unternehmen seine Prozesse verändern kann, um eine neue Produktlinie oder Dienstleistung einzuführen – von zentraler Bedeutung sein. Hierbei spielt die Lernfähigkeit des Unternehmens eine zentrale Rolle, aber auch die organisatorische Anpassungsfähigkeit. So kann die Produktion beispielsweise durch das Schaffen von Plattformen oder von Baukastensystemen mit überschaubarem Aufwand flexibel und kostensparend organisiert werden. Die aus Kundenperspektive entstandene Variantenvielfalt wird oftmals als eine Qualitätseigenschaft des Produkts oder der Dienstleistung wahrgenommen. So kombiniert diese Strategie viele Komponenten und Vorteile, verlangt jedoch auch von Unternehmen viele Kompetenzen, um diese Vorteile umsetzen zu können.

> **Beispiel 6.5** **Die Diversifikationsstrategie bei der Leistungserstellung in der Automobilbranche**
>
> Zu Beginn der 80er Jahre wurde *Honda* von *Yamaha* in seiner Marktführerschaft für Motorräder bedroht. Beide Unternehmen zeichneten sich zu diesem Zeitpunkt durch eine Produktpalette von 60 verschiedenen Motorrädern aus. In nur 18 Monaten schaffte es *Honda* mit der erfolgreichen Markteinführung von 113 neuen Motorradmodellen, seine alte Produktpalette zu ersetzen und erheblich zu erweitern. Im gleichen Zeitraum konnte *Yamaha* lediglich 37 Modelle am Markt einführen. Im Vergleich zu *Honda* erfüllten die Motorräder von *Yamaha* die Kundenwünsche nicht im gleichen Umfang. Basierend auf der Diversifikationsstrategie und dank einer höheren Flexibilität im Bereich Entwicklung und Produktion sowie der Markteinführung neuer Produkte konnte *Honda* seine Marktführerschaft gegenüber *Yamaha* verteidigen. In der Zwischenzeit hat auch *Yamaha* seine Produktpalette wesentlich erweitert.

In diesem Abschnitt wurde gezeigt, wie zahlreich die unterschiedlichen Strategieoptionen in der Produktion sein können. Die Wahl der Produktionsstrategie determiniert sämtliche anderen Unternehmensprozesse, beispielsweise die Wahl der Zulieferer. Wichtig ist bei dieser Entscheidung, die konsequente Verfolgung und Umsetzung der gewählten Produktionsstrategie zu beachten und sich bewusst gegen eine andere Option auszusprechen, um Verwässerung bezüglich der Positionierung zu vermeiden.

6.4 Produktionsprozess und -kosten

6.4.1 Produktionsprozess

Der **Produktionsprozess** bezeichnet den zielgerichteten Ressourceneinsatz in einem wertschöpfenden Kombinations- und Transformationsprozess zur Erstellung bestimmter Güter. In diesem Sinn spiegelt der Produktionsprozess die Wettbewerbsorientierung und bestimmte Produkt- oder Dienstleistungsentscheidungen zur Erreichung der Unternehmensziele wider. Der Produktionsprozess hat folgende Merkmale.

Merkmale eines Produktionsprozesses:

■ Der Produktionsprozess ist ein *zielgerichteter Prozess*. Jedes Produktionssystem verfolgt eine konkrete Zielvorgabe.

■ Der Produktionsprozess verwandelt verschiedene *Inputfaktoren* in einen nützlichen, wertvollen *Output*.

■ Der Produktionsbereich arbeitet eng mit anderen *Organisationsbereichen und -systemen* zusammen.

■ Produktionsprozesse erlauben Rückschlüsse einzelner Aktivitäten zur *Erfolgskontrolle* und *Effizienzsteigerung*.

Generell kann der Produktionsprozess in verschiedene **Fertigungstypen** unterteilt werden. Je nach hergestellter Produktionsmenge werden die *Einzelfertigung*, *Serienfertigung* (reine Serienfertigung, Sortenfertigung, Chargenfertigung) und die *Massenfertigung* unterschieden. Obwohl sich die einzelnen Fertigungstypen voneinander abheben, sollten sie als Kontinuum und als sich ergänzend verstanden werden, da Unternehmen häufig eine Kombination verschiedener Fertigungstypen im Produktionsprozess anwenden. *Abbildung 6.3* unterteilt die unterschiedlichen Fertigungstypen je nach Produktionsvolumen.

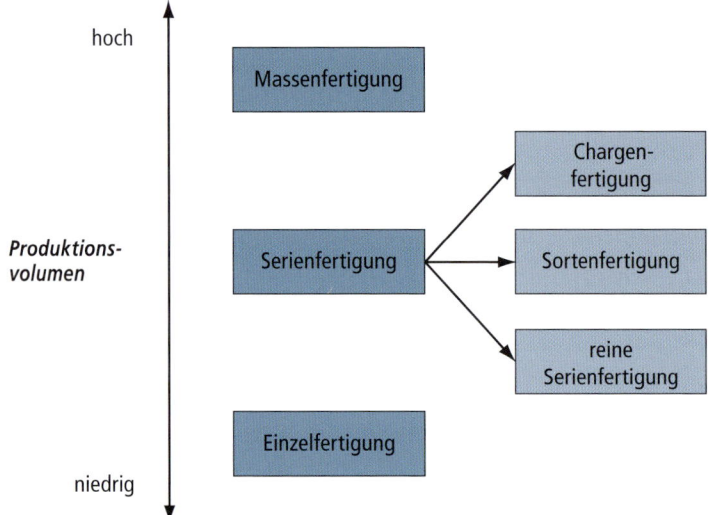

Abbildung 6.3: Fertigungstypen[9]

Abbildung 6.3 zeigt die verschiedenen Fertigungstypen, die bei einem Produktionsprozess in Abhängigkeit von dem Produktionsvolumen zur Auswahl stehen. Bei hohem Produktionsvolumen eignet sich beispielsweise der Fertigungstyp Massenfertigung am besten. Es gibt weitere Faktoren, die die Fertigungstypenwahl beeinflussen, beispielsweise der Bestellrhythmus oder die Homogenität eines Produkts. Die verschiedenen Fertigungstypen und deren Eigenschaften sollen nun im Einzelnen beschrieben werden.

Einzelfertigung

Unternehmen mit Einzelfertigung arbeiten oftmals an einzelnen und gesonderten Kundenaufträgen. Tendenziell implizieren derartige Kundenaufträge einen hohen Ressourceneinsatz und lange Fertigungszeiten, da die Aufträge meist einzigartig sind (z.B. Schiffsbau, Wohnungsbau, Filmproduktion). Die Kundenzielgruppe ist sehr limitiert und die Kunden werden stark in den Produktionsprozess miteinbezogen, beispielsweise bei dem Design des Produktes oder der Auswahl verwendeter Materialien. Die Einzelfertigung beruht daher nicht auf einem vordefinierten Produktionsprogramm und zeichnet sich durch sehr hohe variable Kosten im Vergleich zu den fixen Fertigungskosten aus, welche bei anderen Fertigungstypen (Serien- oder Massenfertigung) üblicherweise geringer ausfallen. Die Einzelfertigung benötigt spezialisierte Arbeitskräfte, die unabhängig, flexibel und selbständig arbeiten, um die Herausforderung des Einzelauftrags bewältigen zu können.

Wird bei der Fertigung anstelle von nur einer Produkteinheit desselben Produktes eine Vielzahl von Produkteinheiten desselben Produktes hergestellt, spricht man von der sogenannten **Mehrfachfertigung**. Bei der Mehrfachfertigung kann zwischen Serienfertigung und Massenfertigung unterschieden werden.

Serienfertigung

Die Serienfertigung kennzeichnet einen Produktionsprozess, bei dem eine begrenzte Stückzahl an verschiedenen Produkten auf gleichen oder auf verschiedenen Produktionsanlagen hergestellt wird. Je nach Produktionsvolumen der jeweiligen Serie kann zwischen *Kleinserien* und *Großserien* unterschieden werden. Zwischen der Fertigstellung unterschiedlicher Produkte erfolgt eine Umstellung der Produktionsanlagen. Man unterscheidet zwischen einer reinen *Serienfertigung*, der *Sortenfertigung* und der *Chargenfertigung*.

Typen der Serienfertigung:

- **Reine Serienfertigung:** Die reine Serienfertigung umfasst die Produktion mehrerer Einheiten verschiedener Produkte auf unterschiedlichen Anlagen, beispielsweise bei der Automobilproduktion.

- **Sortenfertigung:** Die Sortenfertigung ist durch die Produktion mehrerer Einheiten verschiedener Produkte auf den gleichen Anlagen gekennzeichnet. Im Gegensatz zu einer reinen Serienfertigung wird hierbei ein einheitliches Produktionsmaterial verwendet, beispielsweise bei dem Buchdruck.

- **Chargenfertigung:** Die Chargenfertigung kennzeichnet einen Produktionsprozess, bei dem die Ausgangsbedingungen nicht konstant gehalten werden (können) und es daher zu Abweichungen im Endprodukt (Output) einzelner Produktionsvorgänge kommt. Dies kann beispielsweise an Unterschieden in der Qualität der Inputfaktoren liegen. Beispielsweise unterscheidet sich die Qualität von Trauben je nach geographischer Lage bei der Weinherstellung. Der Begriff **Charge** bezeichnet die Menge, die in einem einzelnen Produktionsvorgang hergestellt wird.

Alle drei Untertypen der Serienfertigung sind für mittelgroße Produktionsvolumina geeignet und zeichnen sich durch hohe fixe Kosten und relativ niedrige variable Kosten aus. Wesentliche variable Kosten stellen hier meist die Umrüstkosten dar, die anfallen, wechselt man von einer Charge zur anderen.

Massenfertigung

Die Massenfertigung ist gekennzeichnet durch die Fertigung eines einzigen Produktes **(einfache Massenfertigung)** oder mehrerer Produkte mit gleichen Produkteigenschaften **(mehrfache Massenfertigung)** über einen längeren Zeitraum. Der Produktionsprozess wird dabei ununterbrochen wiederholt und ein hohes Produktionsvolumen erzeugt, beispielsweise bei der Zuckerherstellung. Die Massenproduktion eignet sich gut für eine Automatisierung des Produktionsprozesses, da eine Produktionsumstellung der Fertigungsanlagen wegfällt. Diese Art der Fertigung ist bei besonders hohen Produktionsvolumina vorzufinden. Die meisten Kosten, die anfallen, sind fixe Kosten.

Es gibt unterschiedliche Vorgehensweisen, um den richtigen Fertigungstyp für ein Unternehmen zu finden. Generell ist es wichtig, dass sich jeder Fertigungstyp an den speziellen Produkteigenschaften orientieren sollte. Diese Beziehung kann anhand einer sogenannten *Produkt-Produktionsprozess-Matrix* aufgezeigt werden.

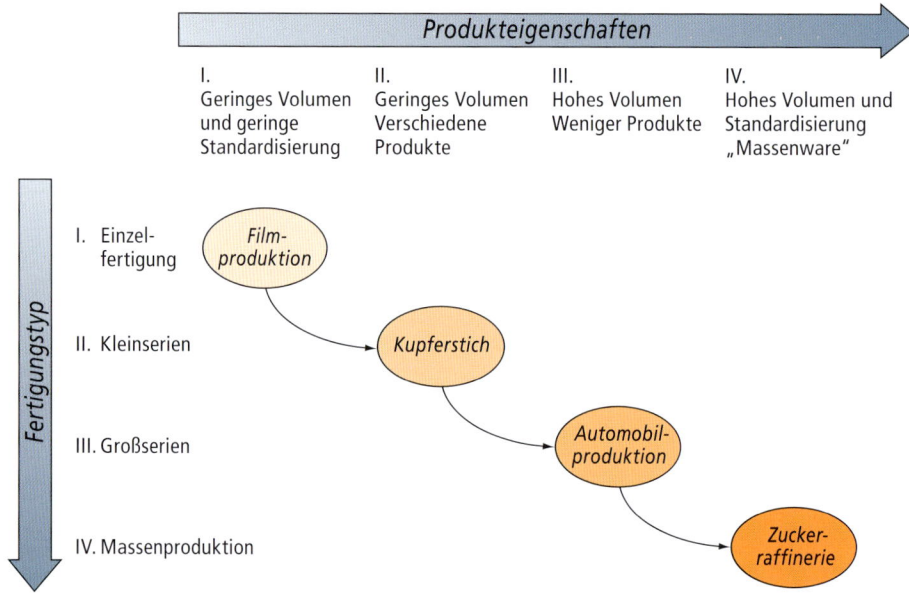

Abbildung 6.4: Produkt-Produktionsprozess-Matrix nach Hayes und Wheelwright
Quelle: Hayes und Wheelwright (1979), S. 128.

Wie in *Abbildung 6.4* dargestellt, werden für jeden Fertigungstyp die Produkteigenschaften, sprich das Produktionsvolumen und der benötigte Grad an Standardisierung, gegenübergestellt. Man wird feststellen, dass die Massenproduktion mit einem hohen Grad an Standardisierung am geeignetsten ist. Weitere Aspekte stellen auch die Automatisierungsfähigkeit der Produktion und die Notwendigkeit von menschlicher Arbeitskraft dar.

6.4.2　Produktionskosten: Break-even-Analyse

Neben der Auswahl des Fertigungstyps ist es zudem von Bedeutung, die Relation zwischen produzierter Menge und Produktionskosten zu kennen. Abgesehen von qualitativen Methoden gibt es hierzu eine Vielzahl an quantitativen Techniken.

Eine der wohl bekanntesten Auswahlmethoden ist die Break-even-Analyse, bei der Kosten- und Erlösfaktoren gegenübergestellt werden. Die Break-even-Analyse wird häufig auch *Gewinnschwellenanalyse* bezeichnet. Die *Break-even-Analyse* ermittelt die sogenannte *Gewinnschwelle (Break-even)*, indem sie das Verhältnis von Volumen, Kosten, Umsatz und Gewinn untersucht. Die Gewinnschwelle stellt den Punkt dar, an dem weder Gewinn noch Verlust entsteht. Als Volumen wird dabei das *Herstellungsvolumen* verstanden, welches in *Produktionsvolumen* (produzierte Menge) und *Absatzvolumen* (verkaufte Menge) unterteilt werden kann.

Nachfolgend werden die Kostenarten sowie die Gewinnschwellenberechnung näher beschrieben. Die Kostenarten stellen einen wesentlichen Bestandteil für die Berechnung der Gewinnschwelle *(Break-even)* dar.

Kostenarten

Generell gibt es zwei wesentliche **Kostenarten** in der Produktion: Die fixen- und die variablen Kosten. **Fixe Kosten** sind unabhängig von der Produktionsmenge und bleiben über einen längeren Zeitraum konstant (z.B. Miet-, Zinsaufwendungen). **Variable Kosten** sind von der betrieblichen Leistung abhängig und variieren je nach Produktionsmenge (z.B. Materialkosten, Fertigungslöhne).

Als **Gesamtkosten** wird die Summe der fixen und variablen Kosten bezeichnet. Das Ergebnis der Multiplikation von Verkaufspreis und Absatzmenge wird **Gesamtumsatz** genannt. Schließlich wird unter **Gewinn** die Differenz zwischen Gesamtumsatz und Gesamtkosten verstanden.

Break-even-Berechnung

Der *Break-even* kann sowohl wert- als auch mengenmäßig berechnet werden:

Berechnung der mengenmäßigen *Break-even*:

Bei der mengenmäßigen Berechnung wird berechnet, ab welcher Absatzmenge der Gesamtumsatz die fixen und variablen Kosten deckt. Der **Deckungsbeitrag** (Gewinnmarge) je Stück errechnet sich aus dem Verkaufspreis pro Stück abzüglich der variablen Stückkosten.

$$\text{Break-even(Menge)} = \frac{\text{Summe Fixkosten}}{\left(\text{Deckungsbeitrag je Stück}\right)}$$

Beispiel 6.6 **Die Berechnung des mengenmäßigen Break-even**

Ein Unternehmen verkauft ein Produkt für 20 € pro Stück. Bei fixen Kosten in Höhe von 120.000 € und variablen Kosten pro Stück von 12,50 €.

$$\text{Break-even(Menge)} = \frac{120.000 \ €}{7,50 \ €} = \mathbf{16.000}$$

Das Unternehmen muss 16.000 Einheiten verkaufen, um den *Break-Even* zu erreichen.

Berechnung der wertmäßigen *Break-even*:

$$\text{Break-even(wertmäßig)} = \frac{\text{Summe Fixkosten}}{\left(\text{Deckungsbeitrag je Stück}\right)}$$

Die wertmäßige *Break-even* gibt den zur Deckung der variablen und fixen Kosten benötigten Umsatzerlös an. Die **Deckungsquote** je Stück errechnet sich aus dem Quotient des Deckungsbeitrags je Stück und dem Verkaufspreis je Stück.

Berechnung der Deckungsquote:

$$\text{Deckungsquote je Stück} = \frac{\text{Deckungsbeitrag je Stück}}{\left(\text{Verkaufspreis je Stück}\right)}$$

Beispiel 6.7   **Berechnung des wertmäßigen Break-evens**

Ein Unternehmen verkauft ein Produkt für 20 € pro Stück. Bei fixen Kosten in Höhe von 120.000 € und variablen Kosten pro Stück von 12,50 €.

1. Berechnung der Deckungsquote je Stück:

$$\text{Deckungsquote je Stück} = \frac{\text{Deckungsbeitrag je Stück}}{\left(\text{Verkaufspreis je Stück}\right)} = \frac{7,5\ €}{20\ €} = 0,375$$

2. Berechnung des wertmäßigen *Break-even*:

$$\text{Break-even(wertmäßig)} = \frac{\text{Summe Fixkosten}}{\left(\text{Deckungsquote je Stück}\right)} = \frac{120.000\ €}{0,375} = 320.000\ €$$

Es ergibt sich ein wertmäßiger *Break-even* bei einem Gesamtumsatz von 320.000 €.

Eine wichtige Voraussetzung der effektiven *Break-even-Analyse* bildet die ganzheitliche Identifikation und korrekte Zuordnung von fixen und variablen Kosten. Dies ist in der Praxis oft nur schwer zu erfüllen. Allerdings ist gerade der Prozess der Zuteilung der Kosten in die Kostenarten äußerst hilfreich, um ein Verständnis für die Kostenstruktur des Unternehmens zu bekommen. Neben der eigentlichen Ermittlung des Break-Even stellt dieser Vorgang einen wesentlichen Nutzen der *Break-even-Analyse* dar.

Im folgenden Abschnitt sollen nun die Grundlagen der Lagerplanung behandelt werden. Besonderes Gewicht wird hierbei den Themen Lagerbestand, Bedarfsverlauf und Gütertypisierung und schließlich Lagerplanungssystem verliehen.

6.5 Grundlagen der Lagerplanung

In vielen Firmen nehmen die Materialkosten neben den Personalkosten den weitaus größten Kostenanteil ein. Die Tendenz, vermehrt Teile der Produktion auszulagern und *Outsourcing* zu betreiben, führt zudem dazu, dass die Wichtigkeit der Lagerplanung und der Lagerkosten für Firmen in der Zukunft noch weiter ansteigen wird.

Aufgrund der immer kürzer werdenden Produktlebenszyklen steigt das Risiko der Veralterung und des Wertverlusts gelagerter Produkte. In vielen Industriezweigen wird der Lagerbestand deshalb als ein finanzielles Risiko angesehen, welches es zu minimieren gilt. Konkret heißt dies, den Lagerbestand so gering wie nur möglich zu halten, ohne dabei den Produktionsprozess beispielsweise durch Verzögerung negativ zu beeinflussen.

Ein wichtiges Ziel der **Lagerplanung** ist demnach, den Lagerbestand und die Beschaffung von Material möglichst kostenoptimal zu gestalten. Hierbei ist es zunächst notwendig, den Lagerbestand mengen- und wertmäßig zu erfassen, wie dies beispielsweise auf Basis der jährlichen Bestandsaufnahme aller Vermögenswerte eines Unternehmens (Inventur) geschieht.

6.5.1   Lagerbestand

Das Ziel der Lagerplanung besteht darin, den Lagerbestand und die Beschaffung von Material möglichst kostenoptimal zu gestalten. Der Begriff **Lagerbestand** umfasst sowohl den Vorrat an Rohmaterialien, als auch die sich derzeit im Herstellungsprozess befindlichen sowie bereits fertiggestellten Produkte. Oft tendiert man dazu, bei Lagerbestand an bereits fertige Produkte zu denken, die im Unternehmen darauf warten, an Kunden verkauft zu werden. Sicherlich ist dies eine der Hauptfunktionen der Lagerhaltung, doch wird der Begriff Lagerbestand weiter gefasst. Als Lagerbestand können **Inputfaktoren** (z.B. Roh-, Hilfs-, Betriebsstoffe) **Outputfaktoren** (z.B. Teile, Komponenten, Fertigerzeugnisse) und **Zwischenprodukte** des Produktionsprozesses wie beispielsweise unfertige Erzeugnisse gelten.

In jüngster Vergangenheit neigen viele Industriezweige dazu, langfristige Lieferpartnerschaften einzugehen. Es geht daher heute nicht mehr so sehr um die Frage, wann und wie viel zu bestellen, sondern vielmehr darum, wann und wie viel zu liefern. Im Allgemeinen sind mit der Lagerhaltung drei Kostenblöcke verbunden: Lagerhaltungskosten, Beschaffungskosten und Fehlbestandskosten.

Blöcke der Lagerhaltungskosten:

- **Lagerkosten:** Bei Lagerkosten handelt es sich um die eigentlichen Kosten, die für die Zeitüberbrückung von Lagergütern anfallen. Diese Kosten beinhalten wie folgt:
  - *Lagerbestandskosten:* z.B. Finanzierungs- und Zinskosten durch das im Lager gebundene Kapital, Verschleiß, Schwund;
  - *Lagerraumkosten:* z.B. Abschreibungen, Mieten;
  - *Lagerbehandlungskosten:* z.B. Transport des Lagerbestands;
  - *Lagerverwaltungskosten:* z.B. Personal, EDV-Systeme;

  Die Lagerkosten variieren dabei je nach Lagervolumen und Zeitraum der eigentlichen Lagerung. Daraus ergibt sich folgende Kausalität: Je höher das Lagervolumen in einem gewissen Zeitraum ist, desto höher sind die Lager- bzw. Lagerhaltungskosten.

- **Beschaffungskosten:** Beschaffungskosten bezeichnen Kosten, die bei der Beschaffung der zur Leistungserstellung und -verwertung erforderlichen Produktionsfaktoren entstehen. Es ist von Vorteil, Beschaffungskosten in mittelbare und unmittelbare Beschaffungskosten zu unterscheiden.
  - Bei **mittelbaren** Beschaffungskosten handelt es sich um Kosten, die unabhängig von der Bestellmenge mit jedem Bestellvorgang anfallen (z.B. Frachtkosten).

– **Unmittelbare** Beschaffungskosten sind bestellmengenabhängig und ergeben sich aus dem Bestellpreis multipliziert mit der Bestellmenge. Die Beschaffungskosten variieren demnach abhängig von der Anzahl der Beschaffungsvorgänge: Je mehr Bestellungen in einem bestimmten Zeitraum eingehen, desto höher sind die Beschaffungskosten.

■ **Fehlbestandskosten:** Unter Fehlbestandskosten werden diejenigen Kosten verstanden, die durch das Fehlen benötigter Produktionsfaktoren anfallen. Ergibt sich aus dieser Bestandsknappheit ein Auftrags- bzw. Umsatzverlust, so werden diese ebenfalls als Fehlbestandskosten bezeichnet. Indirekt können wiederholte Fehlbestandskosten zu Imageschäden im Markt und damit zu langfristigen Kundenverlusten und Umsatzeinbußen führen. Fehlbestände treten unter anderem auf, da die Lagerhaltungskosten in den letzten Jahren stark zugenommen haben und Unternehmen dazu neigen, aufgrund von Sparmaßnahmen lieber zu wenig als zu viel Lagervorrat zu besitzen.

6.5.2 Bedarfsverlauf und Gütertypisierung

Ziel der Bedarfsermittlung ist es, den Bedarf an Gütern, welche für die Produktion benötigt werden, in möglichst optimaler Weise zu bestimmen, um möglichst geringe Kosten zu generieren. Oft helfen bei der Bedarfsermittlung Erfahrungswerte, die sich über Jahre hinweg in einem Unternehmen angesammelt haben. Typen von Gütern haben in der Regel einen typischen Bedarfsverlauf. In Anlehnung an die XYZ-Analyse ist zwischen drei unterschiedlichen Typen von Gütern zu unterscheiden: X-Güter, Y-Güter und Z-Güter. Da diese Gütertypen einen jeweils unterschiedlichen Bedarfsverlauf aufweisen, können sie in unterschiedliche Bedarfsverlaufskategorien eingeteilt werden, um so Fehlbestandskosten zu minimieren. In Bezug auf den Materialverbrauch unterscheidet man je nach Gütertyp X, Y oder Z hierbei drei Bedarfsverläufe. Ein weiteres Hilfsinstrument, um die Wichtigkeit eines Bedarfsproduktes zu erkennen, stellt die ABC-Analyse dar.

Konstanter Bedarfsverlauf und X-Güter

Bei einem konstanten Bedarfsverlauf sind aus der Bestellhistorie nur sehr wenige Schwankungen zu erkennen, so dass man den Bedarf **präzise prognostizieren** kann. Die Mengenfestlegung erfolgt aus dem Mittelwert der vergangen Bestellperioden. Aufgrund der guten Prognostizierbarkeit der X-Güter können verfügbare Informationen über den Bedarfsverlauf in der Vergangenheit wichtige Hinweise über den zukünftigen Bedarfsverlauf geben. Dies erlaubt die Führung einer minimalen Lagermenge oder gar die Anwendung der sogenannten *Just-In-Time-Methode*, bei der erst im Moment des tatsächlichen Bedarfs geliefert wird.

Saisonaler bzw. trendförmiger Bedarfsverlauf und Y-Güter

Bei einem **saisonalen Bedarfsverlauf** ist die Bedarfsmenge nicht konstant, sondern folgt einem bestimmten **wiederkehrenden Muster**. So wird beispielsweise im Winter weniger Eis konsumiert als im Sommer und dagegen mehr Lebkuchen gegessen. Mancher Bedarfsverlauf kann mit hoher Gewissheit prognostiziert werden und bei anderen können externe Variablen (z.B. Wetter) ein Restrisiko darstellen. Dieses Restrisiko muss durch Vorratsaufbau behoben werden, weswegen die benötigten Güter der Y-Klasse zugeteilt werden.

Der **trendförmige Bedarfsverlauf** beschreibt ein ähnliches Risiko bei der Prognose des Güterbedarfs wie der saisonale Bedarfsverlauf. Der Unterschied ist, dass hierbei keine wiederholenden Nachfragemuster zu erkennen sind, sondern es sich um allgemeine Trends handelt. So kann beispielsweise im Mobilfunkmarkt ein eindeutiger Trend weg von klassischen Handygeräten hin zu Smartphones beobachtet werden. Auf diesen Trend kann man in der Bedarfsplanung in groben Zügen vertrauen und bauen und beispielsweise mehr berührungsempfindliche Displays (Touchscreens) bestellen als in den vorherigen Monaten.

Unregelmäßiger Bedarfsverlauf und Z-Güter

Bei einem **unregelmäßigen Bedarfsverlauf** ist den vorangegangen Bestellperioden keine Information über die Zukunft zu entnehmen. Es ist *in keinster Weise eine Art Muster zu erkennen*, weswegen man meist einen hohen Lagerbestand in Kauf nimmt, um flexibel auf die Nachfrage reagieren zu können.

Wichtigkeit eines Bedarfsproduktes: ABC-Analyse

Die ABC-Analyse stellt ein weiteres Hilfsinstrument für eine geeignete Lagerplanung dar und klassifiziert Bedarfsprodukte in drei Klassen, je nach relativem Wertanteil am zu produzierenden Endprodukt. Verbunden mit den Analysen, die bereits behandelt wurden, versucht man hierbei nicht nur die Lagerbestände zu minimieren, sondern auch das damit gebundene Kapital. Die drei Klassen sind als Prioritätsklassen zu verstehen: Wenn ein Bedarfsteil einerseits zwar nur 20% des Volumen des Endprodukts ausmacht, andererseits jedoch 80% des Endproduktwertes, so hat es bei der Beschaffung eine relativ hohe Priorität (A-Güter) und im umgekehrten Fall logischerweise eine relativ niedrige Priorität (C-Güter). Diese Art von Analyse zeigt deutlich, wo der wesentliche Wertzuwachs eines Produktes entsteht und vor allem auch, wo keine Fehlertoleranz entstehen sollte. Die ABC-Analyse wird bei der Lagerplanung ähnlich wie in anderen betriebswirtschaftlichen Funktionen (z.B. Marketing) eingesetzt.

6.5.3 Lagerplanungssystem

Das **Lagerplanungssystem** stellt ebenfalls einen wichtigen Bestandteil für die Optimierung der Lagerplanung dar. Aufgabe dieses Systems ist die Minimierung der Lager-, Beschaffungs-, und Fehlbestandskosten. Das Lagerplanungssystem umfasst alle organisatorischen Maßnahmen zur optimalen Bestimmung des Beschaffungs- und Lagerprogrammes. In diesem System wird die **Höhe des Lagerbestands**, der **Bestellzeitpunkt** und die **Bestellmenge** festgelegt. Generell kann das Lagerplanungssystem nach zwei Basismodellen unterschieden werden: Das **Bestellpunktsystem** (kontinuierlich) und das **Bestellrhythmussystem** (periodisch).

Bei einem **Bestellpunktsystem** wird eine Bestellung immer dann aufgegeben, wenn der Lagervorrat auf ein im Voraus bestimmtes Niveau absinkt. Diesen Punkt bezeichnet man als **Bestellpunkt *(R)*** oder auch als kritischen Lagerbestand. Erreicht das Lagerniveau diesen Bestellpunkt, wird eine konstant gleiche **Bestellmenge *(Q)*** aufgegeben. Anhand der Bestellmenge *(Q)* werden die Gesamtlagerhaltungskosten minimiert.

Um nun die **optimalen Bestellmenge *(EOQ)*** zu berechnen, wird die **klassische Losformel** *(Economic Order Quantity, EOQ-Formel)* angewandt. Das Konzept der klassischen Losformel wurde primär von *Harris* (1913) und *Wilson* (1934) entwickelt. Im deutschsprachigen Raum wurde diese Theorie durch die von *Kurt Andler* (1929) entwickelte *Andler'sche Formel* bekannt. Die klassische Losformel versucht diejenige Bestellmenge zu ermitteln, bei der die Beschaffungs- und Lagerhaltungskosten optimiert werden. Je nach getroffenen Annahmen gibt es verschiedene Varianten, um die optimale Bestellmenge zu ermitteln.

Bestellpunktsystem

In einem einfachen Bestellpunktsystem ergibt sich die optimale Bestellmenge *(EOQ)* aus der minimalen Summe der Beschaffungskosten sowie den Lagerhaltungskosten. Um das Volumen der optimalen Bestellmenge zu berechnen, werden folgende Modellannahmen getroffen:

- Der Produktionsbedarf ist bekannt und konstant.
- Die Lieferzeit und der Materialpreis (Beschaffungskosten) sind konstant.
- Die Lagerhaltungskosten sind genau bestimmbar und konstant.
- Die Produktnachfrage wird erfüllt (kein Lieferrückstand) und ist konstant.

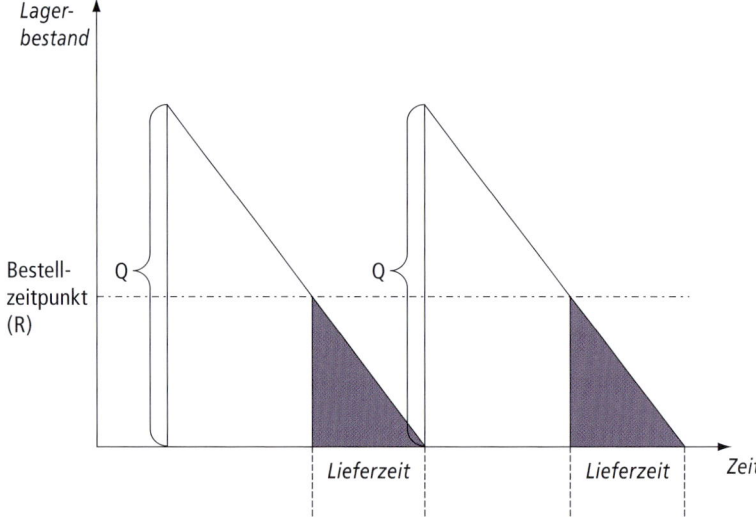

Abbildung 6.5: Grundmodell des Bestellpunktsystems

Der sogenannte Sägezahneffekt verdeutlicht die Beziehung zwischen der Bestellmenge *(Q)* und dem Bestellzeitpunkt *(R)*. Sinkt der Lagerbestand auf ein bestimmtes Niveau *(R)*, wird eine Bestellung aufgegeben. Diese Bestellung erreicht das Unternehmen nach einer gewissen Lieferzeit *(L)*, die – wie oben erwähnt – konstant ist und bleibt.

Um nun ein Lagerplanungssystem festzulegen, sollen in einem ersten Schritt die Gesamtkosten der Lagerhaltung durch die mathematische Beziehung zwischen Bestellmenge, Beschaffungskosten und Lagerhaltungskosten ermittelt werden.

Berechnung der Gesamtkosten der Lagerhaltung:

$$TC = CD + \frac{D}{Q}S + \frac{Q}{2}H$$

TC = Gesamtkosten pro Jahr *(total cost)*
C = Kosten pro Einheit *(cost)*
D = Bedarfsmenge *(demand)*
Q = Bestellmenge *(quantity)*
S = fixe Bestellkosten *(set-up cost)*
H = Lagerhaltungskosten *(holding cost)*

Wie die mathematische Formel zeigt, basieren die Gesamtkosten der Lagerhaltung (pro Jahr) auf den **unmittelbare Beschaffungskosten** *(CD)*, den **mittelbaren Beschaffungskosten**

$$\left(\frac{D}{Q}S\right)$$

und den **Lagerhaltungskosten**

$$\left(\frac{Q}{2}H\right).$$

In einem zweiten Schritt soll nun die optimale Bestellmenge *(EOQ)* berechnet werden, bei welcher die Gesamtkosten der Lagerhaltung am geringsten sind. Mittels eines Kostengraphen lässt sich die optimale Bestellmenge aus dem Minimum der Gesamtkostenkurve und dem Schnittpunkt zwischen **Beschaffungskosten**

$$\left(\frac{D}{Q}S\right)$$

und den **Lagerhaltungskosten**

$$\left(\frac{Q}{2}H\right)$$

ermitteln. Mathematisch ergibt sich die optimale Bestellmenge durch den Nullpunkt der ersten Ableitung.

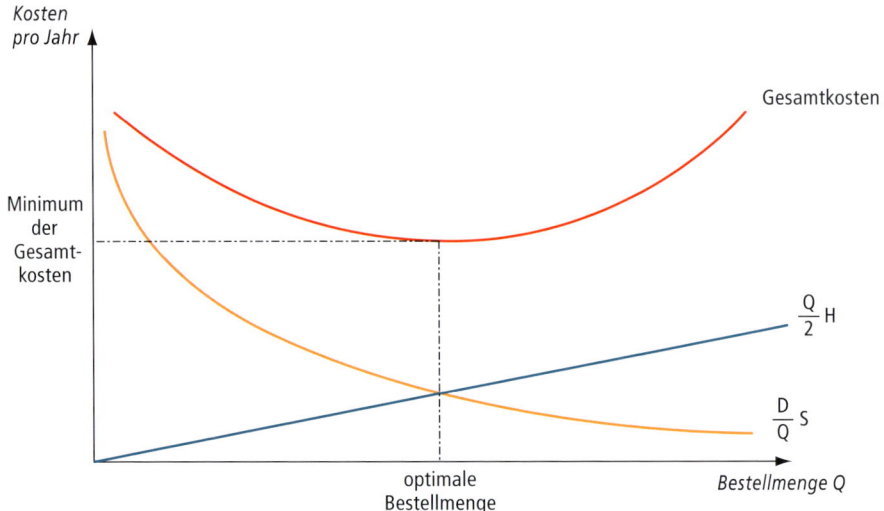

Abbildung 6.6: Grafische Ermittlung der optimalen Bestellmenge

Berechnung der optimalen Bestellmenge *(EOQ)*:

$$TC = CD + \frac{D}{Q}S + \frac{Q}{2}H$$

$$\frac{dTC}{dQ} = 0 - \frac{DS}{Q^2} + \frac{H}{2} = 0$$

Daraus folgt:

$$\frac{H}{2} = \frac{DS}{Q^2}$$

$$\frac{2}{H} = \frac{Q^2}{DS}$$

Löst man die Gleichung nach Q, erhält man die optimale Bestellmenge *(EOQ)*:

$$EOQ = \sqrt{\frac{2DS}{H}}$$

Da wir bei diesem Basismodell eine konstante Nachfrage und Lieferzeit voraussetzen, ergibt sich als **Bestellzeitpunkt** *(R)*:

$$R = \bar{d}L$$

$\bar{d}$ = Durchschnittsbedarf pro Zeitperiode *(average demand)*

L = Lieferzeit *(lead time)*

| Beispiel 6.8 | Bestellmenge, Bestellzeitpunkt und Lagerhaltungs-kosten eines Spielzeugverkäufers |

Aufgabe

Berechnen Sie für einen Spielzeughersteller die optimale Bestellmenge *(EOQ)*, den Bestellzeitpunkt *(Q)* und die Gesamtkosten der Lagerhaltung *(TC)* unter folgenden Voraussetzungen:

Jährliche Nachfrage *(D)* = 2.000 Spielzeuge
fixe Bestellkosten *(S)* = 10 € pro Bestellung
Lagerhaltungskosten *(H)* = 2,50 € pro Spielzeug
Kosten pro Einheit *(C)* = 25,00 €
Lieferzeit *(L)* = 5 Tage
Durchschnittsbedarf pro Tag *(€)* = $\dfrac{D}{365} = \dfrac{2000}{365}$

Lösung

1. Berechnung der optimalen Bestellmenge *(EOQ)*:

$$EOQ = \sqrt{\frac{2DS}{H}} = \sqrt{\frac{2(2000)10}{2,50}} = \sqrt{16000} = 126,5$$

Die **optimale Bestellmenge *(EOQ)*** beträgt somit 127 Spielzeuge.

2. Berechnung des Bestellzeitpunkts *(R)*:

Der **Bestellzeitpunkt** *(R)* resultiert aus dem Durchschnittsbedarf pro Zeitperiode *(d)* multipliziert mit der Lieferzeit *(L)*.

$$R = \bar{d}L = \frac{2000}{365}5 = 27,4 \text{ Spielzeuge}$$

Der Bestellzeitpunkt *(R)* beträgt somit 28 Spielzeuge. Das Lagersystem wird somit bei einem Meldestand von 28 Spielzeugen im Lager einen neuen Bestellvorgang mit der bereits berechneten Bestellmenge 127 Spielzeuge einleiten.

3. Berechnung der Gesamtkosten der Lagerhaltung *(TC)*:

$$TC = CD + \frac{D}{Q}S + \frac{Q}{2}H = 2000 \times 25,00 \text{ E} + \frac{2000}{127}10 \text{ €} + \frac{127}{2}2,50 \text{ €} = 50.316,23 \text{ €}$$

Die **Gesamtkosten der Lagerhaltung *(TC)*** betragen demnach 50.316,23 €.

Bestellrhythmussystem

Im Gegensatz zu dem Bestellpunktsystem ist bei dem Bestellrhythmussystem der Zeitraum zwischen zwei Bestellungen gleichbleibend (z.B. wöchentlich, monatlich) und die Bestellmenge variiert. Damit ergeben sich fixe Bestellzeitpunkte und variable Bestellmengen. Oftmals besuchen Zulieferer in gewisser Regelmäßigkeit ihre Kunden und überprüfen den Lagervorrat ihrer Produkte. Ist dieser Lagerbestand verbraucht oder hat ein bestimmtes Stand erreicht, bestellt der Zulieferer Material, um wieder einen bestimmten Sollbestand zu erreichen.

Das Zeitintervall zwischen den Besuchen des Zulieferers kann dabei beliebig festgelegt oder anhand der klassischen Losformel berechnet werden. Weiß man beispielsweise, dass bei einer jährlichen Nachfrage von 2.400 Einheiten und einer optimalen Bestellmenge von 400 insgesamt sechs Bestellungen pro Jahr aufgegeben werden müssen, ergibt sich hieraus ein Bestellrhythmus von zwei Monaten.

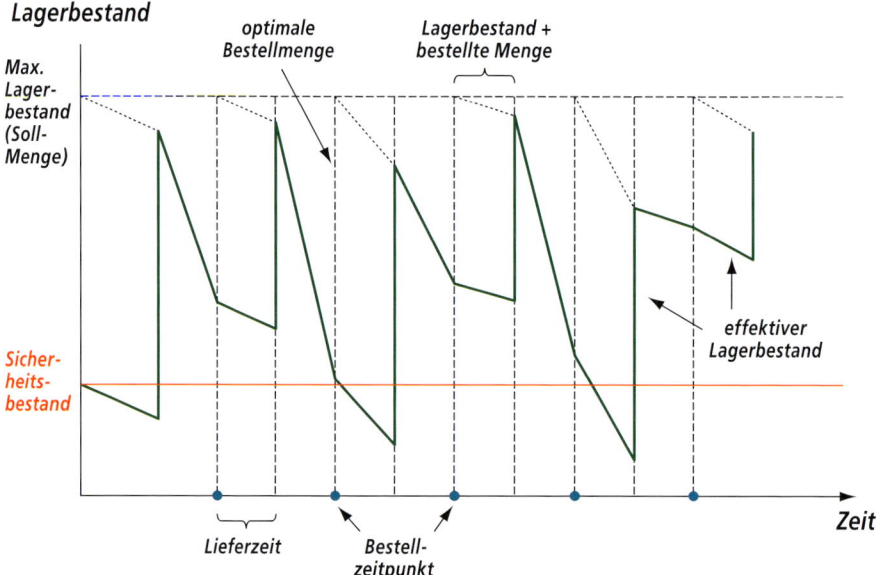

Abbildung 6.7: Lagerbewegung im Bestellrhythmussystem

In der Praxis sind Lieferzeit und Nachfrage nach Produkten oft nicht konstant. Bei diesem vereinfachten Modell kann dies dazu führen, dass sich der Lagerbestand vorzeitig erschöpft, noch ehe der nächste Bestellzeitpunkt erreicht ist. Dies führt zu einem Fehlbestand (und den bereits erwähnten Fehlbestandskosten), der bis zu dem nächsten Bestellzeitpunkt andauert. In der Praxis wird daher bei dem Bestellrhythmussystem oftmals ein sogenannter **Sicherheitsbestand** eingeführt, der die Menge bezeichnet, die aus Sicherheitsgründen immer auf Lager sein sollte.

Neben der generellen Bestimmung einer Sollmenge kann jedoch auch die optimale Bestellmenge *(EOQ)* im Bestellrhythmussystem mathematisch berechnet werden.

Berechnung der optimalen Bestellmenge *(EOQ)*:

$$EOQ = d\left(t\left(fix\right)+L\right)+z\delta\sqrt{t\left(fix\right)+L} - I$$

d = Durchschnittsbedarf *(avarage demand)*

$t(fix)$ = Zeitintervall zwischen 2 Bestellzeitpunkten *(time)*

L = Lieferzeit *(lead time)*

δ = Standardabweichung der Bedarfsnachfrage

$z\delta\sqrt{t\left(fix\right)+L}$ = Sicherheitsbedarf *(safety stock)*

I = Lagerbestand *(inventory)*

Beispiel 6.9

Die optimale Bestellmenge des Seifenverkaufs einer Drogerie

Eine Drogerie führt in ihrem Sortiment eine sehr beliebte Seifenmarke. Im Durchschnitt verkauft die Drogerie von dieser Seifenmarke 6 Seifen pro Tag, mit einer Standardabweichung von 1,2 Seifen. Der Seifenvertreter dieser Marke überprüft den Lagervorrat alle 60 Tage. Während eines Besuchs notiert dieser den Lagerbestand von 8 Seifen. Die Lieferzeit der Seifen beträgt 5 Tage.

Aufgabe

Wie hoch muss die optimale Bestellmenge sein, damit die Drogerie mit einer Wahrscheinlichkeit von 95% die Nachfrage der Seifen erfüllen kann ($z = 1,65$)?

Lösung

$$EOQ = d\left(t\left(fix\right)+L\right)+z\delta\sqrt{t\left(fix\right)+L} - I = 6\left(60+5\right)+\left(1.65\right)\left(1.2\right)\sqrt{60+5} - 8 = 397,96$$

Der Seifenvertreter sollte 398 Seifen bestellen.

Exkurs **Kanban – Das Toyota-Konzept**

Abbildung 6.8: Konzernzentrale Toyota Deutschland
Quelle: www.toyota.de/about/index.aspx.

In Anlehnung an das *Just-in-Time-Konzept* entwickelte Taichi Ohno, der damalige CEO des japanischen Automobilherstellers *Toyota*, in den 50er Jahren das sogenannte *Kanban-System* (japan. Karte). Mit der Zielsetzung einer Rationalisierung des Materialflusses bei geringen Lagerhaltungskosten führte Ohno dieses verbrauchsorientierte Produktionssystem bei *Toyota* ein. Das System basiert auf dem Prinzip der Holpflicht („Pull-Prinzip"), bei dem benötigte Produktionsteile rechtzeitig von vorgelagerten Produktionsstellen angefordert werden. Dabei werden sogenannte *„Kanban-Karten"* als Steuerungs- und Kontrollinstrumente des Materialflusses verwendet. In diesem Sinne unterliegt *Kanban* der dezentralen Steuerung.

Das *Kanban-System* eignet sich vor allem bei Fertigungssystemen mit geringen Rüstzeiten (z.B. Fließfertigung) und mit kurzen Transportwegen innerhalb der Materialbeschaffung. Kurze Durchlaufzeiten und standardisierte Abläufe sorgen für eine geringe Kapitalbindung. Darüber hinaus ist mit der Minimierung des Lagerbestandes eine größere Flexibilität verbunden, mit der kurzfristige Änderungen im Produktionsprozess ermöglicht werden. Dadurch kann *Kanban* besser auf bestimmte Kundenwünsche eingehen und reagieren. Gleichzeitig ermöglicht das Kartenprinzip transparente und sich selbst steuernde Regelkreise, die den Kontroll- und Steuerungsaufwand verringern.

Aufgrund der bestehenden Fertigungsschwankungen ist das *Kanban-System* jedoch ungeeignet für die Einzel- und Spezialfertigung. Die intensive Verkettung einzelner Fertigungsbereiche führt darüber hinaus dazu, dass Bedarfsschwankungen nur über die Frequenz der Kartenrückgabe justiert werden können. *Kanban* orientiert sich in diesem Sinn an der Gegenwart. Einzelne Produktionsbereiche besitzen nicht die Möglichkeit, im Voraus zu planen.

Aus diesen Gründen ist für das *Kanban-Systems* – wie bei jeder Fertigungsoption – zu beurteilen, ob das Produktionsverfahren auch das betriebswirtschaftlich sinnvollste ist. Je nach spezifischer Unternehmenssituation sollten wirtschaftliche (z.B. Kosten-Nutzen-Analyse), soziale (z.B. Arbeitsgestaltung, -bedingungen), technische (z.B. Grad der Rationalisierung), kulturelle (z.B. Unternehmensphilosophie) und strategische (z.B. Differenzierung, Qualität) Gesichtspunkte kritisch analysiert und beurteilt werden.

Reflexionsfragen

1. Diskutieren Sie am Beispiel von *Kanban*, inwiefern sich Produktion und Kultur gegenseitig beeinflussen.

2. Diskutieren Sie anhand eines Unternehmens Ihrer Wahl, inwiefern wirtschaftliche, soziale, technische und strategische Aspekte die Wahl des Produktionsverfahrens beeinflussen.

ZUSAMMENFASSUNG

- Folgende Inhalte wurden in diesem Kapitel behandelt: Unter dem Begriff **Produktionsmanagement** versteht man die Planung, Organisation, Koordination und Kontrolle aller organisatorischen Prozesse und Ressourcen, die zur Herstellung von Produkten und Dienstleistungen im Unternehmen benötigt werden. In diesem Sinn ist Produktionsmanagement als Führungsaufgabe zu verstehen, die sich mit der Koordination menschlicher Ressourcen, Maschinen, Technologien und Informationen befasst. Die Aufgabe des Produktionsmanagements besteht darin, durch einen Transformationsprozess verschiedene Inputfaktoren zu einem definierten Output in bestimmter Qualität herzustellen.

- Die Produktion hat sich im Lauf der Jahre gewandelt. Kunden wurden über die Jahrzehnte hinweg anspruchsvoller. Dieser neue Anspruch auf Kunden- wie auch auf Produktionsseite äußert sich in der gegenwärtig modernen Verkaufsdevise, für jeden Kunden ein maßgeschneidertes Produkt herzustellen. Die Produktion in einem modernen Unternehmen sollte daher ein Minimum an Flexibilität erfüllen.

- Die Rolle der Produktion im Unternehmenskontext ist vielseitig. Die Produktion kann einerseits die Unternehmensstrategie als Funktion unterstützen und andererseits eine Kernkompetenz für das Unternehmen darstellen. Die Produktion ist im Unternehmen daher nicht isoliert zu betrachten, sondern leitet sich von der Unternehmensstrategie ab. Sie ist eine Funktionalstrategie von mehreren Funktionsstrategien wie beispielsweise von der Salesstrategie oder der Personalstrategie, und sollte daher mit diesen koordiniert sein.

- Um Kosten zu minimieren und Prozesse zu optimieren, sind verschiedene Instrumente hilfreich. Die **Produktionsfunktionen** spielen hierbei eine zentrale Rolle. Sie stellen die Beziehung zwischen dem Input (eingesetztem Faktorkombination) und dem daraus resultierenden Output her. Ziel der Funktionen ist es, eine möglichst optimale Faktorenkombination bezüglich der entstehenden Ausbringungsmenge zu finden.

- Es wurden unterschiedliche Produktionstypen beschrieben, die die zeitliche Verteilung der Produktionsmenge bestimmen.

- Die Produktionsstrategie orientiert sich an der langfristigen Unternehmensausrichtung und legt fest, auf welche Weise die wesentlichen produktionsbezogenen Unternehmensressourcen zur nachhaltigen Gewährleistung der Unternehmensstrategie eingesetzt werden können. Unternehmen können alternativ vier generelle Produktionsstrategien in der Leistungserstellung verfolgen: Kosten-, Qualität-, Zeit- oder Diversifikationsstrategie.

- Der Produktionsprozess bezeichnet den zielgerichteten Ressourceneinsatz in einem wertschöpfenden Kombinations- und Transformationsprozess zur Erstellung bestimmter Güter.

- In vielen Firmen nehmen die Materialkosten mit den Personalkosten den weitaus größten Kostenanteil ein. Die Tendenz, vermehrt Teile der Produktion auszulagern und *Outsourcing* zu betreiben, führt zudem dazu, dass die Relevanz der Lagerplanung und der Lagerkosten für Firmen zukünftig weiter ansteigen wird. Ziel der Lagerplanung ist demnach, den Lagerbestand und die Beschaffung von Material möglichst kostenoptimal zu gestalten. Hierbei ist zunächst notwendig, den Lagerbestand mengen- und wertmäßig zu erfassen, wie dies beispielsweise auf Basis der jährlichen Bestandsaufnahme aller Vermögenswerte eines Unternehmens (Inventur) geschieht.

AUFGABEN

1. Was versteht man unter dem Begriff *Produktionsmanagement*?

2. Welche Zielsetzungen verfolgt das Produktionsmanagement?

3. Beschreiben und erklären Sie anhand eines Beispiels die unterschiedlichen Fertigungstypen.

4. Definieren und erklären Sie anhand eines Beispiels Ihrer Wahl die gewählte Produktionsstrategie.

5. Welche verschiedenen Lagerplanungssysteme haben Sie in diesem Kapitel kennengelernt?

6. Was versteht man unter einer *Break-even-Analyse* in der Produktion?

7. Welche Zielsetzungen verfolgt ein Lagerplanungssystem?

Fallstudie: IKEA – Niedrige Preise zum Kuscheln

Die *IKEA* Geschichte beginnt im Jahr 1943 in dem kleinen Dorf Agunnaryd in Schweden, als der *IKEA*-Gründer Ingvar Kamprad gerade 17 Jahre alt war. Seitdem ist der *IKEA*-Konzern zu einem riesigen Einzelhandelserlebnis mit 123.000 Mitarbeitern in 39 Ländern herangewachsen und generiert jährliche Umsätze von über 21,5 Milliarden Euro.

Abbildung 6.9: Die Produkte werden vom Kunden abgeholt
Quelle: IKEA.

Ingvar Kamprad wurde im südschwedischen Småland geboren und wuchs auf Elmtaryd, einem Bauernhof in der Nähe des kleinen Dorfes Agunnaryd auf. Bereits als kleiner Junge wusste Ingvar, dass er ein Geschäft aufbauen wollte. Die Kombination seines Namens in Verbindung mit dem seines Dorfes gab dem *IKEA*-Haus seinen Namen. Anfangs wurden diverse andere Konsumgüter vertrieben, unter anderem Uhren, Schmuck und Nylonstrümpfe. Bereits im Jahr 1947 wurden Möbel per Versand verkauft und dadurch relativ früh diverse Lager- und Haltungskosten eingespart. Seit dem Jahr 1951 konzentrierte sich das Unternehmen auf den Verkauf von Möbeln, für die mit dem berühmten *IKEA*-Katalog geworben wurde. Die Kataloge zeigten Wohnsituationen, welche die Wahrnehmung des einzelnen Objektes stark veränderte, weil dieses als Teil eines Systems betrachtet wurde. Im Jahr 1955 entwickelte *IKEA* selbst die ersten Möbel und nur ein Jahr später wurden diese als Bausatz zur Eigenmontage angeboten und versandt. Im Jahr 1958 wurde das erste *IKEA*-Möbelhaus eröffnet, in welchem die Kunden Möbel in Bausätzen selbst abholen und selbst zu Hause montieren konnten. Das *IKEA*-Konzept wurde zunehmend erfolgreicher, so dass die Möbelindustrie in Schweden *IKEA*s Lieferanten unter Druck setzte, das Unternehmen nicht mehr zu beliefern. *IKEA* musste in Folge dessen auf dem Weltmarkt nach einer Lösung suchen und fand schließlich Zulieferbetriebe in Polen, die kostengünstiger lieferten als die bisherigen schwedischen Lieferanten. Dies machte die gesamte Produktion noch kostengünstiger und das *IKEA*-Konzept vor dem Hintergrund einer internationalen Ausweitung folglich konkurrenzfähiger.

Abbildung 6.10: Produktion bei IKEA
Quelle: IKEA.

Im Jahr 1965 geschah etwas Außergewöhnliches: Im *IKEA*-Haus in Stockholm war der Ansturm der Kunden derart groß, dass die Mitarbeiter die Bestellungen nicht mehr abwickeln konnten. Kamprad ließ daraufhin die Lager für die Kunden öffnen, damit diese sich selbst bedienen konnten. Ab diesem Moment wurde bei *IKEA* das Lager gleichzeitig zur Verkaufsfläche. Das Konzept, Möbel als Gebrauchsgegenstand und nicht mehr als generationenübergreifende Erbstücke zu positionieren, findet zunehmend mehr Anhänger, nicht zuletzt durch den günstigen Preis, der vor allem jüngere Menschen mit niedrigem Einkommen anlockt. Nach der Eroberung des skandinavischen Marktes expandierte *IKEA* sehr erfolgreich nach Deutschland, Österreich und in die Schweiz. Die fünf größten Lieferantenländer sind heutzutage: China (20%), Polen (18%), Italien (8%), Deutschland (6%) und Schweden (5%). In den 80er Jahren expandierte *IKEA* rasch und eroberte neue Märkte wie die USA, Italien, Frankreich und Großbritannien. Weitere *IKEA*-Produktklassiker wie LACK und MOMENT entstehen.

Das Unternehmen begann, die Formen des heutigen modernen *IKEA* anzunehmen. *IKEA* expandierte nach der Jahrtausendwende in weitere Märkte wie Japan und Russland. Für die Wohnbereiche von Schlafzimmer und Küche werden komplette, aufeinander abgestimmte Einrichtungslösungen präsentiert. In dieser Periode zeichneten sich Erfolge verschiedener Partnerschaften zur Unterstützung von Umwelt- und sozialen Projekten ab.

Ein maßgeblicher Grund für diesen Erfolg ist das Preis-Leistungs-Verhältnis und die für ein Jahr geltende Preisgarantie. Dies kann *IKEA* jedoch nur dann erfolgreich gewährleisten, wenn das Unternehmen innovativ und kostengünstig produzieren und liefern kann. So wird *IKEA* einer der ersten Hersteller von Möbeln mit direkt auf Faser- oder Spanplatte produzierten Mustern. Dieses Verfahren nennt sich Print-on-Board und wird für *IKEA* in einer Fabrik in Polen eingesetzt. Da Möbel immer in flachen Paketen transportiert werden, gelingt es mehrere Produkte auf Lastwagen, Schiffe oder gar Züge zu laden und dadurch nicht nur Fracht-, sondern auch Arbeits- und Lagerkosten zu reduzieren. Die Folge davon ist eine geringere Anzahl von Fahrten und daher geringerer Emissionsausstoß. Ein Netzwerk von Transportunternehmen hilft dabei, die Produkte von den Fabriken über die Distributionszentren und Lager zu den einzelnen Einrichtungshäusern zu transportieren. Die Spediteure müssen den Verhaltenskodex „Die Distribution von Einrichtungsprodukten – The *IKEA* Way" unterschreiben und dessen Anforderungen erfüllen, wie beispielsweise den Einsatz von modernen Transportmitteln, um weniger Schadstoffe auszustoßen. Verhältnismäßig hohe Transportkosten können vor allem bei Produkten im *IKEA*-Sortiment entstehen, die relativ wenig kosten, aber ein überproportional hohes Verpackungsvolumen aufweisen. Die Art der Verpackung von Teelichtern zeigt, wie an einem einfachen Produkt enorme Kostenersparnisse erzeugt werden können. Eine herkömmliche Packung von 100 Teelichtern wurde bis dahin in einer Art Plastiksack transportiert und verkauft. Diese Art von Verpackung verursachte ein großes Transport- und Lagervolumen. Die Idee, Teelichter nebeneinander aufzureihen um dadurch den Raum für Luft in der Verpackung zu minimieren, so dass die Verpackung nun einer Pralinenpackung ähnelt, erwies sich als eine simple und zugleich sehr hilfreiche Innovation, die enorme Kostenersparnisse einbrachte. Die neue kompakte Verpackung ließ die Ladeeinheit um ganze 30 Prozent steigen. Dadurch wurde die Anzahl der notwendigen Paletten von ca. 60.000 um sage und schreibe ein Drittel reduziert. In Verbindung mit der Einführung von „cluster supplier", welche den unterschiedlichen Lieferanten und deren Produkten zwischengeschaltet sind, wurde nicht nur die Raumausnutzung der Transporte optimiert, sondern auch erreicht, die Zuladungsgewichte stets einzuhalten.

Heute ist das *IKEA*-Sortiment in vielerlei Hinsicht reichhaltig. Im Hinblick auf die Funktion findet der Kunde alles, was er benötigt, um sein Zuhause einzurichten – von der Wohnzimmereinrichtung und Pflanzen bis zu Spielzeug und kompletten Küchen. Im Hinblick auf den Stil wird der Romantiker bei *IKEA* ebenso fündig wie der Minimalist. Da die Produkte aufeinander abgestimmt sind, spiegelt sich die Vielfältigkeit des Sortiments jederzeit in Funktion und Stil wider. Egal welchen Stil der Kunde bevorzugt, jeder wird fündig werden.

Generell kann jedes Unternehmen Produkte von guter Qualität zu einem hohen Preis herstellen oder ein minderwertiges Produkt zu einem niedrigen Preis. Um aber Produkte von guter Qualität zu niedrigen Preisen herzustellen, müssen sowohl kostengünstige als auch innovative Methoden entwickelt werden. *IKEA* hat somit eine besondere Herangehensweise entwickelt, nach welcher z.B. zuerst der Preiszettel entworfen oder eine Tür als Tischplatte verwendet wird, *IKEA*-Designer Möglichkeiten finden, einen Rohstoff optimal zu nutzen, und schließlich ständig daran arbeiten, Produkte und Materialien so anzupassen, dass die negativen Auswirkungen auf die Umwelt minimiert werden und die Produkte gesundheitlich unbedenklich sind.

Vor diesem Hintergrund stellt *IKEA* ein Exempel dar, das aufzeigt, inwiefern Produktion und Logistik einen strategischen Wettbewerbsvorteil darstellen können.

Reflexionsfragen

1. Beschreiben Sie das Produktsortiment von *IKEA*.

2. Erörtern Sie, inwiefern *IKEA* anhand seiner Produktion Wettbewerbsvorteile schafft. Erläutern Sie dies an konkreten Beispielen und beziehen Sie sich dabei auf Konzepte des Kapitels Produktion.

3. Worin sehen Sie zukünftige Herausforderungen im Hinblick auf die Produktion des Unternehmens?

4. Wie könnte das Unternehmen diesen Herausforderungen gerecht werden?

Quelle: Straub und Shibib; Unternehmenshomepage IKEA

Verwendete Literatur

Aquilano, N.; Chase, R.; Davis, M.: „Fundamentals of Operations Management", 2. Aufl., Richard D. Irwin, 1995.

Buffa, E.: „Modern Production Management", John Wiley & Sons, 1961.

Chase, R.; Prentis, E.: „Operations Management: A Field Rediscovered", in: Journal of Management, Bd. 13, Nr. 2 (1987), S. 351-366.

Chase, R.; Garvin, D.: „The Service Factory", in: Harvard Business Review, Bd. 67, Nr. 4 (1989), S. 61-69.

Drucker, P.: „The Effective Executive", Harper Business, 1993.

Garvin, D.: „Competing on the Eight Dimensions of Quality", in: Harvard Business Review, Bd. 65, Nr. 6 (1987), S. 101-109.

Geiger, G.; Hering, E.; Kummer, R.: „Kanban", 2. Aufl., Hanser Verlag, München 2003.

Harris, F.: „How Many Parts To Make At Once", in: Factory. The Magazine of Management, Bd. 10, H. 2 (1913), S. 135-136, 152.

Harris, F.: „Operations Cost (Factory Management Series)", Shaw, 1915.

Hayes, R.; Wheelwright, S.: „Link Manufacturing Process and Product Life Cycles", in: Harvard Business Review, Bd. 57, Nr. 1 (1979), S. 133-140.

Hayes, R.; Wheelwright, S.: „The Dynamics of Process-Product Life Cycles", in: Harvard Business Review, Bd. 57, Nr. 2 (1979), S. 127-136.

Jung, H.: „Allgemeine Betriebswirtschaftslehre", 10. Aufl., Oldenbourg Verlag, München 2006.

Russel, R.; Taylor, B.: „Operations Management: Focusing on Quality and Competitiveness", 2. Aufl., Prentice-Hall, 1998.

Silver, E.: „Operations Research in Inventory Management: A Review and Critique", Operations Research, Bd. 29, Nr. 4 (1981), S. 628-645.

Skinner, W.: „Manufacturing – Missing Link in Corporate Strategy", in: Harvard Business Review, Bd. 47, Nr. 3 (1969), S. 136-145.

Skinner, W.: „The Focused Factory", in: Harvard Business Review, B.d 47, Nr. 3 (1974), S. 113-121.

Skinner, W.: „Manufacturing in the Corporate Strategy", John Wiley & Sons, 1978.

Smith, A.: „Der Wohlstand der Nationen", 1776.

Stalk, G.: „Time: The Next Source of Competitive Advantage", in: Harvard Business Review, Bd. 66, Nr. 4 (1988), S. 41-51.

Wheelwright, S.; Hayes R.: „Competing through Manufacturing", in: Harvard Business Review, Bd. 63, Nr. 1 (1984), S. 99-109.

Wilson, R.: „A Scientific Routine for Stock Control", in: Harvard Business Review, Bd. 13 (1934), S. 116-128.

Weiterführende Literatur

Arnold, U.: „Beschaffungsmanagment", 2. Aufl., Schäffer-Poeschel, Stuttgart 1997.

Fogarty, D.W.; Blackstone, J.H.; Hoffmann, T.R.: „Production and Inventory Management", 2. Aufl., South-Western Publishing, 1991.

Kern, W.: „Handwörterbuch der Produktionswirtschaft", 2. Aufl., Schäffer-Poeschel, Stuttgart 1996.

Skinner, W.: „Manufacturing in the Corporate Strategy", John Wiley & Sons, 1978.

Warnecke, H.-J: „Der Produktionsbetrieb 1: Organisation, Produkt, Planung", 3. Aufl., Springer, Berlin 1995.

Warnecke, H.-J.: „Der Produktionsbetrieb 2: Produktion, Produktionssicherung", 3. Aufl., Springer, Berlin 1995.

Endnoten

1. Siehe *Kapitel 4*: Sales.
2. Der Aufbau dieses Buches erfolgt entlang der Wertschöpfungskette.
3. Siehe *Kapitel 5*: Materialwirtschaft, Logistik und SCM.
4. Siehe *Kapitel 0 Einleitung*: Die Prinzipien des betriebswirtschaftlichen Denkens und Handelns.
5. Nach Gutenberg wird die menschliche Arbeit in zwei Kategorien unterteilt: Die *objektbezogene Arbeit*, die einen direkten Anteil am Produktionsprozess besitzt und für die Wertschöpfung mitverantwortlich ist. Auf der anderen Seite der *dispositive Faktor*, der in die Planung, Gestaltung und Führung der Produktion einfließt. Diesen zweiten Teil wird der Einfachheit halber im Wertschöpfungsprozess vernachlässigt und an anderer Stelle wieder aufgriffen.
6. Siehe Peter Drucker (1993).
7. Der Begriff „Wechselkosten" bezeichnet Transaktionskosten, die in diesem Fall für eine Fluglinie entstehen, sobald das Personal von einem Flugzeugtyp zu einem anderen Flugzeug wechselt.
8. Die **Losgröße** stellt im Rahmen der Industriebetriebslehre die Menge der Produkte eines Fertigungsauftrages dar, welche die Stufen des Fertigungsprozesses durchlaufen.
9. In Anlehnung an Jung (2006), S. 493.

Nichts ist so unheilvoll wie eine rationale Investmentpolitik in einer irrationalen Welt.

John Maynard Keynes (1883-1946), einer der bedeutendsten Ökonomen des 20. Jahrhunderts und Namensgeber des Keynesianismus

Lernziele

In diesem Kapitel werden folgende Inhalte behandelt:

- Wesentliche Prinzipen und Instrumente des Finanzwesens
- Discounting und die Errechnung von Bargeldfaktoren
- Grundlagen der Investitions- und Finanzierungsentscheidungen von Unternehmen
- Bewertung von Investitionen durch Anwendung der Nettobarwertmethode
- Optimierung der Finanzierungskosten durch gezielten Einsatz von Eigenkapital
- Entwicklung eines Finanzplans zur Vorbereitung der Finanzierung
- Berechnung des Risikos von Zahlungsströmen durch Berechnung der Standardabweichung

Finanzwirtschaft

7

ÜBERBLICK

7.1 Ursprünge und Merkmale

7.1.1 Geschichtliche Entwicklung

Finanzkrisen ereigneten sich in der Vergangenheit und werden sich auch in der Zukunft ereignen. In der heutigen globalen Wirtschaft können aus unterschiedlichsten Gründen Krisen aller Art ausgelöst werden und es ist äußerst schwierig, diese vorherzusehen, zu vermeiden oder auch lokal zu begrenzen. Um souverän in Krisensituationen handeln zu können, werden bei wichtigen Fragen oft nur qualifizierte Fachleute eingesetzt, die nach bestem Wissen und Gewissen Entscheidungen treffen und sich ihrer Verantwortung bewusst sind. Im Finanzbereich ist es unabdingbar, nur diejenigen Geschäfte zu tätigen, die vollständig verstanden werden. Dieses Leitmotiv finanziellen Handelns, gerät, wie die Wirtschaftskrise jüngst zeigte, von Zeit zu Zeit in Vergessenheit. Nichtsdestoweniger ist es ein wichtiger Baustein für stabile Finanzmärkte. Dieses Kapitel soll einen Beitrag für das bessere Verständnis finanziellen Handelns leisten.

Zahlungsmittel

Bereits in der Zeit der Lydier im 7. vorchristlichen Jahrhundert gab es Zahlungsmittel in Form von Münzen, welche die Abkehr vom Tauschhandel erlaubten. Für die Verbreitung in der Alten Welt sorgten die Perser mit ihren Goldmünzen. Es wird geschätzt, dass sich zu Zeiten des *Dareios I.* (549-486 v. Chr.) um die 1.500 Tonnen Gold in Münzen im Umlauf befanden.

Im 7. nachchristlichen Jahrhundert gaben chinesische Kaiser sogenannte „Wertscheine" zum allgemeinen Gebrauch heraus: Dies war die Geburt des Papiergeldes. Im Jahr 1275 berichtete Marco Polo, dass die Chinesen den Stein der Weisen entdeckt hätten:

> *Und ich sage euch, dass jeder gern einen Schein nimmt, weil die Leute, wohin sie im Reich des großen Khan auch gehen, damit einkaufen und verkaufen können, so als ob es pures Gold sei.*

Quelle: Marco Polo (1254-1324), venezianischer Händler

In Europa dauerte es bis zum Ende des 17. Jahrhunderts, ehe in Schweden erstmals Banknoten ausgegeben wurden: Die übrigen Staaten folgten schrittweise.

Ebenfalls vor 300 Jahren wurde in Italien Geld in den Büchern von Banken verwahrt. Seit dieser Zeit wurde das Bargeld zu großen Teilen durch Buchgeld ersetzt. Es handelt sich um Kontobestände auf Bankkonten (Sichtguthaben), die auf Aufforderung des Kontoinhabers jederzeit in Bargeld umgewandelt werden können. Der technische Fortschritt und die Internationalisierung haben es möglich gemacht, Buchgeld und viele andere Finanzaktiva zu geringsten Kosten zu transferieren. Die Virtualität des Buchgeldes und vieler Finanzprodukte verbunden mit hoher Abwicklungsgeschwindigkeit und geringen Kosten hat den Finanzmärkten heute zu einer Bedeutung verholfen, die weit über die einfache finanzielle Abwicklung von Geschäften in den Gütermärkten hinausgeht. Die drei Motive für die Nutzung von Geld als *Zahlungsmittel*, *Sparvermögen* für schlechte Zeiten oder auch zur sogenannten *Spekulation* sind aktueller denn je.

Börse und Aktien

Als Meilenstein für die Entwicklung der Finanzmärkte ist die Gründung der **ersten Börse** der Welt im Jahr 1409 in Brügge zu sehen. Diese wurde nach der Kaufmannsfamilie *van der Buerse* benannt. Im Jahr 1540 entstanden die ersten deutschen Börsen in den zu damaliger Zeit wichtigsten Handelszentren Nürnberg und Augsburg, dem Sitz der Familie Fugger. Im Jahr 1554 folgte die Eröffnung der Londoner Börse *(Royal Exchange)*. Zum wichtigsten Börsenstandort der Frühen Neuzeit entwickelte sich jedoch Amsterdam, an dem im Jahr 1602 wohl die **erste Aktie** der Welt, das Wertpapier der niederländischen *Vereenigden Osstindischen Compagnie*, gehandelt wurde. Der erste in Dokumenten festgehaltene Börsencrash ereignete sich im Jahr 1720. Die New Yorker Börse *(Stock Exchange)* öffnete im Jahr 1792 ihre Tore. Auch der größte Börsencrash in der Geschichte des Aktienhandels begann in New York. Im Jahr 1929 ereignete sich der sogenannte „Schwarze Freitag": Der *Dow-Jones*-Index fiel in den folgenden drei Jahren um 90 Prozent. Alle Börsen gerieten in den Abwärtsstrudel. Der „Schwarze Freitag" war Auslöser der Weltwirtschaftskrise.

7.1.2   Definition

Die **Finanzwirtschaft** *(Finance)* beschreibt alle Aktivitäten in einem Unternehmen, die sich mit Management von Kapital- und Geldflüssen beschäftigen. Die Hauptaufgaben der Finanzwirtschaft lassen sich in drei Bereiche unterteilen:

1. Investitionsentscheidung

2. Finanzierung

3. Risikomanagement

Meist werden alle diese Bereiche durch die Finanzabteilung im Unternehmen vollzogen, welche einerseits mit der Buchhaltung[1] und dem Controlling[2], andererseits mit den Finanzmärkten außerhalb des Unternehmens in enger Zusammenarbeit stehen. Die Finanzabteilung eines Unternehmens ist in der Regel eine relativ unscheinbare Abteilung: Sie unterstützt die Hauptaktivitäten im Unternehmen und bleibt ansonsten dezent im Hintergrund. Die *Finanzwirtschaft* beinhaltet die Bewirtschaftung des elementarsten Gutes eines Unternehmens, das diesem zur Verfügung gestellt wird, nämlich das Kapital. Das Kapital stellt den Ausgangspunkt jeder Aktivität in einem Unternehmen dar, denn jede noch so geniale Idee und das sich daraus entwickelte Projektvorhaben benötigen zur Umsetzung finanzielle Mittel. Dieses Kapitel wird verschiedene Aspekte der *Finanzwirtschaft* in einem Unternehmen analysieren und präsentieren, damit der Leser eine genaue Vorstellung davon erhält, was diese unterstützende Unternehmensfunktion abdeckt und bewirkt.

Die Finanzmärkte und die darin agierenden Akteure werden gegenwärtig durchaus kritisch betrachtet, da in der Finanzwirtschaft nicht nur ein potentieller, sondern auch ein realer Störfaktor für nachhaltiges Wirtschaften gesehen wird. Zugleich sind eben diese Finanzmärkte unabdingbar. Die Abwicklung von Geschäften aller Art in der heutigen, vernetzten Weltwirtschaft ist ohne intakte und gut funktionierende Finanzmärkte schlicht nicht möglich.

Dies allein ist sicherlich kein Alleinstellungsmerkmal, da ohne eine hochentwickelte Logistik[3] oder auch ohne eine moderne Informationstechnologie die Weltwirtschaft ebenfalls so nicht funktionieren würde.

Abbildung 7.1: Finanzwelt
Quelle: Fotolia

Ist der Finanzbereich nun anders als andere Wirtschaftsbereiche? Treffen beispielsweise Manager im Finanzbereich Entscheidungen mit weniger Moral und Ethik als Führungskräfte anderer Disziplinen?

Fakt ist, dass auch andere Bereiche Krisen durchlaufen. So ist die Entstehung und die Bewältigung einer Umweltkatastrophe durchaus mit dem Ablauf von Krisen des Finanzmarktes vergleichbar. Es lässt sich daher die Auffassung vertreten, dass es sich bezüglich der schillernden *Finanzwirtschaft* um eine eigene, aber um keine prinzipiell andersgeartete Disziplin handelt. Studenten fürchten zunächst die Komplexität und Schwierigkeit dieses Faches. Im Zuge der Wissensaneignung tritt oft ein, dass die fundamentalen eher einfachen Grundbausteine dennoch nicht wirklich verstanden werden und sich die Aufmerksamkeit rasch auf viele neu entstehende Finanzprodukte mit vielversprechenden Renditeversprechen richtet. Die hohe Entwicklungsgeschwindigkeit in dieser vor allem digitalen und abstrakten Welt bewirkt, dass kontinuierlich neue Produkte entstehen. Einmal eingetaucht in das Magma der unzählbaren Finanzinnovationen entsteht oft Ratlosigkeit, gepaart mit Angst vor Fehlentscheidungen.

Nachfolgend werden wir die Bausteine des Finanzwesens behandeln, die oft auch als *Corporate Finance* bezeichnet werden.

7.1.3 Charakteristika und Abgrenzungen

In diesem Kapitel werden wir ein grundlegendes Verständnis für das Finanzwesen und seine wesentlichen Bausteine erarbeiten. Hierfür werden wir uns für Finanzströme in Unternehmen interessieren und ebenso der Frage nachgehen, wie derartige Finanzflüsse alternativ generiert werden können. So genügt es nicht, mit einer Formel Ergebnisse zu errechnen, sondern es gilt auch zu verstehen, wie dies auf den Finanzmärkten bewerkstelligt wird.

Unter dem Begriff **Finance** verstehen wir das Management von Geldströmen. Dies beinhaltet vor allem die ökonomische Optimierung der Beschaffung und Verwendung von Geld.[4] Der Aufbau dieses Kapitels stellt sich in den Dienst dieser Maxime. Dies stellt ebenfalls die Basis des sogenannten *Financial Engineerings* dar. Darunter wird die Fähigkeit verstanden, verschiedenste Finanzinstrumente so zu kombinieren, dass dabei ein gewünschtes Ergebnis erreicht wird. Umgekehrt gilt für die Käufer von derartigen komplexen Produkten, die aus mehreren Bausteinen bestehen, dass diese in ihre jeweiligen Bestandteile zerlegt werden müssen. Diese Einzelbestandteile können dann in einfacher Art und Weise analysiert werden. So ist die Fähigkeit, Basisinstrumente vollständig zu verstehen und analysieren zu können, eine unabdingbare Voraussetzung für ein tieferes Verständnis des *Finanzwesens*.

Ein weiterer wichtiger Punkt ist die Abgrenzung des Finanzbereiches von der Finanz- und Betriebsbuchhaltung. Hier ist festzuhalten, dass im *Finanzwesen* nur Ein- und Auszahlungen, sprich der sogenannte *Cashflow* bzw. das Bar- und Buchgeld, betrachtet werden. Das Wesen des *Cashflows* ist, dass seine Ströme die Salden von Bankkonten oder den Bargeldbestand verändern. Der *Cashflow* bezeichnet Bargeld oder Geld auf Konten **(Liquidität)**[5], das kurzfristig zu seinem Nominalbetrag in Bargeld umgewandelt oder zu Zahlungen verwendet werden kann. Aufwendungen und Einnahmen wie Abschreibungen, Rücklagen oder Rückstellungen, die keine direkte Zahlung auslösen, gehören nicht in die Welt des *Finanzwesens*. Das *Finanzwesen* ist zudem zukunftsorientiert: Es gilt, den zukünftigen *Cashflow* zu bestimmen und basierend auf diesen Informationen die richtigen Entscheidungen zu treffen und die hierfür notwendigen Finanztransaktionen zu realisieren. Im Gegensatz dazu haben Betriebs- und Finanzbuchhaltung[6] vor allem zur Aufgabe, ein wahrheitsgetreues Abbild der Vermögensentwicklung und des Firmenerfolges für die laufende oder abgelaufene Periode zu geben.

Der Finanzdirektor eines Unternehmens, häufig *CFO (Chief Financial Officer)* genannt, ist in der Regel für die Finanzabteilung *(Treasury)* sowie für die Finanz- und Betriebsbuchhaltung[7] *(Accounting and Controlling)* verantwortlich. Zwischen diesen Bereichen gibt es vielerlei Verbindungen, vor allem muss ein umfangreicher Informationsaustausch gewährleistet sein. In vielen Fällen ist der Finanzdirektor der Stellvertreter des Geschäftsführers. Im folgenden Abschnitt soll die Grundlagen des *Finanzwesens* erklärt werden, um ein Grundverständnis für diese Disziplin zu vermitteln.

7.2   Grundlagen

7.2.1   Discounting

In diesem Abschnitt gilt es, die praktischen Aspekte des wohl wichtigsten Grundprinzips finanziellen Handelns, des *Discounting* zu erklären.

Die Natur von Finanzströmen vieler Firmen besteht darin, dass täglich Ein- und Auszahlungen erfolgen. Diese Zahlungen *(Cashflow)* müssen für die Zukunft geplant werden, um die Liquidität eines Unternehmens zu sichern. Es ergeben sich oftmals Zeitperioden, in denen es an *Cashflow* fehlt, in anderen Zeitperioden entsteht hingegen durch Einzahlungen ein *Cashflow-Überschuss*. Die erwarteten *Cash*-Bestände werden jeden Morgen in der Finanzabteilung *(Treasury)* für den heutigen Tag *(n)* und die darauffolgenden Tage (*n* + 1, *n* + 2 etc.) berechnet und ausgewertet.[8] Zumeist erfolgt die Zusammenfassung in einer Tabelle, die wie folgt aussehen kann:

Tabelle 7.1

Tägliche Kontostände vor Ausgleich durch Kredite oder Anlagen						
n = **Tag**	**heute** *(n)*	*n* + **1**	*n* + **2**	*n* + **3**	*n* + **4**	*n* + **5**
Betrag	−10.000	3.000	500	−2.000	6.000	−7.000

In *Tabelle 7.1* sind die voraussichtlichen Kontostände für heute und die nächsten fünf Tage aufgelistet. Es ist ersichtlich, dass an einigen Tagen eine Negativsumme entstehen wird und dass an anderen Tagen Überschüsse entstehen werden. Unter Unternehmen, Privatanlegern und Banken gibt es immer Marktteilnehmer, die ihre Geldüberschüsse für einen Zeitraum anlegen möchten und andere, die für eine bestimmte Periode Geld leihen möchten. Die Herausforderung des Finanzsektors besteht darin, Vereinbarungen zu finden, die von beiden Seiten akzeptiert werden können. Hierbei ist prinzipiell egal, ob Geld für einen Tag oder für ein Jahr benötigt oder zur Verfügung gestellt wird. Um zu verstehen, auf welche Weise Geld beschafft bzw. investiert wird, sollen im folgenden Abschnitt die Basisinstrumente der Finanzwirtschaft, Kredit und Anlage vorgestellt werden.

7.2.2 Kredit und Anlage

Das wichtigste Grundinstrument, mit dem Geldüberschüsse denjenigen Personen, die Geld benötigen, zur Verfügung gestellt werden, ist der Kredit. Dieser wird über Transaktionen, wie in *Abbildung 7.2* schematisch dargestellt, abgewickelt. In der einfachsten Form sind zwei Akteure daran beteiligt.

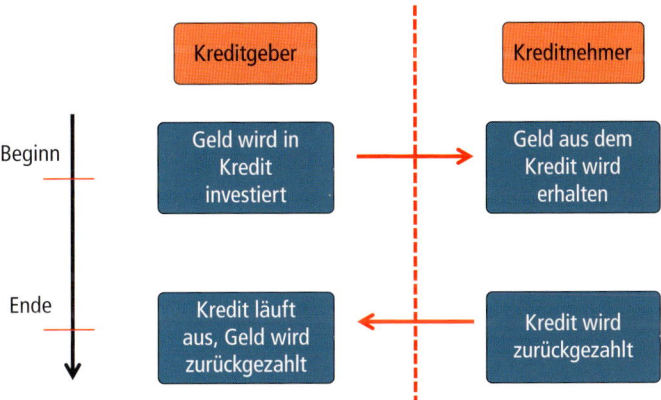

Abbildung 7.2: Funktionieren von Anleihe und Kredit

Ein **Kredit** ist ein Finanzinstrument, das die temporäre Überlassung von *Cashflow* beinhaltet. Die Rahmenbedingungen – insbesondere der Rückzahlungstermin und die Zinsen – werden im Kreditvertrag exakt vereinbart.

Als Anschauungsbeispiel soll ein Kredit dienen, der zu 4% Zins für 180 Tage vergeben wird. Es handelt sich um die Summe von 400.000 EUR. Vertraglich wurde festgelegt, dass ein Jahr zu 360 Tagen gezählt wird. Aus Sicht des Kreditgebers handelt es sich bei dieser Finanztransaktion um eine Anlage bzw. einen Geldabfluss. Der Kreditgeber stellt dem Kreditnehmer für einen bestimmten Zeitraum einen Betrag zur Verfügung, sprich er überweist Geld von seinem Konto auf das Konto des Kreditnehmers. Am Ende der Laufzeit erhält der Kreditgeber den investierten Betrag zurück.

Der gleiche Vorgang stellt aus der Sicht des Kreditnehmers einen Geldzufluss dar. Der Kreditnehmer erhält zu Beginn der Laufzeit Geld, das er am Ende wieder zurückzahlt. Da der Kreditgeber für eine bestimmte Periode einen bestimmten Betrag ausleiht und damit darauf verzichtet, dieses Geld anderweitig einsetzen (investieren) zu können, erhält dieser für die zur Verfügung gestellte Summe eine Entschädigungszahlung. Diese finanzielle Entschädigung wird gemeinhin als **Rendite**[9] bezeichnet. In einem Kreditgeschäft wird die Rendite durch den festgelegten Zins generiert. Der exakte Geldbetrag errechnet sich aus der Höhe des Zinssatzes und der Zeitdauer in Tagen. Bei Rückzahlung wird damit zusätzlich zu dem ausgeliehenen Betrag ein zu Anfang der Transaktion vereinbarter Renditebetrag fällig, der ebenfalls von dem Kreditnehmer (Anleger) an den Kreditgeber zu überweisen ist. Üblicherweise wird hierfür ein Jahresprozentsatz *(i)* verwendet, der auf die jeweilige Zeitdauer angepasst wird. Der Renditebetrag lässt sich wie folgt errechnen:

$$\text{Renditebetrag} = \text{Betrag} \times i \times \frac{n}{360}$$

Derlei Transaktionen finden täglich statt und erlauben den Marktteilnehmern einerseits für momentan entbehrliche Geldmittel, Erträge zu erwirtschaften, und andererseits, Geld zu leihen. Auf diese Weise fließt Geld idealerweise an diejenigen Kreditnehmer, die hohe Erträge generieren und damit hohe Zinsen zahlen können. Damit wird sichergestellt, dass Unternehmen gemäß ihrem unternehmerischen Erfolg Zugang zu Krediten erhalten. **Rendite** bezeichnet die Summe des Geldes, die durch die Überlassung an einen Dritten für den Eigentümer des Geldes erwirtschaftet wird.

Renditen werden in Prozent und für den Zeitraum eines Jahres angegeben. Es ist hierbei zu berücksichtigen, dass Kreditvergabe und -rückzahlung zu verschiedenen Zeitpunkten stattfinden. Da es möglich ist, für jede heutige Einzahlung (Geldzufluss) pro Tag einen Ertrag zu erwirtschaften, und dies für zukünftige Einzahlungen nur in reduzierter Form möglich ist, ist deren Wert verglichen mit den heutigen Einzahlungen geringer. Dies gilt sowohl für Ein- als auch Auszahlungen und soll im Folgenden erklärt werden.

Zunächst soll dies aus der Sicht eines Anlegers (Kreditgebers) betrachtet werden, der sein Geld für einen bestimmten Zins zur Verfügung stellt. Er wird für jeden Tag ohne Geld entschädigt. In *Tabelle 7.2* wird gezeigt, auf welche Weise sich die Forderungen des Anlegers monatlich entwickeln, sofern er für 1.000 EUR einen jährlichen Zinssatz von 10% erhält.

Der **Zins** ist in diesem Beispiel die maßgebende Zahl zur Errechnung des Renditebetrages. *Tabelle 7.2* und *Abbildung 7.3* beschreiben, welche alternativen Geldflüsse sich für die jeweiligen Perioden ergeben.

Tabelle 7.2

Entwicklung des Rückzahlungsbetrag für einen Anleger bei 10% Zinsen (Monat = 30 Tage ; Jahr = 360 Tage)

n = **Monat**	**heute** *(n)*	$n+1$	$n+2$	$n+3$	$n+4$	$n+5$	$n+6$
Betrag in €	−1.000,00	1.008,33	1.016,67	1.025,00	1.033,33	1.041,67	1.050,00

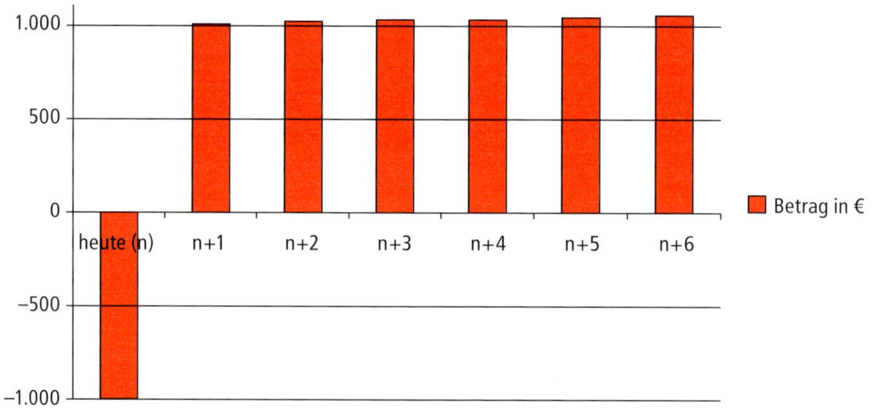

Abbildung 7.3: Entwicklung des Rückzahlungsbetrages für einen Anleger bei 10% Zinsen

Es wird in obiger Abbildung deutlich, dass die Auszahlung zu Beginn der Transaktion und der temporäre Verzicht auf das Geld in der Rückzahlung durch die zusätzliche Zinszahlung kompensiert werden: Somit steigt mit der Zeit der Rückzahlungsbetrag.

Aus Sicht des Anlegers ergeben sich damit für einen definierten Zinssatz feste Austauschverhältnisse in der Zukunft: Diese Entwicklung verläuft aus Sicht des Kreditnehmers exakt spiegelverkehrt. Die Abbildung ist identisch mit der des Anlegers unter umgekehrten Vorzeichen (Spiegelung an der x-Achse). Die umgekehrten Vorzeichen bedeuten auch, dass Auszahlungen zu Einzahlungen werden und umgekehrt Einzahlungen zu Auszahlungen. *Tabelle 7.3* und Abbildung 1.3 illustrieren diese Entwicklung für den Kreditnehmer.

Tabelle 7.3

Entwicklung des Rückzahlungsbetrags für einen Kreditnehmer bei 10% Zinsen (Monat = 30 Tage ; Jahr = 360 Tage)

n = **Monat**	**heute** *(n)*	$n+1$	$n+2$	$n+3$	$n+4$	$n+5$	$n+6$
Betrag in €	1.000,00	−1.008,33	−1.016,67	−1.025,00	−1.033,33	−1.041,67	−1.050,00

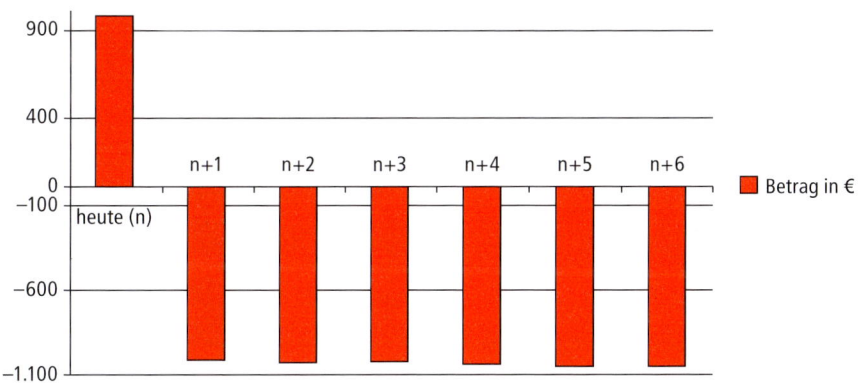

Abbildung 7.4: Entwicklung des Rückzahlungsbetrags für einen Kreditnehmer bei 10% Zinsen

Es ergeben sich ebenfalls feste Austauschverhältnisse: Beispielsweise ist bei einer Rückzahlung des Kredites nach drei Monaten die Summe von 1.025 EUR zu zahlen, die exakt dem Zahlungsanspruch des Anlegers entspricht.

Aus der Kombination beider Seiten können Schlussfolgerungen gezogen werden, die es erlauben, den heutigen Wert von zukünftigen Aus- oder Einzahlungen zu verstehen. Dieser heutige Wert, auch Barwert genannt, beschreibt, zu welchem Preis zukünftige Zahlungen bereits am heutigen Tag abgewickelt werden können. Im nächsten Abschnitt soll behandelt werden, auf welche Weise und zu welchen Preisen künftige Transaktionen bereits heute abgewickelt werden können.

7.2.3 Substituierung

Man kann künftigen Zahlungen bereits heute Rechnung tragen, indem man sie durch eine heutige Transaktion substituiert. *Tabelle 7.4* sowie *Abbildung 7.5* zeigen, wie der Kreditnehmer, der sich für einen Kredit für vier Monate entschieden hat, seine Entscheidung noch am gleichen Tag revidiert, ohne dass er das bestehende Kreditverhältnis annulliert.

Tabelle 7.4

Annullierung für einen Kredit zu 10% Zinsen für 4 Monate (Monat = 30 Tage , Jahr = 360 Tage)

$n =$ **Monat**	**heute** *(n)*	$n + 1$	$n + 2$	$n + 3$	$n + 4$
Kredit in €	1.000,00				−1.033,33
Anlage in €	−1.000,00				1.033,33

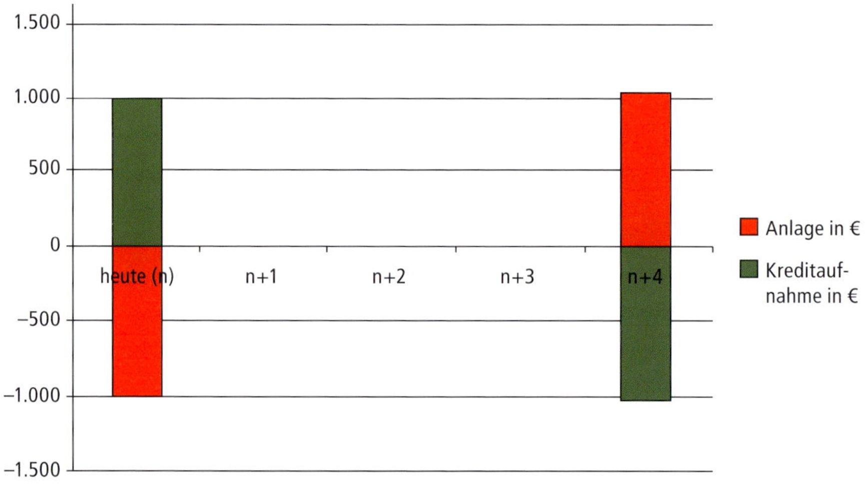

Abbildung 7.5: Annullierung für einen Kredit zu 10% Zinsen für 4 Monate

Der Kreditnehmer annulliert seine Entscheidung, indem er die aus dem Kredit erhaltene Einzahlung (grüner Balken) direkt anlegt (roter Balken). Das Ergebnis beider Transaktionen ist, dass sich die Ein- und Auszahlungen heute und in vier Monaten jeweils ausgleichen und somit kein Finanzierungs- oder Anlagebedarf entsteht. Diese Aktion wird **Substituierung** oder **Substitution** genannt.[10]

Aus obiger Abbildung lassen sich folgende Schlussfolgerungen ziehen:

■ Sofern in vier Monaten der Betrag von 1.033,33 EUR von dem Kreditnehmer zu zahlen ist, kann dieser Betrag auch durch eine heutige Zahlung von 1.000 EUR beglichen werden. Dies wird in obigem Beispiel durch die Anlage von 1.000 EUR möglich. Der Betrag wird zu einem definierten Zahlungsdatum fällig und gleicht zudem den benötigten Auszahlungsbetrag exakt aus.

- Sofern man in vier Monaten eine Einzahlung von 1.033,33 EUR erhält, kann heute ein Kredit auf vier Monate abgeschlossen werden, welcher durch die Einzahlung getilgt wird.

- Auf diese Weise ermöglichen die Finanzmärkte, alle zukünftigen Zahlungen durch heutige Zahlungen zu substituieren.

Die Anlage (Kredit), die heute für die Substitution zukünftiger Zahlungen getätigt werden muss, wird als **Barwert** der zukünftigen Zahlungen bezeichnet. Da Finanzinstrumente einem Bündel von zukünftigen Finanzströmen entsprechen, ist die Summe der einzelnen Barwerte der **Preis eines Finanzinstrumentes**. Ein fairer Preis für ein Wertpapier entspricht immer dessen Barwert *(Present Value)*. Da dies durch Kredite bzw. Anlagen geschieht, wird evident, weshalb die Errechnung von Barwerten eine zentrale Rolle im Finanzwesen einnimmt.

Beispiel 7.1   **Transporte ganz anderer Art**

Das Grundprinzip des Finanzwesens kann man sich als enorme Anzahl von Zahlungen aller Art vorstellen, die mit einem virtuellen Verkehrsmittel aus der Zukunft in die Gegenwart oder auch von der Gegenwart in die Zukunft transportiert werden.

Der Fahrpreis für diesen Transport ist der Renditebetrag, der von dem Zins und von der Anzahl der Tage abhängt. Dieser wird von dem Kreditnehmer an den Kreditgeber entrichtet. Die Finanztransaktion, das Transportmittel, kann nur dann stattfinden, wenn sowohl Kreditgeber als auch Kreditnehmer mit dieser einverstanden sind. Es gibt viele Anbieter für derartige Transporte. Die Organisation in diesem Geldtransfergeschäft wird oft von Banken durchgeführt, die als Vergütung von dem Renditebetrag einen Anteil, die **Marge**, einbehalten. Die Arbeit der Banken besteht im Wesentlichen darin, Kreditnehmer und Kreditgeber in einer Finanztransaktion zu vereinen und den Transport „unfallfrei" durchzuführen. Derartige Transporte für unterschiedlichste Beträge und Zeiträume, in allen Währungen und überall auf der Welt stellen die tägliche Herausforderung des Finanzwesens dar.

7.2.4   Berechnung des Barwertfaktors

Häufig wird der Zusammenhang zwischen heutigen und zukünftigen Zahlungen in Form von Barwertfaktoren berechnet. In dem bereits behandelten Beispiel können diese **Koeffizienten** ermittelt werden, indem der Barwert durch den zukünftigen Zahlungsbetrag geteilt wird:

$$1.000,00 : 1.033,33 = 0.9677$$

Barwertfaktoren, die Werte zwischen Null und Eins annehmen können, stellen das Verhältnis zwischen dem heutigen und dem zukünftigen Wert einer Zahlung dar. Für den heutigen Tag beträgt der Barwertfaktor 1, da keinerlei Zinsen anfallen. Die Differenz des Faktors zu heute, in diesem Fall $1 - 0,9677 = 0,03233$ gibt die Zinsen bezogen auf die zukünftige Zahlung ($0,03233 \times 1.033,33 = 33,33$) an. In diesem Zusammenhang wird auch vom "Abzinsen" oder *Discounting* gesprochen, da für die zukünftigen Zahlungen Zinsabschläge erfolgen. Generell ist der Begriff des *Discounting* für die Ermittlung von Barwerten weitverbreitet. Die bereits erwähnten Barwertfaktoren können in einer Tabelle wie folgt dargestellt werden:

	1	2	3	4	5	6	7	8	9	10
1%	0.9901	0.9803	0.9706	0.9610	0.9515	0.9420	0.9327	0.9235	0.9143	0.9053
2%	0.9804	0.9612	0.9423	0.9238	0.9057	0.8880	0.8706	0.8535	0.8368	0.8203
3%	0.9709	0.9426	0.9151	0.8885	0.8626	0.8375	0.8131	0.7894	0.7664	0.7441
4%	0.9615	0.9246	0.8890	0.8548	0.8219	0.7903	0.7599	0.7307	0.7026	0.6756
5%	0.9524	0.9070	0.8638	0.8227	0.7835	0.7462	0.7107	0.6768	0.6446	0.6139
6%	0.9434	0.8900	0.8396	0.7921	0.7473	0.7050	0.6651	0.6274	0.5919	0.5584
7%	0.9346	0.8734	0.8163	0.7629	0.7130	0.6663	0.6227	0.5820	0.5439	0.5083
8%	0.9259	0.8573	0.7938	0.7350	0.6806	0.6302	0.5835	0.5403	0.5002	0.4632
9%	0.9174	0.8417	0.7722	0.7084	0.6499	0.5963	0.5470	0.5019	0.4604	0.4224
10%	0.9091	0.8264	0.7513	0.6830	0.6209	0.5645	0.5132	0.4665	0.4241	0.3855

Tabelle 7.6: Die Entwicklung der Barwerte in Abhängigkeit von Zeit und Zinssatz

Tabelle 7.6 enthält diejenigen Barwertfaktoren, die sich für die nächsten 10 Jahre bei unterschiedlichen Zinssätzen ergeben. Sofern die Zinssätze und die Zeiträume bekannt sind, kann man für jede zukünftige Zahlung einen exakten Barwert errechnen. Es handelt sich um die sogenannten **Substitutionspreise** in Prozent, die mittels der Koeffizienten in der Tabelle errechnet werden.

Beispiel 7.2   Barwertberechnung

In 5 Jahren ist eine Zahlung von 6.438 EUR als Restzahlung für das Leasen eines Autos zu entrichten. Auf Nachfrage bei der Bank wird ein Anlagezins von 5% angeboten. Damit lässt sich wie folgt errechnen:

$$6.438 \times 0{,}7835 = 5.044{,}17 \text{ EUR}$$

Sofern nur finanzielle Aspekte eine Rolle spielen, wird die Leasingfirma diesen Betrag zur Regelung der zukünftigen Zahlung akzeptieren. Sollte dies nicht der Fall sein, kann dieser Geldbetrag zu 5% und für 5 Jahre angelegt werden.

Hohe Zinssätze und hohe Zeitabstände führen somit zu niedrigeren Barwerten. Je höher der Zins und die Laufzeit des Kredits sind, desto geringer ist der notwendige Geldeinsatz, um zukünftige Zahlungen zu substituieren. Die *Barwertfaktoren (discount factors)* ermöglichen es, die heutigen Preise für zukünftige Zahlungen auf schnellem Weg zu ermitteln: Die Berechnung von Barwertfaktoren ist daher eine der wichtigsten Techniken für die Arbeit im Finanzbereich.

Im Folgenden soll die Errechnung der Barwertfaktoren im Detail behandelt werden. Hierbei darf nicht außer Acht gelassen werden, dass all diese Barwertfaktoren durch Geldanlage und Kreditaufnahme erzeugt werden. Diese Preisermittlung und Substitution von zukünftigen Transaktionen findet an den Finanzmärkten täglich millionenfach statt.

An dieser Stelle sei angemerkt, dass in der beruflichen Praxis Abwicklungskosten z.B. durch Banken, aber auch steuerliche Aspekte das Ergebnis verändern können. Diese Einflüsse wurden der Einfachheit halber außer Acht gelassen. Derartige Modifikationen stellen jedoch nicht das vorgestellte Grundprinzip infrage.

Das Austauschverhältnis von heutigen zu zukünftigen Zahlungen kann damit in allgemeiner Form wie folgt berechnet werden:

$$\text{Barwertfaktor für ein Jahr} = \frac{1}{1+i}$$

Da in diesem Beispiel der Jahreszinssatz *(i)* ohne weitere Zeitangabe enthalten ist, bedeutet dies, dass der Barwertfaktor für ein Jahr berechnet wird. Durch Einbezug eines Zahlungsbetrags *(B)* lässt sich der Barwert für ein Jahr ermitteln:

$$\text{Barwert} = B \times \frac{1}{1+i}$$

Um den Barwert auch für alle zukünftigen möglichen Zahlungszeitpunkte korrekt zu berechnen, muss der exakte Zeitabstand bzw. Zeitraum (Laufzeit) einbezogen werden. Zuerst soll dies für zukünftige Zahlungen, die innerhalb eines Jahres erfolgen, formalisiert werden:

$$\text{Barwert für Zahlungen innerhalb eines Jahres} = B \times \frac{1}{1+i \times n : 360}$$

In diesem Fall bezeichnet *(n)* die Anzahl der Tage bis zum Zahlungszeitpunkt, die durch 360 oder 365 Tage dividiert wird. In der Regel rechnet man in diesem kurzfristigen Anlagebereich mit einer Jahrestageszahl von 360, da dies eine gleichmäßige Anzahl von Tagen pro Monat impliziert. Die Usancen an den Finanzmärkten sind dabei je nach Währung und Produkt unterschiedlich (mal 360, 365 bzw. 366 Tage pro Jahr). Somit setzt die genaue Berechnung die Kenntnis der jeweiligen Regeln voraus. Bei Zahlungen bis zu einem Jahr erfolgt die Zinszahlung zumeist am Ende der Laufzeit bei Fälligkeit. Im Falle von Zahlungen, die erst nach einem Jahr erfolgen, wird dies wie folgt berechnet:

$$\text{Barwert für Zahlungen, die nach einem Jahr erfolgen} = B \frac{1}{(1+i)^n}$$

Hier bezeichnet *n* die Anzahl an Jahren, die als Potenz in die Formel integriert ist. Dadurch wird ermöglicht, dass die jährlich anfallenden Zinsen zum Zinssatz *i* bis zur Fälligkeit ebenfalls investiert werden: Der Zinseszins wird bei dieser Berechnung dem Renditebetrag zugeschlagen. Auch „gebrochene" Daten wie beispielsweise drei Jahre und vier Monate können berechnet werden, indem die exakte Dezimalzahl ermittelt wird.

So ergeben sich

$$3 \text{ Jahre} + 4 \text{ Monate} = 3,33333333 \text{ Jahre.}$$

Barwertfaktoren für zukünftige Zahlungen ermöglichen, durch Multiplikation mit den jeweiligen Beträgen den heutigen Betrag (Barwert) zu berechnen. Der Barwertfaktor ist ein Wert zwischen Null und Eins. Die Ermittlung von derartigen Barwerten ist eine Grundkenntnis für alle Personen, die im Finanzbereich tätig sein wollen. Exakte Werte im langfristigen Bereich können nur dann berechnet werden, wenn zusätzliche Kenntnisse erworben werden und die genauen Usancen für die zeitgenaue Zinsberechnung im jeweiligen Markt bekannt sind.[11] Es genügt jedoch in vielen Fällen, insbesondere im Fall der Entscheidungsvorbereitung, mit ungefähren Werten zu arbeiten.[12]

7.3 Investitionsentscheidungen

Jedes Unternehmen hat *finanzielle Entscheidungen* zu treffen. Grundsätzlich lassen sich hierbei zwei wesentliche Felder unterscheiden: *Investitions-* und *Finanzierungsentscheidungen.*

Kein Unternehmen wird über einen längeren Zeitraum überleben können, ohne Investitionen zu tätigen. Dies mag die Erneuerung von Maschinen betreffen, die Entwicklung neuer Produkte oder auch die Erschließung neuer Märkte. Die Auswahl der richtigen Investitionsentscheidungen ist so imminent wichtig, dass in vielen Firmen spezielle Abteilungen zur Vorbereitung von Investitionsentscheidungen eingerichtet wurden. Weiterhin wurden spezielle Prozesse und Analysemethoden entwickelt, so dass alle Voraussetzungen gegeben sind, um Geldmittel bestmöglich zu investieren. An diesen Entscheidungen ist die Finanzabteilung oft federführend beteiligt, doch gilt es hier, alle anderen Unternehmensbereiche, die von einer bestimmten Investition betroffen sind, einzubeziehen. Letztlich sind bei den Investitionsentscheidungen nicht nur finanzielle, sondern auch strategische und unternehmenspolitische Aspekte zu berücksichtigen.

Das zweite Feld betrifft die Finanzierung des Unternehmens. Im Fall von Investitionen oder auch im Fall der Erneuerung von bestehenden Finanzierungen sowie von kurzfristig entstehenden Finanzierungslücken gilt es, die optimale Finanzierung zu finden. Für jedes Investitionsvorhaben existieren zumeist mehrere Finanzierungsalternativen. Bei der Auswahl und Verhandlung von Finanzierungen handelt es sich um eine Expertentätigkeit, die innerhalb der Finanzabteilung und unter Aufsicht der Geschäftsführung durchgeführt wird.

Finanzierungen sind oft so gestaltet, dass sie vorzeitig gelöst zurückgezahlt werden können. Im Fall von Investitionen gibt es in der Regel kein Rücktrittsrecht. Während im Bereich der Investition bei unterschiedlichen Projekten oft sehr unterschiedliche Renditen erwirtschaftet werden, sind die Kostenunterschiede bei Finanzierungen eher geringer. An den Finanzmärkten ist die Konkurrenz groß und so wird vielfach mit sehr geringen Margen gearbeitet. Da die Tätigkeit in beiden Feldern äußerst unterschiedlich ist, sind die Mitarbeiter einer Finanzabteilung in der Regel auf eines dieser beiden Gebiete spezialisiert.

Investitionen

Eine Definition des Begriffes **Investition** kann anhand zweier Zahlungsströme getroffen werden:

- Einer Auszahlung *zu Beginn* der Transaktion, um die notwendigen Aktiva zu kaufen und
- den Einzahlungen *während der Transaktion*, die aus diesen Aktiva erwirtschaftet werden.

Die Auszahlung zu Beginn wird in der Hoffnung getätigt, dass die späteren Einzahlungen „höher" sind als der investierte Betrag, so dass eine Rendite erwirtschaftet wird. *Tabelle 7.5* und *Abbildung 7.6* dienen der Veranschaulichung.

						Tabelle 7.5

Zahlungsströme einer Investition

n = Jahr	heute *(n)*	n + 1	n + 2	n + 3	n + 4	n + 5
Zahlung	−10.000,00	2.000,00	2.500,00	2.800,00	3.000,00	3.200,00

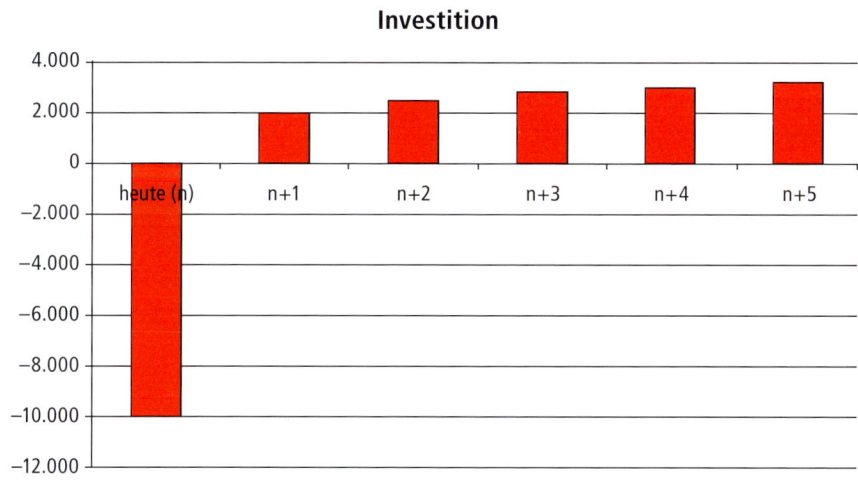

Abbildung 7.6: Zahlungsströme einer Investition

In *Tabelle 7.5* und *Abbildung 7.6* wird ein typisches Beispiel für eine Investition dargestellt. Es erfolgt heute eine Auszahlung von 10.000 EUR, die in den folgenden Jahren 2.000 EUR, 2.500 EUR, 2.800 EUR, 3.000 EUR und 3.200 EUR einbringt. Jede Investition ist durch ihr eigenes Auszahlungsprofil gekennzeichnet, womit das Bild aller Zahlungen gemeint ist. Es gibt Investitionen über kurze und lange Zeiträume, sehr unregelmäßige Zahlungen oder auch Investitionen, bei denen in den Folgejahren weitere Auszahlungen eintreten können.

Das Auszahlungsprofil dieses Beispiels ähnelt insbesondere dem der Anleihe. Es wird empfohlen, für alle Investitionen die *Cashflow-Entwicklung* im Zeitverlauf zu betrachten. Da zumeist mehrere zukünftige Zahlungsströme eintreten, kann der Wert einer Investition als Barwert all dieser Zahlungen einschließlich der ersten Auszahlung bezeichnet werden.

Net Present Value

Da zu Beginn der Investition eine Auszahlung erfolgt, die in späteren Jahren Einzahlungen generiert, ist die Bezeichnung Nettobarwert oder auch *Net Present Value (NPV)* entstanden. Dies kann durch Erweiterung der bereits bekannten Formel verdeutlicht werden:

$$\text{Nettobarwert} = B_0 + \sum \frac{B_n}{(1+i)^n}$$

Da die Auszahlung B_0 heute erfolgt, muss sie nicht abgezinst werden. Alle zukünftigen Zahlungsströme werden mit dem jeweiligen Barwertfaktor multipliziert (abgezinst) und anschließend aufsummiert. Auf diese Weise lässt sich berechnen, ob auch die Finanzierungskosten erwirtschaftet werden. Der *Net Present Value (NPV)* ist damit der Barwert aller Zahlungsströme, in dem auch etwaige Zahlungen zu Beginn einer Transaktion berücksichtigt sind. *Tabelle 7.6* und *Abbildung 7.7* zeigen die Ergebnisse der Investitionsrechnung.

Tabelle 7.6

NPV einer Investition bei einem Zinssatz von 5%

$n=$ **Jahr**	**heute** *(n)*	*n* + **1**	*n* + **2**	*n* + **3**	*n* + **4**	*n* + **5**
Zahlungen	−10.000,00	2.000,00	2.500,00	2.800,00	3.000,00	3.200,00
Bargeldfakt	1	0,95238	0,90703	0,86384	0,82270	0,78353
PV		1.904,76	2.267,57	2.418,75	2.468,11	2.507,28
Kumuliert	−10.000,00	−8.095,24	−5.827,66	−3.408,92	−940,81	1.566,47
NPV	1.566,47					

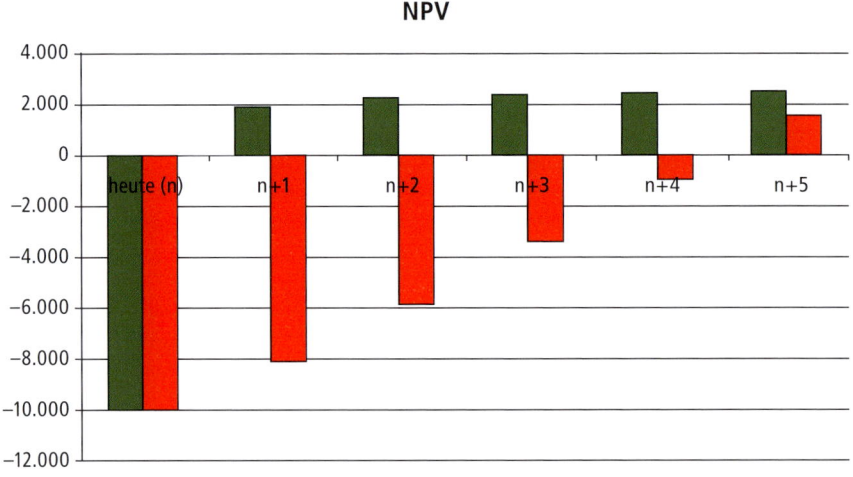

Abbildung 7.7: *NPV* einer Investition bei einem Zinssatz von 5%

In obigem Beispiel zeigt eine erste überschlägige Berechnung, dass der Auszahlung von 10.000 EUR insgesamt Einzahlungen von 13.500 EUR gegenüberstehen. Hierbei sind die Finanzierungskosten noch nicht einbezogen, was durch die Multiplikation der jährlichen Bargeldfaktoren mit den jeweiligen Einzahlungen erfolgt. Die Summe der gesamten zukünftigen Einzahlungen beträgt nun nur mehr 11.566,47 EUR: Die Differenz von 1.933,53 EUR muss für den Kreditgeber bereitgestellt werden. Die Investition ist dennoch rentabel, da nach Abzug aller Kosten ein Betrag von 1.566,47 EUR generiert wird.

Die kumulierte Entwicklung kann den roten Balken in *Tabelle 7.6* entnommen werden: Erst durch die Einzahlung im letzten Jahr wird die Investition rentabel. Ein Abbruch nach dem vierten Jahr würde einen Verlust von 940,81 EUR bedeuten. Es lässt sich somit feststellen, dass eine **Investition rentabel ist**, wenn der *Net Present Value (NPV)* größer Null ist.

Investitionsentscheidungen bei unterschiedlichen Zinssätzen

Es soll dem Einfluss der Finanzierungskosten weiter nachgegangen werden. Durch Berechnungen verschiedener Szenarien sollen die Auswirkung auf den *NPV* bei unterschiedlichen Zinssätzen betrachtet werden. Hierzu wird im folgenden Beispiel in *Tabelle 7.7* und *Abbildung 7.8* angenommen, dass der Zinssatz nicht nur 5%, sondern 8% oder auch 11% betragen kann.

Tabelle 7.7

Veränderung des *NPV* bei unterschiedlichen Finanzierungskosten

$n=$ **Jahr**	**heute** *(n)*	$n+1$	$n+2$	$n+3$	$n+4$	$n+5$
Zahlungen	−10.000	2.000	2.500	2.800	3.000	3.200
Barwert-faktor zu 5%	1	0,95238	0,90703	0,86384	0,82270	0,78353
Barwert-faktor zu 8%	1	0,92593	0,85734	0,79383	0,73503	0,68058
Barwertfak-tor zu 11%	1	0,90090	0,81162	0,73119	0,65873	0,59345
PV **zu 5%**	−10.000,00	1.904,76	2.267,57	2.418,75	2.468,11	2.507,28
PV **zu 6%**	−10.000,00	1.851,85	2.143,35	2.222,73	2.205,09	2.177,87
PV **zu 7%**	−10.000,00	1.801,80	2.029,06	2.047,34	1.976.19	1.899,04
Kumuliert zu 5%	−10.000,00	−8.095,24	−5.827,66	−3.408,92	-940,81	1.566,47
Kumuliert zu 8%	−10.000,00	−8.148,15	−6.004,80	−3.782,07	−1.576,98	600,88
Kumuliert zu 11%	−10.000,00	−8.198,20	−6.169,14	−4.121,81	−2.145,61	−246,57

Abbildung 7.8 illustriert die kumulierte Entwicklung für die Investition in allen drei Fällen. Der bereits bekannte Ausgangsfall, der mit 5% berechnet wurde, ist links abgetragen. In der Mitte ist die Variante mit 8% dargestellt, hier beträgt der *NPV* nun 600,88 EUR. Im Fall des Zinses von 11% ergibt sich ein negativer *NPV* von –246,57 EUR.

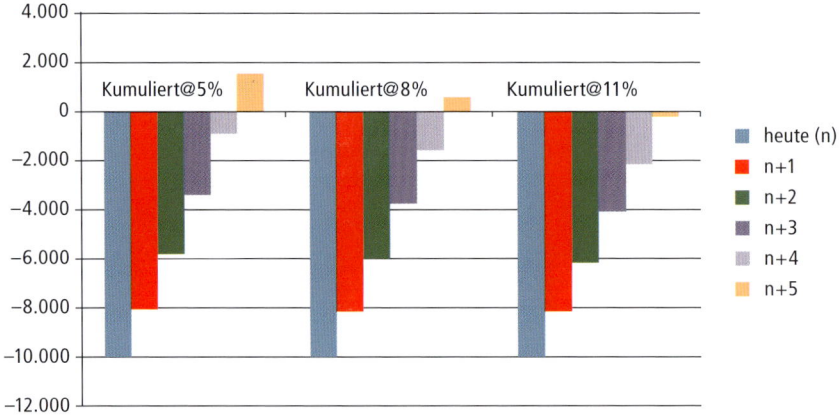

Abbildung 7.8: Veränderung des *NPV* bei unterschiedlichen Finanzierungskosten

Da die Finanzierungskosten im letzten Fall nicht erwirtschaftet werden, wird das Investitionsvorhaben bei einem Zinssatz von 11% nicht durchgeführt. Nur wenn durch die Investition die Finanzierungskosten erwirtschaftet werden (*NPV* aller Zahlungsströme der Investition > Null), ist eine Investition aus finanzieller Sicht sinnvoll.[13]

Im Fall von Investitionen mit positivem Barwert wird das Unternehmen versuchen, eine Finanzierung zu erhalten. Je günstiger die Finanzierungskosten sind, desto rentabler ist eine Investition.[14] In der Praxis wird die Investitionsrechnung mit den erwarteten Finanzierungskosten durchgeführt. Es ist nicht üblich, die Investitionsrechnungen nach Einholung der Finanzierungsofferten zu aktualisieren, da oftmals bereits ein Puffer für steigende Finanzierungskosten eingerechnet wird, indem mit einem etwas höheren Zinssatz kalkuliert wird.

7.4   Finanzierungsentscheidungen

Finanzierungen sind komplexe Einkaufsentscheidungen: Es gilt den Betrag an Geld zu beschaffen, der für die kommenden Perioden benötigt wird. Voraussetzung ist somit ein Blick in die Zukunft, um die Fehlbeträge zu ermitteln.

7.4.1   Interdependenzen zur Rechnungslegung und zum Jahresabschluss

Finanzpläne werden erstellt, um derartige Informationen zu beschaffen.[15] Diese Arbeit ist aufwendig, da hierfür alle geschäftlichen Aktivitäten in die Zukunft projiziert werden, um daraus den Finanzierungsbedarf abzuleiten: Die Finanzabteilung muss immer über sämtliche zukünftige Aktivitäten innerhalb eines Unternehmens im Bilde sein und nimmt deshalb auch an der strategischen Ausrichtung des Unternehmens teil. In der Regel erfolgt dies, indem die Gewinn- und Verlustrechnung (GuV) der aktuellen Periode und die aktuelle Bilanz unter Einbeziehung aller erwarteten Entwicklungen in die Zukunft projiziert werden. Aus diesen Elementen wird dann die *Cashflow-Entwicklung* abgeleitet. Obwohl es sich hierbei um Rechnungen handelt, die in den buchhalterischen Bereich fallen, wird eine derartige Vorausschau („Forecast") zumeist in der Finanzabteilung erarbeitet, da dort Informationen über zukünftige Investitionen zur Verfügung stehen sollten. Zudem müssen auch die erwarteten Gewinne oder Verluste berücksichtigt werden.

Diese Interdependenz ist ein weiterer Beleg für die Verbundenheit zwischen Finanzen und Rechnungswesen und bedeutet zugleich, dass ein Mitarbeiter im Finanzbereich ebenfalls sehr gute Kenntnisse in Buchhaltung aufweisen muss. Am einfachsten lässt sich die Generierung der zukünftigen *Cashflow-Zahlen* erklären, indem die Grundstruktur einer Bilanz erläutert und verstanden wird.

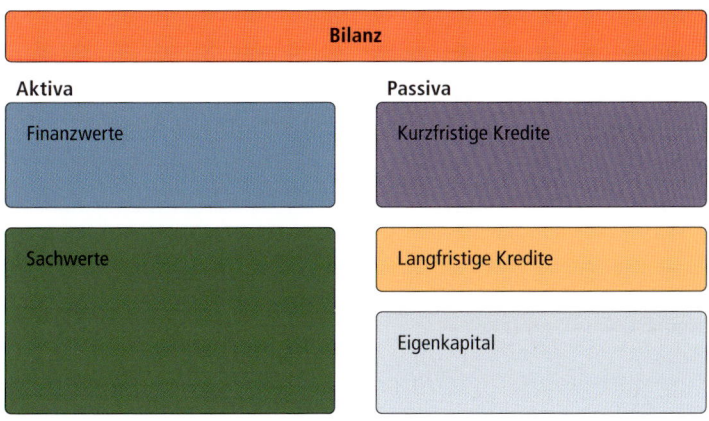

Abbildung 7.9: Grundstruktur einer Bilanz

Die Bilanz ist eine Vermögensaufstellung, die auf der Aktivseite alle Vermögenswerte auflistet und auf der Passivseite deren Finanzierung ausweist. In vielen Fällen benötigen Firmen hauptsächlich Sachwerte wie Gebäude oder Maschinen. Die Finanzwerte sind das Bargeld oder das Guthaben auf Bankkonten, das nur vorübergehend zur Verfügung steht und für baldige Zahlungen eingeplant ist. Dies ist bei Banken jedoch umgekehrt der Fall, da der größte Teil des Vermögens aus Finanzanlagen besteht.

Die Passivseite einer Bilanz quantifiziert alle bestehenden Finanzierungen, und der Finanzplan ermöglicht es, die Entwicklung der Passivseite in die Zukunft zu projizieren. Voraussetzung hierfür ist, dass die zukünftigen Aktivitäten (Aktivseite der Bilanz) und die Gewinn- und Verlustrechnung für diese Perioden erarbeitet werden. Im Finanzplan unterscheidet man zwischen Eigen- und Fremdkapital und kann damit insbesondere den Finanzbedarf der nächsten Perioden ermitteln.

	Tabelle 7.8

Entwicklung der Passivseite der Bilanz im Finanzplan

$n =$ **Jahr**	**Jahres-ende** *(n)*	*n* + **1**	*n* + **2**	*n* + **3**	*n* + **4**	*n* + **5**
Bestehende kurzfristige Kredite	10.000					
Bestehende langfristige Kredite	12.000	12.000	12.000			
Entwicklung Eigenkapital	18.000	20.000	23.000	26.000	27.000	28.000
Benötigtes Kapital	40.000	45.000	50.000	55.000	53.000	55.000
Finanzbedarf	0	13.000	15.000	29.000	26.000	27.000

Tabelle 7.8 beschreibt die Entwicklung des zur Verfügung gestellten Eigenkapitals sowie die Entwicklung der bestehenden Kredite. Die Differenz zwischen allen bestehenden Finanzierungen (Kredite und Eigenkapital) sowie dem benötigten Kapital ist der Finanzbedarf.

7.4.2 Finanzplan

Als Ergebnis der Vorausschau ergibt sich hier ein jährlicher Finanzbedarf, der zuerst stark ansteigt und sich anschließend stabilisiert. Dies wird in *Abbildung 7.10* grafisch dargestellt.

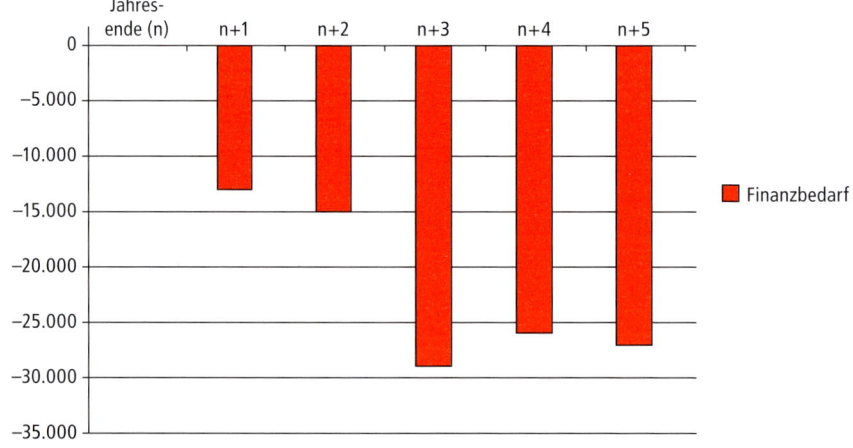

Abbildung 7.10: Entwicklung des Finanzbedarfs im Zeitverlauf

In der beruflichen Praxis wird der Finanzbedarf laufend durch neue Kreditfinanzierungen gedeckt. Veränderungen des Eigenkapitals, beispielsweise durch Ausgabe neuer Aktien an der Börse, sind kompliziert und zeitaufwendig, weswegen sie selten durchgeführt werden. Die Veränderungen des Eigenkapitals im Beispiel entstehen durch die erwarteten Gewinne und Verluste der Firma und nicht durch zusätzliche Finanzierungen der Eigentümer. Der errechnete Finanzbedarf ist somit eine jährliche Größe vor Abschluss jeglicher neuer Finanzierung, aber zugleich unter Berücksichtigung der erwarteten Geschäftsentwicklung.

Der **Finanzplan** ist eine Aufstellung, die beschreibt, durch welche Finanzierungen zu welchen Zeitpunkten der jeweilige Finanzbedarf bzw. Finanzüberschuss beschafft und verwendet wird. Hierbei ist wichtig zu wissen, ob man die Finanzierung von außen oder von innen durchzuführen hat.

Bei der **Außenfinanzierung** handelt es sich um Kapitalzufuhr von außen. Hierbei gibt es verschiedene Szenarien, die sowohl das Fremd- als auch das Eigenkapital eines Unternehmens verändern können. Die gängigste Art ist die **Kreditfinanzierung**, die die Aufnahme von Kapital von einem Gläubiger, in der Regel von einer Bank, beinhaltet. Ein derartiger Gläubiger erhebt keine Eigentumsansprüche an das Unternehmen, sondern hat nur Anspruch auf die Rückzahlung des Kredits und der Zinsen zum vereinbarten Zeitpunkt. Diese Art der Außenfinanzierung erhöht den Fremdkapitalanteil in einem Unternehmen und wird in der Regel bei kurzen und mittelfristigen Finanzierungslücken angewendet. Bei der **Beteiligungsfinanzierung** wird das Eigenkapital erhöht. Dies kann durch die bisherigen Eigentümer oder durch neue Eigentümer (Aktienemission) vollzogen werden. Bei dieser Art Kapitalaufstockung bedarf es immer der Zustimmung der bisherigen Eigentümer, da es ihre Gewinnansprüche am Unternehmen verringert. Die neuen Kapitalgeber erheben neben dem Anspruch auf die Gewinnbeteiligung auch einen Anspruch auf Mitsprache, tragen aber auch ihren Teil am Gesamtrisiko der Unternehmung. Diese Art der Außenfinanzierung wird häufig bei langfristigem Finanzierungsbedarf angewendet und dient in der Regel zur Finanzierung von Aktiva, die von den Banken als zu riskant empfunden werden.

Bei der **Innenfinanzierung** handelt es sich um die Kapitalzufuhr durch die Unternehmen selbst. Hierbei werden entweder erwirtschaftete Gewinne ganz oder teilweise einbehalten oder Vermögen veräußert. Bei betriebsnotwendigen Vermögen, beispielsweise dem Verkauf eines Betriebsgrundstücks, haben Unternehmen oft die Option, diese Grundstücke zu pachten bzw. zu mieten. Auf diese Weise kann ein Unternehmen sein Eigenkapital erhöhen. Die häufigere Variante, ist die **Einbehaltung von Gewinnen**: Für ein Unternehmen, das nach nachhaltigem Wachstum strebt, ist es wichtig, beständig in seine Aktiva zu investieren.

An dieser Stelle sollen die Hauptunterschiede zwischen Eigen- und Fremdkapital aus finanzieller Sicht geklärt und zusammengefasst werden. **Fremdkapital** bezeichnet die „Schulden" des Unternehmens, sprich das Kapital, das von Dritten zur Verfügung gestellt wird. Ein typisches Beispiel hierfür ist der Bankkredit. In dem bereits behandelten Beispiel existieren kurzfristige Kredite, die jedes Jahr neu vereinbart werden müssen und zudem ein längerfristiger Kredit, der in $n + 2$ ausläuft. Bezüglich des Fremdkapitals handelt es sich um Kapital, das dem Unternehmen temporär zur Verfügung steht. Das Unternehmen muss regelmäßige Zahlungen leisten, die sowohl Zinsen als die Rückzahlung des geliehenen Kapitals beinhalten.

Das Kapital, das dem Unternehmen durch den Eigentümer zur Verfügung gestellt wird, ist das **Eigenkapital**. Dieses Kapital steht dem Unternehmen dauerhaft zur Verfügung. Eine Rückzahlung des Eigenkapitals durch das Unternehmen ist unüblich. Es kann unter gewissen Umständen reduziert werden, aber es besteht prinzipiell keine Rückzahlungspflicht. Nur bei Schließung des Unternehmens müssen die Eigentümer ausgezahlt werden. Deshalb wird der Eigentümer für seine Eigentumsrechte am Unternehmen einen Käufer suchen, sofern er Geld benötigt. Die Eigentümer haben neben den jährlichen finanziellen Ansprüchen an dem erzielten Gewinn (Gewinnausschüttung) auch das Recht auf Mitbestimmung im Unternehmen. Deshalb besitzen sie viele Informationsrechte bezüglich der tatsächlichen wirtschaftlichen und strategischen Lage des Unternehmens wie beispielsweise die Einsicht in alle Konten und entscheiden über wesentliche Vorhaben des Unternehmens.

In dem bereits behandelten Finanzplanbeispiel steigt das Eigenkapital durch einbehaltene Gewinne von 18.000 EUR auf 28.000 EUR an.

Die Charakteristika von Eigen- und Fremdkapital sind für die bekanntesten Grundinstrumente, Aktie und Kredit, in *Tabelle 7.9* aufgelistet.

Tabelle 7.9

Instrumente der Finanzplanung

Instrumente	Laufzeit	Renditezahlungen
Aktie	unbegrenzt	Variabel, nur möglich wenn Gewinn erwirtschaftet wird (Dividende)
Kredit	Fest vereinbarte Laufzeit	Fest vereinbart (Zins)

Da der Aktionär sein ursprünglich eingesetztes Kapital nicht zurückfordern kann und zudem auch in Zeiten von Verlusten kein Geld verlangen darf, ist diese Art der Geldquelle für das Unternehmen sicher und bedarf im laufenden Geschäft nur geringer Steuerung durch die Dividendenplanung.[16] Im Fall der Kredite ist dies anders, da hier die Krediterneuerung und zudem die festen Zinszahlungen geplant werden müssen.

Finanzierungsentscheidungen unseres Beispiels sind in *Tabelle 7.10* aufgeführt.

Tabelle 7.10

Entwicklung eines Finanzierungsmodells

$n =$ Jahr	Jahresende (n)	$n + 1$	$n + 2$	$n + 3$	$n + 4$	$n + 5$
Kurzfristige Kredite	10.000	13.000	15.000	9.000	6.000	7.000
Langfristige Kredite	12.000	12.000	12.000	20.000	20.000	20.000
Eigenkapitel	18.000	20.000	23.000	26.000	27.000	28.000

Entwicklung eines Finanzierungsmodells *(Forts.)*

n = **Jahr**	**Jahres-ende** *(n)*	*n* + **1**	*n* + **2**	*n* + **3**	*n* + **4**	*n* + **5**
Total Finan-zierungen	40.000	45.000	50.000	55.000	53.000	55.000
Finanzbedarf	0	0	0	0	0	0

Tabelle 7.10 zeigt, welche Finanzierungsentscheidungen getroffen wurden. Der in *n* + 2 auslaufende Kredit wird durch einen neuen längerfristigen Kredit in Höhe von 20.000 EUR erneuert. Der verbleibende Differenzbetrag ist durch kurzfristige Kredite finanziert. Ab *n* + 1 und unter Berücksichtigung des neuen langfristigen Kredites sind die jeweiligen Fehlbeträge kurzfristig durch Kredite finanziert. Aufgrund des steigenden Eigenkapitals und der Krediterhöhung im längerfristigen Bereich sinkt der Anteil an kurzfristigen Krediten im Zeitverlauf. Die Frage, warum diese Entscheidung getroffen wurde und warum sowohl Kredite als auch Aktien von fast allen Unternehmen verwendet werden, fällt in den Aufgabenbereich der Bilanzsteuerung.

7.4.3 Optimale Bilanzsteuerung

Entstehende Verluste des Unternehmens sind von den Inhabern zu tragen. Diese haben Anrecht auf den gesamten Gewinn, weswegen es zumutbar ist, dass sie ebenfalls die Verluste tragen.

Kapitalstruktur

Dieses Prinzip findet jedoch seine Grenzen, wenn in einem Extremfall die Verluste höher sind, als das von dem Inhaber eingezahlte und bestehende Eigenkapital. Der Aktionär ist in diesem Fall nicht gezwungen, dem Unternehmen weiteres Eigenkapital zur Verfügung zu stellen: In so einem Falle bleiben auch die Kreditgeber nicht unverschont. Sie müssen auf Teile ihrer Forderungen verzichten und tragen somit auch einen Anteil am Verlust. Dieses Risiko ist für jeden Kreditgeber vorhanden und lässt sich grundsätzlich nicht ausschließen, jedoch minimieren: Das **Prinzip der Nachrangigkeit** hilft, dieses Risiko der Kreditgeber zu reduzieren. Es bedeutet, dass zuerst alle Verluste durch das Eigenkapital ausgeglichen werden müssen und nur falls diese Verluste das Eigenkapital übersteigen, auch die Kreditgeber betroffen sind. Für die Kreditgeber (häufig Banken) bedeutet dies, dass sie durch das Eigenkapital geschützt werden. Je mehr Eigenkapital zur Verfügung steht, desto unwahrscheinlicher ist es, dass ein Kredit nicht zurückgezahlt werden kann.

Das höhere Risiko der Inhaber muss entschädigt werden, da ansonsten niemand Aktien kaufen würde und nur Kreditfinanzierungen attraktiv wären. Hierin liegt das Problem: Kredite werden nur vergeben, wenn genügend Schutz in Form von Eigenkapital in einem Unternehmen existiert. So wird deutlich, dass es ohne Eigenkapital viel schwieriger ist, Fremdkapital aufzunehmen.

Aktienkapital kostet mehr als Kredite und dennoch kann auf diese Finanzierungsquelle nicht verzichtet werden, da sie fundamental für die Fremdkapitalvergabe ist. Dies führt dazu, dass Firmen eine optimale Kombination von Krediten und Aktien anstreben. Es gilt das Kostenoptimum zu ermitteln, das die Gesamt- und damit auch die Durchschnittskosten für alle bestehenden Finanzierungen minimiert. Dies wird auch als Bilanzsteuerung bezeichnet.

Die Fragen der optimalen Mischung von Eigen- und Fremdkapital sind bis heute keinesfalls abschließend behandelt. Als grundlegend hierfür sind noch immer die Arbeiten von Modigliani und Miller (1958) anzusehen, die belegen, dass in einer Welt ohne Steuern und Transaktionskosten die Durchschnittskosten immer gleich sind, egal wie sich die Mischung aus Aktien und Krediten gestaltet.[17]

Die Durchschnittskosten nach Modigliani und Miller (1958) sind in *Abbildung 7.11* als waagerechte gestrichelte Linie dargestellt. Diese Grafik zeigt auf der Ordinate die Kosten für die jeweiligen Finanzierung oder auch die Durchschnittskosten in Prozent. Entlang der Abszisse werden verschiedene Mischungsverhältnisse von Eigen- zu Fremdkapital abgetragen, von einer Gesamtfinanzierung ohne Fremdkapital (0/100) bis zu einer Finanzierung mit 90% Fremdkapital (90/100).

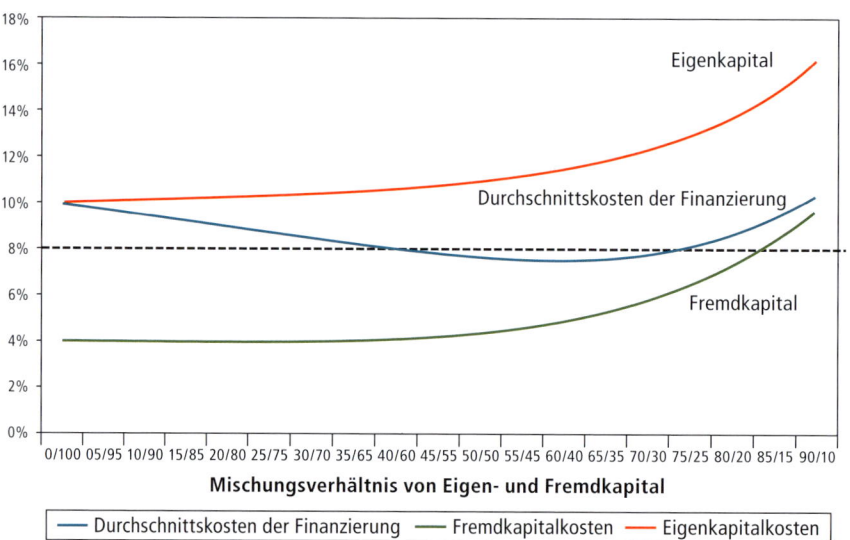

Abbildung 7.11: Die Durchschnittskosten der Finanzierung eines Unternehmens

In der beruflichen Praxis optimieren Finanzabteilungen die Gesamtfinanzierung des Unternehmens und passen diese an das gegebene Marktumfeld an. Hierbei spielen Zinsniveau und Besteuerung eine zentrale Rolle für die Optimierung der Finanzierungsstruktur. Aus dem Prinzip der Nachrangigkeit ergibt sich, dass die Kosten für Zinsen immer geringer sein müssen als die Kosten für Eigenkapital.

Abbildung 7.11 illustriert dies, da die grüne Kurve deutlich unterhalb der roten verläuft. Banken werden bei nur geringem Eigenkapitalanteil höhere Zinsen verlangen, da sie kaum geschützt sind. Ein weiterer Kernpunkt ist jedoch, dass bei geringem Eigenkapitalanteil auch die Aktionäre höhere Erträge erwarten, da hohe Zinskosten für die

Banken entstehen und die Firma deshalb leichter in die Verlustzone geraten kann. Da diese Zinsen unter allen Umständen bezahlt werden müssen, können die Aktionäre bei unerwarteten Gewinneinbrüchen schnell ihr eingezahltes Kapital verlieren.

Weighted Average Cost of Capital (WACC)

Als Ergebnis resultiert die blaue Kurve, die die Entwicklung der durchschnittlichen Finanzierungskosten in Abhängigkeit vom Verschuldungsgrad verdeutlicht. In diesem Beispiel zeigt sich, dass optimale Finanzierungskosten in einem breiten Bereich bei einem Einsatz von 55% bis 65% Fremdkapital entstehen. Oft werden diese Durchschnittskosten auch *Weighted Average Cost of Capital (WACC)* genannt.

Der **WACC** kann wie folgt definiert werden:

$$WACC = \text{Eigenkapitalrente} \times \text{Eigenkapital} / \text{Gesamtkapital}$$
$$+ \text{Zinsen} \times \text{Fremdkapital} / \text{Gesamtkapital}$$

Dieser Ansatz steht im Gegensatz zu Modigliani und Miller, die keinen Mehrwert in einer aktiven Bilanzsteuerung sehen. Jedoch ist festzustellen, dass fast alle Unternehmen versuchen, die Anteile an Fremd- und Eigenkapital zu optimieren. Absatzmärkte, Konkurrenten und weitere Faktoren beeinflussen die Kennzahlen so, dass je nach Tätigkeitsfeld ein anderes, optimales WACC zu finden ist. Auf diese Weise werden Unternehmen, die in einem risikobehafteten Geschäftsfeld operieren, mit weniger Fremdkapitalanteil arbeiten oder hohe Zinsen zahlen müssen, da hier die Fremdkapitalgeber höheren Schutz bzw. höhere Kompensation für das eingegangene Risiko fordern. Im Gegensatz dazu können Firmen, die in sehr stabilen Märkten und Geschäftsfeldern operieren, auf einen hohen Schuldenanteil zu günstigem Zinssatz hoffen. Daraus ist zu folgern, dass die Optimierung des WACC individuell für jedes Unternehmen und Sektor erfolgen muss.

Als Fazit ist wie folgt festzustellen: Durch optimale Finanzierungsentscheidungen entstehet Wertschöpfung für ein Unternehmen. Es ist jedoch sicher, dass dieser Anteil an möglicher Wertschöpfung im Vergleich zu den Möglichkeiten im Investitionsbereich eher geringer ist.[18]

Nichtsdestotrotz sind Finanzierungsentscheidungen imminent wichtig, da nur ein zahlungsfähiges, liquides Unternehmen überleben wird. Es gilt das Problem der Illiquidität zu minimieren und somit die Zahlungsfähigkeit zu gewährleisten.

7.5   Risikomanagement

Bisher wurde außer Acht gelassen, dass künftige Zahlungen Einflüssen ausgesetzt sind, die Zahlungsströme verändern und heute nicht vorhersehbar sind. Zurückgreifend auf das erste Beispiel (*Tabelle 7.1*) soll nun betrachtet werden, welche Zahlungen ex-post wirklich erfolgt sind. Hierbei bietet sich ein Soll-Ist-Vergleich an, welcher im folgenden Abschnitt behandelt werden soll.

7.5.1   Soll-ist-Vergleich

Tabelle 7.11 und *Abbildung 7.12* illustrieren, wie der Soll-Ist-Vergleich in der beruflichen Praxis aussehen kann.

Tabelle 7.11

Tägliche Kontostände in der Vorausschau und in der Realität

n=Tag	heute *(n)*	$n+1$	$n+2$	$n+3$	$n+4$	$n+5$	Durchschnitt
Vorausschau	−10.000	3.000	500	−2.000	6.000	−7.000	−1.583
Realität	500	1.000	3.000	7.500	4.000	1.000	2.833

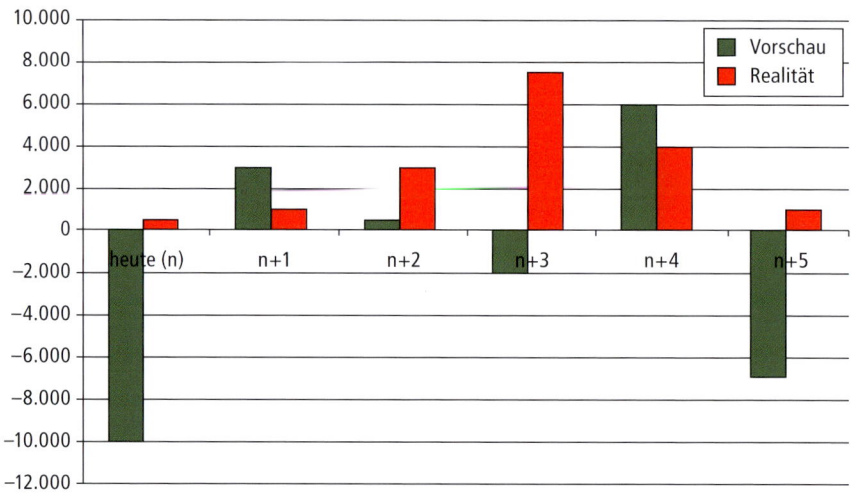

Abbildung 7.12: Tägliche Kontostände in der Prognose und der Realität

Es wird deutlich, dass es an jedem Tag Abweichungen gegeben hat. Diesem Risiko muss man Rechnung tragen: Es muss in der Kalkulation berücksichtigt werden. Ein intuitiver Schritt ist, einen Soll-ist-Vergleich zu vollziehen.

Tabelle 7.12

Abweichungen zwischen Vorausschau und Realität

n=Tag	heute *(n)*	$n+1$	$n+2$	$n+3$	$n+4$	$n+5$	Durch-schnitt
Vorausschau	−10.000	3.000	500	−2.000	6.000	−7.000	−1.583
Realität	500	1.000	3.000	7.500	4.000	1.000	2.833
Abweichung	10.500	−2.000	2.500	9.500	2.000	8.000	4.417

Wie *Tabelle 7.12* zeigt, sind die täglichen Abweichungen hoch. Zudem hat sich der Durchschnitt der Zahlungen von erwarteten −1.583 EUR auf 2.833 EUR erhöht. So stellt sich die Frage, wie man diese Abweichungen bewerten kann. Eine erste mögliche Quantifizierung wäre, die Abweichungen in Verhältnis zu den erwarteten Zahlungen zu setzen.

In der beruflichen Praxis wird dies jedoch kaum so gehandhabt, da eine Vorausschau nicht immer für alle Unternehmensbereiche existiert und die Qualität einer *Forecast* (Prognose) sehr unterschiedlich sein kann.[19] Insofern ist es in vielen Bereichen gängige Praxis, Veränderungen der real erfolgten Zahlungen zu analysieren, um sich über die möglichen Schwankungen zwischen Vorausschau und Realität ein Bild zu machen. Die Überlegung ist hier festzustellen, welche Schwankungen in den realen Geldflüssen vorgelegen haben. Derartige Überlegungen werden oft in die Zukunft übertragen und können helfen, unerwartete *Cashflow*-Entwicklungen vorherzusagen. *Tabelle 7.13* und *Abbildung 7.13* dokumentieren die tatsächlichen Geldflüsse und die realen Abweichung zwischen den einzelnen Tagen in Prozent auf unterschiedliche Art und Weise.

							Tabelle 7.13

Abweichung zwischen den einzelnen Tagen in der Realität

n=Tag	heute *(n)*	$n+1$	$n+2$	$n+3$	$n+4$	$n+5$	Durch-schnitt
Realität	500	1.000	3.000	7.500	4.000	1.000	
Abweichung		100%	200%	150%	−47%	−75%	65,67%

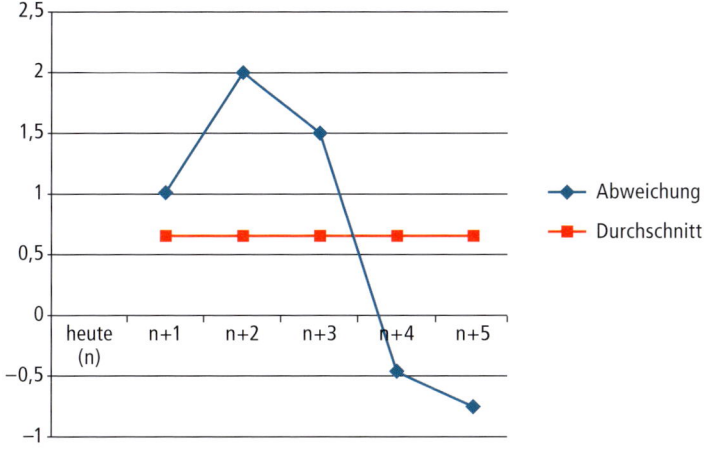

Abbildung 7.13: Abweichungen zwischen den einzelnen Tagen in der Realität

Es zeigt sich hier, dass die Abweichungen in Prozent sehr unterschiedlich sind. Dies wird auch dadurch deutlich, dass der Durchschnitt nur an einem Tag nahe an der realen Zahlung liegt.

7.5.2   Berechnung der Standardabweichung

Diese täglichen Abweichungen sind leicht auszurechnen. Üblicherweise wird hieraus eine Kennziffer errechnet, die die Streuung der täglichen Entwicklung und die durchschnittliche Abweichung angibt. Je höher der sich ergebende Wert, desto mehr Schwankungen sind erfolgt. Es handelt sich bei diesem Verfahren um die **Standardabweichung**.

						Tabelle 7.14

Berechnung einer Kennzahl zur Messung der durchschnittlichen Abweichung

n =Tag	heute *(n)*	$n + 1$	$n + 2$	$n + 3$	$n + 4$	$n + 5$	Durch-schnitt
Realität	500	1.000	3.000	7.500	4.000	1.000	
Abwei-chung		100%	200%	150%	−47%	−75%	65,67%
Abweichung vom Durchschnitt		34%	134%	84%	−112%	−141%	
(Abweichung vom Durchschnitt)^2		0,1178	1,8045	0,7112	1,2618	1,9787	Varianz 1,1748
Standardabweichung							108%

Die durchschnittliche Abweichung in *Tabelle 7.14* beträgt 108 %. Die Berechnung kann auch durch folgende mathematische Formel beschrieben werden:

$$\sigma = \sum (\chi - \mu)^2$$

Kern der Überlegung ist, dass die Abweichungen von dem Mittelwert quadriert werden und anschließend daraus die Quadratwurzel gezogen wird. Hiermit wird erreicht, dass negative Vorzeichen entfallen und keine Kompensation zwischen den einzelnen Abweichungen möglich ist. Jede Abweichung wird positiv und trägt zum Gesamtwert bei. Aus diesen Informationen lässt sich unter gewissen Voraussetzungen schliessen, mit welcher Wahrscheinlichkeit Abweichungen grösser oder kleiner als ein gewisser Grenzwert sind. *Tabelle 7.15* und *Abbildung 7.14* zeigen den Korridor auf, der sich ergibt, wenn zu der durchschnittlichen Abweichung eine Standardabweichung (108%) hinzu- oder heruntergerechnet wird.

Tabelle 7.15

Abweichungskorridor

n = Tag	heute (n)	n + 1	n + 2	n + 3	n + 4	n + 5
Abweichung		100%	200%	150%	−47%	−75%
Durchschnitt		65,67%	65,67%	65,67%	65,67%	65,67%
Abweichung nach oben	173,67%	173,67%	173,67%	173,67%	173,67%	
Abweichung nach unten	−42,33%	−42,33%	−42,33%	−42,33%	−42,33%	

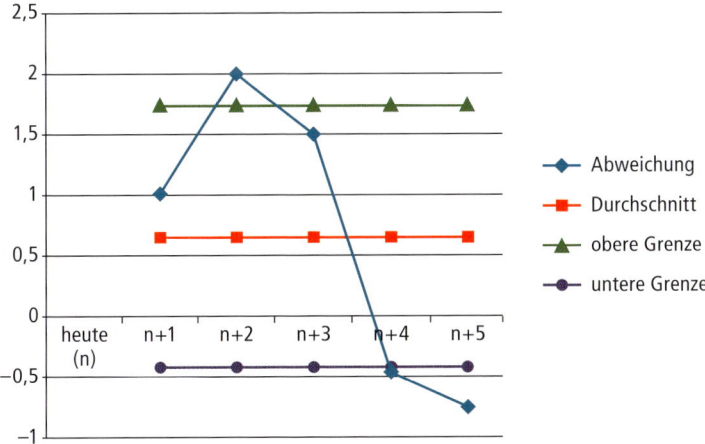

Abbildung 7.14: Tägliche Abweichungen und Abweichungskorridor

Zahlungen liegen mit einer Wahrscheinlichkeit von 68.27% in diesem Bereich.[20] Der mögliche Schwankungsbereich liegt bei 65,56% + Standardabweichung bzw. 65,56% − Standardabweichung. In diesem Beispiel ist der durchschnittliche Schwankungsbereich extrem hoch. Ein Intervall mit einer Standardabweichung erweisst sich auch als ungenügend, da an 2 Tagen die Abweichungen ausserhalb des Korridors liegen. Da derartige Schwankungen Kosten verursachen und insbesondere die Gefahr der Zahlungsunfähigkeit entstehen kann, wird sorgfältig analysiert, aus welchen Gründen es hierzu gekommen ist. *Tabelle 7.16* stellt solch eine Analyse dar:

Tabelle 7.16

Ursachenanalyse – Klassifizierung von Risiken

Datum	Abweichsbetrag	Ursache der Abweichung
Tag *n*	+10.500	Ein Kunde zahlt unerwarteterweise eine Rechnung, die als uneinholbar galt.
Tag *n* + 1	−2.000	Die Zahlung war in US-Dollar zu leisten (USD) und der vorausgesehene Kurs war falsch.
Tag *n* + 2	+2.500	Die Zahlung einer Rechnung wird irrtümlich nicht ausgeführt.
Tag *n* + 3	+9.500	Ein Kunde hat zu früh bezahlt.
Tag *n* + 4	−2.000	Ein Kunde hat nicht gezahlt.
Tag *n* + 5	+8.000	Es wurde mehr verkauft als geplant.

7.5.3   Klassifizierung und Bewertung des Risikos

Ein **Risiko** bezeichnet die Möglichkeit, dass Abweichungen von einem erwarteten Zustand erfolgen. Die Beurteilung des Risikos erfolgt vor allem durch das Ausmaß und die Häufigkeit dieser Abweichungen.

Risikoursachen

Da diese Ursachen im Zeitablauf verfolgt werden, kann herausgefunden werden, inwieweit sie für die Schwankungen verantwortlich sind. Es gilt wiederkehrende Vorfälle mit entsprechenden Maßnahmen zu bekämpfen, um die Standardabweichung der Zahlungen zu verringern. Im Verlauf der Zeit ist festzustellen, dass Prognosen exakter ausfallen, wenn die Ursachenforschung korrekt durchgeführt wurde. Um die entsprechenden Maßnahmen zu definieren, ist es sinnvoll, die entdeckten Ursachen wie in *Tabelle 7.17* zu klassifizieren.

Tabelle 7.17

Steuerung, Klassifizierung und Ursache der Abweichung

Steuerung	Klassifizierung	Ursache der Abweichung
Intern bzw. Extern	Kreditrisiko	Ein Kunde zahlt unerwartet eine Rechnung, die als uneinholbar galt.
Intern bzw. Extern	Marktrisiko	Die Zahlung war in US-Dollar zu leisten (USD) und der vorausgesehene Kurs war falsch.
Intern	Abwicklungsrisiko	Die Zahlung einer Rechnung wird irrtümlich nicht ausgeführt.

Steuerung, Klassifizierung und Ursache der Abweichung *(Forts.)*

Steuerung	Klassifizierung	Ursache der Abweichung
Intern	Businessrisiko	Ein Kunde hat zu früh bezahlt.
Intern bzw. Extern	Kreditrisiko	Ein Kunde hat nicht gezahlt.
Intern	Businessrisiko	Es wurde mehr verkauft als geplant.

Wie *Tabelle 7.17* zeigt, können interne oder externe Gründe auftreten, weswegen es zu Abweichungen kommen kann. Generell ist es schwieriger, externe Ursachen zu beeinflussen als interne. So gibt es Situationen, in denen zwar ein externes Risiko vorliegt, aber auch geprüft werden muss, ob alle internen Vorsichtsmaßnahmen getroffen wurden. So kann es auch sein, dass eine Währungsabsicherung vergessen wurde oder die Kreditwürdigkeit eines Kunden nicht geprüft wurde. Es lassen sich anhand dieser Beispiele vier große Risikogruppen bilden, die je nach Unternehmenstyp und je nach Unternehmenssektor unterschiedlich ausgeprägt sind.

Risikoarten

1. **Abwicklungsrisiko:**

Hiermit sind Risiken gemeint, die aus der Abwicklung von Zahlungen entstehen können. Es kann sich einerseits um Fehler handeln, jedoch auch um Betrug von Mitarbeitern. In Anbetracht der komplexen Abläufe und der Notwendigkeit, verschiedenste Zahlungs- und Informatiksysteme zu nutzen, ist diese Problematik gegenwärtig äußerst wichtig geworden.

Zur Steuerung sind vor allem interne Maßnahmen geeignet. So ist die Mitarbeiterauswahl ein enorm wichtiges Kriterium. Weiterhin gilt es die Abläufe so zu gestalten, dass eine einzelne Person nicht alle Schritte einer Zahlung allein ausführen kann. Zudem sollten sogenannte Back-up Ersatz-Systeme zur Verfügung gehalten werden.

2. **Businessrisiko:**

Hiermit sind Risiken gemeint, die aus der Geschäftstätigkeit eines Unternehmens entstehen. Dies meint vor allem Produkte, Märkte und auch die Konkurrenzsituation. So werden Zahlungsströme, die aus dem Verkauf von Nahrungsmitteln entstehen, prinzipiell konstanter sein als dies etwa in der Bauwirtschaft der Fall ist. In der Bauwirtshaft haben Konjunkturveränderungen in der Regel stärkere Schwankungen der Geschäftstätigkeit zur Folge.

Die Steuerung des Businessrisikos ist im Prinzip keine Aufgabe der Finanzabteilung. Das Businessrisiko wird im Rahmen der Strategie des Unternehmens gesteuert. Wichtige Entscheidungen zur Steuerung dieses Risiko sind beispielsweise, neue Produkte einzuführen oder in neue Märkte einzutreten (Diversifikation).

3. **Kreditrisiken:**

Kreditrisiken sind besonders für Banken ein wesentlicher Punkt, da deren Kerngeschäft in der Kreditvergabe besteht.[21] Ziel ist es, die Verluste aus Krediten klein zu halten. Verluste können dadurch entstehen, dass offene Beträge sowie Zinsen nicht, teilweise oder verspätet zurückgezahlt werden. Auch Unternehmen gewähren Kunden eine Frist zur Zahlung der Rechnungen. Es handelt sich hier ebenfalls um Kredite. Auch bei diesen sogenannten Forderungen können Ausfälle entstehen.

Die Steuerung des Kreditrisikos erfolgt zunächst intern, indem geprüft wird, ob generell Waren bzw. Kredite an ein Unternehmen verkauft bzw. verliehen werden dürfen. Im Fall, dass die Rückzahlung gefährdet erscheint, wird die Kreditvergabe nicht erfolgen. Im Zuge der Entwicklung der Finanzmärkte ist es möglich geworden, Kreditrisiken zumindest für große Unternehmen und Staatsschuldner zu handeln und diese an Dritte zu veräußern. Dies ermöglicht, eine Absicherung zu erwerben, die im Fall des Kreditausfalls die Differenz ersetzt.[22]

4. **Marktrisiken:**

Unter Marktrisiken werden die finanziellen Risiken von Finanzprodukten verstanden, die an Finanzmärkten gehandelt werden. Einige typische Marktrisiken sollen hier knapp vorgestellt werden:

1. **Währungsrisiken:**

   Fast alle Währungen werden an Finanzmärkten für heutige und für zukünftige Termine gehandelt. So werden Währungsrisiken vielfach durch den Kauf oder Verkauf von Fremdwährungen von heutigen oder zukünftig erwarteten Zahlungen, durch Optionen und Bonds, abgesichert.

2. **Zinsrisiken:**

   Je nach Situation eines Unternehmens mag es sinnvoll sein, eine Zinsbindung für einen kurzen oder langen Zeitraum einzugehen. Inzwischen ist es beispielsweise für bestehende Kredite möglich, seine Zinsen am Markt zu modifizieren, ohne dies mit der kreditvergebenden Bank abzusprechen.

3. **Rohstoffrisiken:**

   Auch für Rohstoffe ist es möglich, bereits heute zukünftige Preise zu fixieren. Dies mag mit dem Lieferanten geschehen oder an den Finanzmärkten, die solche Verträge anbieten.

4. **Wertpapierrisiken:**

   Generell kann für die meisten Wertpapiere wie Aktien oder Anleihen ebenfalls ein Risikoschutz an den Finanzmärkten erworben werden.

Die Preise dieser Finanzrisiken ergeben sich zumeist aus Quantifizierungen, wie in dem Beispiel mit der Standardabweichung durchgeführt wurde. Je höher sich die vermuteten Schwankungen gestalten, desto höher ist der Preis für ein Risiko.

Hohe Schwankungen der Zahlungsströme haben in vielen globalen Firmen auch dazu geführt, dass viele Finanzabteilungen die Ursachen, die sie als wichtig identifiziert haben, aktiv managen, um das Hauptziel, immer liquide zu bleiben zu gewährleisten.

7.6   Fazit

Finanzwesen beinhaltet die Herausforderung, Zahlungen so zu steuern, dass einerseits die Rendite bzw. die Kapitalkosten optimiert werden und zugleich das mit den Zahlungen verbundene Risiko kontrolliert wird. Die Kunst liegt darin, ein optimales Verhältnis von Rendite zu Risiko zu finden und das Unternehmen dabei unter allen Umständen liquide zu halten.

Exkurs

Eigenkapitalrendite – Die Auferstehung einer gefährlichen Kennzahl

In einer bekannten schweizerischen Tageszeitung wurde folgender Artikel gedruckt:

„Bereits versprechen Banker wieder Renditen von über 20%. Das ist beunruhigend. Schon einmal wurde diese Kennzahl hochgetrieben – mit großen Opfern. Sinkt die Eigenkapitalrendite, kann das für die Gesundheit der Banken sprechen. Denn sie werden sich künftig nicht mehr wie einst verschulden können."

Im Weiteren dieses Artikels finden Sie folgende Passage:

Für Manuel Ammann, Bankprofessor an der Universität St. Gallen, ist ein anderer Punkt weit wichtiger. „An der Kennzahl ist nichts auszusetzen, wenn man sie in den richtigen Kontext setzt", sagt er, „denn die Zahl sagt nichts darüber aus, welche Risiken die Bank eingegangen ist, um sie zu erreichen." Die einfachste Methode, die Eigenkapitalrentabilität zu steigern, besteht in einer größeren Verschuldung. Damit fällt ein gleichbleibender Gewinn auf ein geringeres Eigenkapital. Die Rendite ist zwar höher, das Risiko aber ebenfalls. Doch unabhängig von dieser Hebelwirkung (so genannter Leverage) kann schon der Gewinn allein durch das Eingehen höherer operativer Risiken hochgeschraubt werden. Diese Risiken zu erkennen, ist für Außenstehende kaum möglich – zuweilen auch für das Bankmanagement. Das ist auch eine Lehre der aktuellen Krise. Bei der UBS wusste man offensichtlich bis an die Spitze der Bank nicht, welche Zeitbomben sie sich mit ihren Engagements eingehandelt hat.

Reflexionsfragen

1. Diskutieren Sie den geschilderten Sachverhalt und beziehen Sie Position.

2. Erörtern Sie, ob die Forderung nach immer höherer Eigenkapitalrendite Unternehmen dazu bringt, zu hohe Risiken einzugehen und nennen Sie Kennzahlen, die eine größere Aussagekraft über die Wirtschaftlichkeit eines Unternehmens beschreiben.

3. Wieso ist der Fokus auf wenige Kennzahlen in einer bestimmten Zeitperiode gefährlich.

Quelle: Straub; M. Diem Meier: „Eigenkapitalrendite – Die Auferstehung einer gefährlichen Kennzahl", Tagesanzeiger.ch am 19.11.2009, www.tagesanzeiger.ch/wirtschaft/ unternehmen-und-konjunktur/Eigenkapitalrendite--die-Auferstehung-einer-gefaehrlichen-Kennzahl/story/10488888 (Stand: 10.07.2011).

ZUSAMMENFASSUNG

Folgende Inhalte wurden in diesem Kapitel behandelt:

- Das Finanzwesen ist eine Disziplin, die sich mit der Entwicklung von *Cashflow* im Zeitablauf beschäftigt. Dieser Indikator gewinnt zunehmend an Bedeutung, weil es schwieriger ist, ihn zu manipulieren als andere Indikatoren wie Gewinn oder Verlust. Letztendlich ist Cashflow der relevante Indikator, da Zahlungen nur mit ihm durchgeführt werden können.

- Auch wenn sich das Finanzwesen schnell entwickelt und es eine große Anzahl von neuen Produkten gibt, so ist und bleibt der Grundsatz *„Discounting is Financing"* die Basis für alle Finanztransaktionen. Darunter ist zu verstehen, dass es möglich ist, durch den Einsatz von Barwertfaktoren, Zahlungen zu verschiedenen Zeitpunkten miteinander zu vergleichen. Es handelt sich hierbei um nichts anderes als Kredite bzw. Anlagen einzusetzen, die an den Finanzmärkten gehandelt werden. Das Ergebnis dieser Finanzgeschäfte sind die Barwerte von zukünftigen Zahlungen, die direkt miteinander verglichen werden können.

- Es ist wichtig, dass zukünftige Zahlungen durch heutige Kredite oder Anlagen annulliert werden können. Das bedeutet, dass identische Zahlungen mit umgekehrtem Vorzeichen an dem jeweiligen zukünftigen Zahlungsdatum generiert werden. Es ergibt sich, dass der Nettowert der Zukunftstransaktion Null beträgt. Es bleibt damit nur die heutige Zahlung über, deren Nominalwert dem Barwert entspricht.

- Die Höhe der Barwertfaktoren wird durch den Renditesatz und durch die Zeitspanne definiert. Barwertfaktoren können Werte zwischen Null und Eins annehmen.

- Das Management der Investitionen und Finanzierungen eines Unternehmens wird als *Corporate Finance* bezeichnet.

- Investitionen sind eine Abfolge von Aus- und Einzahlungen. Durch Einsatz des Prinzips des *Discounting* wird ein Nettobarwert errechnet, der sogenannte *Net Present Value (NPV)*. Sofern dieser Wert größer als Null ist, entsteht ein *Cashflow*-Überschuss, da alle Finanzierungskosten bereits abgezogen sind. Das Prinzip des *Discounting* kann auch als Methode verstanden werden, die es ermöglicht, die gesamten Finanzierungskosten einer Investition zu berechnen und als negativen *Cashflow* direkt abzuziehen.

- Im Bereich der Finanzierungen gilt es zuerst zwischen Eigen- und Fremdkapital zu unterscheiden. Mittel, die nicht von den Eigentümern zur Verfügung gestellt werden sind Fremdkapital. Da im Fall von Verlusten zuerst das Eigenkapital zum Ausgleich verwandt werden muss, stellt dieses ein Sicherheitspolster für die Fremdkapitalgeber dar, das je nach Situation mehr oder weniger groß ist. Damit birgt Eigenkapital mehr Risiken und muss deshalb eine höhere Rendite generieren.

- Die Optimierung der Finanzierungskosten eines Unternehmens ist deshalb primär eine Analyse, wie hoch der Anteil des teuren Eigenkapitals an der Gesamtfinanzierung sein muss. Das dazu verwendete *Konzept der durchschnittlichen Finanzierungskosten (WACC)* wird viel diskutiert und es existieren unterschiedliche Ansätze. In der Praxis wird zumeist davon ausgegangen, dass sich Fremdkapitalgeber mit geringeren Renditen zufriedengeben, wenn ein hoher Eigenkapitalanteil besteht. Jedoch erhöhen sich die Kosten für das Eigenkapital, sofern es nur minimal eingesetzt wird. Die Optimierung besteht darin, die richtige Dosierung für den Einsatz von Eigenkapital zu finden.

- Der Bedarf an *Cashflow* wird in Finanzierungsplänen entwickelt. Unter Berücksichtigung des WACC-Ansatz werden hieraus konkrete Finanzierungsmaßnahmen abgeleitet.

- Es ist nie möglich, zukünftige Zahlungen und damit Finanzierungen mit absoluter Sicherheit vorherzubestimmen. Abweichungen von dem Erwarteten oder dem Bekannten formen das Risiko. Je größer und häufiger die Abweichungen auftreten, desto höher ist das Risiko. Ein wichtiger Ansatz hierfür ist die Berechnung der Standartabweichung von Zahlungen.

- Das moderne Finanzwesen hat sich insbesondere dem Risikomanagement verschrieben. Der Fokus liegt darauf, folgende Fragen zu beantworten: Wie können Risiken bewertet werden? Welche Möglichkeiten hat ein Unternehmen, Risiken zu vermeiden bzw. abzusichern? Dieser komplexe Bereich wurde nur knapp angerissen: Eine weitere Vertiefung des Finanzwesens beinhaltet vor allem eine zusätzliche Auseinandersetzung mit dem Risikobegriff.

AUFGABEN

1. Warum kann der Betrag, der einem Kunden in Rechnung gestellt wird, nicht als *Cashflow* bezeichnet werden?

2. Welches ist das maximale Verlustrisiko des Kreditgebers?

3. Wovon hängt die Höhe des Renditebetrages ab?

4. Wieso sind zukünftige Zahlungen weniger wert als heutige Zahlungen?

5. Wie können zukünftige Ein- bzw. Auszahlungen durch heutige Kredite bzw. Anlagen annulliert werden?

6. Wie kann die rechnerische Differenz zwischen der Zahl eins und dem Bargeldfaktor interpretiert werden?

7. Wieso ist der *Net Present Value (NPV)* das relevante Kriterium zur Entscheidung, ob eine Investition rentabel ist?

8. Worin unterscheiden sich Eigen- und Fremdkapital?

9. Wie werden die Durchschnittskosten der Finanzierung von Unternehmen berechnet?

10. Was verstehen Sie unter finanziellen Risiken?

11. Wieso werden bei der Berechnung der Standardabweichung positive und negative Abweichungen gleich behandelt?

Fallstudie 1: Michelin und das Erzeugen von Gummi

Die Michelin-Gruppe, ein französisches Familienunternehmen, hat sich im Laufe von fast 120 Jahren zu einem internationalen Konzern entwickelt. Wussten Sie, dass Firmengründer André Michelin den demontierbaren Luftreifen und damit den Vorgänger aller heutigen Reifen erfunden hat? Michelin ist in der Tat eine Marke von Welt. Das Unternehmen stellt Reifen aller Art her. Jeder hat es schon einmal gesehen, viele kennen es sogar mit Namen: *Bibendum*, das „Reifenmännchen", das Markenzeichen von Michelin. Seit über 100 Jahren steht *Bibendum* für herausragende Qualität bei Reifen, Straßenkarten und Reiseführern, weltweit.

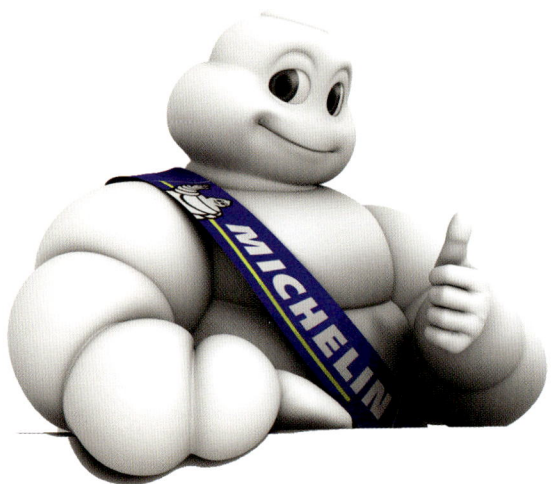

Abbildung 7.15: Bibendum-Reifenmännchen
Quelle: Michelin Reifenwerke AG & Co. KGaA.

Fortschritt in Mobilität: Auf Reifen von Michelin verlassen sich Kunden rund um den Globus. Michelin-Qualität gibt es aber auch für Bau-, Landwirtschafts- und Industriefahrzeuge, U-Bahnen und Flugzeuge. Sogar Raumfähren landen sicher auf Reifen von Michelin. Täglich werden fast 900.000 Reifen hergestellt, der leichteste wiegt weniger als 200 Gramm, der größte nahezu 6 Tonnen!

Quelle: Michelin Reifenwerke AG & Co. KGaA.

Kundennähe weltweit: Michelin verfügt über 70 Produktionsstandorte in 19 Ländern und auf fünf Kontinenten. Verkaufsorganisationen in über 170 Ländern garantieren den schnellen und effizienten Vertrieb von Michelin-Produkten.

Menschen machen die Qualität: Über 125.000 Beschäftigte zählt Michelin. Jede Mitarbeiterin, jeder Mitarbeiter setzt sich in seinem Bereich täglich dafür ein, beste Qualität zum jeweils besten Preis herzustellen und zu verkaufen.

Zukunft im Blick: Michelin betreibt Grundlagenforschung. Ein Technologiezentrum auf drei Kontinenten (Europa, USA und Japan) entwickelt Innovationen. In vier Versuchszentren werden neue Produkte auf Herz und Nieren getestet.

Umwelt im Mittelpunkt: Die Reifen eines Fahrzeugs verursachen 20% seines Kraftstoffverbrauchs. Michelin ist sich der Verantwortung bewusst, die sich aus dieser Tatsache ergibt, und optimiert den Rollwiderstand seiner Reifen ständig weiter, um Verbrauch und CO_2-Ausstoß der Fahrzeuge zu senken. Auch was Produkteigenschaften und Herstellungsprozesse von Reifen angeht, spielen Umweltbelange eine wichtige Rolle.

Qualitätsfaktor Natur: Natürlicher Kautschuk hat spezielle Eigenschaften, die bisher nicht synthetisch erzielt werden konnten. Man benötigt den hochwertigen natürlichen Rohstoff als Ergänzung zum Synthese-Kautschuk – ein entscheidender Faktor bei der Erzeugung von Qualitätsreifen. Michelin Forschungszentren in Brasilien und Nigeria helfen, Anbau-, Ernte- und Verarbeitungsmethoden von Kautschuk ständig zu optimieren. Denn auch bei der Rohstofferzeugung gilt: Vorsprung erarbeiten durch ständige Verbesserung der Qualität.

Abbildung 7.16 zeigt einen Kautschukbaum, der für die Erzeugung von Gummi verwendet wird. Die Besonderheit dieser Pflanze ist, dass erst nach etwa 6 Jahren die erste Ernte erfolgen kann. Im Alter von 22 Jahren stellt der Baum die Produktion von Latex ein. Diese Pflanze kann in bestimmten Teilen Südamerikas, Afrikas und Asiens angebaut werden. Die Ernten sind häufig von Krankheiten, insbesondere von Pilzen, bedroht.

Abbildung 7.16: Kautschukproduktion

Reflexionsfragen

1. Überlegen Sie, wie der Cashflow einer Kautschukplantage und die Preise für Kautschuk sich im Zeitablauf entwickelt.

2. Überlegen Sie, wie sich die Barwertfaktoren über die Zeit entwickeln.

3. Unter welchen Bedingungen würden Sie Ihr Geld in eine Gummiplantage investieren und welche Bedeutung haben die Finanzierungskosten für ein derartiges Projekt?

Quelle: Straub; www.Michelin.de (Stand: 11.5.2011).

Fallstudie 2: KPMG

Die Firma KPMG hat für eine große Anzahl englischer Firmen einen Zusammen-hang zwischen WACC und dem Verhältnis von Verschuldung und *Cashflow* in der folgenden Graphik zusammengestellt.[23]

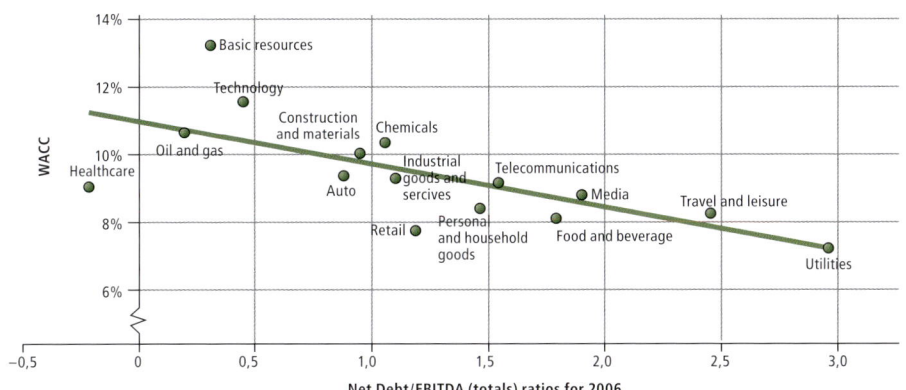

Abbildung 7.17: FTSE 350 WACC vs. Leverage, by sector (2006 estimates)
Quelle: KPMG (UK) LLP, Januar 2006.

Reflexionsfragen

1. Finden Sie heraus, inwiefern EBITDA ein *Cashflow* ist.

2. Überlegen Sie, wieso ein branchenübliches Verhältnis von Verschuldung zu *Cashflow* existiert?

283

Verwendete Literatur

Allman-Ward, M.; James Sagner, J.: „Essentials of Managing Corporate Cash", John Wiley, 2003.

Brealey, R.A.; Myers, S.C.; Allen, F.: „Principles of Corporate Finance", 9. Aufl., McGraw-Hill, 2008.

KPMG: „Private Equity vs. the Corporate", Internetbeitrag vom 31.01.2006: *www.kpmg.ch/docs/20060131_Private_Equity_vs_the_Corporate.pdf.*

Loderer, C.: „Handbuch der Bewertung", 4. Aufl., NZZ Libro, 2007.

Miller, M.H.: „The Modigliani-Miller Propositions after Thirty Years", in: Journal of Applied Corporate Finance, Bd. 2, 1989, S. 6-18.

Miron, P.; Swannell, P.: „Pricing and Hedging Swaps", Euromoney, 1991.

Mishkin, F.S: „The Economics of Money, Banking and Financial Markets", 9. Aufl., Pearson, 2010.

Modigliani, F.; Miller, M.H.: „The cost of capital: Corporation Finance and the Theory of Investment", in: American Economic Review, Bd. 48, 1958, S. 261-297.

Volkhart, R.: „Corporate Finance", 5. Aufl., Versus Verlag, Zürich 2011.

Weiterführende Literatur

Bieg, H.; Kußmau, H.: „Investitions- und Finanzmanagement", Bd. 1-3, 1. Aufl., Vahlen Verlag, München 2000.

Copeland, T. E.; Weston, J. F.; Shastri, K.: „Finanzierungstheorie und Unternehmenspolitik. Konzepte der kapitalorientierten Unternehmensfinanzierung", Bd. 1-2, 4. Aufl., Pearson Studium, München 2008.

Howells, P.; Bain, K.: „The Economics of Money, Banking and Finance", FT Prentice Hall, 2008.

Kruschwitz, L.: „Investitionsrechnung", 12.Aufl., Oldenbourg Verlag, München 2008.

Zantow, R.: „Finanzwirtschaft der Unternehmung: Die Grundlagen des modernen Finanzmanagements" , 2. Aufl., Pearson Studium, München 2007.

Endnoten

1 Siehe *Kapitel 8*: Rechnungswesen.
2 Siehe *Kapitel 9*: Controlling.
3 Siehe *Kapitel 5*: Materialwirtschaft Logisitk und Supply Chain Management.
4 In diesem Kapitel werden *Geld* und *Kapital* als Synonyme verwendet.
5 Siehe *Kapitel 8*: Rechnungswesen.
6 Siehe *Kapitel 8*: Rechnungswesen.
7 Siehe *Kapitel 8*: Rechnungswesen; und *Kapitel 09*: Controlling.
8 Die praktische Abwicklung wird anschaulich von Allman-Ward und James Sagner (2003) beschrieben.
9 Die praktische Anwendung zur Berechnung von Renditen für Aktien und andere Wertpapiere wird u. a. bei Loderer (2007), S. 308 ff. beschrieben; Siehe zudem *Kapitel 08*: Rechnungswesen.
10 Dies unter der Voraussetzung, dass der Zinssatz für Anlage und Kredit identisch ist.
11 Wie das sogenannte *Bootstrapping*.
12 Denjenigen Lesern, die sich in dieses Thema vertiefen wollen, ist die Monographie von Miron und Swannell (1991) angeraten.
13 Die Finanzierungskosten enthalten sowohl einen Anteil für die Inhaber (z.B. Aktionäre) als auch die Fremdmittel (z.B. Zinsen für Banken).
14 Es gibt viele weitere Faktoren, die wichtig für die Durchführung einer Investition sind, die jedoch nicht zum Finanzbereich gehören.
15 Siehe Volkhardt (2006), S. 930 ff.
16 Nicht zu vernachlässigen ist, dass Aktionäre neben dem Dividendenanspruch einen starken Einfluss auf die Besetzung des Aufsichtsrates und damit auch auf die Geschäftsführung besitzen.
17 Siehe Modigliani und Miller (1958), S. 261-297 und Miller (1989), S. 6-18.
18 Eine interessante Analyse dieses Sachverhaltes findet sich bei Brealey et al. (2008) S. 472 ff.
19 In vielen ökonomischen Berechnungen ist Vorsicht geboten, wenn Veränderungen zwischen einer positiven und negativen Zahl analysiert werden.
20 Dies gilt für eine Normalverteilung und für ein Intervall, das sich mit 2 Standardabweichungen bestimmt, ergibt sich eine Wahrscheinlichkeit von 95.45%.
21 Es ist jedoch festzustellen, dass ebenfalls Unternehmen außerhalb der Finanzbranche mit ihren Forderungen einem Kreditrisiko unterliegen.
22 Ebenso ist es möglich, derartige Risiken zu kaufen und zu hoffen, dass es nicht zu einem Ausfall kommt, und somit einen Gewinn zu erwirtschaften. Im Zuge der Finanzkrise im Jahr 2008 wurde deutlich, dass durch den Handel von Kreditrisiken an Terminmärkten die Preise derartiger Risiken schonungslos offen gelegt wurden.
23 Siehe KPMG (2011).

Teil III des Lehrbuches befasst sich mit den **unterstützenden Unternehmens-funktionen**, die wir in *Abschnitt 1.2.* angerissen haben.

Unterstützende Unternehmensfunktionen sind Tätigkeiten, welche für die Aus-übung der primären Aktivitäten die notwendige Voraussetzung sind. Sie liefern somit einen indirekten Beitrag zur Erstellung eines Produktes oder einer Dienst-leistung. In unserem Buch sind dies *Rechnungswesen (Kapitel 8)*, *Controlling (Kapitel 9)*, *Organisation (Kapitel 10)*, *Wissensmanagement und Informationssys-teme (Kapitel 11)*, *Human Ressource Management (Kapitel 12)* und *Leadership (Kapitel 13)*. Die Wertkette eines Unternehmens ist mit den Wertketten der Liefe-ranten und Abnehmer verknüpft. Sie bilden zusammen das Wertschöpfungsket-tensystem einer Branche.

TEIL III

Unterstützende Funktionen

There are two sides of the balance sheet – the left side and the right side. On the left side, nothing is right, and on the right side, nothing is left!

Aus einer Antwort von UBS an Dirk Maxeiner, zitiert im kurzen Beitrag „Saubere Bilanz" anlässlich des Rücktrittes von Ingrid Matthäus-Maier, der Chefin der staatlichen Bank KfW.

Lernziele

In diesem Kapitel wird das Wissen zu folgenden Inhalten vermittelt:

- Grundlagen des Rechnungswesens
- Die Ursprünge des Rechnungswesens und die Rolle der Wirtschaftsprüfung
- Internes Rechnungswesen: Die Kostenrechnung
  - Gegenstand
  - Kostenartenrechnung
  - Kostenstelllenrechnung
  - Kostenträgerrechnung
  - Deckungsbeitragsrechnung
- Externes Rechnungswesen: Wesentliche Konzepte der Buchführung
  - Juristische Rahmenbedingungen
  - Buchführungsgrundsätze im Überblick
  - Bücher des Rechnungswesens
  - Prinzip der doppelten Buchführung (Kostenarten und Geschäftsvorgänge)
- Jahresabschluss (Bilanz, Gewinn- und Verlustrechnung, Anhang sowie wesentliche Kennzahlen)
- Aktuelle Herausforderungen des Rechnungswesens

Rechnungswesen

8

ÜBERBLICK

8.1 Grundlagen des Rechnungswesens

Das Rechnungswesen erfasst nach bestimmten Regeln sämtliche Geld- und Leistungsbewegungen in einem Unternehmen. Es dient somit der Informationsbeschaffung und bildet häufig die Grundlage für Entscheidungen.

Skandale wie jene um Enron, Parmalat oder Madoff wurden – zumindest zum Teil – aufgrund von Schwächen der Buchführungssysteme möglich. Der Gesetzgeber reagierte auf jede dieser Affären mit strengeren Buchführungspflichten, um die Gesellschaften **transparenter** zu gestalten. Dieses Transparenzkonzept schließt ein, dass das Rechnungswesen den verschiedenen Stakeholdern möglichst **zweckdienliche und verständliche Informationen** liefern soll.

Ist die Rede von **Stakeholdern**, so denkt man unweigerlich an Manager von Unternehmen, aber auch an Investoren. Darüberhinaus zählen jedoch ebenso Banken, Finanzamt, Kostenträger im Gesundheitswesen, der Staat oder auch Arbeitnehmer, die Interesse an Informationen aus dem Rechnungswesen haben, dazu. Es gibt zahlreiche, unterschiedliche Stakeholder und jeder von diesen sucht über unterschiedliche Kanäle wie beispielsweise über die Presse, über Konferenzen oder über Hauptversammlungen nach den für ihn relevanten Informationen: Somit sind diese Informationen aus dem Rechnungswesen von zentraler Bedeutung.

Die Relevanz des Rechnungswesens und dessen Aufgabe liegt in der zuverlässigen Aufbereitung und Darstellung von Daten und Informationen.

8.1.1 Definition und Grundbegriffe des Rechnungswesens

Damit ein Unternehmen am Markt existieren kann, sollte es **mittelfristig Gewinne** generieren. Ebenso sollte es **zu jedem Zeitpunkt liquide**, sprich zahlungsfähig, sein. Unternehmen, die für ihre Rechnungen nicht aufkommen können und illiquide sind, sind bankrott und müssen geschlossen werden.

Die beiden Ziele eines Unternehmens, um langfristig seine Existenz zu sichern, sind Gewinn sowie Liquidität. Beide Zielgrößen sollten beim Rechnungswesen und auch beim Controlling stets im Auge behalten werden.

Kurzfristig kann durchaus geschehen, dass ein Unternehmen zwar Gewinne erwirtschaftet, aber dennoch kein Geld in der Kasse hat. Der umgekehrte Fall, ein Unternehmen ist liquide, aber erwirtschaftet dennoch Verluste, kann ebenfalls eintreten.

Das Rechnungswesen[1] hat die Aufgabe des **systematischen Erfassens**, **Überwachens** und des **informatinsseitigen Verdichtens** der durch unternehmerische Leistung erwirtschafteten Geld- und Leistungsströme. Zum einen werden von dem Rechnungswesen Geld- und Güterströme eines Unternehmens dokumentiert, um gegenüber den Stakeholdern Rechenschaft abzulegen *(externes Rechnungswesen)*. Zum anderen soll das Rechnungswesen der Geschäftsführung diejenigen Daten liefern, die zur Steuerung und Planung des Unternehmens notwendig sind *(internes Rechnungswesen)*.

Auskunft über das Vermögen eines Unternehmens, seine Zusammensetzung und seine Entwicklung zu geben, sind ebenfalls zentrale Bestandteile des Rechnungswesens: Es informiert gleichermaßen über die Jahresleistung eines Unternehmens, sprich über den Gewinn oder den Verlust in einer jeweiligen Bezugsperiode. Die zeitliche Größe erlangt erhebliche Bedeutung, da die Informationen aus dem Rechnungswesen auf vergangene (sichere) Ereignisse bezogen sind. Das Rechnungswesen wendet sich der

Vergangenheit zu, und unterscheidet sich somit von der Finanzierung, die in die Zukunft gerichtet ist. Dies bedeutet jedoch nicht, dass das Rechnungswesen keine Zukunftsorientierung vorweist: In diesem Kontext konzentriert sich das Rechnungswesen auf Sachverhalte, die sich bereits ereignet haben und somit **sicher** sind. Die Konsequenzen dieser Sachverhalte können jedoch sehr wohl Einfluss auf die Zukunft haben.

Die verschiedenen Erfordernisse des Rechnungswesens kommen in dessen **Grundbegriffen** zum Ausdruck. Folgende Termini sind nach Peters et al. (2005) diesbezüglich von Bedeutung:

Tabelle 8.1

Grundbegriffe des Rechnungswesens

Externes Rechnungswesen: Jahresabschluss – Gewinn oder Verlust

Aufwand	**Gesamtvermögen (Gewinn- und Verlustrechnung; kurz: GuV)**	Ertrag

Internes Rechnungswesen: Preiskalkulation und Wirtschaftlichkeit

Kosten	**Betriebsnotwendiges Vermögen (Kosten- und Leistungsrechnung; kurz: Kostenrechnung)**	Leistung bzw. Erlös

Liquidität

Ausgaben	**Geldvermögen**	Einnahme
Auszahlung	**Kasse: Bankkonto**	Einzahlung

Quelle: Straub (2011) in Anlehnung an Peters et al. (2005).

Gesamtvermögen: Gewinn- und Verlustrechnung (GuV)

In der **Gewinn- und Verlustrechnung (GuV)** werden **Aufwand** und **Ertrag** gegenübergestellt. Diese Größen beziehen sich im Gegensatz zu **Kosten** und **Leistung** nicht auf das betriebsnotwendige Vermögen, sondern auf das Gesamtvermögen. In dieser Rechnung werden demnach auch Größen berücksichtigt, die nicht zwingend mit der betrieblichen Tätigkeit in Verbindung stehen. Das Gesamtvermögen wird durch einen Aufwand oder einen Ertrag beeinflusst. Sämtliche Erträge und Aufwände einer Periode, in der Regel im Zeitraum eines Geschäftsjahres, werden aufgezeichnet und einenander gegenübergestellt. Die Berechnung des Gesamtvermögens ist demnach eine Rechnung des externen Rechnungswesens und wird daher stark gesetzlich geregelt. Aus dem Unterschied zwischen Aufwand und Ertrag ergibt sich der **Gewinn bzw. Verlust**.

- **Aufwand:** Der Aufwand beschreibt generell einen Einsatz oder eine Leistungserbringung, um einen gewissen Nutzen zu erzielen. Beispielsweise kann dieser in **Geldeinheiten**, **Arbeitsstunden** oder auch in **Materialbedarf** benannt werden. Betriebswirtschaftlich bedeutet der Begriff *Aufwand* den bewerteten Verbrauch sämtlicher Güter, sprich der Waren und Dienstleistungen während einer bestimmten Periode. Ein Aufwand kann zugleich Auszahlungen, Ausgaben und Kosten darstellen.

- **Ertrag:** Das Gegenteil von Aufwand ist Ertrag. Generell bezeichnet Ertrag das Resultat wirtschaftlicher Leistung. Betriebswirtschaftlich bedeutet *Ertrag* den Wertzuwachs eines Unternehmens. Dieser Wertzuwachs wird gemäß des **Prinzips der Erfolgswirksamkeit** einer betreffenden Periode zugeordnet.

Betriebsnotwendige Vermögen: Kostenrechnung

Das betriebsnotwendige *Vermögen* wird beeinflusst durch *Kosten und Leistung* (Erlöse). Dieses Begriffspaar bezieht sich auf das interne Rechnungswesen und wird speziell in der **Kosten- und Leistungsrechnung** (kurz: **Kostenrechnung**) verwendet. Alle notwendigen Aufwendungen, die in irgendeiner Form für die Erstellung und Verwertung betrieblicher Leistungen sowie zur Aufrechterhaltung des Unternehmens notwendig sind, werden mit Preisen bewertet und in Kosten ausgedrückt. Kosten und Leistungen beeinflussen ständig das betriebsnotwendige Vermögen.

- **Kosten:** Kosten bedeuten negative Konsequenzen einer Aktion als Folge eines Plans oder einer Entscheidung. Aus Sicht der Betriebswirtschaft bezeichnen Kosten den ordentlichen, betrieblich bedingten, bewerteten Verzehr an Gütern und Dienstleistungen während einer bestimmten Periode oder den Werteinsatz an Gütern und Dienstleistungen für die Leistungserstellung. Die Bewertung erfolgt durch die Einheit Geld. Der Verbrauch von Faktoren kann durch Güter, Rechte, Dienstleistungen oder durch Arbeitskräfte stattfinden. Kostensteuern sind ebenfalls Bestandteil der betrieblichen Kosten.

- **Leistung:** Leistung ist das Ergebnis einer betrieblichen Handlung, die einen Wertezuwachs (Ertrag) eines Unternehmens darstellt. Das interne Rechnungswesen versteht unter „Leistung" eine betragsmäßige Erfassung des genannten Wertzuwachses. Als Synonyme gelten die Begriffe Erlös, Betriebsertrag oder auch betrieblicher Ertrag. Um eine Leistung erbringen zu können, benötigt man einen sogenannten Werteinsatz, sprich eine aus Arbeit, Werkstoffen und Betriebsmitteln bestehende Faktorkombination. Durch den Werteinsatz entstehen Kosten (s. o.).

Abgrenzung zwischen der Gewinn- und Verlustrechnung und der Kostenrechnung

Die **Abgrenzung** zwischen der Gewinn- und Verlustrechnung und der Kostenrechnung wird deutlich, betrachtet man die Zielgrößen der beiden Rechnungen:

Wie bereits erwähnt ist die **Kosten- und Leistungsrechnung** als interne Rechnung vor allem darauf bedacht, sämtliche betriebliche Ursachen zu ermitteln. Diese Berechnung hat eine wichtige Funktion und bildet die Basis für die Kalkulation und für die Bildung der Preise von Produkten und Dienstleistungen eines Unternehmens.

In der **Gewinn- und Verlustrechnung** wird der Jahresgewinn oder Jahresverlust berechnet. In Deutschland stellt diese die Grundlage für die Steuerbilanz und somit für die ertragsabhängigen Steuern dar. Die Basis für die Verteilung an Eigentümer ist der Jahresgewinn nach Steuern und nicht das betriebliche Ergebnis.

Häufig tritt der Fall ein, dass nur ein geringer Unterschied zwischen Kosten und Aufwand einerseits und Leistung und Ertrag andererseits existiert. Die Kostenrechnung nimmt jedoch auch kalkulatorische Kosten auf. Diese Kosten fließen nicht in die Gewinn- und Verlustrechnung ein, sind jedoch für die Kalkulation von Bedeutung: Dies sind beispielsweise kalkulatorische Mieten, Abschreibungen, Zinsen und Löhne. Einkünfte aus Vermietung oder Verpachtung bedeuten Erträge, sind jedoch nicht betrieblich bedingt und stellen daher keine betriebliche Leistung dar. Sofern ein Unternehmen jedoch zum eigenen Bedarf einen Firmen-Parkplatz baut, ist dies aufgrund der entstehenden Kosten eine Leistung, die jedoch zu keinem Ertrag führt.

Berechnung der Liquidität

Eine wichtige Zielgröße eines Unternehmens ist es, liquide, sprich zahlungsfähig, zu sein. Einerseits besteht das Geldvermögen eines Unternehmens aus dem **Bargeld** in der Kasse. Andererseits sind Ansprüche auf Einzahlung (**kurzfristige Forderungen**) sowie Verpflichtungen zu Auszahlungen (**kurzfristige Verbindlichkeiten**) zu berücksichtigen.

Geldvermögen

Das Geldvermögen wird beeinflusst durch Ausgaben und Einnahmen. Ausgaben bezeichnen die Verringerung des Geldvermögens, dementsprechend bezeichnen Einnahmen die Erhöhung von Einnahmen des Geldvermögens. Dieses Begriffspaar bezieht sich auf die Buchführung.

- **Ausgaben:** Der Fachbegriff Ausgaben ist identisch mit dem Wert aller Produktionsfaktoren (Material, Arbeit, Werkstoffe, Energie, Gebäude, Maschinen etc.). Anders ausgedrückt: Ausgaben = Geldausdruck für gekaufte Sachgüter und Leistungen. Ausgaben ergeben sich beim Kauf von Gütern (Barkauf entspricht gleichzeitig Auszahlung oder Zielkauf, die mit keiner gleichzeitigen Auszahlung verbunden ist).

- **Einnahmen:** Der Gegenbegriff von Ausgaben sind Einnahmen. Anders ausgedrückt: Einnahmen = Preisausdruck verkaufter Güter. Einnahmen ergeben sich aus dem Verkauf von Waren (Barverkauf entspricht gleichzeitig Einzahlung oder Zielverkauf, die mit keiner gleichzeitigen Einzahlung verbunden ist) und aus Einzahlungen, aus Abgängen von kurzfristigen Verbindlichkeiten inklusive Rückstellungen sowie aus Zugängen von kurzfristigen Forderungen inklusive Wertpapieren.

Beim Schreiben einer Rechnung wird ein Zahlungsziel beabsichtigt. Der Umsatz als solcher wird beim Schreiben der Rechnung erwirtschaftet, da in diesem Moment die Einnahme erfolgt. Das Geld erhält ein Unternehmen erst bei der tatsächlichen Zahlung durch den Kunden in seine Kasse: Dies stellt den Unterscheid zwischen Einnahmen und Ausgaben sowie Ein- und Auszahlung dar. Das Geldvermögen eines Unternehmens bleibt somit gleich, wenn eine Forderung von einem Kunden beglichen wird. Es bewegt sich nur das Konto.

Kasse

Die **Kasse** bzw. der **Kassenstand (Cash)** wird durch *Auszahlungen* und *Einzahlungen* beeinflusst, sprich durch tatsächliche Zahlungen. Das Begriffspaar ist wichtig für die **Investitionsrechnung**[2] und das **Treasury**, sprich für diejenige Abteilung oder Einheit, die für die Planung und das Anlegen von verfügbaren oder zuströmenden Finanzmitteln verantwortlich ist. Der Kassenstand gibt Auskunft über die aktuelle **Liquidität** eines Unternehmens. Die wirtschaftliche Messgröße ***Cash Flow (Geldfluss)*** bezeichnet den erzielten Nettozufluss liquider Mittel im Lauf einer bestimmten Periode.

- **Auszahlungen:** Auszahlungen beschreiben im Rechnungswesen den Abfluss von Zahlungsmitteln und **verringern den Zahlungsmittelbestand**, sprich den Kassenbestand, das Guthaben auf Bankkonten und auf Schecks. Auszahlungen verringern jedoch nicht zwingend das Geldvermögen wie Verbindlichkeiten oder auch kurzfristige Forderungen.

- **Einzahlungen:** Der Gegenbegriff zu Auszahlung ist Einzahlung: Einzahlungen bedeuten einen Zufluss an Zahlungsmitteln und **steigern den Zahlungsmittelbestand**, sprich den Kassenbestand, das Guthaben auf Bankkonten und auf Schecks. Einzahlungen erhöhen jedoch nicht zwingend das Geldvermögen.

8.1.2 Zuverlässigkeit des Rechnungswesens

Die Zuverlässigkeit der Daten und Informationen aus dem Rechnungswesen stützt sich auf eine erprobte Aufzeichnungstechnik, auf den Grundsatz der **doppelten Buchführung**. Man spricht von „doppelter" Buchführung, wenn jeder Geschäftsvorgang in zweifacher Weise erfasst wird. In einem Buchungssatz wird grundsätzlich Soll an Haben gebucht und damit jeder Geschäftsvorfall doppelt erfasst, jedoch auf verschiedenen Konten. Es wird zeitgleich jeweils genau der gleiche Wert im Soll und im Haben gebucht. Des Weiteren stützt sich die Buchführung auf ein erschöpfendes und strenges **Kontrollsystem**, das von einem elektronischen Datenverarbeitungssystem getragen wird. Die Informationen sollen wahrheitsgemäß, grundsatzgetreu, kontrolliert sowie schnell und zuverlässig zugänglich sein. Diese Zuverlässigkeit ergibt sich aus interner und externer Kontrolle: Die **interne Kontrolle** wird von der Rechnungswesensabteilung übernommen, welche die internen Prozesse kontrolliert. Die **externe Kontrolle** ist gesetzlich geregelt und wird oft von großen Wirtschaftsprüfungsorganisationen wie den *Big Four*[3] durchgeführt. Diese Wirtschaftsprüfungsgesellschaften kontrollieren, ob sämtliche Daten tatsächlich unter Einhaltung der gesetzlichen Standards zustande gekommen sind. Die Wirtschaftsprüfungsorganisationen sind unabhängig und haften, wenn sie die Abschlüsse testieren. Sie sind also bestrebt, Daten und Informationen aus der Buchführung so zuverlässig wie möglich aufzubereiten. Nach Abschluss des Buchführungsprozesses, der internen Kontrollen und der externen Prüfungen erscheinen die Daten als zuverlässig und somit vertrauenswürdig. Den Informationen aus dem Rechnungswesen wird Glauben geschenkt. Dieses Vertrauen fördert die **Transparenz** zwischen einer Gesellschaft und ihren Stakeholdern, beispielsweise zwischen den Investoren und den Gläubigern. An dieser Stelle nähert man sich dem Gedanken der Transparenz des Marktes. Zugleich besteht eine noch größere Transparenz gegenüber anderen Stakeholdern wie dem Staat, der in einigen Ländern die Abschlüsse aus dem Rechnungswesen zur Ermittlung der Besteuerungsgrundlage nutzt. Dies unterstreicht die starke Verbindung zwischen Rechnungswesen und Steuerwesen.

Nachdem nun wesentliche Grundlagen des Rechnungswesens behandelt wurden, soll den geschichtlichen Ursprüngen und dem Rollenverständnis dieser Disziplin nachgegangen werden.

8.2 Ursprünge und Rollenverständnis

8.2.1 Die Ursprünge des Rechnungswesens

Die Ursprünge des Rechnungswesens können bis zur Entstehung des Handels zurückverfolgt werden. Die **ersten Zeugnisse** eines praktizierten Rechnungswesens finden sich in der Führung von Bestandsverzeichnissen[4] (z.B. von Land, Tieren oder Menschen) der sumerischen (ca. 3.000 v. Chr.) und assyrischen (ca. 700 v. Chr.) Zivilisationen.

Abbildung 8.1: Die Ursprünge des Rechnungswesens

Selbst die Bibel bezieht sich auf die einfache Buchführung. Das Bedürfnis des Menschen, zu jeder Zeit seine Wirtschaftsgeschäfte aufzuzeichnen, zu erhalten und einsehen zu können, ist offensichtlich. Erst Luca Pacioli brachte **im Jahr 1494** durch sein Werk *„Summa di Arithmetica, Geometrica, Proportioni et Proportionalita"* das moderne Rechnungswesen in eine feste Form. Luca Pacioli ermöglichte die Aufstellung der Bilanz und der Gewinn- und Verlustrechnung und erkannte, welche Posten dazu erforderlich sind (beispielsweise Anlagevermögen, Vorräte, Schulden und Kapital). Julius Cäsar (100 v. Chr. – 44 v. Chr) sagte: *„Geben wir dem Kaiser, was des Kaisers ist".* Aber sagen wir an dieser Stelle auch, was nicht des Kaisers ist: Luca Pacioli ist nicht der eigentliche Erfinder des modernen Rechnungswesens, sondern ordnete die Erkenntnisse über die Buchführung in einen strukturierten und verständlichen Rahmen. Erst im **19. Jahrhundert** veränderte sich das Rechnungswesen tiefgreifend. Unter dem Einfluss der Industrialisierung wurde das Rechnungswesen detaillierter und konnte so der Weiterentwicklung der Produktionsverfahren folgen.[5] Es wurde zudem funktionaler und konnte sich dadurch den Organisationsformen anpassen.[6] In Anbetracht der Entwicklung des internationalen Handels und des Kapitalismus hatte sich das Rechnungswesen Herausforderungen zu stellen, die mit dem Wechselkurs- und Zinsrisiko zusammenhingen. Im **20. Jahrhundert** veränderten schließlich multinationale Konzerne und Finanzmärkte die Welt – und mit ihr das Rechnungswesen.[7] Unternehmen waren keine Einzelgesellschaften mehr, sondern bestanden nun aus Unternehmens- oder Gesellschaftsgruppen.[8] Das Schaffen komplexer Finanzinstrumente[9] zwang das Rechnungswesen dazu, Werte in die Bilanz aufzunehmen, die die Buchhalter nur schwer verstanden und die zu starker Volatilität führten.

Obwohl viele ursprüngliche Grundsätze beibehalten wurden, wurde das Rechnungswesen im Lauf der Zeit verändert, beispielsweise aufgrund der elektronischen Datenverarbeitung oder aufgrund der Entwicklung immaterieller Vermögenswerte (z.B. Patente). Obwohl sich das Rechnungswesen im **21. Jahrhundert** nach wie vor neuen Herausforderungen stellen muss, beispielsweise der buchmäßigen Erfassung des *Fair Value*[10] oder der Internationalisierung, ist es dennoch bestrebt, gleichwohl relevant und zuverlässig zu bleiben.[11]

8.2.2   Die Rolle des Rechnungswesen innerhalb von Unternehmen

Das Rechnungswesen stellt in Unternehmen eine Funktion der Betriebsführung dar und bildet dadurch eine Schnittstelle zu zahlreichen anderen Unternehmensfunktionen, beispielsweise zur Finanzwirtschaft[12] oder zum Controlling[13].

Finanzwirtschaft (*Kapitel 7*) und Controlling (*Kapitel 9*) sind die beiden Unternehmensfunktionen, die intern die Informationen des Rechnungswesens am meisten nutzen. Diese beiden Funktionen bedienen sich des Rechnungswesens als primäre Informationsquelle und verarbeiten daraufhin dessen Informationen dem Bedarf entsprechend. Vor allem das Controlling setzt bei den Informationen über die Leistung des Unternehmens während des Geschäftsjahres an: Es interessiert sich besonders für die Aufzeichnung der Aufwendungen in der Buchführung.

Zudem zeichnen Rechnungswesen und Controlling Abweichungen gegenüber den in ihrer Kalkulation berücksichtigten Aufwendungen auf. Die Funktion „Finanzwirtschaft" verwendet die Informationen aus dem Rechnungswesen, um die verfügbaren Finanzressourcen einzuschätzen und den künftigen Liquiditätsbedarf *(Cash)* für die Tätigkeit des Unternehmens zu bewerten. Ausgehend von den Ressourcen informieren die mit dem Eigenkapital in Verbindung stehenden Rechnungsposten die Anwender über den Anteil des Vermögens, der den Aktionären gehört. Die Höhe der Schulden weist auf die Rückzahlungen hin, die getätigt werden müssen. Die Unternehmensfunktion „Finanzwirtschaft" beurteilt, wie relevant ein bestimmtes Finanzierungsinstrument ist (z.B. langfristiges bzw. kurzfristiges Darlehen, Inanspruchnahme der Aktionäre durch Kapitalerhöhung). Zu dieser **internen Datenverwendung** kommt im Bereich der Finanzierung eine **externe Datenverwendung** hinzu: Die Finanzkommunikation mit den Aktionären. Unternehmen nutzen die Jahresabschlüsse, um die Beziehungen zu den Aktionären und potentiellen Investoren zu erhalten, zu verbessern oder aufzubauen. Letzteres geschieht, indem die Unternehmen die Kohärenz zwischen der von ihnen verfolgten Strategien, den Finanzentscheidungen und den Finanzergebnissen erklären. Bei dieser Gelegenheit werden die Aktionäre und die Finanzanalysten zu einer Präsentation eingeladen (Jahreshauptversammlung), in deren Rahmen die Verantwortlichen des Unternehmens die Ergebnisse des entsprechenden Jahres und die daraus resultierende Finanzlage erklären. Die externe Datenverwendung bildet die Basis für den Austausch eines Unternehmens mit dessen Aktionären *(Shareholder)* sowie Stakeholdern. Auf diese Weise verbessert das Unternehmen seine Kommunikation nach außen hin und erhöht die Transparenz zwischen sich und dem Markt. In diesem Zusammenhang kommt der Wirtschaftsprüfung eine wichtige Rolle zu.

8.2.3 Die Rolle der Wirtschaftsprüfung

Die **Wirtschaftsprüfung** spielt *sowohl* intern als auch extern eine wichtige Rolle.

- **Interne Funktion:** In Bezug auf die interne Funktion handelt es sich um eine Abteilung, die zuweilen auch als „interne Kontrolle" bezeichnet wird. Diese stellt maßgeschneiderte interne Verfahren und Berechnungsmethoden für Unternehmensprozesse mit einem besonderen Fokus auf die Produktion auf. Diese maßgeschneiderten Verfahren und Methoden erfassen Kostenstrukturen detailliert und präzise. Dies gewährleistet wiederum eine Mindestqualität der erfassten Daten für die externe Buchführung, wodurch Risiken begrenzt werden sollen. Die interne Kontrolle stützt sich auf weit verbreitete Methoden wie beispielsweise auf die Richtlinien[14] der *Committee of Sponsoring Organizations of the Tread way Commission (COSO)*.

- **Externe Funktion:** Die externe Funktion der Wirtschaftsprüfung richtet ihrerseits den Fokus auf die Buchführungsverfahren und ist bestrebt, die Jahresabschlüsse des Unternehmens zu zertifizieren. Diese Zertifizierung weist darauf hin, dass die für den Jahresabschluss des Unternehmens geltenden Normen eingehalten wurden. Die Zertifizierung lässt jedoch nicht zu, von diesen Einzelinformationen auf die Qualität der Unternehmensführung zu schließen. Dieses Verfahren ist Teil der Transparenz und des Vertrauens, das ein Unternehmen gegenüber dem Markt gewinnen möchte.[15]

Ein weiterer Punkt, der das Verhältnis zwischen Geschäftsführung und Rechnungswesen betrifft, ist von Bedeutung: Führungskräfte von Unternehmen erfassen Daten über mehrere Jahre, um Trends und Entwicklungen zu erkennen. Sie haben somit den Anspruch einer gewissen Reaktionsschnelligkeit und Relevanz in Bezug auf das Verhalten und die Informationen des Rechnungswesens. Aus diesem Grund stützen sich Unternehmen in der Regel auf ein elektronisches Datenverarbeitungssystem, das möglichst detaillierte Informationen zu einem spezifischen Kontext innerhalb einer möglichst kurzen Zeit aufbereiten kann.[16] Die Informationen des Rechnungswesens unterstützen ein effektives und effizientes *Corporate Governance*.

Corporate Governance (*engl.*: to govern = leiten, verwalten, erziehen) benennt das Steuerungs- und Regelungssystem in Bezug auf die Strukturen (Aufbau- und Ablauforganisation) einer politisch-gesellschaftlichen Einheit wie beispielsweise des Staates, Gemeinden, privater oder öffentlicher Organisationen.[17] In diesem Kontext beschreibt *Corporate Governance* demnach die Steuerung oder Regelung eines jeglichen Trägers der Wirtschaft.[18] Der **Kontrollmechanismus** zwischen Eigentümer bzw. Aktionär und Manager oder zwischen Führungskräften und Mitarbeitern sind hierbei von besonderem Interesse: Führungskräfte können sich der Daten aus dem Rechnungswesen bedienen, um ihre Mitarbeiter besser kontrollieren zu können oder um eine besonders gute Leistung durch Bonuszahlungen zu belohnen.

8.3 Internes Rechnungswesen: Kostenrechnung

8.3.1 Gegenstand

Der Preis für ein Produkt oder für eine Dienstleistung wird durch den Markt und somit durch das Angebot und die Nachfrage festgelegt. Ehe Unternehmen in den Markt eintreten, wollen sie in Erfahrung bringen, welche Preise sie festsetzen sollen und ob sie dabei noch Gewinne erwirtschaften. Der Preis sollte langfristig nicht niedriger sein als die Kosten. In anderen Worten dürfen die Kosten nicht höher sein als die geltenden Marktpreise. Bezüglich der Herstellung von Gütern bilden somit die Marktpreise die obere und die Kosten die untere Grenze. Die wesentliche Grundlage des Jahresabschlusses[19] bildet das Erfassen und die richtige Zuordnung der Kosten in einem Unternehmen, welche letztendlich den Gewinn bestimmen. Die Kostenrechnung ist kurzfristig ausgerichtet, wird kontinuierlich durchgeführt und dokumentiert bzw. visualisiert sämtliche Vorgänge in einem Unternehmen. Die Kostenrechnung erfasst anfallende Kosten und rechnet diese direkt (Einzelkosten) oder indirekt (Gemeinkosten) den Kostenträgern (Produkte bzw. Dienstleistungen) über die Kostenstellen zu. Somit lässt sich wie folgt festhalten:

Bestandteile der Kosten- und Leistungsrechnung:

1.   **Kostenartenrechnung:**

Ermittlung aller Kosten und Zuteilung zu Kostenarten *(Cost Type Accounting)*;

2.   **Kostenstellenrechnung:**

Zuteilung der angefallenen Kosten, die direkt keinen Kostenträgern einzeln zugeteilt werden können, auf Kostenstellen *(Cost Center Accounting)*;

3.   **Kostenträgerrechnung:**

Zuteilung entstandener Kosten auf die Produkte und Dienstleistungen *(Product related Cost Accounting)*[20];

Diese Rechnungen lassen sich einerseits als Plan- und anderseits auch als Ist-Rechnungen anwenden. Dies gilt auch für die Deckungsbeitragsrechnung.

8.3.2   Kostenartenrechnung

In der Regel werden bei Kostenartenrechnungen alle angefallenen Kosten täglich nach Kostenarten aufgezeichnet. Beispiele hierfür sind Personalkosten, Fahrtkosten, Materialkosten, Kalkulatorische Kosten oder auch Kosten für Fremdleistungen. Es ist festzuhalten, dass es bei der Festlegung der Kostenarten generell keine Norm gibt. In der beruflichen Praxis nehmen in der Regel die Kostenrechner zusammen mit den betreffenden Führungskräften eine Festlegung vor. Ziel ist hierbei, die Gründe für das Anfallen von Kosten zu erfahren. Sofern ein Unternehmen nur ein einziges Gut herstellt, fällt die Verteilung der angefallen Kosten auf Produkte relativ leicht. Werden jedoch mehrere Güter produziert, besteht das Interesse aus Gründen der Kalkulation, die Kosten zuzuteilen.[21]

Kostenarten können Kostengruppen zugeordnet werden, welche wiederum unterteilt werden. Eine Vorschrift bezüglich der Kriterien dieser Aufteilung gibt es nicht. Es existiert lediglich ein Kostenrahmen, der je nach Betrieb angepasst wird.

Kostengruppen:

1.   Materialkosten

2.   Personalkosten

3.   Kosten für Fremdleistungen

4.   Kalkulatorische Kosten

Materialkosten

Materialkosten bezeichnen Kosten für den betriebszweckbezogenen Verbrauch von Stoffen und Energien und bestehen aus Kosten für:

- **Werkstoffe bzw. Fertigungsmaterial (Materialeinzelkosten):**

  z.B. Rohstoffe, Teile, Halbfabrikate; Handelswaren[22], die bei der Herstellung direkt verwendet werden.

- **Hilfsstoffe und Betriebsmittel (Materialgemeinkosten):**

  z.B. Verpackungsmaterial und Reinigungsmittel, Gas, Strom und Öl; Die Hilfsstoffe und Betriebsmittel stellen nicht Bestandteil eines hergestellten Gutes dar, aber werden dennoch bei der Herstellung verwendet.

Die Summe von Materialeinzel- und Materialgemeinkosten bildet die Materialkosten.

Personalkosten

Personalkosten machen häufig einen großen Anteil der Kosten aus. Personalkosten sind Kosten für Gehälter und Löhne (Lohnkosten).[23] Es gehören auch Kosten für soziale Aufwendungen, sowie Personalnebenkosten, wie Entgeltfortzahlungen oder Fortbildungsmaßnahmen, dazu.

Zahlungen von Versicherungsbeiträgen für Kranken-, Renten-, Arbeitslosen- oder Unfall- und Arbeitslosenversicherung sind ebenfalls Personalkosten. Häufig zahlt der Arbeitgeber nur einen Anteil dieser Kosten.

Personalkosten beziehen sich stets auf einen bestimmten Zeitraum und einen Arbeitnehmer.

Kosten für Fremdleistungen

Als Kosten für Fremdleistungen werden alle Kosten für Leistungen bezeichnet, die durch andere Wirtschaftseinheiten erbracht werden. Fremdleistungen bezeichnen Leistungen, die ein Unternehmen einkauft, um Güter herstellen zu können. Dies sind beispielsweise Leasinggebühren, Pachtkosten, Gebühren und Beiträge sowie Steuern, wie die Grund- oder KFZ-Steuer. Es ist anzumerken, dass es sich hierbei nicht um Gewerbe- oder Körperschaftssteuern handelt; diese beziehen sich auf Einkommen und Ertrag.

Kalkulatorische Kosten

Als kalkulatorische Kosten werden Kosten bezeichnet, die nicht mit realen Geldströmen übereinstimmen. Sie werden den Kosten hinzugerechnet, um erwartete Gewinne sowie antizipierte zukünftige Kosten schon früher in die Produktkalkulation aufzunehmen und um damit eine ehrliche, vergleichbare Kostenstruktur zu bilden.[24] Diese ergibt sich aus der Addition der kalkulatorischen (Absetzung für Abnutzung) und der kalkulatorischen Zinsen.

| Beispiel 8.1 | **Kalkulatorische Abschreibung eines Autos** |

Die Anschaffung eines Autos hat 50.000 EUR gekostet und wird in 5 Jahren abgeschrieben. In der Gewinn- und Verlustrechnung (GuV) werden damit 10.000 EUR pro Jahr Abschreibung berechnet. Voraussichtlich wird ein vergleichbares Auto nach 5 Jahren erst ab einem Preis von 60.000 EUR zu kaufen sein. In der eigenen Kalkulation ist es daher ratsam, 12.000 EUR pro Jahr Abschreibung anzusetzen. Es ist somit am Ende der Nutzungsdauer genügend Geld vorhanden, um eine neues Auto zu kaufen.

Sofern ein Schuster auch gleichzeitig Besitzer der Schusterei ist, sollte er, obwohl er keine Miete an sich selber bezahlen muss, die Miete dafür einkalkulieren. Er könnte die Lokalität auch, anstelle sie selbst zu benutzen, an andere weitervermieten. Dieses entgangene Geld sollte er daher mitverdienen.

Im folgenden Abschnitt soll der Frage nachgegangen werden, wodurch Kosten ausgelöst werden.

8.3.3 Kostenstellenrechnung

Um alle anfallenden Kosten eines Gutes bzw. Dienstleistung durch den Verkaufspreis decken zu können, müssen neben den Einzelkosten auch die anteiligen Gemeinkosten in den Verkaufspreis einkalkuliert werden. Die Aufgabe der Kostenstellenrechnung besteht darin, die ermittelten Gemeinkosten verursachungsgerecht den produzierten Leistungseinheiten zuzuordnen.

Dadurch sind 3 Schritte notwendig:

Im ersten Schritt werden die primären Kostenarten, wie sie in der Kostenartenrechnung ermittelt wurden, getrennt nach Einzelkosten der Periode und den Gemeinkosten der Periode. Die Einzelkosten der Periode sind direkt als Kostenträgereinzelkosten den Leistungseinheiten zuzurechnen.

Die Gemeinkosten der Periode werden **im zweiten Schritt** den verschiedenen Kostenstellen eines Betriebes zugeordnet. Dabei unterscheidet man zwischen Hilfskostenstellen und Endkostenstellen. Unter Hilfskostenstellen versteht man jene Kostenstellen, die ihre Kosten an andere Kostenstellen weiter verrechnen. Endkostenstellen sind dann Kostenstellen, die ihre Kosten unmittelbar als Kostenträgergemeinkosten an die Leistungseinheiten verrechnen. Die Umlage der Hilfskostenstellen auf die Endkostenstellen erfolgt im Betriebsabrechnungsbogen (BAB) und stellt das zentrale Instrument der Kostenstellenrechnung dar.

Gegenstand

Als **Kostenstellen** bezeichnet man Abrechnungsbereiche, denen Kosten zugeteilt werden. Dies kann anhand der Gliederung nach Unternehmensfunktionen geschehen (z.B. nach Fertigung, Material, Verwaltung, Marketing). In diesen Funktionen können weitere untergeordnete Kostenstellen definiert werden wie beispielsweise die Kostenstelle für innerbetrieblichen Transport, Rechnungswesen, für Reisekosten oder für Reparatur. Generell wird zwischen Haupt- und Hilfskostenstellen unterschieden: Hauptkostenstellen erfassen die von ihnen bewirkten Kosten und berechnen diese den entsprechenden Kostenträgern. Hilfskostenstellen helfen, innerbetriebliche Leistungen oder Güter zu produzieren. Hilfskosten werden anderen Kostenstellen zugeteilt und nicht unmittelbar auf Kostenträger verteilt.

So kann beispielsweise eine IT Abteilung zur selben Zeit für die Verwaltung als auch für den Vertrieb arbeiten. Die anfallenden Kosten werden auf beide Abteilungen aufgeteilt. Die Zuschlagssätze werden hierbei meist auf Basis der geleisteten Arbeitsstunden berechnet. Die Kosten der Verwaltung inklusive der auf sie berechneten Kosten der IT Abteilung werden den Kostenträgern zugeteilt.

Im dritten Schritt werden die Zuschlagssätze gebildet. Das heist auf die Einzelkosten einer Kostenart (z.B. Materialkosten) eines Gutes werden die entsprechenden Gemeinkosten (z.B. Materialgemeinkosten) mit einem prozentualen Zuschlag auf diese Einzelkosten aufsummiert. Zuschlagssätze stellen das Bindeglied zwischen Kostenstellen- und Kostenträgerrechnung dar.

Schlüsselgrößen der Zurechnung innerbetriebliche Leistungsverrechnung

Schlüsselgrößen für die Zurechnung können je nach Art der Gemeinkosten unterschiedlicher Natur sein. **Beispiele für solche Schlüsselgrößen sind:**

- Verwendete Zeit: z.B. bei Gutachten
- Benutze Fläche: z.B. für Energie- und Reinigungskosten
- Menge an Mitarbeitern: z.B. Betriebsausflug

Allgemein ist es schwierig und häufig nicht möglich, einen uneingeschränkt gerechten Schlüssel zu finden.

8.3.4   Kostenträgerrechnung

Kostenträger bezeichnen Produkte und Dienstleistungen eines Unternehmens. Bei der Kostenträgerrechnung wird die Herkunft von Kosten geklärt. Kosten werden wie im vorherigen Kapitel gezeigt entsprechenden Kostenträgern zugeteilt. Dies dient einer vernünftigen und somit besseren Kalkulation. Es werden zwei unterschiedliche Arten der Kostenträgerrechnung unterschieden.

Arten der Kostenträgerrechnung:

1. **Kostenträgerstückrechnung:** Hierbei werden die Kosten bezüglich einer Einheit des Kostenträgers bestimmt wie kg, m3, m2, Stück oder km. Dies bildet die Preisuntergrenze eines Produktes oder einer Dienstleistung.

2. **Kostenträgerzeitrechnung:** Hierbei werden die Kosten einer bestimmten Periode wie die eines Projektes oder eines Geschäftsjahres, mit den Leistungen derselben Periode verglichen. Die Summe der Ergebnisse der unterschiedlichen Kostenträger bildet das Betriebsergebnis eines Unternehmens.

Umsatz- und Gesamtkosten

Ein Unternehmen verkauft in den seltensten Fällen alle Leistungen, die es in einem Jahr hergestellt hat, in demselben Jahr. Oft häuft sich ein Bestand im Lager an. Es kann ebenso vorkommen, dass in einem Geschäftsjahr Güter verkauft werden, die bereits im vorhergegangen Jahr produziert wurden.

Ein Unternehmen bezieht seine Leistungen stets auf die abgesetzte Menge, die Kosten beziehen sich hingegen auf die produzierte Menge. Sofern die abgesetzte und die produzierte Menge während eines Jahres nicht übereinstimmen, wird anhand einer Rechnung die Vergleichbarkeit festgelegt. Es existieren hierbei zwei Verfahren, die zum gleichen Ergebnis führen.

Verfahren zur Festlegung der Vergleichbarkeit:

1. **Umsatzkostenverfahren:** Die Grundlage stellt der Umsatz ohne Bestandsänderungen dar. Es werden davon nun die Kosten abgezogen, welche rechnerisch bezogen auf den Umsatz anfallen.

Betriebliche Leistung = Umsatz – umsatzbezogene Kosten

2. **Gesamtkostenverfahren:** Die Grundlage stellt der Umsatz mit Bestandsänderungen dar (diese bezeichnen die für die Produktion von fertigen und unfertigen Gütern angefallenen Kosten während eines Geschäftsjahres). Es fließen wohlgemerkt keine Gewinne in diese Berechnung ein, da diese noch nicht realisiert worden sind.

Betriebliche Leistung =
Umsatz + Erhöhung des Bestands – Verringerung des Bestands

Die Kostenträgerzeitrechnung erlaubt es, das betriebliche Ergebnis zu berechnen. Abgesetzte und produzierte Menge müssen vergleichbar gemacht werden.

Beispiel 8.2   **Berechnung Gesamt- und Umsatzkostenverfahren**

Umsatzkostenverfahren:

Umsatz	12.000 EUR
Umsatzbezogene Kosten	9.300 EUR
Betriebsergebnis	**2.700 EUR**

Gesamtkostenverfahren:

Umsatz	12.000 EUR
Bestandserhöhung	700 EUR
Leistung	12.700 EUR
Gesamtkosten (Jahr)	10.000 EUR
Betriebsergebnis	**2.700 EUR**

Die Unterscheidung von Umsatz- und Gesamtkosten betragen in diesem Beispiel 700 EUR und bestimmen die Erhöhung des Bestands.

8.3.5 Deckungsbeitragsrechnung

Das bisher aufgezeigte Vorgehen, Gemeinkosten aufzuteilen kann manchmal sehr unpräzise sein und zu Fehlentscheidungen führen. Es wird nur der Kostenteil den einzelnen Kostenträgern zugeteilt, der unmittelbar zugeteilt werden kann. Diese nennt man **variable Kosten**, weil sie sich in Abhängigkeit der Herstellungsmenge verändern. Der übrige, häufig relativ große Kostenteil besteht aus **Fixkosten**, die konstant bleiben und nicht durch die Herstellungsmenge beeinflusst werden.

Der **Deckungsbeitrag** *(contribution margin)* bezeichnet die Differenz des Umsatzes (erzielte Erlöse) und der variablen Kosten.

Der **Unternehmensgewinn** errechnet sich aus der Differenz von Deckungsbeitrag und Fixkosten.

Folgende Aspekte können mit Hilfe des Deckungsbeitrages errechnet werden:

- Wann decken die Erlöse die Kosten? Wann wird der *Break Even Point (BEP)*[25] erreicht?
- Von welchen Produkten hängt der Unternehmensgewinn am stärksten ab?
- Zahlen sich kleine Zusatzaufträge zu einer besseren Kapazitätsauslastung aus?
- Sollte eher im eigenen Haus gefertigt werden oder von außen fremdbezogen werden?

Beispiel 8.3 **Berechnung von Kosten**

Die Schreinerei Holz GmbH stellt Tische und Stühle her. Die Reparaturabteilung hat vier Mitarbeiter, die 2.000 Stunden Arbeitszeit abgerechnet haben. Für die Abteilung Tische 1.400 Stunden (70%) und für die Abteilung Stühle 600 Stunden (30%). Die Fixkosten von 200.000 werden in gleichem Maße auf die beiden Abteilungen verteilt.

Beide Abteilungen gemeinsam erzielen einen Deckungsbeitrag von 332.000 EUR. Nach Abzug der Fixkosten von 200.000 EUR ergibt dies 132.000 EUR. Dieses Ergebnis entspricht exakt der Summe der Ergebnisse von beiden Abteilungen (Produktgruppen).

Sofern sich die Schreinerei nur auf die Vollkostenrechnung (oberer Teil der Tabelle) stützt, müssten die Stühle aufgrund ihres ausgewiesenen Verlustes von –4.000 EUR aus dem Programm genommen werden. Somit würden zwar die Materialkosten und gegebenenfalls die Personalkosten entfallen, doch blieben nach wie vor die Fixkosten übrig.

	Tische	Stühle	Reparaturabteilung
Personalkosten	50.000 EUR	30.000 EUR	14.000 EUR
Materialkosten	20.000 EUR	15.000 EUR	6.000 EUR
Summe			20.000 EUR
Verrechnung der Reparaturkosten	14.000 EUR	6.000 EUR	
Summe der Einzelkosten	84.000 EUR	51.000 EUR	
Fixkosten	100.000 EUR	100.000 EUR	
Summe der Kosten	184.000 EUR	151.000 EUR	
Umsatz (erzielte Erlöse)	320.000 EUR	147.000 EUR	
Ergebnis	+ 136.000 EUR	− 4.000 EUR	
Umsatz	320.000 EUR	147.000 EUR	
Summe der Einzelkosten	84.000 EUR	51.000 EUR	
Deckungsbeitrag	236.000 EUR	96.000 EUR	

Tabelle 8.2: Berechnung von Kosten

8.4 Externes Rechnungswesen: Konzepte der Buchführung

Im vorherigen Abschnitt wurde das Rechnungswesen in sein unternehmensinternes und -externes Umfeld eingeordnet, indem die Verbindungen zu anderen Funktionen und zu Stakeholdern dargestellt wurden. Es wurde ersichtlich, dass das Rechnungswesen durch die Aufbereitung von Daten einen wichtigen Beitrag für die Unternehmensführung leistet. Die Natur des Rechnungswesens ist relativ technisch und stützt sich auf eine Vielzahl von Konzepten, Grundsätzen und Instrumenten.

Zunächst resultiert das Rechnungswesen aus einer Übereinkunft darüber, auf welche Weise und zu welchem Zweck die Geschäfte eines Unternehmens aufgezeichnet werden sollen. Daraus leitet sich die Frage ab, wer die Informationen des Rechnungswesens anwenden und zu welchem Ergebnis diese Anwendung führen soll. Das Ergebnis soll den Nutzern Informationen über die Finanzsituation und die Leistung des Unternehmens liefern.

8.4.1   Gesetze und Regelungen

Wenn das Rechnungswesen eine Übereinkunft darstellt, so impliziert dies, dass sich (Wirtschafts-)Akteure darauf verständigt haben, allgemeine Praktiken einzuhalten und zu akzeptieren. Dies wirft wiederum folgende Frage auf: Handelt es sich bei dem Rechnungswesen um eine Art „Gesetz"? Die Antwort hierfür ist weltweit uneinheitlich und hängt von dem entsprechenden Land ab, auf das man sich bezieht. In einigen Ländern ist die Buchführung als eine von dem Gesetzgeber geforderte Berichterstattung zu verstehen. Das Rechnungswesen basiert juristisch für den handelsrechtlichen Einzel- und Konzernabschluss beispielsweise in Deutschland auf dem Handelsgesetzbuch (§§ 238 ff HGB). Empfehlungen des Deutschen Rechnungslegungs-Standards-Committees (DRSC) können unter Umständen für die Konzernrechnungslegung von Belang sein. Anders als in Deutschland basiert die Rechnungslegung in der Schweiz auf dem Obligationenrecht (OR). Mittels Fachempfehlungen zur Rechnungslegung (FER oder Swiss GAAP FER), die als Mindeststandards anerkannt wurden, soll die Transparenz für Anleger bezüglich des Aufbaus und der Gliederung der Bilanzen und Erfolgsrechnungen erhöht werden. Es werden mit der Buchführung universell auch alternative Rechnungslegungsvorschriften erfüllt, beispielsweise die **IFRS** *(International Financial Reporting Standards)* oder die **US-GAAP** *(United States Generally Accepted Accounting Principles).*

Andere Länder haben sich auf eine fachliche Praxis geeinigt *(Federal Accounting Standards Board*[26]*)* wie beispielsweise die U.S.A.. Generell zwingen Gesetze Unternehmen weltweit, Buchführung als solche zu betreiben. Es gibt jedoch bezüglich der Art und Weise der Buchführung keine Einheitlichkeit.

Es ist eine allgemeine **Tendenz zu einem allgemein anerkannten Standard** zu erkennen, der von der **IASB** *(International Accounting Standards Board)*, einer unabhängigen Berufskörperschaft, aufgestellt worden ist. Diese Übereinkunft stützt sich auf Grundsätze, durch deren Einhaltung die Qualität der Daten garantiert werden soll. Die IASB schreiben im Wesentlichen vor, dass die Daten aus dem Rechnungswesen für alle Anforderungen ihrer Nutzer zweckdienlich sein müssen. Sie postulieren zudem wie folgt: Sobald die Anforderungen der Investoren erfüllt werden, sind zugleich die meisten Anforderungen der anderen Nutzer erfüllt. Zur Beschaffung der Daten legen die IASB Buchführungsgrundsätze fest. Diese Grundsätze sind von zweierlei Art: Die einen beziehen sich auf das Buchführungssystem und gelten als Basisanforderungen. Die anderen betreffen speziell die Merkmale, welche die Informationen aus dem Rechnungswesen haben müssen, damit sie zweckdienlich sind. Nachfolgend werden nun die Buchführungsgrundsätze beschrieben.

8.4.2   Buchführungsgrundsätze

Buchführungsgrundsätze sind Orientierungsrichtlinien für die Buchführungspraxis und entspringen der bewährten kaufmännischen Praxis. In der Regel sind Buchführungsgrundsätze in gesetzlichen Vorschriften verankert. In Deutschland ist dies beispielsweise das HGB und in der Schweiz das Obligationenrecht. Nachfolgend werden die Grundsätze, die bei der Buchführung, dem Jahresabschluss und der Inventur zu berücksichtigen sind, in Rahmen-, Abgrenzungs- und ergänzende Grundsätze unterteilt. Folgende wesentliche Grundsätze lassen sich festhalten:

Rahmengrundsätze

- **Grundsatz der Richtigkeit:** Der Grundsatz der Richtigkeit besagt, dass Jahresabschlüsse gemäß gültiger Regeln erstellt werden müssen sowie die Ansätze und Werte in nachprüfbarer und objektiver Form aus ordnungsgemäßen Belegen und Büchern nachzuweisen sind. Diverse Positionen müssen mit Tatsachen übereinstimmen und Werte nach den sonstigen Buchführungsgrundsätzen ermittelt werden. Unter Umständen sind Schätzwerte nach eigenem Ermessen festzulegen. Diese sollten möglichst willkürfrei ermittelt werden und vertretbar sein sowie nach einem bestimmten Verfahren stets angewandt werden.

- **Grundsatz der Klarheit und Übersichtlichkeit:** Dieser Grundsatz beruht auf der äußeren Gestaltung von Aufzeichnungen in der Buchführung und des Jahresabschlusses. Der Jahresabschluss muss für sachverständige Dritte, die mit dem Rechnungswesen vertraut sind, übersichtlich, transparent und nachvollziehbar sein. Die Forderung nach Klarheit ist insbesondere für die Gliederung von Bilanz und Gewinn- und Verslustrechnung bedeutend. Die Tiefe der Gliederung im Detail ist jedoch nicht genau bestimmt. Insbesondere die Ordnung und Tiefe der geforderten Informationen im Anhang bleibt unklar. Wesentlich aus diesem Grundsatz abgeleitet ist der Grundsatz der Einzelbewertung.

- **Grundsatz der Einzelbewertung:** Der Grundsatz der Einzelbewertung besagt, dass sämtliche Vermögensgegenstände und Schulden unabhängig voneinander zu bewerten sind. Die Einzelbewertung soll die Kompensation der Wertsteigerung eines Gegenstandes mit der Wertminderung eines anderen ausschließen. Vereinzelt tritt jedoch die Problematik der Entscheidung darüber hervor, was überhaupt als eigenständiger Vermögensgegenstand zu betrachten ist.

- **Grundsatz der Vollständigkeit:** Dieser Grundsatz besagt, dass sämtliche buchungspflichtigen Geschäftsvorfälle – vor allem sämtliche eingetretenen positiven und negativen Vermögensänderungen sowie Vermögens- und Schuldumschichtungen – im Jahresabschluss zu erfassen sind. Zusätzlich müssen in der Buchhaltung und im Jahresabschluss solche Veränderungen erfasst werden, die nicht als Geschäftsvorfall erkennbar sind wie beispielsweise Schwund und Verderb. Neben den buchführungspflichtigen Vorfällen sind auch Risiken, die bis zum Bilanzstichtag noch keinen Niederschlag in der Buchführung gefunden haben, zu berücksichtigen (Rückstellung).

  Dementsprechend enthält die Forderung nach Vollständigkeit die jährliche Erfassung der tatsächlichen Bestände durch Inventur, die intensive Preisbeobachtung auf den Märkten, um negative Preisentwicklungen aufzunehmen, die Beobachtung und Analyse sämtlicher relevanten Risiken, welche im Jahresabschluss berücksichtigen werden sollten.

- **Grundsatz der Wertaufhellung:** Dieser Grundsatz leitet sich aus dem Grundsatz der Vollständigkeit ab. Hierbei wird bestimmt, in welcher Form Informationen in den Jahresabschluss einfließen, welche der Kaufmann erst nach dem Bilanzstichtag erhält.

Abgrenzungsgrundsätze

- **Realisationsprinzip:** Dieses Prinzip bestimmt den Zeitpunkt der Gewinnentstehung bzw. -realisierung bei einer Leistungserbringung. Dieses Prinzip sieht die Gewinnrealisation zu dem Zeitpunkt vor, zu welchem der Kaufmann seinen Dienst bezüglich der Lieferung erfüllt (realisiert) hat. Eine Lieferung ist erbracht, sobald der Gefahrübergang stattgefunden hat.

■ **Imparitätsprinzip:** Das Imparitätsprinzip verlangt aus Vorsichts- und Gläubigerschutzgründen eine Ungleichbehandlung (Imparität) der Gewinne und Verluste. Wertsteigerungen werden erst zu dem Zeitpunkt der Realisation berücksichtigt, Wertminderungen bereits dann, wenn sie mit hinreichend großer Wahrscheinlichkeit drohen. Dies wird häufig auch Verlustantizipation genannt. Beispiele hierfür sind drohende Verluste aus schwebenden Geschäften (Rückstellung) sowie Wertminderungen von Vermögensgegenständen (siehe auch Niederstwertprinzip im Abschnitt Bewertungsverfahren).

■ **Grundsatz der Abgrenzung der Sache:** Dieser Grundsatz ist eng mit dem Realisationsprinzip verbunden und legt fest, in welcher Periode eine durch die Leistungserstellung verursachte Wertminderung als Aufwand zu erfassen und somit als erfolgsmindernd aufzunehmen ist. Sämtliche Aufwendungen für Unternehmensleistungen sind unabhängig davon, wann sie bezahlt wurden, der Periode zuzuordnen, der die sachlich zugehörigen Erträge zugerechnet werden. Wenn ein Unternehmen Werkstoffe kauft, die erst in der darauffolgenden Periode zu Produkten weiterverarbeitet und verkauft werden, dann kommen die Ausgaben für diejenigen Werkstoffe ebenso erst in der entsprechenden Periode zur Anwendung.

■ **Grundsatz der zeitlichen Abgrenzung:** Dieser Grundsatz löst, dass strenge zeitraumbezogene Vermögensänderungen (z.B. Mieteinnahmen oder -ausgaben, Zinseinnahmen oder -ausgaben und Versicherungsprämien) zeitlich proportional der Periode zuzuordnen sind, in welcher sie entstanden sind und nicht in der Periode, in welcher die Zahlung erfolgte. So erhält beispielsweise ein Unternehmen am 1. September 2010 eine Pachtzahlung für die folgenden acht Monate. Die Pachtzahlung ist folglich zur Hälfte dem Jahr 2010 und zur Hälfte dem Jahr 2011 zuzuordnen. Zum anderen regelt der Grundsatz der zeitlichen Abgrenzung die Zurechnung von Wertveränderungen, welchen keine Unternehmensleistungen gegenüber stehen, wie beispielsweise Währungsverluste bzw. -gewinne und Schenkungen. Die Zurechnung erfolgt stets in der Periode, in der sie angefallen sind. Vermögensänderungen, die erst nach der Periode, welcher sie eigentlich zuzurechnen sind, bekannt werden und die bereits abgeschlossen ist, werden jener Periode zuzurechnen, in der sie bekannt werden.

Ergänzende Grundsätze

■ **Grundsatz der Vorsicht:** Dem Vorsichtsprinzip kommt besonders in Deutschland große Bedeutung zu. Nach diesem Grundsatz wird bei Unsicherheit bezüglich der Größe eines Wertes nicht der wahrscheinlichste Wert oder der Mittelwert benutzt, sondern es ist eher ein leicht pessimistischerer Wert anzusetzen. In der betrieblichen Praxis wird dieser Grundsatz oft zur Bildung von stillen Reserven genutzt. Eine überhöhte Abschreibung auf einen Vermögensgegenstand führt zu einem geringeren Buchwert, welcher informationsverzerrend und somit nicht im Interesse der Gläubiger ist.

■ **Grundsatz der Kontinuität:** In Informationen über die Vermögens-, Finanz- und Ertragslage eines Unternehmens lässt sich zu verschiedenen Zeitpunkten nur dann eine Entwicklung des Unternehmens erkennen, wenn diese Informationen miteinander vergleichbar sind. Kontinuität wird in materielle und formelle Kontinuität unterschieden. Die materielle Kontinuität schreibt vor, dass die einzelnen Positionen des Jahresabschlusses permanent auf gleiche Weise zu ermitteln, abzugrenzen und zusammenzustellen sind. Die formelle Kontinuität besagt, dass stets die gleichen Gliederungsbegriffe und -schemata verwendet werden müssen. In der Eröffnungsbilanz sollen die Wertansätze eines Geschäftsjahres mit den angesetzten Werten der Schlussbilanz des Vorjahres gleich sein. Somit wird die wesentliche Voraussetzung der Vergleichbarkeit, sprich im Zeitablauf wie auch bei verschiedenen Unternehmen und zum selben Zeitpunkt, hergestellt.

- **Grundsatz der Fortführung der Unternehmenstätigkeit:** Der Grundsatz der Fortführung der Unternehmenstätigkeit wird auch *Going-Concern-Prinzip* genannt. Der Grundsatz besagt, dass generell von der Fortführung der Unternehmenstätigkeit in absehbare Zukunft auszugehen ist, wenn nicht tatsächliche oder rechtliche Gegebenheiten entgegenstehen. Er setzt das Überleben des Unternehmens voraus und basiert sämtliche Bewertungen der Aktiva (Bilanz) auf normalen Bedingungen der Geschäftstätigkeit, ohne dabei eine Liquidierung befürchten zu müssen.

  Folglich ist bei der Bewertung der Vermögensgegenstände und Schulden im Jahresabschluss davon auszugehen, dass das Unternehmen über den Abschlussstichtag hinaus fortgeführt wird (§ 252 Abs.1 Nr. 2 HGB). Nach diesem für den handelsrechtlichen Jahresabschluss zentralen Prinzip dürfen Vermögensgegenstände grundsätzlich nicht mit Liquidationswerten (Werten, die sich bei Liquidation oder Zerschlagung ergeben würden) und Schulden nicht unter Berücksichtigung derjenigen Lasten angesetzt werden, die erst im Fall der Liquidation oder Zerschlagung entstehen. Das Prinzip besagt, dass das Vermögen generell auf der Grundlage der Anschaffungskosten zu ermessen ist, und besonders abnutzbare Vermögensgegenstände des Anlagevermögens planmäßig, sprich über ihre zu erwartende Nutzungsdauer abgeschrieben werden sollten.

- **Periodisierungsprinzip:** Erträge eines jeweiligen Geschäftsjahres (Periode) sollten den Aufwendungen desselben Geschäftsjahres (Periode) gegenübergestellt werden.

- **Stichtagsprinzip:** Dieses Prinzip besagt, dass Vermögensgegenstände sowie Schulden zum Abschlussstichtag einzeln zu bewerten sind.

Nachdem die unterschiedlichen Grundsätze der Buchführung behandelt wurden, sollen nun die einzelnen Dokumentationsformen der Buchführung und die dazugehörigen Techniken vorgestellt werden.

8.4.3 Bücher

Sämtliche Buchungen werden in mindestens zwei Büchern (Journal und Hauptbuch) erfasst.

Der Begriff „Buch"-führung leitet sich von der Tätigkeit des Eintragens einzelner Buchungen von Hand in gebundenen Büchern ab. Die Buchführung basiert auf folgenden Büchern:

- Journal (Grundbuch)
- Hauptbuch
- Nebenbücher

Journal:

Das *Journal* oder auch *Tagebuch* dokumentiert alle Geschäftsvorgänge *chronologisch (zeitlich)* mit Datum, Betrag, Verweis auf einen Beleg und Kontierung auf dem Sollkonto bzw. Habenkonto. Das Journal stellt das Grundbuch der Buchführung dar und beinhaltet die Buchungsanweisung für das Hauptbuch.

Beispielhaft wird im Folgenden eine Auszahlung von Gehalt in Höhe von 200 EUR im Rahmen einer Buchung dokumentiert:

Tabelle 8.3

Beispiel einer Buchung im Journal

1. Juni 2010		
Personal (G)	200 EUR	
Kasse (B)		200 EUR

Hauptbuch:

Das Hauptbuch erfasst alle Buchungen des Grundbuchs, auf den in den Buchungssätzen genannten Konten. Die Bestandskonten werden zu Beginn eines jeden Geschäftsjahres mit den Endbeständen des Vorjahres eröffnet (Prinzip der Bilanzidentität).[27] Durch die Aufzeichnungen im Hauptbuch wird also die sachlich geordnete Auflistung der einzelnen Geschäftsvorfälle durchgeführt.

Nebenbücher:

Die Nebenbücher enthalten ergänzende Informationen und Erläuterungen. Dazu zählen zum Beispiel

– **Kontokorrentbücher**, die Verbindlichkeiten und Forderungen bei Lieferanten (Kreditoren) und Kunden (Debitoren) dokumentieren;

– **Lagerbücher**, die Zu- und Abgänge des Warenlagers sowie dessen Bestand dokumentieren;

– **Lohn- und Gehaltsbücher**, die die Abrechnungen der Arbeitsentgelte dokumentieren;

– **Anlagebücher**, die die Gegenstände des Anlagevermögens und die bisher durchgeführten Abschreibungen dokumentieren;

– **Bankbücher** und **Kassenbücher**, die den Zahlungsmittelbestand dokumentieren;

Mittels der heutigen Softwaresysteme werden alle Zahlungs- und Materialströme automatisch erfasst und verbucht und nicht mehr so wie früher von Hand in Büchern geführt. Die manifestierten Grundsätze als solche werden jedoch nach wie vor eingehalten.

8.4.4 Prinzip der doppelten Buchführung

Das Prinzip der doppelten Buchführung[28] ist die vorherrschende Art der Finanzbuchhaltung. Hierbei werden Geschäftsvorgänge in zweifacher Weise, jedoch auf verschiedenen Konten, erfasst: der **Abfluss ("Haben")** einerseits und der **Zufluss ("Soll")** [29] andererseits.

Nach diesem Prinzip muss jeder Geschäftsvorgang (mindestens) zwei "Posten" haben. Wenn eine Gesellschaft bei der Bank ein Darlehen von 1.000 EUR aufnimmt, wird dabei der Posten "Darlehen" (unter "Schulden") belastet (erhöht), und der Posten "Bank" (im Umlaufvermögen "Kasse") wird ebenfalls belastet (erhöht). Da bei der Buchführung ausschließlich Zahlungsströme erfasst werden, können diese logischerweise **nicht negativ** sein.

Die Buchführung bezieht aus diesem Grund ein fundamentales Instrument mit ein: Das sogenannte **Kontensystem**. Damit Werte in die Bilanz oder die Gewinn- und Verlustrechnung[30] einfließen können, müssen die Finanzen eines Unternehmens im laufenden Geschäftsverkehr auf Konten aufgezeichnet werden. Auf diesen Konten werden somit sämtliche Geschäftsvorgänge gebucht. Es gibt mehrere Optionen, die Konten darzustellen: Die am häufigsten verwendete Art ist das **T-Konto**. Hierbei wird ein Konto anhand einer Tabelle bestehend aus zwei Spalten, einer Soll- und einer Habenseite dargestellt: Das **„Soll" steht immer links** und das **„Haben" steht immer rechts**. Es soll hierbei ausschließlich unterstrichen werden, dass dies immer so ist und eine Regel darstellt.

Kontenarten

In der Buchhaltung unterteilt man Kontenarten in Bestandskonten von Erfolgskonten.

- **Bestandskonten** erfassen Bestände an Geld und Gütern, welche erfolgsneutral sind. Diese Konten bilden später den **Bilanzteil** des Jahresabschlusses.
  - **Aktive Bestandskonten** erfassen das **Vermögen**. Sämtliche finanziellen Mittel, die ein Unternehmen besitzt (z.B. Grundstücke, Vorräte, Maschinen, Bargeld, Forderungen, immaterielle Vermögensgegenstände wie Lizenzen und Patente). Hierbei wird die Kapitalverwendung dokumentiert. Zugänge werden im „Soll" und Abgänge sowie der Saldo im „Haben" gebucht.
  - **Passive Bestandskonten** dokumentieren die **Verbindlichkeiten** des Unternehmens bzw. dessen **Schulden**. Die Passivkonten zeigen die Quelle des Eigen- und Fremdkapitals (Gläubiger) auf. Zugänge werden im „Haben" und Abgänge im „Soll" gebucht.
- **Erfolgskonten** erfassen erfolgswirksame Vorgänge, sprich Gewinne und Verluste. Diese Konten bilden später die **Gewinn- und Verlustrechnung (GuV)** des JahresabschlussesDie Buchführung.
  - **Aufwandskonten:** Aufwand bedeutet **Werteverzehr**. So beschreiben Aufwandskonten die Minderung (Verzehr) des Eigenkapitals wie beispielsweise Personalkosten und Abschreibungen. Aufwände werden immer im „Soll" gebucht.
  - **Ertragskonten:** Ertrag bedeutet **Wertzufluss**. So beschreiben Ertragskonten den Wertzuwachs des Eigenkapitals. Die zentrale Ertragsart eines Unternehmens sind in der Regel Umsatzerlöse (Verkauf). Erträge werden immer im „Haben" gebucht.

Konten werden in einem **Kontenplan** angeordnet. Jedes Konto wird hierbei durch eine Nummer gekennzeichnet und systematisch eingeordnet. Auf diese Weise wird die Zuordnung im Kontenplan vereinfacht.

Die Unterscheidung zwischen **B-Konten** und **G-Konten** soll von nun an beibehalten werden, da sich dadurch die **B**ilanz und die **G**ewinn- und Verlustrechnung schneller aufstellen lassen.

Bei einer Buchung werden mindestens zwei Konten berührt und die gleichen Beträge in den jeweiligen Posten eingetragen. Die Summe der Sollkonten entspricht daher immer der Summe der Habenkonten. Genauer gesagt ist eine Buchung eine Anweisung in der doppelten Buchführung, die zum Eintrag eines Buchungssatzes führt. Die Buchführung legt fest, welcher Betrag auf welches Konto gebucht wird, wobei dies vor dem Buchen auf allen Belegen schriftlich vermerkt werden muss. Die Festlegung eines Buchungssatzes wird **Kontierung** genannt. Beim Buchen werden die Buchungssätze in einem zeitlichen Verlauf in das Journal aufgenommen. Erst in einem nächsten Schritt wird die Liste der Buchungen des Journals mit den weiteren Angaben (Belegnummer und Datum) in das Hauptbuch übertragen.[31] Das generelle Format eines Buchungssatzes lautet: **Per Sollkonto an Habenkonto**. Wobei „per" für „im Soll" steht und „an" für „im Haben". Häufig wird „per" auch einfach weggelassen. Das „an" kann auch durch einen Schrägstrich „/" ersetzt werden.

Beispielhaft wird im Folgenden eine Auszahlung von Gehalt in Höhe von 200 EUR im Rahmen einer Buchung dokumentiert:

Tabelle 8.4

Beispiel einer Buchung im Journal

1. Juni 2010

Personal (G)	200 EUR	
an Kasse (B)		200 EUR

Geschäftsvorgänge

In diesem Abschnitt werden die betrieblichen Geschäftsvorgänge detailliert voneinander unterschieden. Geschäftsvorgänge werden unterteilt in **laufende Geschäfte** und in **periodenübergreifende Geschäfte**.

- **Laufende Geschäftsvorgänge** sind alle Geschäfte, die im Lauf des Geschäftsjahres getätigt und realisiert werden.

- **Periodenübergreifende Geschäftsvorgänge** treten in mehreren Jahresabschlüssen auf.

Die meisten Geschäftsvorgänge werden während eines Geschäftsjahres getätigt und realisiert und sind somit laufende Geschäftsvorgänge. Die nachfolgenden Beispiele illustrieren laufende Geschäftsvorgänge.

Beispiel 8.4	Laufende Geschäftsvorgänge

1. 1. Januar 2010: Kauf von Waren im Wert von 100 EUR, Zahlung von 50 EUR sofort und für den Rest Kredit mit 1 Monat Laufzeit (Bezahlung am 1. Februar 2010).

2. 15. Februar 2010: Zahlung der Löhne als Sofortzahlung in Höhe von 200 EUR.

3. 20. Februar 2010: Verkauf von Produkten für 500 EUR; davon 250 EUR gegen liquide Mittel und 250 EUR mit gewährtem Kredit (1. April 2010).

4. 1. Juli 2010: Kauf eines Fahrzeugs für 20.000 EUR mit Lieferantenkredit (1. September), dessen geplante Lebensdauer 5 Jahre beträgt.

Für diese Geschäfte ergeben sich folgende Buchungen:

1. Januar 2010		
Einkauf von Waren (G)		
Kasse (B)	100 EUR	
Lieferantenkredit (B)		50 EUR
		50 EUR
1. Februar 2010		
Lieferantenkredit (B)	50 EUR	
Kasse (B)		50 EUR
15. Februar 2010		
Löhne (G)	200 EUR	
Kasse (B)		200 EUR
20. Februar 2010		
Kasse (B)	250 EUR	
Kundenkredit (B)	250 EUR	
Verkauf (G)		500 EUR
1. April 2010		
Kasse (B)	250 EUR	
Kundenkredit (B)		250 EUR
1. Juli 2010		
Fahrzeug /Ausrüstung (B)	20.000 EUR	
Lieferantenkredit (B)		20.000 EUR
1. September 2010		
Lieferantenkredit (B)	20.000 EUR	
Kasse (B)		20.000 EUR

Tabelle 8.5: Geschäftsvorfälle im Journalformat

Alle diese Geschäftsvorgänge sind sich relativ ähnlich. Es erfolgen jedoch Güter- und Kreditzuflüsse nicht zeitgleich, sondern finden zeitversetzt statt.

Folgende drei Arten von Vorgängen müssen am Ende des Geschäftsjahres ausgeführt werden:

Vorgänge am Ende des Geschäftsjahres:

1. Abschreibungen

2. Rückstellungen

3. Abgrenzungsposten

Bei der Kalkulation dieser Vorgänge räumt das Gesetz einen gewissen Ermessensspielraum ein. Dieser wird durch das Prinzip der vernünftigen kaufmännischen Beurteilung begrenzt. Dieses Objektivierungskriterium zielt darauf ab, dass Annahmen auf Grundlage von betriebswirtschaftlichen Kenntnissen und ohne Anwendung von Willkür getroffen werden. Das Ergebnis dieser Beurteilungen sollte auch für Außenstehende nachvollziehbar sein. Nachfolgend werden diese drei Arten von Vorgängen im Detail anhand von Beispielen illustriert.

■ **Abschreibungen:**

Mit Abschreibungen werden sowohl **planmäßige** als auch **außerplanmäßige Wertminderungen** (Betrag) von Vermögensgegenständen erfasst. Die Abschreibung entspricht dabei einem Wertverlust von Unternehmensvermögen (Anlagevermögen sowie Umlaufvermögen) während eines bestimmten Zeitraums. Der Wertverlust (z.B. durch Verschleiß, Alterung, Unfallschaden, Preisverfall) kann sowohl materieller wie immaterieller Art sein (z.B. Lizenzen, Patente, Konzessionen). Abschreibungen werden meist aus betriebswirtschaftlicher Sicht ermittelt und als Aufwand in der Gewinnermittlung festgehalten. Der Gegenbegriff zu Abschreibung ist die Zuschreibung, welche als Wertaufholung bei zu hohen Abschreibungen in den vorangegangenen Jahren vorgenommen wird. Abschreibungen werden in der **Gewinn- und Verlustrechnung (GuV)** als **Aufwand** (bzw. in der Kostenrechnung als Kosten) angesetzt. Aktivierte Anschaffungs- oder Herstellungskosten werden demnach der vermutlichen betrieblichen Nutzungsdauer pro Jahr um einen bestimmten Teilbetrag aufgrund des eingetretenen Werteverzehrs in der bestimmten Rechnungsperiode an dem einzelnen Vermögensgegenstand gekürzt. Generell gibt es **unterschiedliche Abschreibungsmethoden**:

– **Lineare Abschreibung:**

Die lineare Abschreibung teilt die Anschaffungs- bzw. Herstellungskosten abzüglich des Resterlöses in **gleichmäßige Raten** auf die Buchwerte der voraussichtlichen Nutzungsjahre auf.

– **Degressive Abschreibung:**

Die depressive Abschreibung verteilt die entsprechenden Beträge der Buchwerte in **fallende Raten**; dabei wird entweder die Differenz der Abschreibungsraten oder der Abschreibungsprozentsatz konstant gehalten.

Lineare Abschreibung

Die am häufigsten verwendete Methode ist die lineare Abschreibung, die jeder Periode eine gleichgroße Wertminderung zuordnet. Nachfolgend soll daher der Fokus auf dieser Methode liegen.

Im Fall einer linearen Abschreibung eines Buchungspostens für ein Fahrzeug im Anlagevermögen entspricht die Höhe der Abschreibung pro Jahr dem Gesamtwert des Vermögensgegenstandes (20.000 EUR) geteilt durch die Anzahl der Jahre (hier 5). Damit erhält man eine Abschreibung von 4.000 EUR pro Jahr. Für das Erwerbsdatum des 1. Juli 2010 beträgt die Abschreibung für das Geschäftsjahr 2010 somit 4.000 EUR geteilt durch 6/12 Monate, also 2.000 EUR. Folglich beträgt die Abschreibung für das Jahr 2010 2.000 EUR, dann 4.000 EUR im Jahr 2011 bis zum Jahr 2014, und schließlich 2.000 EUR für das Jahr 2015. Hier gilt der Grundsatz *prorata temporis*, wonach die Abschreibung proportional zur abgelaufenen Zeit erfolgt. Für diesen Vorgang ergeben sich folgende Buchungen:

31. Dezember 2010		
Abschreibung auf Fahrzeug im Anlagevermögen (G)	2.000 EUR	
Kumulierte Abschreibung auf Fahrzeug im Anlagevermögen (B)		2.000 EUR
31. Dezember 2011		
Abschreibung auf Fahrzeug im Anlagevermögen (G)	4.000 EUR	
Kumulierte Abschreibungen auf Fahrzeug im Anlagevermögen (B)		4.000 EUR

Tabelle 8.6: Lineare Abschreibung gemäß dem Grundsatz „prorata temporis"

Hierzu sind einige Anmerkungen erforderlich. Zunächst ist festzustellen, dass dieser Buchungsposten am Ende des Geschäftsjahres keinerlei Kassenbewegung auslöst: Es handelt sich lediglich um buchhalterische Bewegungen. Schließlich wird das Bilanzkonto „kumulierte Abschreibung auf Fahrzeug im Anlagevermögen " genutzt, das jedes Jahr erneut verwendet wird und in dem per Definition sämtliche Abschreibungen eines Jahres aufgezeichnet werden. Dieses Konto erscheint jedoch nicht separat in der Bilanz, sondern ergibt sich als Subtraktion von dem Konto „Anlagevermögen", dem es zugeordnet ist. Die in der Bilanz erscheinenden Werte sind demnach Nettowerte. Im Fall dieses Vermögensgegenstandes beträgt der Wert in der Bilanz am 31. Dezember 2010 18.000 EUR und am 31. Dezember 2011 14.000 EUR.

■ **Rückstellungen:**

Mit Rückstellungen hat das Unternehmen die Möglichkeit, Wertminderungen zu buchen, welche entweder einen speziellen Vermögensgegenstand betreffen oder ein allgemein zukünftiges Risiko berücksichtigen. Diese Wertminderungen sind, im Unterschied zu Abschreibungen nicht absolut sicher und können daher nur mit einer Eintrittswahrscheinlichkeit berechnet werden.

Eine Rückstellung für eine Wertminderung eines Vermögensgegenstandes muss gebildet werden (Grundsatz des Vorsichtsprinzips), wenn durch ein Ereignis der Anfangswert eines Vermögensgegenstandes verringert werden könnte. Dieser Vermögensgegenstand kann beispielsweise ein Anlagevermögenswert sein. Geht man von einem Kunden aus, der im Jahr 2010 einen Kredit von 100 EUR genutzt hat und dessen Finanzlage schwierig ist, wird die eintreibbare Höhe dieser Forderung mit 50 EUR **(Drohverlustrückstellung)** bewertet. Es ist hierbei davon auszugehen, dass die Wahrscheinlichkeit des Ausfalls bei 50% liegt. In diesem Fall muss eine Rückstellung von 50 EUR gebucht werden, sprich 50% von 100 EUR. Wenn Ende des Jahres 2011 dieses Risiko entfällt, wird die Rückstellung in Höhe von 50 EUR wieder „aufgelöst". Tritt das befürchtete Risiko ein, so wird die Rückstellung annulliert und ein außerordentlicher Verlust auf den Kunden gebucht.

Folgende Tabellen veranschaulichen diese beiden Fälle. Zum einen den Aufbau und die Auflösung von Rückstellungen bei Nichteintritt des Risikos (*Tabelle 8.7*) und zum anderen bei Eintritt des Risikos (*Tabelle 8.8*).

Tabelle 8.7

Aufbau und Auflösung von Rückstellungen bei Nichteintritt des Risikos

31. Dezember 2010

Bildung einer Rückstellung auf Aktiva /Kunde (G)	50 EUR	
Rückstellung für Wertminderung auf Aktiva / Kunde (B)		50 EUR

31. Dezember 2011

Rückstellung für Wertminderung auf Aktiva / Kunde (B)	50 EUR	
Auflösung der Rückstellung für Wertminderung auf Aktiva /Kunde (G)		50 EUR

Eine Konsequenz der Rückstellungsbildung ist es, den potentiellen Aufwand (Kreditausfall) vorzuziehen. Es wird ein Aufwand verbucht, ohne dass tatsächlich Mittel abfließen. Im Jahr der Rückstellungsbildung wird somit im Jahresabschluss der Jahresüberschuss gemindert bzw. der Jahresfehlbetrag erhöht.

Tabelle 8.8

Aufbau und Auflösung von Rückstellungen bei Eintritt des Risikos

31. Dezember 2011

Rückstellung für Wertminderung auf Aktiva / Kunde (B)	50 EUR	
Auflösung der Rückstellung für Wertminderung auf Aktiva /Kunde (G)		50 EUR
Außerordentlicher Verlust auf Kunde (G)	50 EUR	
Kundenkredit (B)		50 EUR

Eine weitere Rückstellungsart sind Rückstellungen für drohende Risiken und Aufwendungen; sie betreffen allgemeine Risiken, die in künftigen Geschäftsjahren zu Geldabflüssen führen könnten **(Prozessrückstellungen)**. Beispielsweise klagt ein Kunde vor Gericht gegen ein Unternehmen. Die juristische Abteilung schätzt das Risiko einer Verurteilung auf über 70%. Der geforderte Betrag entspricht 100 EUR. In diesem Fall muss das Unternehmen eine Rückstellung für Risiko und Aufwendungen von 100 EUR bilden. Hierbei gilt folgende Regel: Überwiegt die Wahrscheinlichkeit, dass das negative Ereignis eintritt, ist eine Rückstellung in Höhe des Gesamtwerts zu bilden. Eine andere Art der Buchung einer Rückstellung ist es, unabhängig von der Wahrscheinlichkeit eine anteilige Rückstellung – *au prorata* –vorzunehmen. Beträgt der Wahrscheinlichkeitsgrad 30%, würde eine Rückstellung in Höhe von 30% gebildet. Im Folgenden findet die erste Methode Anwendung.

Tabelle 8.9

Beispiel von Prozessrückstellungen

31. Dezember 2010

Rückstellung für Risiken und Aufwendungen / Gerichtsverfahren (G)	100 EUR	
Rückstellung für Risiken und Aufwendungen / Gerichtsverfahren (B)		100 EUR

Die Rückstellung für Risiken und Aufwendungen erscheint dieses Mal in der Bilanz auf der Passivseite unter dem Eigenkapital.

- **Rechnungsabgrenzungsposten:**

  Die letzte Buchungsart zum Ende des Geschäftsjahres betrifft die Rechnungsabgrenzungsposten. Die Unabhängigkeit der Geschäftsjahre voneinander und der Grundsatz der Aufwands- und Ertragsabgrenzung **(periodengerechte Buchführung)** bieten die Möglichkeit, Aufwand und Ertrag an die Periode zu binden, der sie angehören. Rechnungsabgrenzungsposten kommen dann zur Anwendung, wenn mit Kunden bzw. Lieferanten Zahlungsziele festgesetzt wurden, bei denen die Leistung und die Zahlung nicht in derselben Periode stattfinden.

Die Rechnungsabgrenzung ist somit die buchhalterische Abgrenzung der Aufwendungen und Erträge über eine Rechnungsperiode, für die die Gegenleistungen in einer darauffolgenden Periode stattfinden. Rechnungsabgrenzungsposten sind mit Verbindlichkeiten bzw. Forderungen gleichzusetzen. Auf diese Weise wird auch die Steuerschuld für die Abrechnungszeiträume korrekt an den Staat abgeführt. Das folgende Beispiel dient der Verdeutlichung.

Beispiel 8.5 **Versicherungsrechnung – Aufwandreduzierung**

Eine Jahresversicherung wird am 1. Juli des Jahres 2010 in Höhe von 12.000 EUR bezahlt. Dieser Geschäftsvorgang löst eine Überweisung in Höhe von 12.000 EUR aus, welcher sich negativ auf die Kassenmittel auswirkt. Buchhalterisch fällt die Analyse wegen des Prinzips der periodengerechten Buchführung anders aus. Da es sich um eine jährlich zu zahlende Versicherungsprämie handelt, deckt diese einen Zeitraum ab, der vom 1. Juli 2010 bis zum 30. Juni 2011 dauert. Logischerweise reduziert sich der Aufwand des Jahres 2010, der Aufwand des Jahres 2011 erhöht sich. Dazu muss ein Rechnungsabgrenzungsposten aufgestellt werden, der „im Voraus bezahlte Aufwendungen" genannt wird.

1. Juli 2010		
Versicherungskosten (G)	12.000 EUR	
Kasse (B)		12.000 EUR
31. Dezember 2010		
Im Voraus bezahlte Aufwendungen ARAP (B)	6.000 EUR	
Versicherungskosten (G)		6.000 EUR

Tabelle 8.10: Buchung von Rechnungsabgrenzungsposten

In der nachfolgenden Periode wird dieser Rechnungsabgrenzungsposten aufgelöst.

1. Januar 2011		
Versicherungskosten (G)	6.000 EUR	
Im Voraus bezahlte Aufwendungen ARAP (B)		6.000 EUR

Tabelle 8.11: Auflösung von Rechnungsabgrenzungsposten

Das vorrangige Ziel der Buchführung besteht darin, die Geschäftsvorgänge des Unternehmens bestmöglich und nachvollziehbar aufzuzeichnen.

8.4.5 Jahresabschluss

Der Buchführungsprozess sollte unter Achtung dieser Prinzipien ablaufen. Ein Ergebnis dieses Prozesses stellt der Jahresabschluss dar. Jahresabschlüsse sollten generell Folgendes enthalten:

- Bilanz
- Gewinn- und Verlustrechnung
- Anhang

Bilanz

Die Bilanz stellt ein Bild der aktuellen Finanzlage des Unternehmens zu einem bestimmten Zeitpunkt dar, in der Regel am Ende des Geschäftsjahres. Bei den ausgewiesenen Beträgen handelt es sich um den Wert der einzelnen ausgewiesenen Posten zu eben diesem Zeitpunkt.

Die Bilanz umfasst vier wesentliche Positionen: Auf der einen Seite das **Anlagevermögen** und das **Umlaufvermögen**, auf der anderen Seite die **Schulden** und das **Eigenkapital**. Die beiden Seiten weisen die gleichen Beträge aus. Das Verhältnis dieser beiden Beträge nennt man „ausgeglichen".

Positionen der Bilanz:

- **Anlagevermögen:** Das Anlagevermögen ($\geq$ 1 Jahr) umfasst die in einem Unternehmen längerfristig genutzten Wirtschaftsgüter. Das Antonym zum Anlagevermögen ist das Umlaufvermögen, welches dem Unternehmen nur kurzfristig dient.

- **Umlaufvermögen:** Der Begriff Umlaufvermögen ($\leq$ 1 Jahr) bezeichnet das aktuelle Vermögen bzw. das Kapital eines Unternehmens.

- **Schulden:** Schulden bezeichnen umgangssprachlich sowie zivil- und handelsrechtlich den häufig benutzten Begriff der Verbindlichkeiten, d.h. Rückzahlungsverpflichtungen von juristischen oder natürlichen Personen gegenüber Dritten, welche schon eine Gegenleistung erbracht haben.

- **Eigenkapital:** Das Eigenkapital *(Equity)* bezeichnet den Vermögensteil, welcher nach Abzug aller Schulden resultiert.

Das folgende Beispiel soll zum besseren Verständnis der Bilanz beitragen.

Beispiel 8.6   **Unternehmen Alpha – Die Bilanz 2009**

Das Unternehmen Alpha aus der Automobilindustrie weist per 31. Dezember 2009 folgende Posten aus: Gebäude 1.000 EUR, Ausrüstungen 500 EUR, Vorräte 300 EUR, Kasse 200 EUR und Bankdarlehen 1.100 EUR. Die Bilanz (sein Bild) per 31. Dezember 2009 lässt sich damit wie folgt zusammenfassen:

Unternehmen Alpha
Bilanz 31.12.2009

Aktiva		Passiva	
Anlagevermögen		**Eigenkapital**	900 EUR
Gebäude	1.000 EUR		
Ausrüstungen	500 EUR		
Umlaufvermögen		**Schulden**	
Vorräte	300 EUR	Bankdarlehen	1.100 EUR
Kasse	200 EUR		
Summe	**2.000 EUR**	**Summe**	**2.000 EUR**

Tabelle 8.12: Unternehmen Alpha – Die Bilanz 2009

Der Gesamtbetrag der Aktiva entspricht dem der Passiva, also 2.000 EUR. Zudem wird ersichtlich, dass das Eigenkapital der Differenz zwischen dem Gesamtbetrag der Aktiva und der Höhe der Schulden entspricht. Die Aktiva zeigen auf, wie die Ressourcen des Unternehmens verwendet wurden. Der Teil der Ressourcen, der von den Eigentümern stammt, zeigt den Buchwert des Unternehmens oder auch das Vermögen der Aktionäre. Wenn das Eigenkapital dem Vermögen der Aktionäre entspricht, so zeigt die Veränderung des Eigenkapitals von einem Geschäftsjahr zum anderen die Erhöhung (oder Verringerung) des Vermögens.

Diese Gleichung **Aktiva – Schulden** = **Eigenkapital** ist sehr wichtig, da damit die Struktur der Bilanz je nach gewünschter Zielstellung verstanden und analysiert werden kann. So ergibt sich die Frage, ob mit langfristigen Ressourcen langfristige Aktiva finanziert werden können.

■ **Bewertungsverfahren:**

Das Bewertungsverfahren entscheidet im Rechnungswesen darüber, mit welchem **Wertansatz** ein Wirtschaftsgut bilanziert wird, genauer gesagt mit welchem **Betrag** dieses Wirtschaftsgut in die Bilanz (Handels- und Steuerbilanz) aufgenommen wird. Der Bewertungsspielraum ist bei der Handels- und Steuerbilanz teilweise unterschiedlich groß. Generell stellen die Anschaffungs- oder Herstellungskosten für Vermögensgegenstände die Wertobergrenze dar. Eingetretene (z.B. marktbedingte) Wertsteigerungen werden in der Regel nicht berücksichtigt. Die Anschaffungs- oder Herstellungskosten von abnutzbaren Anlagegegenständen werden durch entsprechende **Abschreibungen** pro Periode verringert.[32]

In Bezug auf Gegenstände des Umlaufvermögens wird generell das Niederstwertprinzip angewendet. Dies besagt, dass von den möglichen Wertansätzen der jeweils niedrigste zu wählen ist.

Wesentliche **gesetzliche Grundlage der Bewertungsverfahren** beispielsweise für Deutschland sind das Handelsgesetzbuch (HGB) sowie internationalen Vorschriften zur Rechnungslegung (IFRS, US-GAAP). Es gibt hierbei eine Tendenz zur internationalen Vereinheitlichung dieser Normen damit eine bessere Vergleichbarkeit gewährleisten werden kann.

Gewinn- und Verlustrechnung (GuV)

Die Gewinn- und Verlustrechnung (GuV) entspricht dem Bild des vergangenen Zeitraumes und informiert über die Wirtschaftsleistung. Es handelt sich um eine Veränderung des Wertes über die Zeitspanne vom Anfang einer Periode bis zu ihrem Ende. Die Gewinn- und Verlustrechnung zeichnet die **Aufwendungen** (d.h. das Ärmer-Werden) und die **Erträge** (d.h. Reicher-Werden) eines Unternehmens auf. Die Differenz zwischen Erträgen und Aufwendungen ist das **Ergebnis** (Gewinn oder Verlust). Auch hier sind die Beträge ausgeglichen.

Beispiel 8.7   **Unternehmen Alpha –**
Gewinn- und Verlustrechnung

Die Gesellschaft Alpha hat im Jahr 2010 folgende Geschäfte getätigt: Sie hat für 500 EUR Produkte verkauft. Sie hat für 200 EUR Material eingekauft und 200 EUR für Personal eingesetzt. Die Gewinn- und Verlustrechnung (das Bild) des Unternehmens sieht für den Zeitraum vom 31. Dezember 2009 bis 31. Dezember 2010 wie folgt aus:

Unternehmen Alpha
Gewinn- und Verlustrechnung 31.12.2010

Aufwendungen		Erträge	
Material	200 EUR	Verkauf	500 EUR
Personal	200 EUR		
Ergebnis	100 EUR		
Summe	**500 EUR**	**Summe**	**500 EUR**

Tabelle 8.13: Unternehmen Alpha, Gewinn- und Verlustrechnung 31. Dez. 2010

Tabelle 8.13 weist als Ergebnis einen Gewinn aus, der zusätzlich zum Gesamtbetrag erscheint. In anderen Worten ist das Ergebnis gleich:

$$\text{Erträge} - \text{Aufwendungen} = 100 \text{ EUR}$$

Dies ist die Erhöhung des Vermögens. Es ist zu beachten, dass dies eine zweite Option ist, die Erhöhung des Vermögens durch Berechnung mit Vergleich des Eigenkapitals zwischen zwei Geschäftsjahren zu bestimmen. Abschreibungen werden in der Gewinn- und Verlustrechnung (GuV) als Aufwand angesetzt.

Beispiel 8.8   **Unternehmen Alpha – Die Bilanz 2010**

Auf Grundlage der bereits angeführten Instrumente sieht die Bilanz der Gesellschaft Alpha Ende 2010 wie folgt aus:

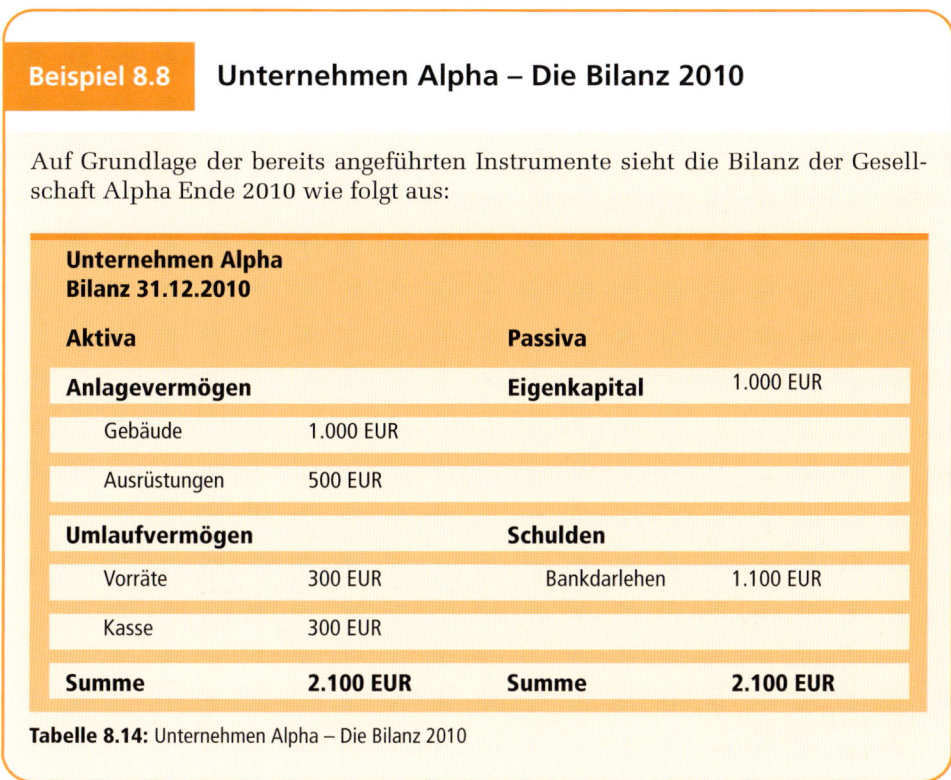

Unternehmen Alpha
Bilanz 31.12.2010

Aktiva		Passiva	
Anlagevermögen		**Eigenkapital**	1.000 EUR
Gebäude	1.000 EUR		
Ausrüstungen	500 EUR		
Umlaufvermögen		**Schulden**	
Vorräte	300 EUR	Bankdarlehen	1.100 EUR
Kasse	300 EUR		
Summe	**2.100 EUR**	**Summe**	**2.100 EUR**

Tabelle 8.14: Unternehmen Alpha – Die Bilanz 2010

Die Bilanz in *Tabelle 8.14* lässt sich wie folgt erklären: Dem Verbrauch entspricht es, dass sich die Vorräte um 200 EUR verringern. Die Vorräte steigen jedoch durch den Einkauf von Material um 200 EUR (siehe GuV). Die Kasse wird durch den Verkauf um 500 EUR erhöht, sie jedoch sinkt um 400 EUR, da das Personal bezahlt und Material eingekauft werden muss. Bezogen auf den 31. Dezember 2009 beträgt die Veränderung des Eigenkapitals 100 EUR und entspricht der Erhöhung des Vermögens.

Anhang

Der Anhang[33] ist ein Dokument am Ende des Jahresabschluss, in dem alle erforderlichen Informationen zum guten Verständnis der Bilanz und der Gewinn- und Verlustrechnung enthalten sind. Im Anhang werden:

- die verwendeten Buchführungsmethoden
- die Bruttowerte der Aktiva und ihre Wertminderung (Abschreibung)
- sowie alle Ereignisse, die eine wirtschaftliche Konsequenz auf das Unternehmen haben könnten und die nicht in der Bilanz oder in der Gewinn- und Verlustrechnung aufgezeichnet werden können

erfasst.

Kennzahlen

Ein sogenanntes **Kennzahlensystem** umfasst eine geordnete Anzahl an betriebswirtschaftlichen Kennzahlen, die miteinander in Verbindung stehen. Eine **Kennzahl** bezeichnet eine Maßzahl, die zur Quantifizierung und reproduzierbaren Messung einer Größe oder eines Zustandes oder Vorgangs dient. Ziel bei der Verwendung von Kennzahlen ist es, vollständig über einen Sachverhalt wie beispielsweise über einen Unternehmensbereich oder über Rentabilität zu informieren. Kennzahlen werden verwendet, um schnelle und verdichtete Informationen über die Leistung eines Unternehmens oder Teile desselben zu erhalten. Ebenso wird anhand von Kennzahlen die Planung, Steuerung und Kontrolle in einem Unternehmen unterstützt. Sie geben der Geschäftsführung Hinweise darüber, inwiefern die Maßstäbe rationellen Wirtschaftens erreicht werden. Kennzahlen kommt, abgesehen von ihrer Nutzung zur Entscheidungsvorbereitung und -kontrolle, nicht nur eine informationsverdichtende Aufgabe, sondern des Weiteren die Aufgabe der Problemerkennung zu. Generell wird zwischen *absoluten* (z.B. Kosten, Umsatz) und *relativen Kennzahlen*, die ein Verhältnis zu anderen Kennzahlen ausdrücken (z.B. prozentualer Anteil, Preis pro Stück) unterschieden.

Wesentliche Kennzahlen im Rechnungswesen:

- **Wirtschaftlichkeit:** Dieses Maß wird generell für die Effizienz und den rationalen Umgang mit knappen Ressourcen eines Unternehmens oder Teilen eines Unternehmens genommen. Die Wirtschaftlichkeit wird generell als das Verhältnis zwischen einem erreichten Erfolg und den dafür benötigten Mitteleinsatz definiert. Ziel ist es hierbei, mit einem möglichst geringen Aufwand einen entsprechenden Ertrag zu erreichen oder mit einem gegebenen Aufwand einen möglichst hohen Ertrag zu erzielen.

$$\text{Wirtschaftlichkeit} = \frac{\text{Ertrag}}{\text{Aufwand}}$$

Ertrag wird bei der Wirtschaftlichkeit als Wertezuwachs, sprich als Wert von verkauften Gütern oder als erbrachte Leistung in Form eines Geldwertes eingesetzt. Aufwand wird sowohl in Materialbedarf, Arbeitsstunden oder anderen Arten von Leistungen, die in einen Geldwert umgerechnet werden, eingesetzt. Wirtschaftlichkeit ist ein Maß für Effizienz bzw. Sparsamkeit und ist daher dimensionslos.

■ **Produktivität:** Produktivität ist ein Maß für die Leistungsfähigkeit und indiziert das Verhältnis von produzierten Gütern und den dafür benötigten Produktionsfaktoren. Unter Produktivität wird das (Mengen-)Verhältnis zwischen dem produzierten **Output** und dem dafür eingesetzten **Input** (Produktionsfaktoren) verstanden.

$$\text{Produktivität} = \frac{\text{Ausbringungsmenge}}{\text{Einsatzmenge}} = \frac{\text{Output}}{\text{Input}}$$

Produktivität lässt sich entsprechend den verschiedenen Produktionsfaktoren untergliedern. Bei der Ermittlung der Faktorproduktivität wird die Menge der erzeugten Güter ins Verhältnis zur Einsatzmenge eines Faktors gesetzt wie beispielsweise Arbeits- oder Maschinenproduktivität. Hierbei werden stets die entsprechenden Inputfaktoren verwendet. Für die Arbeitsproduktivität wäre das die Ausbringungsmenge im Verhältnis zu den eingesetzten Arbeitsstunden. Für die Maschinenproduktivität wären dies die eingesetzten Maschinenstunden im Verhältnis zur Ausbringungsmenge.

■ **Rentabilität:** Die Rentabilität ist das Verhältnis zwischen erzieltem Erfolg (z.B. Gewinn) und eingesetztem Kapital (Gesamt- oder Eigenkapital). Hierbei wird das Kapital, sprich der in Geld gemessene Wert, in Beziehung gesetzt. Die Rentabilität ist eine Kennzahl für Erfolg und wird als Prozentsatz angegeben. Häufig wird der Begriff Rendite als Synonym für Rentabilität verwendet, wobei sich der Begriff der Rendite besser als jährlicher Gesamtertrag einer Kapitalanlage beschreiben lässt und somit eher in der Finanzwelt anzusiedeln ist. Die Rentabilität stellt eine zentrale Kennzahl für den Erfolg eines Unternehmens dar und wird normalerweise als **Prozentsatz** dargestellt. Je nach der Bezugsgröße unterscheiden wir verschiedene Arten der Rentabilität:

– **Eigenkapitalrentabilität:** Die Eigenkapitalrentabilität, auch **Return on Equity** genannt (ROE), bezeichnet eine betriebswirtschaftliche Kennzahl und Steuerungsgröße. Diese zeigt, wie hoch das vom Kapitalgeber investierte Kapital innerhalb einer Rechnungsperiode verzinst wurde. Im Gegensatz zu der Umsatzrendite kann die Eigenkapitalrendite leicht zweistellig und sogar dreistellig sein. Ein Unternehmer oder Gesellschafter kann anhand der Eigenkapitalrentabilität erkennen, ob seine Investition in das Unternehmen mehr oder weniger rentabel ist als eine andere Kapitalanlage.

Zur Berechnung der Eigenkapitalrentabilität setzt man den Jahresüberschuss (nach Steuern) eines Unternehmens ins Verhältnis zu dem zu Beginn der Periode zur Verfügung stehenden Eigenkapital

$$\text{Eigenkapitalrendite} = \frac{\text{Gewinn}}{\text{Eigenkapital}}$$

Das Eigenkapital kann entweder als Durchschnitt oder zu Jahresbeginn ermittelt werden.

– **Gesamtkapitalrentabilität:** Die Gesamtkapitalrentabilität, wird häufig auch Kapitalrendite, Gesamtkapitalrendite, Return on Assets (ROA) genannt. Sie zeigt auf, wie effizient der Kapitaleinsatz eines Investors während einer Abrechnungsperiode war.

$$\text{Gesamtkapitalrentabilität} = \frac{\text{Reingewinn} + \text{Fremdkapitalzinsen}}{\text{Gesamtkapital}}$$

Das Gesamtkapital besteht aus Eigen- und Fremdkapital. Der Reingewinn wird erwirtschaftet durch den Einsatz von Eigenkapital und Fremdkapital. Die Fremdkapitalzinsen stellen den Gewinn von Fremdkapitalgebern, wie beispielsweise einer Bank, aus dem investierten Kapital dar.

- **Return on Investment:** Eine Variante der Gesamtkapitalrentabilität ist der *Return on Investment* (ROI), welcher die Fremdkapitalzinsen in der Gleichung nicht berücksichtigt. Hierbei wird die Rendite einer unternehmerischen Tätigkeit am Gewinn im Verhältnis zum eingesetzten Kapital gemessen.

$$ROI = \frac{\text{Gewinn}}{\text{Gesamtkapital}}$$

Entgegengesetzt zur Gesamtkapitalrendite werden hier die Fremdkapitalzinsen nicht berücksichtigt.

- **Fremdkapitalrentabilität:** Dieses Maß wird aus dem Verhältnis von Fremdkapitalzinsen und Fremdkapital ermittelt.

$$\text{Fremdkapitalrentabilität} = \frac{\text{Fremdkapitalzinsen}}{\text{Fremdkapital}}$$

- **Umsatzrentabilität:** Dieses Maß wird es aus dem Verhältnis des Gewinnes und der Umsatzerlöse errechnet.

$$\text{Umsatzrentabilität} = \frac{\text{Gewinn}}{\text{Umsatzerlöse}}$$

- **Liquiditätsgrad:** Der Liquiditätsgrad ist eine besonders in der Unternehmensfinanzierung und der Finanzbuchhaltung[34] gebräuchliche Kennzahl, mit der die Fähigkeit eines Unternehmens, seinen Zahlungsverpflichtungen rechtzeitig nachzukommen, errechnet wird. Der Liquiditätsgrad drückt die Eigenschaften von Vermögensobjekten im Hinblick auf ihre Geldnähe aus, ob sie leicht in Geld umzuwandeln – sprich geldnah – sind, oder ob sie schwer in Geld umzuwandeln – sprich geldfern – sind. Die Liquidität ersten Grades *(cash ratio)* bestimmt die Beziehung von liquiden Mitteln zu den kurzfristigen Verbindlichkeiten eines Unternehmens und gibt Hinweise, inwiefern ein Unternehmen seinen derzeit kurzfristigen Zahlungsverpflichtungen allein durch seine liquiden Mittel nachkommen kann. Forderungen bleiben in diesem Kontext unberücksichtigt.

$$\text{Cash Ratio} = \frac{\text{liquide Mittel}}{\text{kurzfristige Verbindlichkeiten}}$$

- **Verschuldungsgrad:** Der Verschuldungsgrad *(debt to equity ratio)* eines Unternehmens (Schuldners) ist eine Kennzahl, die das Verhältnis von bilanziellem Fremdkapital und Eigenkapital bemisst. Die Kennzahl informiert über die Finanzierungsstruktur eines Schuldners. Je höher der Verschuldungsgrad ist, desto höher ist das Kreditrisiko für den Gläubiger. Der Verschuldungsgrad berechnet sich aus dem Verhältnis zwischen Fremdkapital und Eigenkapital.

$$\text{Verschuldungsgrad} = \frac{\text{Fremdkapital}}{\text{Eigenkapital}}$$

8.5 Zukünftige Herausforderungen

Das Rechnungswesen stellt sich vielen neuen Herausforderungen und versucht dabei stets seiner Aufgabe und den Ansprüchen seiner Anspruchsgruppen treu zu bleiben. Die Vielfalt dieser Anspruchsgruppen erklärt zweifellos die Vielfalt ihrer Interessen. Folglich ist es möglich, dass das Rechnungswesen zwei einander entgegengesetzten Zielen entsprechen muss, da sich zwei unterschiedliche Nutzer für dieselben Finanzinformationen interessieren. So ist ein Investor an der künftigen Wirtschaftsleistung *(Performance)* des Unternehmens interessiert, während sich ein Gläubiger (z.B. Bank) vorwiegend für die Liquidität desselben Unternehmens interessiert. Der Investor wird den mit dem Markt verbundenen Informationen den Vorzug geben, während der Gläubiger eher Interesse hat, Buchführungsoptionen zu betrachten, welche möglichst realitätsnah das existierende Unternehmensvermögen abbilden. Hieraus leiten sich zentrale Fragen ab: Wie können unterschiedliche Interessen in Einklang gebracht werden? Welche Bewertungsmethoden sind passend? Wie sollten Bemessungsspielräume vom Unternehmen genutzt werden?

Eine weitere Herausforderung des Rechnungswesens stellt die Verknüpfung des Anreizsystems für Manager (Bonuszahlungen) mit buchhalterischen Kennzahlen dar. Häufig basiert die Berechnung von Boni in Unternehmen auf Kennzahlen aus dem Rechnungswesen: In direkter Form, wenn sie an das Erreichen einer Zielgröße, beispielsweise des Jahresüberschusses, geknüpft ist, oder indirekt, wenn sie von einem Börsenwert abhängt. Manager werden daher häufig dazu verführt, die Unternehmensbuchführung nach diesen Kennzahlen auszurichten, um dadurch ihre eigene Bonusauszahlung zu maximieren. In diesem Fall kollidieren die Individualinteressen der Manager mit Unternehmenszielen des nachhaltigen Wirtschaftens. *Corporate Governance* versucht diese Interessenkonflikte zu lösen bzw. zu mindern, indem Regeln und Mechanismen entwickeln werden, die als Gesamtheit der Regeln und Mechanismen definiert sind, damit Manager im Interesse der Eigentümer bzw. Aktionäre handeln. Häufig handelt es sich bei diesen Mechanismen um juristische Instrumente, die sich stark auf die Buchführung und ihr System stützen. Genannt werden können des Weiteren Prüfungsausschüsse, die zur Aufgabe haben, die im Rahmen der internen und der externen Prüfung geleistete Arbeit zu überwachen. Auch der Vergütungsausschuss, der sich speziell für die Modalitäten der Vergütungsfestlegung im Unternehmen interessiert, ist hier zu nennen. Weiterführende Informationen haben sich in den nationalen Gesetzbüchern und Regelungen zu *Corporate Governance* ausgehend von dem Gesetz *Sarbanes Oxley* (2002) entwickelt, um Finanzskandale wie im Fall Enron (2001/2002) zu verhindern.

Aufwände sind steuerlich absetzbar und versetzten ein Unternehmen in die Lage, sein buchhalterisches Ergebnis dahingehend zu gestalten, dass bestimmte Ziele wie die Minimierung der Steuerlast erzielt werden. Für viele Unternehmen schreibt das Gesetz vor, außer einer Steuerbilanz auch separat eine Handelsbilanz zu erstellen. Die Unterschiede zwischen beiden Bilanzen variieren je nach Land verschieden stark. Die Konformität der Information in beiden Aufstellungen stellt eine weitere Herausforderung des Rechnungswesens dar und wird unter anderem unter der Bezeichnung „*book tax conformity*" diskutiert.

Es ist somit festzustellen, dass sich das Rechnungswesen der Herausforderung stellen muss, sämtliche Stakeholder mit jeweils unterschiedlichen Anforderungen ausgeglichen und neutral zu informieren.

Einheitliche Rechnungslegungsstandards – Quo vadis Konvergenz?

Die Forderung nach weltweit einheitlichen Rechnungslegungsstandards ist nicht neu, aber nach wie vor sehr aktuell. So wurde von den Staats- und Regierungschefs der G20-Staaten das Schaffen von einheitlichen, hochwertigen und weltweit gültigen Bilanzierungsstandards als ein zentrales Ziel formuliert. Es ist unbestritten, dass konvergente Standards einen entscheidenden Beitrag für die Integration und die Effizienz der Kapitalmärkte leisten. Durch die kürzlich veröffentlichten Standardentwürfe von IASB und FASB zur Bilanzierung von Finanzinstrumenten scheinen die Unterschiede jedoch wieder größer zu werden.

Die Staats- und Regierungschefs der G20-Staaten haben eindringlich die Schaffung eines weltweit einheitlichen Sets von Rechnungslegungsstandards angemahnt. Es steht außer Zweifel, dass vergleichbare und international akzeptierte Bilanzierungsregeln einen entscheidenden Beitrag für die Integration und Effizienz der Kapitalmärkte leisten. Die Funktionsfähigkeit internationaler Kapitalmärkte setzt einheitliche Finanzinformationen als wesentliche Entscheidungsgrundlage für Investoren voraus.

Für Kreditinstitute kommt zusätzlich der Aspekt der aufsichtlichen Konvergenz hinzu. Damit ist die Angleichung an internationale Rechnungslegungsstandards und einheitliche Aufsichtsnormen gemeint. Die aufsichtsrechtliche Eigenkapitalermittlung erfolgt auf der Grundlage der Bilanzwerte. Ohne einheitliche Rechnungslegungsvorschriften kann es insofern keine international einheitlichen Regulierungsvorschriften geben. Ein aufsichtliches *Level Playing-Field* ist bei unterschiedlichen Bilanzierungsgrundlagen nicht darstellbar.

Die Konvergenzbestrebungen von IASB und FASB

Bereits im September 2002 haben sich das IASB und der US-amerikanische Standardsetzer FASB im sogenannten *Norwalk Agreement* darauf verständigt, ihre Arbeiten aufeinander abzustimmen, um zu weltweit akzeptierten Rechnungslegungsstandards zu gelangen. Auf dieser Grundlage wurden ein umfangreiches Konvergenzprogramm aufgesetzt und in den folgenden Jahren viele Rechnungslegungsunterschiede zwischen IFRS und *US-GAAP* beseitigt.

Mittlerweile werden die IFRS in mehr als 120 Ländern weltweit angewandt. Weitere Länder planen den Übergang auf bzw. eine Angleichung an die IFRS. Während also die IFRS in den letzten Jahren als international akzeptierte Sprache der Rechnungslegung etabliert werden konnten, ist eine vollständige Angleichung von IFRS und US GAAP jedoch bis heute nicht gelungen.

Beide Standardsetzer haben unlängst ihre uneingeschränkte Unterstützung des gemeinsamen Konvergenzprogramms bekräftigt. Auch die US-amerikanische *Securities and Exchange Commission* (SEC) sieht sich weiterhin dem Ziel einheitlicher Rechnungslegungsvorschriften von hoher Qualität verpflichtet. Diesem Bekenntnis müssen nun Taten folgen. Es ist offensichtlich, dass der Qualität der Regeln dabei herausragende Bedeutung zukommt. Nur qualitativ hochwertige, prinzipienorientierte Regelungen werden dauerhafte internationale Akzeptanz erlangen.

Kriterien für die Entwicklung konvergenter Standards

Um zu konvergenten, qualitativ guten Vorschriften zu gelangen, sollte idealerweise eine gemeinsame Weiterentwicklung der Standards unter Beachtung folgender Kriterien angestrebt werden: Prinzipienbasierte Ausgestaltung der Standards: Zu detaillierte Einzelfallregelungen sind äußerst kritisch zu betrachten. Ein kasuistischer Standardansatz führt zu häufigen Änderungen in Detailfragen. Dies wiederum bedeutet steigende Rechtsunsicherheit und einen permanenten Anpassungs- und Umstellungsbedarf. Die jeweils ökonomisch sinnvollere Lösung sollte Anwendung finden. Vergleichbarkeit, Informationsgehalt und Transparenz der Finanzinformationen müssen gesichert sein. Praktikabilitäts- und Kosten-Nutzen-Aspekte müssen berücksichtigt werden: Notwendige Voraussetzung für „gute" Standards ist, dass sie praktisch umsetzbar sind. Schon bei der Standardsetzung sollten daher der zeitliche und personelle Aufwand für die Implementierung der Standards beachtet werden.

Konvergenz noch nicht erreicht

Insgesamt lässt sich feststellen, dass die Regelungen zur Klassifizierung und Bewertung von Finanzinstrumenten nicht vom Konvergenzgedanken geprägt sind. Im Gegenteil, sie gehen in unterschiedliche Richtungen. Ein wesentlicher Grund für diese Entwicklung liegt sicherlich darin, dass sowohl der IASB als auch der FASB jeweils ein eigenständiges separates Überarbeitungsprojekt verfolgt haben und eine Angleichung der Regelungen erst in einem zweiten Schritt erfolgen soll. Im Hinblick auf die angestrebte Konvergenz erscheint es zielführender, die wesentlichen Standards gemeinsam zu erarbeiten und zu konsultieren.

Eine Analyse der vorliegenden Vorschläge anhand der oben definierten Kriterien für die Weiterentwicklung von Rechnungslegungsstandards ergibt folgendes Bild:

Der Standard des IASB folgt eher einem prinzipienorientierten Ansatz, wohingegen die FASB-Vorschläge etliche Ausnahmeregelungen beinhalten und somit einen stärker kasuistischen Charakter haben. Werden die Vorschläge an den Kriterien der ökonomischen Sinnhaftigkeit sowie Informationsgehalt, Transparenz und Vergleichbarkeit gemessen, so ist das *„Mixed Model"* als vorzugswürdig gegenüber dem *„full fair value accounting"* einzustufen. Nur das „Mixed Model" erlaubt eine differenzierte Abbildung unterschiedlicher Geschäftsmodelle und kann somit die ökonomische Realität sachgerechter darstellen als es eine *Full-Fair-Value-Bewertung* leisten kann.

Der *Fair Value* ist ein geeigneter Wertmaßstab für Finanzinstrumente, die zu Handelszwecken gehalten werden. Richtet sich die Geschäftsabsicht des Unternehmens jedoch auf die Erzielung nachhaltiger *Cash Flows*, so erschwert die *Fair-Value-Bewertung* die Beurteilung der nachhaltigen Ertragskraft des Unternehmens. Auch dem vom FASB vorgebrachten Argument einer besseren Aussagekraft und Vergleichbarkeit durch *full fair value accounting* kann nicht gefolgt werden. Die umfangreichen Offenlegungsanforderungen des IFRS 7 sehen unter anderem die Angabe von Fair Values und deren Bewertungsparameter vor, um dem Abschlussadressaten ergänzende Informationen bereitzustellen. Insofern ist auch bei Anwendung des „Mixed Model" eine ausreichende Transparenz gewährleistet.

Nicht außer Acht gelassen werden darf zudem, dass für den Großteil der Finanz-instrumente der *Fair Value* mit Hilfe von Bewertungsmodellen auf der Grundlage von Einschätzungen und Annahmen des Managements ermittelt wird, was die Vergleichbarkeit deutlich einschränkt. Im Hinblick auf die Berücksichtigung von Praktikabilitäts- und Kosten-Nutzen-Aspekten lassen sich keine signifikanten Unterschiede zwischen den IASB- und FASB-Regelungen feststellen.

Als Ergebnis lässt sich festhalten, dass das vom IASB favorisierte „Mixed Model" vorzugswürdig ist, da es ökonomisch sinnvoller scheint, die Kriterien der Trans-parenz und Vergleichbarkeit besser erfüllt und zudem auf einem klaren Prinzip beruht.

Reflexionsfragen

1. Warum liegt es im Interesse des Rechnungswesens, weltweit Bewertungs-standards anzugleichen?

2. Welche Risiken sind mit einer Standardisierung verbunden?

Quelle: Auszug aus dem Artikel von I. Wulfert und S. Schütte.: „Einheitliche Rechnungslegungsstandards. Quo vadis Konvergenz?", die Bank – Zeitschrift für Bankpolitik und Praxis, Ausgabe 10/2010: www.die-bank.de/betriebswirtschaft/ quo-vadis-konvergenz (Stand: 06.07.2011).

ZUSAMMENFASSUNG

Folgende Inhalte wurden in diesem Kapitel behandelt:

■ Die Grundlagen des Rechnungswesens wurden als eine historisch bereits seit langem etablierte Disziplin aufgezeigt. Ziel des Rechnungswesens ist es, Aus-kunft über das Vermögen einer Gesellschaft, seine Zusammensetzung und seine Entwicklung zu geben. Sie informiert gleichermaßen über ihre Jahres-leistung, d.h. über ihren Gewinn oder ihren Verlust in der Bezugsperiode.

■ Das Rechnungswesen wurde in sein Unternehmensumfeld eingeordnet. Die Zuverlässigkeit der Daten und Informationen aus dem Rechnungswesen stützt sich auf eine erprobte Aufzeichnungstechnik, den Grundsatz der doppelten Buchführung, und auf die Einhaltung verschiedener weiterer Grundsätze, welche sich aus gesetzlichen Bestimmungen ableiten.

■ Die Disziplin Rechnungswesen stellt eine Funktion der Betriebsführung dar und steht damit an der Schnittstelle zu zahlreichen anderen Unternehmens-funktionen, wie beispielsweise zur Finanzwirtschaft oder dem Controlling. Die Wirtschaftsprüfung spielt hierbei sowohl intern als auch extern eine wichtige Rolle.

- Des Weiteren wurde das interne Rechnungswesen vorgestellt, welches wichtig ist, um diejenigen Preise zu bestimmen, mit denen ein Unternehmer in den Markt eintreten und dabei Gewinne erwirtschaften kann. Die Kosten sollten nicht höher sein als der Preis. Die Marktpreise bilden somit die obere Preisgrenze und die Kosten die untere Preisgrenze für die Herstellung von Gütern. Eine wesentliche Grundlage des Jahresabschlusses bildet das Erfassen und Verrechnen der Kosten in einem Unternehmen, welche letztendlich den Gewinn bestimmen. Die Kostenrechnung ist kurzfristig ausgerichtet und wird ständig durchgeführt. Sie dokumentiert und visualisiert sämtliche Vorgänge in einem Unternehmen, die für die Unternehmensführung und das Controlling von Bedeutung sind. Die Kostenrechnung erfasst anfallende Kosten und rechnet diese direkt (Einzelkosten) oder indirekt (Gemeinkosten) den Kostenträgern (Produkte bzw. Dienstleistungen) über die Kostenstellen zu.

- Zudem wurden Basiskonzepte und -instrumente des externen Rechnungswesens, das Prinzip der doppelten Buchführung, sowie Bestandskonten (aktive und passive) und Erfolgskonten (Aufwands- und Ertragskonten) behandelt. Aufwände werden immer im „Soll" und Erträge immer im „Haben" gebucht. Außerdem unterscheiden wir laufende und periodenübergreifende Geschäftsvorgänge (Abschreibungen, Rückstellungen und Abgrenzungsposten).

- Die Buchführung basiert des Weiteren auf verschiedenen Büchern, auf dem Journal (Grundbuch), dem Hauptbuch und auf den Nebenbüchern.

- Der Buchführungsprozess sollte unter Achtung von den beschriebenen Prinzipien ablaufen. Ein Ergebnis dieses Prozesses stellt der Jahresabschluss dar. Jahresabschlüsse enthalten die Elemente Bilanz, Gewinn- und Verlustrechnung und Anhang.

- Kennzahlen werden verwendet, um schnelle und verdichtete Informationen über die Leistung eines Unternehmens oder Teile desselben zu erhalten. Ebenso wird anhand von Kennzahlen die Planung, Steuerung und Kontrolle in einem Unternehmen unterstützt. Sie geben der Geschäftsführung Hinweise darüber, inwiefern die Maßstäbe rationellen Wirtschaftens erreicht werden oder nicht.

- Die Herausforderungen des Rechnungswesens sind im Rahmen der *Corporate Governance* beschrieben.

AUFGABEN

1. Wählen Sie zwei im selben Sektor gelistete Gesellschaften aus und beschaffen Sie deren Jahresabschluss. Woraus besteht er?

2. Suchen Sie in den Finanzdokumenten den Anhang und identifizieren Sie die verwendeten Buchführungsstandards und die Abschnitte, in denen die beachteten Buchführungsgrundsätze beschrieben werden. Wo treten Probleme hinsichtlich eines Vergleichs zweier unterschiedlicher Unternehmen auf?

3. Berechnen Sie ausgewählte Kennzahlen. Worin unterscheiden sich beide Unternehmen?

4. Welche Schlüsse lassen sich aus den Unterschieden ziehen?

5. Werfen Sie einen Blick in die Finanztabelle: Diese nimmt Bezug auf Geschäfts-, Investitions- und Finanzierungsperioden. Untersuchen Sie, wie diese Tabelle bezogen auf die Bilanz und die Gewinn- und Verlustrechnung aufgebaut ist.

6. Definieren Sie den Begriff Gewinn- und Verlustrechnung (GuV).

7. Definieren Sie den Begriff Aufwand und Ertrag.

Fallstudie: Der Jahresabschluss der Daimler AG

Abbildung 8.2: Mercedes-Benz SLS AMG, Exterieur

Die *Daimler AG* ist eines der erfolgreichsten Automobilunternehmen der Welt. Mit den Geschäftsfeldern Mercedes-Benz Cars, Daimler Trucks, Mercedes-Benz Vans, Daimler Buses und Daimler Financial Services gehört der Fahrzeughersteller zu den größten Anbietern von Premium-Pkws und ist der größte weltweit aufgestellte Nutzfahrzeug-Hersteller. *Daimler Financial Services* bietet ein umfassendes Finanzdienstleistungsangebot mit Finanzierung, Leasing, Versicherungen und Flottenmanagement.

Die Firmengründer *Gottlieb Daimler* und *Carl Benz* haben mit der Erfindung des Automobils im Jahr 1886 Geschichte geschrieben. Als Pionier des Automobilbaus gestaltet Daimler auch heute die Zukunft der Mobilität: Das Unternehmen setzt dabei auf innovative und grüne Technologien sowie auf sichere und hochwertige Fahrzeuge, die ihre Kunden faszinieren und begeistern.

Daimler investiert bei der Entwicklung alternativer Antriebe als einziger Automobilhersteller sowohl in den Hybrid- als auch in den Elektromotor und in die Brennstoffzelle mit dem Ziel, langfristig das emissionsfreie Fahren zu ermöglichen. Denn Daimler betrachtet es als Anspruch und Verpflichtung, seiner Verantwortung für Gesellschaft und Umwelt gerecht zu werden.

Quelle: http://media.daimler.com

Daimler vertreibt seine Fahrzeuge und Dienstleistungen in nahezu allen Ländern der Welt und hat Produktionsstätten auf fünf Kontinenten. Zum heutigen Markenportfolio zählen neben *Mercedes-Benz*, der wertvollsten Automobilmarke der Welt, die Marken *Smart*, *Maybach*, *Freightliner*, *Western Star*, *Fuso*, *Setra*, *Orion* und *Thomas Built Buses*.

Das Unternehmen ist an den Börsen Frankfurt und Stuttgart notiert (Börsenkürzel DAI). Im Jahr 2009 setzte der Konzern mit mehr als 256.000 Mitarbeitern 1,6 Mio. Fahrzeuge ab. Der Umsatz lag bei 78,9 Mrd. €, das EBIT betrug minus 1,5 Mrd. €.

Konzernumsatz nach Geschäftsfeldern

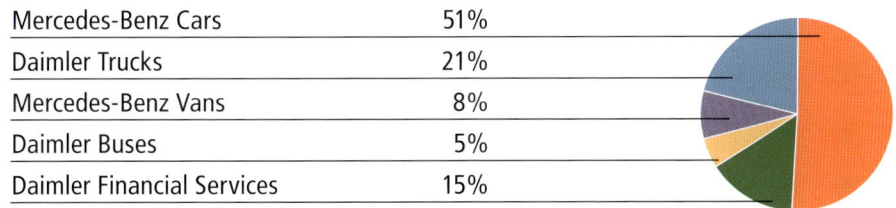

Mercedes-Benz Cars	51%
Daimler Trucks	21%
Mercedes-Benz Vans	8%
Daimler Buses	5%
Daimler Financial Services	15%

Abbildung 8.3: Daimler AG. Konzernumsatz nach Geschäftsfeldern
Quelle: www.daimler.com/dccom/0-5-1259480-49-1224418-1-0-0-0-0-0-36-7145-0-0-0-0-0-0-0.html.

	Anhang	31.12.2009	31.12.2008
in Millionen €			
AKTIVA			
Anlagevermögen			
Immaterielle Vermögensgegenstände	(1)	231	148
Sachanlagen	(2)	7.430	9.448
Finanzanlagen	(3)	37.787	37.454
		45.448	47.050
Umlaufvermögen			
Vorräte	(4)	4.872	6.033
Forderungen aus Lieferungen und Leistungen	(5)	1.449	2.024
Forderungen gegen verbundene Unternehmen	(5)	13.095	10.182
Übrige Forderungen und sonstige Vermögensgegenstände	(5)	1.543	1.993
Wertpapiere	(6)	4.754	230
Zahlungsmittel	(7)	2.251	772
		27.964	21.234
Rechnungsabgrenzungsposten		53	93
		73.465	68.377

	Anhang	31.12.2009	31.12.2008
in Millionen €			
PASSIVA			
Eigenkapital			
Gezeichnetes Kapital	(8a)	3.045	2.768
(Bedingtes Kapital 415 Mio. €)			
Kapitalrücklage	(8b)	11.123	14.204
Gewinnrücklagen	(8c)	5.721	5.396
Bilanzgewinn	(8d)	-	556
		19.889	22.924
Rückstellungen			
Rückstellungen für Pensionen und ähnliche Verpflichtungen	(9)	12.981	12.658
Übrige Rückstellungen	(10)	11.204	10.905
		24.185	23.563
Verbindlichkeiten			
Verbindlichkeiten aus Lieferungen und Leistungen	(11)	3.118	3.431
Verbindlichkeiten gegenüber verbundenen Unternehmen	(11)	18.576	13.247
Übrige Verbindlichkeiten	(11)	5.885	4.899
		27.579	21.577
Rechnungsabgrenzungsposten	(12)	1.812	313
		73.465	68.377

Abbildung 8.4: Bilanz 2009 der Daimler AG

	Anhang	2009	2008
in Millionen €			
Umsatzerlöse	(13)	**47.177**	63.682
Umsatzkosten	(14)	−44.503	−57.064
Bruttoergebnis vom Umsatz		**2.674**	6.618
Vertriebskosten	(14)	−4.389	−5.553
Allgemeine Verwaltungskosten	(14)	−2.178	−2.573
Sonstige betriebliche Erträge	(15)	1.118	1.353
Sonstige betriebliche Aufwendungen	(16)	−1.186	−1.359
Beteiligungsergebnis	(17)	955	2.523
Zinsergebnis	(18)	−467	127
Übriges Finanzergebnis	(19)	−891	−1.291
Ergebnis der gewöhnlichen Geschäftstätigkeit		**−4.364**	−155
Steuern vom Einkommen und vom Ertrag	(20)	−401	−177
Jahresfehlbetrag	(21)	**−4.765**	−332
Gewinnvortrag		−	100
Entnahe aus Gewinnrücklagen		−	788
Entnahme aus Kapitalrücklage		**4.765**	−
Bilanzgewinn		−	556

Abbildung 8.5: GuV 2009 der Daimler AG

Anhang der Daimler AG

Grundlagen und Methoden: Der Jahresabschluss der *Daimler AG* wird nach handelsrechtlichen Rechnungslegungsvorschriften und aktienrechtlichen Vorschriften aufgestellt und in Millionen EURO (€) unter Gegenüberstellung der Werte zum 31. Dezember 2008 ausgewiesen. Die in der Bilanz und der Gewinn- und Verlustrechnung zusammengefassten Posten sind im Anhang gesondert aufgeführt und erläutert. Zur übersichtlicheren Darstellung wurde das Gliederungsschema nach § 266 HGB modifiziert. Unter den übrigen Forderungen und sonstigen Vermögensgegenständen sind Forderungen gegen Unternehmen, mit denen ein Beteiligungsverhältnis besteht, und sonstige Vermögensgegenstände zusammengefasst. Unter den übrigen Rückstellungen sind die Steuerrückstellungen und die sonstigen Rückstellungen zusammengefasst. Die übrigen Verbindlichkeiten enthalten Verbindlichkeiten gegenüber Unternehmen, mit denen ein Beteiligungsverhältnis besteht, Anleihen und Schuldverschreibungen, Verbindlichkeiten gegenüber Kreditinstituten sowie sonstige Verbindlichkeiten. Von der Möglichkeit der Saldierung von Verbindlichkeiten gegenüber Tochtergesellschaften aus Verlustübernahmen mit Forderungen wurde kein Gebrauch gemacht. Die Gewinn- und Verlustrechnung wird nach dem international vorherrschenden Umsatzkostenverfahren erstellt. Zur besseren Darstellung der Finanzaktivitäten wurde das Gliederungsschema nach § 275 HGB modifiziert. Die Finanzaktivitäten werden als Beteiligungsergebnis, Zinsergebnis und übriges Finanzergebnis dargestellt.

Bilanzierungs- und Bewertungsgrundsätze: Erworbene immaterielle Vermögensgegenstände werden zu Anschaffungskosten bewertet, vermindert um planmäßige Abschreibungen entsprechend der Nutzungsdauer. Sie haben eine Nutzungsdauer zwischen drei und dreißig Jahren. Sachanlagen werden zu Anschaffungs- oder Herstellungskosten, vermindert um planmäßige Abschreibungen, bewertet. Die Herstellungskosten der selbsterstellten Anlagen umfassen Einzelkosten sowie die anteiligen Material- und Fertigungsgemeinkosten einschließlich Abschreibungen, soweit sie durch die Fertigung veranlasst sind.

Bei den planmäßigen Abschreibungen wird für technische Anlagen und Maschinen, andere Anlagen sowie Betriebs- und Geschäftsausstattung überwiegend von einer Nutzungsdauer von drei bis zehn Jahren ausgegangen. Für im Mehrschichtbetrieb eingesetzte Anlagen gelten entsprechend kürzere Zeiträume.

Mobilien, die vor dem 1. Januar 2008 zugegangen sind, werden grundsätzlich degressiv abgeschrieben. Von der degressiven wird auf die lineare Abschreibungsmethode übergegangen, sobald die gleichmäßige Verteilung des Restbuchwertes auf die verbleibende Nutzungsdauer zu höheren Abschreibungsbeträgen führt. Mobilien, die ab dem 1. Januar 2008 zugegangen sind, werden planmäßig linear abgeschrieben. Grundsätzlich wird zu den steuerlich zulässigen Höchstsätzen abgeschrieben. Außerplanmäßige Abschreibungen werden vorgenommen, soweit der Ansatz mit einem niedrigeren Wert erforderlich ist.

Geringwertige Anlagegegenstände bis 150 € Anschaffungs- oder Herstellungskosten werden ab 1. Januar 2008 sofort abgeschrieben. Für Vermögensgegenstände mit Anschaffungs- oder Herstellungskosten von 150 € bis 1.000 €, die ab 1. Januar 2008 zugegangen sind, wird ein Sammelposten gebildet, der jährlich mit 20% linear abgeschrieben wird.

Vermietete Gegenstände werden zu Anschaffungs- oder Herstellungskosten angesetzt und planmäßig abgeschrieben. Bei den planmäßigen Abschreibungen wird von einer Nutzungsdauer von 3 bis 21 Jahren ausgegangen. Vermietete Gegenstände, die ab dem 1. Januar 2008 zugegangen sind, werden planmäßig linear abgeschrieben. Abhängig von den unterschiedlichen Leasingnehmern werden die vermieteten Gegenstände, die vor dem 1. Januar 2008 zugegangen sind, linear zeitanteilig bzw. degressiv abgeschrieben.

Bei Anwendung der degressiven Abschreibung wird auf die lineare Abschreibungsmethode übergegangen, sobald die gleichmäßige Verteilung des Restbuchwertes auf die verbleibende Nutzungsdauer zu höheren Abschreibungsbeträgen führt.

Die Anteile an verbundenen Unternehmen, die Beteiligungen und die übrigen Finanzanlagen sind zu Anschaffungskosten oder bei Vorliegen von voraussichtlich dauernden Wertminderungen zu niedrigeren Tageswerten angesetzt. Niedrig verzinsliche bzw. unverzinsliche Ausleihungen sind mit ihrem Barwert angesetzt. Zur besseren Übersicht haben wir den Anlagenspiegel bei den Sachanlagen um den Posten vermietete Gegenstände, bei den Finanzanlagen um den Posten Sondervermögen Pension Trust erweitert.

Roh-, Hilfs- und Betriebsstoffe sowie Waren werden zu Anschaffungskosten oder niedrigeren Tagespreisen bewertet, unfertige und fertige Erzeugnisse zu Herstellungskosten. Die Herstellungskosten umfassen neben dem Fertigungsmaterial und den Fertigungslöhnen anteilige Material- und Fertigungsgemeinkosten einschließlich Abschreibungen, soweit sie durch die Fertigung veranlasst sind. Abwertungen für Bestandsrisiken werden in angemessenem Umfang berücksichtigt. Das Prinzip der verlustfreien Bewertung wird in Übereinstimmung mit steuerlichen Vorgaben angewandt.

Forderungen und sonstige Vermögensgegenstände werden mit dem Nennwert unter Berücksichtigung aller erkennbaren Risiken bewertet und – soweit unverzinslich – bei Restlaufzeiten von über einem Jahr auf den Bilanzstichtag abgezinst. Für das allgemeine Kreditrisiko wird eine Pauschalwertberichtigung von den Forderungen abgesetzt.

Wertpapiere werden zu Anschaffungskosten oder zum niedrigeren Börsenkurs am Bilanzstichtag bewertet.

Unter dem aktiven Rechnungsabgrenzungsposten werden Ausgaben vor dem Abschlussstichtag ausgewiesen, soweit sie Aufwendungen für einen bestimmten Zeitraum danach darstellen. Die Rückstellungen für Pensionen und ähnliche Verpflichtungen werden nach dem Anwartschaftsbarwertverfahren bewertet. Die Bewertung der Pensionsverpflichtungen („projected unit credit method") erfolgt im Jahresabschluss gemäß den IFRS-Vorschriften (IAS 19), sprich nach der für den Konzernabschluss angewandten Bilanzierungsmethode und führt zu einem höheren als dem nach § 6a EStG berechneten Wert. Die Bilanzierung nach dem Anwartschaftsbarwertverfahren erfasst die Verpflichtung zum Bilanzstichtag nach der wahrscheinlichen Inanspruchnahme unter Berücksichtigung von zukünftigen Gehaltssteigerungen. Die Steuerrückstellungen und die sonstigen Rückstellungen sind nach den Grundsätzen vernünftiger kaufmännischer Beurteilung ermittelt. Die derivativen Finanzgeschäfte (vor allem Devisentermin- und

Devisenoptionsgeschäfte sowie Zinsswaps) werden als Bewertungseinheit mit einem Grundgeschäft zusammengefasst, soweit ein unmittelbarer Sicherungszusammenhang zwischen Finanzgeschäft und Grundgeschäft besteht. Das Ergebnis aus den zur Währungssicherung abgeschlossenen Devisenkontrakten wird in diesen Fällen erst bei Fälligkeit ausgewiesen. Finanzgeschäfte, für die keine Bewertungseinheit gebildet wurde, werden einzeln zu Marktpreisen bewertet. Daraus resultierende unrealisierte Verluste werden ergebniswirksam berücksichtigt. Verbindlichkeiten sind mit ihren Rückzahlungsbeträgen angesetzt.

Fremdwährungsforderungen bzw. Fremdwährungsverbindlichkeiten werden mit dem Kurs am Buchungstag oder dem jeweils niedrigeren bzw. höheren Kurs am Bilanzstichtag umgerechnet. Unter dem passiven Rechnungsabgrenzungsposten werden Einnahmen vor dem Abschlussstichtag ausgewiesen, soweit sie Erträge für einen bestimmten Zeitraum danach darstellen.

Umsatzerlöse werden aus dem Verkauf von Fahrzeugen, Ersatzteilen und anderen damit in Zusammenhang stehenden Produkten sowie aus Vermietung erzielt. Die Umsatzerlöse werden abzüglich Skonti, Preisnachlässen, Kundenboni und Rabatten ausgewiesen. Für Umsatzgeschäfte mit mehreren Teilleistungen, wie z.B. bei Fahrzeugverkäufen mit kostenfreien Wartungsverträgen, erfolgt eine Aufteilung der Umsatzerlöse auf die verschiedenen Leistungen auf der Grundlage ihrer objektiv und verlässlich ermittelten beizulegenden Zeitwerte. Die noch nicht erbrachten Teilleistungen werden passivisch im passiven Rechnungsabgrenzungsposten gezeigt.

1. Immaterielle Vermögensgegenstände

Unter den immateriellen Vermögensgegenständen in Höhe von 231 Mio. € sind im Wesentlichen erworbene Lizenzen, Namensrechte und ähnliche Werte ausgewiesen. Die planmäßigen Abschreibungen betragen 47 Mio. €.

2. Sachanlagen

In den Zugängen in Höhe von 2.643 Mio. € sind 1.145 Mio. € vermietete Gegenstände enthalten. Hierbei handelt es sich insbesondere um Fahrzeuge, die über Leasingverträge am Markt abgesetzt wurden. Die weiteren Zugänge betreffen ausschließlich Mobilien.

Die planmäßigen Abschreibungen auf Sachanlagen betragen 2.641 Mio. € (i. V. 3.024 Mio. €). Der Bestandsrückgang bei den vermieteten Gegenständen steht im Wesentlichen im Zusammenhang mit der Bilanzierung von Leasingfahrzeugen, die ab dem 1. Februar 2009 an die Mercedes-Benz Leasing GmbH veräußert werden.

3. Finanzanlagen

Die Anteile an verbundenen Unternehmen und die Beteiligungen haben sich um 1.142 Mio. € auf 29.605 Mio. € (i. V. 28.463 Mio. €) erhöht.

Der Zugang steht im Wesentlichen im Zusammenhang mit der konzerninternen Übertragung der Anteile der Daimler AG & Co. Finanzanlagen OHG von der Daimler Verwaltungsgesellschaft für Grundbesitz mbH auf die Daimler AG. Die Daimler AG & Co. Finanzanlagen OHG wurde danach in 2009 auf die Daimler AG & Co. Wertpapierhandel OHG verschmolzen. Weitere wesentliche Zugänge betreffen den Erwerb von 49,9% an der Li-Tec Battery GmbH, einem Hersteller für Lithium-Ionen Batteriezellen für automobile Anwendungen und die Investitionen in die Daimler India Commercial Vehicles Pvt. Ltd. sowie Financial Services Aktivitäten. Die Abgänge betreffen im Wesentlichen den teilweisen Verkauf von Anteilen an der McLaren Group Ltd. Im Geschäftsjahr wurden Anteile an verbundenen Unternehmen und Beteiligungen in Höhe von 96 Mio. € (i. V. 227 Mio. €) außerplanmäßig abgeschrieben. Die Aufstellung über den Anteilsbesitz der Daimler AG gemäß § 285 HGB ist im Anhang auf den Seiten 32 bis 35 dargestellt.

Reflexionsfragen

1. Woraus besteht der Jahresabschluss der *Daimler AG* im Wesentlichen? Beschrieben Sie die einzelnen Teile bezüglich ihres Inhaltes und ihrer Funktion.

2. Berechnen Sie drei mögliche ausgewählte Kennzahlen des Jahresabschlusses der *Daimler AG*.

3. Welche Schlüsse lassen sich aus den jeweiligen ausgewählten Kennzahlen ziehen?

Quelle: Straub (2011); Daimler

Verwendete Literatur

Apothéloz, B.; Stettler, A.; Dousse, V.: „Maîtriser l'information comptable", Bd. 1, 5. Aufl., Presses Polytechniques et Universitaires Romandes, 2005.

Raffournier, B.: „Les normes comptables internationales", 3. Aufl., Economica, 2006.

Berthel, J.; Becker, F.G.: „Personal-Management", 8. Aufl., Stuttgart 2007.

Boemle, M.; Lutz, R.: „Der Jahresabschluss", 5.Aufl., Verlag SKV, 2008.

Gabler Wirtschaftslexikon, *http://wirtschaftslexikon.gabler.de*, (Stand: 28.04.2011).

Peters, S.; Brühl, R.; Stelling, J. N.: „Betriebswirtschaftslehre", Oldenbourg Wissenschaftsverlag, 2005.

Carlen, F.; Gianini, F.; Riniker, A.: „Finanzbuchhaltung 1", 11. Aufl., SKV 2009.

COSO „Unternehmensweites Risikomanagement: Übergreifendes Rahmenwerk", The Committee of Sponsoring Organizations of the Treadway Commission, Deutsche Ausgabe, 2006.

Weiterführende Literatur

Boemle, M.; Lutz, R.: „Der Jahresabschluss", 5.Aufl., Verlag SKV, 2008.

Coenenberg, A. G.; Haller, A., Mattner, G., Schultze, W.: „Einführung in das Rechnungswesen: Grundzüge der Buchführung und Bilanzierung", 8. Aufl., Schäffer-Poeschel Verlag, Stuttgart 2010.

Scherrer, G.: „Rechnungslegung nach neuem HGB", 3. Aufl., Vahlen, 2010.

Weber, J.; Weißenberger, B. E.: „Einführung in das Rechnungswesen: Bilanzierung und Kostenrechnung", 8. Aufl., Schäffer-Poeschel Verlag, Stuttgart 2010.

Endnoten

1 Das Rechnungswesen (engl. *accounting)* wird auch als „Rechnungslegung" bezeichnet.

2 Investitionsrechnung beinhaltet sämtliche Verfahren, die eine rationale und errechenbare Beurteilung einer Investition beeinflussen. Die berechneten finanziellen Konsequenzen einer Investition haben Einfluss auf die Entscheidungsempfehlung.

3 Als *Big Four* werden die vier momentan größten Wirtschaftsprüfungsorganisationen bezeichnet, die die große Mehrheit der börsennotierten Kapitalgesellschaften auf der ganzen Welt prüfen und beraten. Vor dem Zusammenbruch von Arthur Andersen im Jahr 2002 waren die Wirtschaftsprüfer als die *Big Five* bekannt. Die **Big Four** setzten sich zusammen aus: **Deloitte Touche Tohmatsu** (ehemals *Deloitte & Touche*) mit im Jahr 2008 weltweit 165.000 Mitarbeitern; **PricewaterhouseCoopers** *(PwC)* mit im Jahr 2008 weltweit 155.000 Mitarbeitern; **Ernst** & **Young** mit im Jahr 2008 weltweit 144.441 Mitarbeitern; und **KPMG** mit im Jahr 2008 weltweit 136.900 Mitarbeitern.

4 Bestandsverzeichnisse werden auch „Inventurlisten" genannt.

5 Siehe *Kapitel 6*: Produktion.

6 Siehe *Kapitel 10*: Organisation.

7 Siehe *Kapitel 1*: Einleitung, *Abschnitt 1.4.1*: nach Standort; und *Abschnitt 1.4.5*: nach räumlicher Struktur.

8 Siehe *Kapitel 1*: Einleitung, *Abschnitt 1.4.3*: Träger der Wirtschaft nach Rechtsform.

9 Siehe *Kapitel 7*: Finanzierung.

10 *Fair Value* (engl. üblicher Marktpreis oder beizulegender Zeitwert) bedeutet im angelsächsischen Rechnungswesen (*IFRS* sowie *US GAAP*) die Summe, zu welcher zwischen sachverständigen, vertragswilligen und voneinander unabhängigen Geschäftspartnern ein Vermögenswert umgetauscht oder eine Verbindlichkeit bezahlt werden könnte (engl. *arm's length transaction*).

11 Siehe *Abschnitt 8.5*: Zukünftige Herausforderungen.

12 Siehe *Kapitel 7*: Finanzwirtschaft.

13 Siehe *Kapitel 9*: Controlling.

14 Das *Committee of Sponsoring Organizations of the Treadway Commission (COSO)* veröffentlichte vor über zehn Jahren das Rahmenwerk „*Interne Kontrolle: Übergreifendes Rahmenwerk*" mit der Absicht, Unternehmen und andere Organisationen bei der Bewertung und der Verbesserung der eigenen internen Kontrollsysteme zu helfen. Dieses Rahmenwerk wurde seitdem in Normen, Reglementen und Verordnungen umgesetzt. Es wird von einer Vielzahl von Unternehmen genutzt, um sämtliche Aktivitäten auf die Erreichung festgelegter Ziele auszurichten.

15 Die Wirtschaftsprüfungsgesellschaft an sich kann auch als Qualitätsmerkmal und zu Imagezwecken des geprüften Unternehmens dienen.

16 Enterprise Resource Planning Systeme (ERP) ist eine in diesem Zusammenhang häufig eingesetzte Software.

17 Es ist in diesem Zusammenhang anzumerken, dass der Begriff *Governance* häufig ungenau verwendet wird.

18 Siehe *Kapitel 1*: Einleitung.

19 Siehe *Abschnitt 8.4.5*: Jahresabschluss.

20 Bezüglich der Zuteilung entstandener Kosten auf Produkte und Dienstleistungen kann auch *order related cost accounting* verwendet werden.

21 Siehe *Abschnitt 8.3.4*: Kostenträgerrechnung.

22 Als „Handelsware" werden Produkte bezeichnet, die zugekauft werden und ohne weitere Bearbeitung verwendet werden: Beispielsweise kauft eine Bäckerei Salate hinzu, die sie ihren Kunden anbietet.

23 Siehe hierzu Berthel und Becker (2007).

24 Beispielsweise im Rahmen der *Profitcenter*-Rechnung.

25 Im Deutschen wird der *Break Even Point (BEP)* auch *Gewinnschwelle* genannt.

26 Siehe hierzu *www.fasab.gov*.

27 Siehe § 252 Abs. 1 Nr. 1 HGB: Es wird hierbei besagt, dass die Wertansätze für das Anlage- und Umlaufvermögen des Betriebes der Eröffnungsbilanz nicht von denen der Schlussbilanz des Vorjahres abweichen dürfen.

28 Das Prinzip der doppelten Buchführung wird häufig auch „kaufmännische Buchführung" genannt.

29 Die Bezeichnungen „Soll" und „Haben" haben einen historischen Ursprung und keine inhaltliche Bedeutung.

30 Siehe *Abschnitt 8.4.5*: Jahresabschluss.

31 Siehe *Abschnitt 8.4.3*: Bücher.

32 Sonder- bzw. außerplanmäßige Abschreibungen werden generell bei allen Gütern des Anlagevermögens vorgenommen, um diese mit dem niedrigeren Wert am Abschlussstichtag anzusetzen. Sie sind vorzunehmen bei einer künftig dauernden Wertminderung; nur bei Vermögensgegenständen wie Finanzanlagen, können außerplanmäßige Abschreibungen auch bei voraussichtlich nicht dauernder Wertminderung vorgenommen werden. Entfällt in Bezug auf das Niederstwertprinzip der Grund für eine außerplanmäßige Abschreibung besteht in der Regel ein Wertaufholungsgebot.

33 Gemäß den geltenden Normen und Gesetzen sind ein Finanzplan und eine Tabelle zur Eigenkapitalveränderung anzufügen.

34 Siehe *Kapitel 7*: Finanzwirtschaft.

If you can't measure it, you can't manage it.

Peter Drucker (1909-2005), US-amerikanischer
Ökonom österreichischer Herkunft

Lernziele

In diesem Kapitel wird das Wissen zu folgenden
Inhalten vermittelt:

- Bedeutung, Zielsetzungen und Funktion des
  Controllings
- Die Rolle des Controllers und sein Platz in
  der Organisationsstruktur eines Unter-
  nehmens
- Der Begriff der Kosten und die verschiede-
  nen Kostenkategorien
- Der Begriff der Aufwendungen und die
  verschiedenen Aufwandskategorien
- Selbst- und Stückkosten
- Bestimmung der Rentabilitätsschwelle
- Die Balanced Scorecard als wichtiges Tool
  des Controlling

Controlling

9

ÜBERBLICK

9.1   Grundlagen

9.1.1   Was ist Controlling und wozu dient es?

In zunehmend komplexer werdenden Organisationen spielt das Controlling als Unterstützungsfunktion der Unternehmensführung eine Schlüsselrolle: Das Controlling unterstützt das Management als Lieferant von relevanten und verlässlichen Informationen und leistet Hilfe bezüglich der Erledigung von Planungs- und Kontrollaufgaben. Controlling ist dabei vor allem für die Gestaltung der Planungsprozesse verantwortlich. Um eine objektive Grundlage zur Kontrolle zu haben, ist die Definition und Messung von Kennzahlen eine wesentliche Ergänzung für die Leitung eines Unternehmens. Um diese Aufgabe sinnvoll ausfüllen zu können, unterstützt das Controlling durch Methoden und Werkzeuge des betrieblichen Informationsmanagements. Das Controlling hilft auf diese Weise bei der Umsetzung der Unternehmensstrategie und bei der Sicherstellung ihrer Effizienz.

Bei Controlling handelt es sich daher um eine komplexe Tätigkeit, welche je nach Zielstellung unterschiedliche Formen annehmen kann. **Controlling bedeutet weit mehr ist als bloße Kontrolle.** In der Theorie sind mehrere Definitionen für das *„Controlling-Konzept"* zu finden, die jedoch nicht einheitlich sind und sich mit der Zeit weiterentwickelt haben. All diese Definitionen weisen auf die Komplexität ihrer Praktiken und Instrumente hin, mit denen die unterschiedlichen Zeithorizonte des Managements langfristig wie kurzfristig erfasst werden sollen.

Im Jahr 1965 definierte Anthony **Controlling als Prozess**, durch den Führungskräfte die Gewissheit gewinnen, dass die benötigten Ressourcen vorhanden sind und wirksam und effizient genutzt werden, um die Zielstellungen der Organisation zu erreichen. Im Jahr 1988 erweiterte Anthony die Definition und betrachtete Controlling als Prozess, mit dem Manager andere Mitglieder der Organisation (z.B. Mitarbeiter) so beeinflussen, dass sie ihre Strategien umsetzen.

Ebenso werden unter dem Begriff **Controlling** alle Maßnahmen subsumiert, die getroffen werden, damit Führungskräfte und verschiedene Verantwortliche in regelmäßigen Zeitabständen Zahlenmaterial zur Einschätzung des Betriebs erhalten. Der Vergleich dieser Zahlen mit früheren oder künftigen Daten kann Führungskräfte dazu bewegen, geeignete Korrekturmaßnahmen einzuleiten.

Zusammenfassend können die **Funktionen des Controlling** für Organisationen wie folgt beschrieben werden:

- ■ **Unterstützung der Unternehmensführung** bei der Festlegung der Strategie der Organisation sowie bei der Überwachung ihrer praktischen Umsetzung;
- ■ **Planung und Kontrolle** des effizienten Einsatzes der verfügbaren Ressourcen entsprechend kurzfristiger und langfristiger Zielstellungen;
- ■ **Bereitstellen von Methoden zur Steuerung** des Betriebes entsprechend ihrer Strategie sowie zur Findung der besten Entscheidungen;
- ■ **Bindeglied** zwischen der Führungsebene und den Mitgliedern der Organisation; Controlling berührt ebenfalls weitere Unternehmensfunktionen in unterschiedlicher Intensität.

9.1.2 Ursprünge des Controlling

Im folgenden Abschnitt wird die Geschichte und Entwicklung des Controllings beschrieben und die gestiegenen Anforderungen, welche an diese Unternehmensfunktion gestellt werden, erläutert.

Controlling in Unternehmen ist eine relativ junge Wissenschaft: Auf den Weg gebracht wurde sie durch die Massenproduktion und den Taylorismus. Die Industrialisierung führte zu einer Distribution und Delegierung von Entscheidungs- und Umsetzungsspielräumen und brach damit mit den ehemaligen Konventionen, nach denen eine Entscheidung nur von jeweils einer Person getroffen und durchgeführt wurde. Diese Spielräume brachten zwar Flexibilität mit sich, jedoch auch Unsicherheit und damit das akute Bedürfnis nach Kontrolle. Die Geschichte des Controlling ist somit eng mit dem Organisationsbedürfnis, das Unternehmen zu kontrollieren oder zumindest zu überwachen, verbunden. In der geschichtlichen Entwicklung des Controllings können drei wesentliche historische Etappen unterschieden werden.

19. Jahrhundert: Vollkostenkalkulation (Selbstkostenrechnung)

Mit der **Industriellen Revolution** stellt das **19. Jahrhundert** in der Wirtschaft einen Wendepunkt dar. Die Gesellschaft wandelt sich von einer durch Landwirtschaft und Handwerk dominierten Gesellschaft in eine durch Handel und Industrie geprägte. Produkte und ihr Herstellungsprozess werden komplexer und anspruchsvoller für den Einzelnen. Infolge der wachsenden Komplexität war es dringend erforderlich, die Kosten eines hergestellten Produkts zu kennen, damit der Verkaufspreis festgelegt werden konnte. Im 19. Jahrhundert hält daher das interne Rechnungswesen[1] mit der **Selbstkostenrechnung** umfassend Einzug. Eine Selbstkostenrechnung hat das Ziel, die Kosten des hergestellten und später verkauften Produktes möglichst exakt zu ermitteln.

Der Amerikaner Alexander H. Church beschrieb im Jahr 1901 die Möglichkeiten zur Berechnung der Stundenkosten je Maschine und berücksichtigte somit erstmals die umfassende Bearbeitung der allgemeinen Kosten in einem System vorab festgelegter Kosten in das Rechnungswesen. Frédéric W. Taylor vertrat seinerseits die Zuordnung der Kosten anteilig zur Arbeitszeit. Diese von Taylor begründete Art des Controlling verfolgte das Ziel der Wirksamkeitsverbesserung der beiden in der damaligen Zeit eingesetzten Hauptressourcen: Die menschliche Arbeitskraft und das Rohstoffvorkommen. Die von den Verfechtern des Controlling erarbeiteten Zeit- und Quantitätsnormen wurden zu Standardkosten. Ab diesem Zeitpunkt war es nur noch ein Schritt bis zur Schaffung und Anpassung von Standard-Selbstkostensystemen.[2]

20. Jahrhundert: Betriebliches Controlling

Der **Anfang des 20. Jahrhunderts** ist durch den Übergang von der Selbstkostenrechnung zur betriebswirtschaftlichen Rechnungsführung geprägt. Die zunehmende Bedeutung der öffentlichen Finanzierung, einige berühmte Firmenbankrotts und schließlich der Börsencrash im Jahr 1929 brachten die Politik und die Öffentlichkeit dazu, die Einführung und Überprüfung regelmäßiger Jahresabschlüsse zu verlangen. Daraufhin wurde die bereits vorhandene Selbstkostenrechnung erweitert und verfeinert: Das Ergebnis war die Entstehung der obligatorischen Finanzbuchhaltung bzw. des externen Rechnungswesens[3].

Alfred Sloan schuf im Jahr 1921 bei General Motors ein System, welches auf einer begrenzten Delegierung von Entscheidungsmacht basierte und bei dem sich untergeordnete Arbeitnehmer zur Erreichung bestimmter Ziele mit spezifischen Mitteln verpflichteten. Das *Direct Costing* oder die **Methode der variablen Kosten** war in den fünfziger Jahren und zu Beginn der sechziger Jahre Thema bewegter Auseinandersetzung, doch seine praktische Anwendung geht in einigen Vorreiterunternehmen bis auf das Jahr 1910 zurück. In der Maschinenbauindustrie entwickelte sich bei der Serienproduktion die **Methode der Kostenstellen**, deren Wurzeln bei Taylor liegen. Die Kostenstellen wurden in den 30er Jahren von Rimailho und von Cégos weiterentwickelt, ehe sie offiziell Eingang in die französischen Kontenrahmen fanden.

Die **zweite Hälfte des 20. Jahrhunderts** beschreibt die moderne Epoche und somit das heutige betriebliche Rechnungswesen. Hier liegen die Wurzeln des Interesses an der Entscheidungsanalyse, die bei der Ermittlung von alleinigen und richtigen Selbstkosten durch die Berücksichtigung der Entscheidungskosten und die Suche nach der fallbezogenen Wahrheit und weniger nach absoluter Wahrheit zum Ausdruck kommt: Damit werden in die Entscheidung Komponenten aufgenommen, die in der Buchhaltung keine Kosten darstellen. Dies betrifft beispielsweise die **Opportunitätskosten** bzw. die Verzichtskosten, die den entgangenen Gewinn oder den „Nutzen der Zweitentscheidung" bezeichnen.[4] Darüber hinaus ist diese Periode durch den Einsatz statistischer und mathematischer Instrumente (z.B. Software) der Unternehmensanalyse und durch deren Integration in die betrieblichen Managementmethoden geprägt.

21. Jahrhundert: Strategisches Controlling

Das strategische Controlling setzt sich seit Mitte der 70er Jahre zunehmend durch. Das traditionelle Rechnungswesen ist nicht mehr in der Lage, den gestiegenen Informationsbedarf moderner Unternehmen des **21. Jahrhunderts** wirksam zu decken und ist folglich gezwungen, sich an neue Faktoren und Entwicklungen anzupassen. Hierzu gehören die Globalisierung des Wettbewerbs, die verstärkte Existenz multinationaler Unternehmen, der technologische Fortschritt, die Zugänglichkeit und Leistung der elektronischen Datenverarbeitung und schließlich veränderte Ansprüche von Arbeitnehmern sowie des Managements. Diese neuen Parameter bewirkten folgende Veränderungen: Das Rechnungswesen fokussierte nun stärker die Analyse der Unternehmenstätigkeiten, eine bessere Aufbereitung von Informationen für das Management, das Aufkommen einer strategischen Ausrichtung des Rechnungswesens und eine verstärkte Berücksichtigung von strategischen Werten (z.B. immaterielle Anlagewerte).[5]

In diesem Umfeld soll das Controlling-System dazu dienen, die Erfolgsfaktoren für die Wettbewerbsfähigkeit von Produkten zu bewerten. Die Controller müssen alle damit in Verbindung stehenden Tätigkeiten systematisch analysieren: Kostenbewertung, Investitionsmanagement, Akquise neuer Geschäftsfelder und schließlich Mittel und Methoden zu einer produktiveren Gestaltung der Unternehmensaktivitäten. Da unter marktwirtschaftlichen Bedingungen vorwiegend der Markt den tatsächlichen Wert von Anlagen und Produkten bestimmt, gilt es diesen richtig zu analysieren. Eine exakte Analyse dieses Wertes vereinfacht es, eine sinnvolle Unternehmensstrategie zu entwickeln. Diese neue Ausrichtung des Controlling ist eng mit der strategischen Perspektive des Controlling verbunden. Die Entwicklung neuer Steuerungsinstrumente wie der **Balanced Scorecard**[6], die eine bessere interne Koordination in Bezug auf festgelegte strategische Ziele und deren Umsetzung unterstützt oder wie beispielsweise das sogenannte **Wertsteigerungsmanagement**, das eine bessere Ausrichtung der Organisation an externen Erwartungen (z.B. an die der *Stakeholder* oder Aktionäre) unterstützt, bewirkte den Rahmen für ein an Strategie und Kapitalmarkt ausgerichtetes flexibleres **Performance Management**.[7] Vor diesem Hintergrund ist das heute Controlling eher strategischer als operativer geworden.

9.2 Funktion des Controllings

Das Controlling erfüllt vielerlei Funktionen in Unternehmen. Im Folgenden sollen dabei folgende Perspektiven betrachtet werden:

- Der Bezug zur Unternehmensführung
- Organisatorische Merkmale
- Der Controllingprozess
- Die Rolle des Controllers

9.2.1 Bezug zur Unternehmensführung

Das Controlling fügt sich logisch in das Gesamtkontrollsystem einer Organisation ein, so dass Wirksamkeit, Effizienz und Wirtschaftlichkeit des gesamten Managementprozesses sichergestellt werden.[8] Controlling entspricht zudem den verschiedenen Leitungsebenen einer Organisation.[9]

Bezug von Management und Controlling:

- Die **Strategische Ebene** betrifft diejenigen Tätigkeiten und Entscheidungen, die zur Festlegung der übergeordneten oder langfristigen Organisationsziele beitragen. Beispiele dafür sind Produktstrategien oder die Planung neuer Produktionsstätten.

- Die **Taktische Ebene** betrifft die kurzfristige und mittelfristige Umsetzung der Strategie durch das möglichst wirksame und möglichst effiziente Ressourcenmanagement. Beispiel hierfür ist der Einsatz neuer Maschinen und neuer Software, um die strategische Ebene zu unterstützen.

- Die **Operative Ebene** betrifft den laufenden Betrieb (kurzfristige Umsetzungen). Beispiel dafür ist die Arbeit mit Maschinen.

Für jede einzelne dieser drei Management-Ebenen gibt es ein entsprechendes Controlling: Das **Strategische Controlling**, das **Durchführungs-Controlling** und das **Operative Controlling**.

Tabelle 9.1

Ebenen, auf denen das Controlling in der Organisation wirkt

Ebene des Controlling	Entsprechende Ebene im Entscheidungsprozess	Rolle des Controlling
Strategisches Controlling	Strategische Ebene	Sicherstellung der langfristigen Relevanz der strategischen Entscheidungen.
Durchführungs-Controlling	Taktische Ebene	Sicherstellung der Relevanz und der Überwachung der operativen Pläne.
Operatives Controlling	Betriebliche Ebene	Sicherstellung der Wirksamkeit und der Effizienz der Maßnahmen.

Das **Durchführungscontrolling** nimmt im Controlling-Gesamtsystem der Organisation einen vorrangigen Platz ein, da es als Schnittstelle zwischen Strategischem Controlling (strategische Planung) und operativem Controlling dient. Zudem stellt das Durchführungs-Controlling die Kohärenz des organisatorischen Controllings sicher, weil es die strategischen Zielstellungen auf der Ebene des Tagesgeschäfts der Wirtschaftsführung definiert. Es ist somit Aufgabe des Controlling, langfristige Strategien in kurzfristige Programme umzusetzen, welche in der Regel ein Jahr dauern.[10]

9.2.2 Organisatorische Merkmale

Wie andere Bereiche im Unternehmen lässt sich auch das Controlling nach bestimmten organisatorischen Merkmalen charakterisieren. Diese werden wie folgt in *Tabelle 9.2* beschrieben.

Tabelle 9.2

Organisatorische Merkmale des Controllings

Merkmal	Beschreibung
Position in der Organisationsstruktur	Im Allgemeinen ist der Controller der Finanzdirektion zugeordnet, doch kann er auch einer Strategie- oder Planungsdirektion und selbst der Unternehmensleitung zugeordnet sein.
Ausrichtung	Die Ausrichtung des Controlling hängt stark von der jeweiligen Unternehmenskultur ab. In der Regel ist Controlling auf Leistungssteuerung und Entscheidungshilfe ausgerichtet und weniger auf rein finanzielle Aspekte wie beispielsweise auf Berichterstattung (Reporting).

Organisatorische Merkmale des Controllings *(Forts.)*

Merkmal	Beschreibung
Art der Arbeit	Die Art der Arbeit ist von Unternehmen zu Unternehmen sehr unterschiedlich und kann sehr technisch, auf die Rechnungsführung ausgerichtet (Kostenrechnung[11]) oder viel stärker beziehungsorientiert sein, so dass der Controller eine Beraterrolle übernimmt und die Manager Entscheidungsfindungen unterstützt.
Dezentralisierungsgrad	Allgemein ist die Unternehmensfunktion Controlling in unterschiedliche Abteilungen gegliedert.
Spezifikationen und Profile	Das Controlling kann auf verschiedene Tätigkeitsbereiche spezialisiert sein wie beispielsweise auf Marketing, den Einkauf sowie auf Forschung und Entwicklung.

Die Tätigkeit eines Unternehmens kann je nach verwendetem Zeitfenster unterschiedlich wahrgenommen werden: Ist die Langfristigkeit von Interesse, sollte die strategische Planung ins Auge gefasst werden. Unter die strategische Planung lassen sich alle Maßnahmen und Entscheidungen eines Unternehmens zusammenfassen, die seine Existenz berühren (z.B. der Erwerb eines Konkurrenten, die Investition in neue Märkte, die Entwicklung neuer Produkte).

Denkt man gegenwärtig und kurzfristig, so beschränkt man sich in der Regel auf die Laufzeit des Budgets, welches einem einjährigen Betriebszyklus (Periode) entspricht. Die Herausforderung des Controlling ist liegt hierbei darin, folgende Elemente aufeinander abzustimmen: Die Strategie, das Geschäftsmodell und die Prozesse des Unternehmens.

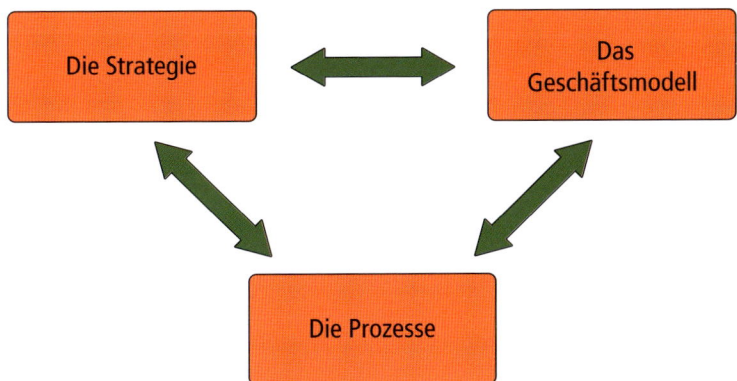

Abbildung 9.1: Herausforderung des Controllings

1. **Strategie:** Das strategische Programm legt hierbei fest, in welchen Märkten und mit welchen Produkten ein Unternehmen aktiv sein möchte und auf welche Weise der Wettbewerb bestritten werden soll.

2. **Geschäftsmodell:** Das Geschäftsmodell, auch *Business Model* genannt, ist eine modellhafte Beschreibung eines Geschäfts. Die Beschreibung von Geschäftsmodellen soll dabei helfen, die Schlüsselfaktoren des Unternehmenserfolges zu erläutern. Typischerweise setzt sich ein Geschäftsmodell **aus drei wesentlichen Elementen** zusammen: Dem Nutzenversprechen *(value proposition)*, der Architektur der Wertschöpfung und schließlich aus dem Ertragsmodell.

   - **Nutzenversprechen:** Das Nutzungsversprechen ist eine Beschreibung des entstehenden Nutzens für Kunden und Stakeholder eines Unternehmens. Die Beschreibung gibt Antwort auf die Frage, **worin** der Nutzen bzw. der Zweck des Unternehmens liegt (beispielsweise Kinderbetreuung bei Unternehmen: Für die Eltern liegt der Nutzen in einem Kindergarten darin, jemand zu haben, der auf sie aufpasst und sie gleichzeitig erzieht. Für das Unternehmen liegt der Vorteil bei zufriedenen und effizienten Mitarbeitern.)

   - **Architektur der Wertschöpfung:** Die Architektur der Wertschöpfung beschreibt, **auf welche Weise** der Nutzen für Kunden (s. Beispiel Kinderbetreuung in Unternehmen) erzeugt wird. Es werden hierbei die verschiedenen Stufen der Wertschöpfung sowie der einzelnen Akteure und ihre Rollen in Bezug auf die Wertschöpfung beschrieben. Die Beschreibung gibt Antwort auf folgende Fragen:
     - Auf welche Weise wird die Leistung erstellt?
     - In welcher Form wird die Leistung erstellt?
     - Welches Produkt bzw. welche Leistung wird auf welchem Markt angeboten?

   - Das **Ertragsmodell** beschreibt, aus welchen Quellen und auch auf welche Weise ein Unternehmen sein Einkommen erwirtschaftet. Dieses bildet die Grundlage für die Berechnung des Unternehmenswertes und seiner Nachhaltigkeit. Diese Beschreibung gibt Antwort auf die Frage, **wodurch** Geld verdient wird.

3. **Prozesse:** Die Prozesse eines Unternehmens beschreiben den Fluss sowie die Transformation von Informationen, Material, Entscheidungen und Operationen.[12] Eine Aufgliederung in Teilprozesse, welche sich wiederum in Schritte und Aktivitäten gliedern, ist sinnvoll und notwendig.

Die Aufgabe des Controlling besteht darin, im Auftrag der Geschäftsleitung über die Wirtschaftlichkeit eines Unternehmens zu wachen. Das Controlling kann jedoch unter keinen Umständen die Wirtschaftlichkeit eines Unternehmens garantieren. Das Controlling konzentriert sich darauf, qualitative und quantitative Steuerungsinstrumente zu entwerfen und zu betreiben. Hierbei sollen die Steuergrößen auf die strategischen Zielgrößen des Unternehmens abgestimmt werden. Die Informationsflüsse sollen mittels Analysen und deren Interpretation zu einer Unterstützung von Managemententscheidungsprozessen beitragen.

9.2.3   Controllingprozess

Controlling kann als integrierter Prozess verstanden werden, welcher sich, wie in *Abbildung 9.2* veranschaulicht, **in vier wesentliche Schritte** untergliedern lässt:

1. Berechnung der Selbstkosten der Produkte und Leistungen (Selbstkostenkalkulation)[13]

2. Aufstellung der Budgets (Planungsansätze)[14]

3. Leistungserstellung (Produktion)

4. Analyse der Leistungen[15]

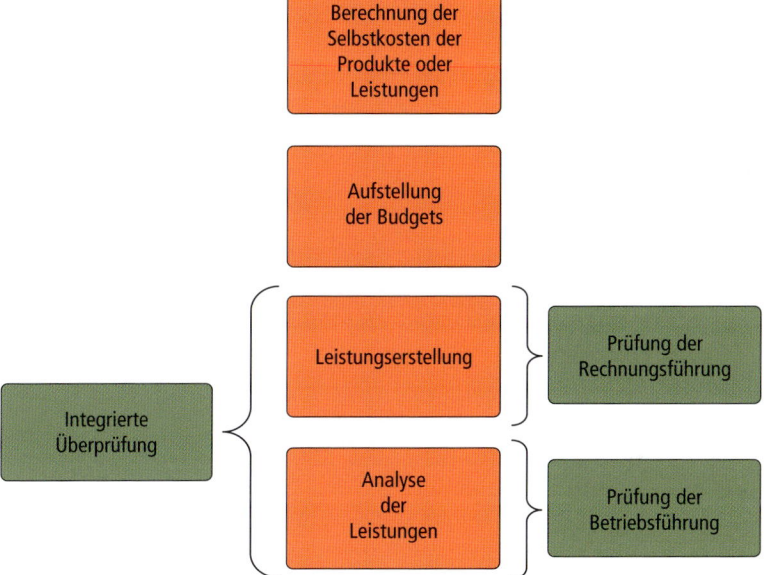

Abbildung 9.2: Die vier Schritte des Controllings

Da eine Kontrolle ohne Planung nicht möglich ist, ist die Planung der wesentliche Bestandteil des Controllingprozesses. In diesem Kontext gibt es drei grundlegende **Planungsansätze**.

1. **Top-down-Planung**[16]: In der *Top-down*-Planung geht die Planung von der Unternehmensführung aus und wird in darunter liegenden Hierarchieebenen stufenweise detaillierter. Die Detaillierung orientiert sich hierbei an den Vorgaben der jeweils übergeordneten Ebene. Da die jeweiligen Ebenen bei diesem Planungsvorgehen an die Rahmenbedingungen der darüber liegenden Ebene gebunden sind, führt diese Planungsmethode häufig zu Konkurrenzsituationen auf den jeweiligen Planungsebenen. Die Identifikation mit der „von oben" vorgegebenen Planung ist bei diesem Vorgehen in der Regel begrenzt.

2. **Bottom-up-Planung:** Bei diesem Planungsvorgehen erfolgt die Planung am Ort der Leistungserstellung, sprich in der Ausführungsebene. Die sukzessive Addition der Teilpläne auf den darüber liegenden Hierarchiestufen führt zu einer konsolidierten Gesamtplanung auf Unternehmensebene. Dieses Vorgehen führt in der Ausführungsebene zu einem hohen Identifikationsgrad mit Planung, doch kann sich der zu hohe Detaillierungsgrad in frühen Planungsphasen als problematisch erweisen.

3. **Zirkuläre Planung:** Die zirkuläre Planung vereint die positiven Eigenschaften der *Top-down-* mit denen der *Bottom-up-*Planung. Bei diesem Verfahren wird *Top-down* geplant und auf Basis des Resultats werden dementsprechend die Ergebnisse *Bottom-up* präzisiert. Dies kann dazu führen, dass die *Top-down-*Planung im Rahmen der *Bottom-up-*Planung korrigiert werden muss. Durch die Teilnahme aller beteiligten Hierarchieebenen im Planungsprozess werden eine höhere Genauigkeit und eine hohe Identifikation mit der Planung bei allen Beteiligten erreicht. Diese Vorteile erfordern im Gegenzug einen deutlich höheren Planungs- und Koordinationsaufwand und die Bereitschaft des Top- Managements, gegebenenfalls die eigene *Top-down-*Planung zu korrigieren.

Eine wichtige Kontrollmethode stellt die **Soll-Ist-Kontrolle** dar, durch welche geprüft wird, inwieweit die bei der Planung prognostizierten Soll-Werte eingetreten sind. Bei auftretenden Abweichungen wird anschließend die sogenannte **Abweichungsanalyse** durchgeführt, um die Ursachen für die Abweichungen festzustellen. Typische Gründe für Abweichungen liegen beispielsweise in Planungsungenauigkeiten oder in Änderungen der Planungsprämissen. So könnten sich Einkaufspreise plötzlich nach oben oder auch unten verändert haben.

Eine weitere Aufgabe des Controlling-Systems ist die Verringerung der Diskrepanz zwischen den Zielen des Auftraggebers **(Prinzipal)** und denen des Auftragnehmers **(Agent)**. Dadurch soll verhindert werden, dass die Gesamtleistung des Unternehmens durch mögliche Zielkonflikte beeinträchtigt wird. Ein Beispiel für einen Zielkonflikt: Der Besitzer des Unternehmens verfolgt in der Regel das Ziel der langfristigen Ertragssteigerung. Der Angestellte tendiert eher dazu aufgrund der Bonusauszahlung am Ende des Jahres eine kurzfristige Ertragssteigerung zu bevorzugen.

Controlling ist ein kontinuierlicher Prozess, der im Rahmen der Mitarbeitermotivation folgende Aufgaben umfasst:

- Kommunikation der erwarteten Ziele;
- Motivation der Aufgabenträger zur Realisierung ihrer Ziele;
- Messung und Bewertung der vom Aufgabenträger erreichten Leistungen.

Somit kann das Controlling als Prozess angesehen werden, durch den Manager nachweisen, dass sie Einfluss auf die Umsetzung der Strategie nehmen. Zusätzlich besteht die Aufgabe des Controlling darin, die Koordinierung der Unternehmensziele mit denen der Mitarbeiter zu gewährleisten. Dieses wird als **Principal-Agent-Theorie (Agententhorie)** bezeichnet.

Des Weiteren ist der Kontrollbedarf einer speziellen Tätigkeit von ihrem Einfluss auf die Gesamtleistung der Organisation abhängig. Ein leistungsstarkes Controlling-System muss gewährleisten, dass es für größere und ungünstige Ereignisse (z.B. Finanzkrise, Umweltkatastrophe) Methoden bereitstellt, um kurzfristig auf geänderte Umweltbedingungen reagieren zu können.

Zusammenfassend können folgende Erkenntnisse festgehalten werden:

- Bei der Steuerung von Organisationen spielt das Controlling eine Schlüsselrolle, denn es trägt bei:
  - zur Festlegung der Strategie der Organisation und zur Überwachung ihrer Umsetzung;
  - zur effizienten Zuordnung der verfügbaren Ressourcen in Übereinstimmung mit den kurzfristigen und den langfristigen Zielstellungen;
  - zur Bewertung ihrer Leistungen und zum Treffen der besten Entscheidungen;
- Controlling lässt sich in vier Hauptetappen unterteilen:
  - Selbstkostenkalkulation der Produkte oder Leistungen;
  - Aufstellung der Budgets;
  - Überprüfung der Verbindlichkeiten und der Verfahren;
  - Analyse der Leistungen;
- Controlling ist ein fortlaufender Prozess, der sich über das gesamte Jahr hinweg vollzieht und drei Haupttätigkeiten beinhaltet:
  - Kommunizieren der erwarteten Ziele;
  - Motivieren der Aufgabenträger zur Realisierung ihrer Zielstellungen;
  - Messen und Bewerten der von den Aufgabenträgern erreichten Leistungen;

9.2.4 Die Rolle des Controllers

Die Rolle des Controllers in seiner Organisation ist komplex: Sie hat sich von der Funktion des einfachen Technikers oder Rechnungsführers zu Positionen mit höherer Verantwortung hin entwickelt. Nun trägt der Controller, je nach festgelegter hierarchischer Ebene, als Berater oder Beteiligter zur Festlegung der strategischen Ziele des Unternehmens bei. In der Regel ist die Controlling-Abteilung in der Organisationsstruktur eines Unternehmens direkt dem Finanzdirektor *(Chief Financial Officer*, kurz: *CFO)* unterstellt. Der Controller ist in der Regel zugleich für andere Funktionen verantwortlich.

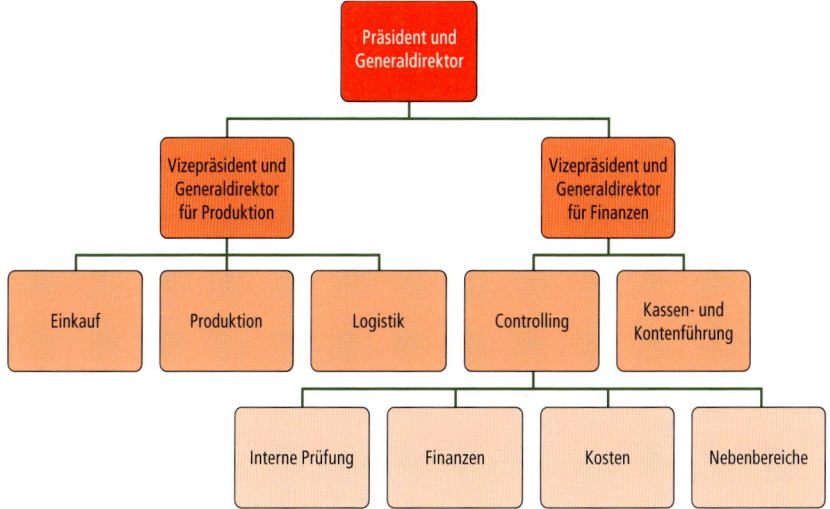

Abbildung 9.3: Exemplarische Eingliederung des Controllings in die Leitungsstruktur einer Organisation

In der beruflichen Praxis ist die Rolle des Controllers in einzelnen Unternehmen unterschiedlich und kann **drei enorm wichtige Formen** annehmen: Die des Entscheiders, des Beraters bzw. die des Technikers. Diese drei Rollen schließen sich gegenseitig nicht aus.

Rollen des Controllers:

1. **Entscheider:** In dieser Rolle hat der Controller den Auftrag, Entscheidungen über die Ressourcenallokation zwischen den Bereichen des Unternehmens zu treffen.

2. **Berater:** In dieser Rolle hat der Controller den Auftrag, die Finanzsituation zu beherrschen und zu identifizieren. Durch dieses Wissen kann und soll der Controller das Management auf Probleme aufmerksam machen und beratend bei der Entscheidungsfindung mitwirken.

3. **Informationsdienstleister:** In dieser Rolle hat der Controller den Auftrag der Berichterstattung, des Datensammlers, des Konsolidierers bzw. des Budgettechnikers. Er überwacht den Geschäftsverlauf systematisch anhand von Soll-Ist Vergleichen, um gegebenenfalls auf Abweichungen hinzuweisen, welche Korrekturen von der Geschäftsleitung veranlassen können.

9.3 Ansätze und Tools

In diesem Abschnitt werden wesentliche Ansätze und Tools der Unternehmensfunktion des Controlling behandelt. Der Fokus soll im Einzelnen auf folgenden Aspekten liegen:

- Kosten und Kostenkategorien
- Aufwendungen und Aufwandskategorien
- Berechnung der Selbstkosten
- Bestimmung der Rentabilitätsschwelle

9.3.1 Kosten und Kostenkategorien

Kosten

Generell kann man unterschiedliche Arten von Kosten unterscheiden. Die Unterscheidung in variable und fixe Kosten ist beim Controlling von großer Bedeutung.

- **Fixe Kosten** bilden einen Teil der Gesamtkosten und sind beschäftigungsunabhängig, sprich sie ändern sich innerhalb einer definierten Geschäftsperiode nicht. Beispiele für fixe Kosten sind Abschreibungen auf das Anlagevermögen oder Mieten. Ein Spezialfall von fixen Kosten sind **sprungfixe Kosten**. Diese Kosten bleiben in definierten Beschäftigungsintervallen konstant, ändern sich jedoch an Intervallgrenzen sprungartig. Als Beispiel für sprungfixe Kosten können gemietete Lagerhallen genannt werden. Die Miete für die Lagerhallen bleibt so lange konstant, bis die Kapazität ausgeschöpft ist. Wird zusätzlicher Lagerplatz benötigt, ist es erforderlich, eine zusätzliche Lagerhalle anzumieten, die zu einem Kostensprung bei den Mietkosten führt.

- **Variable Kosten** bilden einen weiteren Teil der Gesamtkosten. Sie ändern sich wären einer Geschäftsperiode in Abhängigkeit von einer sogenannten Bezugsgröße (z.B. Raumfläche, Mitarbeiteranzahl, Anzahl von Anrufen in einem Servicecenter, Anzahl von Bestellungen in einem Restaurant) oder von einer Beschäftigung, die sich ebenfalls ändert. Typische variable Kosten sind Kosten für diejenigen Rohstoffe, die in die Produkte eingehen.

Kostenarten

In dem Betriebszyklus eines Unternehmens lassen sich drei wichtige Etappen unterscheiden: Die Beschaffung, die Herstellung und der Vertrieb. Jede dieser Etappen generiert Folgekosten, die zu der Bildung der Selbstkosten eines Produkts führen.

Entsprechend der drei aufeinander folgenden Etappen des Produktionszyklus unterscheidet man demnach zwischen drei verschiedenen Kostenarten.

- **Beschaffungskosten:** Die Beschaffungskosten entsprechen den Einkaufskosten der Rohstoffe und enthalten zudem den Beschaffungsaufwand (z.B. Transportkosten, Versicherungskosten, Lagerarbeitslohn).
- **Produktionskosten:** Die Produktionskosten enthalten zusätzlich zu den Beschaffungskosten den Fertigungsaufwand (z.B. Arbeitslöhne, Instandhaltungsaufwand, Abschreibungen der Produktionswerkzeuge).
- **Selbstkosten:** Selbstkosten, auch Gestehungspreis oder Vollkosten genannt, enthalten zusätzlich zu den Herstellungskosten den Vertriebsaufwand, Entwicklungsaufwand, Verwaltungsaufwand etc. (z.B. Aufwand für Werbung, Transportpreis).

Bezüglich einer Analyse sind die Selbstkosten eines Produktes am wichtigsten, da sie von Anfang bis Ende des entsprechenden Produktions- bzw. Betriebsprozesses alle darauf gerichteten Aufwendungen enthalten: Somit alle Kosten, die für die Herstellung eines Produktes tatsächlich angefallen sind.

In der betrieblichen Praxis werden anstelle des Begriffs **Selbstkosten** je nach Sektor auch die Begriffe *Gestehungspreis* oder *Produktionskosten* für die Vollkosten eines Produktes verwendet.[18] Die Selbstkosten eines Produktes, bei dem es sich um die kompletten Produktionskosten handelt, sollten jedoch nicht mit dem Verkaufspreis verwechselt werden. Der Verkaufspreis beinhaltet die Gewinnspanne, weswegen er logischerweise immer höher sein muss als die Selbstkosten, damit das Unternehmen einen Gewinn erzielen und seine Geschäftstätigkeit in Zukunft fortführen kann.

9.3.2 Aufwendungen und Aufwandskategorien

Aufwendungen

In jeder Etappe des Betriebszyklus eines Unternehmens fallen Aufwendungen an, die betriebsbedingt sind und innerhalb der Kosten des Produkts kalkuliert werden. Bei den betriebsbedingten Aufwendungen handelt es sich um diejenigen Kosten, die im allgemeinen Rechnungswesen gebucht werden. Die meisten dieser Kosten sind ohne weiteres in der analytischen Buchhaltung als betriebsbedingte Kosten zu erfassen.

Als **kalkulierbare** und **betriebsbedingte Aufwendungen** gelten diejenigen Kosten, die von der Geschäftsleitung für angemessen gehalten werden, während **nicht-kalkulierbare** und **betriebsfremde Aufwendungen** diejenigen Kosten sind, die von der Geschäftsleitung als unangemessen betrachtet werden. Hierbei handelt es sich um eine Sachfrage: Beispielsweise können als betriebliche Aufwendungen alle Ausgaben betrachtet werden, die üblicherweise anfallen und die bei einem Vergleich der Betriebsführungskennziffern zwischen zwei Perioden sinnvoll in Erscheinung treten.

Zur Berechnung der Selbstkosten eines Produktes betrachten wir nur seine betriebsbedingten Aufwendungen, wie am nachfolgenden Beispiel zu sehen ist.

Aufwandskategorien

Zunächst muss zwischen den zwei Hauptkategorien dieser Aufwendungen, den *direkten* und den *indirekten Aufwendungen*, unterschieden werden: Jede dieser Aufwandskategorien kann wiederum in zwei Kategorien, in *variable Aufwendungen* und in *fixe Aufwendungen*, unterteilt werden.

- **Direkte Aufwendungen:** Bei direkten Aufwendungen handelt es sich um Aufwendungen, die eindeutig und ohne Zwischenrechnung den Kosten eines bestimmten Produktes oder einer bestimmten Leistung zugewiesen werden können (z.B. Aufwendungen für Rohstoffe, Lohnkosten für Arbeitskräfte zur Herstellung entsprechend der aufgewendeten Zeit, Verpackungsmaterial).

- **Indirekte Aufwendungen:** Bei indirekten Aufwendungen handelt es sich um Aufwendungen, die nicht den Kosten eines Produktes oder einer Leistung zugeordnet werden können, ohne Zwischenrechnungen anzustellen. Diese Aufwendungen werden unter Verwendung von Verteilerschlüsseln auf die betreffenden Produkte oder Leistungen aufgeteilt oder „angerechnet" (z.B. Aufwendungen für die Instandhaltung, Abschreibungen, Aufwendungen für Wasser und elektrischen Strom, Lohnaufwendungen für das Verwaltungspersonal).

9.3.3 Berechnung der Selbstkosten

Eines der Hauptanliegen des Controllers ist die Berechnung der Selbstkosten. **Selbstkosten** werden häufig auch Vollkosten genannt. Bei den Selbstkosten eines Produktes handelt es sich um die Summe aller Aufwendungen (direkte und indirekte, variable und fixe), die mit der Herstellung eines Produktes verbunden sind (z.B. Aufwendungen bedingt durch Rohstoffe, Arbeitskräfte, elektrischen Strom, Miete, Zinsen). Bei den Selbstkosten handelt es sich um die *Summe aus direkten und indirekten Kosten* eines Produkts. Die Berechnung erfordert, dass die indirekten Aufwendungen auf die verschiedenen von dem Unternehmen hergestellten Produkte aufgeteilt werden.

Zur Ermittlung der Selbstkosten eines Produktes müssen folgende drei Etappen durchlaufen werden:

1. Schritt: Berechnung der indirekten Kosten

2. Schritt: Berechnung der direkten Stückkosten

3. Schritt: Berechnung der Selbstkosten

Beispiel 9.1	Berechnung der Selbstkosten

Zur Bewertung der Leistung zweier neuer Bio-Produkte möchte der Finanzdirektor der Gruppe *Clean*, welche auf die Produktion gewerblicher Reinigungsmittel spezialisiert ist, die Stückkosten und den Nettogewinn neuer, in 10-kg-Dosen vertriebener Produkte bewerten: Bei Produkt 1 handelt es sich um Ökologisches Reinigungsmittel, das sogar in kaltem Wasser wirkt; bei Produkt 2 handelt es sich um das Reinigungsmittel Konzept Bio. Die entsprechenden Aufwendungen für die Produktion, die direkten Stückkosten und die Verkaufspreise ergaben sich wie folgt:

Periode	Rohstoff Indirekt (EUR)	Produkt 1	Produkt 2
Quartal 1	2.050	50 Stück	20 Stück
Quartal 2	2.850	60 Stück	50 Stück
Quartal 3	3.050	70 Stück	40 Stück
Quartal 4	3.250	80 Stück	30 Stück
insgesamt	11.200	260 Stück	140 Stück
Direkte Stückkosten (EUR)		45	50
Verkaufspreis (EUR)		80	90

Tabelle 9.3: Unternehmen Alpha – Die Bilanz 2010

Auf Grundlage dieser Angaben wird die Bewertung der mittleren Produktionskosten für die analysierte Periode vorgenommen. Man verwendet die Aufteilungsregeln für die indirekten Kosten, um die indirekten Stückkosten und die Stückvollkosten (Selbstkosten) für jeden Produkttyp zu ermitteln.

Bei den Selbstkosten handelt es sich um die Summe aus direkten und indirekten Stückkosten.

$$\text{Selbstkosten} = \text{indirekte Stückkosten} + \text{direkte Stückkosten}$$

$$Pr = ciu + cdu$$

Zur **Berechnung der Selbstkosten** müssen folgende **drei Schritte** durchlaufen werden:

1. **Schritt:** Berechnung der indirekten Stückkosten

2. **Schritt:** Berechnung der direkten Stückkosten

3. **Schritt:** Berechnung der Stückvollkosten

Schritt 1: Berechnung der indirekten Stückkosten

Zur Berechnung der indirekten Stückkosten können die indirekten Produktionsaufwendungen für jedes Produkt (Produkt 1 und Produkt 2) unter Verwendung der folgenden Verteilungsregeln aufgeteilt werden:

1. Anteilig zur Menge
2. Anteilig zum Umsatz
3. Anteilig zu den direkten Kosten
4. Anteilig zur Nettomarge

1. **Verwendete Aufteilungsregel: Anteilig zur Menge**

Hierbei handelt es sich um eine Aufteilung, die davon ausgeht, dass die für ein Produkt aufgebrachten und indirekten Aufwendungen proportional zur hergestellten Menge sind.

Hierbei wird folgende mathematische Formel verwendet:

$$a_1 = a_2 = \frac{CID_{TOT}}{Q_{TOT}} = \frac{11.200}{260+140} \frac{\text{EUR}}{\text{Produkt}} = 28 \frac{\text{EUR}}{\text{Produkt}}$$

2. **Verwendete Aufteilungsregel: Anteilig zum Umsatz**

Hierbei wird folgende mathematische Formel verwendet:

$$a_1 = \frac{\dfrac{CID_{TOT}}{CA_{TOT}} \times CA_1}{Q_1} = \frac{\dfrac{11.200}{33.400} \times 20.800}{260} \text{EUR} = 26,83 \text{ EUR}$$

$$a_2 = \frac{\dfrac{CID_{TOT}}{CA_{TOT}} \times CA_2}{Q_2} = \frac{\dfrac{11.200}{33.400} \times 12.600}{140} \text{EUR} = 30,18 \text{ EUR}$$

3. **Verwendete Aufteilungsregel: Anteilig zu den direkten Aufwendungen**

Hierbei wird folgende mathematische Formel verwendet:

$$a_1 = \frac{\frac{CID_{TOT}}{CD_{TOT}} \times CD_1}{Q_1} = \frac{\frac{11.200}{18.700} \times 11.700}{260} \text{ EUR} = 26,95 \text{ EUR}$$

$$a_2 = \frac{\frac{CID_{TOT}}{CD_{TOT}} \times CD_2}{Q_2} = \frac{\frac{11.200}{18.700} \times 7.000}{140} \text{ EUR} = 29,95 \text{ EUR}$$

4. **Verwendete Aufteilungsregel: Anteilig zur Bruttomarge**

Hierbei wird folgende mathematische Formel verwendet:

$$a_1 = \frac{\frac{CID_{TOT}}{MjB_{TOT}} \times MjB_1}{Q_1} = \frac{\frac{11.200}{14.700} \times 9.100}{260} \text{ EUR} = 26,67 \text{ EUR}$$

Für Produkt 1 und im Folgenden auch für Produkt 2:

$$a_2 = \frac{\frac{CID_{TOT}}{MjB_{TOT}} \times MjB_2}{Q_2} = \frac{\frac{11.200}{14.700} \times 5.600}{140} \text{ EUR} = 30,48 \text{ EUR}$$

In der folgenden Tabelle werden die Ergebnisse der ersten Schritte zusammengefasst:

Indirekte Stückkosten *[Ciu]*	Produkt 1 in EUR	Produkt 2 in EUR
% Q [Menge]	28,00	28,00
% CA [Umsatz]	26,83	30,18
% CD [direkte Aufwendungen]	26,95	29,95
% Mj [Bruttomarge]	26,67	30,48

Schritt 2: Berechnung der direkten Stückkosten

In diesem Beispiel werden die direkten Stückkosten vorgegeben: Sie liegen bei 45 EUR für das erste und bei 50 EUR für das zweite Produkt. In der nachstehenden Tabelle werden die direkten Stückkosten genannt:

Direkte Stückkosten [Cdu]	Produkt 1	Produkt 2
% Q [Menge]	45,00	50,00

Schritt 3: Berechnung der Selbstkosten

Selbstkosten = indirekte Stückkosten + direkte Stückkosten

$Pr = ciu + cdu$	Indirekte Stückkosten [ciu]		Direkte Stückkosten [cdu]		Pr	
	P 1	P 2	P 1	P 2	P 1	P 2
% Q [Menge]	28,00	28,00	45,00	50,00	73,00	78,00
% CA [Umsatz]	26,83	30,18	45,00	50,00	71,83	80,18
% CD [direkte Aufwendungen]	26,95	29,95	45,00	50,00	71,95	79,95
% Mj [Bruttomarge]	26,67	30,48	45,00	50,00	71,67	80,48

Interpretation: Es ist ersichtlich, dass die Selbstkosten von der für die Zuordnung der indirekten Kosten verwendeten Aufteilungsregel abhängig sind.

Reflexionsfrage

Erörtern Sie in Bezug auf die Berechnung der Selbstkosten (Schritt 3), welche Aufteilungsregel die beste ist.

Die exakten Selbstkosten sind im Voraus häufig nicht exakt bestimmbar. So können beispielsweise Lieferengpässe der Lieferanten oder Ausschuss bei der Produktion die Selbstkosten negativ beeinflussen. Die genannten Effekte werden im Rahmen einer Nachkalkulation berücksichtigt. Erst durch die Nachkalkulation erfolgt die Analyse der Leistungen.

Prozesskostenrechnung

In obigem Beispiel wurden die Gemeinkosten über eine Zuschlagsrechnung berücksichtigt. Die Verteilung erfolgt proportional zu den direkten Kosten. Dieser Ansatz ist plausibel, wenn es sich um Produkte ähnlicher Komplexität und ähnlicher Kostenstrukturen handelt.

Einen wesentlichen, exakteren Ansatz stellt die **Prozesskostenrechnung** dar. In der Prozesskostenrechnung erfolgt die Umlage der Gemeinkosten auf die Prozesse, denen sie zugeordnet werden können. Auf diese Weise werden beispielsweise die Gemeinkosten im Einkauf auf die Einkaufsprozesse verrechnet. Ein Produkt, das aus mehreren fremdbeschafften Teilen besteht, nimmt die Einkaufprozesse häufiger in Anspruch, als ein Produkt aus wenigen Einzelteilen, da jedes Material einzeln eingekauft werden muss. Die prozentuale Zuschlagskalkulation berücksichtigt diesen Effekt nicht, da die

Gemeinkosten dort auf Basis von aggregierten Größen wie dem Gesamtumsatz verteilt werden. Die Prozesskostenrechnung berücksichtigt hingegen die mengenmäßige Nutzung der Einkaufsprozesse bei der Umlage der Gemeinkosten. Als Folge der Prozesskostenrechnung wird auf Produkte mit einem höheren Anteil von fremdbeschafften Teilen auch ein höherer Anteil der Gemeinkosten des Einkaufs verrechnet. Es ist plausibel, dass der Aufwand im Einkauf umso höher ist, je mehr unterschiedliche Materialien beschafft werden müssen.

Der Aufwand für eine Prozesskostenrechnung ist im Vergleich zu einer klassischen, prozentualen Zuschlagskalkulation erheblich und lohnt sich erst bei einem signifikanten Anteil der Gemeinkosten an den Gesamtkosten.

Die folgende Übersicht fasst die in *Abschnitt 9.3.3* vorgestellten Begriffe zusammen:

Selbstkosten = Vollkosten = Stück-Gesamtkosten

Selbstkosten = indirekte Stückkosten + direkte Stückkosten

Direkte (Stück)kosten = bestehen aus direkten Aufwendungen

Indirekte (Stück)kosten = bestehen aus indirekten Aufwendungen

Bruttoeinheitsmarge (eines Produkts) = Verkaufspreis – variable Stückkosten

Bruttomarge (des Unternehmens) = Umsatz – variable Aufwendungen

Nettomarge = Nettogewinn = Bruttomarge – fixe Aufwendungen

Beispiel 9.2 Die verschiedenen Aufwandskategorien

Als Beispiel dient an dieser Stelle ein Unternehmen, das Tische und Stühle herstellt, die von Hand montiert werden.

Der Direktor weiß, dass er 20 kg Holz für einen Tisch und 5 kg für einen Stuhl benötigt. 1 kg Holz kostet 1 EUR. Zudem weiß der Direktor, dass es 30 Minuten dauert, ehe ein Arbeiter den Tisch montiert und lackiert hat, wohingegen der Stuhl 10 Minuten beansprucht. Der Arbeiter erhält 15 EUR pro Stunde. Darüber hinaus ist ein 5-kg-Topf mit Farbe erforderlich, der 10 EUR kostet, um Tisch und Stuhl zu lackieren. Ein Tisch benötigt 4kg Farbe und ein Stuhl benötigt 1 kg Farbe.

Übungsfrage

1. Die restlichen Kosten (z.B. elektrische Energie) bleiben unbeachtet. Auf welche Höhe belaufen sich die Selbstkosten der Herstellung jedes Produkts? Um diese zu ermitteln, müssen die direkten und indirekten, die fixen und variablen Aufwendungen erfasst werden. Bitte errechnen Sie die Selbstkosten eines Produktes.

9.3.4 Bestimmung der Rentabilitätsschwelle

Der Begriff der Rentabilitätsschwelle ist eng mit der Analyse der Aufwendungen nach dem Kriterium „variabel" und „fix" verbunden und entspricht dem Produktionsvolumen bzw. dem Umsatz, der weder Gewinn noch Verlust generiert. Die **Rentabilitätsschwelle** wird in der beruflichen Praxis oft auch *Totpunkt* oder auch *Break-even* genannt und beschreibt den Punkt, an dem die Gesamtkosten durch die Gesamteinnahmen gedeckt sind und das Ergebnis, sprich der Nettogewinn gleich Null ist. Die Rentabilitätsschwelle entspricht somit der zu verkaufenden Menge, mit der das Unternehmen die Gesamtheit seiner Aufwendungen vollkommen deckt. Ausgehend von dieser Definition lässt sich die Berechnungsformel für die Rentabilitätsschwelle leicht finden. Hierbei werden folgende Abkürzungen verwendet:

$$PN = \text{Nettogewinn};$$

$$CA = \text{Umsatz}$$

$$CV = \text{Variable Aufwendungen (insgesamt)}$$

$$CF = \text{Fixe Aufwendungen (insgesamt)}$$

$$Q = \text{Zu realisierende Menge}$$

$$p = \text{Verkaufspreis}$$

$$v = \text{Variable Stückkosten}$$

$$MjB_u = \text{Bruttoeinheitsmarge}$$

$$SR = \text{Rentabilitätsschwelle}$$

$$PN = CA - CV - CF = Q \times p - Q \times v - CF$$

Die Rentabilitätsschwelle ergibt sich bei einem Nettogewinn $PN = 0$; hieraus lässt sich der Umsatz CA und die Menge Q bestimmen:

$$PN = 0 \ \Rightarrow \ Q \times p - Q \times v - CF = 0 \ \Rightarrow$$

$$Q(p - v) = CF \ \Rightarrow$$

$$Q_{SR}(SR) = \frac{CF}{p - v} = \frac{CF}{MjB_u}$$

$$\Rightarrow \ CA_{SR}(SR) = Q_{SR} \times p = \frac{CF}{p - v} \times p = \frac{CF}{p \times \left(1 - \dfrac{v}{p}\right)} \times p = \frac{CF}{1 - \dfrac{v}{p}}$$

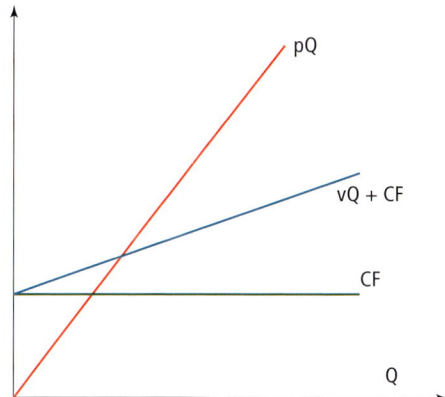

Abbildung 9.4: Grafische Darstellung der Rentabilitätsschwelle

In *Abbildung 9.4* ergibt sich die die Rentabilitätsschwelle aus dem Schnittpunkt der Geraden *pQ* und *vQ + CF*.

Je eher die Rentabilitätsschwelle erreicht wird, desto eher kann das Unternehmen eine Sicherheitsmarge vorweisen, um beispielsweise Lieferprobleme, Ausfälle an Maschinen oder Streiks besser bewältigen und managen zu können.

Beispiel 9.3

Berechnung der Rentabilitätsschwelle eines Produktes

Als Beispiel dient uns ein Unternehmen, das Uhrgehäuse nach nur einem Herstellungsverfahren fertigt. Im vergangenen Produktionsjahr hat das Unternehmen 5.000 Einheiten zu einem Verkaufspreis von 150 EUR verkauft. Für diese Periode wurden folgende Aufwendungen angegeben:

- Löhne: 300.000 EUR
- Einkauf: 250.000 EUR
- Abschreibungen 100.000 EUR

Übungsaufgaben

1. Schätzen Sie auf Grundlage dieser Angaben und mit den Abschreibungen als alleinige, fixe Aufwendungen die variablen Stückkosten, die Bruttomarge, die Rentabilitätsschwelle und den Nettogewinn des Unternehmens ein.

2. Erläutern Sie Ihre Ergebnisse.

Folgende Übersicht fasst die wesentlichen Begriffe, die in *Abschnitt 9.3.4* behandelt wurden, zusammen:

- **Rentabilitätsschwelle** = entspricht dem Produktionsvolumen oder dem Umsatz, bei dem weder Gewinn noch Verlust entstehen.

- **Rentabilitätsschwelle** = Totpunkt = Ausgleichspunkt *(Break-even)* = kritisches Produktionsvolumen bzw. kritischer Umsatz

- Für die **Rentabilitätsschwelle** gelten folgende Relationen:
  - Gesamtaufwendungen = Gesamterträge
  - Umsatz = variable Aufwendungen + fixe Aufwendungen
  - Marge auf variable Aufwendungen = fixe Aufwendungen
  - Ergebnis (Nettogewinn) = Null

9.3.5   Balanced Scorecard

Die *Balanced Scorecard* von Kaplan und Norton (1992) ist ein sehr bekanntes Tool, das zur Messung, Visualisierung und Steuerung von Unternehmen in der unternehmerischen Praxis verwendet wird.

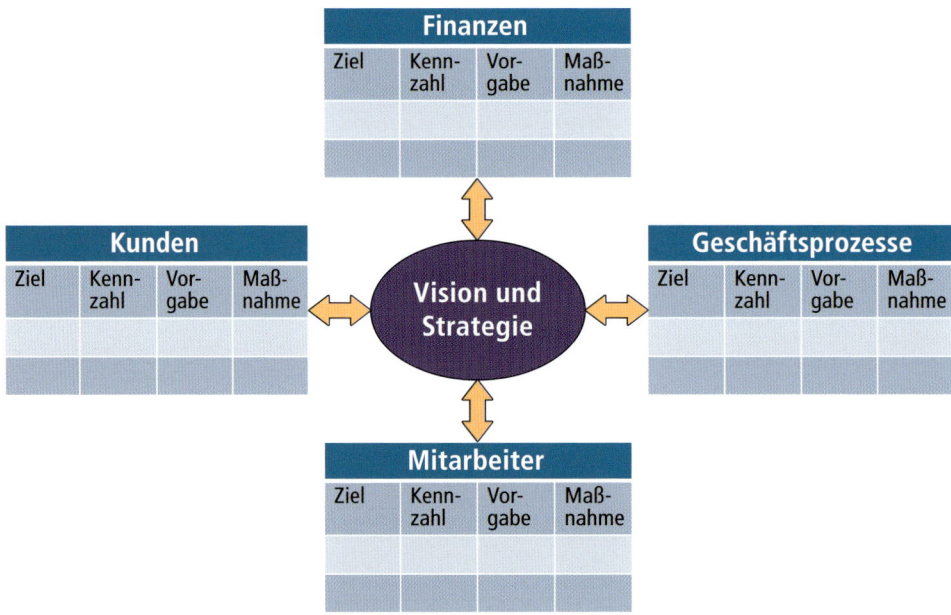

Abbildung 9.5: Grafische Darstellung einer Balanced Scorecard

Die *Balanced Scorecard* ist dabei auf wesentliche Informationen reduziert, welche für das Management aus strategischer Sicht von Bedeutung sind. Sie enthält jeweils definierte Ziele, deren Zielerreichung über Kennzahlen gemessen wird. Die Schritte zur Zielerreichung erfolgen über definierte Maßnahmen, die ebenfalls in der *Balanced Scorecard* festgelegt werden.

Eine *Balanced Scorecard* enthält in der Regel folgende vier Perspektiven: *Finanzen*, *Kunden*, *Geschäftsprozesse* und *Mitarbeiter*. Die einzelnen Perspektiven sind keineswegs unabhängig voneinander, weswegen beispielsweise eine Verbesserung der Absatzsituation (Dimension „Kunde") zu einer finanziellen Investitionen (Dimension „Finanzen") und ebenfalls zu einer Veränderung der Dimension „Geschäftsprozesse" bei deutlich höheren Produktionsmengen führt. Die Veränderung der Produktionsprozesse wirkt sich wiederrum auf die Dimension „Mitarbeiter" aus: Eine erfolgreiche Strategie muss somit eine „ausbalancierte" Weiterentwicklung aller Unternehmensbereiche berücksichtigen, die als Perspektiven in der *Balanced Scorecard* zu finden sind. In der beruflichen Praxis werden die Perspektiven der *Balanced Scorecard* häufig an die Bedürfnisse des entsprechenden Unternehmens angepasst, sodass man in der Praxis unzählige Varianten vorfinden kann.

Exkurs   ## Der Umgang mit Kenntnissen

Das Sammeln und Verteilen von Informationen bringt den Controller im Unternehmen mit zahlreichen Ansprechpartnern in Kontakt. Er wird vor allem wegen seiner Fähigkeit geschätzt, geeignete Instrumente einzusetzen, um der Generaldirektion zuverlässige und klare Informationen zu übermitteln. Er muss die Einhaltung der Controlling-Verfahren durchsetzen können. Damit der Controller seinen Beruf effizienter ausüben kann, muss er zusätzlich zu seinen Fachkenntnissen – die klassischerweise vor allem im Rechnungswesen, im Management und in den Finanztechniken liegen – gute Synthesefähigkeiten, einen kritischen Geist sowie Organisations- und Planungsfähigkeiten besitzen; er muss zudem ein gutes Verhältnis zu anderen Menschen aufbauen können, so dass im Kontakt mit seinen Ansprechpartnern eine vertrauensvolle Atmosphäre entsteht, und muss diplomatisches Geschick zur Durchsetzung seiner Verfahren beweisen. Allerdings ist diese besondere Situation, die sich aus seiner Stellung an der Schnittstelle zwischen der Direktion (der Strategie) und den Operativen ergibt, das Paradox der **Doppelbindung („double-bind")**, dem der Controller in seinem Beruf stark ausgesetzt ist. Seine bevorzugte Stellung bei der Informationserlangung verschafft dem Controller Kenntnis von Umständen und Entscheidungen, durch die seine Moral zuweilen auf die Probe gestellt werden kann. Wer nicht weiß, auf welche Weise gehandelt werden muss, fällt in eine Entscheidungslähmung. Es kann durchaus vorkommen, dass sich zwei Meldungen widersprechen: Soll der Controller nun entsprechend handeln oder nicht? Gerade von Controllern wird verlangt, dass sie die Funktion und Stärke besitzen, Dinge vorwegzunehmen, aktiv und dynamisch zu sein.

Reflexionsfrage

1. Diskutieren Sie die Aufgaben des Controllers und gehen Sie auf die Spannungsfelder ein, in denen er sich bewegen muss.

ZUSAMMENFASSUNG

Folgende Inhalte wurden in diesem Kapitel behandelt:

- Controlling spielt heute eine Schlüsselrolle, wozu unterschiedliche Aspekte beitragen.

- Controlling ist Grundlage für die Festlegung der Strategie einer Organisation und dient ebenso zur Überwachung ihrer Umsetzung.

- Controlling wird als komplexer Prozess angesehen, der darin besteht, permanent und auf sämtlichen Ebenen des Unternehmens den Erfolg des angewandten Geschäftsmodells und somit die Strategie zu überwachen und zu korrigieren.

- Die Komplexität des Controllings ergibt sich aus den Praktiken und Instrumenten, die es zur Abdeckung der verschiedenen Zeithorizonte des Managements – langfristig wie kurzfristig – einsetzt.

- Der kontinuierliche Prozess des Controlling lässt sich in vier wesentliche Etappen aufgliedern: *(1) Selbstkostenkalkulation* (Berechnung der Selbstkosten der Produkte und Leistungen), *(2) Aufstellung der Budgets, (3) Leistungserstellung* und *(4) Analyse der Leistungen.*

- Controlling beinhaltet drei Haupttätigkeitsarten: Die *Kommunikation der erwarteten Ziele*, die *Motivation* der Aufgabenträger zur Erreichung dieser Ziele, und schließlich die *Messung und Bewertung* der erreichten Leistungen.

- Die Grundbegriffe des Controlling sind hierbei von Bedeutung, damit diese in der betrieblichen Praxis adäquat angewendet werden können. Ein wichtiges Tool des Controllings ist die *Balanced Scorecard.*

AUFGABEN

1. Welche Bedeutung hat das Controlling in einem Unternehmen?

2. Wählen Sie ein Unternehmen aus, deren Geschäftstätigkeit und Strategie Sie kennen und identifizieren Sie dort die Rolle des Controllers.

3. Wie wichtig ist es Ihrer Meinung nach, die Selbstkosten eines Produktes berechnen zu können?

4. Erklären Sie den Unterschied zwischen direkten und indirekten Aufwendungen sowie zwischen variablen und fixen Aufwendungen.

5. Erklären Sie den Unterschied zwischen den Selbstkosten und dem Verkaufspreis und verwenden Sie dazu ein konkretes Beispiel.

6. Erklären Sie Bedeutung der Rentabilitätsschwelle für ein Unternehmen.

Fallstudie: Die heimlichen Co-Piloten

Abbildung 9.6: Pilot cockpit

Mittlerweile sind die „Herren der Zahlen" von Erbsenzählern zu meinungsstarken Kommunikatoren geworden: Von Controllern wird verlangt, ihre Chefs bei der Hand zu nehmen und sie so sicher wie möglich durch jene verwirrenden Zahlengebirge zu führen, die die IT-Systeme Tag für Tag auftürmen.

„Manager werden heute mit Informationen überschüttet. Wir müssen sie sortieren und die Zahlen dann vorstands- und kindergartengerecht aufbereiten." So sagt es ein Top-Controller aus einem Dax-30-Konzern. Das Zitat spricht Bände über das Selbstverständnis, das die Experten heute haben: Controller sollen ihre Chefs bei der Hand nehmen und sie so sicher wie möglich durch jene verwirrenden Zahlengebirge führen, die die IT-Systeme des Unternehmens Tag für Tag auftürmen. Ihnen, den „Herren der Zahlen" zu folgen, rechnet sich, so sind sie überzeugt. Denn, weiteres Zitat: *„Controlling ist, aus Zahlen Geld zu machen."*

Welche Stellung das Controlling in deutschen Konzernen besitzt, hat Wirtschaftsprofessor Jürgen Weber von der WHU Otto Beisheim School of Management in Vallendar untersucht. Sein Buch „*Von Top-Controllern lernen*" ist soeben im Wiley Verlag erschienen. Dort gewähren die obersten Controller der Dax-Konzerne erstmals Einblicke in ihre Rollen – siehe obige Zitate. In Tiefeninterviews befragte Weber 26 von 30 Top-Steuerleuten der Dax-Firmen bzw. deren Stellvertreter zur Rolle des Controllings, zu ihrem Selbstverständnis und den Perspektiven ihres Berufsstandes.

Ein Fazit: Das Standing der Controller in den Konzernen hat sich deutlich verbessert. Denn die Zeiten, als sie hauptsächlich damit beschäftigt waren, „Zahlenfriedhöfe" anzulegen, wie ein Dax-Controller selbstkritisch einräumt, sind passé. Weber: „*Was der Controller heute leisten muss, ist, vorhandene Zahlen zu interpretieren, sich eine Meinung zu bilden und diese auch zu vertreten.*" Und das am besten mit „*liebenswürdiger Penetranz*", wie es Albrecht Deyhle von der Controller-Akademie ausdrückt.

„*Controller kommen immer mehr in die Beraterrolle. Sie müssen dem Vorstandschef bei seinen Entscheidungen Sicherheit geben*", sagt Weber. Damit das Unternehmen nicht zum Blindflug wird. Der Controller als Co-Pilot und damit heimlicher zweiter Vorstandschef?

Die Aussagen der Interviewten nähren den Verdacht, in der monströsen Unübersichtlichkeit globaler Konzerne blicke ohnehin nur noch eine Berufsgruppe durch. Schließlich gilt es, so Weber, „*sich auf ein Komplexitätsniveau zu begeben, das die Führungskräfte verstehen.*"

Die befragten Dax-Controller verstehen sich als kritischer Counterpart des Vorstands – sie gehören zu den wenigen, die den Finger in offene Wunden des Unternehmens legen dürfen. Beliebt machen sie sich im Unternehmen damit nicht gerade, das wissen auch die Top-Controller nur zu gut. Zitat: „*Management heißt, den letzten Freund zu verlieren. Aber als Controller haben Sie gar keinen Freund, den Sie verlieren können.*" Solche Freiheiten kann sich nur erlauben, wer gewisse Hofnarren-Allüren mitbringt, sagt Controlling-Experte Deyhle.

Für diese Rolle geeignet sind allerdings keine Zahlenknechte, die sich am liebsten hinter Schichttorten und Balkendiagrammen verstecken. Gerade in Zeiten softwaregestützter Steuerungswerkzeuge zählt mehr denn je der gesunde Menschenverstand. Da muss der Controller die Vorstände auch schon mal zurückpfeifen können und diese von unreflektierter Zahlengläubigkeit abhalten. „*Zu glauben, ich habe den ganzen Laden im Griff, wenn ich nur die Zahlen im Griff habe, ist Unsinn*", warnt Andreas Schüren, Geschäftsführer der Managementberatung Rölfs MC Partner aus Düsseldorf.

Analytisch, kommunikativ und meinungsstark – so sollten Chef-Controller heute gestrickt sein. Geeignet hierfür sind nur jene, die eine offensive, nach außen gerichtete Rolle auch annehmen wollen, betont Siegfried Gänßlen, Vorsitzender des Internationalen Controller Vereins (ICV) und zugleich stellvertretender Vorstandsvorsitzender und Finanzchef des Sanitärtechnikherstellers Hansgrohe.

„*Ein moderner Controller muss den Cholesterinspiegel im Unternehmen messen können. Und den erfährt er natürlich nur, wenn er seinen Schreibtisch verlässt und mit den Kollegen redet*", sagt Gänßlen. Vom Typ her muss er in der Lage sein, ein gutes betriebsinternes Netzwerk aufzubauen – nur so kann er blutleeren Zahlen Leben einhauchen.

Erfolgreich sein kann nur, wer auch über den Tellerrand des Unternehmens hinausschaut. Mit der Innenperspektive kann sich heutzutage ohnehin kein Controller mehr begnügen. Er muss vom Markt her denken können. Weber: *„Controller müssen heute wissen, was der Wettbewerb macht oder wie welche Zahlen auf Analysten wirken."*

Öfter mal die Perspektive zu wechseln, ist für Controller extrem wichtig. Weber empfiehlt, zwischendurch einen operativen Posten in einer anderen Abteilung des Betriebs zu übernehmen. Denn schmoren Controller zu lange im eigenen Saft, laufen sie Gefahr, fachliche Scheuklappen zu bekommen und zu *„notorischen Nörglern"* zu mutieren, warnt Weber. Und auf solche mag ohnehin keiner hören.

Hinzu kommt: *„Immer nur andere zum Jagen zu tragen, macht nicht unbedingt Spaß"*, sagt Controlling-Experte Weber. Irgendwann wolle und solle ein Controller auch selber mal den *„Blattschuss"* anbringen. Selbst am Drücker sitzen wird demnächst beispielsweise Controlling-Experte Siegfried Gänßlen. Im Mai übernimmt er den Vorstandsvorsitz von Hansgrohe. Den Weg in den Vorstandsolymp schaffen allerdings die wenigsten Controller. In den meisten Unternehmen nimmt man sie immer noch primär als Zahlenspezialist und Budgetplaner wahr. Oft wird der Controller-Posten zur Endstation statt zum Karriere-Sprungbrett.

Während die Anforderungen an Controller stetig steigen, wird zugleich der qualifizierte Nachwuchs in den nächsten Jahren knapp. Hansgrohe hat sich bereits darauf eingestellt: Das Unternehmen bietet Diplomandenplätze an oder schickt Praktikanten schon mal für zehn Wochen nach China. *„Der Krieg um die Talente ist voll entbrannt"*, bestätigt Gänßlen, der deshalb persönlich Praxisseminare an der Universität hält. Der Sanitärhersteller pickt sich gezielt die Leute mit Kommunikationstalent heraus. Gänßlen: *„Wir sagen Bewerbern nach der ersten Runde schon mal, sie sollen für den nächsten Termin eine kleine Präsentation vorbereiten. „Wrap it nicely" – diese Fähigkeit ist für Controller heute sehr wichtig."* Erbsen zählen längst die Computer, Aufgabe der Controller ist es, sie leicht verdaulich zu verpacken.

Und die Zukunft? Überflüssig wird die Berufsgruppe auf keinen Fall. Wie formulierte es einer der Chef-Controller eines Dax-Unternehmens: *„Je komplexer die Welt umso wichtiger wird Controlling. Die Frage ist nur, wann der Zeitpunkt erreicht ist, wo auch wir nicht mehr helfen können."*

Reflexionsfragen

1. Erklären Sie das Zitat *„Controlling bedeutet, aus Zahlen Geld zu machen!"* und nehmen Sie dazu Stellung.

2. Erklären Sie die Rolle des Controllings für das Unternehmen und nennen Sie dessen Aufgabenfelder. Beziehen Sie sich dabei auf die Fallstudie wie auch auf die Inhalte aus dem *Abschnitt 9.2.*

3. Beschreiben Sie neue Herausforderungen des Controllings und dessen Bedeutung für das strategische Handeln. Beziehen Sie sich dabei auf die Fallstudie wie auch auf die Inhalte von *Kapitel 9.*

Quelle : C. Lixenfeld: „Neue Anforderungen für Controller. Die heimlichen Co-Piloten", Handelsblatt vom 18.12.2007, www.handelsblatt.com/unternehmen/management/ strategie/die-heimlichen-co-piloten/2906866.html?p2906866=0 (Stand: 11.07.2011).

Verwendete Literatur

Anthony, R. N.: „Planning and Control Systems: Framework for Analysis", Graduate School of Business Administration Harvard University, 1965.

Atkinson, A.; Banker, R.; Kaplan, R.; Young, M.: „Management Accounting", Prentice Hall International, 1998.

Boisvert, H.: „Contrôle de gestion vers une pratique renouvelée" [Rechnungswesen: Zu einer neuen Praxis], Editions du Renouveau Pédagogique, 1991.

Bouquin, H.: „Le contrôle de gestion" [Das Controlling], PUF, 1998.

Bouquin, H.: „Que sais-je? Les fondements du contrôle de gestion" [Reihe Wissen: Grundlagen des Controlling], PUF, 2005.

Bran, P.: „Corporate Finance: Management of Microfinance Process", Economics Edition, 2003.

Brealey, R. A.; Myers, S. C.: „Principles of Corporate Finance", McGraw-Hill, 2000.

Cagnallo-Charles, E.; Morard, B.; Trahandi, J.: „Comptabilité de gestion: Coût, activité, répartition" [Rechnungswesen: Kosten, Geschäft, Verteilung], PUG, 2008.

Daum, J.: „Beyond Budgeting. Ein Modell für das Performance Management und Controlling im 21. Jahrhundert?", Controlling & Finance, Juli 2002; ebenso zu finden auf Jürgen Daums Internetpräsenz: *www.juergendaum.de/articles/beyond_budgeting.pdf* (Stand: 11.07.2011).

Gervais, M.: „Contrôle de gestion" [Controlling], Economica, 1997.

Guedj, N.: „Le contrôle de gestion. Pour améliorer la performance de l'entreprise" [Verbesserung der Unternehmensleistung], Edition d'organisation, 2000.

Horngren, C.; Bhimani, A.; Datar, S.; Foster, G.: „Contrôle de gestion et gestion budgé-taire" [Rechnungswesen und Haushaltsführung], Person Education, 2006.

Jacquot, T.; Milkoff, R.; „Comptabilité de gestion: Analyse et maîtrise de coût" [Rech-nungswesen: Kostenanalyse und -beherrschung], Dareios & Person Education, 2007.

Kaplan, R. S.; Norton, D. P.: „The balanced scorecard: measures that drive perfor-mance", in: Harvard Business Review, Jan. - Feb., 1992.

Merchant, K. A.; Otley, D. T.: „A review of the literature on control and accountabi-lity", in: Handbook of Management Accounting Research, Hgg. A.S. Chapman, A. G. Hopwood und M. D. Shields, S. 785-804, Elsevier Press, 2007.

Osterloh, M.; Frost, J.: „Prozessmanagement als Kernkompetenz: Wie Sie Business Reengineering strategisch nutzen können", 2. Aufl., Gabler Verlag, 1998.

Rebouh, B.: „Comptabilité analytique et contrôle de gestion" [Analytische Buchfüh-rung und Controlling], Ellipses, 1997.

Simons, R.: „Performance measurement and control systems for implementing strat-egy", Prentice Hall, 2000.

Stockmann, R.: „Handbuch zur Evaluation. Eine praktische Handlungsanleitung", Waxmann, 2007.

Stancu, I.: „Finance: Financial Markets and Portfolio Management. Direct Investment and their Finance", Corporate Financial Management, Economics Edition, 2007.

Widener, S.: „An empirical analysis of the levers of control framework", in: Accoun-ting, Organizations and Society, Bd. 32 (2007), S. 757-788.

Weiterführende Literatur

Atkinson, A.; Banker, R.; Kaplan; R., Young, M.: „Management Accounting", Prentice-Hall International, 1998.

Berry, A. J.; Coad, A. F.; Harris, E. P. et al.: „Emerging themes in management control: A review of recent literature", in: The British Accounting Review, Bd. 41 (2009), S. 2-20.

Boisselier, P.: „Contrôle de gestion-Cours et Applications" [Controlling – Kurs und Anwendungen],Vuibert, 1999.

Bouquin, H.: „Le contrôle de gestion" [Das Controlling], PUF, 1998.

Brault, R.; Giguère, P.: „Comptabilité de management" [Rechnungswesen im Management], Les Presses de L' Université Laval, 1993.

Brealey, R. A.; Myers, S. C.: „Principles of Corporate Finance", McGraw-Hill, 2000.

Cagnallo-Charles, E.; Morard, B.; Trahandi, J.: „Comptabilité de gestion: Coût, activité, répartition" [Rechnungswesen: Kosten, Geschäft, Verteilung], PUG, 2008.

Damodaran, A.: „Applied Corporate Finance: A User's Manual", John Wiley & Sons, 1999.

Gautier, F.; Pezet, A.: „Contrôle de gestion" [Controlling] Gestion appliquée [Angewandtes Rechnungswesen], Dareios & Pearson Education, 2006.

Gervais, M.: „Contrôle de gestion" [Controlling], Economica, 1997.

Guedj, N. et al.: „Le contrôle de gestion" [Das Controlling], Edition d' organisation, 2001.

Horngren, C.; Bhimani, A.; Datar, S.; Foster, G.: „Contrôle de gestion et gestion budgétaire" [Rechnungswesen und Haushaltsführung], Person Education, 2006.

Horngren, C.; Datar, S.; Foster, G. et al.: „Cost Accounting: A Managerial Emphasis", Person International Edition, 2008.

Kaplan, R.; Atkinson, A.: „Advanced Management Accounting", Prentice Hall, 1998.

Kober, R. et al.: „The interrelationship between management control mechanisms and strategy", in: Management Accounting Research, Bd. 18 (2007), S. 425-452.

Simons, R.: „Accounting Control Systems and Business Strategy: An Empirical Analysis", in: Accounting, Organizations and Society, Bd. 12, Nr. 4 (1987), S. 357-374.

Endnoten

1 Siehe *Kapitel 8*: Rechnungswesen; *Abschnitt 8.3*: Internes Rechnungswesen: Kostenrechnung.
2 Siehe Boisvert (1991).
3 Siehe *Kapitel 8*: Rechnungswesen; *Abschnitt 8.4*: Externes Rechnungswesen: Konzepte der Buchführung.
4 Siehe Boisvert (1991).
5 Siehe Boisvert (1991) und Daum (2002).
6 Siehe *Abschnitt 9.3.5*.
7 Siehe Daum (2002).
8 Nach Gautier und Pezet (2006).
9 Nach Gies (2008).
10 Diese kurzfristigen Programme entsprechen häufig einem Geschäftsjahr, sprich der Periode der allgemeinen Rechnungslegung.
11 Siehe *Kapitel 8*: Rechnungswesen.
12 Siehe Osterloh und Frost (1998).
13 Siehe *Abschnitt 9.3.3*.
14 Siehe *Abschnitt 9.2.3*.
15 Siehe *Abschnitt 9.3.4*.
16 *Top-down-Planung* bezeichnet die Planung von oben nach unten.
17 *Bottom-up-Planung* bezeichnet die Planung von unten nach oben.
18 Siehe *Abschnitt 9.3.3*.

Eine vollkommene Ordnung wäre der Ruin allen Fortschritts und Vergnügens.

Robert Musil (1880-1942), österreichischer Schriftsteller und Theaterkritiker

Lernziele

In diesem Kapitel wird das Wissen zu folgenden Inhalten vermittelt:

- Grundlagen der Organisation
  - Ursprung
  - Rolle und Bedeutung
- Ganzheitliche Sichtweise: Tools und Umsetzung
  - Spannungsfelder einer Organisation
  - Bausteine und Basiskonfiguration von Organisationen
  - Organigramm
- Klassische Organisationsformen:
  - Eindimensionale Konzepte
  - Mehrdimensionale Konzepte
  - Produktmanagement-Organisation
- Moderne Organisationsformen:
  - Virtuelle Organisation
  - Clusterorganisation
- Führungsorganisation *(Corporate Governance)*

Organisation

10

ÜBERBLICK

10.1 Grundlagen

Wären Unternehmen nicht organisiert, würde in ihrer Führung Chaos vorherrschen. Da sich jedoch nicht alle Abläufe im Voraus organisieren lassen, steht stets die Frage offen, ob eine **organisatorische Maßnahme** (z.B. Aufstellen eines übergreifenden Regelwerkes) ergriffen oder aber eine **Einzelentscheidung** (z.B. Bewilligung eines Bonus für einen einzelnen Mitarbeiter) gefällt werden soll. Die Organisation von Unternehmen darf keinesfalls dem Zufall überlassen werden. In diesem Kapitel wird daher die Notwendigkeit ersichtlich, die Arten und die Vielschichtigkeit von Organisationen im strukturellen Sinne zu beschreiben. Zunächst soll im ersten Abschnitt den Gründen nachgegangen werden, weswegen Unternehmen in Form von Strukturen entstehen und existieren.

10.1.1 Wieso gibt es Organisationen?

Betrachtet man die Umwelt als umfassenden Rahmen, in dem sich Aktivitäten gleichgültig ob wirtschaftlicher, politischer oder gesellschaftlicher Natur abspielen, so stellen Unternehmen in gewisser Weise ein **Subsystem** dar. Dieses Subsystem stellt eine kleinere Einheit des Marktes dar, das aufgrund seiner Leistungsfähigkeit und Effizienz existiert. Unternehmen beinhalten Strukturen, Regeln, Kultur und viele andere Aspekte, die ein Unternehmen vom anderen abgrenzt und definiert.

Die Abgrenzung des Subsystems als Unternehmen oder Organisation von der Umwelt hat den Ursprung darin, dass Pflichten, Kontrolle und Zuständigkeiten erst nachgelagert definiert und ausgeübt werden können. Das Subsystem, wie es in diesem Abschnitt beschrieben wird, beinhaltet im Kern feste Strukturen und ein kollektives Gedächtnis, welches essentiell für dessen Wirtschaftlichkeit und dessen Entwicklung ist. Generell lassen sich zwei Perspektiven für die Erklärung der Existenz von Organisationen festhalten:

Gründe für die Existenz von Organisationen

- *Outside-in-Perspektive:* Eines der Hauptmotive für die Existenz von Organisationen aus Outside-in-Perspektive stellt in diesem Zusammenhang das **Effizienzkriterium** dar. Jenes besagt, dass Strukturen und ein kollektives Gedächtnis hauptverantwortlich für die Entwicklung von Routinen, Regeln und einer homogenisierten Leistungserstellung sind. In diesem abgegrenzten Rahmen wird die komplexe Umwelt reduziert (Simplifizierung) und zu einem gewissen Grad kontrolliert. Dieses Vorgehen macht eine effizientere und stärker kontrollierte Leistungserstellung möglich.

- *Inside-out-Perspektive:* Aus Inside-out-Perspektive sind andere Hauptmotive für den Aufbau von organisationalen Strukturen relevant. Vor dem industriellen Zeitalter bestanden Unternehmen zumeist aus einer einzelnen Person, die jegliche Tätigkeit – von Einkauf, über Erstellung bis hin zu Verkauf – selbst ausführte. Da in der Zeit der Industrialisierung die Unternehmen und die Komplexität der Leistungserstellung wuchsen, wurde die **Arbeitsteilung** unabdingbar. Aus dem Unternehmer, der alle Angelegenheiten selbst ausführte, wurde ein „Dirigent", der zahlreiche Mitarbeiter führte, delegierte und die Arbeit aufteilte. Es entstand das Bedürfnis nach Organisation, das Bedürfnis danach, verschiedene Tätigkeiten, Rollen und Aufgaben zu ordnen und zu strukturieren.

Abgesehen davon sollte man die Organisationsstruktur zugleich im Kontext zur Strategie und Kultur eines Unternehmens sehen. Einer isolierten Betrachtungsweise soll insofern vorgebeugt werden, da ansonsten ein unrealistisches und fiktives Bild von Strukturen ohne Kontextbezug geschaffen wird. Stets sollte man sich das Zusammenspiel von Strategie, Kultur und Struktur vor Augen halten.

Nach Chandlers Erkenntnis[1] *„structure follows strategy"* sind nur diejenigen Unternehmen erfolgreich, denen es gelingt, die Struktur derart zu gestalten, dass die Strategie permanent mit operativen Maßnahmen unterstützt wird. Längerfristigen Erfolg erzielt nur derjenige, der fähig ist, Strategie, Struktur und Kultur aufeinander abzustimmen. Die Frage nach erfolgreichen Organisationsstrukturen stand lange im Vordergrund. In der Vergangenheit wurde ebendieser Sachverhalt unterschiedlich diskutiert.[2]

10.1.2 Geschichtliche Entstehung

Zu Beginn ist die organisatorische Gestaltung im Unternehmen durch Arbeitsteilung und Rationalisierung gekennzeichnet, sprich durch funktionale Strukturen. In einem weiteren Entwicklungsschritt der Unternehmensstrukturierung erfolgen Dezentralisierungsmaßnahmen in Form von Spartenorganisationen (Divisionen) und Konzepte mit Produktverantwortlichen (Matrix). Als Folge der vermehrten Orientierung auf die Wertschöpfung, auf die Kunden und auf die Prozesse sind heute Ansätze wie *Lean Management*, *Netzwerkorganisation*, *virtuelle Organisationsmodelle*[3], *Clusterorganisation* oder *Prozessmanagement* aktuell.

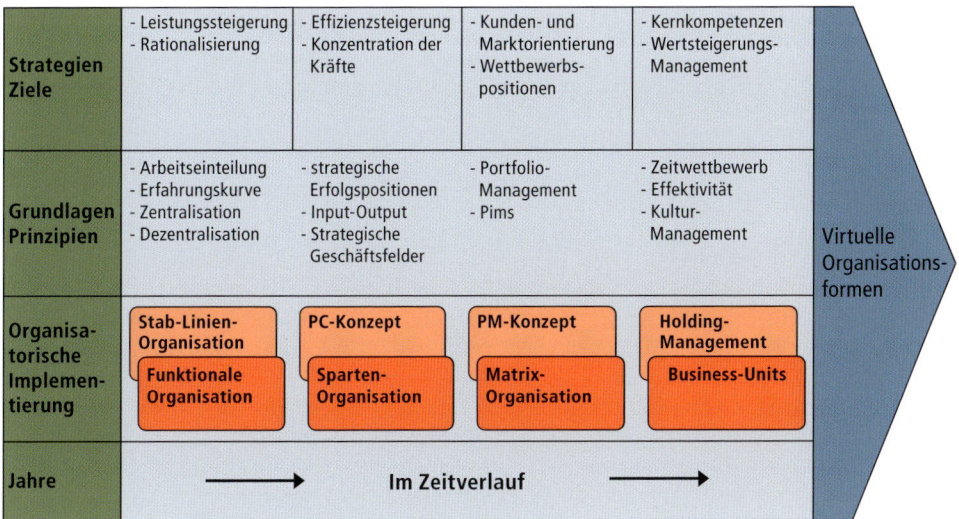

Abbildung 10.1: Ausgewählte organisatorische Entwicklungsphasen

Moderne Unternehmen als soziale Systeme benötigen, wie jedes biologische System, eine Organisation. Dabei hat sich gezeigt, dass nicht unbedingt die Frage nach der *einen* erfolgreichen Organisation im Vordergrund stehen sollte, sondern dass Funktionalität und Zweckmäßigkeit auf verschiedene Weisen (Organisationsarten) erreicht werden können.

Biologische Systeme verdeutlichen die Funktionsweise und belegen, dass eine große Anzahl verschiedener Strukturen existieren und zeitgleich erfolgreich sein können. Betrachtet man die Unternehmen als soziale Organismen, können differierende organisatorische Lösungen gefunden werden, die zu dem gewünschten Unternehmensziel führen. Das Management hat demnach nicht nach der erfolgreichsten Organisation zu suchen, sondern hat zur Aufgabe, diejenige Organisation zu entwickeln und anzuwenden, die die anstehenden Aufgaben optimal bewältigen und gleichzeitig die Eigenheiten des Unternehmens nutzen kann.

Es ist zwar unbestritten, dass organisatorische Strukturen im Management notwendig sind, doch stellt sich diesbezüglich die Fragen, in welchem Ausmaß, mit welchen Prinzipien, mit welchen Instrumenten und in welcher organisatorischen Form diese aufgebaut werden. Hierauf Bezug nehmend sind oftmals divergierende Antworten in der Betriebswirtschaftslehre vorzufinden, sei es in der Praxis oder in der Organisationsforschung. Eine pointierte, praxisorientierte Antwort gibt unter anderem Nicolas G. Hayek[4], wie dem folgenden Beispiel zu entnehmen sein wird.

Beispiel 10.1 **Der Bananenkiosk**

„… Ich hasse wie die Pest alles, was mit sturen Organisationsstrukturen zu tun hat. Organisation ist etwas vom Unmöglichsten, was es auf dieser Welt gibt. Völlig wider die menschliche Natur. Und wenn Sie mir nun sagen, dass ich selbst doch auch Organisation und Strukturen schaffe, dann erzähle ich Ihnen zur Erklärung die Geschichte vom Bananenkiosk. Sie eröffnen einen Bananenkiosk am Flughafen Zürich. Sie kaufen und verkaufen Bananen und entscheiden, wie viel Sie vom eingenommenen Geld auf die Bank bringen wollen und für wie viel Sie neue Bananen zu kaufen gedenken. Dazu brauchen Sie keine Organisation, bloß unternehmerisches Flair und Können. Wenn aber eines Tages Ihre Frau kommt und sagt: „… ich möchte auch einen solchen Kiosk am Hauptbahnhof eröffnen", und wenn Sie das dann auch macht, dann benötigen Sie ein Minimum an Organisation. Dabei geht es lediglich um Informationen - der Informationsfluss ist der wichtigste Teil einer jeden Organisation -, damit, wenn einer von Ihnen seine Bananen verkauft und der andere noch Bananen auf Lager hat, Sie sich gegenseitig aushelfen können. Wenn Sie aber mit Ihrer Frau so erfolgreich werden, dass Sie entscheiden, in 30.000 Gemeinden Kioske zu eröffnen und überdies neben Bananen auch noch Äpfel, Orangen, Kaugummi, Zigaretten, Zeitungen und vieles andere zu verkaufen, dann ist – ob man will oder nicht – eine feste Organisationsstruktur erforderlich, welche dieses System sichert und wachsen lässt. Denn kein menschliches Gehirn kann ein derart komplexes System ohne Organisation und ohne Absprache mit allen Beteiligten beherrschen.

Also wird zähneknirschend eine Organisation erstellt, bestenfalls bloß eine, welche nur die wesentlichen Funktionen umfasst, die unbedingt notwendig sind, um dieses System einwandfrei zum Funktionieren zu bringen.

(…) Meine Philosophie war immer folgende: Jede Organisationsstruktur sollte nur die absolut notwendigen und maximalen Funktionen beinhalten."

Quelle: Hayek (2005), S. 64f..

Das Beispiel des Bananenkiosks verdeutlicht die Auffassung, dass eine Organisation nicht zum Selbstzweck betrieben werden sollte. Organisieren bedeutet in diesem Sinn, einzelne Tätigkeiten in einem Unternehmen zielorientiert und effizient zu gestalten. Organisiert wird in jedem Unternehmen in drei verschiedenen Bereichen bzw. Dimensionen, welche wie folgt behandelt werden.

10.1.3 Rolle und Bedeutung

Dem **Begriff** Organisation können grundlegend drei Bedeutungen beigemessen werden: *Organisation als Instrument*, als *Unternehmensfunktion* und als *Institution*.

- **Instrument:** Der Begriff „Organisation" kann im Sinne eines Instruments verstanden werden und beschreibt den Prozess des Strukturierens und Organisierens.

- **Unternehmensfunktion:** In diesem Zusammenhang ist die Organisation als eine Einheit innerhalb eines Unternehmens zu sehen, die für das Organisieren und Strukturieren von Abläufen und Prozeduren verantwortlich ist.

- **Institution:** Der Begriff „Organisation" kann im Sinne einer Institution verstanden werden und damit eine soziale Struktur beschreiben, die zum Ziel hat, seine Mitglieder zu zielorientiertem Zusammenwirken zu veranlassen. Eine Organisation als solche grenzt sich von ihrer Umwelt ab und kann als Synonym für den Begriff „Unternehmen" oder gar „Firma" verstanden werden.

Verantwortlich für die Unternehmensfunktion „Organisation" ist in der Regel der sogenannte **Chief Operating Officer** *(COO)*, welcher sich primär auf das operative Geschäft eines Unternehmens konzentriert. Seine wesentliche Aufgabe besteht darin, sämtliche Prozesse und Leistungen des Unternehmens zu führen, zu organisieren und zu steuern.

In einem Unternehmen spielt Organisation eine wesentliche Rolle, welche sich folgende Einsatzbereiche aufteilen lässt: In *Prozess-* und *Ablauforganisation*, in *Struktur-* bzw. *Aufbauorganisation* und schließlich in *Führungskonzepte*.

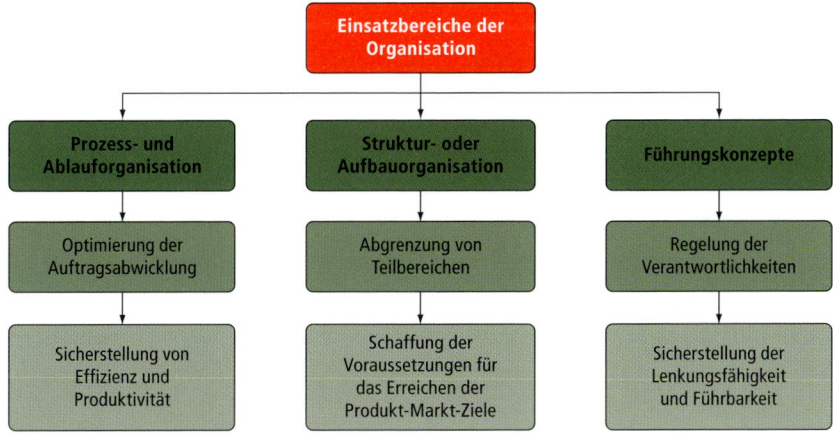

Abbildung 10.2: Einsatzbereiche der Organisation

Abbildung 10.2 zeigt, dass die jeweiligen Bereiche von Organisation auf unterschiedliche Aufgaben und Ziele ausgerichtet sind.

Einsatzbereiche der Organisation

a) **Prozess- und Ablauforganisation:** Dieser Einsatzbereich konzentriert sich primär auf die Optimierung interner Prozesse, insbesondere auf die Sicherstellung und Verbesserung der organisatorischen Effizienz (Verteilungsbeziehungen).

b) **Struktur- oder Aufbauorganisation:** Dieser Einsatzbereich ist darauf fokussiert, Voraussetzungen für das Erreichen unternehmerischer Ziele bezüglich der Produkte und Märkte zu schaffen. Im Mittelpunkt steht hierbei die Erhöhung der Effektivität (Arbeitsbeziehung). Eng mit der Aufbauorganisation ist die Regelung der Verantwortlichkeiten verbunden.

c) **Führungskonzepte:** Dieser Einsatzbereich steht in unmittelbarem Zusammenhang mit *Corporate Governance*. Im Sinne der strategischen Ziele gilt es, Führungskonzepte aufzubauen, die die Lenkbarkeit des Unternehmens garantieren und sicherstellen. Dies geschieht in erster Linie durch Regelungen und Verantwortlichkeiten.

Somit befasst sich die Organisation eines Unternehmens mit Optimierungsvorgängen unterschiedlicher Art. Dadurch, dass Aufgaben und Tätigkeiten einem permanenten Wandel unterworfen sind und unvorhergesehen anfallen, ist die organisatorische Gestaltung dieser Aufgaben und Tätigkeiten ein fortlaufender Prozess in Abstimmung mit der Unternehmensstrategie und -kultur. Ein Unternehmen ist dann **optimal organisiert**, wenn alle regelmäßigen und gleichartigen Vorgänge mittels allgemeingültiger Regelungen entschieden und vollzogen werden.[5] In der beruflichen Praxis ist dieser Optimalzustand aufgrund der Veränderungen vielfach nur von kurzer Dauer: Je nach Situation ereignet sich eine Überorganisation oder auch eine Unterorganisation des Unternehmens.

Über- und Unterorganisation[6]

■ **Überorganisation:** Werden ungleichartige unregelmäßige Vorgänge durch Dauerregelungen erfasst und organisiert, ist ein Unternehmen überorganisiert.

■ **Unterorganisation:** Sind zu wenig repetitive Tätigkeiten geregelt und organisiert, ist ein Unternehmen unterorganisiert.

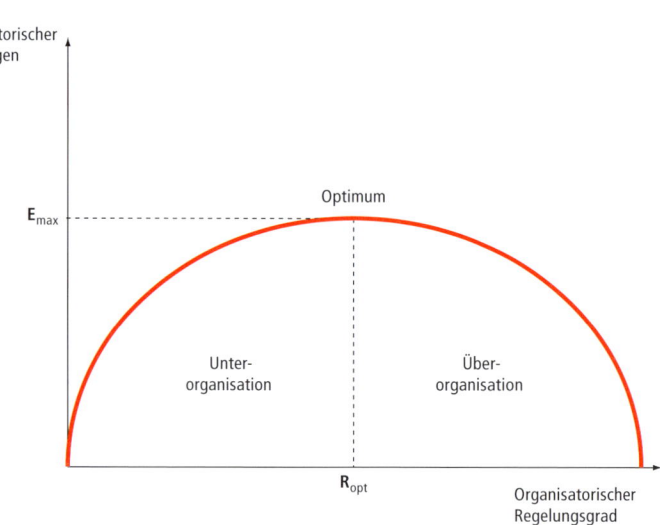

Abbildung 10.3: Substitutionsprinzip der Organisation
Quelle: Gutenberg (1983), S. 293.

Abbildung 10.3 beschreibt einen **Substitutionsvorgang**. Organisieren kann aufgefasst werden als das Ersetzen von fallweisen Regelungen durch generelle Anweisungen[7]. Je mehr jedoch veränderbare betriebliche Situationen vorhanden sind, desto weniger können generelle Regelungen angewandt werden. Das Suchen nach dem optimalen Organisationsgrad stellt in der heutigen beruflichen Organisationspraxis eine wesentliche Herausforderung dar.

Es ist wie folgt festzuhalten: Organisatorische Regelungen, Prinzipien und Instrumente prägen alle Bereiche einer Organisation auf unterschiedlichstem Niveau, auf operativer wie ausführender Ebene ebenso wie auf Führungsebene.

Nachfolgend werden basierend auf einer ganzheitlichen Sichtweise die Tools und die Umsetzung von Organisation behandeln. Es sollen die Spannungsfelder einer Organisation und das Organigramm als wichtiges Instrument beschrieben werden.

10.2 Ganzheitliche Sichtweise: Tools und Umsetzung

Die Organisation eines Unternehmens ist nicht nur auf aufbaustrukturelle Fragen zu reduzieren, sondern ganzheitlich zu betrachten. Die Organisationstheorie wurde in diesem Kontext stark von der Systemtheorie beeinflusst.[8] Folgende Fragen sind hierbei von Bedeutung:

- Worin besteht eine ganzheitliche Sichtweise des Organisationsphänomens?
- Welches sind die Leitlinien, die sich daraus für die Analyse und Gestaltung der Organisation ableiten lassen?
- Welche Kriterien bezeichnen den Gesundheitszustand einer Organisation am besten?
- Welche Prinzipien und Instrumente sind in Bezug auf die organisatorische Gestaltung zu verwenden?

Es ist hilfreich, bei diesen Fragestellungen davon auszugehen, dass eine Organisation eine komplexe Konfiguration unterschiedlicher Spannungsfelder darstellt. Die Konfiguration einer Organisation setzt sich aus verschiedenen Elementen zusammen und macht dementsprechend eine differenzierte Betrachtungsweise notwendig.[9] Im Folgenden werden daher Spannungsfelder einer Organisation beschrieben.

10.2.1 Spannungsfelder einer Organisation

Die Organisation eines Unternehmens kann nach *Bleicher* (1991) anhand verschiedener Dimensionen charakterisiert werden. Die Dimensionen stellen Spannungsfelder dar und verdeutlichen die Pole, zwischen denen sich die strategiegerechte Organisation orientieren kann.

Die einzelnen Spannungsfelder lassen sich in vier Gruppen aufteilen: **Technostruktur** versus **Soziostruktur**, **mechanische** versus **organische Struktur**, **Hierarchie** versus **Netzwerke**, **Fremdorganisation** versus **Selbstorganisation**.

Tabelle 10.1

Spannungsfelder in der Organisation

Sachorientierung		Personenorientierung
Formalisierung		Symbolorientierung
Effizienzorientierung		Effektivitätsorientierung
Organisation	versus	Organisation auf Zeit
Monolithische Orientierung		Polyzentrische Orientierung
Steile Konfiguration		Flache Konfiguration
Identitätsentwicklung		Kontextuelle Anpassung
Fremdgestaltung		Eigengestaltung

Quelle: Bleicher (1991), S.60.

Technostruktur versus Soziostruktur

Diese ersten beiden Dimensionen können kombiniert werden und umschreiben zwei Typologien:

- Die Technostruktur
- und die Soziostruktur

Die aufgabengebundene **Technostruktur** generiert die sachorientierte Gestaltung sowie die Formalisierung, die personengebundene **Soziostruktur** umfasst hingegen die Personen- und die Symbolorientierung.

- **Sachorientierung versus Personenorientierung:** Die Gestaltung einer Organisation kann sachorientiert oder auch personenorientiert erfolgen. Orientiert sich die Organisation an sachlich-rationalen Aspekten, so ist die Aufgabengliederung gemäß eines klar definierten Anforderungsprofils im Vordergrund; die dazu passenden Aufgabenträger werden gesucht *(Organisation ad instrumentum)*. Organisatorische Instrumente stehen hierbei im Vordergrund.

  Die personenorientierte Ausprägung *(Organisation ad personam)* bündelt die Aufgaben, so dass die Motivation und die Fähigkeiten der Mitarbeiter optimal zum Tragen kommen. Sie richtet sich im Kern an die Mitarbeiter und besitzen daher spezifischen, persönlichen Charakter (z.B. Stellenprofil an einen Mitarbeiter angepasst).

  Die sachorientierte Gestaltung ereignet sich hingegen unpersönlich und charakterisiert sich aufgabenorientiert. Auf diese Weise kann eine Organisation die Mitarbeiter mit Namen in einem Organigramm oder den Schriftverkehr (Personenorientierung) oder auch lediglich dessen Funktion (Sachorientierung) aufnehmen (z.B. Stellenprofil wird an die objektiven Unternehmensanforderungen angepasst).

- **Formalisierung versus Symbolorientierung:** Die Formalisierung versinnbildlicht die schriftliche Fixierung organisatorischer Regelungen und deren Dokumentation. Aufgaben, Kompetenzen, Verantwortung und Arbeitsprozesse werden explizit formalisiert. Diese Technostruktur beabsichtigt, die einwandfreie Aufgabenerfüllung durch eine hohe Anzahl von Regelungen zu erreichen (z.B. exakt formuliertes Stellenprofil mit genauen Anweisungen).

  Die Symbolorientierung charakterisiert sich durch Verhaltensnormen, Artefakte, Gewohnheiten und Tabus und wirkt auf diese Weise gestaltend. In Kombination mit personenorientierten Aspekten wird versucht, die Loyalität der Mitarbeiter dem Unternehmen gegenüber zu stärken. Bei dieser Dimension steht die Organisation vor der Wahl, explizit oder implizit Regelungen zu kommunizieren. Während die explizite, formalisierte Art konkret und unmissverständlich ist, wirkt die Symbolorientierung wage und verlangt von den Mitarbeitern einen gewissen Grad an Reflektion ab, um die Regelung auf eine konkrete Situation anwenden zu können. Dies ist auch der Vorteil von Symbolen, da sie einen Grad an Flexibilität bei der Anwendung bieten. Sie decken somit mehr Situationen ab, als es die Formalisierung je abdecken kann. Eine Vorschrift ist ein typisches Beispiel eines formalisierten Vorgehens: Eine gewisse Verhaltensform in einem Unternehmen in der Unternehmenskultur zu verankern, entspricht einer typischen symbolorientierten Lösung. (z.B. internes Stellenprofil ohne genaue Beschreibung aber mit Unternehmenszielen und verhaltensorientiert).

Mechanische versus organische Struktur

Bei diesen Dimensionen wird der Regelungscharakter einer Organisation definiert. Die Effizienzorientierung und die Organisation auf Dauer sind geprägt durch eine **mechanische Struktur**, während die Effektivitätsorientierung und die organisatorischen Regelungen auf Zeit durch eine **organische Struktur** geprägt sind. Beide Arten weisen Vor- und Nachteile auf. Für die Organisation ist es entscheidend, dass die jeweilige Struktur zweckmäßig eingesetzt wird. In einem Bereich wie beispielsweise der Forschungs- und Entwicklungsabteilung macht es keinen Sinn, mechanische Strukturen aufzubauen. In einer Verwaltungsabteilung hingegen können mechanische Strukturen durchaus sinnvoll und funktional sein. Eine Organisation sollte die Fähigkeit besitzen, den sinnvollen Regelungscharakter für ihre Abteilungen, Funktionsbereiche oder auch eine zeitliche Phase auszuwählen, um erfolgreich zu sein.

- **Effizienzorientierung versus Effektivitätsorientierung:** Im Fall der Effizienzorientierung wird versucht, die Teilaufgaben mit eindeutigen Regelungen und geringen Variationen so gut wie möglich zu zerlegen und zu programmieren. Diese Vorgehensweise hat Rationalisierung und Kostensenkung zum Ziel. Häufig ist in diesem Kontext die Rede von Taylorismus.

  Im Rahmen der Effektivitätsorientierung werden hingegen durch offene, unbestimmte Regelungen die Teilaufgaben und Arbeitsprozesse mit einem hohen Variationsgrad festgelegt. Im Zentrum steht die zweckbezogene Bildung der Aufgabenkomplexe. Der organisatorische Aufbau der strategischen Einheiten erfolgt zielgerichtet und flexibel und kann je nach Einzelfall variieren.

- **Organisation auf Zeit versus Organisation auf Dauer:** Die Organisation auf Zeit ist geprägt durch permanenten Wandel und durch die daraus resultierende Notwendigkeit organisatorische Regelungen permanent anpassen zu müssen. Hierbei werden daher die Regeln nur für einen begrenzten Zeitraum festgelegt: Den Zeitpunkt kann ein bestimmter Termin oder aber auch das Ende einer spezifischen Aufgabe bilden.

Bei der Organisation auf Dauer werden hingegen organisatorische Regelungen ohne Zeitbeschränkung festgelegt und Zuständigkeiten grundlegend geregelt. Die organisatorische Struktur wird nur sehr selten verändert. In einer stabilen Branche ist demnach die Organisation auf Dauer umzusetzen. Die Organisation auf Zeit findet in einer turbulenten Branche Anwendung, in der Produkte und Dienstleistungen nur kurze Lebenszyklen aufweisen. In Bezug auf den Wandel von Organisationsstrukturen im zeitlichen Verlauf wird häufig auch von *Change Management (Management des Wandels)* gesprochen.[10]

Hierarchie versus Netzwerke

Hierarchien und Netzwerke können unterschiedlich ausgeprägt (orientiert und konfiguriert) sein:

- **Monolithische versus polyzentrische Orientierung:** Die monolithische Orientierung zeichnet sich durch eine Zentralisierung der Entscheidungsgewalt an der Führungsspitze aus. Unternehmen wie Boeing oder Microsoft treffen die Mehrheit von wichtigen Entscheidungen im jeweiligen Mutterkonzern.

  Polyzentrische Konfigurationen stehen hingegen für eine Dezentralisierung der Verantwortung auf der Ebene mit der höchsten Sachkompetenz. Sie bietet somit den Funktionsbereichen oder Divisionen einen gewissen Grad an Autonomie. Unternehmen wie Nestlé, die Produkte in vielen Ländern herstellen, bei denen sich die Geschmäcker (Bedürfnisse) der Kunden stark von denen anderer Länder unterscheiden, sind polyzentrisch organisiert.

- **Steile versus flache Konfiguration:** Eine steile Konfiguration ist oft die Folge der Arbeitsteilung in Organisationen (z.B. im Sinne von Bandarbeit). Zahlreiche organisatorische Bereiche werden gebildet und auf verschiedene Hierarchieebenen verteilt. Enge Leitungsspannen sind ein offensichtliches Merkmal steiler Konfiguration. Als Leitungspanne wird die Anzahl der Mitarbeiter verstanden, die sich hierarchisch unter einer Person oder Organisation befinden.

  Im Gegensatz dazu versucht eine flache Konfiguration wenige Bereiche mit geringer Aufgabengliederung zu bilden. Ein Beispiel dafür ist Gruppenarbeit. Breite Leitungsspannen und eine kleine Anzahl von Leitungsstufen sind prägend für eine flache Konfiguration. Die flache Konfiguration ist häufig bei kleinen Unternehmen sowie bei Unternehmen in einem dynamischen und innovativen Marktumfeld vorzufinden.

Hierarchien sind typischerweise die Folge einer monolithischen Gestaltung und einer steilen Konfiguration. **Netzwerke** sind in diesem Kontext Ergebnis einer polyzentrischen Strukturierung und einer flachen Konfiguration.

Fremdorganisation versus Selbstorganisation

Fremdorganisation und Selbstorganisation sind unterschiedlich ausgeprägt:

- **Identitätsentwicklung versus kontextuelle Anpassung:** Bei der **Identitätsentwicklung** streben Organisationen nach Einheitlichkeit und geben wenig Freiraum für die Eigengestaltung organisatorischer Einheiten. Die Integration bzw. Zentralisierung wichtig, damit klar abgegrenzte Verantwortungsbereiche gebildet werden können. Identitätsentwicklung wird in der beruflichen Praxis häufig mit dem Begriff *Corporate Identity*[11] verbunden. *Corporate Identity* ist Synonym für die Selbstdarstellung eines Unternehmens durch z.B. sein Logo, die Stilrichtung, die Gebäude. Der Begriff beschrieebt somit sämtliche Elemente mit der sich ein Unternehmen identifiziert *Cor-*

porate Identity ist sehr stark in amerikanischen Unternehmen wie auch Universitäten ausgeprägt. *Dress Code (Kleidervorschrift)* oder eine gemeinsame Sprache können Ausdruck dafür sein. *Corporate Identity* hat sowohl nach außen als auch nach innen eine Bedeutung: Nach außen kann sie in einem Alleinstellungsmerkmal für Kunden gegenüber Wettbewerbern begründet sein. Nach innen kann sie die Unternehmenskultur und den Zusammenhalt stärken und zu einer besseren Kommunikation beitragen.

Die kontextuelle Anpassung (exogene Orientierung) stellt das Gegenprofil zur Identitätsentwicklung dar. Sie beabsichtigt, die Erwartungen und Veränderungen der Umwelt möglichst zu reflektieren. (Bottom-Up) Initiativen und Eigenentwicklung von organisatorischen Einheiten wird gefordert. Die Vernetzung des Unternehmens mit der Außenwelt steht hierbei im Vordergrund.

- **Fremdgestaltung versus Eigengestaltung:** Die Fremdgestaltung bezieht sich auf die Entwicklungsform und die Lenkung einer Organisation. Fremdgestaltung ist geprägt durch eine *Top-down-Organisation*. Das heißt, dass sich von dem Topmanagement abgesehen die Mitarbeiter in einen vorgegebenen Rahmen bewegen. Die organisatorische Gestaltung wird von der Geschäftsleitung ausgeführt und nicht durch die betroffenen Mitarbeiter. Im Gegensatz dazu erfolgt die Eigengestaltung nach dem *Bottom-up-Prinzip* und versucht, eine breite Mitarbeiteranzahl in die Gestaltung von Organisation miteinzubeziehen.

- **Fremdorganisation** ist die Folge von Identitätsentwicklung und Fremdgestaltung. Das Unternehmen strebt danach, Doppelspurigkeit (doppelte Arbeit in einzelnen Abteilungen) durch Zentralisierung zu vermeiden.

- **Selbstorganisation** ergibt sich aus kontextueller Anpassung und Eigengestaltung. Die kontextuelle Anpassung strebt nach Flexibilität.

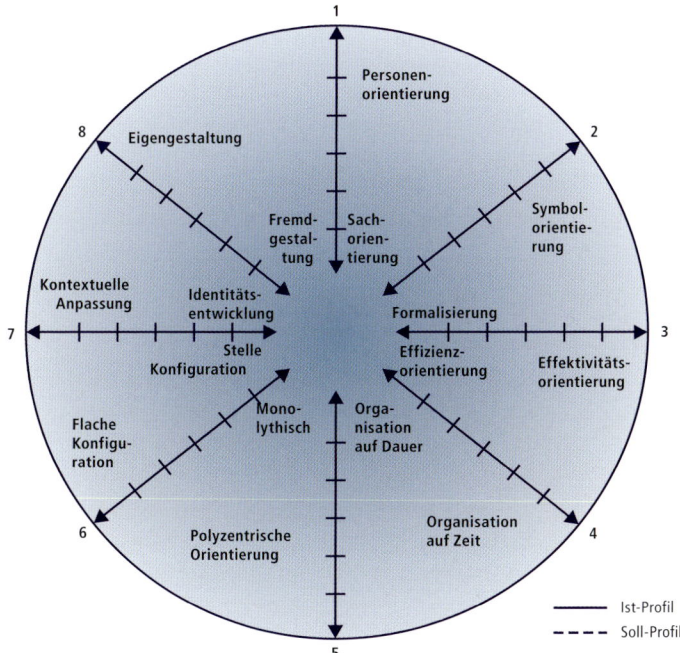

Abbildung 10.4: Dimensionen der Organisationsstruktur
Quelle: Bleicher (1991), S.60.

Die beschriebenen Dimensionen eignen sich in der beruflichen Praxis dafür, organisatorische Situationen und Praktiken eines Unternehmens zu **analysieren** *(Ist-Profil)* und zu **konzipieren** *(Soll-Profil)* und bilden ein Klassifikationsraster. Liegen die Ausprägungen einer Organisation eher im Innenkreis[12], so handelt es sich um eine stabile Organisation. Orientiert sich das Profil jedoch an den Ausprägungen des Außenkreises, ist die Rede von einer entwicklungsfähigen und flexiblen Organisation. Jedes Profil hat seine Praxisberechtigung. In Phasen des Wandels[13] ist die entwicklungsfähige und flexible Organisation zu wählen, während in Phasen der Stabilität die stabile Form zu bevorzugen ist.[14]

10.2.2   Bausteine und Basiskonfigurationen von Organisationen

Mintzberg (1979) entwickelte einen Ansatz, der sich mit den grundlegenden Bausteinen und den Basiskonfigurationen von Organisationen befasst. Er betrachtete Organisationen in diesem Zusammenhang als ganzheitlich und reduzierte sie nicht auf deren Aufbaustruktur. Organisationen können nach Mintzberg als komplexe Konfigurationen von Bausteinen aufgefasst werden, zwischen denen koordinierende Mechanismen bestehen. Mintzberg unterscheidet dabei **fünf Bausteine**[15]:

1.   **Strategische Spitze:** Die strategische Spitze wird auch als „Topmanagement" bezeichnet. Hier werden zentrale Entscheidungen gefällt, die die Organisation betreffen.

2.   **Mittleres Linienmanagement:** Das mittlere Management ist das Bindeglied zwischen dem operativem Kern und der strategischen Spitze.

3.   **Operativer Kern:** Innerhalb des operativen Kerns finden die grundlegenden Wertschöpfungsarbeiten statt.

4.   **Technostruktur:** Im Rahmen der Technostruktur finden die Entwicklung von Managementsystemen sowie die Kontrolle der Arbeitsprozesse der operativen Bereiche (Finanzspezialisten, Computerspezialisten, Ingenieure etc.) statt.

5.   **Unterstützende Einheiten:** Zu unterstützenden Einheiten zählen diejenigen Mitarbeiter, die die operativen Bereiche unterstützen (Kantinenarbeiter, Hilfskräfte, Sekretärinnen etc.).

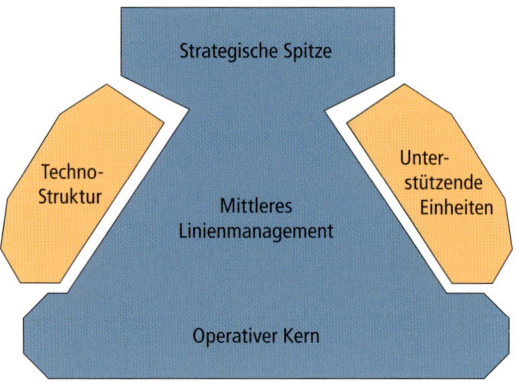

Abbildung 10.5: Konfigurationsbausteine der Organisation
Quelle: Mintzberg (1979), S. 65.

Die in *Abbildung 10.5* dargestellten Bausteine und Koordinationsmechanismen können bezüglich ihrer Größe und Bedeutung in Abhängigkeit von der unternehmensspezifischen Situation und den Umweltbedingungen stark variieren. Koordinationsmechanismen können einerseits die Überwachung des Topmanagements und des mittleren Managements bedeuten. Andererseits eignen sich verschiedene Standardisierungen, eine Koordinationsfunktion auszuüben. Auf diese Weise können Arbeitsprozesse und die dazu benötigten Fähigkeiten standardisiert werden.

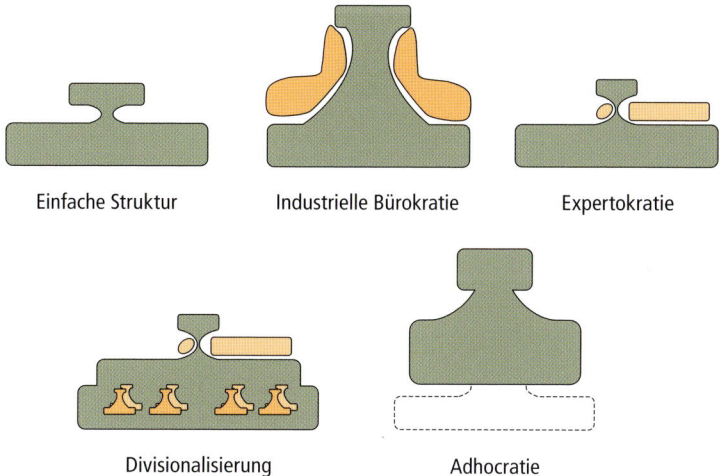

Abbildung 10.6: Basiskonfigurationen
Quelle: Mintzberg (1979), S. 65

Die Bausteine und Mechanismen der Koordination lassen sich nach Mintzberg (1979) in unterschiedliche Basiskonfigurationen unterscheiden: In die einfache Struktur, die industrielle Bürokratie, die Expertokratie, die Divisionalisierung und die Adhocratie. Im Folgenden werden die Bausteine und Mechanismen der einzelnen Basiskonfigurationen näher erläutert.

- **Einfache Struktur:** Die einfache Struktur wird vor allem von kleinen und mittleren Unternehmen (KMUs) angewandt und besteht in der Regel aus nur einer strategischer Spitze und einem operativen Kern. Auf eine explizite Technostruktur und auf Hilfsstäbe wird aus unterschiedlichen Gründen verzichtet. Bei spezifischen Problemen greifen solche Unternehmen auf externe Dienstleister zurück (z.B. auf Berater, IT-Spezialisten). Bei der Anwendung der einfachen Struktur besteht die Gefahr, dass die Unternehmensspitze überlastet wird und ein Mangel an interner Entwicklung von strategisch relevantem Wissen einsetzt.[16]

- **Industrielle Bürokratie:** Die industrielle Bürokratie besteht aus einer ausgeprägten Technostruktur und weist starke Standardisierungen in unterschiedlichen Bereichen auf. Um den steigenden Informationsfluss zu beherrschen, werden Stäbe und technische Hilfsstrukturen aufgebaut. Diese Konfiguration ermöglicht es, große Unternehmen mit tausenden von Mitarbeitern zu organisieren. Wesentliche Nachteile dieser Koordinationsform bestehen in der Anzahl der Hierarchieebenen und der Gefahr des unkontrollierten Ausbaus der Stabsstellen und der Technostruktur.

■ **Expertokratie:** Die Expertokratie wird häufig als professionelle Bürokratie bezeichnet. Hierbei kommt den Hilfsstäben und den Experten im operativen Kern eine große Bedeutung zu. Da das mittlere Linienmanagement nur schwach ausgeprägt ist, werden dementsprechend betriebliche und strategische Entscheidungen rasch an die Experten vor Ort delegiert. Ein wesentlicher Nachteil ist, dass marktfremden Stäbe keine wesentlichen Impulse für die Unternehmensentwicklung geben.

■ **Divisionalisierung:** Die Divisionalisierung ist eine Struktur, die oft von wachsenden Unternehmen bevorzugt wird. Die Divisionalisierung bzw. Einteilung setzt bei den Vorteilen der einfachen Struktur an und versucht, die Nachteile der industriellen Bürokratie zu entkräften. Das Topmanagement benötigt für die Koordination relativ wenige Linienmanager, eine kleine Technostruktur und zudem wenige Stabsstellen. Die einzelnen Divisionen besitzen einen großen Entscheidungsspielraum auf dem Markt und in den eigenen internen Prozessen.

■ **Adhocratie:** Die Adhocratie, auch Projektstruktur genannt, weist nur bedingt feste Strukturen auf. In dieser fließenden Struktur werden die Experten verschiedener Disziplinen in Teams zusammengebracht. Die Aktivitäten werden durch Projektorganisation und durch informelle Kommunikation koordiniert. Die Experten sind über die ganze Organisation verstreut und verändern kontinuierlich die Kräfteverhältnisse innerhalb des Unternehmens. Die Entscheidungen werden in erster Linie nicht hierarchisch gefällt, sondern aufgrund des Fachwissens. Da fixe Strukturen fehlen, kann es vorkommen, dass die Koordination der Aktivitäten dadurch erschwert wird. Kreative Expertenteams können sich verselbständigen. Aufgrund der Vorteile wird diese Konfiguration, zumindest für eine gewisse Zeit, in erster Linie von kleinen, innovativen Unternehmen gewählt.

10.2.3 Organigramm

Die Anwendung und der regelmäßige Einsatz wichtiger organisatorischer Instrumente können einen Wettbewerbsvorteil eines Unternehmens darstellen. Dabei werden Instrumente zur organisatorischen Analyse, zur Gestaltung und Implementierung eingesetzt. Vor allem für eine organisatorische Analyse und Gestaltung sind Tools wie das Organigramm und das Kommunikationsdiagramm äußerst relevant.[17] Das primäre Ziel eines Organigramms ist die Darstellung der Aufgabenverteilung eines Unternehmens sowie die Einstufung und Verbindung zwischen den einzelnen Stellen. In einem Organigramm werden in der Regel die Namen der Stelleninhaber, die Stellennummern sowie die Kostenstellen angegeben.

Organigramme können auf unterschiedliche Art und Weise dargestellt w+erden. Um die Lesbarkeit und Aussagekraft beizubehalten, sollten jedoch bestimmte Elemente beachtet werden.

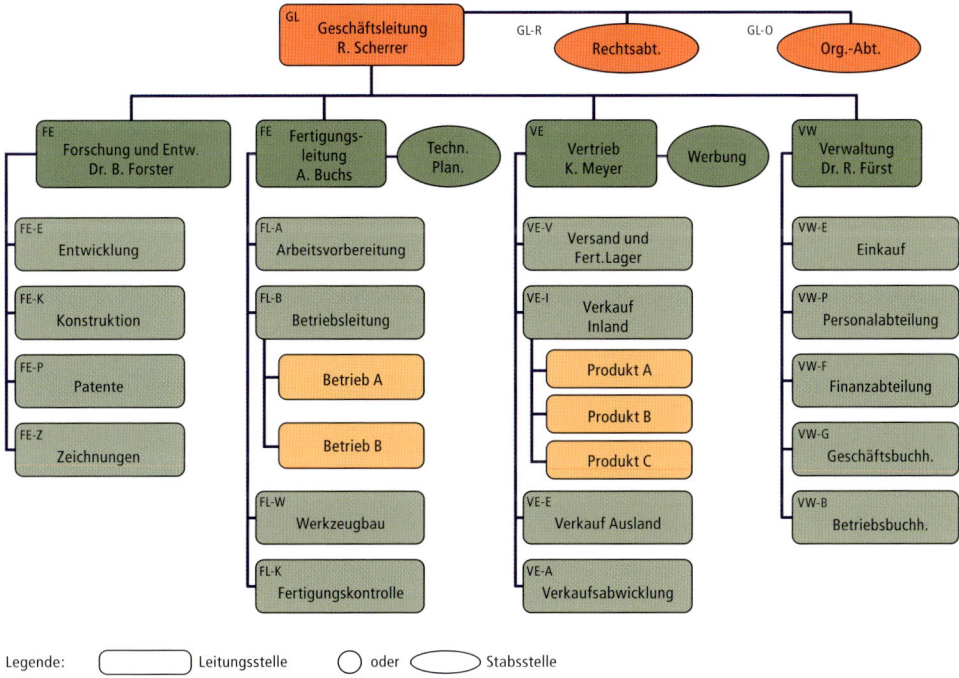

Abbildung 10.7: Basiskonfiguration eines Organigramms
Quelle: Nauer (1993), S. 147 ff.

Wichtige Elemente eines Organigramms

- Darstellung der grundsätzlichen Aufgabenteilung
- Klare Darstellung der Unterstellungsverhältnisse
- Verständliche Bezeichnung von Aufgabenpaketen

Folgende Merkmale können dabei ergänzend berücksichtigt werden:

- Unterscheidung von Linien- und Stabsstellen
- Darstellung der hierarchischen Einordnung
- Kennzeichnung wichtiger Querbeziehungen

Die Aussagekraft von Organigrammen allein, trotz Einhaltung der obigen Kriterien, ist in der beruflichen Praxis begrenzt. Organigramme geben zum Teil nicht Auskunft über die real existierenden Zusammenhänge zwischen Einheiten und Ebenen einer Organisation, sondern informieren über die rein formale Struktur eines Unternehmens. Geübten und erfahrenen Lesern von Organigrammen ist es dennoch möglich, gewisse Eigenheiten und Problembereiche einer Organisation zu erkennen. Das Organigramm gibt Auskunft über das Vorhandensein und über die Anzahl von Planstellen, von vollamtlichen Stellvertretern, von Stabsstellen, von Projektteams, über das Ausmaß der Kontrollspanne[18] oder auch über die doppelt vergebenen Kompetenzen an eine Person. Das Organigramm ist ein sehr hilfreiches Instrument, das auf schnelle Art eine Grobübersicht über ein Unternehmen bietet. In Bezug auf das Lesen eines Organigramms ist wichtig, die Grenzen dieser Darstellungsart zu kennen und im Auge zu behalten, um dem Ziehen falscher Schlüsse vorzubeugen. So bilden beispielsweise die offiziellen hierarchischen Strukturen die Realität oft nur teilweise ab. In der beruflichen Praxis kann durchaus vorkommen, dass ein Mitarbeiter zwar formal keine oder kaum Wichtigkeit besitzt, jedoch mittels seiner informellen Kontakte realiter sehr einflussreich ist. Demnach kann die umgekehrte Situation ebenfalls der Fall sein: Eine Führungsposition existiert zwar formal in einem Organigramm, wird *de facto* jedoch nicht als solche innerhalb der Organisation wahrgenommen.

10.3 Klassische Organisationsformen

Das Ziel von Organisationsformen besteht darin, den organisatorischen Ablauf eines Unternehmens bestmöglich auf dessen Zweck, die Vision, die Mission und schließlich auf die konkreten Ziele abzustimmen.[19] Im Rahmen der zeitlichen Unternehmensentwicklung sind permanent organisatorische Anpassungen vorzunehmen. In diesem Zusammenhang wird oft von den Herausforderungen der **organisatorischen Lücke** gesprochen, welche den Unterschied zwischen dem organisatorischen Soll- und dem organisatorischen Ist-Zustand eines Unternehmens beschreibt.

Im Rahmen der organisatorischen Arbeitsteilung und Arbeitsverknüpfung stehen verschiedene Grundformen zur Auswahl.[20] Organisationsformen können einerseits in Strukturtypen unterschieden werden, welche eine **langfristige fixe Verankerung** anstreben. Andererseits gibt es Organisationsformen, die **zeitlich befristet** sind. Darüber hinaus existieren **eindimensionale** und auch **mehrdimensionale** Organisationsformen. Bei den eindimensionalen Organisationsformen ist auf jeder Hierarchieebene ein Gliederungskriterium maßgebend. Gliederungskriterien können hierbei die Funktionen, die Produkte und Dienstleistungen oder die Regionen und die Märkte sein.[21] Im Gegensatz dazu berücksichtigen mehrdimensionale Organisationsmodelle gleichzeitig mehrere wesentliche Gliederungskriterien. Im Prinzip können beispielsweise zwei Gliederungskriterien für ein Unternehmen von gleichgroßer Bedeutung sein. Diese Mehrdimensionalität findet sich bei fixen Organisationsformen, aber vor allem auch bei zeitlich befristeten Projektorganisationen.

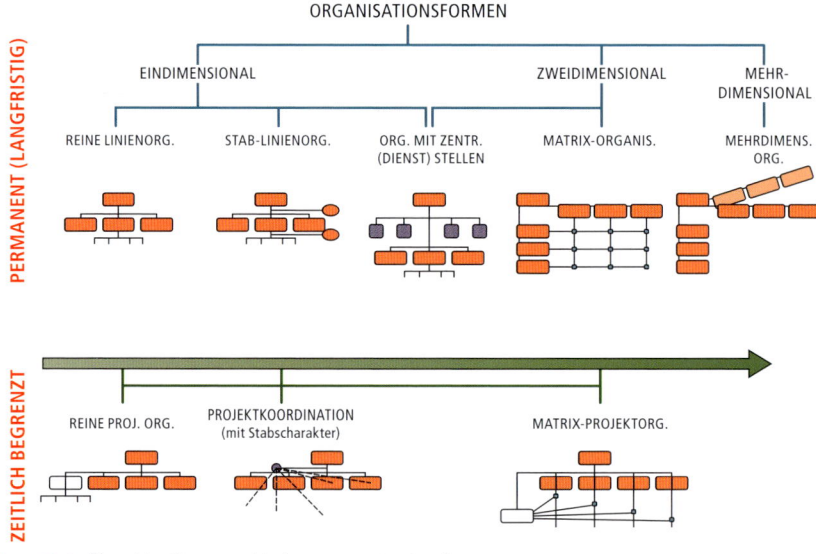

Abbildung 10.8: Übersicht über verschiedenen Organisationsformen
Quelle: Baldegger (2007), S. 311.

Die Variationsmöglichkeiten werden unter anderem im Ansatz des Multi-Projektmanagements von *Cusumano und Nobeoka* (1999) beschrieben. An Beispielen aus der Automobilindustrie zeigen *Cusumano und Nobeoka* unterschiedliche Projektorganisationen, die maßgebend für eine erfolgreiche Produktentwicklung sind. So stehen auch der Unternehmensleitung eine immer größere Auswahl an organisatorischen Ansätzen und Formen zur Verfügung. Im Sinne einer Optimierungsaufgabe ist diejenige zu wählen, die die Strategie des Unternehmens am besten unterstützt. Jede Organisationsform wirkt sich spezifisch auf die Unternehmenseffizienz und -effektivität aus.[22]

So spielen laut *Greiner* (1972)[23] das Alter einer Organisation und quantitative wie qualitative Kriterien eine entscheidende Rolle. Je nach Phase eines Unternehmens ist eine bestimmte Organisationsform erfolgsversprechender als andere. Die Organisationsform ist somit an die jeweilige Situation, in der sich ein Unternehmen befindet, anzupassen.

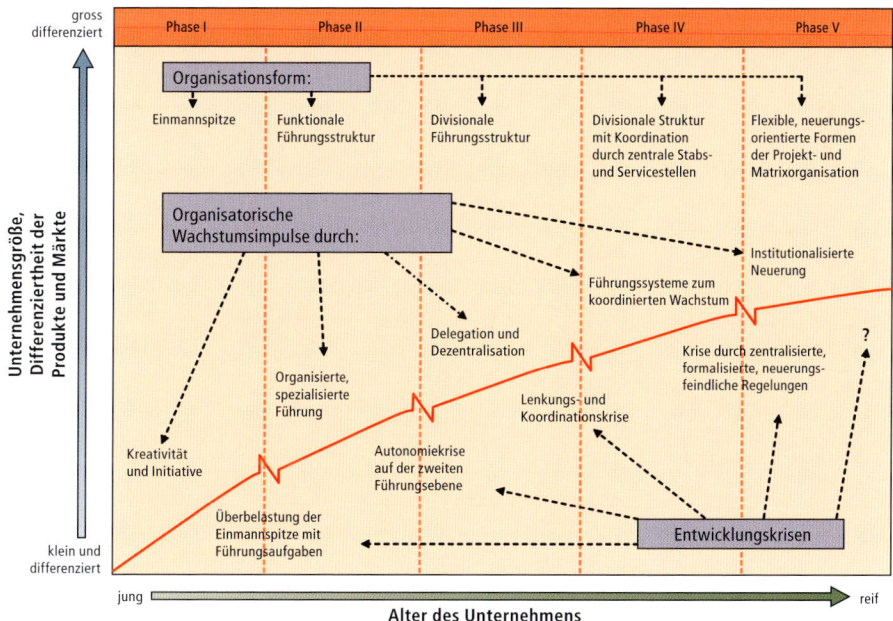

Abbildung 10.9: Phasen im Entwicklungsprozess einer Organisation
Quelle: Greiner (1972), S.41.

In *Abbildung 10.9* sind die entsprechend optimalen Organisationsformen den einzelnen Phasen eines Unternehmens zugeordnet. Die Organisationsformen reichen hierbei von der Einmannspitze für junge und extrem kleine Unternehmen, bis hin zu neuerungsorientierten Formen der Projekt- und Matrixorganisation für ältere und relativ große Unternehmen.

In den folgenden *Abschnitten 10.3.1, 10.3.2,* und *10.3.3* werden nun die klassischen Organisationsformen, insbesondere die eindimensionalen und mehrdimensionalen Konzepte, sowie die Organisation des Produktmanagements vorgestellt und erörtert.

10.3.1 Eindimensionale Konzepte

Zu den **eindimensionalen Konzepten** gehören folgende drei Organisationsformen:

1. Funktionale Organisation

2. Divisionale Organisation

3. Holdingorganisation

Funktionale Organisation

Die eindimensionale funktionale Organisationsform orientiert sich an den Kerntätigkeitsfeldern eines Unternehmens. Es werden hierbei verschiedene Unternehmensfunktionen unterschieden wie Produktion, Marketing, Human Ressource Management, Finanzen und Sales (Verkauf).[24] Zum einen spiegelt die funktionale Organisation den Fluss der Realgüter vom Eingang der Rohstoffe bis hin zum Verkauf der Produkte wider. Zum anderen zeigt sie den Auftragsdurchlauf von der Auftragsannahme im Verkauf (Sales) über die Auftragsabwicklung in der Produktion bis zur Bereitstellung der Ressourcen.[25]

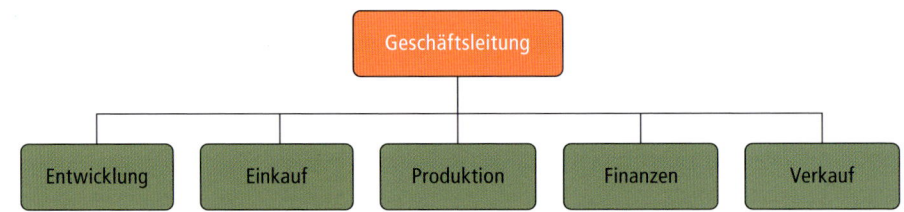

Abbildung 10.10: Funktionale Organisation
Quelle: Straub nach Bleicher (1991), S. 389.

Die funktionale Organisation als älteste Organisationsform ist heute vor allem in kleineren und mittelständischen Betrieben anzutreffen. Bei größeren Unternehmen nimmt die Koordination der funktionalen Stellen überproportional zu, weswegen diese Organisationsform dort eher selten vorzufinden ist.[26] Die funktionale Organisationsstruktur eignet sich besonders, wenn die Rahmenbedingungen des Unternehmens stabil und überschaubar sind, eine Arbeitsteilung möglich ist, das Unternehmen eine homogene Produktpalette aufweist und wenn Routineaufgaben überwiegen. Die Vor- und Nachteile dieser Organisationsform sind in *Tabelle 10.2* zusammengefasst.

Mit zunehmendem Wachstum eines Unternehmens, beispielsweise durch eine Erweiterung der Produktpalette, nimmt der Koordinationsbedarf zu. Des Weiteren nehmen die Spezialisierungsvorteile der funktionalen Organisation dadurch ab. Verändern sich dabei auch noch die Umweltbedingungen (z.B. durch eine veränderte Markt- und Wettbewerbssituationen), bietet die funktionale Organisationsstruktur nicht ausreichend Flexibilität. Ein Wechsel zu einer divisionalen Organisation ist daher oft sinnvoll.

Tabelle 10.2

Vor- und Nachteile der funktionalen Organisation

Vorteile	Nachteile
Einfache, überschaubare Strukturen	Viele Schnittstellen und Interdependenzen können zu Koordinationsproblemen führen
Maximale Nutzung von Spezialisierungseffekten	Gefahr von Bereichsegoismen
Klar definierte und abgegrenzte Aufgaben und Kompetenzen	Überlastung der Unternehmensführung (Nicht-Routine-Aufgaben und Kamineffekt)
Funktionale Aufteilung	Überbetonung des Spezialistentums
Bereichsinterne Kommunikation und Koordination wird begünstigt	Eingeschränkte Möglichkeit der Personalentwicklung
	Geringe Motivationskraft bedingt durch den fehlenden Sinnbezug der einzelnen Aufgaben

Divisionale Organisation

Die divisionale Organisation ähnelt bezüglich ihrer Struktur der funktionalen Organisation[27], basiert jedoch nicht auf den Funktionen, sondern auf den Kernprodukten bzw. auf den Objekten eines Unternehmens. Häufig wird die divisionale Organisation als eindimensionale Objektorganisation, Spartenorganisation oder auch als Geschäftsbereichsorganisation bezeichnet. Die Bildung einer divisionalen Organisationsstruktur ist geprägt durch ein differenziertes Produkteprogramm eines Unternehmens. Die produktspezifischen Tätigkeiten bei einem heterogenen Leistungsangebot werden zusammengelegt und in sich logische Sparten aufgeteilt. Es ist zu beachten, dass kaum alle Tätigkeiten an die Divisionen dezentralisiert werden können. Einige Verwaltungsaufgaben wie das Finanz- und Rechnungswesen oder das Personalmanagement (Human Ressource Management) werden oft zentral gesteuert. Dies führt zu unterschiedlich geregelten Zentralabteilungen, auch *Corporate Centers* oder *Zentrale Dienste* genannt. In den 60er und 70er Jahren wurden diese Zentralabteilungen in traditionsreichen Unternehmen stark ausgebaut. Seither ist der Trend zur Dezentralisierung der Verwaltungsaufgaben zu beobachten. Der Trend hin zu Holdingstrukturen unterstützt und limitiert diese Entwicklung.

Die divisionale Organisation kann nach Produkten, Kunden oder auch nach Märkten gegliedert werden. Eine Produktorientierung geht hierbei von einem heterogenen Leistungsangebot oder einer heterogenen Kundenstruktur aus. Insofern kann es sinnvoll sein, einzelne Tätigkeiten in Sparten zusammenzufassen. Dabei sollten soweit wie möglich die Kosten und Erträge der einzelnen Divisionen ausreichend voneinander abgegrenzt werden können.

Während bei der produktorientierten Organisationsform die unterschiedlichen Technologien und Produkteigenschaften zur Spartenbildung führen, ist die Einteilung nach Regionen oder nach Märkten von der Distanz zu den entsprechenden Märkten und einer heterogenen Kundenstruktur geleitet. Die regionale Marktsegmentierung kann auf nationaler Ebene (z.B. bei Handelsbetrieben) beobachtet werden. Regionale

Konzepte sind jedoch auch bei internationalen Großunternehmen anzutreffen, wenn diese in ihren mehrdimensionalen Organisationsformen sowohl eine Produktstruktur als auch eine Struktur nach Märkten integrieren.

Die divisionale Organisationsform weist wie jede Organisationsform Stärken und Schwächen auf:

Tabelle 10.3

Vor- und Nachteile der divisionalen Organisation

Vorteile	Nachteile
Entlastung der Unternehmensführung	Gefahr des Spartenegoismus und der kurzfristigen Gewinnorientierung
Bessere Koordination und Entscheidungen in den Divisionen	Mehrbedarf an Leitungsstellen
Ganzheitliche Delegation von Aufgaben, Verantwortung und Kompetenzen	Erforderliche Zentralfunktionen (Personal, Logistik, usw.)
Weitgehende unternehmerische Selbständigkeit der Spartenleiter erhöht die Motivation	Aufgaben werden zum Teil doppelt bewältigt (beschränkte Synergieeffekte)
Kleinere Organisationseinheiten sind flexibler gegenüber Veränderungen der Umwelt	Hoher administrativer Aufwand
Vielfältige Möglichkeiten der Unternehmensentwicklung	
Schnelle Entscheidung und kurze Kommunikationswege	
Maximale Nutzung des spartenspezifischen Know-hows	

Quelle: Nauer (1993), S.237ff..

Reine divisionale Organisationsformen sind in der beruflichen Praxis relativ selten. Meist existieren **Mischformen** mit unterschiedlichem Dezentralisationsgrad[28], beispielsweise von funktionaler und divisionaler Organisationsstruktur. Dabei werden bestimmte Funktionen zentralisiert wie Marketing, Forschung und Entwicklung oder auch Sales. Die zentralen Abteilungen fungieren als zentraler Servicebereich und koordinieren unternehmensübergreifend sämtliche Kompetenzen und Ressourcen die entsprechenden Bereiche betreffend. Eine weitere Mischform kann im Zuge einer Internationalisierung von Unternehmen beobachtet werden. Hierbei werden Sparten und Regionen miteinander gemischt. Die Geschäftstätigkeiten und der Zentralisationsgrad der einzelnen Sparten können von Organisation zu Organisation variieren.

Den Extremfall stellen global organisierte Geschäftsbereiche dar, in denen eine zentrale Koordination der Aktivitäten stattfindet. Auf diese Weise kann ein Zulieferer für einen weltweiten tätigen Massenproduzent die gesamte Einkaufspolitik zentral managen. Der Zentralisierungsgrad des Zulieferers folgt dem Zentralisierungsgrad des bzw. der Schlüsselkunden. Die Relevanz globaler Geschäftsbereiche ist in den letzten Jahren überdurchschnittlich gestiegen. Daraus ergeben sich in der beruflichen Praxis schwer lösbare Schnittstellenprobleme zwischen den zentralen- und dezentralen Regionalbereichen.

Die divisionale Organisation stellt die Organisationsform der zweiten Hälfte des 20. Jahrhunderts schlechthin dar und findet Anwendung in den unterschiedlichsten Wirtschaftszweigen (z.B. Elektroindustrie, Bankwesen, chemische Industrie).

Holdingorganisation

Im Zuge der Diversifikation von Unternehmen wurden Holding-Strukturen vermehrt eingesetzt, indem diversifizierte Unternehmen eine Umgestaltung von einer divisionalen Organisation hin zu einer Holdingstruktur vornahmen. Die Divisionen wurden zu selbständigen Einheiten mit eigenständiger Leitung. Eine Holdingorganisation, oft kurz *Holding* genannt, beschreibt die organisationale Struktur eines Unternehmens, welches Beteiligungen an mehreren rechtlich selbständigen Unternehmen hält, aber nicht selbst am Markt auftritt und keine operativen Tätigkeiten ausführt. Diese Holding, auch Holding-Dachgesellschaft genannt, kann Beteiligungen an einer Vielzahl von Gesellschaften besitzen. Holding-Strukturen können unterteilt werden in eine **Finanz-Holding** und in eine **Management-Holding**.

- **Finanz-Holding-Struktur:** In der Finanz-Holding-Struktur besitzt die Dachgesellschaft keine strategischen Führungsaufgaben bezüglich der Einzelgesellschaften. Sie ist konzentriert auf das Portfolio-Management ihrer Beteiligungen. Gegebenenfalls können dabei Synergien identifiziert und umgesetzt werden. Die Holding-Dachgesellschaft führt in erster Linie Verwaltungs- und Kontrolltätigkeiten aus.

- **Management-Holding-Struktur:** Die Management-Holding-Struktur unterscheidet sich von der Finanz-Holding-Struktur in erster Linie dadurch, dass die Dachgesellschaft die strategische Führung der Einzelgesellschaften übernimmt. Sie wird deshalb auch Konzern-Holding, geschäftsführende Holding, Führungs-Holding oder auch Strategie-Holding genannt. Die Holding-Direktion führt keine operativen und marktorientierten Aktivitäten aus.

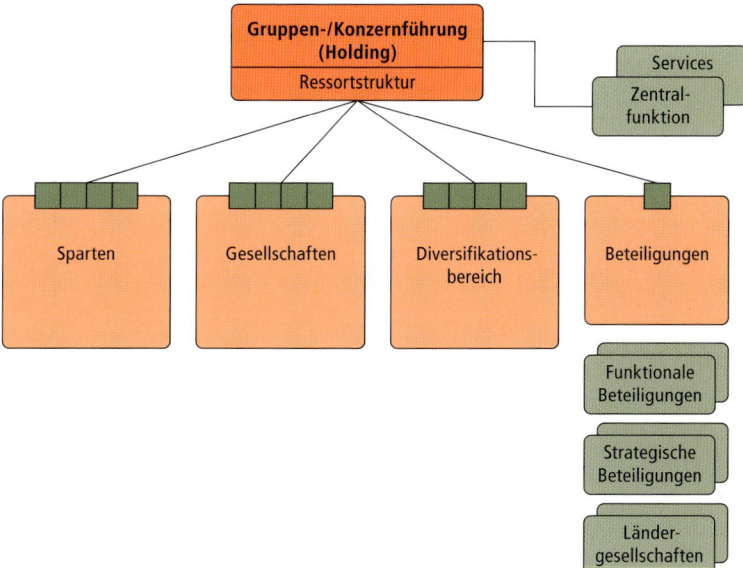

Abbildung 10.11: Holding-Struktur
Quelle: Bleicher (1991), S. 638 ff.

Die Management-Holding kann als spezielle Form der divisionalen Organisation betrachtet werden, in der die Sparten rechtlich verselbstständigt sind und organisatorische Identität besitzen. Eine Management-Holding kann entstehen, wenn operative Unternehmensbereiche rechtlich verselbständigt werden. Die Aktiva werden an bestehende oder neu gegründet Tochtergesellschaften übertragen, die Unternehmensleitung wird zur Dachgesellschaft der Holding umstrukturiert. Das Vermögen wird direkt an die neu gegründete Holding übertragen, wobei Geschäftsführer gegebenenfalls übernommen und deren Beteiligungsgrade verändert werden.

Der spezielle Charakter der Management-Holding besteht in der Möglichkeit, Zentralisierung und Dezentralisierung optimal miteinander vereinen zu können. Die strategische Führung durch die Dachgesellschaft wird kombiniert mit dezentralen Autonomieelementen der Holding-Gesellschaften. Die Vorteile der Management-Holding aufgrund der **Zentralisierung** liegen in der Koordination, der Integration und der potentiellen Synergiebildung. Die Management-Holding ermöglicht eine Zentralisierung von Bereichen wie dem Finanzmanagement, der IT oder auch dem Personalmanagement (Human Ressource Management). Synergien können beispielsweise bei Produkten und Verfahren realisiert werden oder es können beschaffungs- und vertriebsspezifische Synergien zwischen Holding-Gesellschaften zustande kommen. Folgende **Vorteile einer Management-Holding** ergeben sich durch **Dezentralisierung**:[29]

- **Flexibilität:** Die Anpassung der eigenen Wertschöpfungskette an diejenige der Marktpartner kann wie bei der Spartenorganisation schnell erfolgen. Ein wesentlicher Vorteil liegt darin, dass Käufe und Verkäufe von Teilbereichen unverzüglich durchführbar sind.

- **Marktnähe:** Die kleineren verselbstständigten Bereiche verhalten sich unternehmerischer, können Veränderungen am Markt besser wahrnehmen und individueller auf Veränderungen reagieren.

- **Kooperationsfähigkeit und -bereitschaft:** Rechtliche Selbständigkeit der Sparten fördert die Bildung von Kooperationen. Entscheidungen können schneller getroffen werden, mögliche Kooperationspartner können schneller entdeckt werden. Das Führen von Verhandlungen erweist sich zudem als effizienter. Im Gegenzuge ist für den Kooperationspartner der Ansprechpartner leichter erkennbar, größenmäßig reduzierter und überschaubar. Zugleich verfügt die Holding-Gesellschaft über eine Finanzkraft im Rücken.

- **Offenheit und Transparenz**

- **Innovationskraft**

- **Finanzkraft**

Aufgrund des **dezentralen Charakters** einer Management-Holding existieren jedoch auch **Nachteile**:

- **Distanz zur strategischen Spitze:** Die Distanz zwischen den rechtlich verselbstständigten Sparten und der strategischen Spitze kann sich ausweiten und die Probleme der Holding-Gesellschaften können nicht ausreichend verstanden werden.

- **Quersubventionen:** Müssen defizitäre Holding-Gesellschaften subventioniert werden, kann die Gesamteffizienz und -effektivität negativ beeinflusst werden.

- **Kosten für Synergiebestreben:** Das Anstreben operativer Synergien zwischen den Holding-Gesellschaften kann zu einer Kostensteigerung führen.

- **Starrheit:** Im Vergleich zu einer Kooperationsstrategie sind Holding-Strukturen strategisch unflexibler und nicht anpassungsfähig.

- **Machtkämpfe:** Kompetenzabgrenzungen zwischen der Dachgesellschaft und den Holding-Gesellschaften kann zu personellen Machtkämpfen und Motivationsproblemen führen.

- An dieser Stelle ist Folgendes festzuhalten: Eine erfolgreiche Umsetzung einer Holding-Struktur verlangt viel Kompetenz, da sie sehr anspruchsvoll ist. Diese Struktur verleiht einer Organisation ein großes Maß an Freiraum bei deren Ausgestaltung.

10.3.2 Mehrdimensionale Konzept

Mehrdimensionale Organisationsmodelle sind dadurch charakterisiert, dass auf derselben hierarchischen Stufe gleichzeitig zwei (Matrixorganisation) oder mehrere (Tensororganisation) Gliederungskriterien integriert werden.

Matrixorganisation

Die Matrixorganisation basiert auf zwei unternehmerischen Dimensionen, die gleichberechtigt in einer Organisation kombiniert werden. Die Matrixorganisation eignet sich, sobald für die Erreichung der unternehmerischen Ziele zwei Dimensionen (z.B. Funktionen, Produkte oder Märkte) als gleichwertig eingestuft werden. Durch die Überlagerung beider Dimensionen wird erreicht, dass der Zugriff der Fachspezialisten auf die koordinierenden Stellen erleichtert wird.

Ein wichtiges Ziel der Matrixorganisation ist die Verbesserung der Zusammenarbeit zwischen den einzelnen Dimensionen. Damit dieses Ziel erreicht werden kann, bedarf es gewisser Regeln. Grundlegend geht es darum, die Kompetenzen der beiden Dimensionen abzustecken, damit es diesbezüglich keine Überschneidungen bzw. Lücken gibt. Die Verteilung von Macht und Kompetenzen sind folglich elementare Grundprinzipien der Matrixstruktur.

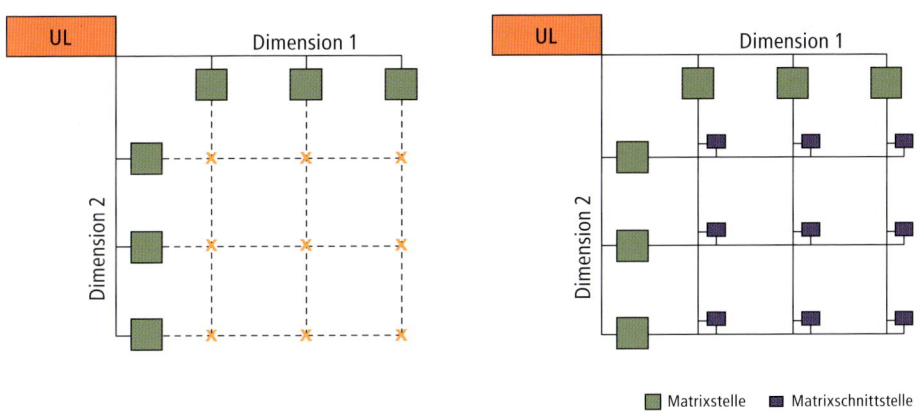

Abbildung 10.12: Matrixorganisation ohne und mit organisatorischer Einheit
Quelle: Bleicher (1993), S. 569ff..

Abbildung 10.12 zeigt, dass die Matrixorganisation durch die **Schnittstelle zweier Dimensionen** geprägt ist. Diese Matrix-Schnittstelle kann **unterschiedlich ausgestaltet** werden[30].

1. **Problemorientierte Lösung:** Eine Möglichkeit stellt der gemeinsame Problemlösungsansatz dar. Im Schnittpunkt der beiden Dimensionen steht keine verantwortliche organisatorische Einheit, sondern ein gemeinsam zu lösendes Problem. Die Beteiligten lösen hierbei auf nicht formelle Art und Weise anstehende Probleme.

2. **Problembezogene Arbeitsgruppen auf Zeit:** Eine weitere Möglichkeit stellen problembezogene Arbeitsgruppen auf Zeit oder aufgabenbezogene Kollegien als kooperative Arbeitsformen dar. Im Matrixteam treffen sich die Vertreter verschiedener Dimensionen. Ein Problem wird daher aus verschiedenen Perspektiven heraus analysiert, diskutiert und bearbeitet. Der Vorteil dieser demokratischen Struktur ist, dass im Rahmen des Matrixteams viele Mitarbeiter an einer Entscheidungsfindung bzw. Problemlösung teilnehmen.

3. **Feste organisatorische Einheit:** Eine dritte Variante ist es schließlich, die Schnittstelle der beiden Dimensionen mit einer festen organisatorischen Einheit zu besetzen. Die organisatorischen Einheiten tragen die Verantwortung und werden an der Problemlösung gemessen. Folglich sind drei Bausteine für eine in dieser Weise geformte Struktur zu unterscheiden: Die Matrixleitung, die Matrixstellen und die Schnittstellen.

Die Matrixorganisation kommt in erster Linie bei größeren Unternehmen mit mehr als 250 Mitarbeitern zum Einsatz. Diese Unternehmen verfügen in der Regel über mehrere, verschiedene Leistungsangebote und über mindestens zwei relevante unternehmerische Dimensionen. *Tabelle 10.4* fasst die Vor- und Nachteile der Matrixorganisation zusammen.

Tabelle 10.4

Vor- und Nachteile der Matrixorganisation

Vorteile	Nachteile
Verbesserung der innerbetrieblichen Kommunikation und Zusammenarbeit	Doppelunterstellung der Mitarbeiter kann zu Kompetenzproblemen führen
Effizienter Einsatz von Spezialisten	Kompetenzkonflikte können durch Mitarbeiter provoziert werden
Förderung der Teamarbeit durch erhöhte Interaktion	Unterschiedliche Denkweisen in den 2 Dimensionen können zu Problemen führen
Interdisziplinäre Zusammenarbeit fördert Innovationsfähigkeit	Höhere Anforderungen (Flexibilität, Teamarbeit und unternehmerisches Denken) an die Mitarbeiter
Matrixfunktion erhöht Flexibilität und Dynamik	Hohe Ansprüche an die Informationsverarbeitung
Partizipative Lösungsfindung fördert das Betriebsklima	Gefahr der Bürokratisierung durch Überregulierung von Kompetenzen
Spezialisierte Leitungsfunktionen entlasten die Geschäftsleitung	Großer Bedarf an qualifizierten Führungskräften
Flexiblere Anpassung der Strukturen an veränderte Markt- und Wettbewerbsbedingungen	
Vielfältige Möglichkeiten der Personalentwicklung	

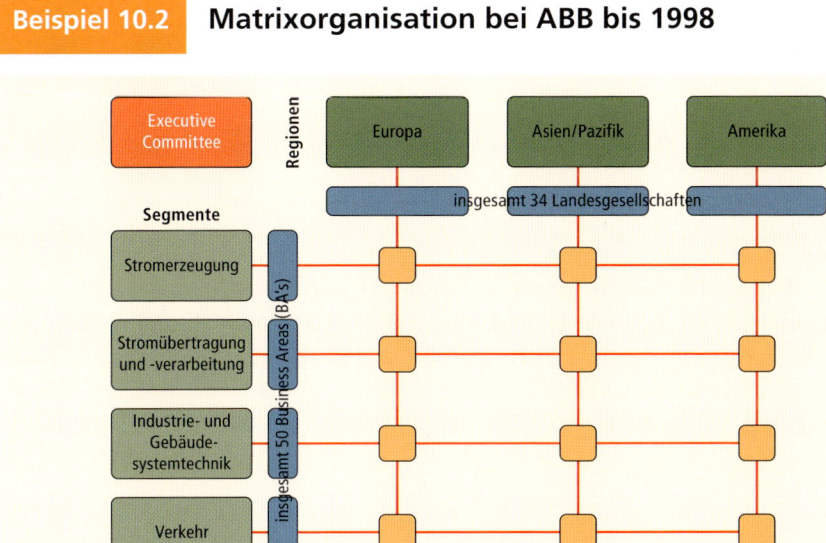

Beispiel 10.2 **Matrixorganisation bei ABB bis 1998**

Abbildung 10.13: Matrixorganisation am Beispiel der ABB (1988-1998)
Quelle: SMUV 2001, S. 8.

ABB ist heute weltweit führend in der Energie- und Automationstechnik. Das Unternehmen ermöglicht seinen Kunden in der Energieversorgung und der Industrie, Leistungen zu verbessern und gleichzeitig die Umweltbelastung zu reduzieren. ABB beschäftigt etwa 124.000 Mitarbeiter in rund 100 Ländern. Die vier Geschäftsbereiche Stromerzeugung, Stromübertragung und -verteilung, Industrie- und Gebäudesystemtechnik sowie Verkehr werden seit 1993 von einem Business Area-Manager geleitet. Dieser hält die weltweite Verantwortung. Er bestimmt die Strategie, die Entwicklung und Umsetzung von Produktinnovationen und definiert die Produktprogramme der einzelnen Betriebe. Die regionale Dimension dieser internationalen Matrixorganisation wird durch drei Regionalmanager für die wichtigsten Absatzmärkte Europa, Asien-Pazifik und Amerika abgedeckt. Im Schnittpunkt der Matrix befinden sich die lokalen Einheiten und Profit Center des Unternehmens. Die organisatorisch verankerten Schnittpunkte sind konsequent auf die lokalen Gegebenheiten und Bedingungen ausgerichtet. Dadurch konnte das Unternehmen gleichzeitig lokal und global agieren. Die weltweite Ausnutzung und Koordination länderübergreifender Synergien wurde dank der beiden Matrixdimensionen ermöglicht.

*Quelle: SMUV 2001; ABB Schweiz AG, www.abb.ch/cawp/chabb119/
2e584befbc16e6a4c1256b310046595e.aspx?v=3C22&leftdb=global/chabb/
chabb119.nsf&e=ge&leftmi=e235576c46dfb60d412567b0003bc98f (Stand: 06.06.2011).*

Wie bei anderen Organisationskonzepten muss die Zweckmäßigkeit des Konzepts in Bezug auf die Bedürfnisse des Unternehmens überprüft werden. Nur so stellt man sicher, dass Nachteile, wie hoher Kommunikationsaufwand, durch eine hohe Innovationskraft kompensiert werden. Dieses Fazit ist ebenfalls dem obigen Beispiel-Exkurs zu entnehmen.

Nachdem eindimensionale wie zweidimensionale Konzepte und Organisationsstrukturen beschrieben und diskutiert wurden, soll in folgendem *Abschnitt 10.3.3* die Organisation des Produktmanagements erläutert werden.

10.3.3 Organisation des Produktmanagements

Das wesentliche Ziel der Organisation des Produktmanagements ist es, stets die Anpassungsfähigkeit an Markt- und Wettbewerbsbedingungen eines Unternehmens zu gewährleisten. Produktmanagement wird vor allem dann eingesetzt, wenn ein Unternehmen über eine vielfältige und heterogene Produktpalette verfügt, was eine produktbezogene Koordination sinnvoll macht. Die entsprechenden Märkte zeichnen sich durch hohe Komplexität und Dynamik aus. In Bezug auf die verschiedenen Märkte wird durch das Produktmanagement die Flexibilität und die Aktionsfähigkeit erhöht.

Das Produktmanagement überlagert in der Regel die eigentliche Organisationsform (z.B. funktionelle Organisation) mit einer produktbezogenen Sekundärstruktur. Dieses Matrix-Produktmanagement ist eine mögliche organisatorische Form der Verankerung eines Produktmanagers. Alternativen hierzu sind das Stabs- und das Linien-Produktmanagement sowie der Produktausschuss.

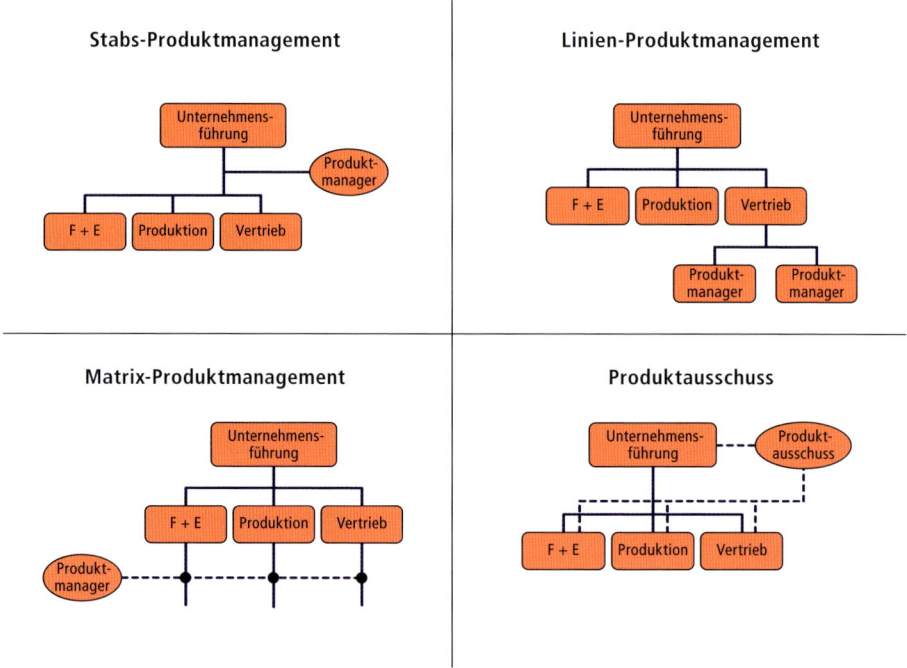

Abbildung 10.14: Formen des Produktmanagements
Quelle: Vahs (1997), S. 151.

Bezüglich des Matrix-Produktmanagements erhält der Produktmanager formale Weisungsrechte gegenüber den Fachstellen. Auf diese Weise werden die bekannten Eigenschaften der Matrix-Organisation auf das Produktmanagement übertragen.

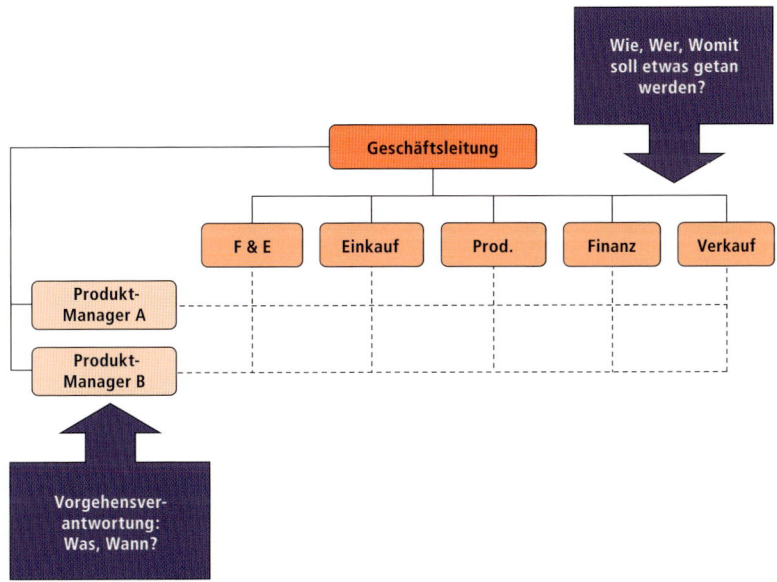

Abbildung 10.15: Doppelunterstellungsverhältnis im Matrix-Produktmanagement
Quelle: Baldegger (2007), S. 330.

Die **Aufgaben des Produktmanagers (PM)** sind umfassend und vielseitig. Seine Tätigkeiten lassen sich grob in **fünf Funktionen** unterteilen:

1. **Analyse:** Die Analysefunktion ist eine zentrale Tätigkeit des PM. Es gilt, die Analyse bezüglich Marktdaten, Kennzahlen und Stärken wie Schwächen zu durchzuführen, ohne deren Resultat keine fundierten Entscheidungen getroffen und bei den Linieninstanzen umgesetzt werden können.

2. **Innovation:** Der PM muss stets bestrebt sein, das betreute Produkt weiterzuentwickeln und nach neuen Anwendungsmöglichkeiten zu suchen (Innovationsfunktion). Vor allem innerhalb des Marketing kommt ihm große Verantwortung zu: Es werden konkrete Vorschläge zu neuen Marketinginitiativen erwartet, die dementsprechend durch einen größeren Personenkreis umgesetzt werden.

3. **Planung:** Eine weitere zentrale Aufgabe ist die Planungsfunktion. Zu den wichtigsten Planungsaufgaben des PM gehört die Absatzplanung. Dazu gehören beispielsweise die Bestimmung der Zielgruppe, die konkrete Definition des Angebots, Budgetplanung, Verkaufsförderung sowie Preiskalkulation.

4. **Koordination:** Der PM koordiniert zudem sämtliche produktspezifischen Aktivitäten in einem Unternehmen (Koordinationsfunktion). Dazu gehören Produktionsplanung und Verfahren, Corporate Identity und Brand-Management, Abstimmung der Werbemaßnahmen, Betreuung des Außendienstes und kontinuierliche Fortschrittskontrolle.

5. **Kontrolle:** Die getroffenen Maßnahmen müssen gemäß der Richtigkeit und Zweckmäßigkeit überprüft werden (Kontrollfunktion). Die Analyse der Soll-Ist-Situation bietet die Grundlage für Maßnahmenpläne der nächsten Phase.

Tabelle 10.5 fasst die wesentlichen Vor- und Nachteile der Produktmanagement-Organisation zusammen.

Tabelle 10.5

Vor- und Nachteile der Produktmanagement-Organisation

Vorteile	Nachteile
Verbesserte Umsetzung von Teilstrategien	Produktmanagement als zweite unternehmerische Dimension schafft vor allem Kompetenzprobleme
Erhöhte Schlagkraft der Absatzkraft	Die fachtechnischen und persönlichen Anforderungen an den Produktmanager sind enorm
Entlastung der Geschäftsleitung von Koordinationsaufgaben	
Erhöhte Innovationsmöglichkeiten	

Quelle: Straub in Anlehnung an Baldegger (2007), S. 331.

10.4   Moderne Organisationsformen

In diesem Abschnitt werden zwei grundlegende und aktuelle Organisationsformen vorgestellt und diskutiert: Die **virtuelle Organisation** und die **Clusterorganisation**.

10.4.1   Virtuelle Organisation

Bei der virtuellen Organisation, oft auch Netzwerkorganisation genannt, handelt es sich um ein kleines Kernunternehmen, das wichtige Arbeitsschritte an Außenstehende (Externe) weitergibt. Virtuelle Organisationen sind stark dezentralisiert, funktionieren raum- und zeitunabhängig, sind durch temporäre virtuelle Wertschöpfungsnetzwerke charakterisiert und nur selten durch physische Attribute zu beschreiben.[31]

Aus dem Bestreben nach mehr Flexibilität ergeben sich Tendenzen hin zu einer virtuellen Organisation. Ein Netzwerk von Beziehungen ermöglicht es, wichtige wertschöpfende Aktivitäten an temporäre Partnerfirmen weiter zu vergeben, und auf diese Art und Weise Aufträge besser und kostengünstiger zu erledigen.

Eine wichtige Kernkompetenz eines virtuellen Unternehmens besteht in der Koordination der eigenen Aktivitäten sowie der Beziehungen nach außen. Diese Koordinationsfunktion nach innen und außen wurde erst durch die Fortschritte in der Computer- und Kommunikationstechnologie ermöglicht.[32] Hierin liegt der wesentliche Grund für die Existenz und die starke Popularität von virtuellen Organisationen in heutiger Zeit.

Zielsetzung und Grundidee der virtuellen Organisation ist es, die Wertschöpfungskette durch virtuelle Verknüpfung mit anderen Unternehmen zu optimieren. Das bedeutet eine Konzentration auf die Kernkompetenzen und Auslagerung von Supportprozessen sowie anderen unterstützenden Prozessen und Aktivitäten. Gelingt es, diese Grundidee ohne Nachteile für interne und externe Kunden und ohne übermäßige Koordination umzusetzen, ist die Rede von einem *virtuellen Unternehmen*.

Scholz (1997) definiert darüber hinaus folgende Merkmale einer virtuellen Organisation:

- **IT-Infrastruktur:** Eine adäquate IT-Infrastruktur mit entsprechendem Know-how zur Verbindung der einzelnen Einheiten im virtuellen Unternehmensverbund.
- **Vertrauen:** Gewachsenes Vertrauen zwischen den einzelnen Akteuren.
- **Kernkompetenzen:** Individuelle Kernkompetenzen und die Fähigkeit zur synergetischen Kombinierbarkeit der erwähnten Kernkompetenzen.

Durch den Wegfall physischer Merkmale und durch spezielle Zusatzmerkmale erlangen virtuelle Organisationen zusätzliche Nutzenaspekte. Auf diese Weise sind sie flexibler, anpassungsfähiger und weisen zwischen den Organisationspartnern Synergiepotenzial auf.

Beispiel 10.3 **Puma – ein virtueller Konzern**

PUMA ist heute eines der weltweit führenden Sportlifestyle-Unternehmen, das Schuhe, Textilien und Accessoires designt und entwickelt. *PUMA* setzt sich dafür ein, Kreativität zu fördern, umwelt- und sozialverträglich zu handeln und zum Frieden beizutragen. Gemäß den Unternehmensprinzipien möchte das Unternehmen fair, ehrlich, positiv und kreativ handeln.

Im Jahr 1993 war der damalige Sportartikelhersteller in eine schwere Krise geraten. Der Aktienkurs sank auf 7 Euro und das Image des Sportschuhherstellers war ruiniert. Der damals 29-jährige neue CEO Jochen Zeitz setzte daher auf einen radikalen Wandel und kombinierte Sport konsequent mit Lifestyle und Mode. Er hatte unter anderem zum Ziel, das Unternehmen in einen virtuellen Konzern umzuwandeln: Ein konsequent dezentral organisiertes und weltweit tätiges Unternehmen sollte daher realisiert werden. Als erstes wurde die eigene Produktion eingestellt und nach Osteuropa und Asien verlagert. Die Produktion und das Netz der Partnerbetriebe werden heute von der Unternehmenszentrale in Hongkong kontrolliert. Die virtuelle Organisation half Puma wesentlich, sich den neuen Herausforderungen der Branche zu stellen.

Quelle: David (2004), S. 27; www.puma.com (Stand: 06.06.2011).

10.4.2 Clusterorganisation

Die Clusterorganisation ist eine weitere moderne Organisationsform, bei der für die wichtigsten unternehmerischen Prozesse Subsysteme, sogenannte Clusters gebildet werden. Diese umfassen in der Regel maximal 30 bis 40 Mitarbeiter und sind relativ lose mit dem Gesamtunternehmen vernetzt. Die Clusters oder Teams werden durch unterstützende Einheiten, sogenannten *Support-Groups* unterstützt.[33]

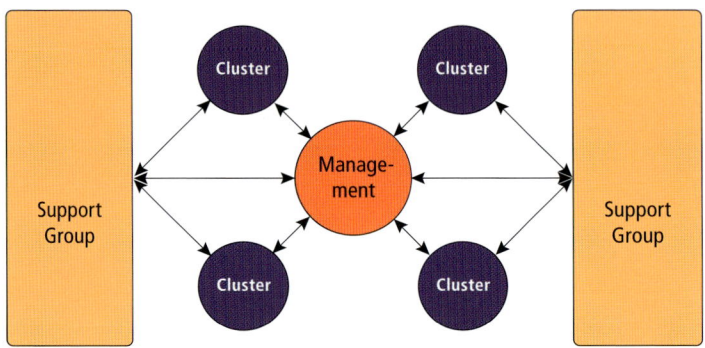

Abbildung 10.16: Cluster-Organisation nach Gomez und Zimmermann
Quelle: Straub in Anlehnung an Gomez und Zimmermann (1993), S. 188f..

Die einzelnen Teams setzen sich ihre Ziele weitgehend selbst, ihnen stehen eigene organisatorische Ressourcen zur Verfügung. Das Gewicht liegt bei der Cluster-Organisation nicht auf Regelungen wie Pflichtenhefte, auf Titeln, auf Dienstwegen oder auf definierten Prozessen, sondern auf Eigenschaften wie Eigendynamik, Initiative, *Job Rotation*, *Job Enrichment* sowie Kooperation. Indem die Entscheidungsmacht auf der möglichst untersten Hierarchiestufe liegt, soll das Verantwortungsbewusstsein und die Flexibilität der Teams gefördert werden. Eine Netzwerkstruktur in einem Unternehmen kann zu folgenden Vor- und Nachteilen führen:

Tabelle 10.6

Vor- und Nachteile der Clusterorganisation

Vorteile	Nachteile
Unternehmerisches Verhalten der Mitarbeiter	Instabilität des Systems
Hohe Flexibilität	Abhängigkeit von wenigen Teamverantwortlichen
Gutes Klima für Innovationen	Einsatz traditioneller Kontrollinstrumente nicht möglich
Variationsreicher, strategiekonformer Einsatz der Mitarbeiter	Hohe soziale Anforderungen an Mitarbeiter
Geringe Overhead-Kosten, dank flacher Struktur	

In der beruflichen Praxis stößt die Clusterorganisation häufig bei dem mittleren Management auf großen Wiederstand. Mit der konsequenten Delegation von Verantwortung an

Bereichsteams kommt es vor allem für das mittlere Management zu Autoritäts- und Machtverlust. Im Extremfall können einzelne Führungskräfte komplett wegrationalisiert werden. Diese Organisationsform ist vor allem in innovativen und sich rasch wandelnden Bereichen oder Betrieben vorzufinden, wie beispielsweise in der Telekommunikationsbranche oder generell in der Forschung und Entwicklung.

Abbildung 10.17 zeigt den Vergleich der Clusterorganisation mit den Eigenschaften traditioneller Organisationsformen, insbesondere der Linien- und der Matrixorganisation:

Formen / Kriterien	Linien-Organisation	Matrix-Organisation	Cluster-Organisation
Grundlagen	technische Arbeitsteilung	Koordination von Funktionen/Produkten	Networking Produkte-Teams
Führungsstufen	viele	einige	sehr wenige
Leitungsspanne	eher klein	begrenzt	sehr groß
Kommunikation	vorwiegend vertikal	beschränkt auf Konfliktlösung	unbegrenzt, Networking
Leistungsbeurteilung	durch übergeordneten Chef	durch Linien- und Fachvorgesetzten	durch Teammitglieder/ Kunden
Managementprinzip	Koordination	Kooperation	Kollaboration
Zielsetzung	Top-Down	verschiedene Stellen	Eigenziele durch Vision
Entscheidungsfindung	übergeordnete Instanzen	Linien- und Fachvorgesetzter	auf der tiefstmöglichen Stelle
Zuteilung Ressourcen	Top-Management	funktional Verantwortlicher	Vereinbarung zwischen Team-Chef und Zentrale

Abbildung 10.17: Eigenschaften der Linien-, Matrix- und Clusterorganisation
Quelle: Baldegger (2007), S. 346.

10.5 Führungsorganisation (Corporate Governance)

Führungsorganisation, häufig auch *Corporate Governance* genannt, befasst sich mit der Struktur der Geschäftsführung und ihrer Kontrolle. Die Führungsorganisation eines Unternehmens hat demnach zu gewährleisten, dass das Unternehmen führbar bzw. lenkbar ist.

Unterschiedliche Problemstellungen, die je nach Rechtsform und Größe der Unternehmen in unterschiedlicher Form angegangen werden, gilt es hierbei zu lösen. Bei einem kleinen Unternehmen ist die Führung in der Regel auf eine Person bzw. auf wenige Personen beschränkt. Oft sind es auch Familienmitglieder, die die Führungsrolle übernehmen. Die Existenz einer Eigentümerfamilie besitzt wichtigen Einfluss auf die Konstellation der Führungsorganisation. Entsprechend dem *Swiss Code of Best Practices for Corporate Governance* der *Economiesuisse* bedeutet **Corporate Governance** bzw. **Führungsorganisation** die „*Gesamtheit der auf Aktionärsinteressen ausgerichteten Grundsätze, welche unter Wahrung von Entscheidungsfähigkeit und Effizienz auf der obersten Unternehmensebene Transparenz und ein ausgewogenes Verhältnis von Führung und Kontrolle anstreben*".[34]

Aufgrund unterschiedlicher regulatorische Rahmenbedingungen, welche sich im geschichtlichen Zeitablauf entwickelt haben, lassen sich Corporate Governance-Systeme verschiedener Marktwirtschaften voneinander unterscheiden. Weltweit haben sich drei wichtige *Governance-Typen* herausgebildet: USA bzw. UK, Kontinentaleuropa, und Japan bzw. Korea. Wissenschaftliche Untersuchungen zeigen, dass sich diese drei Systeme in der Wirkung, sprich in dem produzierten Resultat nicht wesentlich unterscheiden, wohl aber in der Anpassungsgeschwindigkeit.[35] Nachfolgend werden zwei wichtige Governance Systeme vorgestellt: Das *Board-Modell* (einstufiges System) und das *Aufsichtsratsmodell* (zweistufiges System).

10.5.1 Aufsichtsratsmodell

Das Aufsichtsratssystem beschreibt ein duales Corporate Governance-System. Es besteht aus einem Zweikammernsystem, das Führung und Kontrolle auf zwei Organe aufteilt. Dieses Modell ist vorwiegend in Deutschland, Österreich, den Niederlanden und Dänemark verbreitet. Es schreibt die Organe Aufsichtsrat, Vorstand und Hauptversammlung der Aktionäre vor. Der Aufsichtsrat als Überwachungsorgan überwacht im Interesse der Stakeholder das geschäftsführende Organ, sprich den Vorstand eines Unternehmens. Der Aufsichtsrat und der Vorstand werden durch einen Vorsitzenden präsidiert. Das System ermöglicht zudem, dass im Aufsichtsrat Mitarbeiter vertreten sind (Mitarbeitervertretung). Für Unternehmen mit mehr als 2.000 Mitarbeitern ist es Vorschrift, im Aufsichtsrat zur Hälfte eine Vertretung der Mitarbeiter aufzuweisen.

Der Vorstand wird aus internen Mitgliedern zusammengesetzt und besitzt als Kollektiv eine uneingeschränkte Führungsverantwortung. Er übernimmt vollumfänglich die Aufgaben des strategischen Managements. Der Aufsichtsrat hat somit nur indirekt Einfluss auf die Unternehmensstrategie, indem er die Zusammensetzung des Vorstandes bestimmen kann. Diese klare Trennung zwischen Führung und Kontrolle wird als wesentlicher Vorteil des Aufsichtsratsmodells betrachtet.

Folgende Punkte stehen in diesem Zusammenhang im Wesentlichen zur Diskussion:

- Die Beteiligung der Arbeitnehmerseite im Aufsichtsrat
- Die Möglichkeit, eine Fülle von Aufsichtsratsmandaten gleichzeitig wahrzunehmen
- Die Möglichkeit, gleichzeitig Aufsichtsratsmandate bei Wettbewerbern wahrzunehmen
- Die häufig anzutreffende Praxis, dass Vorstandsvorsitzende nach dem Ausscheiden aus dem Vorstand die Position des Aufsichtsratsvorsitzenden einnehmen

10.5.2 Board-Modell

Das Board-System beschreibt ein monistisches *Corporate Governance-System*. Führung und Kontrolle sind in einem Gremium zusammengefasst. Es ist vorwiegend in den angelsächsischen Ländern, aber auch in Italien, Frankreich und Spanien anzutreffen. Ziel eines Unternehmens ist es in diesem Zusammenhang vor allem, den *Shareholder Value* zu steigern. Einstufig ist das System in dem Sinne, dass Führung und Kontrolle des Unternehmens integriert wahrgenommen werden. Das *Board* ist das einzige Verwaltungsorgan und setzt sich aus internen und externen Direktoren zusammen. Der *Chairman of the Board (Verwaltungsratspräsident)* steht an der Spitze und kann unter anderem gleichzeitig die Position des *President and Chief Executive Officer (CEO)* einnehmen. Somit verfügt der Chairman über große Macht, was in den letzten Jahren zu häufigen Diskussionen geführt und sich zu einem zentralen Thema in den Medien entwickelt hat.

Die Aufgaben des *Boards* werden häufig ergänzt durch spezielle Ausschüsse. Ein *Audit Committee* aus externen Direktoren und Fachexperten wird gebildet, damit die Überwachung des *Boards* unabhängig geschehen kann. Mit diesen möglichen Ausschüssen kommt das angelsächsische System dem deutschen Aufsichtsratsmodell sehr nahe.

| Beispiel 10.4 | **Board-Modell der South-West-Airlines** |

Anbei sind die wichtigsten Funktionen des *Board-Modells* der *South-West Airline* aufgeführt:

- **Chairman of the Board:** Gary C. Kelly (seit 2008)
- **President and Chief Executive Officer (CEO):** Gary C. Kelly (seit 2004)
- **Chief Operating Officer (COO):** Michael G. Van de Ven (seit 2008)

Beim *Board-Modell* werden die externen Direktoren stärker in strategische Entscheide der Unternehmensführung eingebunden. Dies wird häufig als Vorteil gesehen. Zugleich bedeutet dies jedoch auch, dass die externen Direktoren besser informiert sein und eine höhere zeitliche Verfügbarkeit aufweisen müssen. Als Nachteil ist die mögliche Machtfülle zu erwähnen, wenn eine Personalunion aus *Chairman* und CEO vorliegt. Zudem existiert generell die Gefahr, dass eine ungleiche Machtverteilung im Unternehmen entsteht.

| Exkurs | *Governance* in der Schweiz – Das Verwaltungsratsmodell |

Das einstufige **Verwaltungsratsmodell** in der Schweiz unterscheidet sich vom *Board-Modell* durch hohe Flexibilität und weist drei Organe – den Verwaltungsrat, die Generalversammlung und die Kontrollstelle – auf. Es bietet den Unternehmen die Möglichkeit, die Führungs- und die Überwachungsfunktion zu trennen, indem die Führungsfunktion an einen oder mehrere Delegierte außerhalb des Verwaltungsrates übertragen werden kann. Somit kann auf Grundlage des schweizerischen Obligationenrechts eine institutionelle Trennung zwischen Führung und Überwachung vorgenommen werden. Es existieren verschiedene Varianten der Überwachung und Führung eines Unternehmens:

1. **Insider-Board:** Die Führung und Überwachung der Unternehmen wird von dem Verwaltungsrat als Kollektiv übernommen.

2. **Insider-Outsider-Board:** Die Führungsaufgabe wird von dem Verwaltungsrat an einen oder mehrere Mitglieder des Verwaltungsrates delegiert. Der Verwaltungsrat übernimmt diesbezüglich die Überwachung.

3. **Outsider-Board:** Die Führungsaufgabe wird von dem Verwaltungsrat an einen Direktor bzw. an mehrere Direktoren delegiert, die nicht dem Verwaltungsrat angehören. Die Überwachung nimmt der Verwaltungsrat vor.

4. **Board-Aufsichtsrat:** Die Geschäftsführung wird zusammengesetzt aus einem bzw. aus mehreren Verwaltungsratsdelegierten und aus einem Direktor bzw. aus mehreren Direktoren, die nicht dem Verwaltungsrat angehören. Die Überwachungsaufgabe übernimmt der Verwaltungsrat.

UBS

Laut eines Zeitungsberichts der Sonntagszeitung hat die „UBS bezüglich Qualität der Geschäftsberichterstattung einen ausgezeichneten Stand und die transparenten Angaben zur Corporate Governance werden gelobt. Für die Zukunft stellen sich bei der Großbank aber völlig neue Fragen zur Kontrolle und Überwachung der Geschäftsführung. Im Jahre April 2006 besitzen die Angestellten 10 Prozent der 667 Millionen Stimmrechte der Großbank. In den Jahren 2007-2009 werden die Mitarbeiter weitere 19 Prozent aufgrund der Options- und Aktienprogramme erhalten. Es wird davon ausgegangen, dass die Mitarbeiter im Jahre 2011 die Hälfte der stimmberechtigten Aktien besitzen. Mithin werden in Zukunft sehr wahrscheinlich nicht mehr die institutionellen Anleger dominieren, sondern im Sinne einer Selbstverwaltung die Aktionäre".

Quelle: Sonntagszeitung, Jg.19, 13, 65, 2006.

Die Vorteile des schweizerischen Verwaltungsratsmodells liegen in seiner großen Flexibilität. Obwohl die Verantwortung der Unternehmensführung bei dem Verwaltungsrat bleibt, kann eine unechte Trennung der Führung von der Überwachung vorgenommen werden. Nachteile dieses Modells liegen, wie auch bei dem *Board-Modell*, in der Asymmetrie der Machtverteilung. Somit spielt auch in der Schweiz der *Swiss Code of Best Practices* eine wichtige Rolle. Die Funktionen des Verwaltungsrates und seiner Untergruppen werden klar beschrieben.

Auf diese Weise kommt der Zusammensetzung des Verwaltungsrates eine maßgebliche Rolle zu. Die Größe des Verwaltungsrates sollte so bestimmt sein, dass eine effiziente Willensbildung möglich ist, und dass seine Mitglieder Erfahrung und Wissen aus verschiedenen Bereichen in das Gremium einbringen und die Funktionen von Leitung und Kontrolle unter sich verteilen können. Die Größe des Gremiums ist auf die Anforderungen des einzelnen Unternehmens abzustimmen. Dem Verwaltungsrat sollen Personen mit nötigen Fähigkeiten angehören, damit eine eigenständige Willensbildung in kritischem Gedankenaustausch mit der Geschäftsleitung gewährleistet ist. Eine Mehrheit besteht in der Regel aus Mitgliedern, die im Unternehmen keine operativen Führungsaufgaben erfüllen, diese werden „nicht exekutive Mitglieder" genannt.

Reflexionsfragen

1. Diskutieren Sie mögliche Vorteile und Nachteile des Schweizer Systems.

2. Vergleichen Sie das Schweizer System mit dem angelsächsischen und deutschen System.

3. Welches Risiko könnte der oben geschilderte Kontext für die UBS birgen.

ZUSAMMENFASSUNG

Folgende Inhalte wurden in diesem Kapitel behandelt:

- In diesem Kapitel wurde erläutert, warum es Organisationen gibt und diese notwendig sind: Hierfür sind vor allem das Effizienzkriterium sowie die Simplifizierung und Beherrschung der Umwelt verantwortlich. Die Organisationsstruktur sollte nicht alleine, sondern immer zugleich mit der Unternehmenskultur und -strategie betrachtet werden. Zwischen diesen drei Dimensionen besteht eine starke Interdependenz. Der Begriff „Organisation" kann als Instrument, als Unternehmensfunktion und als Institution verstanden werden.

- Verantwortlich für die Unternehmensfunktion Organisation ist in der Regel der *Chief Operating Officer (COO)*. Seine wesentliche Aufgabe besteht darin, sämtliche Prozesse und Leistungen eines Unternehmens zu führen, zu organisieren und zu steuern. Die Rolle der Organisation lässt sich in folgende Einsatzbereiche aufteilen: In Prozess- und Ablauforganisation, in Struktur- oder Aufbauorganisation und schließlich in Führungskonzepte. Darüber hinaus gibt es unterschiedliche Spannungsfelder einer Organisation: Technostruktur versus Soziostruktur, mechanische versus organische Struktur, Hierarchie versus Netzwerke und schließlich Fremdorganisation versus Selbstorganisation. Je nach Ziel und Situation einer Organisation gilt es immer wieder von neuem, das richtige Gleichgewicht in Bezug auf die Spannungsfelder zu finden.

- Nach Mintzberg existieren folgende Bausteine einer Organisation: Strategische Spitze, Linienmanagement, operativer Kern, Technostruktur und unterstützende Einheiten. Es wurden unterschiedliche Basiskonfigurationen von Organisationen beschrieben, insbesondere die einfache Struktur, die industrielle Bürokratie, die Expertokratie, die Divisionalisierung und die Adhocratie. Das Organigramm stellt ein wichtiges Instrument der Organisation dar, es bildet das formale Gerüst eines Unternehmens schematisch ab.

- Es wurden sowohl klassische als auch moderne Organisationsformen vorgestellt und diskutiert. Es ist festzuhalten, dass es nicht die ideale Organisationsform per se gibt. Jede Organisationsform weist Vorteile wie Nachteile auf. In der beruflichen Praxis findet man meist Mischformen vor, die für den Erfolg und Erhalt eines Unternehmens ausschlaggebend sind. Bei der Analyse eines Unternehmens kann man sowohl die formale Struktur als auch die damit verbundene Entscheidungsfindung, Orientierung und Positionierung der Organisation bzw. der Abteilungen oder Elemente bestimmen.

- Die Führungsorganisation *(Corporate Governance)* befasst sich mit der Struktur der Geschäftsführung und ihrer Kontrolle. Zwei wichtige Ansätze im internationalen Vergleich sind das *Aufsichtsratsmodell* und das *Board-Modell*.

AUFGABEN

1. Wodurch begründet sich die Existenz von Organisationen in der Umwelt?

2. Nennen und beschreiben Sie die Rolle und Bedeutung von Organisation.

3. Beschrieben Sie die Spannungsfelder einer Organisation?

4. Welches sind die Vor- und Nachteile eines der genannten eindimensionalen Organisationskonzepte.

5. Welche Anforderungen sollten in einem Unternehmen gegeben sein, damit die Vorzüge einer Matrixorganisation zum Tragen kommen?

6. Erörtern Sie die wesentlichen Unterschiede zwischen Aufsichtsratmodell und Board-Modell.

Fallstudie: W. L. Gore & Associates – Möglichst viel Freiraum und möglichst wenig Regeln

Hohe Kreativität und Innovation durch flache Hierarchien und unorthodoxe Führungsformen – das Erfolgsrezept der Firma

„Make money and have fun". Mit dieser Vision gründete der Ex-DuPont-Chemiker Bill Gore 1958 eine außergewöhnliche High-Tech-Company im US-Bundesstaat Delaware, die von Anfang an darauf abzielte, die Kreativität und Innovationskraft der Beschäftigten durch unorthodoxe Organisationsformen zu fördern. Ohne klassische Kontrollmaßnahmen wollte der Amerikaner die Mitarbeiter dazu motivieren, in einer flexiblen, teamorientierten Kultur über ihre Stärken zu wachsen und durch neue Erfindungen und originelle Problemlösungen die technologische Führerschaft des jungen Unternehmens zu behaupten und auszubauen.

Betrachtet man den Siegeszug der Gore-Produkte seit der Firmengründung, so wundert es nicht, dass die ungewöhnliche Unternehmensphilosophie, die anfangs für „exotisch" gehalten wurde, zunehmend in der Wirtschaftswelt Respekt und Anerkennung gefunden hat. Als weltweit führender Spezialist in der Verarbeitung von Fluorpolymeren, speziell des PTFE (Polytetrafluorethylen), steht der Name Gore für innovative Produkte und Technologien – ein Ruf, der allein schon in den vergangenen knapp zwei Jahrzehnten der Firma weit über vierzig Preise und Auszeichnungen eingebracht hat. Zudem hat sich die Gore-Unternehmenskultur insbesondere in Nordamerika und Europa als äußerst attraktiv erwiesen. In den USA liegt sie seit Jahren auf den Top Ten Plätzen der Fortune-Liste „100 Best Companies to work for".

Gore Schottland belegte heuer wie schon mehrfach in den vergangenen Jahren die Spitzenposition des Sunday-Times-Rankings in Großbritannien. In Deutschland, wo Gore seit Einführung des Wettbewerbs „Deutschlands Beste Arbeitgeber" in 2003 teilnimmt, erhielt das Unternehmen im diesem Jahr wiederum die „Gold Trust Champion" Auszeichnung. Damit ist Gore eines von nur drei Unternehmen, das ununterbrochen seit Beginn des Wettbewerbs neunmal in Folge zu den ausgezeichneten Unternehmen zählt. Gore Frankreich platzierte sich 2011 auf Rang 2 und Gore Schweden sogar erneut auf Platz 1 bei ihrem jeweiligen Landeswettbewerb. In Italien rangiert die Gore Gesellschaft ebenfalls seit Jahren unter den anerkanntesten Arbeitgebern des Wettbewerbes.

Quelle: W.L. Gore & Associates.

In Europa hat Gore Produktionsstandorte und Verkaufsbüros in Schottland und Deutschland, zusätzlich gibt es Verkaufsgesellschaften in allen wichtigen Märkten Europas.

Das US-Unternehmen mit einem Umsatz von rund 3 Milliarden US $ Umsatz weltweit ist vor allem auf dem Gebiet der Funktionstextilien weltbekannt – nicht zuletzt durch seine GORE-TEX Produkte, die von Outdoor-Fans über Extremsportler bis hin zu Feuerwehrleuten besonders geschätzt werden. Aber darüber hinaus ist Gore auch in den Märkten der Elektronik, Medizin- und Industrieprodukte tätig. Rund um den Globus sind Gore-Fachleute damit beschäftigt, zukunftsweisende Problemlösungen mit Fluorpolymeren zu finden und auf neuen Märkten zu präsentieren – sei es in wasserdichten Sportschuhen, Schutzkleidung, Prothesen, Brennstoffzellen, Handy-Dichtungen, Raumfahrtleitungen, medizinischen Diagnosegeräten oder als textile Architekturmembrane. Überall, wo höchst widerstandsfähige, flexible Kunststoffe gebraucht werden, ist Gore dabei: im Space Shuttle wie im menschlichen Körper.

Strategisch ist Gore auf Product Leadership und die fortlaufende Entwicklung innovativer Produkte mit besonderem Kundennutzen ausgerichtet. Konsequenterweise investiert das Unternehmen fortlaufend in Forschung und Entwicklung, wohl wissend, dass der Schlüssel zum Erfolg in der Innovationskraft seiner mehr als 9.500 Associates liegt. Und dazu gehört wiederum ein entsprechend kreatives Umfeld, um Produkte und Prozesse auf den neuesten Stand zu bringen. Im Falle von Gore heißt das: die Einbettung in einer speziellen Kultur, die sowohl soziologische und philosophische als auch wirtschaftliche Grundwerte in sich vereint.

Leitmotiv dabei ist die Grundüberzeugung des Firmengründers, dass man am kreativsten in einem Team gleichberechtigter Personen arbeitet – und zwar vernetzt in einer gitterähnlichen Struktur („lattice"), die flach und eng verknüpft sein müsste. Für ihn war der Mitarbeiter kein Untergebener, sondern „Teilhaber". Eine Idee, die im Firmennamen „W. L. Gore & Associates" fest verankert und in den 70er Jahren mit einem Aktien-Beteiligungs-Programm erweitert wurde. Demnach sollen alle Gore-Mitarbeiter vom Erfolg ihres Unternehmens profitieren, indem sie zusätzlich zum normalen Gehalt regelmäßig Anteile von (nicht börsennotierten) Gore-Aktien erhalten. Das sind für jeden Einzelnen – unabhängig von seiner Funktion – profitable Aussichten: Je nach Dauer seiner Betriebszugehörigkeit und der Aktienkursentwicklung kann sich dann daraus ein beachtlicher Betrag ergeben.

Grundlage der Gore-Welt ist ein Netzwerk von überschaubaren Einheiten mit direkten Kommunikationswegen: „Small is beautiful". Natürlich bringt ein solches Konzept aufwändige Infrastrukturen mit sich. Aber die Vorteile liegen ebenso auf der Hand, wie Eduard Klein, Mitglied der Geschäftsführung der deutschen Gore Tochtergesellschaft in Putzbrunn, betont: „Bei einer Anzahl von etwa 250 bis 300 Associates kennen sich die Einzelnen noch und können in persönlicher Atmosphäre miteinander arbeiten. Das war die Idee von Bill Gore." Aus betriebswirtschaftlicher Sicht ist ihm und seinen Kollegen in der Geschäftsleitung sehr wohl bewusst, dass kleine Einheiten mehr Kapital binden können. „Daher wägen wir bei jeder Einheit sorgfältig ab, welche Größenordnung die beste ist, um flexibel auf den Markt zu reagieren."

Bei allen Handlungen gelten für Associates vier Prinzipien: Freiheit, Selbst-Verpflichtung („Commitment"), Fairness und Waterline. Jeder arbeitet produktbezogen in Projekt-Gruppen oder funktionalen Teams und soll sich möglichst frei nach seinen Stärken entwickeln. „Wer eine gute Geschäftsidee hat und seine Kollegen dafür gewinnt, kann rasch ein Projekt initiieren", erklärt Klein. Das Waterline-Prinzip, wonach das Unternehmen mit einem Schiff verglichen wird, dient hierzu als Regulativ. Jeder darf experimentieren und dabei Fehler machen, solange er sich dabei oberhalb der Wasserlinie des Bootes befindet, in dem alle sitzen. Was aber langfristig dem Erfolg oder Image der Firma schaden könnte, sollte vermieden werden. Daher gelten für jedes neue Projekt zwei Kriterien: Lohnt es sich, so viel Energie zu investieren? Falls alles schief geht, wäre das Scheitern zu verkraften? Beantwortet das Team beide Fragen mit „Ja", kann das Projekt beginnen.

In einer solchen Arbeitskultur hat eine traditionelle Stellenbeschreibung wenig zu suchen. Man spricht nicht von Positionen, sondern Funktionen. In diesem Sinne handeln Mitarbeiter nach ihrem persönlichen Verständnis von „Commitment". Die Associates werden nicht beauftragt, etwas zu tun, sondern verpflichten sich, auch fachfremde Aufgaben zu übernehmen, von denen sie sagen: „Ich mache das, ich kümmere mich darum."

Quelle: W.L. Gore & Associates.

Chefs im herkömmlichen Sinn gibt es nicht, obwohl Klein einräumt, dass die vielfach zitierte Gore-Vorstellung von „No ranks, no titles" nicht wortwörtlich zu verstehen ist. „Ohne eine gewisse Ordnung kommen wir natürlich nicht aus. Aber im Vergleich zu vielen anderen Unternehmen stimmt es schon, dass es bei uns nur wenig Titel gibt. Auch die klassische Rang-und Machthierarchie findet sich bei Gore kaum. Da wo Hierarchie die Geschäfte sinnvoll unterstützt, ist sie durchaus vorhanden." Während früher allein das Prinzip der „Natural Leadership" bestimmte, wer bei Gore für eine Führungsfunktion in Frage kam, sind heute die Auswahl-Kriterien etwas differenzierter. Jahrzehntelang galt der Grundsatz: Keiner durfte Personalverantwortung übernehmen, ohne sich vorher als normales Mitglied in der zugeteilten Projekt-Gruppe hochgearbeitet zu haben. Erst im Laufe der Zeit, so war es gedacht – sollte man durch Risikonahme und soziale Kompetenz die entsprechende Anerkennung als „Natural Leader" vom Team gewinnen. Dieser langfristig angelegte Reifungsprozess ist immer noch aktuell, aber Führungskräfte können mittlerweile (oft wegen „economies of speed") von außen geholt werden.

Nichtsdestoweniger: Egal ob intern als „Natural Leader" aus der Gruppe hervorgegangen oder als firmen-externer Kandidat für Führungsaufgaben auserwählt, ein Gore-Leader wird ein anderes Rollenverständnis als sein Gegenpart in konventionellen Unternehmen verinnerlichen: Er agiert in und zwischen wechselnden Teams als Primus inter pares, kommuniziert mit den Mitarbeitern ohne die Blockade von Sekretariat oder Reporting Lines – und bleibt durch eine Politik der offenen Tür jederzeit zugänglich. Besonders wichtig dabei: die Priorität einer vertrauensvollen Atmosphäre zu schaffen, in der beiderseits Eigenverantwortlichkeit und Fairness-Regeln herrschen. Nur so lässt sich erklären, wieso eine Reisekosten-Abrechnung nicht durch einen Vorgesetzten unterschrieben, sondern direkt vom Associate selbst erledigt wird. Kleins Fazit ist simpel. „Wir organisieren uns nach der Devise: Möglichst viel Freiraum und möglichst wenig Regeln".

Zur persönlichen Orientierung bei all diesen Freiräumen steht jedem Mitarbeiter ein Sponsor zur Seite, der über die Stärken und Schwächen seines Schützlings kritisch aber fair zu beurteilen hat. Dies soll dem Sponsee helfen, den richtigen Platz in der Firma zu finden und sein volles Potenzial zu erreichen. Einmal im Jahr erhält jeder Associate über den Sponsor ein ausführliches Feedback von den Kollegen, mit denen er eng zusammengearbeitet hat. Das bietet einen Ausblick auf die beruflichen Perspektiven bei Gore. In diesem Rückkoppelungs-Prozess spielt neben dem Fachwissen auch das Sozialverhalten des Associate eine wichtige Rolle.

Insbesondere bei der Leadership Entwicklung wird das sogenannte 360-Grad-Feedback eingesetzt, das das Augenmerk auf die Stärken, Talente und Ziele des Mitarbeiters legt. „Wir glauben, dass es besser ist, aus einer guten Leistung eine Spitzenleistung zu machen und im Sinne des „Job Sculpting" die Aufgaben auf die Person zuzuschneiden. Es bringt dagegen wenig, auf eine schwache Leistung zu fokussieren und daraus höchstens Durchschnittliches zu realisieren", resümiert Klein. „Eine Schwäche", betont er, „wird nur dann ins Visier genommen, wenn sie den Fortschritt ernsthaft verhindert."

Eine Herausforderung ist die Gore-Kultur schon – eine, die mit ihren großzügigen Freiräumen und flachen Hierarchien nicht unbedingt für jeden geeignet ist. So dürften sich risikoscheue Menschen, die eine klare Struktur und feste Aufgaben bevorzugen, nicht wohl fühlen. Auch Karrieristen, die den klassischen, linearen Weg nach oben anstreben, sind ebensowenig zuhause. Gefragt sind dagegen flexible, neugierige Teamworker, für die „thinking out of the box" zum Naturell gehört – Eigenschaften, die zum Tüfteln in einer Product Leadership Company wie Gore gut passen.

Reflexionsfragen

1. Bilden Sie die derzeitige Situation des Unternehmens gemäß dem Organisationsprofil nach Gomez/Zimmermann (*Cluster-Organisation nach Gomez und Zimmermann Quelle: Straub in Anlehnung an Gomez und Zimmermann (1993), S. 188f..Abbildung 10.16*) ab.

2. Identifizieren Sie organisatorischen Strukturen bei GORE, die nach Ihrer Meinung Innovationen begünstigen.

3. Welche organisatorischen Änderungen würden Sie bei dem Unternehmen anstreben? Diskutieren Sie Möglichkeiten und Formen einer möglichen zukünftigen Organisation.

Quelle: W.L. Gore & Associates; www.gore.com[36]

Verwendete Literatur

Baldegger, R. J.: „Management: Strategie, Struktur, Kultur", Growth Publisher, 2007.

Bea, F. X.; Haas, J.: „Strategisches Management", 5. Aufl., UTB, 2009.

Becker, J.; Rosemann, M.; Uthmann, Ch.: „Guidelines of Business Process Modeling", in: W. Van der Aalst; J. Desel; A. Oberweis, A. (Hgg.), Business Process Management, S. 30-49, 2000.

Benz, Ch.; Reichart, M.: „Abläufe haben viele Gesichter", in: IO New Management, Bd. 11 (2003), S. 28-33.

Bickmann, R.: „Chance Identität: Impulse für das Management von Komplexität", Springer, 1999.

Bleicher, K.: „Organisation: Strategien, Strukturen, Kulturen", Gabler Verlag, 1991.

Bleicher, K.: „Das Konzept Integriertes Management", Campus Verlag, 1999.

Bühner, R.: „Management-Holding", in: Die Betriebswirtschaft, Bd. 47 (1987), S. 40-49.

Chandler, A. D.: „Strategy and structure: Chapters in the history of the industrial enterprise", M.I.T. Press, 1962.

Crowe, M.; Beeby; R. Gammack, J.: „Constructing systems and information: A process view", McGraw-Hill, 1996.

Cusumano, M. A.; Nobeoka, K.: „Le management multi-projets: Optimiser le développement de produits", Dunod, 1999.

Davidow, W. H.; Malone, M.: „Das virtuelle Unternehmen: Der Kunde als Co-Produzent", Campus Verlag, 1993.

Dernbach, W.: „Geschäftsprozessoptimierung: Der neue Weg zur marktorientierten Unternehmensorganisation", in: M. Nippa, A. Picot (Hgg.), Prozessmanagement und Reengineering: Die Praxis im deutschsprachigen Raum, Campus Verlag, 1995, S. 187-205.

Drucker, P.F.: „The Essential Drucker: The Best of Sixty of Peter Drucker' s. Essential Writings on Management", Harper Collins, 2005.

Dubs, R.; Euler; D.; Rüegg-Stürm; J., Wyss, Ch. E. (Hrsg.): „Einführung in die Managementlehre", Bd. 3, Haupt Verlag, 2004.

Gaitanides, M.: „Prozessorganisation", 2.Aufl., Vahlen, 2007.

Griese, J.; Sieber, P.: „Betriebliche Geschäftsprozesse: Grundlagen, Beispiele, Konzepte", Haupt Verlag, 1999.

Gomez, P.; Zimmermann, T.: „Unternehmensorganisation: Profile, Dynamik, Methodik", 2. Aufl., Campus Verlag, 1993.

Gutenberg, E.: „Grundlagen der Betriebswirtschaftslehre", „Die Produktion", Bd. 1, 24. Aufl., Springer, 1983.

Haid, J.A.: „Organisationswissen: Einführung einer Prozessorganisation am Beispiel eines mittelständischen Unternehmens", SGO, Nr. 7 (1999).

Hammer, M.; Champy, J.: „Business Reengineering: Die Radikalkur für das Unternehmen", 5. Aufl., Campus Verlag, 1995.

Hammer, M.: „Das prozessorientierte Unternehmen: Die Arbeitswelt nach dem Reengineering", Campus Verlag, 1997.

Harrington, H. J.: „Business Process Improvement: The Breaktrough Strategy for Total Quality", Mcgraw-Hill, 1991.

Hayek, N. G.; Bartu, F.: „Nicolas G. Hayek im Gespräch mit Friedemann Bartu. Ansichten eines Vollblut-Unternehmers", 1. Aufl., NZZ Libro, 2005.

Hodgkinson, G. P.; Sparrow, P. R.: „The competent organization: A psychological analysis of the strategic management process", Open University Press, 2002.

Hopfenbeck, W.: „Allgemeine Betriebswirtschaftslehre und Managementlehre: Das Unternehmen im Spannungsfeld zwischen ökonomischen, sozialen und ökologischen Interessen", 13. Aufl., Moderne Industrie Verlag, 2000.

Kiessling, W.; Babel; F.: „Corporate Identity: Strategie nachhaltiger Unternehmensführung", 4. Aufl., Ziel-Verlag, 2011.

Krüger, W.: „Excellence in Change. Wege zur strategischen Erneuerung", 3. Aufl,, Gabler, 2006.

Littmann, P.; Jansen, S.A.: „Oszillodox: Virtualisierung: Die permanente Neuerfindung der Organisation", Klett-Cotta, 2000.

Maier, P.(Hrsg.): „Reegineering: Fluch oder Segen? Die Erfahrungen namhafter Unternehmen", Gabler Verlag, 1997.

Mintzberg, H.: „The structuring of organizations", Prentice Hall, 1979.

Nauer, E.: „Organisation als Führungsinstrument", 2. Aufl., Haupt Verlag, 1993.

Nizel, J.; Pichault, F.: „Comprendre les organisations: Mintzberg à l'épreuve des faits", Gaetan Morin : 1995.

Osterloh, M.; Frost, J.: „Prozessmanagement als Kernkompetenz: Wie Sie Business Reengineering strategisch nutzen können", 4. Aufl., Gabler Verlag, 2003.

Porter, M.E.: „Wettbewerbsvorteile. Spitzenleistungen erreichen und behaupten", 7. Aufl., Campus Verlag, 2010.

Robbins, St. P.: „Organisation der Unternehmung", 9. Aufl., Pearson Studium, 2001.

Scheer, A.W.: „Wirtschaftsinformatik", Springer, 1998.

Schmidt, G.: „Méthode et techniques de l'organisation", SGO, 1994.

SFAA: „Handbook of Best Practice: Economiesuisse Corporate Governance Swiss Code of Best Practice", Kap. 11 (S. 27-40), 2002.

SMUV Gewerkschaft Industrie, Gewerbe, Dienstleistung (Hrsg.): „ABB: Ein Konzern im permanenten Wandel, Analyse der organisatorischen Neuausrichtung des ABB Konzerns", *www.smuv.ch/statisch/files/abb.pdf* (14.05.2003), Bern 2001.

Suter, R.: „Corporate Governance and Management Compensation: Wertsteigerung durch Lösung des Manager-Investoren-Konflikts", Versus Verlag, 2000.

Thom, N.; Wenger, A. P.: „Organisationswissen: Die effiziente Organisation – Bewertung und Auswahl von Organisationsformen", SGO, Nr. 9 (2002).

Vahs, D.: „Organisation: Einführung in die Organisationstheorie und -praxis", Schäffer-Poeschel, 1997.

Weiterführende Literatur

Baldegger, R. J.: „Management: Strategie, Struktur, Kultur", Growth Publisher, 2007.

Bleicher, K.: „Das Konzept Integriertes Management", Campus, 1999.

Jones, G. R.; Bouncken, R. B.: „Organisation: Theorie, Design und Wandel", 5. aktual. Aufl., Pearson Studium, 2008.

Kim, K.; Nofsinger, J.; Mohr, D.: „Corporate Governance", International Edition, 3. Aufl., Pearson, 2009.

Krüger, W.: „Excellence in Change. Wege zur strategischen Erneuerung", 3. Aufl., Gabler Verlag, 2006.

Mintzberg, H.: „Managing", FT Prentice Hall, 2011.

Nauer, E.: Organisation als Führungsinstrument", 2. Aufl., Bern/Stuttgart/Wien 1993.

Roberts, J.: „Management. Über die Gestaltung effektiver Organisationen", Pearson Studium: 2007.

Robbins, S.P.: „Organisation der Unternehmung", 9. Aufl., Pearson Studium, 2001.

Schmitt, A.: „Innovation and Growth in Corporate Restructurings. Solution or Contradiction", 1. Aufl., Gabler Edition Wissenschaft, 2009.

Schreyögg, G.: „Organisation: Grundlagen moderner Organisationsgestaltung", 5. Aufl, Gabler, 2008.

Stadtler, L.; Schmitt, A.; Klamer, P.; Straub, T.: „More than Bricks in the Wall: Organizational Perspectives for sustainable Success", Gabler, 2010.

Endnoten

1 Siehe Chandler (1962).
2 Siehe Drucker (2005), S. 73ff.
3 Siehe Davidow und Malone (1993).
4 Siehe Bartu und Hayek (2005), S. 64f..
5 Siehe *Abbildung 10.3*.
6 Siehe Vahs (1997), S. 13.
7 Siehe Gutenberg (1983), S.238ff..
8 Siehe Crowe (1996), S.121ff..
9 Mit diesem Thema befassen sich unterschiedliche Ansätze, so Bleicher (1991), Gomez und Zimmermann (1993) sowie Mintzberg (1979).
10 Siehe Krüger (2006).
11 *Corporate Identity* bezieht sich auf die Identität einer Organisation. Sie drückt die Gesamtheit der kennzeichnenden Merkmale aus, durch die sich eine Organisation von anderen Organisationen unterscheidet. Siehe hierzu Bickmann (1999) oder Kissling und Babel (2011).
12 Siehe Krüger (2006).
13 Siehe Gomez und Zimmermann (1993), S. 83ff..
14 Siehe *Abbildung 10.5*.
15 Siehe Bleicher (1993), S. 65ff..
16 Siehe Nauer (1993), S. 147ff..
17 Die **Kontrollspanne** gibt Auskunft über die Anzahl der Mitarbeiter, die von einer Führungskraft direkt geleitet wird. In der beruflichen Praxis sollte in diesem Zusammenhang ein Mittelmaß in Bezug auf die Distanz zwischen Vorgesetztem und Mitarbeiter gefunden werden. Ist die Distanz zu groß, so ist es schwer möglich eine genaue Kontrolle durchzuführen. Die Festlegung der Kontrollspannengröße hängt von einer Vielzahl von Faktoren ab: Beispielsweise von Komplexität der Aufgabenkomplexität, Führungsstil, räumliche Entfernung zwischen Vorgesetztem und Mitarbeitern, Charakteristische Eigenschaften des Mitarbeiters, Anzahl der Autoritätsebenen, Frequenz der Arbeitswiederholungen, Homogenität der Arbeitsplätze etc..
18 Siehe *Kapitel 2*: Strategisches Management; *Abschnitt 1.2.2*: Was bedeutet strategisches Management?
19 Siehe *Abbildung 10.8*.
20 Alternativ wird auch von „Verrichtungen" (Funktionen) und von „Objekten" (Produkten) gesprochen. Siehe hierzu Bleicher (1993), S. 388.
21 Siehe Thom und Wenger (2002), S. 103ff..
22 Siehe Greiner (1972), S. 37ff..
23 Siehe hierzu die einzelnen, angelegten Kapitel dieses Buches.
24 Siehe Bleicher (1993), S. 389.
25 Die einzelnen Funktionen einer Organisation wurden detailliert bereits im Vorwort vorgestellt. Siehe *Vorwort 0*, *Abschnitt 1.2*: Aufbau des Buches: Die Funktionen eines Unternehmens.
26 Siehe *Abbildung 10.10*.
27 Siehe Bleicher (1993), S. 537ff..
28 Siehe Büchner (1987), S. 44ff..
29 Siehe Bleicher (1993), S. 568ff..
30 Siehe Littman und Jansen (2000), Robbins (2001, S. 497f.), Scholz (1997).
31 Siehe *Kapitel 11*: Wissensmanagement und Informationssysteme.
32 Siehe *Abbildung 10.16*.
33 SFAA (2002).

34 Suter (2000, S. 38ff.) sind ausführliche Informationen zu den theoretischen Konzepten und den Modellen in den einzelnen Ländern zu entnehmen.

35 Siehe *Kapitel 2*: Strategisches Management.

36 Für weitere Informationen:

W. L. Gore & Associates GmbH,

D-85639 Putzbrunn,

Michael Haag, Public Relations

D-85639 Putzbrunn

Tel. + 49/89/4612-2773, Fax -2329;

Mobil + 49/172/815 14 83

E-Mail: mhaag@wlgore.com

www.gore.com

*Zu wissen, was man weiß, und zu wissen,
was man tut, das ist Wissen.*

*Konfuzius (551 v. Chr. - 479 v. Chr.), chinesischer
Philosoph*

Lernziele

In diesem Kapitel wird das Wissen zu folgenden
Inhalten vermittelt:

■ Grundlegende Aspekte des Wissensmanagements

   – historische Aspekte

   – Rolle des Wissensmanagements für
      Unternehmen

   – Wissen als Unternehmenskapital und
      dessen Schutz

■ Bildung von Wissen und Kernkompetenzen

   – Der Prozess der Wissensbildung

   – Kernkompetenzen als Wettbewerbs-
      vorteil

■ Managen von Wissen und Kernkompetenzen

   – Systemischer Ansatz

   – *Communities of Practice* als *Tool*

■ Informationssysteme

   – Grundlagen

   – Informations- und Kommunikations-
      technologien

Wissensmanagement und Informationssysteme

11

ÜBERBLICK

11.1   Grundlagen des Wissensmanagements

11.1.1   Historische Aspekte

Im Vergleich zur heutigen Zeit war im Jahr 1700 der Unterschied zwischen den Pro-Kopf-Einkünften eines reichen Landes und denen eines Entwicklungslandes quasi gleich Null. Der Reichtum dieser Länder zeichnete sich in dieser Zeit vorwiegend im Wert der produzierten Güter ab. Fast 100 Prozent der aktiven Bevölkerung arbeiteten in der Landwirtschaft mit den wesentlichen Produktionsmitteln „Werkzeuge" und „Tiere". Hierbei spricht man von dem **Primärsektor (Urproduktion)**, der zumeist die Rohstoffe für ein Produkt liefert. Landwirtschaft, Forstwirtschaft und Fischerei (inklusive Wasserkraft) zählen zu diesem Sektor. Im Wesentlichen bestand die Arbeit aus Handarbeit. Die Hälfte des Weltreichtums befand sich in China und Indien. Der Grund dafür war, dass zu dieser Zeit, im Jahr 1700, ca. 50 Prozent der Weltbevölkerung in diesen beiden Ländern lebte.

Einhundert Jahre später, im Jahr 1800, war dieser Pro-Kopf-Einkommensunterschied weiterhin niedrig und betrug nur etwa 20 Prozent. Zu dieser Zeit fand jedoch ein außergewöhnliches Ereignis statt: Die Erfindung der Dampfmaschine. Die Menschheit trat zu diesem Zeitpunkt in die Ära ein, die Wirtschaftshistoriker als die **erste industrielle Revolution** bezeichnen und die sehr schnell die Vorherrschaft der Landwirtschaft verdrängte, welche die Hauptaktivität während 8.000 Jahren darstellte. Konkret bedeutete dies, dass eine Nation gezwungen war, an dieser industriellen Revolution teilzunehmen, wenn sie reich werden wollte. Die drei reichsten Länder zu dieser Zeit waren Großbritannien, Deutschland und die Vereinigten Staaten von Amerika.

Gemäß Wirtschaftshistorikern trat die Menschheit ab dem Jahr 1900 in die **zweite industrielle Revolution** ein. Diese Revolution zeichnete sich durch eine einzigartige Idee und durch eine große Erfindung aus. Die einzigartige Idee basierte auf dem Gedanken, auf systematische Weise in die Industrieforschung und -entwicklung zu investieren und somit in die Wissenschaft und akademische Forschung. Diese neue Herangehensweise hatte ihren Ursprung in Deutschland. Zur selben Zeit erfolgte in Deutschland eine starke Entwicklung der Chemieindustrie, was zu einer Beschleunigung der bereits stattfindenden technologischen Veränderung beitrug. Die zweite industrielle Revolution beschreibt den Ursprung der Art von Forschung und Entwicklung, wie wir sie heute in Unternehmen vorfinden.

Ein weiteres einflussreiches Ereignis stellte die Erfindung der Elektrizität dar. Es ist in diesem Zusammenhang anzumerken, dass der Zeitpunkt der Erfindung von Elektrizität nicht genau feststeht.

Im Jahr 1950 endete die zweite industrielle Revolution. Der Unterschied im Pro-Kopf-Einkommen zwischen dem reichsten und dem ärmsten Land entsprach nun einer Ratio von etwa 140:1. Asien stellte die ärmste Region der Welt dar und nahm an keiner der beiden industriellen Revolutionen teil.

Heute lässt sich mit Sicherheit sagen, dass wir uns inmitten der **dritten industriellen Revolution** befinden. Die gegenwärtige Revolution hat ihren Ursprung in der raschen Entwicklung von sechs wichtigen Kerntechnologien: Der Mikroelektronik, den Computern, der Telekommunikation, dem Industriedesign (Produktdesign), der Robotertechnik und schließlich der Biotechnologie.

11.1.2 Rolle für das Unternehmen

Die Gemeinsamkeit der wichtigen Kerntechnologien in Bezug auf die dritte industrielle Revolution, besteht in der **Wissensintensität**, auch als Wissenskapital bezeichnet. In diesem Kontext ermöglicht das Internet oder die Informationstechnologie (IT) eine schnellere, weltweite Verbreitung von Wissen und Information innerhalb und zwischen Unternehmen.

In Firmen stellt Wissen das Kapital von Kompetenzen dar, das Individuen in unterschiedlichen Unternehmensbereichen besitzen. Ist die Rede von *Wissen*, sollte dieser Begriff klar **von Information und Daten abgegrenzt** werden.

- **Daten:** Daten sind logisch gruppierte Informationseinheiten (Codes), welche innerhalb von Systemen übertagen werden oder auf Systemen gespeichert sind. Sie codieren häufig einen Gegenstand, eine Wirtschaftstransaktion oder ein Ereignis. Daten können alphabetisch, numerisch oder in Form von Bildern abgespeichert werden.

- **Information:** Eine Information stellt eine Summe von Daten in einem klar definierten Kontext dar.

- **Wissen:** Wissen stellt die Kapazität dar, unterschiedliche Informationen zu kombinieren, um ein spezifisches Problem zu lösen. Wissen ist somit anwendungsorientiert.

Beispiel 11.1	Daten, Information und Wissen am Beispiel der Lektüre eines Artikels der Financial Times Deutschland

Leser der *Financial Times Deutschland* können auf unterschiedliche Arten einen Artikel dieser Wirtschaftszeitung wahrnehmen.

Ein Leser, der keine bzw. kaum Finanz- und Wirtschaftskenntnisse hat, wird wohl aufgrund der Menge an Daten (Graphiken, Statistiken, Bilder, Zahlen etc.) die Übersicht verlieren. Diese Daten tragen kaum zu einem umfangreichen Verständnis eines Artikels bei.

Abbildung 11.1: Daten, Information, Wissen am Beispiel der Lektüre einer Wirtschaftszeitung
Quelle: Fotolia

Für einen Leser, der hingegen ein Mindestmaß an Finanz- und Wirtschaftskenntnissen aufweist, stellen die kombinierten Daten des Wirtschaftsartikels diejenige Information dar, die der Autor des Artikels ursprünglich vermitteln wollte.

Schließlich wird ein Fondsmanager als Experte in der Lage sein, denselben Artikel auf eine gänzlich andere Art und Weise zu lesen. Dieser kann in der Regel die im Artikel vorhandenen Informationen mit seinem eigenen, bereits bestehenden Wissen kombinieren. Diese Erfahrung befähigt den Fondsmanager, erfolgversprechendere Investitionsentscheidungen als andere zu treffen, die ohne das Wissen aus dem Artikel nicht zustande gekommen wären.

Für denjenigen Leser, der keine Finanz- und Wirtschaftskenntnisse besitzt stellt der Wirtschaftsartikel lediglich *Daten* dar; für denjenigen Leser, der im Besitz von Finanz- und Wirtschaftskenntnissen ist, stellt der Inhalt des Artikels eine *Information* dar. Für den Fondmanager stellt schließlich der Inhalt des Wirtschaftsartikels *Wissen* dar.

Im Sinne des Human Ressource Managements (Personalmanagements) überdenken moderne Unternehmen demnach ihre Art und Weise zu arbeiten, indem sie die Charakteristiken ihrer Mitarbeiter unter dem Wissensaspekt wahrnehmen. Im Allgemeinen wird heute ein Mitarbeiter weniger für seine physische Arbeit *(muscle power)* als vielmehr für seine geistige Arbeit *(brain power)* bezahlt. In den sogenannten entwickelten Ländern, beispielsweise in den USA, praktizieren ca. 70 Prozent der aktiven Bevölkerung eine Arbeit, die mit dem Management von Information und Wissen zu tun hat *(knowledge working)*. In Skandinavien beträgt dieser Anteil etwa 80 Prozent, in Großbritannien sind es 60 Prozent und im Fernen Osten, wie Japan, Korea, China sind es ca. 40 Prozent. Darüber hinaus deuten Entwicklungen in diesen Regionen einheitlich auf eine Zunahme dieses Anteils für die kommenden Jahre hin. **Das Wissensmanagement hat somit in vielen Unternehmen einen zentralen Stellenwert:** Es kann *dezentral*, sprich durch jeden einzelnen Mitarbeiter, oder *zentral*, sprich durch die Geschäftsleitung gesteuert werden. Es zeichnet sich zunehmend in großen Organisationen eine Entwicklung hin zu zentralen Abteilungen ab, welche sich ausschließlich mit Wissensmanagement beschäftigen. Auch wenn innerhalb einer Organisation keine solche Abteilung existiert, stellt das Managen von Wissen dennoch ein wichtiges Element der Geschäftsleitung, aber auch eines jeden einzelnen Mitarbeiters dar. Mitarbeiter in Unternehmen können somit als *Wissensträger* gesehen werden. Häufig wird in diesem Kontext auch von *Knowledge Workern* gesprochen.

Wissensträger bzw. **Knowledge Worker** sind Individuen, die aufgrund ihres Einsatzes von intellektueller Leistung einen wirtschaftlichen Mehrwert für ihr Unternehmen generieren. *Knowledge Worker* sind beispielsweise Manager, Berater, Designer, Lehrer, Wissenschaftler, Ingenieure, Architekten, Informatiker, Mediziner oder auch Rechtsanwälte. Die Berufsentwicklung dieser *Knowledge Worker* basiert auf vier Dimensionen: Der Kommunikation, der Zusammenarbeit, dem ständigen Lernen und der zwischenmenschlichen Wissensteilung.

Sofern optimal umgesetzt, kann Wissensmanagement den Unternehmenserfolg messbar steigern, beispielsweise indem Mitarbeiter Erkenntnisse aus herausragenden Projekten und lokalen Innovationen global nutzen können.

Unternehmenserfolg durch Wissensmanagement

Wissensmanagement kann einen wesentlichen Beitrag zu einem Unternehmenserfolg leisten. So half beispielsweise eine Lösung der Start-up-Firma *The AGiLiENCE Group* einem internationalen Pharma-Unternehmen, welches die Erfahrungen und Ergebnisse seiner weltweit verteilten Labors zusammenführen wollte, um neue Medikamente schneller auf den Markt bringen zu können. Die Start-up-Firma *AGiLiENCE* wurde von Siemens Venture Capital unterstützt und entwickelte das Expertensystem Mona, mit dem Entwickler eilige Anfragen über eine einfache Bedienoberfläche als Word-Dokument eingeben können. Im Unterschied zu einer E-Mail, bei der ein Empfänger eingegeben werden muss, leitet Mona die Anfrage an die besten Experten weiter. Verfügbare Antworten auf ähnliche Fragen erkennt das System und stellt diese sofort bereit. Auf diese Weise erhalten auch neue Mitarbeiter schnellstmöglich qualifizierte Informationen.

Quelle: S. Saphörster: „Wissensgesellschaft: Knowledge Management", 2011, www.siemens.com/innovation/pool/de/Publikationen/Zeitschriften_pof/ PoF_Fruehjahr_2004/Wissensgesellschaft/Knowledge_Management/ PoF104art15_1172109.pdf (Stand: 20.07.2011).

Tatsächlich charakterisiert sich unsere heutige Wissensgesellschaft *(Knowledge Economy)* durch eine Zusammenlegung von Wissensressourcen und durch eine schnellere Wissensentwicklung innerhalb von Arbeitsgruppen. In diesem Kontext ist die Wissensteilung eines jeden *Knowledge Workers* entscheidend für die Entwicklung von neuen Produkten und Dienstleistungen eines Unternehmens.

11.1.3 Physisches versus geistiges Kapital

Die Weltwirtschaft unterliegt seit den 90er Jahren verstärkt einem Wandel, der weg von der industriellen und hin zur Informations- und Wissensgesellschaft führt. Dieser Wandel charakterisiert sich vor allem durch eine starke Zunahme von Information und Wissen. Unternehmen sind daher zunehmend mit der neuen Herausforderung konfrontiert, Information und Wissen zu managen.

Die Summe des Wissens eines Unternehmens stellt dessen **geistige bzw. immaterielle Vermögenswerte** dar. Diese sind geistig bzw. immateriell, da sie im Vergleich zu materiellen Vermögenswerten nicht physisch greifbar sind (geistiges Kapital).

Die wesentlichen Vermögenswerte eines Unternehmens bestehen immer weniger aus **physischen bzw. materiellen Vermögenswerten**, wie beispielsweise aus Maschinen, Lagern, Immobilienwerten, aus Land oder anderen greifbaren Werten (physisches Kapital). *Abbildung 11.2* veranschaulicht diese Entwicklung.

Von der Agrar- zur Wissensgesellschaft

Geistiges Kapital	Geistiges Kapital	Geistiges Kapital
Physisches Kapital	Physisches Kapital (Materielle Vermögenswerte)	
Arbeit	Arbeit	Physisches Kapital
		Arbeit
Agrargesellschaft	Industriegesellschaft	Wissensgesellschaft

Abbildung 11.2: Von der Agrar- zur Wissensgesellschaft

Die heutigen Vermögenswerte eines Unternehmens (geistiges Kapital) bestehen hauptsächlich aus einem guten Management und einer ausgezeichneten Digitalisierung von Information, moderner Forschung und Entwicklung, intra- und interorganisatorischen Wirtschaftsnetzwerken, neuestem technologischen Wissen sowie aus Marketing-Know-how.[1] All dieses Know-how oder geistiges Kapital ist in den Köpfen der Mitarbeiter eines Unternehmens oder in denen seiner Stakeholder gespeichert. In einer sich zunehmend schneller verändernden Umwelt, in der die Erfordernisse des Marktes stets ansteigen, ist dieses Know-how von wichtiger Bedeutung. Dank eines bereits bestehenden Wissenskapitals fällt es einem Unternehmen leichter, basierend auf vorhandenem Wissen neues Wissen zu akkumulieren oder zu entwickeln. Dies kann für dessen nachhaltige Wettbewerbsfähigkeit von zentraler Bedeutung sein. So illustrieren z.B. Microsoft oder Facebook die Wichtigkeit eines bestehenden Wissenskapitals (geistiges Kapital) sehr deutlich, da dies in etwa 90 Prozent des Unternehmenswertes ausmacht.

Wie *Abbildung 11.3* veranschaulicht, bedeutet Wissen für ein Unternehmen zugleich Kapital. Ebendieses Kapital besteht sowohl aus physischem und greifbarem als auch aus immateriellem und geistigem Wissen.

Beispiele für geistige Vermögenswerte eines Unternehmens sind Urheberrechte bzw. Copyrights, Patente, eingetragene Warenzeichen und Marken oder der Goodwill des Firmenwertes. Zwar sind diese geistigen Vermögenswerte identifizierbar, doch sind sie weder sichtbar, tastbar noch physisch messbar. Im Laufe der Zeit sind diese Vermögenswerte in Bezug auf einen Aufwand entstanden und haben sich zu Kapital entwickelt.

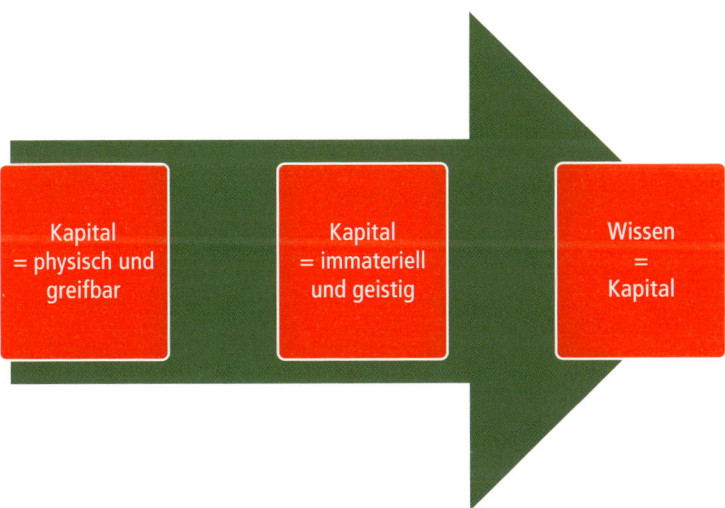

Wissen bedeutet Kapital

Beispiele für geistige Vermögenswerte:

- **Copyright:** Ein Copyright ist ein exklusives Urheberrecht über einen limitierten Zeitraum an einem Schöpfungsgegenstand, wie beispielsweise an einem Text, einem Gemälde oder gar an einem musikalischen Werk. Dieses Recht schließt die Veröffentlichung, die Vermarktung und das Anpassen der Schöpfung mit ein. Im Anschluss an den limitierten Zeitraum erlischt das Urheberrecht, die Schöpfung wird öffentlich zugänglich und ist somit kostenlos für andere Personen oder Unternehmen verwertbar. Ein Urheberrecht bezieht sich auf jegliche Form einer substantiellen Idee oder einer Information, die auf einem physischen oder virtuellen Medium festgehalten bzw. gespeichert werden kann.

- **Patent:** Ein Patent ist ein exklusives Recht, das ein Staat einem Erfinder (Privatperson oder Unternehmen) während eines limitierten Zeitraums gewährt, indem die Erfindung hinterlegt und publiziert wird. Die Erfindung muss neu, originell und nützlich oder industriell anwendbar sein. Dieses Exklusivrecht schützt den Erfinder gegenüber Dritten oder gegenüber anderen Unternehmen, welche die Erfindung ohne die Einwilligung des Urhebers nachbauen, nutzen, verkaufen oder vermarkten möchten. Beispiele für Patente sind chemische Formeln und Herstellungsprozesse für pharmazeutische Produkte oder die Zusammensetzung und der Herstellungsprozess von hydraulischen Bremssystemen.

- **Eingetragenes Warenzeichen:** Ein eingetragenes Warenzeichen, auch Marke genannt, stellt einen eindeutigen Hinweis durch eine Privatperson, durch ein Unternehmen oder durch eine andere Rechtsperson dar, welcher dazu dient, das betreffende Produkt oder die Dienstleistung dem entsprechenden Erfinder zuzuordnen. Dieses eindeutige Warenzeichen dient des Weiteren dazu, das Produkt oder die Dienstleistung von denen der Konkurrenz zu unterscheiden und gegebenenfalls zu schützen. Ein eingetragenes Warenzeichen ist eine bestimmte Art geistigen Eigentums: Ein Name, ein Wort, ein Slogan, ein Logo, ein Symbol, das Design, ein Bild oder die Kombination aus all diesen Elementen.

■ **Goodwill:** Wird ein Unternehmen zu einem höheren Preis als dem aktuellen buchhalterischen Wert verkauft, so spricht man von einem Goodwill. Der buchhalterische Wert ist die Summe der identifizierten Vermögenswerte (z.B. Boden, Gebäude, Maschinen). Die Differenz aus dem Verkaufspreis und dem buchhalterischen Wert ist der Goodwill. Dieser Mehrwert, den der Käufer bereit ist zu bezahlen, findet seine Begründung in dem Wissen der Mitarbeiter, der Marke oder gar in einem guten Image des zu verkaufenden Unternehmens.

Es lässt sich somit für die *Wissensgesellschaft*, sprich die *Knowledge Economy* festhalten, dass der größte Anteil des Unternehmenswertes häufig in den geistigen und immateriellen Vermögenswerten liegt. Wissen stellt den wichtigsten Unternehmenswert dar und Unternehmen sollten fähig sein, ihr kollektives Wissen in innovative Produkte und Dienstleistungen umzuwandeln. Wissen stellt folglich einen wichtigen Unternehmenswert dar, auf den sich das Management konzentrieren sollte.

11.2 Bildung von Wissen und Kernkompetenzen

11.2.1 Prozess der Wissensbildung: Zwischen implizitem und explizitem Wissen

Die Wissensbildung ist intrinsisch mit der Wissens(ver)teilung innerhalb eines Unternehmens verbunden. Dieses neue Wissen sollte in die tägliche Arbeit der Mitarbeiter einfließen und genutzt werden. Die Wissensbildung ist das Ergebnis eines menschlichen Prozesses, der aus zwei unterschiedlichen Arten von Wissen besteht: Dem impliziten und dem explizitem Wissen.

■ **Implizites Wissen** ist tief in den Köpfen von Mitarbeitern verankert und kann daher häufig schwer verbalisiert, kodifiziert oder niedergeschrieben werden. Implizites Wissen ist entweder angeboren oder erworben worden. Man verbindet das implizite Wissen von Personen mit deren Know-how oder deren Erfahrung, da sie erlernte Regeln und Prinzipien je nach Kontext anwenden, ohne dabei zwingend erklären zu können, weshalb sie diese anwenden.

■ **Explizites Wissen** kann im Gegensatz dazu artikuliert, sprich leicht zwischen Personen schriftlich oder verbal übertragen werden. Typischerweise kann explizites Wissen in Form eines Dokuments, einer Software oder der Programmierung einer Maschine kodifiziert werden.

Im Unternehmenskontext ist es deshalb einfacher, explizites Wissen von einer individuellen auf eine kollektive Ebene, wie beispielsweise auf die Ebene einer Gruppe oder Abteilung, zu transferieren. Im Gegensatz dazu ist implizites Wissen im kognitiven Bereich von Mitarbeitern verankert und dadurch schwieriger zu (ver)teilen oder von der individuellen Ebene auf die Gruppenebene zu transferieren. Um den Entstehungs- bzw. Bildungsprozess von Wissen in einer Organisation zu beschreiben, kann man sich wie nachfolgend abgebildet eine Spirale vorstellen.

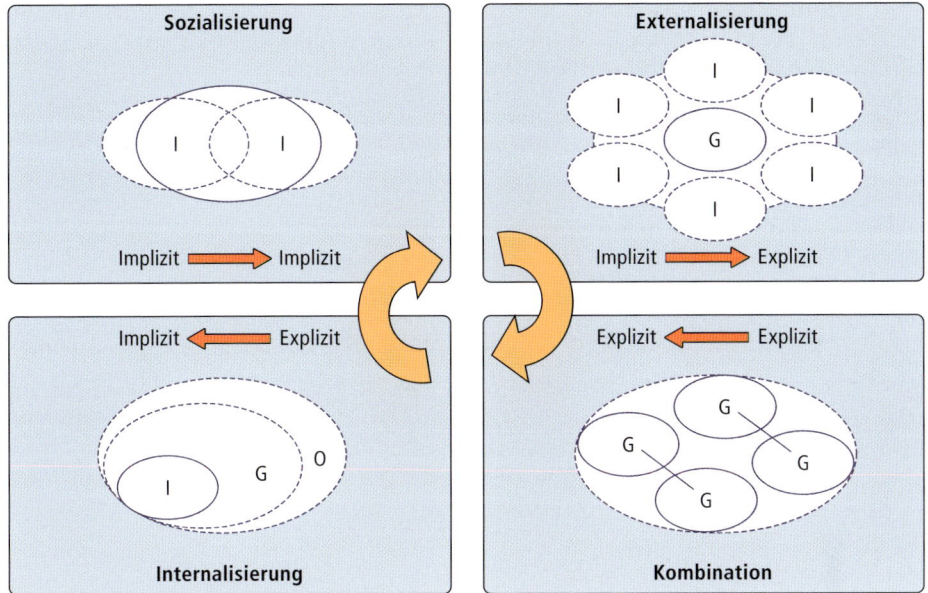

I = Individuum; G = Gruppe; O = Organisation

Abbildung 11.4: Die Wissensspirale

Quelle: Straub in Anlehnung an Nonaka (1994).

Der Entstehungsprozess von neuem zu kollektivem Wissen, wie in *Abbildung 11.4* dargestellt, kann anschaulich anhand eines neuen Rhabarber-Sorbets eines großen Restaurants verdeutlicht werden:

Zu Beginn solch eines Prozesses entsteht die Idee, überhaupt ein neuartiges Rhabarbersorbets zuzubereiten, welche in diesem Fall durch die Kreativität und die Erfahrung (implizites Wissen) des Starkochs veranlasst ist. Dieser wird sodann die anderen Köche des Restaurants über seine Kreation informieren, damit das Sorbet in der Küche zubereitet werden kann. Diese erste Phase nennt man **Sozialisierung** und kann als Austausch von implizitem Wissen wie beispielsweise Erfahrung, Know-how und Geschichten über die Zubereitung eines Sorbets beschrieben werden. Im Anschluss an die Phase der Sozialisierung folgt die Phase der **Externalisierung**. Der Starkoch und seine Köche versuchen nun, das implizite Wissen explizit zu formulieren. Sie tun dies, indem sie die Zutaten, die Mengen und den Prozess der Zubereitung des Sorbets in Form eines Rezepts niederschreiben. Die dritte Phase nennt man **Kombination**. Während dieser Phase übermitteln die Köche das Rezept an ihre jeweiligen Arbeitsgruppen. Schließlich sind es jene, welche tagtäglich das Sorbet zubereiten werden. Man spricht von Kombination, da die Köche und die Arbeitsgruppen dieses neue Kochrezept mit ihren üblichen Arbeitsprozessen, die sie stets anwenden, und schließlich auch den Arbeitsressourcen, die zur Verfügung stehen, verbinden. Mit der Zeit kann es zu einer Verbesserung der Zubereitung des Sorbets kommen, da das Knowhow der Arbeitsgruppen diesbezüglich zunimmt. Man spricht hierbei von **Internalisierung**, da sich neues Wissen in dem mentalen Wissensrepertoire der Beteiligten (Arbeitsgruppen und Köche) bildet. Aufgrund der wiederholten Zubereitung des Sorbets nimmt die Erfahrung der Beteiligten zu und sie beginnen, mit dem ursprünglichen Rezept zu experimentieren. Dies führt häufig zu einer Verbesserung des Rezepts, indem beispielsweise eine neue Zutat hinzugefügt wird. Im Fall des Rhabarber-Sorbets könnte dies durch Zugabe von etwas Zwetschgenlikör der Fall sein. Ab diesem Zeitpunkt tritt eine neue Phase der Sozialisierung ein und eine neue Schleife der Wissensbildungsspirale erfolgt.

Die Spirale der Wissensbildung in einem Unternehmen zielt einerseits darauf ab, kollektives und nutzbares Wissen einer großen Anzahl an Mitarbeitern zugänglich zu machen. Andererseits erlaubt sie eine ständige Verbesserung des Wissens. Ein Unternehmen generiert insbesondere durch diesen Prozess häufig das Wissen, was man Kernkompetenz nennt.

11.2.2   Kernkompetenzen als Wettbewerbsvorteil

Die Autoren *Prahalad* und *Hamel* nutzten den Begriff Kernkompetenzen, um zu beschreiben, auf welche Art von Wissen sich Unternehmen zur Erzielung eines Wettbewerbsvorteils konzentrieren sollten. Der Begriff der Kernkompetenzen floss durch des von *Prahalad* und *Hamel* im Jahr 1990 in der *Harvard Business Review* erschienenen Artikels in die Management-Theorien ein.

Eine **Kernkompetenz** bezeichnet den immateriellen Vermögenswert, sprich *Know-how*, welches Unternehmen ausschöpfen, um im Markt erfolgreich zu sein. Eine Kernkompetenz eines Unternehmens ist Wissen, das es im Vergleich zu seinen Konkurrenten auszeichnet. Dies kann jegliche Art von Know-how für die Entwicklung von neuen Produkten oder Know-how für deren Vermarktung sein. Kernkompetenzen resultieren häufig aus einer einzigartigen Abstimmung von Technologien oder komplexen Tätigkeiten.

Prahalad und *Hamel* betonen, dass die Unternehmensaktivitäten, die keine Kernkompetenzen darstellen, ausgelagert werden sollten. Entsprechend den beiden Autoren erzeugt eine Kernkompetenz für das Unternehmen einen nachhaltigen Wettbewerbsvorteil. Eine Kernkompetenz sollte des Weiteren **drei Kriterien** erfüllen:

1. **Marktzugang:** Potentiellen Zugang zu einer Vielzahl an Märkten geben.

2. **Nutzenbeitrag:** Einen wesentlichen wahrgenommenen Nutzenbeitrag für den Endkonsumenten eines Produktes oder einer Dienstleistung leisten.

3. **Schwere Kopierbarkeit:** Schwer imitierbar für Wettbewerber sein (typischerweise aufgrund der Abstimmung komplexer Technologien oder komplexer Tätigkeiten).

Es liegt daher nahe, dass dieses wichtige und besondere *Unternehmens-Know-how* nicht externalisiert werden sollte, da das Unternehmen sonst einen Teil seines Wettbewerbsvorteils verlieren würde. Gewissermaßen stellt eine Kernkompetenz das Herz der Kompetenzen eines Unternehmens dar. *Prahalad* und *Hamel* haben das Unternehmen metaphorisch als Baum abgebildet, bei dem die Wurzeln die Kernkompetenzen darstellen, die Äste die organisatorischen Unternehmenseinheiten (z.B. Marketing-, Finanz-, Produktionsabteilung) und die Blätter die Produkte oder Dienstleistungen (z.B. Autos, Motorräder). Diese Art von Darstellung verdeutlicht, dass es die Wurzeln (Kernkompetenzen) sind, die dem ganzen Baum (Unternehmen) Stabilität und Nachhaltigkeit verleihen.

Kernkompetenzen und organisatorische Unternehmenseinheiten

Abbildung 11.5: Kernkompetenzen und organisatorische Unternehmenseinheiten
Quelle: Straub in Anlehnung an Prahalad und Hamel (1990).

Folgende Abbildungen – *11.6*, *11.7*, *11.8* – dienen der Veranschaulichung von Kernkompetenzen unterschiedlicher Branchen und Unternehmen.

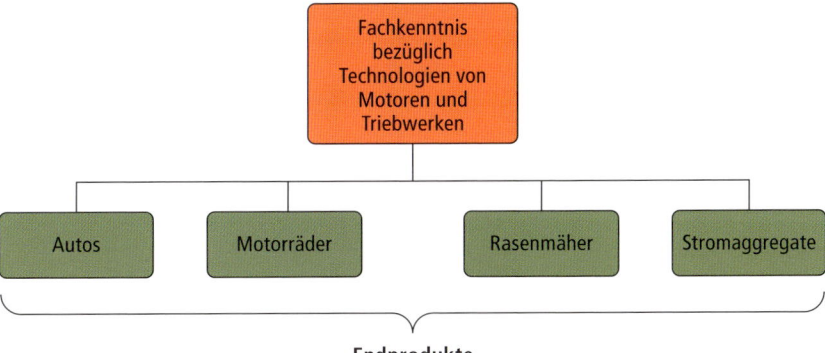

Abbildung 11.6: Kernkompetenzen bei einem Automobilunternehmen

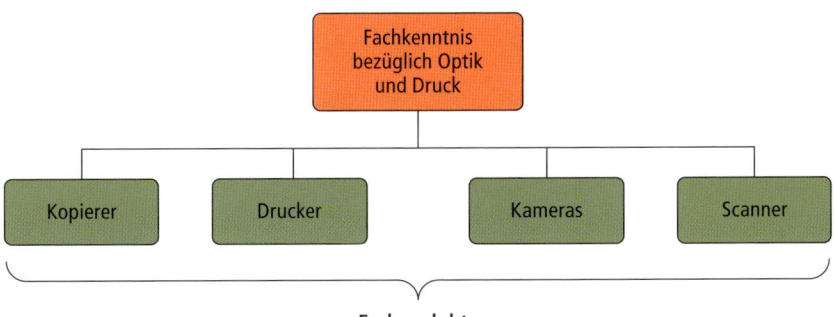

Abbildung 11.7: Kernkompetenzen bei Optik-und-Druck-Unternehmen

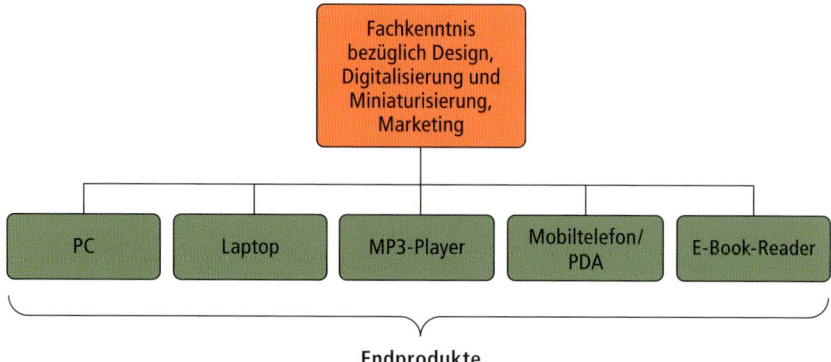

Endprodukte

Abbildung 11.8: Kernkompetenzen bei einem PC-Unternehmen

Im Falle der PC-Industrie hat Apple beispielsweise Kernkompetenzen im Bereich Produktentwicklung, Design und Marketing, die dem „Apfel der Informatik" die Entwicklung und Markteinführung von bahnbrechenden Produkten (z.B. iPod, iPhone, iPad) ermöglicht (siehe *Abbildung 11.8*).

Schließlich ist es für Unternehmen immer häufiger der Fall, ihre Kernkompetenzen mit denen anderer Unternehmen in sogenannten Unternehmens- bzw. Firmennetzwerken zu bündeln, um so neue Endprodukte (oder Dienstleistungen) zu schaffen. Heutzutage existieren in der Wirtschaft zunehmend mehr von diesen zwischenbetrieblichen Netzwerken, bei denen jedes beteiligte Unternehmen seine eigenen Kernkompetenzen einbringt, um so zur Umsetzung eines Endprodukts (oder Dienstleistung) beizutragen. *Abbildung 11.9* veranschaulicht solch ein Netzwerk am Beispiel einer Maschinenbaufirma. Die Abbildung zeigt wie Kernkompetenzen mit denen anderer Unternehmen in Netzwerken gebündelt werden.

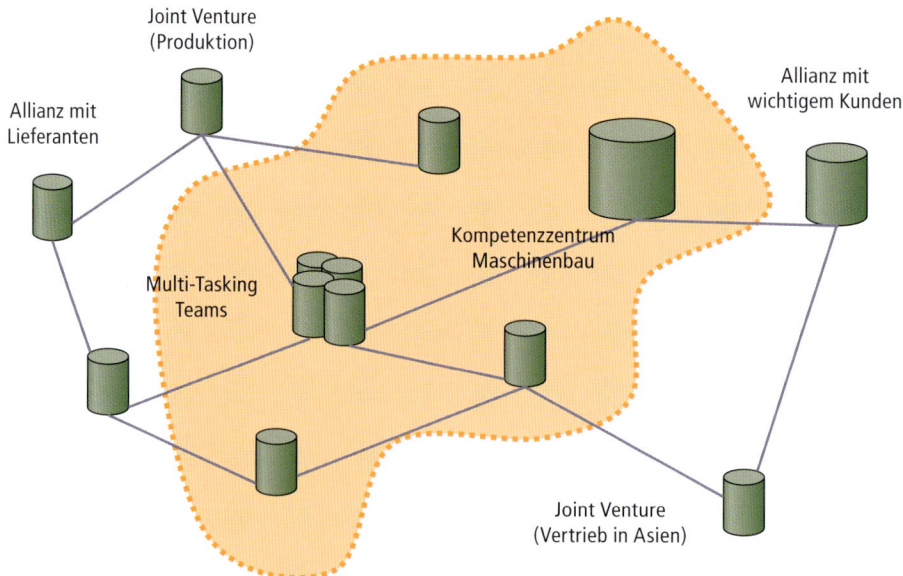

Abbildung 11.9: Die Struktur von interorganisatorischen Netzwerken

---

Beispiel 11.3	**Die Struktur von interorganisatorischen Netzwerken – Am Beispiel einer Maschinenbaufirma**

Abbildung 11.9 bildet die wesentlichen Elemente des Unternehmensnetzwerks einer Maschinenbaufirma (Unternehmen A) ab. Die hauptsächliche Kernkompetenz des Unternehmens A, Innovationsfähigkeit im Maschinenbau, resultiert nicht aus der Summe der eigenen Kernkompetenzen gepaart mit denen seiner Partnerunternehmen. In Wirklichkeit ist es vielmehr die Art und Weise, *wie* das Unternehmen A die Gesamtheit der eigenen Kernkompetenzen mit denen anderer koordiniert. Aufgrund dieser Form von Zusammenarbeit gelingt es dem Unternehmen, eine größere Innovationsfähigkeit zu erzielen. Resultierend aus der häufig unsichtbaren Komplexität des erfolgreichen Funktionierens solch eines Netzwerkes fällt es Wettbewerbern außerhalb des Netzwerks oft schwer, dieses zu imitieren. In der Tat stellt die Koordination des ständigen Wissenstransfers zwischen den einzelnen Partnerfirmen eine große Herausforderung dar.

In anderen Branchen ist dies ebenso der Fall: Einem Außenstehenden fällt es in der Regel schwer, zu verstehen wie beispielsweise der Pharmagigant Novartis seine Forschung in Zusammenarbeit mit Universitäten, Laboren, Forschungszentren und spezialisierten *Start-up-Firmen* koordiniert. Doch genau diese Fähigkeit, Kernkompetenzen von Unternehmen im eigenen Netzwerk zu koordinieren, gepaart mit intensiver Forschung und Entwicklung, ist ein wesentlicher Grund für stabiles Wachstum und für den nachhaltigen Erfolg eines Unternehmens wie Novartis.

Folgende Punkte lassen sich in Bezug auf Kernkompetenzen festhalten:

- Eine Kernkompetenz ist Wissen *(Know-how)*, welches ein Unternehmen besser als seine Konkurrenten beherrscht und welches diesem einen nachhaltigen Wettbewerbsvorteil im Markt verleiht.

- Eine Kernkompetenz sollte drei Kriterien erfüllen:
  1. Einen potenziellen Zugang zu einer Vielzahl von Märkten bieten.
  2. Einen wichtigen Anteil zum wahrgenommenen Wert des Endproduktes für den Verbraucher beitragen.
  3. Schwer imitierbar für andere Wettbewerber sein.

- Eine Kernkompetenz kann als Herz der Kompetenzen eines Unternehmens gesehen werden und sollte in keinem Falle ausgelagert werden.

- Viele Unternehmen bündeln Kernkompetenzen in zwischenbetrieblichen Netzwerken, in denen jedes Partnerunternehmen seine spezifischen Kernkompetenzen einbringt und so zur Entstehung des Endprodukts beiträgt.

11.3 Management von Wissen und Kernkompetenzen

11.3.1 Wissen managen: Ein systemischer Ansatz

Spricht man von Kernkompetenzen und deren Bedeutung für die Wettbewerbsfähigkeit von Unternehmen, so handelt es sich darum, wie Unternehmen tagtäglich Wissen leiten und managen. *Abbildung 11.10* veranschaulicht diesen Prozess. Kernkompetenzen können durch ein unternehmensumfassendes, organisationales Wissensmanagement (WM^2) gemanagt werden. Wissensmanagement sollte im Zentrum des organisatorischen Ökosystems und sämtlicher Unternehmensaktivitäten stehen, um einem Unternehmen zu helfen, nachhaltige Gewinne zu erzielen.

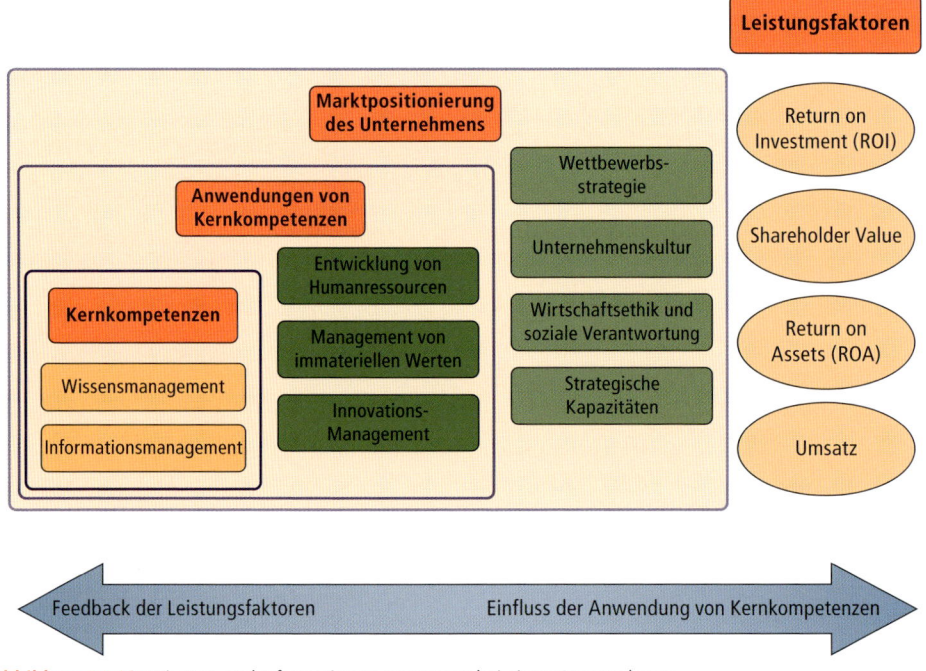

Abbildung 11.10: Wissens- und Informationsmanagement bei einem Unternehmen

Wie in *Abbildung 11.10* veranschaulicht, werden Kernkompetenzen in unterschiedlichen Unternehmensaktivitäten wie in der Entwicklung von Humanressourcen, Management von immateriellen Werten sowie von Innovationsmanagement angewendet und umgesetzt. Diese Maßnahmen sollen helfen, ein Unternehmen durch seine Wettbewerbsstrategie, durch dessen Unternehmenskultur, dessen Wirtschaftsethik und durch soziale Verantwortung und schließlich durch dessen strategische Kapazitäten am Markt gewinnbringender zu positionieren. Eine gute Position am Markt garantiert in der Regel eine hohe und nachhaltige Rentabilität. Die gute Positionierung eines Unternehmens am Markt generiert in der Regel eine Erhöhung der Leistungsfaktoren[3] wie beispielsweise des *Return on Investment (ROI*[4]*)*, des *Shareholder Value*[5], des *Return on Assets*[6] *(ROA)* oder des Umsatzes[7]. Neben dem privaten Sektor gelten hingegen im Non-Profit-Sektor meist andere Leistungs- bzw. Performance-Faktoren. Hier könnten die soziale Wirkung *(Social Impact)* oder die Gesundheitswirkung *(Health Impact)* als wichtige Faktoren betrachtet werden. Beispiele hierfür sind die Bekämpfung von Armut, die Verbesserung von Gesundheit, die verstärkte Achtung von Menschenrechten oder auch ein erhöhtes Bildungs- bzw. Infrastrukturniveau. Positive Performance-Faktoren einer Organisation signalisieren, dass die Umsetzung der Kernkompetenzen richtig durchgeführt worden ist. Sinkende Performance-Faktoren einer Organisation deuten darauf hin, dass die Art und Weise, wie sie ihre Kernkompetenzen handhabt, geändert werden sollte.

Wissensmanagement ist eine junge Disziplin, bei der systematisch versucht wird, Wissen in Bezug auf die Kernkompetenzen einer Organisation, eines Organisationsverbunds, Gruppen oder Mitarbeitern zu identifizieren, zu erwerben, zu schaffen, zu ver- bzw. teilen, zu speichern und anzuwenden, um dadurch die Leistungsziele dieser Organisation besser zu erreichen.

Nachfolgende *Abbildung 11.11* stellt die einzelnen Elemente des sogenannten Wissensmanagementsystems und deren Beziehungen untereinander grafisch dar.

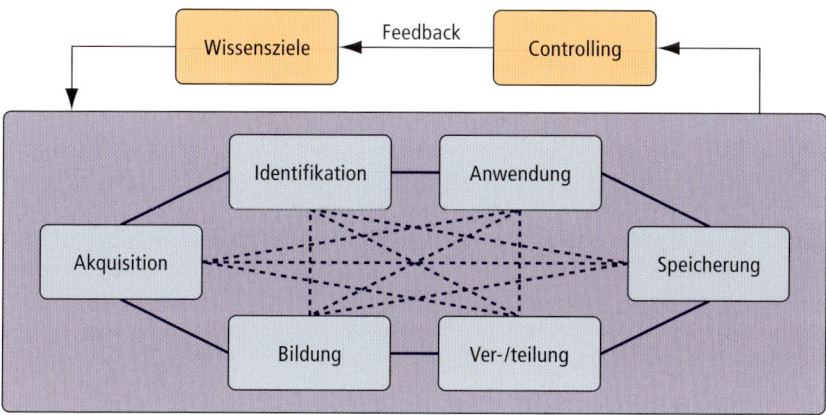

Abbildung 11.11: Das System des Wissensmanagements
Quelle: Probst, Raub und Romhardt (1999).

Wissensmanagements kann man sich als System vorstellen. Am Anfang des Systems stehen **Wissensziele** und am Ende steht das **Wissenscontrolling**. Dieses System schließt zwangsläufig mit ein, dass ein Unternehmen auf nachhaltige Art und Weise Wechselbeziehungen zwischen den sechs Bausteinen des Wissensmanagements koordiniert: Insbesondere zwischen den Bausteinen Identifikation, Erwerb, Schaffung, Verteilung bzw. Teilung, Speicherung und Anwendung von Wissen. Abgesehen von den sechs Bausteinen sollte sich ein Unternehmen auf zwei wichtige Funktionen konzentrieren, welche von der Unternehmensleitung ausgeführt werden sollten:

- **Wissensziele:** Die Wissensziele sollten für alle Mitarbeiter klar formuliert sein.
- **Controlling:** Die Unternehmensleitung stellt sicher, dass die vereinbarten Wissensziele nach geraumer Zeit auch tatsächlich umgesetzt wurden (Wissenscontrolling). Diese systematische Kontrolle ermöglicht der Unternehmensleitung, gegebenenfalls Korrekturmaßnahmen durchzuführen, um die Wissensziele optimaler umzusetzen.

Studien haben gezeigt, dass ein erfolgreiches Wissensmanagementsystem nicht ohne regelmäßige Unterstützung und Führung der Unternehmensleitung funktioniert. Im besten Fall ernennt das Unternehmen einen sogenannten *Chief Knowledge Officer (CKO)*, der die Umsetzung und Überwachung des WM-Systems leitet.

11.3.2 Wissensverteilung und -teilung: Das Tool *Communities of Practice*

Der Austausch von Informationen und explizitem Wissen innerhalb eines Unternehmens stellt eine große Herausforderung dar, mit der Manager täglich konfrontiert sind. Als Antwort auf diese Problematik hat sich in vielen Organisationen eine besondere, institutionalisierte Form von intra- und interorganisatorischen Netzwerken, sprich von Netzwerken innerhalb oder zwischen Firmen entwickelt: Die Community of Practice *(CoP)*. Dieses Wissensmanagement-Tool beschreibt eine Netzwerkstruktur, welche sich durch den Austausch von Informationen, Wissen und Lernen zwischen den einzelnen Netzwerkmitgliedern auszeichnet. Eine *Community of Practice* besteht in der Regel aus einer Gruppe von Personen, die ihre Interessen und Probleme zu einem bestimmten Thema teilen. Dadurch wird ihr eigenes Wissens- und Know-how-Niveau zu diesem Thema durch die Interaktion mit anderen auf kontinuierlicher Basis vertieft.[8]

Der Austausch von spezifischem Wissen quer über die organisatorischen Grenzen hinweg stellt somit den intrinsischen, zentralen Motivationsvektor dar, welcher die Mitglieder dazu bewegt, Informationen und Wissen zu teilen, um dadurch gemeinsam zu lernen. In einigen *Communities* erfolgt ein großer Teil dieses Austauschs mittels *Face-to-Face-Kommunikation* zwischen den Teilnehmern. In anderen *Communities* kann es durchaus vorkommen, dass der Austausch überwiegend virtuell stattfindet. Dies ist typischerweise der Fall bei *Communities of Practice*, die geographisch sehr weit verstreut sind. Die langfristige Aufrechterhaltung stellt hierbei eine Herausforderung dar. Es müssen daher geeignete Maßnahmen ergriffen werden, um eine dauerhafte Zusammenarbeit in diesen so genannten intra- oder interorganisatorischen Netzwerken langfristig aktiv zu fördern. *Abbildung 11.12* veranschaulicht die Konfiguration einer *Community of Practice* eines multinationalen Unternehmens, deren Mitglieder auf verschiedenen Kontinenten verstreut sind.

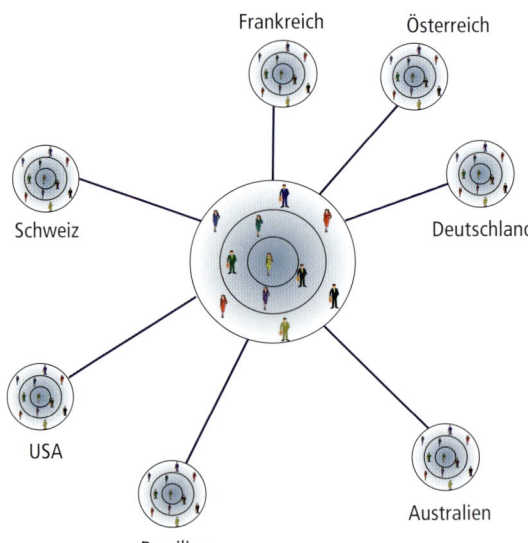

Abbildung 11.12: Konfiguration einer Community of Practice
Quelle: Straub in Anlehnung an Borzillo (2007).

Folgende Punkte wurden bisher in Bezug auf das Wissensmanagement behandelt:

- Kernkompetenzen sollten durch ein organisationales Wissensmanagement (WM) gemanagt werden.

- Wissensmanagement ermöglicht es einem Unternehmen, systematisch Wissen in Bezug auf seine Kernkompetenzen zu identifizieren, zu erwerben, zu schaffen, zu verteilen bzw. teilen, zu speichern und anzuwenden, um seine Leistungsziele optimaler zu erreichen.

- Wissensmanagement ist ein wichtiges Element einer Vielzahl von Aktivitäten, das Unternehmen eine nachhaltige Performance verschafft. Beispiele hierfür sind die Entwicklung der Humanressourcen, der Umgang mit immateriellen Werten und Innovation oder die Positionierung des Unternehmens.

- Das Verteilen bzw. Teilen von Informationen und Wissen quer durch die ganze Organisation stellt eine wichtige und permanente Herausforderung für ein Unternehmen dar. Als Reaktion auf diese Problematik entwickeln sich in vielen Unternehmen sogenannte *Communities of Practice*.

- Eine *Community of Practice* ist ein Netzwerk von Personen, welche ihre Interessen und Probleme zu einem bestimmten Thema teilen, um dadurch ihr Wissens- und Know-how-Niveau zu ebendiesem Thema durch die Interaktion auf kontinuierlicher Basis zu vertiefen.[9]

11.4 Informationssysteme

Informationssysteme bilden häufig die Grundlage für die erfolgreiche Umsetzung von Wissensmanagement. Für ein erfolgreiches organisationales Wissensmanagement bedarf es einer virtuellen und auf Informationstechnologie basierten Unterstützung im Unternehmen. Diese wird durch spezielle IT-Abteilungen sichergestellt. Aus diesem Grund werden in diesem Abschnitt Grundlagen und verschiedene Tools der Informationssysteme vorgestellt und behandelt.

11.4.1 Grundlagen der Informationssysteme

Eine von der Unternehmensberatung *Accenture* im Jahr 2007 durchgeführte Studie ergab bei der Befragung von mehr als 1.000 Managern, dass Manager im Durchschnitt mehr als zwei Stunden pro Tag mit der Suche nach Informationen verbringen. Hinzu kommt, dass über 50 Prozent dieser Informationen keinen operativen Wert für Manager besitzen und keine direkte Anwendung finden. Wie anhand des Beispiels „Unternehmenserfolg dank Wissensmanagement" in *Abschnitt 11.1.2* zu erkennen ist, sind „Wissensmanagement" und „Informationssysteme" zwar unterschiedliche Begriffe, in der beruflichen Praxis sind sie jedoch häufig eng miteinander verbunden. Mit der Zunahme neuer Entwicklungen im Bereich des Informationsmanagements steigt auch die Intensität der Verbindung beider Bereiche.

Man spricht von **Informationssystemen (IS)**, sofern man sich auf Interaktionen zwischen Individuen, Technik, Daten und Prozesse bezieht. Informationssysteme erlauben es, technologische und menschliche Ressourcen zu kombinieren, um Informationen und explizites Wissen innerhalb einer Organisation zu speichern, zu schützen, zu bearbeiten, zu verteilen bzw. teilen und schließlich, um einen sicheren Zugang zu diesen Informationen zu haben. IS und Informatik sind zwei unterschiedliche Begriffe und nicht miteinander zu verwechseln.

Informatik wird definiert als die Wissenschaft von den elektronischen Datenverarbeitungsanlagen und den Grundlagen ihrer Anwendung. Zur Anwendung von Informationssystemen bedienen sich Unternehmen oft vieler IT- und Elektronik-Tools und Telekommunikationsmedien. Diese Tools und Medien ermöglichen es, eine Vielzahl an organisatorischen Abläufen zu automatisieren. Das Informationssystem könnte auch als Fusion zwischen den Bereichen Datenverarbeitung und Telekommunikation betrachtet werden. Es gibt daher mehrere Bedeutungen des Begriffs der Informationssysteme, die sich zum Teil ergänzen.

Bedeutung des Begriffs Informationssysteme:

a) **Sammlung von Ressourcen zur Entscheidungsfindung:** Einerseits enthalten Informationssysteme eine strukturierte Sammlung von Ressourcen (z.B. Daten, Prozeduren, Software), was den Austausch und die Speicherung von Informationen (z.B. Texte, Bilder, Daten) in Organisationen ermöglicht. Einige dieser Informationssysteme besitzen eine reine Unterstützungsfunktion für das Ausführen von Operationen (z.B. zur Abwicklung von Transaktionen, zur Überwachung von Prozessen, zur Unterstützung von Bürotätigkeiten, zur -kommunikation). Andererseits werden Informationssysteme verwendet, um bestimmte Entscheidungen der Unternehmensleitung zu unterstützen, beispielsweise durch einfacheres Generieren von Berichten oder durch einen vereinfachten Zugang zu Informationen als Grundlage für die Entscheidungsfindung.

b) **System von Geräten:** Des Weiteren stellen Informationssysteme (z.B. Datenverarbeitung, Telekommunikation) ein System von miteinander verbundenen Geräten dar, welches mit Hilfe einer Software dazu dient, Daten in Form von Texten, Bildern oder Tönen zu erwerben, zu speichern, zu organisieren, zu verwalten, zu verteilen bzw. teilen (senden oder empfangen) und anhand eines Displays anzuzeigen.

c) **Komplexe Netzwerke:** Ebenso versteht man unter Informationssystemen komplexe Netzwerke von strukturierten, geordneten Beziehungen, die aus Personen, Computern und Prozeduren bestehen. Diese Netzwerke haben zum Ziel, einen geordneten Fluss von relevanten Informationen unterschiedlicher Herkunft zu generieren.

Alles in allem dienen die durch das Informationssystem generierten Informationen dazu, die Tätigkeiten eines Unternehmens optimaler zu koordinieren, um dadurch seine Ziele besser zu erreichen. Darüber hinaus bilden Informationssysteme eine zentrale **Kommunikationsplattform** eines Unternehmens. IS sammeln, speichern, verarbeiten und kommunizieren Informationen. Somit verwaltet das System „Mensch-Maschine" Informationen, um dadurch der Geschäftsleitung und Mitarbeitern im Unternehmen zu helfen, stets ihre Aufgaben in Bezug auf Festlegung, Entwicklung und Umsetzung zu erfüllen und die richtigen Entscheidungen zu treffen.[10]

11.4.2   Informations- und Kommunikationstechnologien

In Unternehmen sind die Informations- (IT) und Kommunikationstechnologien (KT) in das übergeordnete Informationssystem eingebunden. **Informations- und Kommunikationstechnologien** (IKT) umfassen die Konzeption und Entwicklung von Computersystemen, um Informationen zu verwalten, unter anderem durch Software-Anwendungen und Hardware. Genauer gesagt basieren Informations- und Kommunikationstechnologien auf einer Software, welche den Nutzern erlaubt, Information zu sammeln, zu sortieren, zu speichern, zu verarbeiten, zu ordnen, zu verteilen bzw. zu teilen und darüber hinaus einen sicheren Zugang zu diesen Informationen zu gewährleisten, sprich diese zu schützen.

Die Nutzung von Computern und die Nutzung von Information gehen intrinsisch miteinander einher und sind heute nahezu untrennbar miteinander verbunden.

Fachkräfte der Informations- und Kommunikationstechnologie führen eine Vielzahl von Tätigkeiten aus: Von der Installation bis hin zum Design von komplexen IT-Netzwerken und EDV-Anlagen. Diese Tätigkeiten können folgende Bereiche umfassen: Daten- und Netzwerkmanagement, das Einrichten und die Instandhaltung von Computern, Software, Datenbanken und EDV-Anlagen, sowie das Management des gesamten Informations- und Kommunikationssystems.

Die Informations- und Kommunikationstechnologien sind eine sehr wichtige Ressource, die Führungskräften zur Verfügung steht. Viele Unternehmen schaffen hierfür die Position des **Chief Information Officers (CIO)**[11], welcher häufig Mitglied des Vorstands bzw. der Geschäftsleitung ist. Es kann durchaus vorkommen, dass der **Chief Technical Officer (CTO)**[12] als CIO agiert und umgekehrt. Der **Chief Information Security Officer (CISO)** ist zuständig für die Informationssicherheit innerhalb einer Organisation und ist in der Regel direkt dem CIO unterstellt.

Typischerweise werden Informations- und Kommunikationssysteme sowohl in klein- und mittelständischen Unternehmen als auch in großen Unternehmen genutzt. Ein sogenanntes **Enterprise Resource Planning-System (ERP-System)** integriert hierbei alle Computersysteme für die Geschäftsplanung eines Unternehmens.

Ein ERP-System ist ein integriertes System zur Geschäftsplanung und beinhaltet alle Aspekte und Computermethoden, welche benötigt werden, um eine effektive Geschäftsplanung durchzuführen. ERP-Systeme sorgen für die unternehmensweite Ressourcen-Planung und verbinden *Back-Office-Systeme* (z.B. Produktions-, Finanz-, Personal-, Vertriebs-, Sales-Systeme) und Materialwirtschaftssysteme.[13]

Abbildung 11.13: ERP System im Kontext
Quelle: Fotolia

ERP-Systeme werden in der Regel an die Bedürfnisse des jeweiligen Unternehmens angepasst und sind daher maßgeschneidert. Sie beinhalten unter anderem EDV-Anwendungen, um mit Hilfe von Daten der Produktion oder anderen Unternehmensfunktionen und Abteilungen Kosten für die Abrechnung zu kalkulieren. ERP-Systeme werden an die entsprechenden Bedürfnisse einer Organisation angepasst. Der maßgeschneiderte Anteil von ERP-Systemen variiert sehr stark von einem Unternehmen zum anderen.

Es ist nicht ungewöhnlich, dass sich ein Unternehmen einer Vielzahl von unterschiedlichen Softwarepaketen je nach Tätigkeitsbereich bedient. In diesem Fall sind die Software-Pakete jedoch im Gegensatz zu einem klassischen ERP-System meist nicht in vollem Umfang integriert. Die üblichen Softwarepakete eines Unternehmens enthalten im Wesentlichen folgende Anwendungen:

- *Customer Relationship Management (CRM)*[14] vereint die Funktionen, welche es einem Unternehmen ermöglichen, dessen Kundendaten in sein Informationssystem integrieren zu können.

- *Supply Chain Management (SCM)*[15] umfasst jene Funktionen, welche dem Unternehmen ermöglichen, seine Lieferantendaten und Logistikdaten in sein Informationssystem zu integrieren.

- *Human Ressource Management (HRM)*[16] enthält alle Informationen der Mitarbeiter, z.B. Funktion, Niveau an hierarchischer Verantwortung, Zeit der Betriebszugehörigkeit in der Firma, Gehalt, vorherige Ausbildung.

- *Product Data Management (PDM)*[17] bietet Hilfsfunktionen für die Speicherung und das Management von technischen Produktdaten.

Informations- und Kommunikationstechnologien besitzen folgende **Eigenschaften** für Unternehmen:

- **Sammlung von Informationen:** Ein Informationssystem (IS) unterstützt Interaktionen zwischen Individuen, Technik, Daten und Prozessen innerhalb einer Organisation, um Informationen zu sammeln, zu sortieren, zu speichern, zu verarbeiten, zu ordnen, zu verteilen bzw. zu teilen und darüber hinaus einen sicheren Zugang zu diesen Informationen zu gewährleisten, sprich die Daten zu schützen.

- **Koordination von Informationen:** Durch die im Informationssystem enthaltenen Informationen gelingt es, Tätigkeiten innerhalb von Unternehmen besser zu koordinieren. Dies unterstützt das Erreichen von Unternehmenszielen.

- **Interaktionsfunktion:** Informationssysteme beziehen sich auf Interaktionen zwischen Individuen, Technik, Daten und Prozesse.

- **Verwaltung von Information:** Die Informations- und Kommunikationstechnologien umfassen das Design und die Entwicklung von Computer-Systemen. Dies geschieht zur besseren Verwaltung von Informationen mittels entsprechender Softwareanwendungen und Hardware.

- **Schutz von Informationen:** Informations- und Kommunikationstechnologien basieren neben der erforderlichen Hardware aus Softwareprogrammen, welche den Nutzern ermöglichen, Informationen zu speichern, zu schützen, zu bearbeiten, zu verteilen bzw. zu teilen und schließlich einen sicheren Zugang zu diesen Informationen zu haben.

- **Enterprise Resource Planning (ERP) Software:** Ein sehr bekanntes Beispiel von Informations- und Kommunikationstechnologien stellt das Enterprise Resource Planning dar. Der wohl bekannteste Vertreter dieser betriebswirtschaftlichen Standardsoftware ist unter dem Namen SAP bekannt. ERP-Systeme integrieren sämtliche Computersysteme, die die Geschäftsplanung und die Geschäftsabwicklung eines Unternehmens unterstützen. Ein ERP-System besteht aus Modulen, die verschiedene Tätigkeitsbereiche der Organisation abdecken wie beispielsweise Produktionsmanagement, Customer Relationship, oder auch Rechnungs- und Personalwesen.

Obwohl sich Informations- und Kommunikationssysteme ständig verbessern, bestehen nach wie vor **Herausforderungen in Bezug auf die Übertragung von Informationen und Wissen**:

- **Übertragung von implizitem Wissen:** Durch ihre digitale Schnittstelle erlauben Informations- und Kommunikationssysteme keine Übertragung von implizitem Wissen zwischen Mitarbeitern.

- **Usability:** Informations- und Kommunikationssysteme stellen häufig nach wie vor ein Hindernis für einen erheblichen Teil der Arbeitnehmer dar, da diese solche Systeme nur ungenau zu nutzen und anzuwenden wissen. Dies wird auch mit dem Begriff *Usability (Anwenderfreundlichkeit)* in Verbindung gebracht.

- **Vertrauen:** Informations- und Kommunikationssysteme werden von deren Nutzern oftmals als wesentliche Barriere für die Entwicklung von Vertrauen zwischen Mitarbeitern wahrgenommen.

Exkurs

Nutzung von vorhandenem Wissen (Exploration) und Erforschung neuen Wissens (Exploitation)

Eine der grundlegenden Schwierigkeiten für Unternehmen ist die Prioritätenabwägung zwischen der Erforschung von neuem Wissen *(Exploration)* und der Nutzung von bereits vorhandenem Wissen *(Exploitation)*.

Die *Exploration* nach neuem Wissen umfasst hierbei die Forschung, die Entdeckung und die Erprobung von neuen Ideen. In der Regel führen Investitionen in die Ressourcen verbunden mit einer gewissen Risikobereitschaft zu mehr Innovation.

Im Gegensatz dazu konzentriert sich die *Exploitation* auf die effiziente Nutzung von Wissen, über welches das Unternehmen bereits verfügt wie beispielsweise das bereits vorhandene Wissen in Bezug auf Fabrikations-, Logistik- und Verwaltungsprozesse oder in Bezug auf das Personalmanagement (Human Ressource Management).[18]

Jene Unternehmen, die sich zu stark auf die Erforschung neuer Erkenntnisse konzentrieren und vorwiegend dort investieren, gehen ein enorm großes Risiko ein, vor allem wenn sie dabei keine unmittelbaren Gewinne erwirtschaften. In der Tat laufen diese Organisationen Gefahr, zu viele Ideen zu verfolgen, die letzten Endes nicht unbedingt zu einer konkreten Anwendung führen und so keinen Nutzen in Form von einem neuen Produkt oder einer neuen Dienstleistung generieren.

Umgekehrt müssen Unternehmen, die sich ausschließlich auf die Nutzung ihrer bestehenden Wissensbasis konzentrieren, damit rechnen langfristig einen Verlust hinnehmen zu müssen. Der Verlust ergibt sich daraus, dass sie sich nicht ausreichend um neue Innovationen gekümmert haben, welche ggfs. auf einem sich stets verändernden Markt vonnöten sind.

Reflexionsfragen

1. Diskutieren Sie, wie Unternehmen ein optimales Gleichgewicht zwischen der Erforschung von neuen Erkenntnissen und dem Nutzen ihres vorhandenen Wissens finden können? Von welchen Faktoren könnte dieses Gleichgewicht abhängen?

2. Wer in einem Unternehmen sollte sich um Exploration und wer um Exploitation kümmern? Begründen Sie Ihre Antwort.

ZUSAMMENFASSUNG

Folgende Inhalte wurden in diesem Kapitel behandelt:

- Der wesentliche Wert eines Unternehmens besteht in der heutigen Wissensgesellschaft verstärkt aus dessen immateriellen Vermögenswerten, wie dem Know-how, den Patenten und den Urheberrechten. Wissen ist somit ein wichtiges Unternehmenskapital, weil heute ein starker Innovationsdruck auf Unternehmen liegt. Um wettbewerbsfähig in ihrem Markt zu bleiben, müssen Unternehmen in der Lage sein, ihr kollektives Wissen in Produkte und Dienstleistungen umzuwandeln. Deshalb investiert eine wachsende Anzahl von Unternehmen in ihr Wissensmanagement. Sie verfolgen hierbei das Ziel den Prozess der Wissensschaffung, Wissensverteilung bzw. Wissensteilung und Wissensspeicherung zu systematisieren und somit ihre jeweiligen Performance-Ziele besser zu erreichen.

- Die Wissensbildung ist eng mit der Wissensverteilung bzw. -teilung innerhalb eines Unternehmens verbunden. Vor dem Hintergrund der kontinuierlichen Wissensbildung empfiehlt die Theorie des *Knowledge Managements*, dass sich eine Organisation zuerst auf die Bildung einer ganz besonderen Art von Wissen konzentrieren sollte, nämlich auf ihre Kernkompetenzen. Eine Kernkompetenz bezeichnet das Wissen bzw. Know-how, das ein Unternehmen besser als seine Konkurrenten beherrscht und ihm einen nachhaltigen Wettbewerbsvorteil in seinem Markt verleiht. Eine Kernkompetenz sollte drei Merkmale erfüllen: Einen potenziellen Zugang zu einer Vielzahl von Märkten ermöglichen, einen wesentlichen Beitrag für den wahrgenommenen Nutzen des Endverbrauchers leisten und schließlich für Konkurrenten schwer imitierbar sein. Schließlich ist eine Kernkompetenz das Herz der Kompetenzen eines Unternehmens und sollte keinesfalls ausgelagert werden.

- Nicht jede Information oder jedes Wissen kann allein durch Worte oder in *Face-to-Face*-Meetings zwischen Mitarbeitern übertragen werden. Die Größe einer Organisation, ihre internationale Konfiguration und die Komplexität der Informationsflüsse erfordern leistungsfähiger Informationssysteme, mittels denen man auf einfachem Wege kommunizieren kann. Solch ein Informationssystem erleichtert die Interaktionen zwischen Individuen, Technik, Daten und Prozessen innerhalb einer Organisation. Ein Informationssystem stellt also ein Bindeglied zwischen technologischen und humanen Ressourcen dar. Informationssysteme umfassen sowohl Informations- als auch Kommunikationstechnologien. Informations- und Kommunikationstechnologien basieren auf Softwareprogrammen, die den Nutzern ermöglichen, Informationen zu sammeln, zu sortieren, zu speichern, zu verarbeiten, zu ordnen, zu verteilen bzw. zu teilen und darüber hinaus, einen sicheren Zugang zu diesen Informationen zu gewährleisten, sprich sie zu schützen. Ein typisches Beispiel hierfür sind *Enterprise Resource Planning*-Systeme (ERP-Systeme). Oftmals ist diese betriebswirtschaftliche Standardsoftware auch unter dem Namen SAP bekannt. ERP-Systeme enthalten Module, welche unterschiedliche Bereiche des Unternehmens abdecken und unterstützen, wie beispielsweise *Sales*[19], Produktion[20], Rechnungswesen[21] und Human Ressource Management[22].

AUFGABEN

1. Versuchen Sie anhand eines konkreten Beispiels, die Unterschiede zwischen Daten, Informationen und Wissen zu erklären.

2. Wählen Sie eine beliebige Branche aus und erklären Sie, wie der Übergang von physischem und greifbarem Kapital zu immateriellem und geistigem Kapital stattgefunden hat. Bedienen Sie sich weiterer konkreter Beispiele, um diese Frage zu beantworten.

3. Wählen Sie drei Organisationen aus. Versuchen Sie für jede dieser Organisationen zu erklären, welche wohl deren jeweilige Kernkompetenzen sind. Begründen Sie, weshalb es sich hierbei um Kernkompetenzen für die entsprechende Organisation handelt.

4. Beschreiben Sie anhand eines Beispiels Ihrer Wahl den Wissensbildungsprozess innerhalb einer Organisation.

5. Erklären Sie den Begriff *Communities of Practice* und dessen Nutzen für die betriebliche Praxis.

6. Versuchen Sie zu erklären, worin der Nutzen eines Informationssystems liegt.

Fallstudie: Holcim – eine lernende Organisation dank des Einsatzes von Wissensmanagement

Holcim ist ein Schweizer Zementhersteller, der im Jahr 1912 im schweizerischen Dorf Holderbank gegründet wurde. Diese Organisation hat seit seinen bescheidenen Anfängen einen langen Weg zum heute global agierenden Unternehmen und einem der weltweit größten Produzenten von Zement zurückgelegt. Derzeit ist die *Holcim Gruppe* in über 70 Ländern vertreten und beschäftigt mehr als 48.000 Menschen. *Holcim* produziert Zement, Ziegel und andere verwandte Baustoffe. Das Unternehmen bietet zudem Dienstleistungen in den Bereichen Beratung und Engineering für den gesamten Prozess der Zementherstellung.

Die *Holcim-Gruppe* verfügt über eine dezentrale Struktur mit einer klar definierten Gruppen-Strategie. Dies gibt den einzelnen Konzerntöchtern ein hohes Maß an Autonomie und Flexibilität, um die operativen Geschäfte individuell zu führen. Entscheidungen von einzelnen Unternehmen werden vor Ort und unabhängig getroffen, so dass die spezifischen Kunden und Marktgegebenheiten berücksichtigt werden können.

Abbildung 11.14: Produktion von Zement
Quelle: Fotolia

Holcim ist eine Holding-Gesellschaft, in der jede Gruppe bzw. Tochtergesellschaft auf einem lokalen Markt unter eigenem Namen firmiert und agiert. Diese lokalen Unternehmen koordinieren die Produktionszentren in ihren jeweiligen Regionen und werden von lokalen Managern geführt. Aufgrund der dezentralen Struktur der Unternehmensgruppe wurden die einzelnen Unternehmen allein nach ihren finanziellen Ergebnissen beurteilt. Dies räumte der lokalen Management-Ebene ein hohes Maß an Autonomie ein.

Das Tätigkeitsfeld der *Holcim-Gruppe* ist vielfältig: Unterschiedliche Märkte, unterschiedliche Unternehmenskulturen und unterschiedliche nationale Kulturen. Diese Vielfalt ist ein Vorteil, da die Chance besteht, *„die Wünsche und Bedürfnisse von unterschiedlichen Märkten zu erfassen und dadurch einen enormen Wissenspool in verschiedenen Umwelten aufzubauen"*.

Anfang des 21. Jahrhunderts ist die Globalisierung eine Tatsache, die nicht ignoriert werden kann: Unternehmen sind global tätig und müssen sich einem wachsenden, härter werdenden Wettbewerb stellen. So ist es für die *Holcim-Gruppe* zunehmend relevant, die gesammelte Erfahrung innerhalb der ganzen Organisation zu teilen und schnellstmöglich zu implementieren. Konzernchef Thomas Schmidheiny stellt sich folgende Fragen: *„Was ist die Bedeutung von Wissen? An welchem Punkt ist Teilung und Vermehrung von Wissen strategisch wichtig speziell für den Zementmarkt? Welche Rolle spielt Wissen in einem Unternehmen wie Holcim und folglich dessen Management?"*

Man würde annehmen, dass diese Industrie mehr auf Technologie und Ausstattung als auf Wissen beruht. Dies ist jedoch ein Irrtum: In vielerlei Hinsicht spielt Wissen eine zentrale Rolle bei der Leistungsfähigkeit eines Zementherstellers. Um dies zu verstehen, müssen die Vielfalt der Märkte berücksichtigt werden, in denen *Holcim* tätig ist. Wie bereits erwähnt ist jeder Markt anders und erfordert tiefes und spezifisches Verständnis sowie Kenntnis der jeweiligen Umwelt und deren Funktionsweise. Da die Konsumnachfrage durch die verschiedenen Kulturen und Bräuche teilweise stark variieren, ist Wissen über diese Unterschiede von entscheidender Bedeutung für die Leistungsfähigkeit des Unternehmens. Solches Wissen kann nicht über Nacht erworben werden: Fachwissen wird durch langjährige Erfahrung und Interaktion mit der jeweiligen Umwelt aufgebaut. Dieses Prinzip erklärt, warum sich *Holcim* für eine dezentrale Konzernstruktur entschieden hat: Diese Struktur trägt den obengenannten Herausforderungen Rechnung.

Auf der anderen Seite ist es von Vorteil, Teil eines global agierenden Unternehmens zu sein. Es besteht keine Notwendigkeit „das Rad neu zu erfinden", da es möglich ist, stets auf den Wissenspool des gesamten Unternehmens zuzugreifen. Das folgende Beispiel demonstriert, wie Wissen durch Erfahrung erworben wird und wie es innerhalb des Unternehmens geteilt wird.

Alsen Breitenberg, eine Anlage von *Holcim* in Lägerdorf (Deutschland), musste seine Produktionskapazitäten erhöhen, um die dortige Marktnachfrage zu befriedigen. Das verantwortliche Team hatte für dieses Projekt ein Budget von 77 Millionen Euro veranschlagt, was jedoch von der Firmenzentrale als zu teuer erachtet wurde. Die verantwortlichen Manager für das Projekt wussten, dass sie für die Zustimmung der Zentrale die Gesamtkosten des Projekts um 13-15 Millionen Euro reduzieren mussten. Sie wandten sich an *Holcim Mexico*, wo bereits eine neue Produktionsplattform im Rahmen des Projekts *Stripped Down* aufgebaut wurde. Das deutsche Projektteam besuchte daraufhin die mexikanische Niederlassung und ließ sich das Konzept durch die Projektleiter vor Ort erklären. Das deutsche Team war überzeugt, dass unter Verwendung des gleichen Konzepts „hohe Qualität bzw. niedrige Kosten", eine deutliche Kostensenkung der Erweiterung des deutschen Werkes auf 58 Millionen Euro möglich wäre. Das Projekt wurde schließlich umgesetzt. Die Anlage kostete nicht nur 17 Millionen Euro weniger als ursprünglich geplant, sondern auch die Fertigstellung wurde drei Monate vor dem Zeitplan geschafft.

Dieses Beispiel zeigt deutlich, welche Bedeutung Wissenstransfer für die Leistung eines Unternehmens besitzen kann. Relevantes Wissen, das durch Erfahrung und Experimente erworben wurde, muss aus strategischer Sicht schnell im Unternehmen ausgetauscht werden, da es sowohl Kosten- als auch Zeitersparnisse mit sich bringt. Die schnelle Verbreitung des Wissens kann daher von strategischer Bedeutung für eine ganze Unternehmensgruppe sein.

Aus diesem Grund initiierte Thomas Schmidheiny ein Programm, dessen Ziel es war, die Geschwindigkeit des Lernens in der *Holcim-Gruppe* zu erhöhen. Um dies durchzusetzen, mussten Werkzeuge und Prozesse entwickelt werden, die sicherstellten, dass der beschriebene Erfolg nicht nur eine „Eintagsfliege" blieb. Dies wäre geschehen, wenn keine dieser Erfahrungen dokumentiert und somit auch nicht in der Unternehmenskultur eingebettet werden würde. Als Folge unternahm *Holcim* mehrere Initiativen, um dieser Herausforderung gerecht zu werden. Zunächst entwickelte das Unternehmen eine Datenbank mit bewährten Verfahren: Jedes lokale Unternehmen hatte drei erfolgreiche Praktiken zu identifizieren und zu beschreiben. Betriebsinterne Gelbe Seiten wurden geschaffen. Auf diesen Seiten werden die Erfahrungen von Gruppe und deren Mitgliedern festgehalten. Dies erleichtert die spätere Identifikation von Expertisen. Walter Baumgartner (Leiter des Trainings) stellte jedoch leider fest, dass keine dieser Initiativen „zündete".

Eine Lehre aus dieser fehlgeschlagenen Initiative ist, dass die Informationstechnologie allein keine Lösung darstellt. Um dieses Problem zu überwinden, wurden daher *Communities of Practice* gegründet. Diese *Communities* sind nach strategischen Themen und Erfahrungen, wie beispielsweise die Instandhaltung von Anlagen, gegliedert. Für gut funktionierende *Communities* ist es notwendig, dass deren Teilnehmer das Interesse teilen und genügend Motivation besitzen, um Wissen untereinander weiterzugeben. Dies wird unter anderem durch *Face-to-Face*-Transfer gefördert. Um sicherzustellen, dass sich Mitarbeiter mit einem gemeinsamen Interesse finden, wurden systematisch Veranstaltungen organisiert. Die Herausforderung des Wissensaustausches sollten somit unterstützt werden.

Einige Jahre später wurde ein *„Project Management Approach"* (PMA) in die Wege geleitet, um die Lehren von vorherigen Projekten *(Lessons learned)* bei der Projektplanung zu integrieren. Um dies zu verwirklichen, müssen die Projektteilnehmer in der letzten Phase eines Projektes (*project evaluation* und *transfer*) eine sogenannte *After Action Revue* vornehmen. In dieser *After Action Revue* werden *Lessons learned* erfasst, welche in zukünftigen Projekten berücksichtigt werden können. Die Summe der *Lessons learned* nennt man *Learning summary*. Die *Lessons learned* und die *Learning summary* wurden dann verwendet, um sogenannte *Best- oder Proven Practices* für zukünftige Projekte transferieren zu können.

Das Management von *Holcim* erkannte, dass die Unternehmenskultur für den Austausch von Wissen empfänglich sein muss. Um die Kulturvielfalt innerhalb der internationalen Gruppe zu überbrücken und den Wissensaustausch zu fördern, lancierte *Holcim* ein Trainingsprogramm, für alle Funktionen, Länder und hierarchischen Ebenen des Unternehmens.

Ziel dieses Programms ist es, Fähigkeiten der Mitarbeiter zu entwickeln und den Aufbau gemeinsamer Modelle der Arbeitsorganisation zu fördern. Die Erfüllung dieses Ziels spiegelt sich in einer „gemeinsamen Sprache" wider. Die Teilnehmer tauschen ihre Erfahrungen während des Trainings aus und bilden im zweiten Schritt ein internationales Netzwerk von Beziehungen. So wurde der Grundstein für eine einheitliche und globale Marke und ein einheitliches Unternehmen *Holcim* gelegt. Es ist einfacher, intern Wissen zu teilen, wenn sich die Mitarbeiter zum Unternehmen zugehörig fühlen, wobei zugleich ein hoher Grad an Autonomie auf betrieblicher Ebene aufrechterhalten bleiben kann.

Reflexionsfragen

1. Strukturieren Sie das Fallgeschehen und charakterisieren Sie die verschiedenen Phasen des Unternehmens Holcim.

2. Welche weiteren Maßnahmen wären möglich gewesen, um den Wissenstransfer zu erhöhen? Nehmen Sie bei Ihrer Begründung Bezug auf das System des Wissensmanagements (siehe *Abbildung 11.11*).

3. Formulieren Sie Lösungsvorschläge für ein zentral gesteuertes Unternehmen und zeigen Sie die Unterschiede zu einem dezentral gesteuerten Unternehmen auf.

4. Erörtern Sie mögliche Grenzen des Wissenstransfers anhand des vorliegenden Falles.

Quelle: Straub und Shibib, in Anlehnung an Probst, G.; Büchel, B.: „Holcim Group Support: Managing Knowledge Initiative", Case Study, HEC University of Geneva and IMD, Lausanne 2000; Webseite unter: www.holcim.de (Stand: 17.07.2010).

Verwendete Literatur

Argote, L.: „Organizational learning: Creating, retaining and transferring knowledge", Kluwer Academic Publisher, 1999.

Bogan, C.; English, M.: „Benchmarking for Best Practices: Winning through innovative adaptation", McGraw-Hill, 1994.

Borzillo, S.: „Communities of Practice to Actively Manage Best Practices", Gabler Verlag, 2007.

Brown, J.; Duguid, P.: „Organizational learning and communities of practice: Toward a unified view of working, learning, and innovation", in: Organization Science, Bd. 2, S. 40-57, 1991.

Cortada, J.: „Making the Information Society: Experience, Consequences, and Possibilities", Prentice-Hall 2001.

Davenport, T.H.; Prusak, L.: „Working Knowledge", Harvard Business School Press, 1998.

Hamel, G., Prahalad, C. K.: „The Core Competence of the Corporation", in: Harvard Business Review, Bd. 68, Nr. 3 (1990), S. 79-93.

Hearn, D.; Mandeville, T.; Joseph, R.: „Public Policy in Knowledge-Based Economies: Foundations and Frameworks", Edward Elgar, 2003.

Lave, J.; Wenger, E.: „Situated learning: Legitimate peripheral participation (Learning in doing: Social, cognitive and computational perspectives)", Cambridge University Press, 2003.

Nonaka, I.: „A dynamic theory of organizational knowledge creation", Organization Science, Bd. 5, Nr. 1 (1994), S. 14-35.

Nonaka, I.; Takeuchi, H.: „The Knowledge-Creating Company: How Japanese Companies Create the Dynamics of Innovation", Oxford University Press, 1995.

Probst, G.; Büchel, B.: „Organizational Learning", Prentice Hall Europe, 1997.

Probst, G.; Raub, S.; Romhardt, K.: „Wissen managen", Gabler Verlag, 1999.

Prahalad, C. K.; Hamel, G.: „The Core Competence of the Corporation", in: Harvard Business Review, Bd. 68, Nr. 3 (1990), S. 79-91.

Prax, J. Y.: „Le Manuel de Knowledge Management: Une approche de deuxième génération", Dunod 2003.

Rooney, D.; Hearn, G.; Ninan, A.: „Handbook on the Knowledge Economy", Edward Elgar, 2005.

Saphörster, S.: „Wissensgesellschaft: Knowledge Management", 2011, *www.siemens.com/innovation/pool/de/Publikationen/Zeitschriften_pof/PoF_Fruehjahr_2004/Wissensgesellschaft/Knowledge_Management/PoF104art15_1172109.pdf* (Stand: 20.07.2011).

Wenger, E.; McDermott, R.; Snyder, W.: „Cultivating Communities of Practice: A guide to managing knowledge", Harvard Business School Press, 2002.

Weiterführende Literatur

Argyris, C.; Schön, D.: „Organizational Learning: A Theory of Action Perspective", Addison-Wesley, 1978.

Borzillo, S.: „Communities of Practice to Actively Manage Best Practices", Gabler Verlag, 2007.

Borzillo, S.; Probst, G.: „Piloter les communautés de pratique avec succès", in: La Revue Française de Gestion, Bd.170 (2007), S. 135-153.

Borzillo, S.; Probst, G.: „Why communities of practice succeed and why they fail", in: The European Management Journal, Bd. 26, Nr. 5 (2008), S. 335-347.

Borzillo, S.: „Top management sponsorship to guide communities of practice", in: Journal of Knowledge Management, Bd. 13, Nr. 3 (2009), S. 60-72.

Borzillo, S.; Straub, T.; Touali, M.: „Les Communautés de Pratique inter organisationnelles et IT Management entre Multinationales", in: Revue Economique et Sociale, Bd. 67 (2009), S. 109-119.

Davenport, T.: „Working Knowledge: How Organizations Manage What They Know", Mcgraw-Hill Professional, 2000.

Davenport, T.; Probst, G.: „Knowledge Management Case Book (Siemens)", 2. aktual. Aufl.: A joint publication of Publicis Corporate Publishing and John Wiley & Sons 2002.

Nonaka, I.; Takeuchi, H.: „The Knowledge-Creating Company: How Japanese Companies Create the Dynamics of Innovation", Oxford University Press, 1995.

Probst, G.; Büchel, B.: „Organisationales Lernen. Wettbewerbsvorteil der Zukunft", 2. aktual. Aufl., SGO-Stiftung, Gabler Verlag, 1998.

Probst, G., Raub, S., Romhardt, K.: „Wissen managen. Wie Unternehmen ihre wertvollste Ressource optimal nutzen", 5. überarb. Aufl., Gabler Verlag, 2006.

O'Dell, C.; Jackson Grayson, C.: „If Only We Knew What We Know: the transfer of internal knowledge and best practice", Free Press, 1998.

Willke, H.: „Systemisches Wissensmanagement", UTB, 1998.

Endnoten

1 Siehe *Abbildung 11.2*.

2 Wissensmanagement (WM) wird auch, wie im Englischen, *Knowledge Management (KM)* genannt.

3 Die Leistungsfaktoren werden auch, wie im Englischen, *Performance-Faktoren* genannt.

4 Der *Return on Investment (ROI)* wird auch *Kapitalertrag* genannt.

5 Der *Shareholder Value* wird auch *Aktionärsvermögen* genannt.

6 Der *Return on Assets (ROA)* wird auch *Gesamtkapitalrentabilität (GKR)* oder auch *Gesamtkapitalrendite* oder *Kapitalrendite* genannt.

7 Siehe *Kapitel 8*: Rechnungswesen; und *Kapitel 9*: Controlling.

8 Siehe Wenger et al. (2002); bezüglich des Lernens als sozialer Prozess und bezüglich der Communities of Practice siehe auch Lave und Wenger (2003).

9 Siehe Wenger et al. (2002).

10 Siehe *Kapitel 2*: Strategisches Management, *Abbildung 1.3* „Die Strategiepyramide".

11 Der *Chief Information Officers (CIO)* wird auch IT-Direktor bzw. IT-Leiter genannt.

12 Der *Chief Technical Officer (CTO)* wird auch Technischer Direktor bzw. Leiter genannt.

13 Diese Softwaresysteme beziehen sich auf die informationstechnische Verarbeitung von Informationen bezüglich der Prozesse entsprechender Unternehmensfunktionen, wie sie in diesem Buch beschrieben werden (vgl. Vorwort, S. 13: Aufbau des Buches: Die Funktionen eines Unternehmens).

14 *Customer Relationship Management (CRM)* wird auch Kundenbeziehungsmanagement genannt. Gemeint sind dabei Systeme und Software, welche als Hilfsprogramme für Unternehmen entwickelt wurden, um ihre Kundendateien und somit Kundenbindung besser managen zu können.

15 *Supply Chain Management (SCM)* befasst sich mit denjenigen Prozessen, die die Nachfrage eines Gutes bzw. einer Dienstleistung mit deren Wertschöpfungskette verbinden: Die physische Infrastruktur von Supply Chain Management, beispielsweise Distributionszentren oder Produktionswerke, wird von IT-Systemen unterstützt. Diese IT-Systeme organisieren die Planung und Durchführung von Business-Prozessen, um sicherzustellen, dass die Rollen und Verantwortlichkeiten innerhalb Unternehmen sowie über die Unternehmensgrenzen hinweg optimal abgestimmt sind.

16 Der Begriff *Human Ressource Management (HRM)* wertet den Begriff *Personalmanagement* auf, da er das Personal mit einer Ressource gleichsetzt, die es zu managen und zu motivieren gilt.

17 *Product Data Management (PDM)* ist ein Konzept, das zum Ziel hat, produktdefinierende, produktrepräsentierende Daten und Dokumente als Ergebnis der Produktentwicklung zu speichern, zu verwalten und in nachgelagerten Phasen des Produktlebenszyklus zur Verfügung zu stellen. Grundlage dieses Wirkens ist ein integriertes Produktmodell. Des Weiteren ist die Unterstützung der Produktentwicklung durch geeignete Methoden auf Basis von Prozessmodellen dem PDM zuzurechnen. Zusätzlich zum PDM entwickelt sich das *Produktinformationsmanagement (PIM)*, welches für die Produktinformationen und deren Bereitstellung für die verschiedenen Vertriebswege verantwortlich ist. Bevor der Begriff Produktdatenmanagement (PDM) allgemein gebräuchlich wurde, verwendete man in den 1980er Jahren vorwiegend den Terminus *Engineering Data Management (EDM)*.

18 Siehe *Kapitel 12*: Human Ressource Management und *Kapitel 13*: Leadership.

19 Siehe *Kapitel 4*: Sales.

20 Siehe *Kapitel 6*: Produktion.

21 Siehe *Kapitel 8*: Rechnungswesen.

22 Siehe *Kapitel 12*: Human Ressource Management.

Die Investition in die Mitarbeiter ist heute das Aufwendigste, was es im Unternehmen gibt. Gerade darum liegt es nahe, das Beste daraus zu machen.

Claus Henninger (1929-2011), Kommunalpolitiker der CSU

Lernziele

In diesem Kapitel wird das Wissen zu folgenden Inhalten vermittelt:

- Ursprung des Human Ressource Managements (HRM)
- Rolle und Stellung des Human Ressource Managements innerhalb einer Organisation
- Aufgabengebiete des Human Ressource Managements
- Wichtige Funktionen der Human Ressource Management: Einstellungsprozess, Personalbewertung und Vergütung
- Aktuelle Trends

Human Ressource Management

12

ÜBERBLICK

12.1   Grundlagen

Das **Human Ressource Management (HRM)**[1] bezeichnet denjenigen Bereich der Betriebswirtschaft, der sich mit dem Produktionsfaktor „Arbeit" und folglich mit dem Personal befasst. Die Unternehmensfunktion des Human Ressource Management besteht heutzutage in sämtlichen Unternehmen.[2] Die klassischen Kernaufgaben bestehen in der Bereitstellung von Personal sowie in dessen zielorientiertem Einsatz.

Die Aufgabe des **Human Ressource Management** besteht somit darin, strategische Zielsetzungen, Visionen und Missionen von Organisationen dem derzeitigen und zukünftigen Bedarf an Personal und an Kompetenzen zu decken. Ebenso gilt es die Erwartungen und Interessen der Mitarbeiter und anderer Stakeholder unter Berücksichtigung der geltenden Normen zu erfüllen.

Leadership oder Führung[3] bildet im Gegensatz zu Human Ressource Management eine methodisch geplante und kontrollierte Einflussnahme auf die Geführten und ihre Kompetenzen. Dennoch sind beide Begriffe eng miteinander verbunden.

12.1.1   Ursprung

Der Urspung des Human Ressource Managements liegt laut *Klimecki* und *Gmür* (1998) in den wechselseitigen Personalbeziehungen, welche Rechte und Pflichtenverhältnisse zwischen Arbeitgebern und Arbeitnehmern regelt. Diese wechselseitigen Verhältnisse entstanden zu der Zeit, als sich hierarchische Beziehungen zwischen Herren und Sklaven, Herrschern und Beherrschten, Anführern und Gefolgsleuten bildeten. Im Kontext dieser Beziehungen stellen führende Personen unterstellten Personen aufgrund materieller oder sozialer Überlegenheit in ihre Dienste. Dementsprechend stellen Personalbeziehungen ein wichtiges Element der Vergesellschaftung dar, welche allgemein die Verwandlung von Ungesellschaftlichem in Gesellschaftliches bezeichnet. Erste Beispiele in der Geschichte sind hierfür die Hofstaaten Mesopotamiens und auch Ägyptens und deren miliärische wie religiöse Organisation, Sklavenordnung und deren umfangreiche Bauprojekte. Als diese Organisationsformen eine bestimmte Größe erreicht hatten, regte sich das Bedürfnis nach Regelung. Der Kodex des babylonischen Herrschers *Hammurabi* (ca. 1750 – 1686 v. Chr.) bestand aus Bestimmungen, die die Rechtsbeziehungen zu Lohnarbeitern und Sklaven regelten.[4]

Im Mittelalter verpflichtete man Leibeigene (oft Bauern) zu Frondiensten, d.h. zu einer persönlichen Leistung für den Leibherrn (oft Grundherrn). Geschriebenes Recht zur Bemessung der Fronen gab es nicht. Wer die Arbeiten nicht nach den Vorstellungen des Gutsherrn ausführte, konnte ohne Inanspruchnahme eines Gerichts körperlich gezüchtigt werden.

Siedelt *Ling* (1965)[5] die Ursprünge der Personallehre im 15. Jahrhundert an, dürften jedoch bereits in der Antike Ausgangspunkte dafür vorzufinden sein. Laut *Ling* sind **fünf** Entwicklungen als **Vorläufer des modernen Human Ressource Managements** auszumachen, die bereits Ende des 19. Jahrhunderts einsetzten:

1.   **Technologische und industrielle Entwicklung** im Sinne der Entstehung großer Organisationkomplexe;

2.   **Erziehungswesen** als Grundlage des betrieblichen Aus- und Weiterbildungssystems;

3. **Arbeiterbewegung und Arbeitsgesetzgebung** im Sinne von organisierter Interessensverfolgung (z.B. Bergbau, Handwerk, industriellen Fertigung);

4. **Fabrikgesetzgebung** als staatlicher Regelungseingriff seit dem 19. Jahrhundert (v. a. bezüglich der Arbeitszeit und Arbeitssicherheit);

5. **Welfare-Bewegung** im Kontext der Vergesellschaftung, der Industrialisierung und der wachsenden Verantwortung von Unternehmen bezüglich des Personals;

Lange Zeit galt die Unternehmensfunktion Human Ressource Management in Unternehmen als unterstützende Funktion: Das Personal wurde als Produktionsfaktor gesehen. Heute hat sich durchgesetzt, dass das Human Ressource Management eine entscheidende Komponente zur Sicherstellung der Wettbewerbsfähigkeit und der Nachhaltigkeit eines Unternehmens darstellt. Es ist daher notwendig, dass sich die Unternehmensfunktion weniger administrationsorientiert und passiv, sondern vielmehr proaktiv und strategisch verhält, um seiner neuen Rolle gerecht zu werden. Indikatoren wie „Mehrwert", „Nachhaltigkeit" und „Leistung" sind zunehmend von Interesse.

Bei jeder Art von Organisationsform, ist das Management des Personals notwendig. Unabhängig von der Größe oder dem Geschäftsbereich einer Organisation gilt zu jedem Zeitpunkt in der Geschichte wie folgt: Sobald Menschen zur Realisierung eines Geschäfts *zusammenarbeiten*, wird es unerlässlich, die *Arbeit zu organisieren* und *Kompetenzen zu mobilisieren*.

In der Unternehmensgeschichte ist Human Ressource Management, das von einer Abteilung ausgeübt wird, welche sich ausschließlich mit Personalthemen befasst, relativ neu. Seit Anfang der Industrialisierung zur Mitte des 18. Jahrhunderts lassen sich in der Entwicklung dieser Unternehmensfunktion drei relevante Epochen festhalten.

Wichtige Epochen

Die erste wichtige Epoche ereignete sich Anfang des 19. Jahrhunderts. Die **industrielle Revolution** wandte sich den Belangen des sogenannten Arbeitnehmertums und der Arbeitsteilung zu und setzte diesbezüglich Lösungen in der Praxis um. Bereits zu dieser Zeit bestand das Bewusstsein, dass die Anwendungen „falscher" Arbeitsmethoden unnötige Kosten für Unternehmen verursachen und sich letztlich negativ auf deren Leistungen auswirken.

Ab diesem Zeitpunkt begann die Forschung, sich fundiert mit dem Thema der Arbeitsorganisation auseinanderzusetzen: Sinnbildlicher Vertreter dieser Epoche ist der US-Amerikaner *Frederick Winslow Taylor* (1856-1915), dem es durch Anwendung seiner Methode, dem sogenannten **Taylorismus**, gelang, die Arbeitsproduktivität zu steigern. *Taylor* etablierte das Prinzip der Prozesssteuerung von Arbeitsabläufen, welches auf Arbeitsstudien basierte. Der Begriff **Scientific Management (Wissenschaftliche Betriebsführung)** wurde durch *Taylor* stark geprägt. Bei *Scientific Management* handelt es sich um ein Managementkonzept, welches *Taylor* im Laufe seines Lebens entwickelte und im Jahr 1911 in seinem gleichnamigen Hauptwerk niederschrieb. *Taylor* glaubte fest daran, Management, Arbeit und Unternehmen mit einer rein wissenschaftlichen Herangehensweise optimieren zu können, um soziale Probleme lösen und „Wohlstand für alle" erreichen zu können.

Nach dem Jahr 1882 führte *Taylor* umfassende Zeitstudien durch. Er entwickelte Leistungslohnsysteme und neue, wissenschaftlich fundierte, detaillierte Arbeits- und Bewegungsabläufe, um die Leistung von Mitarbeitern zu steigern. In Betrieben fand dadurch eine zunehmende Rationalisierung statt. Mitarbeitern wurde eine normgerechte Umgebung zugewiesen, die Beleuchtung wurde standardisiert, Werkzeuge und Betriebsabläufe wurden im Detail definiert. Die Mitarbeiter traten im Laufe der Zeit zunehmend Selbstbestimmtheit und Selbstverantwortung ab: Von nun an war der Mitarbeiter rein für die operative Arbeitsausführung zuständig. Planung, Vorbereitung und Problemlösung waren nicht mehr Teil des auszuführenden Handelns des Mitarbeiters. Als Ergebnis der Forschungen *Taylor's* gingen unter anderem typische Praktiken des Human Ressource Managements hervor (z.B. Analyse von Arbeitsplätzen, spezifische Anforderungen des Arbeitsplatzes) wie die Stellenbeschreibung und die Bedeutung von Ausbildung sowie innovative Denkansätze zur Vergütung (z.B. Leistungslohn, Lohn mit leistungsabhängigen Zuschlägen).

Seit den 1920er Jahren wird *Taylor's* Forschung in Frage gestellt: Die sogenannte **Human Relations Bewegung** beschäftigt sich seit den 1930er Jahren damit, Verfahren zur Verbesserung der zwischenmenschlichen Beziehungen innerhalb von Betrieben zu entwickeln. Der herausragende Vertreter dieser Bewegung ist der australischer Soziologe *Georges Elton Mayo* (1880-1949)[6]. *Mayo's* Interesse richtete sich auf die Verbesserung der Arbeitsbedingungen und der Beziehungen zwischen Mitarbeitern und Vorgesetzten: Die Praktiken der Motivationssteigerung der Arbeitnehmer gewannen an Bedeutung. Wie bei *Taylor* wird von der *Human Relations Bewegung* eine Verbindung zwischen den Praktiken des Human Ressource Managements und der Unternehmensleistung angenommen und postuliert.

Diese Bestrebungen und der Denkansatz über den Bezug zwischen Personal und Leistung führten jedoch in Unternehmen nicht sofort zur Schaffung von Abteilungen, die auf Personalmanagement spezialisiert waren. Lange Zeit blieben diese Praktiken in Unternehmen auf verschiedene Abteilungen verteilt (z.B. Verwaltung, Buchhaltung, bei dem unmittelbaren Vorgesetzten, Meister oder Abteilungsleiter).

Personalabteilungen, wie sie in etwa heutzutage beschaffen sind, traten in Europa in wenigen großen Unternehmen nach dem Ersten Weltkrieg in Erscheinung. In den 1950er Jahren, wurden Personalabteilungen in Großunternehmen allgemein üblich. In der Schweiz fand die Schaffung der Personalabteilungen beispielsweise erst vorwiegend in den 1970er Jahren statt.

Professionalisierung

Die Entstehung der Unternehmensfunktion „Personalwesen" durch die Zentralisierung von Tätigkeiten, welche das Personalmanagement betreffen, sollte zu dessen Professionalisierung führen. Zu Beginn dieses Prozesses ging es primär um administrative Belange, beispielsweise um Lohnzahlungen, um Personalbögen oder auch um gesetzliche Aspekte. Mit dem Aufkommen der ersten HR-Tools und der ersten HRM-Praktiken entwickelte sich die Unternehmensfunktion weiter: Als Beispiele sind Arbeitsplatz- und Funktionsbeschreibungen, Lohnskalen, Schulungspläne oder auch jährliche Beurteilungsgespräche, die in der gesamten Organisation einheitlich angewendet werden sollten, zu nennen.

Durch *Mayo's* Forschungsarbeit erkannten Organisationen, dass motivationsbezogene Faktoren die Produktivität der Mitarbeiter beeinflussen können. Von nun an war das Interesse auf die Menschen, auf ihre Kompetenzen, auf ihre Erfahrung, aber auch auf ihre Arbeitsbedingungen gerichtet. Zugleich ist heute eine Aufteilung der Zuständigkeiten zwischen der Unternehmensfunktion „Human Ressource Management" und den operativen Managern zu beobachten. In der heutigen Zeit wird von der Unternehmensfunktion verlangt, dass sie sich auf die strategischen Aspekte konzentriert, beispielsweise darauf, Wettbewerbsvorteile zu schaffen. Das Profil der Unternehmensfunktion hat sich äußerst schnell und tiefgehend gewandelt. Es ist ein erheblicher Sprung von einer „traditionellen" Rolle hin zu einer „neuen" Rolle auszumachen, deren Konturen noch nicht eindeutig erkennbar sind. Der Leitgedanke dieser neuen Rolle ist jedoch, dass sich die Unternehmensfunktion „Human Ressource Management" stärker in dem strategischen Bereich aufstellt und in diesem den Schwerpunkt setzt. Rein administrativen Aspekten soll weniger Bedeutung beigemessen werden.

- **Human Ressource Management (HRM):** Gesamtheit der Prozesse und Tätigkeiten, die zur Bearbeitung der Personalfragen bzw. der Fragen von HRM erforderlich sind;

- **Human Ressource Direktion bzw. Human Ressource Director (HRD):** Leitende Stelle, die für das HRM verantwortlich ist; HRD bezeichnet nicht nur eine Person, sondern steht auch für das steuernde Organ;

- **Human Ressource (HR):** Das Personal eines Unternehmens oder auch die Abteilung HRM;

12.1.2 Rolle im Unternehmen

Die neue Rolle des Human Ressource Managements wurde bereits als strategischer Akteur für ein Unternehmen beschrieben. Diese neue Rolle entspricht einer unvermeidlichen Weiterentwicklung der Unternehmensfunktion und wird nur durch eine Rationalisierung der administrativen Tätigkeiten möglich, beispielsweise durch die Nutzung von Datenverarbeitungssystemen oder durch Outsourcing bestimmter administrativer Tätigkeiten, um Freiräume für strategische Tätigkeiten zu schaffen. In der beruflichen Praxis befindet sich das Human Ressource Management häufig in einer komplexen Situation. Einerseits wird dem Human Ressource Director klassischerweise die Rolle des Dienstleisters zugeschrieben, andererseits übernimmt er zunehmend die Rolle eines Beraters und Business-Partners. *Dave Ulrich* (1997) nennt die Rolle des Business-Partners den *„Seat at the management table"*.

Der **Business-Partner-Ansatz** von *Dave Ulrich* wurde in den 1990er Jahren in den USA entwickelt. Ein wesentlicher Aspekt dieses Ansatzes ist die konsequente Business- bzw. Kundenorientierung: Einem Kunden wird für personalrelevante Angelegenheiten eine direkte Kontaktperson zugewiesen, welche diesen als strategischer Partner berät. Der Ansatz ist in der strategischen Überlegung begründet, dass Human Ressource Management näher mit dem Geschäft zusammenrücken sollte, um dadurch effektiver zu werden. So wie es bereits bei anderen Funktionen – wie etwa der Produktion, der Finanzen oder dem Sales (Verkauf) – der Fall ist. *Ulrich's* Modell hat den Vorteil, dass es die unterschiedlichen und zuweilen gegensätzlichen Rollen des Personalleiters anschaulich beschreibt. Für *Ulrich* besteht das übergeordnete Ziel der Unternehmensfunktion „Human Ressource Management" im Wesentlichen in der Wertschöpfung. Human Ressource Management soll zur unternehmerischen Gesamtleistung beitragen. *Ulrich* definiert zwei Achsen, an denen sich die Rollen des Human Ressource Director (HRD) orientieren. Die vertikale Achse bewegt sich von kurzfristigen und operativen Aspekten (Tagesgeschäft) bis hin zu langfristigen und strategischen Aspekten. Die horizontale Achse reicht von den Prozessen und Tätigkeiten einerseits bis hin zu den Personen andererseits. Somit leiten sich **vier Rollen des Human Ressource Directors** ab: Strategischer Partner, Verwaltungsexperte, Champion der Arbeitnehmer (Motivation) und Förderer des Wandels.

Abbildung 12.1: Das Modell von Dave Ulrich

HRD als strategischer Partner

Die Rolle des HRD besteht darin, die Unternehmensstrategie in den Alltag umzusetzen (für die Unternehmensfunktion Human Ressource Management zu operationalisieren). Dazu muss er die HRM-Praktiken mit der allgemeinen Strategie der Organisation in Einklang bringen. Es ist für den HRD notwendig, die einzelnen Elemente des strategischen Managements zu beherrschen. Nur so kann er sich als relevanter Partner der Generaldirektion behaupten und seine Zielsetzungen begründen und vertreten.

HRD als Verwaltungsexperte

Zwar ist die Rolle als Verwaltungsexperte ebenfalls auf die Prozesse ausgerichtet, doch ist sie eher operativ ausgerichtet, da sie auf eine kurze Zeitspanne bezogen ist. In dieser Rolle besteht die wesentliche Aufgabe des HRD darin, eine wirksame Infrastruktur zu schaffen, die es ermöglicht, Exzellenz und Qualität von existierenden administrativen Prozessen zu gewährleisten. Hier geht es vor allem darum, die Leistungsqualität sicherzustellen (z.B. die Kosten der Unternehmensfunktion „HRM").

HRD als Champion der Arbeitnehmer (Motivation)

Die Rolle des HRD als Champion der Arbeitnehmerschaft ist ebenfalls kurzfristig ausgerichtet. Der Fokus liegt hierbei auf den Mitarbeitern, deren Motivation durch den HRD gefördert und deren Kompetenzen durch diesen entwickelt werden. Die Herausforderung liegt darin, zwischen den Ansprüchen der Arbeitnehmer und denen des Arbeitgebers, sprich des Unternehmens ein Gleichgewicht zu finden.

HRD als Förderer des Wandels

Die Rolle als Förderer des Wandels ist schließlich auf die Mitarbeiter ausgerichtet und orientiert sich langfristig. Es geht darum, den Wandel, welchem Organisationen ausgesetzt sind, zu begleiten. Die Aufgabe des HRD besteht darin, Veränderung und Anpassung an die Umwelt zu fördern und so zur Maximierung der Erfolgschancen dieses Prozesses die Akteure bestmöglich einzubeziehen.

Ulrich's Denkansatz fokussiert weniger das, *was* die HRM leistet (z.B. Prozesse der Personalbeschaffung, Schulung, Lohnzahlung), sondern fokussiert vielmehr, *auf welche Weise* die HRM diese Prozesse durchführt.

Das Modell stellt vor allem eine Aufwertung der Human Ressource Direktion dar: Die Aufwertung der HRD in den Rang eines strategischen Partners und die aktive Mitgestaltung der Organisationsstrategie zeugen von einer Neuausgestaltung der HRM-Funktion. *Ulrich's* Modell ist sehr umfassend und knüpft an folgende Themen an:

- Wie lassen sich Talente halten?
- Wie lassen sich Kompetenzen entwickeln?
- Wie können Arbeitnehmer motiviert werden?
- Wie können Wettbewerbsfähigkeit und Produktivität der Organisationen erlangt werden?

Jegliche Organisation, ob klein oder groß, ob öffentlich oder privat, kann *Ulrich's* Modell für sich anpassen, verwenden und dessen Vorteile nutzen.

12.2 Aufgabengebiete des Human Ressource Managements

Dic mit der Unternehmensfunktion „HRM" verbundenen Aufgabengebiete sind sehr unterschiedlich.

1. Die **administrative Aufgabe**, die vorwiegend mit der Verwaltung von Personal verbunden wird;

2. Die **Befriedigung von denjenigen Ansprüchen**, die mit dem Management und der Entwicklung von Human Ressource Management verknüpft sind;

3. Das **Kompetenzmanagement**, das die HRM-Politik und Strategie betrifft;

12.2.1 Administrative Aufgabe

Die personalverwaltungsbezogene Aufgabe ist die älteste der HRM- Unternehmensfunktionen. Auch diese administrativen Aufgaben unterliegen einer fortlaufenden Veränderung bis hin zu einer Neudefinition der Rolle von HRM innerhalb von Unternehmen. Im klassischen Verständnis umfassen diese Tätigkeiten die Erfassung von Ereignissen in der Personaldatenbank (z.B. Einstellungsdaten, Änderung der Wohnanschrift, Versetzung, Arbeitsplatzwechsel, Arbeitsvertrag). Die Verarbeitung all dieser Daten (z.B. für die Berechnung der Vergütung des Mitarbeiters) steht hierbei im Mittelpunkt. Folgende **Eigenschaften** sind charakteristisch für **administrative HRM-Aufgaben**:

- **Wiederholung der Abläufe:** Die administrativen Abläufe wiederholen sich häufig. Der Lohn des Mitarbeiters wird in der Regel monatlich berechnet. Bei jeder Einstellung eines neuen Mitarbeiters werden stets viele Arbeitsprozesse wiederholt.
- **Gesetzlicher Rahmen:** Häufig sind administrative Aufgaben an einen festgelegten gesetzlichen Rahmen gebunden. Beispiele hierfür sind die Einhaltung von Tarifverträgen, die Beachtung des Arbeitsrechts, die Sozialversicherung oder die Unfallversicherung von Arbeitnehmern.

■ **Komplexität:** Generell ist eine Tendenz zu zunehmender Komplexität der administrativen HRM-Tätigkeiten zu beobachten. Einerseits wird der angeführte gesetzliche Rahmen kontinuierlich komplexer und unübersichtlicher, andererseits gibt es einen Trend hin zu zunehmender Individualisierung der Arbeitsbedingungen und zu zunehmender Mobilität des Personals.

■ **Hohe Kosten:** Schließlich nehmen HRM-Verwaltungstätigkeiten einen beträchtlichen Zeit- und Personalressourcenaufwand in Anspruch, ebenso umfangreiche Mittel der Informationssysteme (*Kapitel 11*). Dies erklärt, warum die administrativen HRM-Tätigkeiten häufig mit Outsourcing in Verbindung gebracht werden.

Beispiel 12.1   **Die Individualisierung der Arbeitsbedingungen**

In Unternehmen ist ein starker Trend zur Individualisierung der Arbeitsbedingungen festzustellen. Für diese Erscheinung lassen sich zwei Gründe nennen.

Die Ansprüche und Wünsche einzelner Mitarbeiter ändern sich. Arbeitszeitanpassungen sind immer häufiger erwünscht. Gründe hierfür sind beispielsweise Schulungen, Sabbatjahre (Sabbaticals) für Fortbildungen, verfügbare Zeit für die Familie oder gar für die Ausübung eines Hobbys. Die Individualisierung ist ebenfalls oft Thema in den Verhandlungen bezüglich der Vergütung. Beispiele hierfür sind individuelle Beteiligungsanreize, der an die Leistung des Unternehmens gebundene Lohnanteil oder auch Sachleistungen (z.B. Firmenwagen, Büro).

Zudem ändern sich die Ansprüche der Unternehmen. Es ist ein Trend hin zur Individualisierung der Arbeitsbedingungen in Bezug auf Arbeitsort oder Arbeitszeit zu beobachten. Zeitweiliges oder fest angestelltes Personal, projektgebundene Arbeit, Heim- oder Telearbeit sind diesbezüglich nur wenige Beispiele.

12.2.2   Befriedigung von Ansprüchen

Die Befriedigung von Ansprüchen ist eine weiteres Aufgabengebiet des Human Ressource Managements. Je nach Organisation lassen sich verschiedene Anspruchsgruppen[7] unterscheiden, von denen jede einzelne bestimmte Erwartungen an die Unternehmensfunktion HRM hat. **Wichtige Anspruchsgruppen** bilden die **Arbeitnehmer** oder auch die Untergruppen von Arbeitnehmern, die **Führungskräfte (Unternehmensleitung)**, die **Gewerkschaften** und der **Staat** bzw. die Gesellschaft.

■ **Arbeitnehmer:** Arbeitnehmer sind Personen, die im rechtlichen Rahmen eines Arbeitsverhältnisses auf Basis eines Arbeitsvertrags privatrechtlich verpflichtet sind, ihre Arbeitskraft an Weisungen gebunden und gegen Entgelt zur Verfügung zu stellen. Keine Arbeitnehmer sind beispielsweise Kinder, Jugendliche und Studenten, Arbeitslose, Selbstständige (Gewerbetreibende und Freiberufler), Beamte, Soldaten, Zivildienstleistende (kein privatrechtliches Dienstverhältnis) und schließlich Rentner.

■ **Führungskräfte:** Führungskräfte sind Personen, die Führungsaufgaben in Unternehmen verrichten. Führung[8] stellt eine bestimmte Managementaufgabe dar, welche u.a. die Planung, Organisation, Motivation und Kontrolle von Mitarbeitern umfasst. Der Begriff des Managers wird häufig synonym verwendet. Führungskräfte sollten über Leadership-Kompetenzen verfügen, Manager hingegen über Managementkompetenzen.[9]

■ **Gewerkschaften:** Eine Gewerkschaft ist z.B. in Deutschland eine auf freiwilliger Basis gebildete, privatrechtliche Vereinigung von Arbeitnehmern, welche als satzungsgemäße Aufgabe den Zweck der Wahrnehmung und Förderung ihrer Mitglieder verfolgt. Eine Gewerkschaft besitzt die rechtliche Fähigkeit, die Arbeitsbedingungen der Mitglieder tarifvertraglich mit normativer Wirkung zu regeln.[10]

■ **Staat bzw. Gesellschaft:** Der Staat ist die Organisationsform einer Gesellschaft. Ein Staat bezeichnet eine politische Ordnung, welche ein gemeinsames, durch territoriale Souveränität abgegrenztes Staatsgebiet und durch ein dazugehöriges Staatsvolk und eine Machtausübung umfasst.[11] Der Staat benennt jedes hoheitlich tätige Wirtschaftssubjekt, beispielsweise eine Regierung oder auch eine Verwaltung. Staatliches Handeln umfasst die Tätigkeit sämtlicher politischer Ebenen, sprich kommunaler, regionaler und bundesstaatlicher Instanzen. Der Staat wird als wirtschaftlich agierendes Subjekt angesehen, ist Träger der Wirtschaftspolitik und stellt die Funktionsfähigkeit des Wirtschaftssystems sicher.

Arbeitnehmer haben in diesem Zusammenhang einen Anspruch auf die Zuverlässigkeit der Lohnzahlungen. Der Lohn sollte korrekt berechnet und fristgerecht ausgezahlt werden. Eine weitere Forderung betrifft die Verfügbarkeit administrativer Daten der Mitarbeiter: Hierbei handelt es sich beispielsweise um Daten bezüglich der Rentenkasse, bestimmter anderer Zuwendungen oder bezüglich Schulungen. Transparenz, beispielsweise in Bezug auf die Arbeitsbedingungen, kann ebenfalls ein Bedürfnis an das HRM darstellen. Führungskräfte der mittleren Ebene (z.B. Abteilungs- und Teamleiter) benötigen, abgesehen von den Bedürfnissen als Arbeitnehmer, genaue Informationen (z.B. Urlaubsbewilligung, Ferienplanung der Mitarbeiter). Für die Unternehmensleitung sind die Beachtung des gesetzlichen Rahmens und die Wahrung des Image des Unternehmens wichtig. Wirtschaftlichkeit der Human Ressources Management stellt ebenfalls einen Anspruch der Unternehmensleitung dar. Gewerkschaften vertreten die Interessen ihrer Mitglieder gegenüber Unternehmen, welche in der Regel von den jeweiligen Human Ressource Direktionen vertreten werden.

Der Staat hat somit auch den Anspruch, sämtliche HRM-Tätigkeiten gerecht zu reglementieren, um Arbeitnehmer wie Arbeitgeber zu schützen.

12.2.3 Kompetenzmanagement

Kompetenzmanagement[12] hat die Aufgabe, Mitarbeiterkompetenzen zu beschreiben, zu visualisieren und transparent zu machen sowie diese zu entwickeln, sie zu verteilen bzw. zu teilen, und deren Nutzung in Bezug auf die strategischen Unternehmensziele sicherzustellen.[13] Wissensmanagement ist daher eng mit Kompetenzmanagement verbunden.[14]

Kompetenzmanagement ist das Aufgabengebiet, welches dem HRD seine neue Rolle als strategischer Partner verleiht. Unternehmen müssen der Art, in der sie ihre Ressourcen und Kompetenzen nutzen und entwickeln, notwendigerweise besondere Bedeutung beimessen, damit sie die erforderliche Flexibilität aufgrund der sich ständig verändernden Umwelt und des ständig schärferen Wettbewerbs aufrechterhalten können.

Die Elemente des Kompetenzmanagement

- **Identifizierung:** Eine eindeutige Identifizierung der Kompetenzen, die gegenwärtig und künftig erforderlich sind, damit die Organisation die in der Strategie definierten Ziele erreichen kann;

- **Priorisierung:** Qualifizierung, Messung oder Hierarchisierung dieser Kompetenzen entsprechend ihrer Wichtigkeit oder ihrer strategischen Bedeutung;

- **Gestaltung und Entwicklung:** Management und Entwicklung dieser Kompetenzen entsprechend den strategischen Zielen des Unternehmens (z.B. durch Outsourcing, Lehrgänge, Jobrotation);

Die Human Ressource Direktion setzt eine Reihe von Techniken, Tools und Indikatoren für die **Analyse der vorhandenen und zukünftigen Kompetenzen** ein:

- **Zielvorgaben:** Hierbei werden zunächst systematisch die strategisch wichtigen und die in einem Unternehmen befindlichen Kompetenzen analysiert: Geschäftsfelder, Wertschöpfungsprozesse, Geschäftsprozesse, Produkte, Dienstleistungen, Projekte und Technologien werden hinsichtlich geschäftsrelevanter Kompetenzen untersucht. Aufbauend auf diesen Erkenntnissen wird eine strategische Zielrichtung für das Kompetenzmanagement bestimmt.[15]

- **Stellenpläne:** Ein Stellenplan bezeichnet eine Aufstellung und Darstellung von Arbeitsstellen und dient der Bewirtschaftung des Personalhaushalts.

- **Alterspyramiden:** Alterspyramiden bezeichnen statistische Altersverteilungen von Gruppen und Personen innerhalb eines Unternehmens.

- **Zugangs- und Abgangstabellen:** Zugangs- und Abgangstabellen werden für die quantitative Personalplanung verwendet und dienen dazu, den geplanten Personalbestand zu einem gegeben Zeitpunkt zu ermitteln.

Häufig ist im Kontext mit Kompetenzmanagement auch von Personalentwicklung die Rede. **Personalentwicklung** umfasst sämtliche Maßnahmen, mit denen Qualifikations- und Motivationspotenziale von bisherigen Unternehmensmitgliedern erzeugt und für das Unternehmen aktiviert werden. Beispiele hierfür sind Ausbildung, Umschulung, Weiterbildung, Training, Supervision sowie Coaching.[16] Externe **Personalbeschaffung** bezeichnet den Erwerb neuer Unternehmensmitglieder und Kompetenzen. Mehrere Entwicklungen sind hierbei von Bedeutung: Die Arbeitswelt ist durch spürbare Fluktuationen der Nachfrage gekennzeichnet, welche sich auf den quantitativen Arbeitskräftebedarf auswirken und beispielsweise zu neuen Organisationsformen wie *just in time*-Organisation führen, und damit zu Arbeit auf Abruf und bei Bedarf. Die zweite Veränderung liegt in der zunehmend stärkeren Forderung nach Polykompetenz, sprich nach der Fähigkeit, sich permanent neuen Arbeitsmethoden bzw. -techniken anzupassen und sich weiterzubilden.

Diese neuen HRM-Herausforderungen verlangen nach Flexibilität des Personals, nicht nur bezogen auf die Belegschaft oder die Arbeitszeiten, sondern auch im Bereich der Kompetenzen oder Fähigkeiten. Deshalb führen immer mehr Organisationen Kompetenzmanagement-Programme ein.

12.3 HRM-Funktionen

In Bezug auf die Funktionen und Handlungsfelder des Human Ressource Managements liegen je nach Forschungsliteratur unterschiedliche Einteilungen vor.[17] Im folgenden Abschnitt wird eine beschränkte Auswahl von HRM-Funktionen und Handlungsfeldern behandelt:

1. Einstellungsprozess

2. Personalbewertung

3. Vergütung

12.3.1 Einstellungsprozess

Die **Einstellung** bezeichnet den Abschluss eines Arbeitsvertrages zwischen einem Arbeitgeber und einem Arbeitnehmer. Ab diesem Zeitpunkt stellt der Arbeitnehmer dem Arbeitgeber eine festgelegte Arbeitsleistung zur Verfügung. Im Gegenzug dazu erhält der Arbeitnehmer von dem Arbeitgeber eine finanzielle Gegenleistung (Arbeitslohn). Die Einstellung ist eng mit der **Personalbeschaffung (Recruiting)** verbunden, welche sich mit dem Decken eines definierten Personalbedarfs befasst.

Unter den HRM-Tätigkeiten nimmt die *Einstellung* einen besonderen Platz ein. Für die Mitarbeiter eines Unternehmens, aber auch nach außen, ist die Einstellung die sichtbarste Aufgabe der HRM-Unternehmensfunktion. Analysten interpretieren Einstellungskampagnen als Zeichen der Gesundheit eines Unternehmens.

Die Einstellungstätigkeit ist als **Prozess** zu betrachten, welcher sich in vier Phasen aufteilen lässt. Jede Phase besteht aus einer Reihe von Entscheidungen, welche maßgeblichen Einfluss auf den Erfolg des Prozesses ausüben.

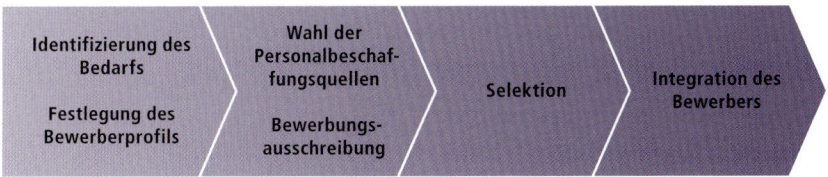

Abbildung 12.2: Der Einstellungsprozess in vier Phasen

Identifizierung des Bedarfs und Festlegung des Bewerberprofils

Zu Beginn des Einstellungsprozesses lässt sich der Zeitpunkt festmachen, zu dem eine Stelle *vakant* wird. Diesbezüglich ist es unerheblich, ob die Vakanz *zeitweilig* (z.B. durch Krankheit), *dauerhaft* (z.B. Kündigung) oder im Rahmen einer *Stellenneuschaffung* erhoben wird. Um diese Vakanz zu bewerkstelligen, geht es letztlich darum, das Profil des Bewerbers festzulegen, sprich die Kompetenzen, die Erfahrung, letztlich alle Merkmale zu bewerten, welche von dem Bewerber aufgrund der bisherigen Stelle oder aufgrund der geschaffenen Stelle erwartet werden.

Die Angaben bezüglich der erwarteten Kompetenzen sind nach ihrer Bedeutung zu ordnen. Dieser Schritt ist wichtig, da er ausschlaggebend für das gesamte Unterfangen, künftig einen Mitarbeiter einzustellen ist. Zunächst geht es darum festzulegen, welche Person *kompetent* ist: Hierbei sollten die Meinungen des direkten Vorgesetzten, des künftigen Mitarbeiters und des HRM-Verantwortlichen berücksichtigt werden. Darüber hinaus können auch Kollegen des künftigen Mitarbeiters in den Prozess einbezogen werden, da diese den Arbeitsplatz und dessen Anforderungen kennen und schließlich mit der neuen Person ständig in Kontakt treten. Das Profil des künftigen Bewerbers kann je nachdem, wer an dessen Festlegung mitwirkt, äußerst unterschiedlich ausfallen.

Das Bewerberprofil lässt sich mit Hilfe von Unterlagen wie Funktions- oder Stellenbeschreibung oder denen des **Aufgabenverzeichnisses** erarbeiten. Das Aufgabenverzeichnis beschreibt die Gesamtmenge der Aufgaben, die zu erledigen sind.

Eine **Stellenbeschreibung**, häufig auch Arbeitsplatzbeschreibung (engl. *job description)* genannt, bezeichnet eine objektive schriftliche Beschreibung einer Arbeitsstelle (Arbeitsplatz) in Bezug auf die Arbeitsziele, auf die Aufgaben und Kompetenzen sowie in Bezug auf das Verhältnis zu den Stakeholdern.

Mit anderen Worten sollen folgende Fragen in Bezug auf die Arbeitsstelle beantwortet werden: Wer? Was? Wie? Zu welchem Ziel? Mit welcher Verantwortung? Diese Unterlagen sollten ständig aktualisiert sein, da sich die Anforderungen an den Arbeitsplatz im Lauf der Zeit ändern können.

Die für die Arbeitsstelle erforderlichen Eigenschaften (Kompetenzen, Persönlichkeitsmerkmale) sollten hierarchisch geordnet werden. Hierbei liegt die Schwierigkeit darin, dass sich die Beteiligten über den Stellenwert der einzelnen Merkmale einigen. *Tabelle 12.1* kann als Auswertungstabelle für die Formulierung der Anzeige verwendet werden und bei der Suche des Bewerbers sowie als Leitfaden bei dem Sortieren eingegangener Bewerbungen helfen. *Tabelle 12.1* dient als Beispiel dafür, auf welche Weise die von einem Bewerber erwarteten Kompetenzen hierarchisch geordnet werden können[18].

Tabelle 12.1

Tabelle zur hierarchischen Ordnung der erwarteten Kompetenzen

		Späterer Erwerb möglich	
		nein	**ja**
		Feld 1	Feld 2
für die Stelle unbedingt erforderlich	ja	Feld 3	-
	nein	**nein**	**ja**

Tabelle 12.1 zeigt, dass sich in Feld 1 bestimmte Kriterien, welche für die zu besetzende Stelle ab dem ersten Arbeitstag unerlässlich sind, festhalten lassen. Dies können beispielsweise bestimmte Fachkenntnisse oder Sprachkenntnisse sein. Des Weiteren lassen sich in Feld 2 Kompetenzen festhalten, welche zwar für die künftige Position erforderlich sind, aber problemlos zu einem späteren Zeitpunkt erworben werden können. Dies tritt beispielsweise in dem Fall auf, in welchem sich der neue Mitarbeiter mit einer im Unternehmen eingesetzten, spezifischen Software vertraut machen soll. Schließlich gibt es Merkmale (Feld 3), welche für den Arbeitsplatz nicht unbedingt erforderlich, jedoch wünschenswert sind und von Vorteil wären (z.B. Fremdsprachenkenntnisse, bestimmte Verhaltenseigenschaften). Falls alle weiteren Kompetenzen verhältnismäßig ähnlich ausfallen, können diese Angaben helfen und ausschlaggebend für die Wahl eines Bewerbers sein.

Wahl der Personalbeschaffungsquellen und Bewerbungsausschreibung

Die Wahl der Personalbeschaffungsquellen hat zum Ziel, einen Zustrom von Bewerbungen auszulösen, die den Anforderungen des festgelegten Bewerberprofils entsprechen. Die Personalbeschaffungsquellen können unterschiedlich sein.

- **Interne Personalbeschaffung:** Eine Einstellung kann intern erfolgen. Hierbei geht es um Mitarbeiter eines Unternehmens, die an einem anderen Arbeitsplatz interessiert sind oder in den Genuss einer Beförderung kommen.

- **Externe Personalbeschaffung:** Zudem kann eine Einstellung extern erfolgen. In diesem Fall können zeitweilige oder feste Arbeitsvermittlungsagenturen (z.B. regionale Arbeitsvermittlungsämter) eingeschaltet werden. Ebenso kann in der örtlichen oder nationalen Presse, auf spezialisierten Internetseiten (Jobbörsen) oder auf der Unternehmenswebseite ein Stellenangebot veröffentlicht werden. Darüber hinaus können verschiedene Netzwerke wie Absolventen- und Berufsvereinigungen und das Mitarbeiternetzwerk eingeschaltet werden. *Recruiting*-Veranstaltungen und Hochschulmarketing sind weitere Möglichkeiten, externe Bewerbungen zu fördern. Schließlich sollten auch Initiativbewerbungen oder Bewerbungen, die zu einer vorausgegangenen Ausschreibung eingegangen sind, berücksichtigt werden.

Die Wahl der Personalbeschaffungsquellen sollte in Abhängigkeit von den Spezifika der Stelle getroffen werden.

Für den Fall, es gehen keine oder keine brauchbaren Bewerbungen ein, ist es ratsam, dies genauer zu analysieren. Dieses Problem an sich kann zwei unterschiedliche Gründe haben, die jeweils sehr unterschiedliche Reaktionen verlangen:

Zunächst kann es sich um ein Problem bei der Profilfestlegung des gesuchten Bewerbers handeln (z.B. zu hohe oder unverhältnismäßige Anforderungen bezogen auf die Stelle). Es muss zudem die Angemessenheit zwischen dem gesuchten Profil und der gewählten Personalbeschaffungsquelle hinterfragt werden. Die Suche nach einem sehr spezifischen, hochqualifizierten und internationalen Profil über eine Annonce in einer örtlichen Tageszeitung wird eher zu schlechten Ergebnissen führen.

In erstem Fall sollte zur Verbesserung des Ergebnisses über die Definition der Stelle und das Bewerberprofil nachgedacht werden. Im zweiten Fall muss die Frage nach dem richtigen Personalbeschaffungskanal gestellt werden.

Selektion

Obwohl die Selektion für Bewerber und Mitarbeiter die sichtbarste Phase ist, stellt diese nur eine unter den genannten vier Phasen innerhalb des Einstellungsprozesses dar. Im Allgemeinen erfolgt eine erste Auswahl auf der Grundlage des Lebenslaufes und des Anschreibens. Die ausgewählten Bewerber werden folgend zu einem Vorstellungsgespräch oder zu mehreren Vorstellungsgesprächen eingeladen. **Vorstellungsgespräche** sind persönliche Gespräche zwischen einem Unternehmen und einem Bewerber, die zwei Hauptziele verfolgen: Die von dem Bewerber gemachten Angaben zu bestätigen oder zu vervollständigen sowie die Art der Stelle und ihre Anforderungen mit diesem zu besprechen.

Einstellungen ohne Vorstellungsgespräche sind äußerst selten. Die Anzahl der Vorstellungsgespräche eines Bewerbers für eine Stelle ist je nach Unternehmen verschieden. Das Besondere des Gesprächs liegt darin, dass Bewerber und Einstellender einander physisch direkt gegenüberstehen. Die Ergebnisse des Gesprächs haben beträchtliches

Gewicht, oft sind sie maßgebend für die Einstellungsentscheidung. Das Vorstellungsgespräch kann als Einzelgespräch oder als Gruppengespräch, mit mehreren Bewerbern oder mehreren Teilnehmern seitens des Unternehmens, geführt werden. Schließlich kann der Bewerber, in der Gruppe oder einzeln, auf unterschiedliche Gesprächspartner treffen: Zum Beispiel auf einen HRM-Verantwortlichen und den direkten Vorgesetzten.

Folgende Tabelle zeigt ein Muster eines Bewertungsbogens.

Tabelle 12.2

Muster eines Bewertungsbogens

Datum / Uhrzeit						
Stelle						
Name						
Alter						
Familienstand						
Bewertung	1	2	3	4	5	6
erster Eindruck						
Pünktlichkeit						
fachlich						
Ausbildung						
Berufserfahrung						
Fachkenntnisse						
Fortbildung						
Branchenkenntnisse						
persönlich						
Auffassungsgabe						
Flexibilität						
Mobilität						
Belastbarkeit						
Kreativität						
Verantwortungsbereitschaft						
Entscheidungsfähigkeit						
Verhandlungsgeschick						
Zuverlässigkeit						
Ehrgeiz						
Motivation						

Muster eines Bewertungsbogens *(Forts.)*

Sympathie
Umgangsformen
Erscheinungsbild
Gesamteindruck

Quelle:http://www.infoquelle.de/Management/Personalmanagement/Bewertungsbogen.php, vom 01.08.2011.

Selektionsinstrumente Für die Selektion werden häufig bestimmte Instrumente, beispielsweise das Assessment-Center, Rollenspiele und Tests verwendet. Bei einem **Assessment-Center (AC)** werden die Bewerber vor verschiedene Probleme gestellt und anschließend im Umgang mit diesen *bewertet*. Bei **Rollenspielen** bekommen Spieler die Rollen fiktiver Personen (z.B. Teilnehmer eines Verkaufsgespräches) und handeln in fiktiven Situationen der ausgeschriebenen Stelle. Es geht hierbei darum, den Bewerber mit Arbeitssituationen zu konfrontieren, die dem realen Arbeitsplatz nachempfunden sind.

Assessment-Center oder Rollenspiele können des Weiteren durch **Tests** ergänzt werden, deren Zweck darin besteht, die Bewerber hierarchisch zu ordnen oder bestimmte, im Gespräch empfundene Persönlichkeitsfaktoren zu überprüfen. Eingesetzt werden können psychometrische Tests, deren Zweck in der Messung besonderer (physischer oder intellektueller) Fähigkeiten für eine bestimmte Aufgabe besteht. Es kann sich beispielsweise um Tests handeln, mit denen untersucht wird, welche Denkweise der Bewerber mobilisiert, um ein Problem zu lösen. Eine weitere Testkategorie besteht aus Wissens-, Eignungs-, Fähigkeitstests. Diese Tests sollen helfen festzustellen, inwiefern ein Bewerber für die Stelle geeignet ist und inwiefern dieser die Sollanforderungen erfüllt. Zudem gibt es Tests zur Persönlichkeitsbewertung des Bewerbers. Es darf jedoch nicht außer Acht gelassen werden, dass auch Selektionsinstrumente ihre Grenzen haben.

Ein Instrument bzw. Test kann sich als nützlich erweisen, wenn dabei folgende **drei Bedingungen** erfüllt werden:

1. **Zweckdienlichkeit:** Der Test muss Zweckdienliches zur Entscheidungsfindung beitragen.

2. **Selektivität:** Der Test muss die Unterscheidung (Aussonderung) der Bewerber möglich machen.

3. **Beständigkeit:** Der Test sollte stets identische Ergebnisse liefern, wenn er unter gleichartigen Bedingungen durchgeführt wird.

Die wesentliche Herausforderung bei dem Einsatz von Tests besteht in der Interpretation der Ergebnisse. Letztlich wird eine Reihe von Kriterien für die Wahl der eingesetzten Instrumente und Techniken maßgebend sein. Die Dringlichkeit der Einstellung, das verfügbare Budget, die Kompetenz der Rekrutierenden oder die zu bewertenden Kandidaten können eine Rolle spielen. Einige Rekrutierende stehen dem Rollenspiel als effektives Rekrutierungsinstrument zurückhaltend gegenüber. Gründe hierfür können sein, dass es sich nach wie vor um ein Spiel und nicht um die Wirklichkeit handelt. Ebenso werden Rollenspiele in der beruflichen Praxis von Fachkräften durchgeführt, welche keine entsprechende Ausbildung dafür vorweisen. Obwohl einfacher zu verwaltende Instrumente oder Methoden (wie Tests) nicht so leistungsfähig sind, werden diese bevorzugt.

Oft wird die Personalauswahl als Quelle von Personalbeschaffungsfehlern betrachtet. Dies ist teilweise insofern richtig, als dass die verwendeten Instrumente und Techniken die gewünschte umfassende Zuverlässigkeit oder Gültigkeit keinesfalls gewährleisten können. Ein Irrtum ist immer möglich. Die Gründe für möglichen Misserfolg bei der Personalbeschaffung können eine Folge von Fehlern in jeder der beschriebenen Phasen des Einstellungsprozesses sein.

Integration des Bewerbers

Der Einstellungsprozess endet mit der **Integrationsphase**. Diese wichtige Phase müsste vor Antritt der Stelle durch die Mitarbeiter und Kollegen beginnen. Es geht hierbei darum, die Eingliederungskosten zu begrenzen – sprich die Zeit, die Schulungen, die Unterstützung, die der Arbeitnehmer benötigt, damit er operativ tätig werden kann. Die Integration des Mitarbeiters besteht in der Vorbereitung seines Eintreffens und in seinem Empfang, aber auch darin, sicherzustellen, dass ihm alle materiellen Mittel zur Verfügung stehen, die er benötigt. Zur Integrationsphase zählt das Bekanntmachen des neuen Mitarbeiters mit seiner Umgebung (Kollegen, Stakeholder) und seinen Tätigkeiten. Idealerweise könnte davon ausgegangen werden, dass diese Phase endet, wenn der Mitarbeiter an seinem Platz vollkommen einsatzfähig ist, doch endet die Integrationsphase in der beruflichen Praxis erst nach einer bestimmten, festgelegten Zeit (z.B. am Ende der Probezeit).

Ausblick: Tendenzen der Personalbeschaffung

In der beruflichen Praxis lassen sich im Hinblick auf die Einstellung von Mitarbeitern (Personalbeschaffung) eine Reihe von Tendenzen erkennen:

- **Testphasen:** Bezüglich arbeitssuchender Bewerber praktizieren Organisationen zunehmend eine Vorabeinstellung in Form von Praktika, zeitweiligen Aufgaben, Auftragsarbeit oder Wiedereingliederungsprogrammen. Diese befristeten Verträge haben zum Ziel, den Mitarbeiter zu testen und münden des Öfteren in eine Festanstellung.

- **Nutzung interner Netzwerke:** Ist eine Stelle zu besetzen, bitten immer mehr Unternehmen ihre Mitarbeiter, deren eigene Netzwerke zu mobilisieren und Bewerber vorzuschlagen. In einigen Fällen ist diese Praktik an finanzielle Anreize, sprich an sogenannte *Incentives* gebunden. Wird auf solche Weise vorgegangen, gibt der HRD einen Teil der Auswahlaufgabe an den Mitarbeiter ab. Diese Methode weist mehre Vorteile auf: Die Quelle ist relativ verlässlich. Kein Mitarbeiter würde auf die Gefahr hin, sich selbst in Verruf zu bringen einen inkompetenten Kandidaten empfehlen. Die Erfolgsrate der Einstellungen bezüglich der Nutzung eigener Netzwerke ist daher relativ hoch. Es ist festzustellen, dass bestimmte atypische, aber dennoch positiv zu wertende Bewerbungsprofile, welche bei einer traditionelleren Ausschreibung keinen Erfolg gehabt hätten, auf diese Weise geschätzt und gesichtet werden konnten. Zudem wird diese Praktik von den angesprochenen Mitarbeitern als aufwertend empfunden.

12.3.2 Personalbewertung

Die **Personalbewertung**[20] der Mitarbeiter dient in einem Komplex von Prozessen und Methoden zwei Zielen: Zunächst geht es darum, die Leistung des Mitarbeiters, seine Ergebnisse oder seinen Beitrag zu dem Mehrwert der Organisation zu beurteilen. In den Entscheidungen, die im Ergebnis der Bewertung getroffen werden, geht es darum, dem Mitarbeiter die Möglichkeit zu geben, sich zu verbessern bzw. seine Fähigkeiten oder Kompetenzen weiterzuentwickeln.

Die Bewertung ist ein Prozess, der mehrdeutige Gefühle weckt und sowohl bei den Bewerteten als auch bei den Bewertern häufig zu Unzufriedenheit führt. Dabei ist es bei Beachtung einiger Vorsichtsmaßnahmen durchaus möglich, die Effektivität des Prozesses und damit die Zufriedenheit der Beteiligten zu verbessern.

Abbildung 12.3: Bewertungsgespräch
Quelle: Fotolia

Chancen und Herausforderungen der Bewertung

Wenn von Bewertung des Personals die Rede ist, geht es de facto darum, die Leistung des Arbeitnehmers bzw. seinen Beitrag zu den Ergebnissen der Organisation zu messen. Die Ergebnisse der Bewertung können Auswirkungen auf andere HRM-Tätigkeiten haben (z.B. Weiterbildung, Vergütung, Mobilität des Mitarbeiters). Für den Mitarbeiter ist die Bedeutung der Bewertung groß: Zunächst geht es darum, eine Rückkopplung (Feedback) darüber zu erhalten, wie die verrichtete Arbeit bzw. sein Beitrag für die Organisation gesehen wird, doch gibt dem Mitarbeiter die Bewertung auch Gelegenheit, die ihm zugeordneten Ziele oder Mittel zu erörtern. Schließlich kann die Personalbewertung Anlass sein, bestimmte Aufgaben voranzutreiben oder Entwicklungs- bzw. Beförderungsperspektiven zu besprechen.

Für die Organisation liegt die Bedeutung der Bewertung darin, sich zu vergewissern, wie hoch der Grad der Erreichung der Ziele ist, die dem Mitarbeiter in Übereinstimmung mit den in der Strategie verankerten Zielen gestellt wurden. Es geht also auch darum, die festgelegten Ziele zu präzisieren und sicherzustellen, dass sie richtig verstanden worden sind. Personalbewertung kann als ein Prozess verstanden werden, welcher nun beschrieben wird.

Personalbewertungsprozess

Der Personalbewertungsprozess kann in unterschiedliche Phasen aufgeteilt werden:

1. Bewertungskriterien bzw. Bewertungsgebiet

2. Auswahl der Bewertungsmethoden und -instrumente

3. Festlegung von Bewertungsmodalitäten

4. Bewertung

Zunächst müssen die *Bewertungskriterien* festgelegt werden, nach denen die Mitarbeiter beurteilt werden. Die Kriterien müssen mit den Verantwortlichkeiten bzw. den Anforderungen des Arbeitsplatzes in Verbindung stehen, den der zu bewertende Mitarbeiter besitzt (1). Der folgende Prozess besteht darin, die zu verwendende *Bewertungsmethode* und die entsprechenden *Instrumente* auszuwählen (2). Es folgt die Festlegung der *Bewertungsmodalitäten* (3). Zudem werden Ursachen für möglicherweise festgestellte Differenzen gesucht und *Korrekturmaßnahmen* formuliert (4). In dieser Phase erhält der bewertete Mitarbeiter Feedback über die Schlussfolgerungen der Bewertung.

1. Bewertungskriterien bzw. Bewertungsgebiet:

Die Bewertungskriterien zielen darauf an, die Zielstellung der Bewertung zu formulieren: Will das Unternehmen die persönlichen Eigenschaften der Mitarbeiter bewerten (z.B. kommunikative Fähigkeiten, Eignung zur Teamführung)? Oder entscheidet man sich vielmehr dafür, den Fokus auf Verhaltensweisen (z.B. gute Beziehungen zu Kunden bzw. innerhalb des Teams) zu setzen. Schließlich muss festgelegt werden, inwiefern die Bewertung die Ergebnisse der geleisteten Arbeit betreffen soll.

2. Auswahl der Bewertungsmethoden und -instrumente:

Das sogenannte **Mitarbeitergespräch** zwischen einer Führungskraft und einem Mitarbeiter ist ein beliebtes Bewertungsinstrument, bei welchem die Beteiligten regelmäßig (in der Regel jährlich und ggfls. mit zusätzlichen Review-Terminen) Inhalte wie beispielsweise Zielvereinbarungen, Leistungsbeurteilungen, Weiterbildung, persönliche Rückmeldungen, Entwicklungsmöglichkeiten und offene Fragen besprechen. Da davon ausgegangen wird, dass der direkten Vorgesetzte die Anforderungen des Arbeitsplatzes und die Leistungen des Mitarbeiters am besten kennt, wird die Bewertung häufig von diesem vorgenommen. Es besteht jedoch in diesem Fall die Gefahr, dass die übergeordnete Stellung des Bewerters den Bewertungsablauf entstellt bzw. Probleme im weiteren Arbeitsverhältnis schafft. Es kann vorkommen, dass der Vorgesetzte weder die Motivation, die Ausbildung, oder die erforderlichen Fähigkeiten für die Bewertung des ihm Unterstellten hat. Deshalb sollten andere Personen wie z.B. ein HRM-Verantwortlicher in den Prozess eingebunden werden. Es können auch Kollegen oder untergeordnete Mitarbeiter in die Bewertung einbezogen werden. Ein weiteres mögliches Modell ist die **Selbstbeurteilung**, bei der sich der zu Bewertende an seiner Bewertung beteiligt. Diese Art der Beurteilung beugt mit dem Bewertungsprozess verbundenen Spannungen vor.

Beispiel 12.2 Mitarbeitergespräch

Diese Tabelle soll Ihnen nur als Anregung dienen:

In diesem Beispiel werden mögliche Inhalte und Qualitätskriterien zu Frage-
bereichen eines Mitarbeitergesprächs beschrieben. Pro Fragebereich werden Stärken und Schwächen sowie Entwicklungspotenziale besprochen.

1. Fragen zu Fachkompetenz und Arbeitsorganisation	
Fragebereich	**Mögliche Qualitätskriterien**
1.1 Pädagogische Fähigkeiten	Aktualisiert eigenes pädagogisches Wissen kennt bildungspolitische Diskussion diskutiert und überprüft (Alltags-) Theorien festigt und überprüft Verständnis von Schulqualität Leistung, Lehren und Lernen, Integration u.a.
1.2 Lern- und Entwicklungsfähigkeit	ist offen für Neues ist gewandt in komplexen Situationen denkt konzeptionell ist selber auf dem Lernweg und lebt es auch vor ist selbstkritisch, kennt eigene Möglichkeiten und Grenzen ist initiativ und motiviert; nutzt Freiräume
1.3 Persönliche Arbeitsorganisation	Effizienz Arbeitsvolumen Arbeitsmethoden Prioritäten setzen Flexibilität Umgang mit Sachwerten, Wirtschaftlichkeit Sorgfalt, Ordnung, Sauberkeit Zuverlässigkeit, Einhalten von Abmachungen Pünktlichkeit,
1.4 Didaktisch-methodische Fähigkeiten	Plant und strukturiert Unterricht setzt vielfältige Methoden ein individualisiert den Unterricht schafft günstiges Lernklima ist Lernberater

2. Selbstkompetenz, Selbstverantwortung

  ▪ Selbständiges Arbeiten
  ▪ Initiative und Kreativität

Tabelle 12.3: Anregungen für ein Mitarbeitergespräch

- Übernahme von Verantwortung, Umsetzen von Kompetenzen
- Holen und Vermitteln von Informationen
- Belastbarkeit
- Einhalten vonVorschriften und Terminen
- Vorbildfunktion

3. Fragen zu Sozialkompetenz, Zusammenarbeit

Fragebereich	Mögliche Qualitätskriterien
3.1 Zusammenarbeit	Ist zu Vereinbarungen bereit ist verlässlich wirkt ziel- und lösungsorientiert respektiert Unterschiede pflegt partnerschaftlichen Umgang sucht Zusammenarbeit auch mit anderen Abteilungen und ausserschulischen Partnern
3.2 Kommunikation	Kommuniziert direkt und transparent fördert Verständigung ist klar und verständlich ist wertschätzend hat Humor ist konflikt- und kritikfähig ist feedbackfähig hält Widerprüche aus

4. Beurteilung der Zielerreichung der vergangenen
- Qualifikationsperiode: ....
- Ziel Nr. Erzielte Verbesserungen
- Tätigkeiten für die Zielerreichung / Bemerkungen

5. Neue Zielvereinbarungen
- Ziel Nr., Zielbeschreibung und Kriterien der Zielerreichung
- Entwicklungsmassnahmen/Termine

6. Wünsche und Anliegen des Mitarbeiters
- Fühlt sich der Mitarbeiter im jetzigen Tätigkeitsfeld ausgefüllt, ist er damit zufrieden?
- Zukunftsvorstellungen (Aufgaben und Funktionen).
- Weitere Bemerkungen, Wünsche des Mitarbeiters.

7. Kommentar der Beteiligten zum Gespräch

Quelle: ULEF - Institut für Unterrichtsfragen und Lehrer/innenfortbildung, http://www.ulef.bs.ch/instrument.pdf, 01.08.2011.

Tabelle 12.3: Anregungen für ein Mitarbeitergespräch *(Forts.)*

3. **Festlegung von Bewertungsmodalitäten:**

Zur Vermeidung der eventuell durch diesen Prozess entstehenden Unzufriedenheit ist die Vorbereitung der Bewertung enorm wichtig. Hierbei sollten vorab die Bewertungsmodalitäten festgelegt werden. Im Kontext der Festlegung der Bewertungsmodalitäten gibt es zwei wesentliche Aspekte, die beachtet werden müssen:

— **Vorbereitung des Bewerters:**

Das Bewertungsgespräch muss vorbereitet werden. Für den Bewerter gehört zu dieser Vorbereitung, dass er sich ausreichend Zeit freihält, um das Gespräch zu einem Erfolg zu führen. Der Bewerter sollte alle erforderlichen Unterlagen und Daten zur Hand haben, insbesondere den Aufgabenplan, die Stellen- oder Funktionsbeschreibung sowie die gesteckten Ziele. Der Termin des Gesprächs sollte dem Mitarbeiter rechtzeitig bekanntgegeben werden. Auch der Gesprächsablauf muss, zumindest in Grundzügen, vorbereitet sein.

— **Vorbereitung des Mitarbeiters:**

Der zu Bewertende muss sich auch vorbereiten dadurch, dass er über seine Erfolge und Schwierigkeiten, über seinen Arbeitsplatz und seine derzeitigen Tätigkeiten sowie Möglichkeiten und Wünsche hinsichtlich Mobilität oder auch Weiterbildung reflektiert.

Risiken beim Bewertungsgespräch

Wie jede Situation der direkten Gegenüberstellung, stößt auch das Bewertungsgespräch an bestimmten Grenzen: Die häufigsten Verzerrungen ergeben sich aufgrund der jeweiligen Stellung und Rolle der verschiedenen Personen. Erwähnt sei beispielsweise eine zu große Nachsicht des Bewerters:

Um Konflikte zu vermeiden, tendiert der Bewertende zu einer Überbewertung der Ergebnisse bei Mitarbeitern, deren Arbeit oder Verhalten er beurteilen soll. Dieses häufig auftretende Problem haben Bewerter, die sich bezüglich der Personalbewertung zu wenig Erfahrung aneignen konnten oder diejenigen Bewerter, für die Personalbewertungen nicht zu den Hauptaufgaben gehört. Umgekehrt kann ein Bewerter in seiner Bewertung zu streng vorgehen, strebt er danach, Autorität zu demonstrieren. Schließlich tritt sehr häufig ein, dass ein Bewerter keine Stellung nehmen will oder, da er die Arbeit der Mitarbeiter nicht kennt, seine Mitarbeiter sytematisch mit einer Durchschnittsnote beurteilt.

Ein typischer Fehler, der einem Beurteiler unterlaufen kann, ist beispielsweise der Halo-Effekt.[21] Unter dem Effekt werden Beurteilungsfehler durch die Wahrnehmung verstanden. Genauer gesagt wird unter dem Effekt die Tendenz verstanden, faktisch unabhängige oder nur mäßig zusammenhängende Eigenschaften von Personen oder Sachen fälschlich als zusammenhängend zu betrachten. Eigenschaften einer Person wie beispielsweise Attraktivität, Behinderung oder sozialer Status, erzeugen positive oder negative Eindrücke, welche die weitere Wahrnehmung der Person in den Schatten stellen und auf diese Weise einen wesentlichen Einfluss auf den Gesamteindruck nimmt. Ein typisches Beispiel für einen Halo-Effekt wäre, wenn ein Vorgesetzter die Leistungen einer gutaussehenden und freundlichen Mitarbeiterin höher bewertet, als er es objektiv im Vergleich mit anderen Mitarbeitern tun würde.

Wie kann der Personalbewertungsprozess verbessert werden?

Die Personalbewertung ist ein komplexer Prozess und birgt viele Herausforderungen. Es ist daher notwendig, die Qualität des Personalbewertungsprozess zur Vermeidung der bereits beschriebenen potentiellen Risiken möglichst zu wahren. Hierbei müssen vor allem zwei Aspekte im Blick bleiben:

Zunächst muss sichergestellt werden, dass die mit der Bewertung beauftragten Personen über ausreichende Resourcen zur erfolgreichen Bewertung verfügen. Zur Vorbereitung und Durchführung des Prozesses ist zum einen Zeit erforderlich, zum anderen bedarf es auch an Kompetenz-Resourcen (z.B. Schulung).

Der zweite Aspekt ist mit der Formalisierung des Prozesses verbunden: Wie zweifellos für die meisten HRM-Tätigkeiten oder -Prozesse gilt auch hier, dass eine Formalisierung des Prozesses mit Sicherheit zur Steigerung seiner Effektivität beiträgt. Für das Unternehmen geht es darum, in einem Verfahren die Rolle jedes einzelnen Mitarbeiters zu klären und die Bewertungsziele, sowie die Bewertungskriterien herauszuarbeiten und dafür entsprechende Methoden und Formulare zu entwickeln. Auf diese Weise kann sich der Bewerter anhand eines Verzeichnisses orientieren und klar definierte Aufgaben und Ziele vorfinden. Der zu Bewertende ist somit in der Lage, die Erwartungen, die an ihn gestellt werden, einzuschätzen.

12.3.3   Vergütung

Diese HRM-Funktion hat die Aufgabe, die Art der Vergütung der Mitarbeiter des Unternehmens zu definieren. Die von dem Unternehmen gezahlten Löhne machen einen beträchtlichen Teil seiner Betriebskosten aus. Zur Erarbeitung des **Vergütungssystems** muss die Unternehmensfunktion HRM **drei wichtige Komponenten** berücksichtigen.

1.   **Finanzielles Gleichgewicht:** Die Vergütung darf das finanzielle Gleichgewicht des Unternehmens nicht gefährden. Oft ist vorrangiges Ziel eines nach einer guten Vergütungspolitik strebenden HRD die Kontrolle dieser Lohnmasse bezogen auf die Mittel (Einnahmen) der Organisation.

2.   **Fairness:** Die Vergütung sollte von den Mitarbeitern als fair empfunden werden.

3.   **Motivation und Bindung:** Schließlich sollte die Vergütung so gestaltet sein, dass die Mitarbeiter durch sie angezogen, motiviert, gebunden und einbezogen werden können. Die Vergütung trägt zur Attraktivität bzw. zur Wettbewerbsfähigkeit des Unternehmens auf seinem Markt bei. Somit werden Kompetenzen erhalten, welche für das Unternehmen wichtig sind.

In Bezug auf die Fairness ist festzuhalten, dass Mitarbeiter aller Ebenen unabhängig vom Wirtschaftszweig und der Größe eines Unternehmens erwarten, dass ihre Arbeit gerecht und fair vergütet wird. Grundsätzlich stellen Mitarbeiter drei **Forderungen an ihre Vergütung**:

1.   **Interne Logik:** Interne Lohnvergleiche zwischen Kollegen müssen plausibel sein. Es wird erwartet, dass für die Festlegung der Lohnstufe der Schwierigkeitsgrad der Tätigkeiten, die individuellen Leistungen und die eingebrachte Erfahrung maßgebend sind.

2. **Leistungsabhängigkeit:** Mit Blick auf unternehmerisches Denken und Handeln fordern Mitarbeiter zunehmend die Teilhabe an den Ergebnissen des Unternehmens – wohlwissend, dass damit gleichermaßen ein bestimmtes finanzielles Risiko verbunden ist.

3. **Konkurrenzfähigkeit von Löhnen:** Speziell nach einer wettbewerbsfähigen Vergütung ist der Vergleich des eigenen Lohns mit dem der Konkurrenz die Basis der dritten Forderung.[22]

Bestandteile der Vergütung sind der feste Lohnanteil, der variable Lohnanteil sowie der zusätzliche Lohnanteil. Der **feste Lohnanteil** der Vergütung ist garantiert, ist mit dem Arbeitsplatz und den Qualifikationen verbunden und erhöht sich in der Regel mit den Betriebsjahren in einem Unternehmen. Der **variable Lohnanteil** umfasst Gewinnbeteiligungen, Boni (Zurechnung von Punkten, Geld oder anderen Quantitäten) sowie Prämien und stellt die Vergütung für die Ergebnisse oder die Leistung der Person, des Teams oder des Unternehmens dar. Schließlich umfasst der zusätzliche Anteil so unterschiedliche Komponenten wie Sonderprämien für besondere Verpflichtungen des Mitarbeiters, Sachleistungen wie die Nutzung von Hardware oder Infrastrukturen, Vorzugstarife für besondere Freizeit- oder Versicherungsangebote.

12.4 Aktuelle Trends

Human Ressource Management sieht sich heute bei der Vergütung unterschiedlichen Trends gegenübergestellt: Das Vergütungssystem des Unternehmens und die für die Berechnung geltenden Regeln werden zunehmend formalisiert. Immer mehr Unternehmen entwerfen detaillierte Lohntabellen, genaue Regeln und elektronische Steuerinstrumente, um die Lohnmasse bezogen auf das Budget einerseits und auf die Anforderungen hinsichtlich Fairness und Gerechtigkeit andererseits streng kontrollieren zu können.

Individualisierung

Zugleich ereignet sich eine Individualisierung der Vergütung, die zuweilen mit einer Zunahme der Ungleichheiten im Unternehmen einhergeht: Der an die individuellen Ergebnisse gebundene variable Teil der Vergütung[23] gewinnt zunehmend an Bedeutung. Die Arbeitnehmer besitzen jedoch immer öfter Handlungsspielraum bei der Wahl der Bestandteile ihrer Vergütung (z.B. größerer bzw. kleinerer variabler Anteil, Wahl zwischen Sachleistungen, Versicherungsleistungen, Vorsorge- bzw. Rentenkomponenten, Schulungen bzw. Seminaren).

HRM als Business Partner

Als strategischer Partner (s. *Abschnitt 12.1.2*) besteht die Herausforderung für das HRM darin, eine konsequente Business- und Kundenorientierung zu entwickeln. Nur so kann gewährleistet werden, dass die ausgeführten Tätigkeiten in sich geschlossen sind und mit der Unternehmensstrategie[24] übereinstimmen.

Zugleich besteht für den HRD die Herausforderung darin, mit der Unternehmensstrategie konform zu gehen und diese bestmöglich zu unterstützen. Der HRD sollte das Geschäftsmodell des Unternehmens und dessen Positionierung verstehen. Nur so kann die HRM-Strategie in sich geschlossen, konsistent und wertschöpfend für das

Unternehmen sein. In der beruflichen Praxis gilt es, sich bewusst mit diesen Herausforderungen zu beschäftigen und sinnvolle Lösungen dafür zu finden.

Psychologie und HRM – It takes two to tango

„Es geht eben letztlich doch um den Menschen", lautet die häufige Antwort auf die Frage an HRM Professionals, weswegen sie sich für die Psychologie im HRM interessieren würden. Das HRM ist jedoch vor allem ein Teil der Betriebswirtschaftslehre. Die Funktionslogiken beider Gebiete sind unterschiedlich.

Als Teil der Betriebswirtschaftslehre befasst sich das HRM mit dem Beschreiben und Erklären betrieblicher Entscheidungen, im Speziellen personeller Gestaltungsmassnahmen ausgerichtet an dem Unternehmensziel bzw. an wirtschaftlichem Erfolg. Die Psychologie konzentriert sich auf das Beschreiben und Erklären von menschlichem Erleben und Verhalten.

Menschliches Verhalten ist oft konträr zur rationalen Wirtschaftslogik

Wer sich mit Menschen im Arbeitskontext befasst, wird konfrontiert mit dem Spannungsfeld zwischen dem Individuum einerseits und der Organisation als wirtschaftendem System andererseits. Die Organisation will sich am Markt behaupten und ihre ökonomischen Ziele erreichen. In ihrer Steuerung bedient sich die Organisation einer rationalen Logik: Ziele – Planung – Entscheidung – Umsetzung – Kontrolle. Das Individuum will Unterschiedliches zu verschiedenen Zeiten. Es entwickelt sich mit einiger Variation in vorhersagbaren Phasen und Schritten, verfolgt darin explizite Lebens- und Lebensabschnittsziele, wird dann aber auch von inneren oder äußeren Ereignissen auf andere Wege gebracht.

Der Mensch verhält sich nicht immer nutzenmaximierend und berechnend und ist daher schwer einschätzbar. Für die rationalitätsorientierte Wirtschaftslogik ist das Management von Humanressourcen daher eine Herausforderung.

Zwei Funktionsgruppen sind innerhalb der Organisation damit beschäftigt, diese Herausforderung zu managen: Die Führungskräfte und das Human Ressource Management. Beide versuchen auf unterschiedlichen Steuerungsebenen, mit der bestehenden Grundspannung zwischen Organisation und Individuum so umzugehen, dass beide Systeme in eine gleiche Ausrichtung kommen.

Den Führungskräften wird dafür Leadership empfohlen: Eine interaktionelle Steuerung, ein *Management of Meaning*[25], das auf die Konstruktion sozialer Realitäten in direktem Kontakt mit den Mitarbeitern setzt. Im Human Ressource Management ist dies anders: Dort wird nicht die Person im Einzelfall über direkte Interaktion gesteuert, sondern das ganze Personal über Strukturen und Instrumente. Das Ausgleichen der Grundspannung muss somit primär in der Gestaltung der HRM-Systeme und der HRM-Politik stattfinden. Daneben auch in der Vertretung der Personalinteressen gegenüber der Unternehmensleitung und in der Beratung der Linie in der Systemanwendung.

In dem HRM-Modell des *Harvard-Ansatzes* findet sich der Anspruch eines solchen Ausgleichens sinngemäß als *Congruence* unter den vier Ergebnisdimensionen eines gelungenen HRM wieder: *Congruence*, *Cost-Effectiveness*, *Commitment*, *Competence*. [26]

Reflexionsfragen

1. Diskutieren Sie wie es einer Organisation gelingt, die verschiedenen eigenen Interessen und die des Individuums in Einklang zu bringen *(Congruence)*.

2. Diskutieren Sie wie es einer Organisation gelingt, den Anforderungen des guten Wirtschaftens Rechnung zu tragen *(Cost-Effectiveness)*.

3. Wie gut gelingt es der Organisation durch ihr HRM, die Individuen für sich zu interessieren und als Organisationsmitglied zu gewinnen?

Quelle: HR Today, Nr. 7 und 8 (2011). Text Birgit Werker

ZUSAMMENFASSUNG

- Die Wurzeln des Human Ressource Managements liegen in der wechselseitigen Personalbeziehung, die Rechte und Pflichtenverhältnisse zwischen Arbeitgebern und Arbeitsnehmern regelt, zu finden. Wichtige Epochen – die *industriellen Revolution*, *Taylorismus* und die *Human Relations-Bewegung* – haben das Human Ressource Management geprägt. Es kann ein Entiwcklungsprozess von einem adminstrativ und passiv ausgerichteten Personalwesen (Personalwirtschaft) hin zu einem proaktiven Business Partner Human Ressource Management beobachtet werden. Die Unternehmensfunktion HRM nimmt in der beruflichen Praxis zunehmend die Rolle eines strategischen Partners, eines Verwaltungsexperten, eines für Motivation zuständigen Champions der Arbeitnehmer und eines Förderers für Wandel ein.

- Die Aufgabe des Human Ressource Managements besteht darin, strategische Zielsetzungen, Visionen und Missionen von Unternehmen, dem derzeitigen und zukünftigen Bedarf an Personal und an Kompetenzen sowie die Erwartungen und Interessen der Mitarbeiter und anderer Stakeholder unter Berücksichtigung geltender Normen zu erfüllen.

- Zu den wichtigen Funktionen der HRM gehören der Einstellungsprozess, die Personalbewertung und die Vergütung.

- Der Einstellungsprozess teilt sich wie folgt auf in: Identifizierung des Bedarfs und der Bestimmung des Bewerberprofils, die Auswahl der Personalbeschafftungsquellen und des Stellenangebots, der Slektion und schließlich der Integration des neuen Mitarbeiters.

- Die Personalbewertung ist ein Prozess, der sich in Bewertungskriterien (Bewertungsgebiet), Auswahl der Bewertungsmethoden und -Instrumente, Festlegung von Bewertungsmodalitäten und der Bewertung selbst unterteilen lässt. Dem Personalbewertungsgespräch ist besondere Achtung zu schenken.

- Finanzielles Gleichgewicht, Fairness, Motivation und Bindung bilden die Komponenten einer erfolgreichen Vergütung.

- Es liegt im Interesse des Unternehmens, seine Strategie unter Einbeziehung von Personalfragen zu entwickeln. Ebenso liegt es im Interesse der Unternehmensfunktion HRM, bei der Strategiefindung mitzuwirken. Für die Erhaltung eines Wettbewerbsvorteils ist es für eine Unternehmen wichtig, dass es mit dem Human Ressource Management Hand in Hand zusammenarbeitet und die Unternehmensfunktion als strategischen Partner wahrnimmt.

AUFGABEN

1. Warum gewinnt Ihrer Meinung nach die Unternehmensfunktion HRM in einer Organisation an Bedeutung?

2. Beschreiben Sie die neue Rolle als strategischer Partner des HRM.

3. Welche Erwartungen haben die Mitarbeiter bezogen auf die administrativen Aufgaben der HRM-Abteilung?

4. Welche Ziele verfolgt das Kompetenzmanagement?

5. Wie sollte man sich auf ein Bewertungsgespräch vorbereiten?

   a) Als Bewerter?

   b) Als Bewerteter?

6. Nennen Sie Komponenten einer fairen Vergütung.

7. Nennen Sie Risiken und Vorteile für einen Mitarbeiter, der aufgefordert wird, Bewerber für eine frei gewordene Stelle vorzuschlagen.

Fallstudie: Google – Eine starke Unternehmenskultur

Die Geschichte des Internet-Suchmaschinenbetreibers *Google* begann im Jahr 1995, als zwei Informatik-Absolventen der Universität Stanford namens *Larry Page* und *Sergey Brin* gemeinsam eine neue Suchtechnologie entwickelten. Sie erkannten die Beschränkungen der aktuellen Suchsysteme und hatten bis zum Jahr 1998 eine überlegene Technologie programmiert. Sie waren überzeugt, diese Technologie auch online bringen zu können. Über ihre Familien, Freunde und Business-Angles beschafften sie sich 1 Mio. US-Dollar Risikokapital, um die Hardware erwerben zu können, die dafür notwendig war, *Google* mit dem Internet zu verbinden. Zunächst beantwortete *Google* 10.000 Anfragen pro Tag, aber nach einigen Monaten waren es bereits 500.000 – im Herbst 1999 3 Mio., im Herbst 2000 60 Mio. Anfragen. Im Frühling 2001 erreichte *Google* 100 Mio. Anfragen pro Tag. In den ersten Jahren des neuen Jahrtausends wurde *Google* die führende Suchmaschine und ist heute unter den „Top 5" der meistgenutztesten Internetunternehmen. Wettbewerber wie *Yahoo!* und *Microsoft* arbeiten hart daran, aufzuschließen und *Google* bei seinem eigenen Spiel zu schlagen.

Das explosive Wachstum von *Google* liegt zu einem großen Teil an der von Gründergeist und Innovationen geprägten Unternehmenskultur, die von den beiden Gründern von Beginn an kultiviert wurde. Obwohl *Google* bis zum Jahr 2005 auf mehr als 2.000 Mitarbeiter weltweit angewachsen ist, behaupten die Gründer, dass immer noch die Atmosphäre eines Kleinunternehmens aufrechterhalten werde, da die Unternehmenskultur die Mitarbeiter – „Staffer" oder „Googler" genannt – dazu ansporne, die bestmögliche Software zu erstellen. *Larry Page* und *Sergey Brin* schufen die Unternehmenskultur mit einer starken Gründeratmosphäre bei *Google* auf mehrere Arten.

Zu Beginn, als die Betriebsfläche noch knapp war und die Betriebskosten niedrig gehalten werden sollten, arbeiteten die *Google*-Staffer in „*High-Density*-Clustern“: Drei oder vier Mitarbeiter – von denen jeder mit einem leistungsstarken Linux-Rechner ausgestattet wurde – teilten sich einen Schreibtisch, eine Couch und große Gummibälle, die als Stühle fungierten, und arbeiteten zusammen, um die genutzten Technologien zu verbessern. Sogar als *Google* in eine geräumigere Umgebung, in das „*Googleplex*“-Hauptquartier, umzog, arbeiteten die Staffer weiterhin in geteilten Räumlichkeiten. *Google* konzipierte das Gebäude so, dass die Staffer einander ständig begegneten: In der unkonventionellen Lobby; im *Google*-Café, in dem alle zusammen essen; in den Erholungseinrichtungen, die alle auf dem neuesten Stand sind; und in den „*Snack-Rooms*“, in denen man Müsli, Gummibären, Joghurt, Karotten und natürlich auch Cappuccino bekommt.

Es wurden auch soziale Zusammenkünfte für die Mitarbeiter geschaffen, beispielsweise das offene *TGIF-(Thank God it's Friday)*-Treffen und das alle zwei Wochen stattfindende Rollerhockey-Spiel, in dem die Staffer dazu ermutigt werden, die Gründer zu schlagen. All diese Bemühungen, um das zu schaffen, was das coolste Unternehmens-Hauptquartier der Welt sein könnte, entstanden nicht zufällig. *Brin* und *Page* wussten, dass die wichtigste Stärke von *Google* die Fähigkeit sein würde, die besten Softwareentwickler der Welt anzuziehen und sie zu hoher Leistung anzuspornen. Gemeinsame Büros, Lobbys, Cafés etc. bringen die Staffer in engen Kontakt miteinander, so dass sich Kollegialität entwickelt und diese dazu ermutigt werden, ihre neuen Ideen mit ihren Kollegen zu teilen. Auf diese Weise soll die Suchtechnologie konstant verbessert und es sollen neue Wege für das Wachstum des Unternehmens gefunden werden. Die Freiheit, die *Google* seinen Staffern bei dem Verfolgen neuer Ideen lässt, ist ein klares Zeichen für den Wunsch der beiden Gründer, die Mitarbeiter dazu zu ermutigen, innovativ zu sein und über den Tellerrand hinaus nach neuen Ideen zu suchen. Da die Gründer von *Google* erkannten, dass die Staffer, die wichtige neue Software-Applikationen entwickelten, für ihre Leistungen belohnt werden sollten, erhielten die Mitarbeiter Anteile an der Firma, so dass die Staffer letztlich auch Miteigentümer von *Google* sind.

Das Verständnis der Gründer von *Google* dafür, dass erfolgreiche Innovationen eine starke Unternehmenskultur erfordern, hat sich ausgezahlt. Im August 2004 ging *Google* an die Börse, und die Aktien waren bei einem Ausgabepreis von 85 US-Dollar am Ende des ersten Handelstages mehr als 100 US-Dollar wert. Im Dezember 2005 betrug der Wert einer Aktie mehr als 440 US-Dollar! Der Anteilswert von *Brin* und *Page* stieg dadurch auf mehrere Milliarden und viele der Mitarbeiter sind jetzt Multimillionäre.

Reflexionsfragen

1. Beschreiben Sie die verschiedenen Phasen, die *Google* seit seiner Gründung aus HRM-Perspektive durchläuft.

2. Nennen Sie die wesentlichen Herausforderungen, die *Google´s* HRM in den verschiedenen Entwicklungsphasen begegnen.

3. Was könnten zukünftige Herausforderung für das HRM in einem rasant wachsenden Unternehmen wie *Google* sein?

Quelle: Jones (2008).

Verwendete Literatur

Bergmann, G.: „Systemisches Innovations- und Kompetenzmanagement. Grundlagen, Prozesse, Perspektiven", Gabler Verlag, 2006.

Berthel, J.; Becker, F. G.: „Personal-Management: Grundzüge für Konzeptionen betrieblicher Personalarbeit", Schäffer-Poeschel, 2010.

Campoy, E.; Maclouf, E. et al.: „Gestion des ressources humaines", Pearson Education, 2008.

Drumm, H. J.: „Personalwirtschaft", 6. Aufl., Springer Verlag, 2008.

Frank, M.: „Kompetenzmanagement", Institut für e-Management e.V. (IfeM), 2004.

Gaugler, E.; Oechsler, W. A.; Weber, W.: „Personalwesen", in: Handwörterbuch des Personalwesen, 3. Aufl., Schäffer-Poeschel, 2004.

Gechter, S.; Jochmann, W.: „Strategisches Kompetenzmanagement", Springer Verlag, 2006.

George, C.: „The History of Management Thought". Prentice Hall, 1968.

Heer, F.: „Die großen Dokumente der Weltgeschichte", Krüger Verlag, 1978.

Hentze, J.; Graf, A.: „Personalwirtschaftslehre", Teil 2, 7. Aufl., UTB, 2005.

Klimecki, R.; Gmür, M.: „Personalmanagement: Funktionen, Strategien, Entwicklungsperspektiven", Lucius und Lucius, 1998.

Kment, M.: „Grenzüberschreitendes Verwaltungshandeln", Mohr Siebeck, 2010.

Ling, C. C.: „The Management of Personnel Relations: History and Origins", Irwin, 1965.

North, K.; Reinhardt, K.: „Kompetenzmanagement in der Praxis: Mitarbeiterkompetenzen systematisch identifizieren, nutzen und entwickeln", Gabler Verlag, 2005.

Raub, S. P.: „Kompetenz Management", Gabler Verlag, 2000.

Robbins, S. P.; DeCenco, D.A.; Coulter, M.: „Fundamentals of Management", 7. Aufl., Prentice Hall, 2010.

Taylor, Frederick W.: „The principles of scientific management", Harper & Brothers, 1911.

Trahair, R. C. S.; Mayo, E.: „The Humanist Temper", Transaction Publishers, 2005.

ULEF – Institut für Unterrichtsfragen und Lehrer/innenfortbildung, *http://www.ulef.bs.ch/instrument.pdf, 01.08.2011.*

Ulrich, D.: „Human Resource champions: The next agenda for adding value and delivering results", Harvard Business Press, 1997.

Wren, D. A.: „The Evolution of Management Thought", 3. Aufl., Wiley, 1987.

Wucknitz, U. D.: „Handbuch Personalbewertung: Messgrößen, Anwendungsfelder, Fallstudien", Schäffer-Poeschel, 2002.

Zaugg, R. J.: „Nachhaltiges Personalmanagement: Eine neue Perspektive und empirische Exploration des Human Resource Management", Gabler Verlag, 2009.

Weiterführende Literatur

Bergmann, G.: „Systemisches Innovations- und Kompetenzmanagement. Grundlagen, Prozesse, Perspektiven". Gabler Verlag 2006.

Berthel, J.; Becker, F.G.: „Personal-Management", 8. Aufl., Schäffer-Poeschel, 2007.

CapGemini: „Studie HR Business Partner", CapGemini 2006.

Drumm, H.J.: „Personalwirtschaft", 6. Aufl., Springer Verlag, 2008.

Heer, T.; Daneschwar Roux, T.: „Rémunération: Des instruments modernes pour une rémunération équitable" [Vergütung: Moderne Instrumente für eine faire Vergütung], Jobindex Media AG Zurich, 2010.

Igalens, J.; Roger, A.: „Master Resources humaines", Eska, 2007.

Klimecki, R.; Gmür, M.: „Personalmanagement: Funktionen, Strategien, Entwicklungsperspektiven". 3. Aufl., Lucius und Lucius, 2005.

Losely, M.; Meisinger, S.; Ulrich, D.: „The Future of Human Resource Management", John Wiley & Sons, 2005.

Raub, S. P.: „Kompetenz Management", Gabler Verlag, 2000.

Robbins, S.P.: „Organisation der Unternehmung", 9.Aufl., Pearson, 2001.

Robbins, S. P.; DeCenco, D.A., Coulter, M.: „Fundamentals of Management", 7. Aufl., Prentice Hall, 2010.

Ulrich, D.: „Human Resource champions", Harvard Business School Press, 1997.

Zaugg, R. J.: „Nachhaltiges Personalmanagement: Eine neue Perspektive und empirische Exploration des Human Resource Management", Gabler Verlag, 2009.

Endnoten

1 Das *Human Resource Management (HRM) wird* auch *Personalwesen, Personalwirtschaft, Personalpolitik* oder *Personalmanagement* bezeichnet.
2 Siehe Gaugler et al. (2004).
3 Siehe *Kapitel 13*: Leadership.
4 Siehe Heer (1978), Wren (1987) und George (1968).
5 Siehe Ling (1965), S. 19ff..
6 Siehe Trahair (2005) bezüglich einer ausführlichen Ausführung zu Elton Mayo.
7 Siehe Zaugg (2009).
8 Siehe *Kapitel 13*: Leadership.
9 Siehe Robbins et al. (2010).
10 Siehe hierzu den Beschluss des Bundesarbeitsgerichts (BAG) vom 19. September 2006.
11 Siehe Kment (2010), S. 77ff..
12 Siehe zu *Kompetenzmanagement* Gechte und Jochman (2006), Bergman (2006) und Raub (2000).
13 In Anlehnung an North und Reinhardt (2005).
14 Siehe *Kapitel 11*: Wissensmanagement.
15 Siehe Frank (2004).
16 Siehe North und Reinhard (2005).
17 Siehe Drumm (2008), S. 195 ff. sowie Hentze und Graf (2005).
18 Siehe hierzu Berthel und Becker (2010), Drumm (2008), S. 195 ff.; Klimecki und Gmür (1998), S. 107ff.; S. 153ff.;
19 Siehe Campoy et al. (2008).
20 Siehe Wucknitz (2002).
21 Diese Fehler sind auch bei Einstellungsgesprächen wiederzufinden.
22 Siehe Heer und Daneschwar Roux (2010).
23 Siehe *Abschnitt 12.3.3*: Vergütung.
24 Siehe *Kapitel 2*: Strategische Management.
25 Siehe Smircich und Morgan (1982).
26 Siehe Beer et al. (1985) zit. nach Ortlieb (2010), S.15.

*Motivation is the art of getting people to
do what you want them to do because they
want to do it.*

Dwight D. Eisenhower (1890-1969), ehemaliger
Präsident der USA

Lernziele

In diesem Kapitel wird das Wissen zu folgenden
Inhalten vermittelt:

- ■ Die wesentlichen Elemente von Führung
- ■ Die wirtschaftliche Auswirkung von
  „guter Führung" auf das Unternehmen
- ■ Die Komplexität von Führung und dem
  Spannungsfeld, in dem sich Führungs-
  persönlichkeiten bewegen
- ■ Führung als das „Führen von Individuen"

Leadership

13

ÜBERBLICK

13.1 Warum Führung in Unternehmen

Warum wird Führung generell in einem Unternehmen benötigt? Wissen die Mitarbeiter nicht selbst, was sie zu tun haben? Der Mitarbeiter kennt sich in seinem Fachgebiet meist besser aus als sein Vorgesetzter: Ist der Vorgesetzte in diesem Fall nicht mehr Last als Unterstützung, mehr Bremse als Triebkraft?

Die Antwort auf diese Fragen ist „nein". Auch wenn es im ersten Moment so erscheinen mag, als wäre es ohne eine vorgesetzte Stelle möglich, unternehmerische Pläne „zielgerichtet" zu verfolgen, so ist es ersichtlich, dass selbst eine Gruppe der schnellsten und besttrainierten Läufer nicht gemeinsam ans Ziel kommt, wenn nicht zumindest einer weiß, in welcher Richtung das Ziel liegt und die Gruppe dorthin führt.

Betrachtet man Mitarbeiterführung[1] im biologischen Sinn, so zeigt sich, dass es keiner ausgefeilten unternehmerischen Organigramme bedarf, um Führung notwendig zu machen. Jede Herde im Tierreich besitzt einen Anführer: Sei dies nun die „Leitkuh", das Alphatier einer Herde oder eines Rudels oder aber der vorausfliegende Schwan in der Flugformation, der den anderen vorübergehend den Weg weist und diesen die Möglichkeit gibt, mit weniger Energieaufwand in seinem Windschatten zu fliegen.

Im unternehmerischen Sinn wird Führung dann notwendig, wenn Arbeitsteilung herrscht. Zumindest eine Person sollte die übergeordneten Abläufe kennen und koordinieren, damit ein Produkt fertiggestellt werden kann. Darunter gibt es meist noch jemanden, der Gruppen koordiniert, um flüssige Arbeitsabläufe zu schaffen, eventuelle Ausfälle zu kompensieren und die Zeiten zu überwachen.

Der Bürgermeister ist beispielsweise im Rahmen der gesetzlich festgelegten Kompetenzen eine Führungsperson des Ortes. Historisch betrachtet war der Lehensherr die Führungsperson seiner Vasallen, nicht ohne sie für sein Lehen und die damit verbundene Führung bezahlen zu lassen. Menschliches Zusammenleben und Zusammenarbeiten ist ohne Führung nicht möglich. Wichtig in diesem Zusammenhang ist die psychologische Tatsache, dass Menschen Führung wollen. Wie sehr ist im Geschäftsleben ein „schwacher Vorgesetzter" verhasst, der seinen Mitarbeitern nicht „den Rücken freihält". Eltern führen ihre Kinder, Vorgesetzte ihre Mitarbeiter, Geschäftsführer ein Unternehmen.

Obwohl es von Natur aus gegeben scheint: Gute Führung will dennoch gelernt sein! Dies gilt für Personalführung ebenso wie für Unternehmensführung. Schätzungen zur Folge mussten in den letzten Jahren vier von fünf Unternehmen aufgrund von Fehlentscheidungen des Managements, sprich aufgrund von Fehlern in der Unternehmensführung, Konkurs anmelden. Abertausende Mitarbeiter wurden dadurch arbeitslos. Fehler in der Mitarbeiterführung sind meist nicht so leicht in Zahlen zu fassen wie Fehler in der Unternehmensführung. Ein demotivierter Mitarbeiter, der „Dienst nach Vorschrift" verrichtet und dem Unternehmen bereits innerlich gekündigt hat, wird zwar seine Zielvorgaben erfüllen, doch wird darüber hinaus nichts leisten, um den Erfolg seines Unternehmens positiv zu beeinflussen.[2]

Demotivation von Mitarbeitern ist ein häufiger Fehler in der Mitarbeiterführung eines Vorgesetzten: Ein nicht den Fähigkeiten der Mitarbeiter entsprechender Arbeitsplatz, schlechte Arbeitsorganisation oder des Fehlen von Entwicklungsmöglichkeiten, das Fehlen eigener Arbeitsgestaltung oder auch Überlastung, um einige Beispiele zu nennen. Auch schlechte Arbeitsplatzgestaltung und zu hoher Druck können zu zusätzlichen Problemen führen und in einen sogenannten **Burn-Out** führen. Der Krankenstand in der Schweiz aufgrund von Burn-Out ist in den letzten Jahren stark angestiegen und kostete die Schweiz 18 Mrd. Franken im Jahr 2005.[3] In Deutschland waren letztes Jahr fast zehn Millionen Krankheitstage aufgrund von Burnout-Symptomen aufgelaufen. Damit fehlten rund 40.000 Arbeitskräfte über das ganze Jahr im Büro oder an der Werkbank, weil sie sich ausgebrannt fühlten. Besonders beunruhigend ist dabei, dass die Zahl der Burnout-Krankschreibungen innerhalb der letzten fünf Jahre um 17 Prozent angestiegen ist.[4] Dies geht zu Lasten von Krankenversicherungen, Unternehmen und letztlich auch Arbeitnehmern durch ihre Beiträge. Ein großer Teil dieser Kosten ist auf schlechte und unsachgemäße Mitarbeiterführung zurückzuführen. Man kann daher nicht genug betonen: *Mitarbeiterführung will und muss gelernt sein!*

13.2 Akzeptanz, Abgrenzung und Funktion von Führung

13.2.1 Akzeptanz von Führung

Zum Begriff der Führung gibt es unterschiedliche Konzepte und Definitionen. Führung ist kein gegebener formaler Umstand, sondern bedarf der Akzeptanz des Geführten. Nur im Zusammenspiel gegenseitiger Akzeptanz zwischen Führendem und Geführten ist ein gemeinsames zielgerichtetes Arbeiten möglich. Nach *Weibler* (2001) bedeutet dies:

> *Führung heißt andere durch eigenes, sozial akzeptiertes Verhalten so zu beeinflussen, dass dies bei den Beeinflussten mittelbar oder unmittelbar ein intendiertes Verhalten bewirkt.*

Quelle: Weibler (2001), S. 29.

Erst durch das Merkmal der *sozialen Akzeptanz* lässt sich Führung von einer formalen Weisung abgrenzen. Eine beliebige Person kann zwar formal Vorgesetzter (engl.: *headship*) eines Mitarbeiters sein, wird jedoch erst im Zusammenspiel mit dessen Akzeptanz zu einer Führungskraft (engl.: *leadership*).

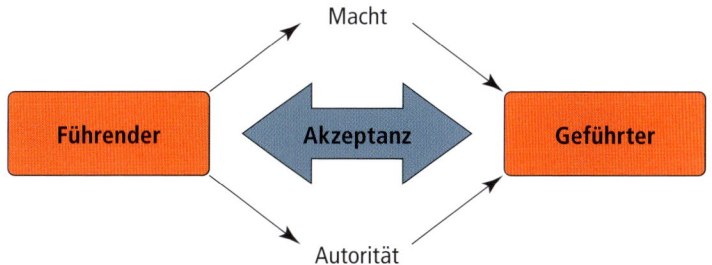

Abbildung 13.1: Akzeptanz als Bindeglied zwischen Führendem und Geführten

Es gibt die unterschiedlichsten Möglichkeiten, Akzeptanz zu gewinnen. Barack Obama, dem 44. Präsidenten der Vereinigten Staaten von Amerika, wurde während seines Wahlkampfes im Jahr 2008 und vor seiner Amtsübernahme vor allem Charisma zugeschrieben. Sein Charisma führte zu Akzeptanz bei den Amerikanern und kann damit als Initiator seiner Führungsfunktion betrachtet werden. Diese Akzeptanz kann durch gute Leistungen des Führenden („Vorbildfunktion"), positives Einwirken auf die Leistungen des Geführten („Motivationsfunktion") oder durch Verteidigung der Belange der Geführten nach innen und außen („Beschützerfunktion") hervorgerufen werden. Diesbezüglich liegt eine *funktionale Sichtweise* vor.

Akzeptanz kann auch durch Autorität, beispielsweise durch hierarchische Autorität, Persönlichkeit oder Fachautorität hervorgerufen werden. In diesem Fall liegt eine *hierarchische Sichtweise* vor.

13.2.2 Führungsfunktionen

Die Mitarbeiterführung findet nicht in luftleerem Raum statt. Unternehmen strukturieren *formell*, beispielsweise durch Organigramme, oder auch *informell*, beispielsweise durch Verhaltensnormen, um Führenden und Geführten einen Rahmen zu setzen.

Innerhalb dieses Rahmens findet Führung im Sinne einer beabsichtigten und zielorientierten Verhaltensbeeinflussung von Mitarbeitern zur Erreichung der Unternehmensziele statt.

Führung ist eine methodisch geplante und kontrollierte Einflussnahme auf die Geführten und auf deren künftige Kompetenzgestaltung unter gleichzeitiger Legitimierung der leitenden Interessen.

Funktionen der Führung:

- die **Lokomotionsfunktion** zur Erreichung der Ziele (aufgabenorientiert)
- die **Kohäsionsfunktion** innerhalb einer Gruppe, um diese zu erhalten und zu stärken (personenorientiert);

Unter der **Lokomotionsfunktion** einer Führungskraft wird die Erfüllung folgender Aufgaben verstanden:

- Informationen zur rechten Zeit und am rechten Ort bereitstellen;
- die zur Aufgabenerfüllung für die Mitarbeiter erforderlichen Ressourcen zur Verfügung stellen;
- Sorge dafür zu tragen, dass Entscheidungen gefällt werden, die die Aufgabenerfüllung der Mitarbeiter unterstützen und nicht blockieren;
- Sorge dafür zu tragen, dass die richtigen Mitarbeiter mit den richtigen Kompetenzen zur richtigen Zeit am richtigen Ort vorhanden sind und mit den richtigen Aufgaben betraut werden können;

Unter der **Kohäsionsfunktion** einer Führungskraft versteht man die Aufgabe, mittels der Führung einen Zusammenhalt zwischen den Geführten als Gruppe zu bewirken:

- Ansprechen eventueller Spannungen; Wahrnehmen der Klärungs-, Ausgleichs- und Vermittlungsfunktion des Führenden
- Diagnose und Steuerung von Gruppenprozessen
- Schaffen und Erhalt einer entspannten und vertrauensvollen Arbeitsatmosphäre
- Integration neuer Mitarbeiter in das Team
- Schaffen eines Klimas der gegenseitigen Akzeptanz und Unterstützung

Das Ergebnis der Kohäsionsfunktion wird durch den Zusammenhalt des Teams und durch andere Merkmale, beispielsweise durch eine gute Arbeitsatmosphäre, deutlich.

13.2.3 Die Abgrenzung zwischen Unternehmens- und Mitarbeiterführung

Die heutige Unternehmenswelt ist arbeitsteilig organisiert. Die Führung eines Unternehmens, in welchem Mitarbeiter mit unterschiedlichen Qualifikationen unterschiedliche Tätigkeiten ausführen, gegebenenfalls zu unterschiedlichen Zeitpunkten und an unterschiedlichen Orten überall auf der Welt, erfordert im Wesentlichen folgende Schritte:

- das **Ableiten von Teilaufgaben** (z.B. Nähen der Sitzbezüge) aus dem Gesamtziel eines Unternehmens (z.B. Bau eines Autos);

- die **Koordination von Tätigkeiten** der einzelnen im Unternehmen beschäftigten Mitarbeiter und Teams zu einem sinnvollen Ganzen (z.B. Einbau der überzogenen Sitze in das richtige Auto zum richtigen Zeitpunkt innerhalb der Produktion);

Daraus ergibt sich eine Aufteilung der (unternehmerischen) Führungstätigkeit in planerische, organisatorische und kontrollierende Aspekte. Nach *Klaus Birker* (1997) gliedert sich „Führung" in **fünf Schritte**.

1. Zielbestimmung durch Planen und Entscheiden

2. Aufgabenverteilung und Koordination

3. Mitarbeiter zum Handeln anleiten

4. Sachbezogene Kontrolle der Arbeiten

5. Auswahl, Förderung, Bewertung der Mitarbeiter

Abbildung 13.2: Fünf Dimensionen der Führung
Quelle: Birker (1997), S. 16.

1. Schritt:

Die **Zielbestimmung durch Planen und Entscheiden** erfordert eine genaue Kenntnis der heutigen wie zukünftigen Unternehmensziele und die Fähigkeit, diese systemisch und gestalterisch umzusetzen. Die Planung im engeren Sinne dient dabei der Entscheidungsvorbereitung. Hier ist vor allem unternehmerische Führung gefordert.

2. Schritt:

Die **Aufgabenverteilung und Koordination** beinhaltet das Aufbrechen der Unternehmensziele in einzelne operative Schritte und damit Arbeitspakete sowie die Zuteilung der jeweils vorhandenen oder gegebenenfalls neu zu rekrutierenden personellen Ressourcen. An dieser Stelle dominiert noch immer die unternehmerische Führung, bei der Ressourcenzuteilung gerät jedoch auch die Führung der Mitarbeiter ins Blickfeld.

3. Schritt:

Das **„Anleiten der Mitarbeiter zum Handeln"** ist das typische Feld der Mitarbeiterführung. Führung entspricht einer bewussten, zielgerichteten Beeinflussung der Tätigkeiten bzw. des Verhaltens der Mitarbeiter: Im Extremfall durch Anordnung oder Befehl (v. a. im Militär) oder durch Motivation der Mitarbeiter durch Einbeziehung deren Meinungen und Vorstellungen in den Planungs- und Entscheidungsprozess.

4. Schritt:

Die **sachbezogene Kontrolle der Arbeiten** ist in ihrem Ansatz zunächst ein Ziel der unternehmerischen Führung, doch dient diese dem frühzeitigen Erkennen von möglichen Abweichungen und deren frühzeitiger Korrektur, sprich Mitarbeiterführung.

5. Schritt:

Die **Auswahl, Förderung und Bewertung der Mitarbeiter** ist ein überwiegender Aspekt der Mitarbeiterführung. Die Auswahl der Mitarbeiter kann *intern* durch Versetzung oder *extern* durch Rekrutierung erfolgen. Mitarbeiterförderung erfolgt durch das sogenannte „Human Ressources Development", sprich durch Weiterbildungen oder Kursen, welche das Unternehmen den Mitarbeitern zur Verfügung stellt. Bewertungen der Mitarbeiter erfolgen vor allem im Rahmen der jährlich wiederkehrenden Beurteilungsgespräche.

Es zeigt sich, dass die Aspekte der Unternehmensführung und der Mitarbeiterführung in der betrieblichen Praxis nicht eindeutig abgrenzbar sind. Grundsätzlich sind die Dimensionen dem einen oder anderen Bereich zuzuordnen. In dem Moment jedoch, in dem reine Sachaspekte und personenbezogene Aspekte verwischen, verschmelzen Unternehmens- und Mitarbeiterführung.

13.3 Motivation

Was motiviert Personen, einem bestimmten Unternehmen beizutreten und dort zu bleiben? Was motiviert Mitarbeiter, einen produktiven Beitrag für das „Unternehmensziel", zu leisten?

Diesen Fragen ging im Jahr 1954 besonders *Abraham Harold Maslow*, ein bekannter amerikanischer Psychologe, nach. Er entwickelte demnach eine **Bedürfnispyramide**, die den einzelnen menschlichen Bedürfnissen Hierarchiestufen zuweist.

Abbildung 13.3: Bedürfnispyramide nach Maslow
Quelle: Maslow (1954), S. 388 ff.

Die einzelnen Stufen der Maslow´schen Bedürfnispyramide sind von unten nach oben hierarchisch geordnet: Die jeweils nächsthöhere Stufe kann erst nach Befriedigung der unteren Stufe erreicht werden. Soll sich ein Mitarbeiter innerhalb eines Unternehmens bis hin zur Selbstverwirklichung entwickeln können, müssen alle darunterliegenden Bedürfnisse erfüllt sein.

Es ist eine Frage der Unternehmensführung, die Grund- und Sicherheitsbedürfnisse des Mitarbeiters in Form von Arbeitsplatzsicherheit und „gerechter" Entlohnung zu erfüllen. Ab der dritten Stufe, den sozialen Bedürfnissen tritt zunehmend die Mitarbeiterführung in den Vordergrund. Indem der Vorgesetzte seine Lokomotionsfunktion und seine Kohäsionsfunktion erfüllt, schafft er für den Mitarbeiter einen Rahmen, welcher bis hin zur Selbstverwirklichung führen kann.

Im Gegenzug führt dies wiederum bei einem Mitarbeiter, der sich in seiner Arbeit verwirklichen kann, zu einer Steigerung seiner Arbeitsleistung, einer Erhöhung der Flexibilität und zu einer Identifikation mit den Unternehmenszielen.

13.4   Führungsstile: Führung als „Stil"?

Laut *Klaus Birker* ist ein *„Führungsstil (…) die Grundhaltung und das sich daran orientierende Verhaltensmuster, mit denen jemand seine Führungsaufgaben – bezogen auf Gruppen oder Einzelpersonen – wahrnimmt".*[5]

Der „richtige" Führungsstil besitzt einen entscheidenden Einfluss auf Motivation und Arbeitsleistung der Geführten. Der „richtige" Führungsstil ist jedoch auch von dem jeweiligen Kontext abhängig: So erfordern unternehmerische Krisenzeiten ein anderes Führungsverhalten der Vorgesetzten als „business as usual". Vorgesetze, Mitarbeiter und Situationen stehen somit in einem Wechselwirkungsprozess, in welchem jedes Element von dem anderen abhängig ist und dieses gleichzeitig beeinflusst.

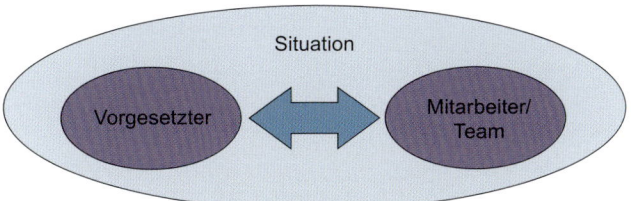

Abbildung 13.4: Wechselwirkungen zwischen Vorgesetztem und Mitarbeiter in einer bestimmten Situation

Ein motivierter Mitarbeiter steigert nicht nur direkt oder indirekt den Gewinn, sondern auch indirekt den Wert eines Unternehmens.[6]

Innerhalb der Führungsforschung unterscheidet man nach *eindimensionalen*, *zweidimensionalen* und *dreidimensionalen* Führungsstilen, je nachdem, wie viele unabhängige „Einflussfaktoren" über die Wahl des „richtigen" Führungsstils bestimmen.

13.4.1 Eindimensionale Führungsstile

Klassische Führungsstile nach Kurt Lewin

Die klassischen Führungsstile gehen auf *Kurt Lewin* (1890-1947), einen der bedeutendsten und einflussreichsten Sozialpsychologen seiner Zeit zurück. Er untersuchte in den Jahren 1937 und 1938 am Beispiel von Jugendgruppen die Wirkungen unterschiedlicher Führungsstile in Bezug auf *Gruppenatmosphäre, Produktivität, Zufriedenheit, Gruppenzusammenhalt* und auf *Effizienz* der Jugendlichen bei der Erfüllung gemeinsamer Aufgaben.

Lewin unterscheidet in seinen Untersuchungen drei unterschiedliche Führungsstile: Den *autoritären bzw. hierarchischen Führungsstil,* den *demokratischen bzw. kooperativen Führungsstil* und den *Laissez-Faire-Führungsstil.*[7]

Der **autoritäre Führungsstil** ist geprägt durch eine klare Trennung zwischen der Entscheidung durch den Vorgesetzten und der Ausführung der Entscheidungen durch die Mitarbeiter. Die Mitarbeiter werden an der Entscheidungsfindung nicht beteiligt, die Führung erfolgt streng hierarchisch. Dieser Führungsstil hat ein distanziertes Verhältnis zwischen Vorgesetztem und Mitarbeitern zur Folge.

Tabelle 13.1

Vor- und Nachteile des autoritären Führungsstils

Vorteile	Nachteile
schnelle Entscheidungen	Demotivation der Mitarbeiter
schnelle Handlungsfähigkeit	Verlust von Eigeninitiative der Mitarbeiter
klare Verantwortlichkeiten	Überforderung des Vorgesetzten
hohe Produktivität der Mitarbeiter bei Routinetätigkeiten	Tendenz zu häufigeren Fehlentscheidungen, da die Erfahrung der Mitarbeiter nicht berücksichtigt wird
gute Kontrollmöglichkeiten der Mitarbeiter	Einschränkung der persönlichen Freiheit der Mitarbeiter
kurzfristige Leistungssteigerung der Mitarbeiter	bei Abwesenheit des Vorgesetzten keine Entscheidungsfähigkeit

Bei der Ausübung des **kooperativen Führungsstils** werden die Mitarbeiter in den Entscheidungsprozess einbezogen. Eine Übertragung von (Teil-)Entscheidungen ist möglich und wird in der betrieblichen Praxis häufig, vor allem im Bereich von Expertenwissen, an die Mitarbeiter übertragen. Die innerhalb des autoritären Führungsstils gelebte Fremdkontrolle durch den Vorgesetzten wird im kooperativen Führungsstil weitestgehend durch Eigenkontrolle ersetzt. Fehler bzw. Fehlentscheidungen werden als normale Prozesse betrachtet, die zu minimieren, aber nicht zu sanktionieren sind.

Tabelle 13.2

Vor- und Nachteile des demokratischen Führungsstils

Vorteile	Nachteile
Förderung der Motivation der Mitarbeiter	langsamere Entscheidungsprozesse durch Einbeziehen der Mitarbeiter (nicht bei Delegation von Entscheidungen!)
Entlastung des Vorgesetzten durch Delegation	Gefahr unklarer Entscheidungen
Förderung der Mitarbeiterintegration	Machtverlust des Vorgesetzten
angenehmes Arbeitsklima	reduzierte Effizienz bei geringer Selbstdisziplin
fachgerechte Entscheidungen	
Förderung von Kreativität und Engagement	

Der **Laissez-Faire-Führungsstil** ist ein Begriff aus dem Französischen, der übersetzt „lasst machen" bedeutet. Dieser sogenannte Führungsstil zeichnet sich aus durch die Übertragung der vollen Entscheidungsgewalt auf die Mitarbeiter. Die Mitarbeiter bestimmen demnach Art und Inhalt ihrer Arbeit, ihre Organisation und das „Wann" und „Wie" der zu erledigenden Aufgaben selbst. Die Entscheidungen und die Kontrolle obliegen alleine der Gruppe. Der Informationsfluss ist im Grunde dem Zufall überlassen und nicht institutionalisiert. Der Vorgesetzte greift keineswegs in das Geschehen ein – weder lobend noch tadelnd.

Tabelle 13.3

Vor- und Nachteile des Laissez-Faire-Führungsstils

Vorteile	Nachteile
Motivation durch Selbstbestimmung	Tendenz zur Desorientierung
Mitarbeiter können ihre Stärken einbringen	Kompetenzstreitigkeiten und Unordnung
	Kontrolle kaum durchführbar

In der Praxis sind Führungsstile wie folgt anzutreffen: Während ein autoritärer Führungsstil vor allem im Militär gelebt wird, ist ein kooperativer Führungsstil in vielen europäischen Unternehmen vorzufinden. Dem Laissez-Faire-Führungsstil begegnet man selten in Reinform.

Über diese relativ klar abzugrenzenden Führungsstile hinaus existieren viele weitere Möglichkeiten, Mitarbeiter innerhalb eines Unternehmens zum Erbringen von Leistung anzuleiten. Eine Auswahl davon soll in den folgenden Abschnitten vorgestellt werden.

Eindimensionales Führungskontinuum nach Tannenbaum und Schmidt

Das **eindimensionale Führungskontinuum** ist eine von *Robert Tannenbaum* und *Warren H. Schmidt* (1958) entwickelte Führungstheorie[8], die die von *Kurt Lewin* entwickelten Führungsstile autoritär und demokratisch an beide Pole ihres Kontinuums stellt.

Entscheidungsspielraum des Vorgesetzten						**Entscheidungsspielraum der Mitarbeiter**
autoritär	patriarchalisch	informierend	beratend	kooperativ	delegativ	demokratisch
Vorgesetzter entscheidet alleine und ordnet an.	Vorgesetzter entscheidet; er versucht aber die Mitarbeiter von seiner Entscheidung zu überzeugen, bevor er anordnet.	Vorgesetzter entscheidet, er gestattet jedoch Fragen zu seiner Entscheidung, um dadurch Akzeptanz bei den Mitarbeitern zu erhalten.	Vorgesetzter informiert Mitarbeiter über beabsichtigte Entscheidungen; Mitarbeiter können ihre Meinung äußern, bevor der Vorgesetzte die endgültige Entscheidung trifft.	Mitarbeiter/ Gruppe entwickelt Vorschläge; Vorgesetzter entscheidet sich für die von ihm favorisierte Alternative.	Mitarbeiter/ Gruppe entscheidet, nachdem der Vorgesetzte die Probleme aufgezeigt und die Grenzen des Entscheidungsspielraumes festgelegt hat.	Mitarbeiter/ Gruppe entscheidet; Vorgesetzter fungiert als Koordinator nach innen und außen.

Abbildung 13.5: Führungskontinuum nach Tannenbaum und Schmidt
Quelle: Tannenbaum und Schmidt (1958), S.96.

Selbst wenn dieser Ansatz aufgrund seiner Eindimensionalität nur einen eingeschränkten Realitätsbezug besitzt, so ist er doch als Basis für weitere Ansätze wie beispielsweise für den des kooperativen oder delegativen Führungsstils anzusehen.

Gerade in den letzten Jahren lässt sich infolge einer veränderten Wertehaltung gegenüber den Mitarbeitern eine Verstärkung kooperartiver und delegativer Modellansätze beobachten. Die Rolle der Mitarbeiter hat sich dabei von einer abhängigen hin zu einer mitgestaltenden Rolle gewandelt.[9]

Tabelle 13.4

Vor- und Nachteile des eindimensionalen Führungskontinuums

Vorteile	Nachteile
Modell gibt Bandbreite vor	Kein situativer Bezug
Einfachheit des Modells	Nur bedingter Realitätsbezug
	Grad der Mitentscheidung alleine nicht aussagekräftig genug

13.4.2 Zweidimensionaler Führungsstil: Verhaltensgitter nach Blake und Mouton

Während die eindimensionalen Führungsstile ausschließlich den Grad der Mitbestimmung durch die Mitarbeiter im Fokus haben, beziehen die mehrdimensionalen Führungsstile weitere Unterscheidungsmerkmale in ihr Kalkül mit ein. So konzentriert sich das **Verhaltensgitter („Managerial Grid"[10])** von *Blake* und *Mouton* auf die Dimensionen der Sachorientierung und der Personenorientierung.

Dieses Verhaltensgitter spiegelt die Wechselbeziehung zwischen den beiden Führungsdimensionen *Sachorientierung* (*concern for production*) und *Personenorientierung* (*concern for people*) wieder.[11] Jede Dimension ist gekennzeichnet durch neun Ausprägungsgrade, bei welchen 1 die geringste und 9 die höchste Ausprägung bezeichnen. Es lassen sich somit insgesamt 81 Führungsstile unterscheiden.

In der Wissenschaft werden nur die *fünf wichtigsten Schlüssel-Führungsverhalten 1.1, 1.9, 9.1, 5.5 und 9.9* beschrieben, (siehe *Abbildung 13.6*: Managerial Grid nach Blake und Mouton). Die übrigen Führungsstile befinden sich je nach Ausprägung zwischen den Graden.

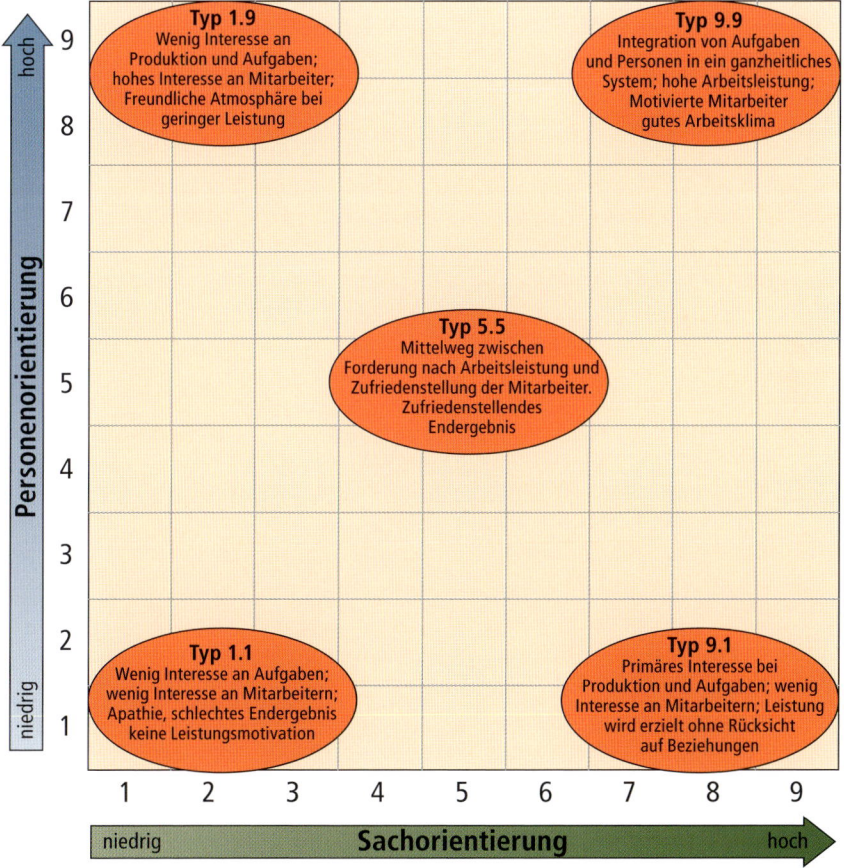

Abbildung 13.6: Managerial Grid nach Blake und Mouton
Quelle: Blake und Mouton (1964).

Blake und Mouton betrachten den *Führungsstil 9.9 „Integration von Aufgaben und Personen in ein ganzheitliches System"* als erstrebenswertes Ziel für die Vorgesetzten jedes Unternehmens und propagieren somit die Existenz eines optimalen Führungsstils für jede unternehmerische Situation. Um dieses Ziel zu erreichen, bedarf es einer zielgerichteten Schulung der Führungskräfte.

Das Verhaltensgitter („Managerial Grid") zeichnet sich durch eine klare und übersichtliche Darstellung aus. In leicht verständlicher Weise wird der Spielraum möglicher Führungsstile abgebildet. Kritisch anzumerken ist jedoch, dass *Blake* und *Mouton* einen einzigen Führungsstil für allgemeingültig deklarieren und als universell effizient anwendbar empfehlen. Bei einem speziellen Führungsverhalten ist jedoch stets die jeweilige Situation zu berücksichtigen: Ist ein Führungsstil in einer Situation angebracht bzw. effizient, so bedeutet dies in keinster Weise, dass er dies ebenfalls in einer anderen Situation ist.

Tabelle 13.5

Vor- und Nachteile des zweidimensionalen Führungsstils

Vorteile	Nachteile
Modell orientiert sich an mehreren Dimensionen	für alle Situationen wird nur ein optimaler Stil propagiert
	Unterschiede in den Abstufungen nicht klar beschreibbar

13.4.3 Dreidimensionale bzw. situative Führungsstile

Die 3D-Theorie von Reddin

Die 3D-Theorie von *William J. Reddin* (1977) umfasst *acht verschiedene Formen* von Führungsstilen, die sich hinsichtlich ihrer *Effektivität* voneinander unterscheiden. Die 3D-Theorie der Führung ist eine *Weiterentwicklung des Ansatzes von Blake und Mouton.* Reddin unterscheidet in seinem Modell wie folgt:

Drei Dimensionen der Führung

1. Aufgabenorientierung *(task orientation)*

2. Beziehungs- bzw. Kontaktorientierung *(relationship orientation)*

3. Effektivität *(effectiveness)*

Im Gegensatz zu *Blake* und *Mouton* postuliert *Reddin* in seiner 3D-Theorie der Führung nicht die Existenz eines universal gültigen und optimalen Führungsstils, sondern fordert vielmehr einen der jeweiligen Situation angepassten Stil.[12]

> *Das Kernstück der 3D-Theorie ist eine sehr einfache Idee. Sie wurde in einer langen Reihe von Forschungsstudien entdeckt, die von Psychologen in den Vereinigten Staaten durchgeführt wurden. Sie stellten fest, dass die beiden Hauptelemente im Verhalten von Führungskräften mit der zu erledigenden Aufgabe und mit Beziehungen zu anderen Menschen zu tun hatten.*
>
> *Quelle: Reddin (1977), S. 25.*

Laut Reddin lassen sich **vier Grundstile der Führung** unterscheiden.

1. Der **Aufgabenstil** entspricht einer hohen Aufgabenorientierung und einer geringen Beziehungsorientierung.

> *Der Aufgabenstil-Manager neigt dazu, andere zu beherrschen. Er gibt seinen Mitarbeitern viele mündliche Anweisungen. Seine Zeitperspektive liegt in der unmittelbaren Gegenwart. [...] In Ausschüssen spielt er gerne eine sehr aktive Rolle, initiiert, bewertet und leitet. [...] Stresssituationen löst er durch Dominanz.*

> *Quelle: Reddin (1977), S. 50.*

2. Der **Integrationsstil** ist das ausgleichende, kommunikative Element zwischen verschiedenen Meinungen und Interessen von Einzelnen und Gruppen innerhalb des Unternehmens. Dieser Stil weist in beiden Orientierungsdimensionen, sprich in der Aufgabenorientierung und Beziehungsorientierung hohe Werte auf.

> *Der Integrationsstil-Manager wird gerne zu einem integrierten Teil der Dinge. Grundsätzlich möchte er gerne dabei sein und gibt sich große Mühe, zu Einzelpersönlichkeiten oder Gruppen bei der Arbeit besten Kontakt zu finden. Kommunikation mit anderen pflegt er gerne im Rahmen von Gruppen oder in häufigen Konferenzen und Besprechungen. Hier kann er die von ihm bevorzugte Zweiweg-Kommunikation verwirklichen.*

> *Quelle: Reddin (1977), S. 51.*

3. Der **Beziehungsstil** zeichnet sich durch hohe Beziehungsorientierung und niedrige Aufgabenorientierung aus.

> *Der Beziehungsstil-Manager akzeptiert andere so wie sie sind. Er hat Freude an langen Gesprächen als Möglichkeit, andere besser kennenzulernen. [...] Er sieht Organisationen primär als soziale Systeme und beurteilt seine Mitarbeiter danach, wie gut sie andere verstehen. Er beurteilt Vorgesetzte nach der Wärme, die sie Mitarbeitern zeigen. In Ausschusssitzungen unterstützt er andere, gleicht Differenzen aus und hält andere dazu an, ihr Bestes zu geben.*

> *Quelle: Reddin (1977), S. 47.*

4. Zuletzt bleibt noch der **Verfahrensstil**, der sich sowohl in Aufgabenorientierung, als auch in Beziehungsorientierung durch ein niedriges Niveau auszeichnet und daher den passivsten Charakter darstellt.

> *Dem Verfahrensstil-Manager liegt viel an der Korrektur von Abweichungen. Er bevorzugt die schriftliche gegenüber der mündlichen Kommunikation. [...] Von der Zeitperspektive ist er vergangenheitsorientiert und richtet sich danach, „wie wir es das letzte Mal schon gemacht haben." [...] In Ausschusssitzungen verfolgt er gern einen unterkühlten parlamentarischen Stil, versucht Positionen abzuklären, andere bei Erledigung der Tagesordnung zu lenken und alle Beiträge über den Vorsitzenden zu leiten. Er ist offensichtlich gut geeignet für Positionen in der Verwaltung, im Rechnungswesen, in der Statis-*

tik oder in der Konstruktion. [...] Wenn Dinge falsch laufen, reagiert er meistens mit dem Vorschlag strengerer Kontrollen.

Quelle: Reddin (1977), S. 48.

Ausgehend von den **vier Grundstilen** ergeben sich durch das Einbeziehen der dritten Dimension je Grundstil **effektive** und **ineffektive Entwicklungsmöglichkeiten**.

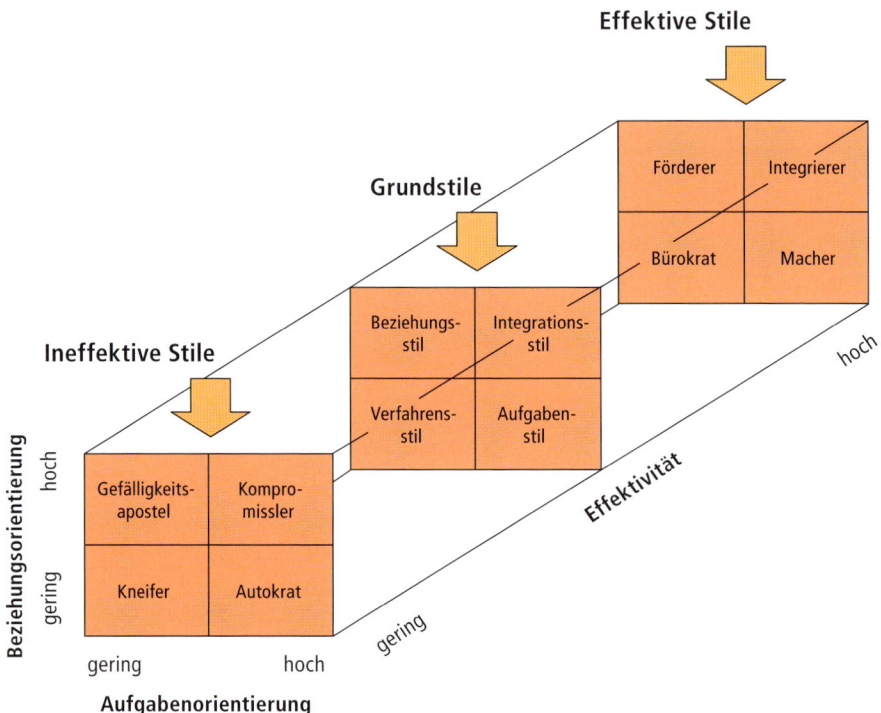

Abbildung 13.7: Führungsstile nach der 3D-Theorie von Reddin
Quelle: Reddin (1977), S. 28.

Die in *Abbildung 13.7* dargestellten Ausprägungen der einzelnen Führungsstile werden im Folgenden beschrieben:

- Der **Aufgabenstil** bietet die Entwicklungsmöglichkeit hin zu einem ineffektiven Autokraten (kritisch, auf Gehorsam pochend, unbeliebt) oder zu einem effektiven Macher (entscheidungsfreudig, effizient, ergebnisorientiert).

- Der **Integrationsstil** ermöglicht eine Entwicklung hin zu einem ineffektiven Kompromissler (zu viel Mitspracherechte, schwach, nachgiebig) oder zu einem effektiven Integrierer (Engagement fördernd, Entscheidungen in der Gruppe herbeiführend, koordinierend).

- Die Möglichkeiten der Entwicklung innerhalb des **Beziehungsstils** gehen hin zu einem ineffektiven Gefälligkeitsapostel (konfliktvermeidend, passiv) oder zu einem effektiven Förderer (verständig, vertrauenswürdig, Fähigkeit des Zuhörens).

- Ausgehend von dem **Verfahrensstil** kann sich die Führungskraft zu einem „ineffektiven" Kneifer (unkreativ, unkooperativ, behindernd) oder zu einem „effektiven" Bürokraten (zuverlässig, gerecht, rational, logisch, selbstbeherrscht) entwickeln.

Reddin vertritt die Meinung, dass in unterschiedlichen Arbeitsumgebungen unterschiedliche Führungsstile eingesetzt werden müssen und dass Führungskräfte damit ihren persönlichen Führungsstil an unterschiedliche Verhältnisse anpassen müssen. Eine effektive Führungskraft nach Reddin braucht daher *Situationsgespür*, *Flexibilität in der Anwendung von Führungsstilen* und die *Fähigkeit zur Situationsbeeinflussung*.

Tabelle 13.6

Vor- und Nachteile des 3D-Führungsstils

Vorteile	Nachteile
der Situation angepasst	Fokus auf Führungskraft
kein optimaler Stil für alle Situationen propagiert	Unterschiedlichkeit der Mitarbeiter wird vernachlässigt

Das situative Reifegradmodell von Hersey und Blanchard

Das situative Reifegrad-Führungsmodell nach *Paul Hersey* und *Kenneth H. Blanchard* (1969) unterscheidet **vier verschiedene Führungsmethoden**:

- **Unterweisen** bzw. **Anweisen (*telling*)**: Der Mitarbeiter wird durch Anweisungen und Vorschriften geführt. Der Vorgesetzte definiert die Rollen, die von den Mitarbeitern eingenommen werden sollen und gibt Zeit, Art und Ort der Tätigkeiten vor. Dieser Führungsstil ist gekennzeichnet durch eine geringe Beziehungs- und Aufgabenorientierung.

- **Verkaufen (*selling*)**: Dieser Führungsstil ist durch eine niedrige Beziehungsorientierung bei gleichzeitig hoher Aufgabenorientierung gekennzeichnet. Der Vorgesetzte bietet seinen Mitarbeitern rationale Argumente an, um sie sowohl zur Akzeptanz der Aufgabenstellung, als auch zu Leistung zu bewegen.

- **Beteiligen (*partizipating*)**: Hier herrscht eine hohe Beziehungsorientierung bei zugleich niedriger Aufgabenorientierung vor. Der Vorgesetzte bindet seine Mitarbeiter in Prozesse der Zielfindung und Implementierung ein. Entscheidungen werden gemeinsam getroffen, Lösungen gemeinsam erarbeitet. Der Vorgesetzte hält jedoch weit möglichst die Fäden in der Hand.

- **Delegieren (*delegating*)**: Der Vorgesetzte definiert die Ziele, überlässt jedoch die konkrete Aufgabenerfüllung den Mitarbeitern und beschränkt die Ausübung seiner Führung auf gelegentliche Kontrollen. Sowohl Beziehungs- als auch Aufgabenorientierung sind hoch ausgeprägt.

Als Variable, die die „Situation" beschreibt, verwenden Hershey und Blanchard die Fähigkeiten der Mitarbeiter hinsichtlich der zu realisierenden Aufgaben, sprich deren Maß an Erfahrung, Fachwissen, Fertigkeiten sowie deren Bereitschaft und Motivation zur Aufgabenbewältigung.

Der Reifegrad des Mitarbeiters wird dabei bestimmt durch:

- seine fachliche **Fähigkeit**, die sich aus Kenntnissen und Fertigkeiten zusammensetzt und die aufgrund von Ausbildung, Übung und Erfahrung erworben wurde.

- seine **Motivation**, die als eine Kombination aus Selbstvertrauen und Engagement angesehen wird, wobei sich Engagement aus Interesse und Begeisterung für die gestellten Aufgaben ergibt.

Ausgehend vom Entwicklungsstand des Mitarbeiters wird der geeignete Führungsstil definiert.

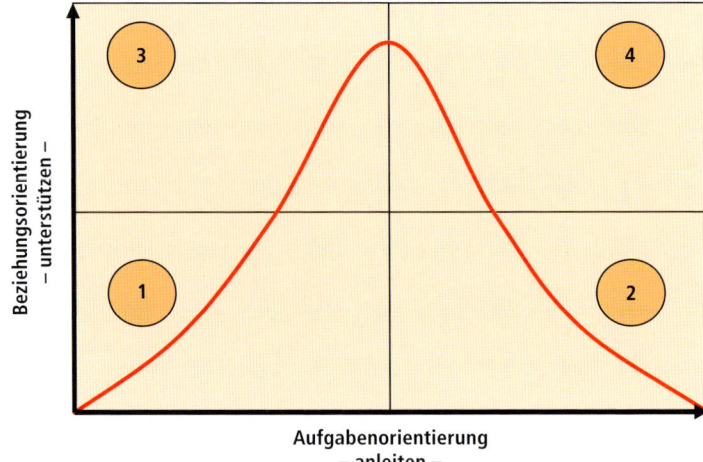

Fähigkeit des Mitarbeiters			
fähig	fähig	nicht fähig	nicht fähig
Motivation des Mitarbeiters			
motiviert	nicht motiviert	motiviert	nicht motiviert
4	**3**	**2**	**1**

Abbildung 13.8: Wahl des Führungsstils in Abhängigkeit vom Reifegrad des Mitarbeiters
Quelle: Hershey und Blanchard (1969).

Die Wahl des geeigneten Führungsstils ist abhängig von der Fähigkeit und Motivation des Mitarbeiters hinsichtlich der zu erfüllenden Aufgabe. In Bezug auf die vier vorgegebenen Kombinationsmöglichkeiten bedeutet dies:

Tabelle 13.7

Wahl des Führungsstils in Abhängigkeit vom Reifegrad des Mitarbeiters

Reifegrad	Fähigkeit und Motivation	Empfohlener Führungsstil
4	Mitarbeiter ist fähig und motiviert	**Delegieren:** Verantwortung und Entscheidungsfindung kann dem Mitarbeiter übergeben werden
3	Mitarbeiter ist fähig aber unmotiviert	**Beteiligen:** Vorgesetzter bindet den Mitarbeiter in Zielfindung ein und fordert ihn zur Entscheidungsfindung auf

Wahl des Führungsstils in Abhängigkeit vom Reifegrad des Mitarbeiters *(Forts.)*

Reifegrad	Fähigkeit und Motivation	Empfohlener Führungsstil
2	Mitarbeiter ist nicht fähig, aber motiviert	**Verkaufen:** Vorgesetzter erklärt Entscheidungen und Anweisungen und gibt Gelegenheit für Verständnisfragen
1	Mitarbeiter ist nicht fähig und unmotiviert	**Anweisen:** Klare Führung; Vorgesetzter gibt genaue Anweisungen und übt Kontrolle aus

Quelle: Hershey und Blanchard (1969).

Tabelle 13.8

Vor- und Nachteile des situativen Reifegradmodells

Vorteile	Nachteile
Einbeziehen der Situation und der Mitarbeiter	Einbeziehung von nur einer Situation ist zu wenig
hohe Akzeptanz durch Vorgesetzte	ein reifer Mitarbeiter muss nicht Organisationsziele, sondern kann auch eigene Ziele verfolgen (z.B. Karriereziele)
Entwicklungsspielraum für Mitarbeiter ist gegeben	Modell konnte empirisch bislang nicht bestätigt werden
gibt Handlungsanleitung für Führungskräfte	ist nicht zur Führungskräfteauswahl geeignet, da dort Eigenschaften beurteilt werden
reifegradabhängiges Führen ist in der Tendenz in der Praxis durchaus richtig	eigenes Verhalten lässt sich gut legitimieren
	hohe Ansprüche an Führungsflexibilität der Vorgesetzten

13.4.4 Management-Modelle

Management-Konzeptionen sind Konstrukte aus Regeln, Verfahren und Instrumenten, die geschaffen und eingesetzt werden, um arbeitsteilige Institutionen effizienter zu führen. Ihnen liegt das Bestreben zugrunde, durch eine systematische Ordnung der Verfahrens-, Aktions- und Verhaltensweisen die Leistungsfähigkeit aller in der Unternehmung wirkenden Kräfte auf ein gemeinsames Ziel zu optimieren. Dies gelingt umso besser, je erfolgreicher die einzelnen Bestandteile aufeinander abgestimmt sind und je systematischer diese gehandhabt werden.[13]

In der Literatur wird eine Vielzahl verschiedener sogenannter „Management-by-Techniken" als Führungskonzeptionen beschrieben, welche wie folgt in die Gruppe der sachbezogenen Führungstechniken und in die Gruppe der personenbezogenen Führungstechniken eingeteilt werden können.

	Tabelle 13.9

Sach- und personenbezogene Führungstechniken

Sachbezogene Führungstechniken	Personenbezogene Führungstechniken
Management by Alternatives	Management by Conflicts
Management by Breakthrough	Management by Control and Direction
Management by Crisis	Management by Communication
Management by Exception	Management by Delegation
Management by Innovation	Management by Information
Management by Objectives	Management by Motivation
Management by Results	Management by Participation
Management by Systems	Management by Communication and Participation

Im Folgenden werden drei der am häufigsten in der Praxis umgesetzten Management-Modelle beschrieben:

- **Management by Exception**
- **Management by Delegation**
- **Management by Objectives**

Management by Exception: „Führen nach dem Ausnahmeprinzip"

Bezüglich des *Management by Exception* handelt es sich um ein Führungsmodell, bei welchem die Mitarbeiter innerhalb eines vorgegebenen Rahmens selbständig Entscheidungen treffen dürfen. Ziel dieses Management-Konzepts ist die Entlastung der Vorgesetzten von Routinearbeiten durch die Delegation von Entscheidungen und von Verantwortung auf die jeweils nachfolgende Führungsebene.

Der Vorgesetzte greift nur dann ein, wenn starke Abweichungen von dem angestrebten Unternehmensziel auftreten. Dies entspricht der *Exception* des Management-Modells. Wichtig ist eine exakte Definition der Verantwortungs- und Entscheidungskompetenz jedes einzelnen Mitarbeiters durch den Vorgesetzten sowie ein gut funktionierendes Informationssystem.

Ein *positiver Aspekt* ist die Tatsache, dass bei normalisiert ablaufenden Prozessen die Kontrollaktivitäten reduziert und das Management entlastet werden können. Da die Mitarbeiter innerhalb ihrer Spielräume weitgehend selbstständig entscheiden und arbeiten können, wird die Arbeitszufriedenheit gesteigert.

Als *problematisch* wird die Tatsache angesehen, dass der Vorgesetzte nur dann eingreift, wenn Zielabweichungen festzustellen sind – sprich bei negativen Ereignissen. Dies kann nach und nach zu einer Demotivation der Mitarbeiter führen, da der Vorgesetzte als immer tadelnd wahrgenommen wird. Ein weiterer negativer Aspekt ist die problematische Eingliederung von Prozessen, bei denen intellektuelle Fähigkeiten erforderlich sind. Kreativität und Initiative werden tendenziell den Vorgesetzen vorbehalten.

Eine Selbstverwirklichung, wie von Maslow in seiner Bedürfnispyramide als höchstes Ziel beschrieben, kann für hochqualifizierte Mitarbeiter bei diesem Führungsmodell nur schwer erreicht werden.

Management by Delegation: Das Harzburger Modell der „Führung im Mitarbeiterverhältnis"

Das auf *Reinhard Höhn*[14] zurückgehende Modell stellt die Verhaltensänderung der Mitarbeiter als Führungsziel in den Mittelpunkt. Ausgangspunkt der Überlegungen von *Höhn* war die Feststellung, dass der traditionelle autoritäre Führungsstil unserer, auf demokratischen Leitbildern beruhenden Staatsordnung nicht mehr entspricht und den Ansprüchen und Fähigkeiten des heutigen, hochqualifizierten und selbständig denkenden Menschen nicht mehr gerecht werden kann.[15] Durch die *Führung im Mitarbeiterverhältnis* sollen bei den Mitarbeitern brachliegende Motive aktiviert und selbständiges Handeln gefördert werden. Intention ist hierbei, unternehmerisch denkende und handelnde Mitarbeiter an die Stelle von Befehlsempfängern treten zu lassen.[16]

Die Basis dieses Management-Modells ist die Übertragung eines selbstständig zu bearbeitenden Aufgabenbereichs *(Management by Delegation)* an jeden einzelnen Mitarbeiter. Dies geschieht durch den Prozess der Delegation. Dabei werden nicht nur die Aufgaben und Kompetenzen, sondern auch die Verantwortung derjenigen Hierarchieebene zugewiesen, welcher sie inhaltsmäßig zugehörig sind. Als eine wichtige Voraussetzung dafür sind exakte, von der Person unabhängige Stellenbeschreibungen anzusehen. Selbständiges Handeln der Mitarbeiter ist unerlässlich, doch nur innerhalb des in der Stellenbeschreibung zugewiesenen Kompetenzbereichs zulässig. Die zur Umsetzung notwendigen Maßnahmen werden in einer allgemeinen Führungsanweisung für alle Mitarbeiter verbindlich festgelegt. Es handelt sich hierbei um schriftlich vereinbarte Regeln und Grundsätze, die die Pflichten und Rechte jedes einzelnen Mitarbeiters fixieren.

Kritik am Harzburger Modell ist weit verbreitet. Meist wird auf den hohen Grad an notwendigen Formalitäten (Stellenbeschreibungen, Führungsanweisungen etc.) hingewiesen, die zu der praktischen Umsetzung dieses Modells notwendig sind. Es ist kaum möglich, innerhalb dieses Modells bei den Mitarbeitern den „Blick über den Tellerrand" zu fördern bzw. den Mitarbeitern echte Partizipation an wichtigen Entscheidungen zu ermöglichen.

Es gibt jedoch auch Situationen, in denen das Harzburger Modell aufgrund seiner kurzen Entscheidungswege und großen Handlungsspielräume im eigenen Verantwortungsbereich Vorteile bietet.

Management by Objectives: „Führung durch Zielvorgaben"

Das Modell *Management by Objectives* nach *Peter Drucker* gehört zu den bekanntesten Führungsmodellen weltweit. Auch hier liegt das Ziel in der Entlastung der Vorgesetzten, da sie bei der Zielerreichung im Einzelnen nicht mehr beteiligt sind. Die Mitarbeiter haben hinsichtlich des gewählten Weges, der zum vereinbarten Ziel führt, große Freiheiten, wodurch Identifikation mit der Arbeit und Kreativität gefördert werden.[17]

Voraussetzung dieses Management-Modells ist eine klare Definition der von den Mitarbeitern zu erreichenden Ziele. Diese werden gemeinsam mit den Mitarbeitern festgelegt, weswegen man von Ziel*vereinbarung* und nicht von Zielvorgabe spricht. Eine regelmäßig wiederkehrende Kontrolle der Ziele mit einer eventuellen Neufestlegung durch den Vorgesetzten muss gegeben sein, weswegen auch ein funktionierendes Kontrollsystem festgelegt werden muss. Auch innerhalb der Festlegung der Kontrollmechanismen ist der Input der Mitarbeiter gefragt. Die Kontrollmechanismen werden nicht von dem Vorgesetzten allein festgelegt. Das *Management by Objectives* ist ein rein *ergebnisorientiertes* und nicht verfahrensorientiertes *Führungsmodell*.

Die Vorteile dieser ergebnisorientierten Führung liegen vor allem in der Anpassungsfähigkeit und Zukunftsorientierung sowie in der erhöhten Aufgaben- und Leistungsorientierung durch die Mitarbeiterpartizipation. Auch die Entlastung der Führenden von operativen Entscheidungen sowie die Erleichterung der unternehmenspolitischen Steuerungsfunktion und Koordination (Integration) aller Unternehmensteile und -ziele stellen Vorteile dar.

Obwohl dieses Konzept einen sehr hohen Bekanntheitsgrad genießt, steht diesem auch eine Vielzahl von kritischen Aspekten entgegen: Es lassen sich kaum Beispiele für eine konsequente praktische Umsetzung des *Management by Objectives* finden. In der Realität sind meist Mischmodelle anzutreffen. Zudem wird der hohe organisatorische Aufwand als besonders problematisch eingestuft. Vor allem bei der Zurechenbarkeit der Zielerreichung hinsichtlich der Interdependenz der Einzelleistungen verschiedener Mitarbeiter ergibt sich ein Problem. Wem ist das Erreichen bzw. Nicht-Erreichen einer Zielvereinbarung anzurechnen? Kann der Mitarbeiter jede Zielvereinbarung durch seine persönliche Aktivität tatsächlich hundertprozentig beeinflussen?

13.5 Führung in der Praxis

Der „richtige" Führungsstil in der Praxis ist ein komplexes Unterfangen. Viele Dimensionen müssen gleichzeitig beachtet werden, weswegen das tagtägliche Führen von Mitarbeitern zu einer tagtäglichen Herausforderung wird: Gute Mitarbeiterführung muss zunächst erlernt werden.

13.5.1 Wie werde ich ein „guter" Vorgesetzter?

Um eine „gute" Führungskraft zu werden, müssen Wille und Können vorhanden sein. Ist der Wille vorhanden, muss das Können, sprich das Führungspotenzial, aufgebaut werden: Ein guter Vorgesetzter fällt nicht vom Himmel. Führungskräfteentwicklung ist ein Muss – in jedem Unternehmen.

Eine Führungskraft muss sich ihrer Verantwortung – sowohl gegenüber den Mitarbeitern, als auch gegenüber dem Unternehmen – bewusst sein und Selbstkritik zulassen.

Regelmäßige Schulungen zur Weiterentwicklung sind unerlässlich. Folgende Themen stehen innerhalb von Schulungen zur Führungskräfteentwicklung im Vordergrund:

- Mitarbeiterführung
- Zeit- und Selbstmanagement
- Veränderungsmanagement
- Teambildung
- Kommunikationstraining

Die jeweiligen Trainingskonzepte sind so ausgerichtet, dass sich jeder Einzelne in der Führungskräfteentwicklung mit unterschiedlichen Vorkenntnissen gezielt weiterentwickeln kann und exakt die Förderungen erhält, die für seine aktuelle und nächstangestrebte Position nötig sind. Die Erfahrung zeigt, dass Führungskräfteentwicklung besonders dann erfolgreich ist, wenn diese als ein kontinuierlicher und wiederkehrender Prozess in die Personalentwicklung eines Unternehmens eingebaut ist und es immer wieder Rückkopplungen zwischen Lehrendem und Lernenden in Form von Feedback-Runden gibt.

Auch bei der Führungskräfteentwicklung ist eine regelmäßige Erfolgskontrolle notwendig, um den Erfolg der Maßnahmen zu überprüfen und zu steigern, da die Motivation der Teilnehmenden dadurch in der Regel ebenfalls gesteigert wird. Besonders bewährt haben sich folgende Techniken:

- Rollenspiel
- (Unternehmens-)Planspiel
- Fallstudien in Führungskräftetrainings

Folgt man den Anhängern der **Eigenschaftstheorie**, so gibt es Personen, die zu Führungskräften geboren sind. Dies besagt vor allem, dass Personen bestimmte Eigenschaften aufweisen müssen, um gute Führungskräfte zu werden. Anhand eines Eigenschaftskatalogs wird versucht, die passenden Kandidaten auszuwählen. Anhänger der Eigenschaftstheorie sind davon überzeugt, dass die Persönlichkeitsmerkmale, sprich Führungseigenschaften, den Führungserfolg maßgeblich bestimmen und dass Personen mit ebendiesen bestimmten Eigenschaften *von Natur aus* Führungskräfte sind. In Realität ist dies nur schwer zu beobachten.

Weiterhin gibt es realitätsnähere Ansichten über Führungskräfte der sogenannten **Situationstheoretiker**, die davon ausgehen, dass der Führungserfolg bei gleichem Führungsverhalten stets von der Situation mitbestimmt wird. Dies erfordert eine *situative Führung*.

Gemäß dieses Ansatzes heißt es wie folgt: Es gibt *keine* optimalen Führungseigenschaften, die Situation spielt bei der Führungsentscheidung die entscheidende Rolle. Das hierbei entstehende Prinzip ist das Herausfinden des „passenden" Führungsverhaltens zur „passenden" Situation. Die Führungskräfte müssen demnach in der Lage sein, *entweder* ihr Verhalten an die jeweilige Situation *oder* die Situation an ihr jeweiliges Verhalten anzupassen. Dafür muss sowohl fundiertes Führungswissen als auch die nötige Flexibilität in der Anwendung des jeweils passenden Führungsstils vorliegen.

Nach Auffassung der **Interaktionstheoretiker** kommt neben der *Situation* eine weitere Variable dazu, die über Erfolg oder Misserfolg der Führungskraft entscheidet: Der jeweilige *Interaktionspartner (Mitarbeiter)*. Eine Führungskraft kann sich noch so sehr bemühen, wenn der Mitarbeiter nicht geführt werden will.[18] Somit liegen zusätzlich die sich verändernden *Variablen „Situation"* und *„Geführter"* vor, welche auf den Erfolg der Führung einwirken.

Beispiel 13.1 **Welcher Führungsstil ist der richtige?**

In der Marketing-Abteilung eines Unternehmens aus der Dienstleistungsbranche werden die Mitarbeiter durch Zielvereinbarungen geführt. Dem Leiter der Marketing-Abteilung ist es wichtig, dass die Mitarbeiter eigene Vorstellungen bei der Zielerreichung einbringen können. Der Vorgesetzte praktiziert somit einen partizipativen Führungsstil.

Aufgrund der guten Auftragslage werden unternehmensweit neue Mitarbeiter eingestellt. Der Marketing-Abteilung werden somit zwei neue Mitarbeiter mit guten Referenzen zugewiesen. Nach einer kurzen Einführung in die zu erledigenden Arbeiten und nach dem Kennenlernen des Teams stehen die jährlichen Zielvereinbarungsgespräche für alle Mitarbeiter an. Auch die beiden neuen Mitarbeiter erhalten ihre ersten Zielvereinbarungen. Die Ziele werden bei diesem Unternehmen quartalsweise kontrolliert.

Es ergibt sich, dass die neuen Mitarbeiter in ihrer Zielerreichung auch nach einem Jahr schlechtere Werte aufweisen als der Durchschnitt der übrigen Mitarbeiter der Firma. Die schlechte Performance der neuen Mitarbeiter drückt auf die Gesamtperformance des Teams und wird am Jahresende für alle Teammitglieder eine Verringerung der variablen Gehaltsbestandteile nach sich ziehen. Auch ein intensives Gespräch mit dem Leiter der Marketing-Abteilung konnte dieses Problem nicht lösen. Der Vorgesetzte versucht seitdem, durch direktere Führung und durch autoritäreren Führungsstil gegenüber den beiden neuen Mitarbeitern deren Zielerreichung zu fokussieren, um diese zu höherer Leistungserreichung anzuleiten. Auch dies scheint nicht zu funktionieren, weswegen man einen Coach hinzuzieht, der den Vorgesetzten bei einer zielgerichteten Führung der beiden neuen Mitarbeiter unterstützen soll, um so zu vermeiden, dass alle übrigen Teammitglieder wegen der schlechten Performance ihrer Kollegen am Jahresende einen geringeren Lohn akzeptieren müssen.

Wir nehmen an, Sie sind dieser Coach und analysieren die derzeitige Lage und die zukünftigen Entwicklungsmöglichkeiten für alle Beteiligten: Für die neuen Mitarbeiter, für das Team und für den Leiter der Marketing-Abteilung.

Reflexionsfragen

1. Beschreiben Sie die Maßnahmen, die bisher für die Zielerreichung der hinzugestoßenen Mitarbeiter unternommen wurden.

2. Erörtern Sie mögliche Ursachen für diesen Sachverhalt und beschrieben Sie Lösungswege aus Sicht des Vorgesetzten für die Zukunft.

13.5.2 Führungserfolg messen

Da der Erfolg eines Führungsstils von vielen unterschiedlichen Einflussfaktoren abhängt, kann nicht allgemeingültig von einem Führungsstil behauptet werden, er sei der Beste. Auch die „Art der Tätigkeit" einer Abteilung bzw. der Mitarbeiter spielt hierbei eine wichtige Rolle.

Beispiel 13.2   **Welcher Führungsstil ist der richtige?**

1. **Tätigkeiten im Bereich Forschung und Entwicklung:**

Versuchte ein Vorgesetzter innerhalb einer Forschungsabteilung einen autoritären Führungsstil zu praktizieren, so wäre dies nie von Erfolg gekrönt. Übertriebene Autorität bremst Kreativität und Innovationswillen aus. Der Raum für Ideen würde aufgrund von Vorgaben und Anweisungen beschnitten und die Mitarbeiter könnten sich nicht entfalten. Eine autoritär geführte Forschungsabteilung entwickelt nie neue Produkte und wäre damit für jedes Unternehmen reine Geldverschwendung. Ein kooperativer Führungsstil kann hier jedoch sehr erfolgversprechend sein.

2. **Tätigkeiten im Bereich Rechnungswesen:**

Im Bereich des Rechnungswesens hingegen, zum Beispiel in der Buchhaltung, wäre ein zu kooperativer Führungsstil nicht erfolgversprechend, da die Buchhaltung an sich eine autoritäre Führung mit strengen Vorgaben und klarer Entscheidungsmacht benötigt.

3. **Was gute Führung tatsächlich *nutzen* kann:**

Bernhard Badura, Wolfgang Greiner, Petra Rixgens, Max Ueberle und Martina Behr veröffentlichten im Jahr 2008 die Studie *„Sozialkapital: Grundlagen von Gesundheit und Unternehmenserfolg"*[19], in der sie unter anderem den direkten Unternehmenserfolg von guter Führung errechneten.

Die Studie wurde in einem Automobilwerk mit ca. 2.700 Festangestellten durchgeführt, mit dem Ziel, die Auswirkungen von Führungsstilen auf die Gesundheit der Mitarbeiter zu analysieren.

Die Ergebnisse der Voruntersuchungen zeigten im Detail:

- Der Krankenstand lag 2 Prozent über dem Branchendurchschnitt
- Die Mitarbeiter des Beispielunternehmens wiesen durchschnittlich 4 Fehltage im Jahr mehr aus als die Mitarbeiter ähnlicher Unternehmen
- Ein Arbeitstag kostete das Unternehmen 300 Euro pro Mitarbeiter

Die Mehrkosten aus dem überproportional hohen Krankenstand für den Konzern betrugen damit:

4 Tage × 300 Euro × 2.700 Mitarbeiter = 3.240.000 Euro pro Jahr

Weiterhin zeigte sich: Die Führungsspanne[20] umfasste im extremsten Fall 195 Mitarbeiter. Im Durchschnitt lag sie bei 150 Mitarbeitern, deren Anzahl eindeutig zu groß ist. In der Studie wurde festgestellt, dass ein signifikanter Zusammenhang zwischen Krankenstand und Führungsspanne vorliegt: Je größer die Anzahl der Geführten, desto höher die Anzahl der Mitarbeiter im Krankenstand.

Befragte Mitarbeiter benannten hierfür folgende Gründe:

— fehlende Kontaktintensität zum Vorgesetzten;

— innerbetrieblicher Kommunikationsstil war geprägt von Drohungen und Entlassungsankündigungen;

— fehlende soziale Unterstützung[21] der Mitarbeiter;

— ungerechtes Verhältnis zwischen Anforderungen und Entlohnung;

Im Rahmen dieser Studie wurde in einem folgenden Schritt die Unternehmensleitung von den Ergebnissen in Kenntnis gesetzt. Diese bestätigte, dass man keinen Wert auf übermäßigen Kontakt mit den Arbeitern lege, da diese „lediglich arbeiten" sollten. Der Führungsstil wurde beibehalten, obgleich die Zahlen belegten, dass aufgrund des abweisenden und autoritären Führungsstils ein schlechteres Betriebsergebnis erreicht wird, als es im Falle einer besseren Führung möglich wäre.

Selbst in diesem Unternehmen gab es vereinzelt vorbildliche Abteilungen, in denen Gruppen von Arbeitern als Teams zusammenarbeiteten und der Kontakt zur zuständigen Führungskraft sehr gut war. Zwar meldeten sich auch in diesen Abteilungen Mitarbeiter vereinzelt krank, doch wiesen diese im Gegensatz zu ihren autoritär behandelten Kollegen einen erheblich geringeren durchschnittlichen Krankenstand auf.

Exkurs   Frauen führen anders

Frauen verhalten sich in Führungspositionen anders als Männer. Einer Studie zufolge kooperieren weibliche Spitzenkräfte mit ihren Mitarbeitern auf Augenhöhe und stellen hohe Ansprüche an die Stimmung im Arbeitsumfeld.

Wenn Frauen führen, setzen sie ihre Mitarbeiter mit dem Ziel der bestmöglichen Aufgabenlösung ein. Laut einer Studie der Münchener Kommunikations- und Unternehmensberatung *System+Kommunikation*[22] führen Frauen oft nach dem Prinzip des *„princeps inter pares"*. Indem sie ihren Mitarbeitern Freiräume bieten, fördern Frauen deren Motivation und kreatives Potenzial.

Männer führen dagegen eher hierarchisch und sehen sich als diejenigen, die an der Spitze den Überblick und die nötigen Informationen haben. Dadurch werde aber das Potenzial der Mitarbeiter eingegrenzt. Frauen sind nach den Ergebnissen der Studie darüber hinaus auch deutlich weniger aufstiegsorientiert. Bei der Übernahme einer neuen Position entscheiden sie nicht nach karriererelevanten Gesichtspunkten, sondern danach, ob die Aufgabe für sie interessant ist.

Quelle: Fotolia.

Weibliche Führungskräfte reagieren somit bei einer Verschlechterung der Unternehmenskultur sehr kritisch und verlassen notfalls auch die Firma. Männer registrieren eine schlechte Unternehmenskultur zwar auch, tendenziell würden sie aber in solchen Fällen an ihren Karriereinvestitionen „bis hin zum Verlust der persönlichen Selbstachtung" festhalten. Mit der Umsetzung von starren Vorgaben und Plänen von oben haben Frauen allerdings eher Probleme. Sie setzen stattdessen lieber auf reagierende Planung, die neue Entwicklungen mit einbezieht. Durch diese Prozess-Orientierung wird bei weiblichen Führungskräften eine kontinuierliche Kunden- und Marktanpassung ermöglicht, jedoch eine starre Planerfüllung schwierig.

Für die Studie wurden jeweils 20 Frauen und Männer in Führungspositionen aus verschiedenen Branchen interviewt. Sie sollten dabei ihre gesamte Arbeitsbiographie erzählen. Durch das „ungefragte" Erzählen könne man erkennen, was für die Befragten wirklich relevant ist, erklärten die Autoren der Untersuchung.

Reflexionsfragen

1. Inwiefern führen laut der Studie Frauen anders als Männer?

2. Inwiefern stimmen die Ergebnisse mit Ihren eigenen Erfahrungen überein?

3. Welches sind die Vor- und Nachteile für den Geführten, der in Frage 1 und Frage 2 genannten Eigenschaften?

Quelle: Manager Magazin Online vom 16.11.2001, „Frauen führen anders",
www.manager-magazin.de/unternehmen/karriere/0,2828,167733,00.html,
(Stand: 20.7.2011).

ZUSAMMENFASSUNG

Folgende Inhalte wurden in diesem Kapitel behandelt:

- Was macht gute Führung aus?
- Gute Führung ist von vielen Faktoren abhängig: Von der Situation, Von den Mitarbeitern und von der Art der Geschäftsausübung, um nur einige Faktoren zu nennen.
- Führung muss von den Mitarbeitern akzeptiert werden, da ansonsten keine zielgerichtete Zusammenarbeit möglich ist.
- In Realität ist selten einer der behandelten Führungsstile in Reinform anzutreffen. Zumeist herrschen Mischstile vor.
- Schlechte Führung geht zu Lasten der Gesundheit der Mitarbeiter und kostet dem Unternehmen durch den häufigen und ausgedehnten Krankenstand Geld.
- Es lohnt sich also für ein Unternehmen in eine gute Führungskräfteentwicklung zu investieren.

AUFGABEN

1. Nennen Sie zwei Führungsstile und beschreiben Sie diese.

2. Beschreiben Sie die Vorteile der mehrdimensionalen gegenüber den eindimensionalen Führungsstilen.

3. Erklären Sie, in welchen Situationen ein autoritärer Führungsstil trotz seiner Nachteile zielführend und notwendig werden kann.

4. Warum ist Führung in Unternehmen wichtig?

5. Erklären Sie in eigenen Worten die Rolle der Akzeptanz als Bindeglied zwischen Führendem und Geführten.

6. Beschreiben sie Bedürfnispyramide nach Maslow.

7. Beschreiben Sie kurz, was die Situations- und Interaktionstheoretiker annehmen, und erörtern Sie, inwiefern sich diese Ansätze von den anderen unterscheiden.

Fallstudie: Die Herrscher mit Taktstock

Ein Dirigent ist auch ein Chef – und wie überall gibt es auch im Orchesterbetrieb sehr unterschiedliche Führungsauffassungen. Ein Geiger erzählt.

Wer wissen will, wie Macht funktioniert, kann sich auf den Teppichetagen umsehen. Oder ins Sinfoniekonzert gehen: Wie nirgends sonst kann man dort einem Leader bei der Ausübung von Macht über die Schulter schauen und dabei erleben, was unterschiedliche Führungsstile bewirken oder zerstören können.

„Es gibt keinen anschaulicheren Ausdruck der Macht als die Tätigkeit des Dirigenten", schrieb *Elias Canetti* 1960 in „Masse und Macht", und der Geiger Etienne Abelin kann nachvollziehen, was er gemeint hat. Wie jeder Orchestermusiker hat er seine Erfahrungen gemacht mit musikalischen und anderen Führungsqualitäten von Dirigenten oder auch mit deren Abwesenheit. Davon erzählt er beim Latte Macchiato in Basel – und von seinem Aha-Erlebnis beim Masterstudium in General Management, das er „als Exot" in St. Gallen absolviert hat: *„Viele Führungsmodelle, die dort besprochen wurden, kannte ich aus der Orchesterarbeit."*

Transformational versus transaktional

Parallelen entdeckte Abelin insbesondere für das Begriffspaar der transaktionalen respektive transformationalen Führung. Transaktional heißt: Der Chef verlangt etwas, der Mitarbeiter liefert es. Musikalisch verstanden also: Der Dirigent gibt den Schlag, das Orchester spielt. Als transformational dagegen gilt, was zur Eigenverantwortung einlädt: Der Dirigent vermittelt seine Vorstellung, aber er gibt nicht vor, wie sie umzusetzen sei; er schafft Freiräume, welche die Musiker auf ihre Weise füllen.

Abelin erzählt von einem Kollegen, der einst auf einem amerikanischen Flughafen *Simon Rattle* getroffen hat, der sich die Handgelenke massierte und auf die Frage nach dem Warum sagte: *„I forgot how much you have to beat the sh… out of American orchestras!"* „Amerikanische Orchester", so Abelin, *„verlangen stärker als europäische nach transaktionaler Führung, nach klaren Schlägen, konkreten Anweisungen – bis die Dirigentenhände schmerzen. Auch bei Jugendorchestern kann dieser Stil sinnvoll sein oder bei ad hoc zusammengestellten Ensembles."*

Quelle: Fotolia.de

Dirigieren mit den Augen

Ein transformationales Dirigat dagegen setzt die Eigeninitiative der Einzelnen voraus, den gemeinsamen Atem eines Orchesters, die kammermusikalische Kommunikation unter den Musikerinnen und Musikern. In Wirtschaftshandbüchern fallen zu diesem Führungsstil die Stichworte Vision, Charisma, Inspiration. Claudio Abbado mag als Vertreter für einen transformationalen Leitungsstil gelten, mit seinen fast Tai-Chi-artigen, fließenden Bewegungen. Sein Dirigat sei eher Einladung als Anweisung, sagt Abelin, und: Wenn er unter Abbado spiele, sei sofort jede Verspannung weg. Aber er kennt auch Musiker, die mit dieser Art nichts anfangen konnten: *„Sie verstanden ihn nicht, sie vermissten den klaren Schlag."*

Allerdings kann auch Abbado unmissverständliche Hinweise geben: *„Ein Blick genügt, um die Lautstärke einer Instrumentengruppe zu halbieren"*, so Abelin. *„Aber während man solche Regulierungen bei manchen Dirigenten als Zurechtweisung oder Gängelung empfindet, vermittelt er einem den Sinn davon: Es geht um Konzentration, um die Qualität des Ganzen."* Befehl ist nicht gleich Befehl, auch im Konzert nicht.

Es erstaunt kaum, dass die Wirtschaft längst auf die Idee gekommen ist, von der Musik zu lernen. Beim WEF in Davos sind immer wieder Dirigenten zu Gast, die nicht für die klingende Unterhaltung sorgen, sondern über Motivation oder kammermusikalische Interaktion sprechen.

Und bereits seit 1996 bietet der israelische Dirigent Itay Talgam sein „Maestro Program" für Manager an. Firmen wie die Credit Suisse oder Philips haben ihn eingeladen, und auf Youtube kann man sehen, mit welchen Beispielen er die verschiedenen Führungsmodelle illustriert. Da ist Carlos Kleiber, der den Radetzky-Marsch eher vortanzt als leitet; da ist Richard Strauss mit seinen überaus nüchternen Bewegungen; und da ist Leonard Bernstein, der Haydn für einmal nur mit den Augen dirigiert – wobei er mehr Impulse gibt als so mancher Dirigent, der heftig mitwedelt.

Rotation nur bedingt möglich

Umgekehrt lernt auch die Musik von der Wirtschaft. Wenn Konzerthäuser (wie auch die Zürcher Tonhalle) die Orchestermusiker eigene Kammermusikreihen veranstalten lassen, dann geht es nicht zuletzt darum, ihnen nach allen Regeln der Personalführungskunst Verantwortung zu übertragen – zwecks Verhinderung des verpönten Musiker-Beamtentums.

Schwieriger ist es mit dem Prinzip der Rotation, das in vielen Betrieben als Rezept gegen lähmende Routine eingesetzt wird; in Orchestern kann man eine Bratschistin schlecht zu den Flöten versetzen. Aber es gibt kaum zufällig immer mehr Streichquartette, in denen die Geiger abwechselnd am ersten Pult sitzen (was früher undenkbar war). Und dann gibt es das venezolanische Simón Bolívar Orchestra, bei dem es vorkommen kann, dass ein Bratschist sein Instrument hinlegt und einen Satz dirigiert, danach das Podium einer Oboistin überlässt, bis wieder der eigentliche Chef Gustavo Dudamel übernimmt.

Riccardo Muti würde einen Orchestermusiker nicht einmal in der Pause auf seinem Platz dulden. Er war wohl der letzte Monarch unter den Dirigenten, bis er 2005 in einer bemerkenswerten Revolution an der Scala vom Podium gestürzt wurde: Mit 700 zu 5 Stimmen sprach sich das Personal der Mailänder Oper damals gegen ihn aus, und es ging nicht nur um die institutionellen Machtkämpfe, sondern auch um die Absage an eine musikalische Haltung. Muti weiß, wie Mozart gespielt werden muss, er signalisiert es mit geradezu überdeutlichen Bewegungen (und befindet sich deshalb ebenfalls in Talgams Beispielsammlung). Von den Musikern erwartet er keine Persönlichkeit, sondern Gehorsam. Damit erreicht er im guten Fall eine konsequente musikalische Gestaltung. Und im schlechtesten den offenen Widerstand.

Per Du mit dem Maestro

Mutis Sturz bestätigte, was schon nach Karajans Tod klar war: Pultdiktatoren haben ausgedient. Es fliegen keine Violinen mehr durchs Orchester wie noch bei Furtwängler, die Musiker sind in der Regel per Du mit den Dirigenten (außer mit Pierre Boulez). Der Ton ist kollegialer geworden. Aber demokratisch, wie oft behauptet wird, ist der Orchesterbetrieb dennoch nicht. Selbst wenn ohne Dirigenten gespielt wird, was immer häufiger vorkommt, gibt immer noch ein Solist oder der Konzertmeister den Takt und mehr an. Und wenn ein Dirigent ein Orchester um seine Meinung fragt, erntet er unter Umständen irritierte Reaktionen.

Claudio Abbado jedenfalls ging es so bei den Berliner Philharmonikern, die er von Karajan geerbt hatte. Als er 1998 seinen Rücktritt erklärte, kritisierte der *Spiegel* unter dem Titel *Menuett in Mitbestimmung* Abbados Probenarbeit, in der die „musikalische Logistik" ebenso gefehlt habe wie eine „sachdienliche Ökonomie".

Authentizität geht über alles

Etienne Abelin erzählt dasselbe mit positiven Vorzeichen. Selbst beim Gustav-Mahler-Jugendorchester sei es vorgekommen, dass Abbado einen Stimmführer fragte, was man denn noch proben solle – weil er die Musiker zur Mitverantwortung anhalten will. Damit findet der transformationale Ansatz seiner Bewegungen seine Entsprechung in der Probenarbeit. Das mag nicht „ökonomisch" sein, es mag bei manchen Orchestern auch schiefgehen. Aber wenn es funktioniert wie beim Lucerne Festival Orchestra, in dem lauter Abbado-Freunde versammelt sind, dann erhält die Musik eine besondere Intensität.

Zeit mag Geld sein, aber die Kunst rechnet nun einmal (auch) mit anderen Währungen: Das ist ein weiterer Grund, weshalb Wirtschaftsleute sich für Musik interessieren. Denn auch in der Welt der Zahlen weiß man, dass neben den messbaren, vergleichbaren, bewertbaren Elementen noch anderes zählt. Kreativitätsforschung oder Innovationsmanagement heißen die Disziplinen, von denen man sich neue Impulse erhofft. Und wenn man Etienne Abelin fragt, wäre dem noch die Glaubwürdigkeitsanalyse hinzuzufügen.

Denn es kommt letztlich nicht darauf an, mit welcher Mischung aus Freiheit und Drill, aus Kontrolle und Vertrauen ein Dirigent arbeitet: *„Entscheidend ist, dass er authentisch wirkt."* So hatte Karajan viele transformationale Elemente in seinen Bewegungen; trotzdem hätte niemand gewagt, seine Autorität infrage zu stellen. Umgekehrt kann eine allzu präzise Vorturnerei ein Zeichen von Unsicherheit sein (auch Mikro-Management ist ein Begriff aus der Sprache der Wirtschaftsführung, der seine Anwendung in der Musik finden kann).

Orchester setzen sich durch

Orchestermusiker merken sofort, was ein Dirigent zu bieten hat (oder nicht). Und sie wissen die Macht, die auch sie haben, im Problemfall durchaus auszuspielen: Ein Orchester kann jeden Dirigenten auflaufen lassen, offen oder subtil. Die Öffentlichkeit bekommt von solchen Kräftemessen selten etwas mit. Der Fall des Berner „Wozzeck", als der Dirigent 2008 aus der Premiere lief, weil das Orchester aus Protest gegen die Lärmbelastung leiser spielte als verlangt, ist eine Ausnahme.

Wie entsteht Glaubwürdigkeit? Abelin spricht von einer „Einheit zwischen Werk und Dirigent". Wer nur kopiert (CDs oder andere Dirigenten) wird von den Musikern schnell ertappt. Auch wer zu viel redet in den Proben, kann Probleme bekommen: einerseits, weil das Orchester lethargisch wird, wenn es zu lange nur zuhören darf. Und andererseits, weil sich oft eine Kluft zwischen den klugen Gedanken und der Körpersprache auftut: *„Wer das, was er sagt, nicht auch nonverbal vermitteln kann, verliert rasch seine Glaubwürdigkeit"*, sagt Abelin, und er verweist noch einmal auf Abbado. Der wurde einst gefragt, warum er in Proben wenig rede. Die Antwort: *„Ich rede im Konzert ja auch nicht."*

Gibt es Schwächen, die sich ein Dirigent auf keinen Fall erlauben darf? Nein, sagt Abelin. *„Selbst wenn einer keine musikalische Vorstellungskraft hat und dazu noch ungeschickt und verkrampft dirigiert, kann es funktionieren – wenn er zum Beispiel das Talent hat, Sponsoren an Land zu ziehen."* Die Musiker würden dann versuchen, ihn sozusagen auszublenden (denn gute Orchester können problemlos ohne Dirigenten durch die Werke kommen) – und sind ansonsten froh, wenn ihr Job gesichert ist. Auch zu diesem „Modell" finden sich durchaus Entsprechungen in der großen Welt der freien Marktwirtschaft.

Etienne Abelin

Der Geiger Etienne Abelin wurde 1972 in Bern geboren. Er ist Mitglied des Lucerne Festival Orchestra und Stimmführer der zweiten Violinen im Orchestra Mozart Bologna, die beide von Claudio Abbado geleitet werden. Schon im Gustav-Mahler-Jugendorchester hatte er unter Abbado gespielt, der ihn überraschend von ziemlich weit hinten ans Stimmführerpult der zweiten Geigen versetzt hat – seither interessiert er sich für das Thema Leadership. Kürzlich schloss er mit einem Executive MBA in General Management an der Universität St. Gallen ab. Nach diversen eigenen Projekten, u. a. mit dem Choreografen Joachim Schlömer, baut er zurzeit eine neue Plattform im Bereich Innovationen in der klassischen Musik auf. 2009/10 war er Artist in Residence im österreichischen Festspielhaus St. Pölten, wo er auch Musikkurator ist. Dazu bildet er sich an der Zürcher Hochschule der Künste zum Dirigenten weiter. Er unterrichtet an der Musikakademie Basel.

Reflexionsfragen

1. Identifizieren Sie unterschiedliche Führungsstile, die in dieser Fallstudie beschrieben werden.[23]

2. Erklären Sie wann welcher Führungsstil angewandt wird. Welche Gründe gibt es für diese Entscheidungen?

3. Beschreiben Sie, welche Voraussetzungen auf Seiten der Mitarbeiter und der Organisation bei den einzelnen Führungsstilen gegeben sein müssen und welches die Herausforderungen jeder dieser Führungsstile für die Führungskraft darstellt.

Quelle: S. Kübler: „Die Herrscher mit Taktstock", www.Tages-Anzeiger.ch (06.08.2010): www.tagesanzeiger.ch/kultur/klassik/Die-Macht-der-Dirigenten-/story/26456682/ print.html (Stand: 19.07.2011).

Verwendete Literatur

Badura, B.; Greiner, W.; Rixgens, P. et al.: „Sozialkapital: Grundlagen von Gesundheit und Unternehmenserfolg", Springer, 2008.

Berthel, J.: „Personal-Management, Grundzüge für Konzeptionen betrieblicher Personalarbeit", Schäffer-Poeschel, 1989.

Birker, K.: „Führung und Entscheidung", Lehrbuchreihe Praktische Betriebswirtschaft, Cornelesen Verlag, 1997.

Blake, R. R.; Mouton, J. S.: „The Managerial Grid", Gulf Publishing Company, 1964.

Blanchard, K. H.; Hersey, P.: „Management of Organizational Behavior: Utilizing Human Resources", Prentice Hall, 1969.

Dachler, P. H.: „Management and leadership as relational phenomena", in: Cranach M. V., Doise W., Mugny G.: „Social representations and the social bases of knowledge", Swiss monographs in psychology, Bd. 1 (1992), S. 178-196.

Höhn, R.: „Das Harzburger Modell in der Praxis", Verlag für Wissenschaft, Wirtschaft und Technik, 1967.

Kieser, A.; Oechsler, W. A.: „Unternehmungspolitik", 2. Aufl., Schäffer-Poeschel, 1999.

Höhn, R.; Böhme, G.: „Stellenbeschreibung und Führungsanweisung: Die organisatorische Aufgabe moderner Unternehmensführung", Verlag für Wissenschaft, Wirtschaft und Technik, 1966.

Josuran, R.; Thierstein, U.; Schär, O.: „Burn-Out kostet die Schweiz 18 Mrd. Franken im Jahr", in: KMU-Magazin, Nr. 2 (März 2009), S. 48-51.

Lewin, K.: „Feldtheorie in den Sozialwissenschaften: Ausgewählte theoretische Schriften", Bern 1963.

Maslow, A. H.: „Motivation and Personality", Harper & Brothers, 1954.

Neuberger, O.: „Miteinander arbeiten: Miteinander reden! Vom Gespräch in unserer Arbeitswelt", Bayrisches Staatsministerium für Arbeit und Sozialordnung, 1987.

Reddin, W. J.: „Das 3-D-Programm zur Leistungssteigerung des Managements", Verlag Moderne Industrie, 1977.

System+Kommunikation: Storytelling-Studie zum Thema „Frauen und Führung. Bleibt Dornröschen ungeküsst?", München 2001: *www.system-und-kommunikation.de/files/frauen_und_fuehrung.pdf* (Stand: 19.07.2011).

Tannenbaum, R.; Schmidt, W. H.: „How to choose a leadership pattern", in: Harvard Business Review, Bd. 36 (1958), S. 95-102.

Weibler, J.: „Personalführung", Vahlen, 2001.

Weiterführende Literatur

Klimecki, R.; Gmür, M.: „Personalmanagement: Funktionen, Strategien, Entwicklungsperspektiven", UTB für Wissenschaft, Lucius & Lucius, 2001.

Schneider, S.; Barsoux, J.: „Managing across cultures", 2. Aufl., FT Prentice Hall, 2002.

Malik, F.: „Führen, Leisten, Leben: Management für eine neue Zeit", Campus Verlag, 2006.

Wunderer, R.: „Führung und Zusammenarbeit: Eine unternehmerische Führungslehre", 8. Aufl., Luchterhand (Hermann), 2009.

Endnoten

1 An dieser Stelle geht es um *Mitarbeiterführung* und nicht Unternehmensführung. Letzteres ist ein anderes Gebiet, doch ist es wiederum zusammenhängend mit der Mitarbeiterführung.

2 Eine Studie des KSV (Kreditschutzverbandes Austria) ermittelte diesen Wert für die österreichischen Firmenpleiten des Jahres 2008. Für Deutschland kam eine Umfrage des Jahres 2005 der Kreditreform auf einen Anteil von 70 Prozent der Unternehmenspleiten des Jahres 2004, die auf Managementursachen zurückzuführen waren. Für die Schweiz ist keine entsprechende Studie bekannt.

3 Josuran, Thierstein und Schär (2009), S. 42.

4 Siehe *Deutsches Ärzteblatt/Aerzteblatt.de*, Ausgabe vom 15.5.2009.

5 Birker (1997), S. 1.

6 Wenn sich eine Bank oder ein Wettbewerber für den Wert eines Unternehmens interessiert, wird dabei die Bewertung nach Basel II nicht allein im Hinblick auf Jahresabschlüsse und Planrechnungen gefällt, sondern auch dahingehend, wie das Unternehmen mit seinen Mitarbeitern aufgestellt und verfasst ist. Nach Basel II machen diese Fragestellungen über 30 Prozent der Bewertungskriterien aus.

7 Siehe Lewin (1963).

8 Siehe Tannenbaum und Schmidt (1958).

9 Kieser und Oechsler (1999), S. 316f..

10 Das *Managerial Grid* basiert auf der Grundlage von Forschungsergebnissen der US-amerikanischen Ohio State University. Es wurde im Jahr 1964 im Rahmen eines Führungstrainings für das Unternehmen Exxon Mobil von *Robert R. Blake* und *Jane Mouton* entworfen.

11 Dies entspricht auch den Ausprägungen der Lokomotionsfunktion und der Kohäsionsfunktion; siehe dazu *Abschnitt 13.2.2*.

12 Neuberger (1987), S. 98.

13 Berthel (1989), S. 385.

14 Reinhard Höhn leitete nach 1955 die Akademie für Führungskräfte in Bad Harzburg (Deutschland).

15 Siehe Höhn (1967).

16 Siehe Höhn und Böhme (1966), S. 54.

17 Siehe die *Selbstverwirklichung* in der *Maslow'schen Bedürfnispyramide*.

18 Siehe *Abschnitt 13.2.1*: Akzeptanz von Führung.

19 Siehe Badura, Greiner, Rixgens et al. (2008).

20 Die *Führungsspanne* bezeichnet die Anzahl der Mitarbeiter, die von einem Vorgesetzten geführt werden.

21 Hiermit sind einerseits zentrale psychosoziale Bedürfnisse (z.B. Zuneigung, Anerkennung, Identität, Zugehörigkeit und Sicherheit) gemeint. Andererseits werden darunter auch instrumentelle Bedürfnisse (z.B. Informationsbedarf, praktischer und materieller Hilfebedarf) verstanden.

22 System+Kommunikation: Storytelling-Studie zum Thema „Frauen und Führung. Bleibt Dornröschen ungeküsst?", München 2001.

23 siehe *Abschnitt 13.4*.

Die Autoren

Thomas Straub

Thomas Straub ist Professor für Strategisches Management an der Hochschule für Wirtschaft (HSW) Freiburg, Schweiz. Ebenso ist er Associate Professor am UNESCO Department der Universität Bukarest, Rumänien. Er unterrichtet den Kurs "Einführung in die Allgemeine Betriebswirtschaftslehre" am HEC der Universität Genf und ist dort Direktor des Certificate of Advanced Studies (CAS) Modern Management for NPOs. Professor Straub's Forschungen und Publikationen befassen sich mit den Themen Strategisches Management und Organizational Behavior, insbesondere mit Performance-Management, Fusionen und Akquisitionen (M&A), Knowledge Management und Social Entrepreneurship. Er ist Autor zahlreicher Publikationen und unabhängiger Berater. Professor Straub promovierte in Wirtschafts-und Sozialwissenschaften an der Universität Genf, Schweiz.

Rico Baldegger

Rico Baldegger leitet als Professor für Management und Entrepreneurship an der Hochschule für Wirtschaft Freiburg das Institut für Entrepreneurship & KMU und fungiert als akademischer Verantwortlicher des Masters in Entrepreneurship. Er studierte an der Universität St. Gallen, Schweiz und promovierte an der Universität Freiburg i. Üe., Schweiz. Seine Publikationen befassen sich mit unternehmerischen Gründungsprozessen und Innovation, Internationalisierung von KMU und Neuorientierung von Familienunternehmen. Er ist Autor zahlreicher Publikationen über Unternehmertum, Internationalisierung von KMU und Reorganisation von Familienunternehmen. Darüber hinaus ist er ein Serial Entrepreneur, und demonstrierte dies durch die Gründung diverser Unternehmen.

Olivia Balu

Olivia Balu ist Assistentin für Forschung und Lehre am Lehrstuhl für Controlling am HEC der Universität Genf, Schweiz. Sie ist darüber hinaus Doktorandin am gleichen Lehrstuhl. Frau Balu verfügt über einen Master BANCAS mit einem besonderen Fokus auf Banking und Versicherungen, sowie über einen Master in Englisch. Dr. Balu hat an der Academy of Economic Studies Bukarest, Rumänien zum Thema: Risk Management and its Impact on Financial and Banking Activity promoviert.

Thibaut Bardon

Thibaut Bardon ist Assistant Professor an der Audencia Nantes School of Management, in Nantes, Frankreich. Er promovierte am HEC der Universität Genf, Schweiz und der Universität Paris-Dauphine, CREPA-DRM in Paris, Frankreich. Während seiner Promotion war er als wissenschaftliche Mitarbeiter für Lehre und Forschung im Bereich Strategisches Management an der Universität Genf. Außerdem absolvierte er einen Master-Studiengang in Corporate Finance an der Singapore Management University. Professor Bardon arbeitete als Unternehmensberater in verschiedenen Branchen und war als solches bereits in mehreren Change Management involviert. Er ist darüber hinaus Chefredakteur der Zeitschrift m@n@gement (http://www.management-aims.com/). Seine Forschungsschwerpunkte sind Management-Praktiken, strategy-as-practice und kritische Management-Studien.

Stefano Borzillo

Stefano Borzillo ist Associate Professor of Knowledge Management und Strategie an der SKEMA Business School in Paris. Er erhielt seinen Doktortitel vom HEC der Universität Genf. Er arbeitete als Post-Doc an der Stern School of Business der New York University, USA. Seine Forschungsschwerpunkte sind Wissensmanagement und Innovation, die strategische Balance von Autonomie und Kontrollmechanismen innerhalb von Communities of Practice, Prozesse der Wissensgenerierung und des Wissenstransfers und das Management von Organisatorischen Krisen. Professor Borzillo ist darüber hinaus Berater für Wissensmanagement.

Gaëtan Devins

Gaëtan Devins ist Business Analyst bei einer bekannten Genfer Privatbank. Er war zuvor wissenschaftlicher Assistent für Forschung und Lehre am Lehrstuhl für Organisation & Führung am HEC der Universität Genf, Schweiz. Er studierte Betriebswirtschaftslehre an derselben Institution und schloss sein Studium mit einem Master ab. Dr. Devins gründete seine eigene Immobilienfirma und ist dort Mitglied des Vorstandes. Er war zudem Präsident der Junior Enterprise Genf (JEG). Seine Forschungsschwerpunkte umfassen Ambidextre Organisationen in verschiedenen Branchen. Dr. Devins besitzt einen Doktortitel in Wirtschafts- und Sozialwissenschaften von der Universität Genf.

Christophe Jeannette

Christophe Jeannette ist Assistent für Forschung und Lehre am Lehrstuhl für Controlling am HEC der Universität Genf, Schweiz. Er verfügt über ein Lizenziat in Informatik mit dem Schwerpunkt Mathematik und ein Diplom in Controlling sowie einem Master in Management und Business Administration. Seine Forschungsschwerpunkte beziehen sich auf das Gebiet Controlling und Governance. Er publiziert und promoviert darüber hinaus auf diesem Gebiet.

Benoit Lecat

Benoit Lecat ist Professor an der Burgundy School of Business in Dijon, Frankreich und lehrt dort Marketing und Vertrieb mit dem Schwerpunkt Weinmanagement. Professor Lecat verfügt über einen Doktortitel in Wirtschaftswissenschaften der Katholischen Universität (FUCAM) in Mons, Belgien und der Robert Schuman Universität in Straßburg, Frankreich. Er war Assistenzprofessor (Maitre Assistant) am HEC der Universität Genf, Schweiz. Seine Forschungsinteressen liegen im Bereich Luxusgüter, Bank- und Weinmarketing. Sein besonderes Interesse liegt in der Politik der Preisgestaltung, Kommunikationsstrategien, Einführung neuer Marken, und soziale Netzwerke.

Michael Krupp

Michael Krupp ist Professor für Allgemeine Betriebswirtschaftslehre, insbesondere Logistik und Supply Chain Management an der Hochschule Augsburg, Deutschland. Er studierte Sozialwissenschaften und Betriebswirtschaftslehre an der Universität Erlangen-Nürnberg, der Universität Sevilla und der FernUniversität in Hagen. Er arbeitete in der Fraunhofer-Arbeitsgruppe für Supply Chain Services SCS. Professor Krupp schloss am Lehrstuhl für Logistik in Nürnberg seine Dissertationsschrift zum Thema „Kooperatives Verhalten auf der sozialen Ebene einer Supply Chain" ab. Darüber hinaus leitete er im SCS die Gruppe Service Engineering und das Lab Geschäftsmodellentwicklung. Seine Tätigkeitsschwerpunkte sind Prozessoptimierung und Lean Management.

Olaf Meyer

Olaf Meyer ist Professor für Finanzwirtschaft an der Hochschule für Wirtschaft (HSW) in Freiburg, Schweiz. Dort leitet er heute das Institut für Finanzen und Vorsorge. Professor Meyer studierte an der Helmut Schmidt Universität in Hamburg Wirtschafts- und Organisationswissenschaften und promovierte im Gebiet der Finanzen. Er verfügt über eine langjährige und internationale Erfahrung als Führungskraft im Finanzmanagement eines börsenkotierten Reifenkonzerns. Sein Leitmotiv ist die Verbreitung und praktische Anwendung von Finanzwissen im Unternehmensalltag. Zu seinen Tätigkeitsschwerpunkten zählen vor allem die Optimierung von Investitionsentscheidungen, das Treasury (Cash-Management) und die Optimierung von Finanzanlagen im Rahmen der Altersvorsorge. Professor Meyer ist weiterhin als Berater von Firmen, Finanzinstituten und Pensionskassen tätig und nimmt Lehraufträge an Universitäten und Hochschulen im In- und Ausland war. Er ist Autor zahlreicher Publikationen.

Paul Meyer

Paul Meyer ist Professor für Sales, Distribution und Organisationslehre an der Hochschule für Wirtschaft (HSW) in Freiburg, Schweiz und an der Hochschule für Wirtschaft in Zürich (HWZ). Darüber hinaus ist er Associate Professor am UNESCO Departement der Universität Bukarest. Er studierte Betriebswirtschaftslehre an der Universität St. Gallen mit Schwerpunkt Handel und Industrie. Danach promovierte er dort zum Thema "Die Rentabilität von Ausbildungsinvestitionen". Er absolvierte ein Nachdiplom-Studium in Internationalem Handel an der Columbia-Universität New York, USA. Während rund zwanzig Jahren war er in leitenden Positionen im Gross- und Einzelhandel tätig und war u.a. Mitglied der Geschäftsleitung. Er ist Vizepräsident von PRO SPECIE RARA, einer Stiftung für Biodiversität mit Aktivitäten in der Schweiz und in der Bundesrepublik Deutschland.

Bernard Morard

Bernard Morard ist Dekan der Fakultät für Wirtschafts- und Sozialwissenschaften der Universität Genf. Dort ist er ordentlicher Professor für Management Controlling am HEC. Er war lange Zeit Präsident des HEC der Universität Genf. Er ist Gründer und Direktor des Programms International Masters in Business Administration (IOMBA) der Universität Genf. Darüber hinaus gründete und leitet er eine Vielzahl weiterer Management Fortbildungsprogramme der Universität Genf. Er ist Autor zahlreicher Publikationen. Seine Forschungen und Publikationen konzentrieren sich u.a. auf die Bereiche Rechnungslegung, Controlling (Balanced Scorecard) und Finanzen (Portfolio Performance). Professor Morard besitzt einen Doktortitel in Management und einen staatlichen Doktortitel der University of Aix Marseille III, Frankreich.

Peter Richard

Peter Richard ist Professor für Organisation und Logistik an der Hochschule Augsburg, Deutschland. Er studierte theoretische Physik an der RWTH Aachen. Herr Richard war wissenschaftlicher Mitarbeiter am Forschungszentrum Jülich, Deutschland. In dieser Zeit schloss er seine Dissertation in theoretischer Festkörperphysik an der RWTH Aachen ab. Professor Richard verfügt über langjährige Erfahrung als Entwickler, Berater und Referent bei einem großen deutschen Softwareunternehmen für betriebswirtschaftliche Anwendungen. Zudem verfügt er über langjährige unternehmerische Erfahrung als Inhouse-Berater und Projektmanager in einem internationalen Automobilkonzern. In seinen Schwerpunkten Prozess-, Projekt- und Change Management ist er als Referent und Berater für Unternehmen tätig.

Mathias Rossi

Professor Rossi ist Professor für Human Ressource Management an der Hochschule für Wirtschaft (HSW) Freiburg, Schweiz. Er verfügt über einen Master in Politikwissenschaft von der Universität Lausanne. Professor Rossi absolvierte einen Master in Business Information Systems am HEC der Universität Lausanne. Er war Assistent für Forschung und Lehre an der Fakultät HEC (Hautes Etudes Commerciales) der Universität Lausanne. Dort promovierte er in Management. Professor Rossi veröffentlichte zahlreiche Artikel und mehrere Bücher. Seine Forschungsschwerpunkte sind unter anderem Social Entrepreneurship, Wissens-und Kompetenz-Management und Senior Entrepreneurship. Er arbeitet auch als Berater für KMU und multinationale Unternehmen.

Florian Ruhdorfer

Florian Ruhdorfer arbeitet am Institut für Tourismus der IMC Fachhochschule Krems. Er leitet dort die Stabstelle Wirtschaftsboard & Alumni. Herr Ruhdorfer studierte an der IMC Fachhochschule Krems Unternehmensführung & E-Businessmanagement. Er ist ebenfalls als selbstständiger Weinhändler tätig, wobei sein fachliches Interesse vor allem der strategischen Marktentwicklung und der Nutzung neuer Medien gilt.

Achim Schmitt

Achim Schmitt ist Assistenzprofessor im Bereich Strategie an der Audencia Nantes School of Management in Nantes, Frankreich. Er erhielt seinen Doktortitel in Wirtschafts- und Sozialwissenschaften am HEC der Universität Genf in der Schweiz. Professor Schmitt war Visting Research Fellow an der Columbia Business School in New York, USA. Im Rahmen seiner Forschungstätigkeit ist er am Center for Organizational Excellence an der Universität St. Gallen und der Universität Genf als Research Associate engagiert. Professor Schmitt leitet als Managing Head das Geneva Knowledge Forum in der Schweiz.

Walid Shibib

Walid Shibib promoviert am Lehrstuhl für Organisation und Strategie am HEC (Hautes Edutes Commerciales) der Universität Genf. Er arbeitet dort als Assistent für Forschung und Lehre.Herr Shibib ist Diplom Betriebswirt und studierte an der Universität St. Gallen, Schweiz und an der Freien Universität Berlin, Deutschland Betriebswirtschaftslehre mit den Schwerpunkten Organisation und Marketing. Er sammelte Berufserfahrung im Investment-Banking und den Social-Investments. Seine Forschungsinteressen liegen im Bereich Organisationalen Lernen, Wissensmanagement und Strategisches Management.

Pierre Vallier

Pierre Vallier leitet eine Forschungsgruppe zum Thema Corporate Governance und Risikomanagement am Fachbereich Wirtschaft und Verwaltung der Berner Fachhochschule (BFH) in der Schweiz. Er studierte in Frankreich an den Universitäten Grenoble und Lyon sowie in der Schweiz an der Universität Genf und verfügt über zwei Master-Abschlüsse in Management und in Finanzen sowie über einen berufsqualifizierenden Abschluss in Rechnungswesen. Er lehrt Finanzmanagement, internationales Steuerrecht und Buchführung. Seine Forschungsschwerpunkte beziehen sich auf Tax Risk Management, Rechnungslegung und Unternehmensbewertung. Pierre Vallier hat zahlreiche Projekte für Unternehmen und Banken über das steuerliche Risiko geführt. Er ist Autor von Fachartikeln und nahm an verschiedenen wissenschaftlichen Konferenzen teil.

Kerstin Windhövel

Kerstin Windhövel ist Professorin für Leadership und Rentenwesen an der Hochschule für Wirtschaft (HSW) Freiburg, Schweiz. Sie studierte an der Friedrich-Alexander Universität zu Erlangen-Nürnberg in Deutschland wirtschaftliche Staats- und Versicherungswissenschaften und promovierte auf dem Gebiet der theoretischen Volkswirtschaftslehre. Sie sammelte langjähre Berufs- und Führungserfahrung als wirtschaftliche Beraterin des Bundesministeriums für Verkehr, Bau und Stadtentwicklung, der Deutschen Rentenversicherung Bund, der Vereinigung der Bayerischen Wirtschaft sowie diverser Versicherungen und Träger der sozialen Sicherung in Deutschland und der Schweiz. Ihre Tätigkeitsschwerpunkte sind die Leitung von Forschungsprojekten zur Verbesserung der zukünftigen Ausgestaltung von Altersvorsorgesystemen, unternehmerischen Steuerung von Pension Funds, sowie Beratung und Coaching von Steuerungsgremien im Versicherungs- und Vorsorgebereich. Professor Windhövel ist Autorin zahlreicher Publikationen.

Glossar

Abschreibungen

Mit Abschreibungen werden sowohl planmäßige als auch außerplanmäßige Wertminderungen (Betrag) von Vermögensgegenständen erfasst. Die Abschreibung entspricht dabei einem Wertverlust von Unternehmensvermögen (Anlagevermögen sowie Umlaufvermögen) während eines bestimmten Zeitraums. Der Wertverlust (z.B. durch Verschleiß, Alterung, Unfallschaden, Preisverfall) kann sowohl materieller wie immaterieller Art sein (z.B. Lizenzen, Patente, Konzessionen). Abschreibungen werden meist aus betriebswirtschaftlicher Sicht ermittelt und als Aufwand in der Gewinnermittlung festgehalten.

Allianzen

Es gibt viele Möglichkeiten, das Wachstum mittels strategischer Allianzen umzusetzen. Es handelt sich hierbei immer um eine Kooperation von mindestens zwei Unternehmen. Diese Beziehung kann formal in einem Vertrag oder gänzlich informell geregelt sein. Wachstum durch Allianzen besteht darin, dass mindestens zwei Unternehmen ihre Vermögenswerte bündeln, um ihre jeweiligen Strategien besser zu verwirklichen.

Aufwand

Der Aufwand ist der Einsatz oder die zu erbringende Leistung, um einen bestimmten Nutzen zu erzielen. Der Aufwand kann quantitativ z.B. in Geldeinheiten, Arbeitsstunden, Materialbedarf angegeben werden.

Außenfinanzierung

Bei der Außenfinanzierung handelt es sich um Kapitalzufuhr von außen (von außerhalb des Unternehmens).

Autoritärer Führungsstil

Der autoritäre Führungsstil ist geprägt durch eine klare Trennung zwischen der Entscheidung durch den Vorgesetzten und der Ausführung der Entscheidungen durch die Mitarbeiter.

Bedürfnis

Ein Bedürfnis bezeichnet das Streben des Menschen nach Befriedigung aufgrund eines Mangelempfindens. Mangel oder Knappheit ist demnach eine Voraussetzung für ein Bedürfnis. Die Wirtschaft schafft Abhilfe bei Mangel oder Knappheit, indem sie auf ökonomische Art und Weise Dienstleistungen und Güter produziert und diese am Markt anbietet.

Beschaffungskosten

Die Beschaffungskosten entsprechen den Einkaufskosten der Rohstoffe und enthalten zudem den Beschaffungsaufwand (z.B. Transportkosten, Versicherungskosten, Lagerarbeitslohn).

Betrieb

Der Begriff Betrieb kann die Betriebsstätte als solches bezeichnen. Oft wird auch die Organisationseinheit eines Unternehmens als Betrieb bezeichnet, in welcher produziert wird.

Betriebswirtschaftslehre

Das Wirtschaften in und von Unternehmen ist Gegenstand und Erkenntnisobjekt der Betriebswirtschaftslehre (BWL).

Bilanz

Die Bilanz stellt ein Bild der aktuellen Finanzlage des Unternehmens zu einem bestimmten Zeitpunkt dar, in der Regel am Ende des Geschäftsjahres. Bei den ausgewiesenen Beträgen handelt es sich um den Wert der einzelnen ausgewiesenen Posten zu eben diesem Zeitpunkt.

Branche

Als Wirtschaftszweig oder Branche bezeichnet man in der Wirtschaft eine Gruppe von Unternehmen, die nah verwandte Produkte oder Dienstleitungen herstellen.

Break-even-Analyse

Bei der Break-even-Analyse werden Kosten- und Erlösfaktoren gegenübergestellt. Die Break-Even-Analyse wird häufig auch Gewinnschwellenanalyse bezeichnet.

Buchführungsgrundsätze

Buchführungsgrundsätze sind Orientierungsrichtlinien für die Buchführungspraxis und entspringen der bewährten kaufmännischen Praxis. In der Regel sind Buchführungsgrundsätze in gesetzlichen Vorschriften verankert. In Deutschland ist dies beispielsweise das HGB und in der Schweiz das Obligationenrecht.

Cashflow

Der Cashflow (Geldfluss, Kassenzufluss) gibt die Größe der aus einer Geschäftstätigkeit erzielten Nettozuflüsse liquider Mittel während einer Periode an. Diese Größe ermöglicht eine Beurteilung der finanziellen Gesundheit eines Unternehmens – inwiefern ein Unternehmen im Rahmen des Umsatzprozesses die erforderlichen Mittel für die Substanzerhaltung des in der Bilanz abgebildeten Vermögens und für Erweiterungsinvestitionen selbst erwirtschaften kann.

Controlling

In immer komplexer werdenden Organisationen nimmt das Controlling als Unterstützungsfunktion der Unternehmensführung eine Schlüsselrolle ein. Das Controlling unterstützt die Managementaufgaben von Planung und Kontrolle unter anderem durch Definition und Messung von Kennzahlen und ist damit eine wesentliche Ergänzung zu der unternehmerischen Intuition. Um diese Aufgabe sinnvoll ausfüllen zu können, unterstützt das Controlling durch Methoden und Werkzeuge des betrieblichen Informationsmanagements. Auf diese Weise leistet das Controlling Hilfe zur Umsetzung der Organisation im Unternehmen und zur Überwachung der Effizienz.

Copyright

Ein Copyright ist ein exklusives Urheberrecht über einen limitierten Zeitraum an einem Schöpfungsgegenstand, wie beispielsweise an einem Text, einem Gemälde oder gar an einem musikalischen Werk. Dieses Recht schließt die Veröffentlichung, die Vermarktung und das Anpassen der Schöpfung mit ein.

Corporate Governance

Corporate Governance bezeichnet einen festgelegten Rahmen für die Leitung und Überwachung von Unternehmen. Dieser wird von Gesetzgebern und Eigentümern erstellt. Die konkrete Ausgestaltung der Rahmenbedingungen erfolgt durch den Aufsichts- bzw. Verwaltungsrat und der Unternehmensführung.

Relevanter Vorgaben können u.a. Gesetze, Richtlinien, Kodizes, Absichtserklärungen, Unternehmensleitbild und Usus sein.

Customer Relationship

Customer Relationship bedeutet Kundenzufriedenheit. *Customer Relationship Management (CRM)* oder auch Kundenbeziehungsmanagement, vereint die Funktionen, welche es einem Unternehmen ermöglichen, dessen Kundendaten in sein Informationssystem integrieren zu können.

Daten

Daten sind logisch gruppierte Informationseinheiten (*codes*), welche innerhalb von Systemen übertagen werden oder auf Systemen gespeichert sind. Sie codieren häufig einen Gegenstand, eine Wirtschaftstransaktion oder ein Ereignis. Daten können alphabetisch, numerisch oder in Form von Bildern abgespeichert werden.

Deckungsbeitrag

Der Deckungsbeitrag (*contribution margin*) bezeichnet die Differenz des Umsatzes (erzielte Erlöse) und der variablen Kosten.

Dienstleistungen

Dienstleistungen sind dem Realgüterbereich zuzuordnen und stellen im Gegensatz zu materiellen Gütern (z.B. Fahrräder, Möbel, Mobiltelefone) überwiegend immaterielle Leistungen (z.B. Beratung, Teleservice, Ersatzteilversorgung, Wartung oder Instandhaltung) dar.

Differenzierung

Die Differenzierungsstrategie besteht darin, einen Wettbewerbsvorteil anhand einer höheren Wertschätzung des Kunden für das Produkt oder die Dienstleistung im Vergleich zu Mitgliedern derselben strategischen Gruppe zu erlangen.

Direkte Aufwendungen

Bei direkten Aufwendungen handelt es sich um Aufwendungen, die eindeutig und ohne Zwischenrechnung den Kosten eines bestimmten Produktes oder einer bestimmten Leistung zugewiesen werden können

Diversifikation

Der Begriff Diversifikation oder Diversifizierung bezeichnet in der Wirtschaftswissenschaft eine Ausweitung des Sortiments und bezieht sich darauf, neue Produkte für neue Märkte anzubieten.

Doppelte Buchführung

Die Zuverlässigkeit der Daten und Informationen aus dem Rechnungswesen stützt sich auf eine erprobte Aufzeichnungstechnik, auf den Grundsatz der doppelten Buchführung. Man spricht von „doppelter" Buchführung, wenn jeder Geschäftsvorgang in zweifacher Weise erfasst wird. In einem Buchungssatz wird grundsätzlich Soll an Haben gebucht und damit jeder Geschäftsvorfall doppelt erfasst, jedoch auf verschiedenen Konten. Es wird zeitgleich jeweils genau der gleiche Wert im Soll und im Haben gebucht.

Eigenkapital

Das Kapital, das dem Unternehmen durch den Eigentümer zur Verfügung gestellt wird, ist das Eigenkapital.

Eingetragenes Warenzeichen

Ein eingetragenes Warenzeichen, auch Marke genannt, stellt einen eindeutigen Hinweis durch eine Privatperson, durch eine Unternehmung oder durch eine andere Rechtsperson dar, welcher dazu dient, das betreffende Produkt oder die Dienstleistung dem entsprechenden Erfinder zuzuordnen.

Einzelfertigung

Unternehmen mit Einzelfertigung arbeiten an einzelnen und gesonderten Kundenaufträgen.

ERP-System

Ein ERP-System ist ein integriertes System zur Geschäftsplanung und beinhaltet alle Aspekte und Computermethoden, welche benötigt werden, um eine effektive Geschäftsplanung durchzuführen. ERP steht für *Enterprise Resource Planning*. ERP-Systeme sorgen für die unternehmensweite Ressourcen-Planung und verbinden Back-Office-Systeme (z.B. Produktions-, Finanz-, Personal-, Vertriebs-, Sales-Systeme) und Materialwirtschaftssysteme.

Ertrag

Betriebswirtschaftlich betrachtet bezeichnet der Ertrag den Wertezuwachs eines Unternehmens, der nach einem bestimmten Jahr zugeordnet wird. Der Gegenbegriff ist Aufwand. Aus dem Unterschied zwischen Aufwand und Ertrag ergibt sich der Gewinn.

Explizites Wissen

Explizites Wissen kann im Gegensatz zu implizitem Wissen leicht artikuliert und zwischen Personen schriftlich oder verbal übertragen werden.

Externes Wachstum

Externes Wachstum ist durch den Erwerb von Vermögenswerten von außen gekennzeichnet. In der Regel wird externes Wachstum durch Fusionen und Übernahmen, im Englischen *Mergers and Acquisitions* (*M&A*) genannt, realisiert.

Finanzwirtschaft

Die Finanzwirtschaft beschreibt alle Aktivitäten im Unternehmen, die sich mit dem Management von Kapital- und Geldflüsse beschäftigt. Die Hauptaufgaben der Finanzwirtschaft lassen sich in drei Bereiche unterteilen: Investitionsentscheidung, Finanzierung, Risikomanagement.

Finanzierung

Finanzierung ist ein Teilbereich der Finanzwirtschaft. Es werden dabei sämtliche Unternehmensprozesse für die Bereitstellung sowie die Rückzahlung von finanziellen Mitteln, welche für Investitionen (Leistungserstellung) eingesetzt werden, verstanden.

Finanzplan

Der Finanzplan ist eine Aufstellung, die beschreibt, durch welche Finanzierungen zu welchen Zeitpunkten der jeweilige Finanzbedarf bzw. Finanzüberschuss beschafft und verwendet wird.

Five Forces Model

s. 5-Kräfte-Modell

Fixe Aufwendungen

Bei fixen Aufwendungen handelt es sich um Fixkosten, die unabhängig von dem Umfang der Tätigkeit des Unternehmens entstehen

Fixkosten

Fixkosten, auch Bereitschaftskosten, zeitabhängige Kosten oder beschäftigungsunabhängige Kosten genannt, sind ein Teil der Gesamtkosten, welche in einem bestimmten Zeitraum immer konstant bleiben.

5-Kräfte-Modell (Five Forces Model)

Dieses Modell dient dazu, die fünf Wettbewerbskräfte, welche auf die Branche einwirken, in der ein Unternehmen tätig ist, zu identifizieren und zu evaluieren. Ziel dieses Managementtool ist es die Attraktivität einer Branche oder eines Sektors zu analysieren.

Fokussierung (Nische)

Die Strategie der Fokussierung, auch Nischenstrategie genannt, besteht darin, ein sehr spezifisches Produkt oder Dienstleistung anzubieten, die nur sehr wenige oder häufig gar kein anderer Wettbewerber offerieren (geringes Marktvolumen).

Freie Güter

Spezifische Güter, beispielsweise die Luft, solche also, die frei verfügbar sind, werden freie Güter genannt. Diese Güter sind im Überfluss vorhanden und müssen nicht extra bereitgestellt werden. Bei Bedarf kann diese Art von Gütern unmittelbar genutzt werden.

Fremdkapital

Fremdkapital bezeichnet die „Schulden" des Unternehmens, sprich das Kapital, das von Dritten zur Verfügung gestellt wird. Ein typisches Beispiel hierfür ist der Bankkredit.

Führung

Führung ist eine methodisch geplante und kontrollierte Einflussnahme auf die Geführten und auf deren künftige Kompetenzgestaltung unter gleichzeitiger Legitimierung der leitenden Interessen.

Führungsspanne

Die Führungsspanne bezeichnet die Anzahl der Mitarbeiter, die von einem Vorgesetzten geführt wurden.

Geistige Vermögenswerte

Die Summe des Wissens eines Unternehmens stellt dessen geistige bzw. immaterielle Vermögenswerte dar. Diese sind geistig bzw. immateriell, da sie im Vergleich zu materiellen Vermögenswerten nicht physisch greifbar sind (geistiges Kapital).

Generische Grundstrategien

Diese bieten Wahlmöglichkeiten für eine Hauptorientierung der Unternehmensstrategie an, um sich schließlich für eine davon zu entscheiden und zu verfolgen. Michael Porter unterscheidet drei generische Grundstrategien: Kostenführerschaft, Differenzierung und Fokussierung.

Gesamtkosten der Lagerhaltung

Die Gesamtkosten der Lagerhaltung werden durch die mathematische Beziehung zwischen Bestellmenge, Beschaffungskosten und Lagerhaltungskosten ermittelt.

Gewinnschwellenanalyse

Bei der Break-even-Analyse werden Kosten- und Erlösfaktoren gegenübergestellt. Die Break-Even-Analyse wird häufig auch Gewinnschwellenanalyse bezeichnet.

Gewinn- und Verlustrechnung

Die Gewinn- und Verlustrechnung (GuV) entspricht dem Bild eines vergangenen Zeitraumes und informiert über die Wirtschaftsleistung. Es handelt sich um eine Veränderung des Wertes über die Zeitspanne vom Anfang einer Periode bis zu ihrem Ende. Die Gewinn- und Verlustrechnung zeichnet die Aufwendungen (d.h. das „Ärmer-Werden") und die Erträge (d.h. das „Reicher-Werden") eines Unternehmens auf.

Globale Strategie

Ein Unternehmen, das eine globale Strategie verfolgt, geht von einer weltweit homogenen Nachfrage für Produkte oder Dienstleistungen aus. Die Unternehmensstrategie wird überall in derselben Weise ein- und umgesetzt.

Goodwill

Wird ein Unternehmen zu einem höheren Preis als dem aktuellen buchhalterischen Wert verkauft, so spricht man von einem Goodwill.

Grundsatz des Vorsichtsprinzips

Der Grundsatz des Vorsichtsprinzips bezeichnet eine Rückstellung für eine mögliche Wertminderung eines Vermögensgegenstands. Dieser Grundsatz kommt zur Geltung, wenn durch ein Ereignis der Anfangswert eines Vermögensgegenstandes merklich verringert werden könnte.

Güter

Güter befriedigen Bedürfnisse. Die Vielzahl menschlicher Bedürfnisse oder Wünsche entspricht demnach einer genauso großen Vielfalt an Gütern.

Humanitätsprinzip

Dieses Prinzip stellt den Menschen in den Mittelpunkt und besagt, dass möglichst human gewirtschaftet werden soll, indem die menschlichen Bedürfnisse berücksichtigt werden. Beispiele hierfür sind ein möglichst menschengerechter Arbeitsplatz sowie menschengerechte Arbeitsaufgaben.[1]

Human Ressource Management

Diese Unternehmensfunktion stellt eine entscheidende Komponente zur Sicherstellung der Wettbewerbsfähigkeit und der Nachhaltigkeit einer Organisation in Bezug auf ihre Wettbewerbsposition dar. Das Human Ressource Management entwickelt sich derzeit von einer stark administrativen und passiven Rolle hin zu einer zunehmend strategischen Rolle für das Unternehmen. Die wesentliche Aufgabe des Human Ressource Management besteht darin, die Zielsetzungen bzw. den Sinn und Zweck der Organisation (Bedarf an Personal oder an Kompetenzen) und die Erwartungen bzw. Wünsche und Interessen der Mitarbeiter unter bestimmten Zwangsbedingungen (z.B. politische, gesetzliche undwirtschaftliche) in Einklang zu bringen.

Hypercompetition

Hypercompetition (Hyperwettbewerb) drängt Führungskräfte dazu, sich neuen Herausforderungen zu stellen. Beispiel sind japanische Unternehmen wie Sony, Yamaha, Honda oder Casio, die in den 70er Jahren die Märkte Europas und Nordamerikas mit innovativen Produkten zu hoher Qualität und zu niedrigen Preisen überschwemmten.

Immaterielle Vermögenswerte

Die Summe des Wissens eines Unternehmens stellt dessen geistige bzw. immaterielle Vermögenswerte dar. Diese sind geistig bzw. immateriell, da sie im Vergleich zu materiellen Vermögenswerten nicht physisch greifbar sind (geistiges Kapital).

Implizites Wissen

Implizites Wissen ist tief in den Köpfen von Mitarbeitern verankert und kann daher häufig nur schwer verbalisiert, kodifiziert oder niedergeschrieben werden.

Indirekte Aufwendungen

Bei indirekten Aufwendungen handelt es sich um Aufwendungen, die nicht den Kosten eines Produktes oder einer Leistung zugeordnet werden können ohne dabei Zwischenrechnungen anzustellen.

Informatik

Informatik bezeichnet die Wissenschaft von elektronischen Datenverarbeitungsanlagen und den Grundlagen ihrer Anwendung. Zur Anwendung von Informationssystemen bedienen sich Unternehmen oft vieler IT- und Elektronik-Tools sowie Telekommunikationsmedien.

---

1   Angelehnt an den sozialorientierten Ansatz von Konrad Mellerowicz;

Information

Eine Information stellt eine Summe von Daten in einem klar definierten Kontext dar.

Informationssystem

Informationssysteme bilden häufig die Grundlage für die erfolgreiche Umsetzung von Wissensmanagement. Für ein erfolgreiches organisationales Wissensmanagement bedarf es einer virtuellen und auf Informationstechnologie basierten Unterstützung im Unternehmen. Dies wird durch die IT-Abteilung sichergestellt.

Innenfinanzierung

Bei der Innenfinanzierung handelt es sich um die Kapitalzufuhr von innen. Hierbei werden entweder sogenannte „stille Reserven" aufgelöst oder erwirtschaftete Gewinne ganz oder teilweise einbehalten.

Internationaler Ansatz

Der Internationale Ansatz ist ein Marketing-Forschungsschwerpunkt, der sich mit dem Phänomen *„Think global, act local!"* und somit mit dem Problem befasst, dass eine Marke nicht zwangsläufig in unterschiedlichen Ländern, in denen diese Marke verwendet wird, mit der gleichen Marketingstrategie geführt werden kann.

Internationale Strategie

Internationale Strategie bezeichnet, dass sich ein Unternehmen internationalisiert, indem es ausländische Tochtergesellschaften gründet, die direkt von der Konzernzentrale gesteuert werden. Eine internationale Strategie kann sowohl von Klein- und Mittelständischen Unternehmen (KMU) als auch von gossen Unternehmen verfolgt werden.

Internes Wachstum

Das interne Wachstum, auch organisches Wachstum genannt, besteht für ein Unternehmen darin, auf bereits bestehenden Vermögenswerten aufzubauen und diese weiterzuentwickeln.

Kaufverhalten

Unter dem Kaufverhalten (auch Käuferverhalten, Konsumentenverhalten oder Kundenverhalten) versteht man das Verhalten des Käufers in Bezug auf den Warenkauf. Dieses kann in drei Schritte eingeteilt werden: Stimuli, Käufertyp und Käuferreaktion.

Käuferreaktion

Die Käuferreaktion ist eine Antwort auf den Stimulus und auf die Charakteristika des Käufertyps. Die Käuferreaktion äußert sich durch Produktwahl und Kaufentscheidung.

Käufertyp

Der Käufertyp wird durch die jeweiligen individuellen Charakteristika und durch den persönlichen Entscheidungsprozess definiert.

Kennzahl

Eine Kennzahl bezeichnet eine Maßzahl, die zur Quantifizierung und reproduzierbaren Messung einer Größe oder eines Zustandes oder Vorgangs dient.

Kernkompetenz

Eine Kernkompetenz bezeichnet den immateriellen Vermögenswert, d.h. das *Know-how*, welches Unternehmen ausschöpfen, um im Markt erfolgreich zu sein.

Key-Account Manager

Ein Verkäufer, der für den Verkauf an einen besonders großen und wichtigen Kunden verantwortlich ist, wird als *Key-Account Manager* bezeichnet.

Knappe Güter

Güter, die nicht im Überfluss vorhanden sind und in der Regel erst auf ökonomische Weise produziert oder beschafft werden müssen, werden knappe Güter genannt.

Kohäsionsfunktion

Unter der Kohäsionsfunktion einer Führungskraft versteht man die Aufgabe, mittels der Führung einen Zusammenhalt zwischen den Geführten als Gruppe zu bewirken.

Kommunikations-Mix

Beim Kommunikations-Mix geht es um die Kombination möglicher Kommunikations-wege.

Konsument

Als Konsument oder Verbraucher werden natürliche Personen bezeichnet, die Produkte und Dienstleistungen nur zur eigenen Bedürfnisbefriedigung käuflich erwerben.

Kooperativer Führungsstil

Bei der Ausübung des kooperativen Führungsstils werden die Mitarbeiter in den Ent-scheidungsprozess einbezogen.

Kostenführerschaft

Die Strategie der Kostenführerschaft besteht darin, sich aufgrund eines Kostenvorteils als kostengünstigster Akteur in seiner strategischen Gruppe zu positionieren.

Kostenstellen

Als Kostenstellen bezeichnet man Abrechnungsbereiche, denen Kosten zugeteilt wer-den. Dies kann anhand der Gliederung nach Unternehmensfunktionen geschehen (z.B. nach Fertigung, Material, Verwaltung, Marketing). Innerhalb dieser Unternehmensfunk-tionen können weitere untergeordnete Kostenstellen definiert werden wie beispiels-weise die Kostenstelle für innerbetrieblichen Transport, Rechnungswesen, für Reisekos-ten oder für Reparatur.

Kredit

Ein Kredit ist ein Finanzinstrument, das die temporäre Überlassung von Cashflow beinhaltet.

Kulturelle Faktoren

Kultur Faktoren beschreiben Faktoren, welche das Gelernte und von einer Gruppe Geteilte in Bezug auf Bedeutungen (und Bewertungen) beeinflussen. Kulturelle Fakto-ren sind beispielsweise die Erziehung, die Herkunft, die Religion oder auch das Bil-dungsniveau.

Kunde

Ein Kunde ist eine Person oder auch eine Institution, die in einer Geschäftsbeziehung zum Erwerb eines Produkts oder einer Dienstleistung mit einem Unternehmen oder auch mit einer Institution steht.

Laissez-Faire-Führungsstil

Der Laissez-Faire-Führungsstil ist ein Begriff aus dem Französischen, der übersetzt „lasst machen" bedeutet. Dieser Führungsstil zeichnet sich aus durch die Übertragung der vollen Entscheidungsgewalt auf die Mitarbeiter.

Leadership

Im unternehmerischen Sinne wird *Leadership* dann notwendig, sobald im Unternehmen ein gewisser Grad an Arbeitsteilung vorherrscht. Unternehmenseinheiten, Abteilungen oder Gruppen müssen beispielsweise koordiniert werden, um flüssige Arbeitsabläufe zu schaffen und eventuelle Ausfälle zu kompensieren. Die Arbeitszeiten werden hierbei ebenfalls überwacht. *Leadership* sorgt des Weiteren auch dafür, dass Mitarbeiter motiviert und fähig sind, die von ihnen erwartete Leistung für die Organisation zu erbringen.

Lieferantenmanagement

Das Lieferantenmanagement bezeichnet die Summe der Maßnahmen zur Beeinflussung der Lieferanten und Lieferantenbeziehungen im Sinne der Unternehmensziele.

Management by Delegation

Das Harzburger Modell der „Führung im Mitarbeiterverhältnis", das auf Reinhard Höhn[2] zurückgehet stellt die Verhaltensänderung der Mitarbeiter als Führungsziel in den Mittelpunkt.

Management by Exceptions

„Führen nach dem Ausnahmeprinzip" - Beim *Management by Exceptions* handelt es sich um ein Führungsmodell, bei welchem die Mitarbeiter innerhalb eines vorgegebenen Rahmens selbständig Entscheidungen treffen dürfen.

Management by Objectives

„Führung durch Zielvorgaben" - Das *Management by Objectives* nach Peter Drucker gehört zu den bekanntesten Führungsmodellen. Das Ziel liegt hier in der Entlastung der Vorgesetzten, da diese bei der Zielerreichung im Einzelnen nicht mehr beteiligt sind.

Management-Tools

Management-Tools sind Management-Instrumente bzw. -Werkzeuge, die zum strategischen Denken anregen und helfen sollen, zunehmend komplexere, strategische Entscheidungen zu treffen und diese umsetzen zu können.

---

2   Reinhard Höhn leitete nach 1955 die Akademie für Führungskräfte in Bad Harzburg (Deutschland).

Marketing

Marketing leitet sich von dem englischen Wort *market* ab, wobei die Verwendung der „*-ing*"-Form auf die Bedeutung der Kontinuität und auf den sich stets verändernden Markt hinweist. Marketing bezeichnet somit einen nachhaltigen und stets fortlaufenden Prozess. Diese Unternehmensfunktion ist ein Prozessbündel um Mehrwerte für die Kunden einer Organisation bereitzustellen, zu kommunizieren und Kundenbeziehungen herzustellen. Ziel dabei ist es, dass sowohl die Organisation als auch ihre *Stakeholder* davon profitieren.

Marketing-Mix

Mit dem Marketing-Mix werden Marketingstrategien oder Marketingpläne in konkrete Aktionen umgesetzt (implementiert). Die vier Instrumente des Marketing-Mix sind die sogenannten vier „P" *Product* (Produktpolitik), *Price* (Preispolitik), *Promotion* (Kommunikationspolitik), *Place* (Distributionspolitik).

Marketingplan

Der Marketingplan bildet die Grundlage für die Planung und Umsetzung einer Marketingstrategie. Der Marketingplan kann in sechs Schritte unterteilt werden: (1) SWOT-Analyse zur Bestimmung der Ausgangssituation, (2) Festlegung der Marketingziele aufgrund der SWOT-Analyse, (3) Entwicklung und Planung der Marketingstrategie, (4) Umsetzung der Marketingstrategie im Marketing-Mix, (5) Budget, (6) Abschließende Kontrolle des Marketings durch Marktforschung.

Markt

Märkte beschreiben die Gesamtheit von Wirtschaftsakteuren, die Güter anbieten und nachfragen, welche sich wechselseitig ersetzen können. Ein Markt beschreibt somit das geregelte Zusammentreffen von Angebot und Nachfrage von Gütern.

Marktdurchdringung

Marktdurchdringung bzw. Konsolidierung bedeutet seine aktuelle Marktposition auf der Basis bestehender Produkte ausbauen.

Marktentwicklung

Marktentwicklung bedeutet bereits bestehende Produkte auf neuen Märkten anzubieten. Dies können sowohl andere Kundensegmente in dem bereits bestehenden lokalen Markt oder auch in ausländischen Märkten sein.

Marktforschung

Um die festgelegten Ziele messen zu können, betreibt ein Unternehmen Marktforschung. Grundsätzlich bestehen vier Möglichkeiten, auf welche Weise Marktforschung betrieben werden kann: Einerseits durch Verwendung von Sekundärdaten (z.B. Literatur, bestehende Statistiken), durch Verwendung von qualitativen Studien (z.B. Interviews), durch Verwendung von quantitativen Studien (z.B. Fragebögen) und schließlich durch spezielle Untersuchungen (z.B. Panels).

Massenfertigung

Die Massenfertigung ist gekennzeichnet durch die Fertigung eines einzigen Produktes (einfache Massenfertigung) oder mehrerer Produkte mit gleichen Produkteigenschaften (mehrfache Massenfertigung) über einen längeren Zeitraum.

Materielle Vermögenswerte

Sie bezeichnen den materiellen Besitz eines Unternehmens. Die wesentlichen Vermögenswerte eines Unternehmens bestehen immer weniger aus physischen bzw. materiellen Vermögenswerten. Beispiele für materielle Vermögenswerte sind Maschinen, Kassenbestant, Lager, Immobilienwerte Land oder andere greifbare Werte (physisches Kapital).

Matrixorganisation

Die Matrixorganisation basiert auf zwei unternehmerischen Dimensionen (z.B. Funktionen, Produkte oder Märkte), die gleichberechtigt in einer Organisation kombiniert werden. Die Matrixorganisation eignet sich, sobald für die Erreichung der unternehmerischen Ziele zwei Dimensionen als gleichwertig eingestuft werden.

Maximal-Prinzip

Bei gegebenem Mitteleinsatz (Aufwand) soll ein größtmögliches Ergebnis (Erfolg bzw. Ertrag) erzielt werden. Ein Beispiel hierfür ist, gegen den Preis von 2.000 Euro einen Flug in ein möglichst weit entferntes Land zu erwerben.

Minimal-Prinzip

Mit geringstmöglichem Mitteleinsatz (Aufwand) soll ein bestimmtes Ergebnis (Erfolg bzw. Ertrag) erreicht werden. Ein Beispiel hierfür ist, gegen einen möglichst geringen Preis einen Flug von einem Ort zum anderen zu erwerben.

Multinationale Strategie

Im Gegensatz zu einer internationalen Strategie besteht die multinationale Strategie aus einer weitgehend selbständigen Entscheidungsautonomie der ausländischen Tochtergesellschaften.

Nichttarifäre Handelshemmnisse

Nichttarifäre Handelshemmnisse bezeichnen indirekte protektionistische Maßnahmen der Außenhandelsbeschränkung. Beispiele hierfür sind Exportquoten, *Local-Content-Klauseln*[3], freiwillige Exportbeschränkungen, Normen und Standards, Importlizenzen, Verpackungs- und Kennzeichnungsvorschriften, psychologische Beeinflussung der Konsumenten zum Kauf von einheimischen Produkten sowie Sozial- und Umweltstandards.

Non-Profit-Organisation

Als *Non-Profit-Organisation* (NPO) werden Organisationen in privat-gewerblicher oder frei-gemeinnütziger Trägerschaft bezeichnet, die zusätzlich zu Staat und Markt bestimmte Zwecke der Bedarfsdeckung, Förderung oder Interessenvertretung bzw. Beeinflussung für ihre Mitglieder oder Dritte wahrnehmen. Beispiele hierfür sind Vereine, Stiftungen, Nichtstaatliche Organisationen (engl. *Non-Governmental Organization*, NGO).

Ökonomie

Wirtschaft oder Ökonomie bezeichnet die geplante, rationale Her- oder Bereitstellung von knappen Gütern, welche die menschlichen Bedürfnisse befriedigen sollen.

---

3 Mit *Local-Content-Klauseln* wird sichergestellt, dass ein bestimmter Prozentsatz eines Endprodukts aus einheimischer Produktion stammt.

Ökonomische Ziele

Ökonomische Ziele, zusammen mit Wert- oder Formalzielen bestimmen den Erfolg von Unternehmen. Um überleben zu können, benötigt eine Organisation grundsätzlich Liquidität. Rentabilität sollte in der Regel mittel- bis langfristig gesichert sein, weil ansonsten die Liquidität der Organisation nicht gesichert werden kann. Um Liquidität und Rentabilität zu gewähren, sollte eine Firma zumindest mit dem Markt mitwachsen. Wachstum wird an Größen wie Einnahmen, Gewinne, oder der Beschäftigtenzahl gemessen. Man kann sich weiterhin an vielen verschiedenen Erfolgskenngrößen orientieren: Gewinn, Produktivität, Umsatzrentabilität, Wirtschaftlichkeit oder Return on Investment. Weitere Formalziele wären: Zahlungsfähigkeit, Marktmacht, Erhaltung der Umwelt, sichere Arbeitsplätze, Image, und eine förderliche Organisationskultur.

Optimum-Prinzip

Dieses Prinzip wird auch Extremum-Prinzip genannt und besagt, dass ein möglichst günstiges Verhältnis zwischen Mitteleinsatz (Aufwand) und Ergebnis (Erfolg bzw. Ertrag) erreicht werden soll. Ein Beispiel hierfür ist, gegen einen optimalen Preis einen Flug von einem Ort zum anderen zu erwerben.

Organigramm

Das primäre Ziel eines Organigramms ist die Darstellung der Aufgabenverteilung einer Unternehmung sowie die Einstufung und Verbindung zwischen den einzelnen Stellen. In einem Organigramm werden in der Regel die Namen der Stelleninhaber, die Stellennummern sowie die Kostenstellen angegeben. Das Organigramm ist ein Element der *Corporate Governance*.

Organisation

Dem Begriff Organisation können grundlegend drei Bedeutungen beigemessen werden: Organisation als Instrument, als Unternehmensfunktion und als Institution. Dem Prinzip der Wirtschaftlichkeit folgend hat die Unternehmensfunktion Organisation zum Ziel, bestmögliche Prozesse anhand von Strukturen und Kultur für ein effizientes Funktionieren eines Unternehmens zu schaffen.

Organisationsziele

Unternehmensziele bzw. Organisationsziele bezeichnen in der Betriebswirtschaftslehre die Zielsetzungen, die dem Unternehmertum zugrunde liegen.

Patent

Ein Patent ist ein exklusives Recht, das ein Staat einem Erfinder (Privatperson oder Unternehmung) während eines limitierten Zeitraums gewährt, indem die Erfindung hinterlegt und publiziert wird.

PESTEL-Analyse

Die PESTEL-Analyse eignet sich um die externe Umwelt in einem strukturierten Rahmen zu analysieren.. Die PESTEL-Analyse wird auch Makro-Umweltanalyse genannt. Hierbei werden die wesentlichen Einflussfaktoren und deren Tendenzen aus der Makro-Umwelt identifiziert, beschrieben und bewertet.

Persönliche Faktoren

Persönliche Faktoren sind demografische und psychologische Persönlichkeitsmerkmale und -Eigenschaften, welche einen Einfluss auf das Verhalten einer Person haben. Persönliche Faktoren drücken sich häufig in bereits geformten und voreingenommenen Einstellungen aus, welche jedoch nicht zwingend der Realität entsprechen.

Physische Vermögenswerte

Sie bezeichnen den materiellen Besitz eines Unternehmens. Die wesentlichen Vermögenswerte eines Unternehmens bestehen immer weniger aus physischen bzw. materiellen Vermögenswerten. Beispiele für materielle Vermögenswerte sind, wie beispielsweise aus Maschinen, Kassenbestant, Lagern, Immobilienwerten, aus Land oder anderen greifbaren Werten (physisches Kapital)..

Place (Distribution)

Der Place bzw. die Distributionspolitik befasst sich mit der effizienten Gestaltung sämtlicher Aktivitäten auf dem Weg eines Produktes von dem Anbieter bis hin zu dem Kunden bzw. Konsumenten. Der *Place* bzw. die Distributionspolitik ist Teil des Marketing-Mix.

Positionierung

Positionierung bezeichnet den letzten Schritt der Planung einer Marketingstrategie. Hierbei positioniert sich das Produkt gegenüber den Mitbewerbern, indem es sich differenziert und seine Einzigartigkeit deutlich herausstellt. Positionierung ist somit die Kunst, sich von der Konkurrenz abzuheben und sich von ihr abzugrenzen. Dies gilt auch für die Positionierung eines Unternehmens oder einer Strategischen Geschäftseinheit (engl. *Strategic Business Unit -SBU*).

Preisdiskriminierungen

Preisdiskriminierung, häufig auch Preisdifferenzierung genannt, beschreibt das offerieren homogener Produkte zu abgestuften Preisen. Preisdiskriminierungen kann auf verschiedene Art und Weise stattfinden: Die geläufigsten Preisdiskriminierungen sind die mengenabhängige (z.B. Mengenrabatt) und die dynamische Preisdiskriminierung (z.B. bei frühem Erwerb ist das Ticket günstiger). Somit kann ein Unternehmen seinen Erlös erhöhen und dennoch viele seiner potentiellen Kunden ansprechen.

Preiselastizität

Ist die Rede von der Preiselastizität eines Produktes, wird dabei die Veränderung der Nachfrage auf Preisänderungen bezeichnet. Senkt sich also der Preis eines Produktes, sollte dessen Nachfrage steigen. In diesem Fall sprechen wir von einem elastischen Preis.

Price (Preispolitik)

Ziel einer erfolgreichen Preispolitik (*Price*) ist es herauszufinden, welchen Preis die Kunden bereit sind, für die entsprechenden Produktmerkmale zu bezahlen. Es geht bei diesem Instrument daher um das in den Augen der Kunden im Vergleich zu den Wettbewerbern attraktivstes Preis-Leistungs-Verhältnis. Zur Preispolitik gehört auch die Gestaltung sowohl von Liefer- wie auch Zahlungsbedingungen. Beispiele hierfür sind Preisnachlässe, Boni, Rabatte, oder Skonti. Der *Price* bzw. die Preispolitik ist Teil des Marketing-Mix.

Primäre Aktivitäten

Primäre Aktivitäten, häufig auch primäre Funktionen eines Unternehmens genannt, nehmen direkt an der Wertschöpfung des Unternehmens für den Kunden teil. Beispielsweise sind Produktion und Verkauf (*Sales*) direkt an der Leistungserstellung beteiligt. Das vorliegende Buch ist in primäre und unterstützende Funktionen eines Unternehmens aufgeteilt.

Primärsektor

Die Rohmaterialien oder Urprodukte bilden den Beginn der Wertschöpfungskette. Unternehmen, die in diesem Bereich tätig sind, bilden den Primärsektor (Urproduktion). Der Primärsektor besteh aus z.B. Bergbau, Energie- und Wasserversorgung und Landwirtschaft. Abgesehen vom Primärsektor gibt es auch den Sekundärsektor (Industrieller Sektor) und schließlich den Tertiärsektor (Dienstleistungssektor),

Product (Produktpolitik)

Das wesentliche Ziel der Produktpolitik ist es, die tatsächlichen Produktmerkmale wie zum Beispiel Qualität, Technologieniveau, Zuverlässigkeit, Service und Design derart zu gestalten, dass diese in der subjektiven Wahrnehmung der Zielgruppe interessant erscheinen. Das *Product* bzw. die Produktpolitik ist Teil des Marketing-Mix.

Produktentwicklung

Produktentwicklung ist ein Prozess bei dem ein Unternehmen zum Ziel hat, ein neues, andersartiges Produkt für Kunden herzustellen. Dies kann z.B. durch die Entwicklung neuer Produktideen und Produkte sowie die Anpassung vorhandener Produkte an sich verändernde Bedürfnisse geschehen. Teilweise existiert in Unternehmen auch eine Abteilung, welche sich so nennt.

Produktion

Bei dieser Unternehmensfunktion handelt es sich um den eigentlichen Leistungserstellungsprozess. Genauer gesagt handelt es sich hierbei um die Planung, Organisation, Koordination und Kontrolle aller organisatorischen Prozesse und Ressourcen, die zur Herstellung von Gütern im Unternehmen benötigt werden. In diesem Sinn ist das Produktionsmanagement als Führungsaufgabe zu verstehen, die sich mit der Koordination menschlicher Ressourcen, Maschinen, Technologien und Informationen befasst.

Produktionsfaktoren

Unter Produktionsfaktoren, auch Input oder Inputfaktoren genannt, versteht man alle materiellen und immateriellen Mittel und Leistungen, die an der Bereitstellung von Gütern mitwirken, u.a. Human Ressourcen, Gebäude, Grundstücke und Rohstoffe.

Produktionskosten

Die Produktionskosten enthalten zusätzlich zu den Beschaffungskosten den Fertigungsaufwand (z.B. Instandhaltungsaufwand, Arbeitslöhne, Abschreibungen der Produktionswerkzeuge).

Produktionsmanagement

Unter dem Begriff Produktionsmanagement wird die Planung, Organisation, Koordination und Kontrolle aller organisatorischen Prozesse und Ressourcen verstanden, welche zur Herstellung von Produkten und Dienstleistungen in einem Unternehmen benötigt werden.

Produktionsprozess

Der Produktionsprozess bezeichnet den zielgerichteten Ressourceneinsatz in einem wertschöpfenden Kombinations- und Transformationsprozess zur Erstellung bestimmter Güter.

Produktpolitik (Product)

Das wesentliche Ziel der Produktpolitik ist es, tatsächliche Produktmerkmale wie Qualität, Technologieniveau, Zuverlässigkeit, Service und Design derart zu gestalten, dass diese in der subjektiven Wahrnehmung der Zielgruppe interessant erscheinen. Das *Product* bzw. die Produktpolitik ist Teil des Marketing-Mix.

Promotion (Kommunikationspolitik)

Die wesentliche Aufgabe der Promotion bzw. der Kommunikationspolitik ist es, die Kunden über das eigene Angebot zu informieren und deren Kaufentscheidung zu beeinflussen. Promotion bzw. die Kommunikationspolitik ist Teil des Marketing-Mix.

Psychologische Faktoren

Psychologische Faktoren können den Verbraucher durch die Verarbeitung des Gelernten, der Motivation, der Wahrnehmung oder auch des Glaubens beeinflussen.

Radio Frequency Identification

Radio Frequency Identification (RFID), auch Funketiketten genannt,gilt als innovative Lösung für die Identifikation eines Objektes mittels eines darauf oder darin angebrachten Transponders (Etiketts). Der Transponder, kann so groß wie ein Reiskorn sein und sich am oder im Gegenstand bzw. Lebewesen (implantiert) befinden. Die Identifikation erfolgt über Funkwellen, ohne Sichtverbindung und evtl. zeitgleich, also im Pulk mit anderen Etiketten gelesen werden kann. *RFID* kann den Barcode ersetzen.

Rechnungsabgrenzung

Die Rechnungsabgrenzung ist die buchhalterische Abgrenzung der Aufwendungen und Erträge über eine Rechnungsperiode, für welche die Gegenleistungen in einer darauffolgenden Periode stattfinden.

Rechnungswesen

Das Rechnungswesen hat die Aufgabe des systematischen Erfassens, Überwachens und des informationsseitigen Verdichtens der durch unternehmerische Leistung erwirtschafteten Geld- und Leistungsströme. Diese Unternehmensfunktion hat zum Ziel, den verschiedenen Stakeholdern zweckdienliche und verständliche Informationen zu liefern. Die Informationen sollten Angaben zu sämtlichen Prozessen in all den anderen Unternehmensfunktionen, wie z.B. Marketing, Produktion, bis hin zum Verkauf (Sales) enthalten, um so dem Wirtschaftlichkeitsprinzip zu entsprechen.

Rendite

Diese finanzielle Entschädigung wird gemeinhin als Rendite bezeichnet und sollte höher ausfallen als die Opportunitätskosten.

Sachziele

Sachziele oder Leistungsziele beziehen sich auf das konkrete Handeln einer Organisation in Bezug auf die Leistungserstellung, sprich auf die Menge, die Art, den Ort, die Zeit und die Qualität der zu produzierenden Waren oder der angebotenen Dienstleistungen.

Sales

Die Unternehmensfunktion Sales, häufig auch Verkauf genannt, beschäftigt sich mit dem Verkauf der her- und bereitgestellten Produkte und Dienstleistungen. Sie richtet sich an diejenigen Kunden, deren Bedürfnisse befriedigt werden sollen. Jene werden letztendlich die finanziellen Mittel aufbringen, um entstandene Kosten zu decken und Gewinne zu erzielen. Diese Funktion ist ebenfalls verantwortlich für die Kundengewinn und die Kundenbindung.

Segmentierung

Bei der Segmentierung wird der potenzielle Markt bzw. die potenzielle Nachfrage sinnvoll in homogene Gruppen aufgeteilt. Ein Marktsegment ist ein abgrenzbarer Bereich des Gesamtmarktes, welcher mit bestimmten Waren bedient werden sollte. Das Marktsegment zeichnet sich durch eine relativ homogene Kundengruppe mit bestimmten Wünschen aus.

Sektor

Ein Sektor bezeichnet eine logische Einteilung der Wirtschaft. In den Wirtschaftswissenschaften wird z.B. zwischen den Sektoren Industrie und Gewerbe unterschieden. Die Einteilung kann auch einer anderen Logik folgen. So sprich man in der beruflichen Praxis vom Pharmasektor, dem Automobilsektor oder dem Primärsektor (Urproduktion), Sekundärsektor (Industrieller Sektor) und schließlich dem Tertiärsektor (Dienstleistungssektor), etc.

Sektoraler Ansatz

Der Sektorale Ansatz ist ein Forschungsansatz des Strategischen Management oder des Marketings, der sich mit den Besonderheiten einzelner Sektoren auseinandersetzt. Beispiele hierfür im Bereich Marketing sind das Pharma-Marketing, das Einzelhandelsmarketing, das Tourismus-Marketing, das Wein-Marketing und schließlich das Banken- oder Luxusartikelmarketing. Im Bereich des strategischen Managements gilt es beispielsweise die unterschiedliche Höhe der Rentabilität der einzelnen Sektoren zu erforschen.

Sekundärsektor

Aufbereitungs- oder Veredelungsunternehmen, die aus den erzeugten Rohstoffen (Urprodukten) Zwischenprodukte oder gar Endprodukte herstellen, gehören dem sekundären Sektor (Industrieller Sektor) an. Beispiele hierfür sind Baugewerbe, Pharmaindustrie, Automobilindustrie und Uhrenindustrie. Abgesehen vom Sekundärsektor gibt es auch den Primärsektor (Urproduktion) und schließlich den Tertiärsektor (Dienstleistungssektor).

Selbstkosten

Selbstkosten, auch Gestehungspreis oder Vollkosten genannt, enthalten zusätzlich zu den Herstellungskosten den Vertriebsaufwand (z.B. Aufwand für Werbung, Transportpreis).

Serienfertigung

Die Serienfertigung kennzeichnet einen Produktionsprozess, bei dem eine begrenzte Stückzahl an verschiedenen Produkten auf gleichen oder auf verschiedenen Produktionsanlagen hergestellt wird.

Sozialziele

Sozialziele, Humanziele und ökologische Ziele beziehen sich auf das entsprechende angestrebte Verhalten von Unternehmen gegenüber internen und externen *Stakeholder*. Hierzu gehören Mitarbeiter, Kunden, Lieferanten, Öffentlichkeit oder auch der Staat. Diese Ziele sind inhaltlicher Natur und werden häufig als weniger wichtig angesehen, da sie nicht direkt für das wirtschaftliche Überleben einer Organisation notwendig sind und keinen unmittelbaren Erfolg generieren.

Soziologische Faktoren

In Bezug auf soziale Faktoren ist die Zugehörigkeit zu einer sozialen Einheit bzw. zu einer Gruppe (z.B. einer Familie, einem Freundeskreis oder einem Arbeitsumfeld) wichtig, da es das Verbraucherverhalten stark beeinflussen kann.

Stakeholder

Stakeholder, auch Interessens- oder Anspruchsgruppen genannt, sind Wirtschaftseinheiten, die in Beziehung zu einer Unternehmung stehen. Die jeweiligen Handlungen werden dadurch gegenseitig beeinflusst. Zu *Stakeholdern* von Unternehmen gehören unter anderem Kunden, Lieferanten, Kapitalgeber, Arbeitnehmer, öffentliche Institutionen, der Staat sowie gesellschaftliche Gruppen.

Stimulus

Ein Stimulus ist das Resultat des Einflusses externer Umweltfaktoren oder der Wahrnehmung der 4 P's des Marketing-Mix (*Price, Promotion, Place, Product*).

Strategie-Mapping

Dieses Modell wird angewandt, um die unterschiedlichen strategischen Gruppen innerhalb einer Branche graphisch abzubilden und einzuordnen.

Strategischen Entscheidungen

Die strategischen Entscheidungen der Geschäftsleitung eines Unternehmens legen die Rahmenbedingungen für sämtliche weiteren Entscheidungen des Unternehmens fest.

Strategisches Management

Strategisches Management beschäftigt sich mit der nachhaltigen Entwicklung, Planung und Umsetzung unternehmerischer Ziele nach innen und der Ausrichtungen der Unternehmung gegenüber ihrer Umwelt.

Subprime-Krise

Die *Subprime-Krise* begann im Frühjahr 2007 als Banken-, Finanz- und Wirtschaftskrise und ist eine Folge der US-Immobilien- bzw. Hypothekenkrise.

Supply Chain Management

Der Ausdruck *Supply-Chain-Management (SCM)*, auch Lieferkettenmanagement oder Wertschöpfungslehre genannt, bezeichnet die Planung und das Management aller Aufgaben bei Lieferantenwahl, Beschaffung und Umwandlung sowie aller Aufgaben der Logistik. *Supply Chain Management (SCM)* umfasst jene Funktionen, welche dem Unternehmen ermöglichen, seine Lieferantendaten und Logistikdaten in sein Informationssystem zu integrieren.

SWOT-Analyse

Die SWOT-Analyse zeigt auf, welchen unternehmensinternen Stärken (*Strengths*) und Schwächen (*Weaknesses*), aber auch welchen externen Chancen (*Opportunities*) und Gefahren (*Threats*) das Produkt bzw. die Dienstleistung, eine strategische Geschäftseinheit (*Strategic Business Unit – SBU*) oder ein Unternehmen ausgesetzt ist.

Targeting

Ziel des *Targeting* ist das Treffen einer Auswahl aus den identifizierten Marktsegmenten aufgrund deren Potenziale. Die Entscheidungsgrundlage hierfür stützt sich auf die Evaluierung der Potenziale der identifizierten Segmente. Potenziale können anhand der Marktgröße, der Rendite oder der Anzahl von Konkurrenten evaluiert werden.

Tarifäre Handelshemmnisse

Tarifäre Handelshemmnisse bezeichnen direkte protektionistische Maßnahmen der Außenhandelsbeschränkung. Hierzu gehören insbesondere Zölle, Abschöpfungen (Mindestpreise), Verbrauchersteuern und Exportsubventionen.

Tertiärsektor

Unternehmen, die Dienstleistungen, sprich immaterielle Güter und keine physischen Produkte herstellen gehören dem Tertiärsektor (Dienstleistungssektor) an. Beispiele hierfür sind Handel, Gastgewerbe, Gesundheits- und Sozialwesen, Bildung, Verkehr und Nachrichten. Abgesehen vom Tertiärsektor gibt es auch den Sekundärsektor (Industrieller Sektor) und schließlich den Primärsektor (Urproduktion).

Too Big to Fail

„*Too Big to Fail*" schildert in diesem Zusammenhang die Vorstellung, dass jegliche Art von Institution, auch Unternehmen ab einer bestimmten Größe, allein wegen ihrer Größe de facto davor geschützt sind, in Insolvenz gehen zu müssen.

Transnationale Strategie

Ein Unternehmen, das eine transnationale Strategie verfolgt, versucht von den Vorteilen jedes der Länder, in denen es präsent ist, zu profitieren. Jede einzelne Aktivität seiner Wertschöpfungskette wird demnach in demjenigen Land ausgeführt, das über die meisten Vorteile z.B. in Bezug auf Kosten und Qualität verfügt.

Umweltschonungsprinzip

Dieses Prinzip stellt ökologische Aspekte in den Mittelpunkt und besagt, dass möglichst umweltfreundlich gewirtschaftet werden sollte. Unternehmen versuchen z.B. möglichst umweltfreundliche Firmenwägen zu nutzen.[4]

Uno-actu-Prinzip

Entsprechend dem Uno-actu-Prinzip erfolgt die Herstellung und der Konsum bei Dienstleistungen zum gleichen Zeitpunkt.

Unternehmen

Ein Unternehmen ist eine wirtschaftliche und juristische Einheit bestehend aus einer oder aber auch aus mehreren Betriebsstätten. Aus juristischer Perspektive stellt ein Unternehmen eine erwerbswirtschaftliche Einheit dar.

Unternehmensgewinn

Der Unternehmensgewinn errechnet sich aus der Differenz von Deckungsbeitrag und Fixkosten.

Unternehmensziele

Unternehmensziele bzw. Organisationsziele bezeichnen in der Betriebswirtschaftslehre die Zielsetzungen, die dem Unternehmertum zugrunde liegen.

Unterstützende Aktivitäten

Unterstützende Aktivitäten, häufig auch unterstützende Funktionen eines Unternehmens genannt, sind unerlässlich für das reibungslose Funktionieren des Unternehmens, erbringen aber keinen direkten Mehrwert für den Kunden. Das vorliegende Buch ist in primäre und unterstützende Funktionen eines Unternehmens aufgeteilt.

Variable Aufwendungen

Bei variablen Aufwendungen handelt es sich um Sachleistungen oder finanzielle Aufwendungen, die sich bei einer Änderung der betrachteten Bezugsgröße (z.B. Umsatz) ändert.

Variable Kosten

Die variablen Kosten sind in der betriebswirtschaftlichen Kostenrechnung derjenige Teil der Gesamtkosten, welcher sich bei einer Änderung der betrachteten Bezugsgröße (z.B. Umsatz) ändert.

Verbraucher

Als Konsument oder Verbraucher werden natürliche Personen bezeichnet, die Produkte und Dienstleistungen nur zur eigenen Bedürfnisbefriedigung käuflich erwerben.

Volkswirtschaftslehre

Die Volkswirtschaftslehre befasst sich mit der gesamten Wirtschaft und mit den darin stattfindenden Interaktionen von Betrieben und Branchen. Sie stellt Ableitungen von ökonomischen Gesetzmäßigkeiten an, welche dazu dienen, die Wirtschaft möglichst sinnvoll zu steuern und zu lenken.

---

4   Hopfenbeck 2002.

Wachstumsstrategie

Das Wachsen von Unternehmen stellt grundsätzlich eine Herausforderung dar, da diese gezwungen werden, sich zu ändern. Um den bestehenden Wettbewerbsvorteil zu erhalten oder zu verbessern, sind Unternehmen häufig zu Wachstum gezwungen. Eine große Herausforderung ist es dabei, sich für ein Vorgehen zu entscheiden, durch das dieses Wachstum erfolgen soll. Ein Unternehmen kann zwischen drei grundsätzlichen Arten von Wachstum wählen: (a) Internes Wachstum, (b) Externes Wachstum oder (c) Wachstum durch Allianzen.

Wertschöpfung

Der Begriff Wertschöpfung beschreibt den Netto-Wertzuwachs des finalen *Outputs* (Produkt bzw. Dienstleistung) im Vergleich zu dem Wert aller aufsummierten Inputfaktoren.

Wertschöpfungskette

Die Wertschöpfungskette macht verständlich, auf welche Weise interne Ressourcen und Kompetenzen sinnvoll genutzt werden. Untergliedert in Primäre Aktivitäten und Unterstützende Aktivitäten. Die Struktur des vorliegenden Buches basiert auf der Wertschöpfungskette von Porter.

Wissen

Wissen stellt die Kapazität dar, unterschiedliche Informationen zu kombinieren, um ein spezifisches Problem zu lösen. Wissen ist somit anwendungsorientiert. Wissen unterscheidet sich von Informationen und Daten.

Wissensmanagement

In Firmen stellen Information und Wissen das Kapital von Kompetenzen dar, die Individuen in unterschiedlichen Unternehmensbereichen besitzen und die essentiell für das Überleben der Organisation sind. In diesem Zusammenhang beschäftigt sich diese Funktion im Wesentlichen mit der Identifikation, Akquisition, Bildung, Verteilung und der Anwendung von Wissen und Information. Sie formuliert darüber hinaus Wissensziele und kontrolliert diese organisationsübergreifend.

Wissensträger

Wissensträger bzw. *Knowledge Worker* sind Individuen, die aufgrund ihres Einsatzes von intellektueller Leistung einen wirtschaftlichen Mehrwert für ihr Unternehmen generieren.

Wirtschaft

Wirtschaft oder Ökonomie bezeichnet die geplante, rationale Her- oder Bereitstellung von knappen Gütern, mit dem Ziel die menschlichen Bedürfnisse zu befriedigen.

Register

W

Z

scientific tools

SCIENTIFIC TOOLS

Sascha Spoun

Erfolgreich studieren
ISBN 978-3-8689-4048-0
19.95 EUR [D], 20.60 EUR [A], 33.50 sFr*
208 Seiten

Erfolgreich studieren

BESONDERHEITEN

Das Buch verhilft Studenten der Wirtschafts- und Sozialwissenschaften seit Jahren dabei, die fachlichen Herausforderungen des Studiums erfolgreich zu bestehen. Von der ersten Selbstorganisation über Lesetechniken, Recherche, Forschung, Manuskripterstellung, Argumentieren bis hin zur Präsentation von Ergebnissen im Team wird der gesamte Arbeitsprozess kurz, kompetent und beispielreich dargestellt. Für die neue Auflage hat der Autor wertvolle Tipps zum Thema Online-Recherche hinzugefügt. Daneben wird der Ablauf/Aufbau einer beispielhaften Referatsarbeit gezeigt, mit der sich Studenten erfahrungsgemäß besonders schwer tun.

KOSTENLOSE ZUSATZMATERIALIEN

- Beispiele und Links zur Online-Recherche
- Musterbeispiel einer Referatsarbeit

Weitere Informationen unter www.pearson-studium.de

PEARSON
Studium

*unverbindliche Preisempfehlung

WIRTSCHAFT

Peter Bofinger

**Grundzüge der Volkswirt-
schaftslehre**
ISBN 978-3-8273-7354-0
39.95 EUR [D], 41.10 EUR [A], 62.90 sFr*
656 Seiten

Grundzüge der Volkswirtschaftslehre

BESONDERHEITEN

Dieses Buch bietet eine „Volkswirtschaftslehre zum Anfassen". Anhand von lebens-
nahen Beispielen wird gezeigt, wie Märkte im Großen und Kleinen funktionieren. Die
CD-ROM mit Simulationen ermöglicht es, Marktprozesse aktiv nachzuvollziehen. In 28
Kapiteln wird ein umfassender Überblick über die moderne Volkswirtschaft geboten.
Schaubilder und Tabellen geben Informationen über aktuelle Daten und historische
Entwicklungen. Das begleitende Übungsbuch (ISBN 978-3-8273-7355-7) ist optimal
auf das Lehrbuch abgestimmt und enthält zahlreiche Übungen, die das Verständnis
der Studierenden für die Sachverhalte schärfen. Beide Bücher zusammen sind als Value
Pack (ISBN 978-3-8273-7356-4) mit einem Preisvorteil von EUR 5,00 [D] erschienen.

KOSTENLOSE ZUSATZMATERIALIEN

Für Dozenten
- Foliensatz zum Einsatz in der Lehre
- Alle Abbildungen aus dem Buch

Für Studenten
- Lösungen zu Aufgaben im Buch

Max Wewel

Statistik im Bachelor-Studium der BWL und VWL

ISBN 978-3-8689-4054-1
24.95 EUR [D], 25.70 EUR [A], 41.50 sFr*
336 Seiten

Statistik im Bachelor-Studium der BWL und VWL

BESONDERHEITEN

Dieses Lehrbuch mit herausnehmbarer Formelsammlung vermittelt die im Bachelor-Studium der BWL und VWL behandelten Methoden der beschreibenden Statistik, der Wahrscheinlichkeitsrechnung und die grundlegenden Konzepte der Schließenden Statistik. Die Darstellung zielt darauf ab, statistisches Methodenwissen im Kontext ökonomischer Fragestellungen zu entwickeln. Dieser Konzeption entsprechend enthält das Lehrbuch ausführliche ökonomische Anwendungsbeispiele und verzichtet - trotz der notwendigen Exaktheit - weitgehend auf mathematische Details und Herleitungen.

KOSTENLOSE ZUSATZMATERIALIEN

Für Dozenten:
- PowerPoint-Foliensätze zum Einsatz in der Lehre
- Folien mit Abbildungen zum Download

Für Studenten:
- Musterlösungen zu sämtlichen Übungsaufgaben
- PowerPoint-Foliensätze mit Leertabellen

WIRTSCHAFT

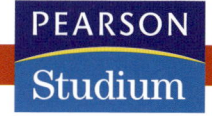